의용전자공학

나 승 권 저

Bioelectronics

감 수

• 윤 형 로 •
공학박사 / 연세대학교 의공학부 교수

• 황 락 훈 •
공학박사 / 세명대학교 전기전자공학부 교수

• 김 종 탁 •
이학박사 / 상지영서대학 의료시스템정보과 교수

• 남 상 극 •
의학박사 / 서울위생병원 의무원장

도서출판 상 학 당

머리말

우리는 서점에 가면 수많은 전기와 전자, 그리고 기계에 관련된 서적을 접하게 된다. 그러나 이러한 학문들은 너무 포괄적이어서 특정한 기기들을 다루는 데에는 직접적인 도움은 되지 않는다. 특히 수많은 의료기기들이 의료기관에 공급되었지만 그 기기들에 관련된 서적이나 정보를 접하기는 너무 힘든 것이 현실이다.

또한 의료기기의 특성상 전기이론, 전자공학, OP-AMP, 디지털, 전기계측, 정보통신 들을 내용에 포함시켜 의료기기의 설계 시나 의료기기의 운용 시에 이를 고려할 수 있도록 해야 한다. 이 의용전자공학은 이를 만족시키는 데 중점을 두었다.

의료기기는 전기·전자적 요소들과 기계적 요소들로 구성되어 공학적이고 의학적인 이론을 만족하는 하나의 기기로 탄생하게 된다. 그러므로 의공학을 공부하는 이들은 공학적이고 의학적 지식에 대해 숙지하고 있어야 한다.

이 책에서는 이 중 전기적인 것과 전자적 정보에 대해 보이고자 한다. 이 중에 전기부분에 관련된 지식은 우리에게 무척 중요하다 할 것이다. 그 이유는 대부분의 의용계측기들은 아주 미약한 생체신호를 센서나 각 입력부분으로부터 전달받아 그 신호를 작게는 몇십 배에서 수만 배의 비율로 증폭시키기 때문이다. 이러한 과정에서 1[mA]의 누설전류는 인체에 치명적이 될 것이다. 그리고 생체신호를 증폭시키는 과정에서 아주 적은 전류가 수만 배로 증폭이 되어 의학도들에게 잘못된 정보를 제공하여 환자의 생명을 위태롭게 할 수 있다는 것을 명심해야 한다. 또한 의학적인 요구에 부합하기 위해 전기적인 법칙들을 잘 이해하고 적용하여야 할 것이다. 그러므로 우리는 전기적 성질들을 이해하고 온당하게 적용시켜 관리, 설계 그리고 제조하는 것이 얼마나 중요한지 알아야 한다.

이 책에서는 전기의 기초적인 지식들과 전기회로들을 초보자도 이해할 수 있도록 꾸며 놓았다.

1장은 전기회로이다. 여기서는 전기의 기초적인 지식을 습득할 수 있도록 하였다. 2장에서는 전자회로에 대해 다루었다. 다이오드와 트랜지스터, 반도체소자 등 그리고 3장에서는 연산증폭기에 대해 서술하였다. 4장에서는 디지털 회로에 대해 언급하였다. 각종 게이트와 조합회로들 그리고 플립플롭 등에 관해 알아본다. 5장에서는 전기계측에 대해 서술하였는데 의료계측기들의 대부분은 생체의 미세한 전기적 신호를 계측하여 환자의 상태를 의사에게 제공한다. 그러므로 충분히 이해하고 넘어갈 수 있도록 하였다. 6장에서는 정보통신에 대해 서술하였다. 현대의학에서는 기기를 다루는 것뿐만 아니라 그 기기로 얻은 데이터를 저장하여 재사용하는 것이 중요하며 또한 그 정보를 간편하게 의사의 진료에 이용할 수 있도록 하여야 한다. 또한 7장에서는 이 책에 서술된 부분들에 대한 공학적 기초적인 지식 및 사용법과 실물들의 사진을 첨가하여 의공인들에게 보다 쉽게 내용을 이해할 수 있도록 하였다.

이 책에서는 내용을 쉽게 풀이하여 설명하였으므로 초보자들도 이해하기 쉽게 쓰였을 뿐만 아니라, 사용된 의학용어나 영문 단어는 모두 한글용어를 병용 표기하였고 한글화된 발음기호도 표시하여 실제 사용에 불편함이 없도록 하였다. 또한 **의공기사 · 의공산업기사 · 의료전자기능사 자격증**을 준비하는 수험생들에게 도움이 되도록 연습문제를 수록하여 자격증시험에 중점을 두었다. 모든 내용은 최대한 쉽게 쓰려고 노력하였으므로 의공학을 공부하는 수험생이나 의공인들에게 많은 도움이 되길 바란다.

마지막으로 조심스럽게 첫 선을 보이는 이 책의 출간을 위해 감수해 주시고 격려해 주시며 끝까지 탈고할 수 있도록 독려해 주신 원주의료기기테크노밸리 윤형로 원장님(공학박사), 한기준 사업본부장님, 이우천 기획실장님, 송창린 팀장님, 원주시청 이성철 과장님(전 원주의료기기테크노밸리 소장), 세명대학교 전기전자공학부 황락훈 교수님(공학박사), 상지영서대학 의료시스템정보과 김종탁 교수님(이학박사), 서울 위생병원 남상극 의무원장님(의학박사), 메디저널 최병철 편집국장님, 티유브이코리아 박우성 이사님, 대한의공협회 이건송 회장님, 서울위생병원 이재운 의용팀장님(의용기사), 끝으로 원고 정리와 자료를 정리해 준 연세대학교 의공학부를 졸업한 조용인 씨에게 감사드린다.

끝으로 책을 쓸 수 있도록 물심양면 도움을 주신 한국폴리텍Ⅲ대학 원주캠퍼스 조영환 학장님, 김광수 전 학장님을 비롯한 교직원들에게 감사드린다.

여러 가지 많은 부분에서 도움을 준 의료전자학과 오호권 교수님과 학과 공부와 병행하며 의용전자공학 교재를 위해 평일에는 늦은 밤까지 고생하고 주말을 할애하여 자료의 수집과 정리 및 그래픽 작업을 함께한 의료전자학과 1·2기 학생들에게 너무나 고마운 마음을 전한다.

특히 교재의 자료의 수집과 집필을 위해 지난 3년 동안 가정을 돌보지 못하여도 아무런 불평, 불만 없이 이해해 주고 용기를 잃지 않도록 성심껏 지원해 준 사랑하는 나의 아내에게 미안함과 함께 이 교재로 감사의 마음을 전한다.

그리고 나의 사랑하는 아이들 은경, 용주에게 아버지로서 대학 일에만 매달려 아버지의 역할을 제대로 해주지 못한 점을 미안하게 생각하고 있으며 그럼에도 밝고 건강하게 자라주어 고맙다는 말을 전하고 싶다.

의공학을 전공하는 이들에게 도움이 되는 책이 되길 바라며 집필하였지만 많은 고심에도 불구하고 손길이 미치지 못한 곳은 계속적으로 보완할 것이다.

마지막으로 출판과정에 도움을 주신 도서출판 상학당 남승우 사장님과 이 책에 관심과 애정을 주신 모든 분들께 감사의 말씀을 전한다.

2007. 1.

나 승 권 씀

차 례

제 1 장 전 기 회 로/11

제 2 장 전 자 회 로/203

제 3 장 OP-AMP 회로/283

제 4 장 디지털 회로/323

제 5 장 전 기 계 측/375

제 6 장 정 보 통 신/425

제 7 장 의용전자공학 정리/471

chapter

1 전 기 회 로

1 전기란 무엇인가?

전기의 발견은 인류발전의 모체가 되었고, 또한 현대사회에서 전기가 미치는 영향은 그 범위를 헤아릴 수 없다. 집이나 학교 사무실에 전기가 없어 암흑과도 같다면 어떻게 될 것인가?

가끔씩 일어나는 정전에도 우리들의 일상생활이 마비된다. 그러므로, 전기를 공기나 물에 비교해도 큰 무리는 없을 정도이다.

이렇게 우리가 매일 접하고 우리 생활에 없어서는 안 될 소중한 전기가 무엇이며, 어떻게 해서 발생하는지, 어떠한 특성을 가지고 있는가에 대해서 명확하게 알고 있는 사람은 그리 많지가 않다. 또한, 전기의 발생 및 특성과 더불어 우리 생활에 어떻게 이용되고 있는지에 대해서도 많은 사람들은 무심코 지나쳐버린다.

우리들의 일상생활에 유용하게 쓰이는 전자제품은 전기적 에너지를 바탕으로 하여 전자를 응용하여 사용하는 것이다.

그렇다면 전자란 무엇인가?

우리 생활에 꼭 필요한 TV, 냉장고, 컴퓨터 등은 전기의 전자적 특성을 가지고 만들어졌으며, 전기와 어떻게 융화되어 사용되고 있는 것인가?

우리는 이러한 궁금증들을 해결하기 위해 이 책을 통해 전기와 전자를 명확하게 이해하며, 전기·전자에 대한 실습이나 보다 깊이 있는 지식을 알기 위한 밑거름을 쌓을 수 있을 것이다. 그러기 위해서는 기초적인 지식부터 차근차근 알아볼 필요가 있다.

이 장에서는 먼저 전기와 전자의 근원과 특성에 대해 알아보도록 한다.

먼저 전기와 전자에 관한 역사에 대해 알아보고, 물질과 전기 사이의 관계 즉, 물질이 가지고 있는 전기적 성질에 대해 알아보겠다. 또한 물질 사이에 일어나는 전기의 발생에 따른 현상에 대해 알아보도록 하겠다.

(1) 전기의 역사

1) 기원전 600년경 그리스의 철학자 탈레스

탈레스(Thales)

① 모피로 호박(amber : 앰버)을 문질렀을 때 그 호박이 먼지나 깃털 등과 같이 가벼운 물질들을 끌어당긴다는 현상(마찰전기)을 발견하였다.

② 전기(electricity : 일렉트리시티) 발견의 시초로 전기와 자기를 알아내고 그것에 관한 연구를 처음 시작하였다.

2) 1544~1603 A.P. 영국의 길버트

① 자석에 의한 자기현상에 관하여 조직적인 연구를 시작하였다.

② 전기현상과 자기현상에 관한 실험을 통해 마찰 시 발생하는 전기에는 두 가지 종류가 있다고 주장하였다.

③ 지구 자체가 하나의 큰 자석으로 이루어져 있다는 것을 알아냈으며, 자침이 남북을 가리키는 이유를 과학적인 연구로 설명하였다.

길버트(W. Gilbert)의 자석에 관한 연구

3) 1600년 독일의 게리케

① 두 물체 이상에서 마찰전기가 발생한다는 것을 발견(회전시킨 유황공에서 마찰 전기가 대량으로 발생한다는 것을 실험)하였다.
② 실험을 통해 정전기 유도 작용을 발견하였다

게리케(Guericke)와 지구자석의 자기력선

4) 1752년 미국의 프랭클린

① 건물에 뾰족한 쇠막대를 세우면 벼락으로부터 건축물을 보호할 수 있다고 제안하여 피뢰침을 발명하였다.
② 방전현상으로 인해 전하 보존 법칙을 발견하였다.
③ 마찰에 의한 2가지 종류의 전하를 표현하는 방법으로 양(+)전하와 음(−)전하 및 전지, 도체 등의 용어들을 명명하였다.

프랭클린(B. Franklin)

피뢰침

5) 1785년 프랑스의 쿨롱

쿨롱
(C.A. Coulomb)

① 양(+)전하와 음(−)전하 사이에는 힘이 존재하며, 같은 전하 사이에는 반발력이, 다른 전하 사이에는 흡인력이 작용한다는 것을 알아냈다.
② 전하 사이의 쿨롱의 법칙(Coulomb's law : 쿨롱 로)을 발견하였다.

6) 1796년 이탈리아의 볼타

① 두 종류 이상의 금속을 서로 접촉시켰을 때 마찰에 의해 전기가 발생하는 것을 증명하고 볼타 전지를 발명하였다.
② 연속적인 전류발생장치인 전원을 제공함으로써 전기의 성질과 전류를 이용하는 연구를 보다 과학적으로 수행하게 되는 계기를 만들었다.

볼타(A. Volta)

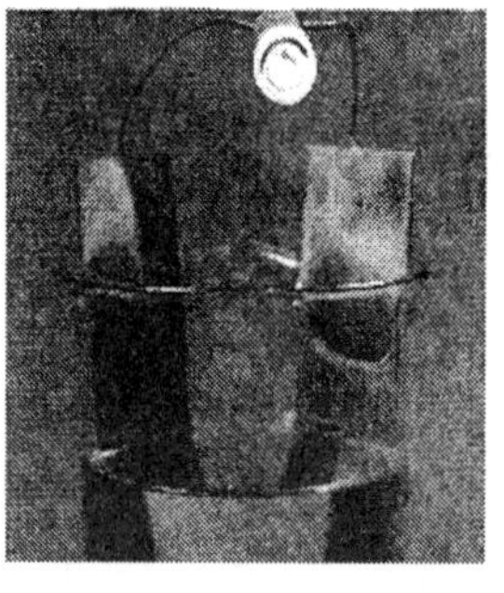

볼타 전지

7) 1820년 덴마크의 외르스테드

외르스테드
(H.C. Oersted)

① 전류가 흐르는 도선 주위에 나침반을 접근시키면 전류의 흐름에 의해 나침반의 바늘이 움직인다는 것을 발견하였다.
② 전동기의 원리인 전기에 의해서 자기가 형성되는 것을 발견하였다.

8) 1820년 프랑스의 앙페르

앙페르
(A.M. Ampere)

① 외르스테드에 의해 발견된 전류와 자기 사이의 관계를 성립하였다.
② 원통형의 절연물에 전선을 나선 모양으로 감은 원동기의 근본이 되는 솔레노이드를 발명하였다.

9) 1827년 독일의 물리학자 옴

옴(G.S. Ohm)

① 전류는 전압에 비례하며, 도선에서의 손실은 전압·시간·길이에 비례하여 접촉물체는 일정한 전압차를 가진다는 기본법칙을 도출해냈다.
② 전기회로에서 저항과 전압 및 전류의 관계에 가장 기본이 되는 옴의 법칙(Ohm's law)을 만들었다.

10) 1831년 영국의 패러데이

패러데이
(M. Faraday)

① 자기에 의해 전기가 생성된다는 사실을 발견하였다.
② 회로 내에 유발되는 기전력의 크기는, 회로를 관통하는 자기력선의 밀도와 같다는 발전기와 변압기의 원리가 되는 전자유도작용을 발견하였다.
③ 전극을 통해 석출하는 물질은 질량을 통해 용액을 통과한 전기량과 물질의 원자량의 관계를 발견하였다.

11) 1842년 영국의 줄

줄(P. Joule)

• 열과 전류의 관계(전류가 흐르면 열이 발생함)를 증명하여 줄의 법칙을 만들었다.

12) 1849년 독일의 키르히호프

키르히호프
(Kirchhoff)

- 전기회로 해석에 관한 키르히호프의 법칙(Kirchhoff's law : 전류법칙, 전압법칙)을 발견하였다.

13) 1864년 영국의 맥스웰

맥스웰
(J.C. Maxwell)

① 기존의 전기 및 자기현상의 연구자료들을 통합 정리하여 맥스웰 방정식이라고 불리는 전자기학의 일반이론을 정립하였다.
② 전자기파의 존재를 예측(1888년 헤르츠에 의해서 실험적으로 실존한다는 것을 확인)하였다.

14) 1883년 미국의 에디슨

에디슨(Edison)

① 1879년에 필라멘트가 전자를 방출하는 것을 발견하여 백열전구를 발명하였다.
② 최초의 발전소를 세워 전력을 공급하였다.

15) 1888년 독일의 헤르츠

헤르츠
(H.R. Hertz)

① 전파발생에 관한 실험을 최초로 실시하였다.
② 맥스웰의 '전자기파 존재 예언'을 증명하였고, 라디오 전파의 송·수신을 실험하였다.
③ 주파수의 단위인 헤르츠(Hz)를 사용하였다.

16) 1901년 이탈리아의 마르코니

① 대서양을 횡단하는 라디오 신호의 전송을 성공시켰다.
② 무선통신의 시대를 열어 주었다.

마르코니
(G. Marconi)

17) 1904년 미국의 플레밍

• 2극 진공관을 발명하였다.

플레밍
(J. Fleming)

18) 1907년 미국의 드 포레스트

① 신호를 증폭할 수 있는 3극 진공관 증폭기와 발신기를 개발하였다.
② 전자시대로의 시작을 열어주었다.

진공관

드 포레스트
(Lee de Forest)

19) 1916년 독일의 쇼트키

• 4극 진공관을 발명하였다.

쇼트키
(W. Schottky)

20) 1947년 미국의 바딘, 브라텐, 쇼클리

① 트랜지스터를 발명하여 보급시켰다.
② 반도체 사용으로 전자시대를 개척하였다.

바딘(J. Bardeen)

브라텐(W. Brattain)

쇼클리(W. Shockly)

트랜지스터

21) 1958년 집적회로 IC의 탄생

DIP－8핀

DIP－16핀

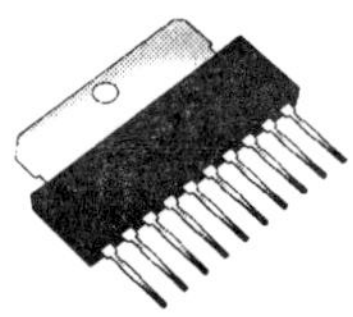
SSIP－10핀

TO－126

22) 1971년 호프

• 마이크로프로세서를 발명하였다.

호프(T. Hoff)

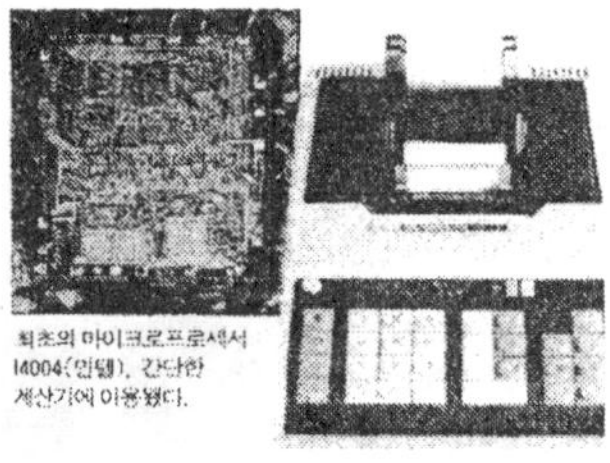

최초의 마이크로프로세서

〈표 1-1〉 전기·전자 관련 주요 개척자

연구 분야	국적	인명	연도	업적
호박과 자석	그리스	탈레스	B.C.600	정전기 발견
자기 · 정전기	영국	길버트	1600년	자기의 연구
	미국	프랭클린	1784년	피뢰침 발명
	이탈리아	갈바니	1791년	'동물전기' 발견
	이탈리아	볼타	1800년	전지 발명
	덴마크	외르스테드	1820년	전류에 의한 자기 발견
	프랑스	앙페르	1820년	전류에 의한 자기이론 성립
	독일	옴	1826년	전기저항에 관한 법칙발견
	영국	패러데이	1831년	전자유도현상 발견
	독일	키르히호프	1849년	전기회로 해석법 발견
유선통신	영국	쿡, 휘트스톤	1837년	5침식 전신기 발명
	미국	모스	1837년	모스 전신기 발명
	영국	영국해협해저 전신회사	1845년	해저케이블 부설
	미국	벨, 그레이	1876년	전화발명
	미국	스트로저	1891년	자동 교환기 발명
무선통신	독일	헤르츠	1888년	최초의 전파발생실험
	이탈리아	마르코니	1895년	무선전신 발명
	미국	알렉센드슨	1906년	무선전화 발명
	미국	페센덴	1913년	헤테로다인 수신기 발명
전지	영국	다니엘	1836년	1차 전지 개발
	프랑스	프란데	1859년	2차 전지 발명
	영국	글로브	1939년	연료전지 발명
	미국	샤핀	1954년	실리콘 태양전지 발명
조명	영국	데이븐	1815년	볼타전지를 이용한 아크발생
	미국	에디슨	1879년	백열전구 발명
	미국	휴잇	1902년	방전램프 발명
전력기기	프랑스	빅시	1832년	발전기 발명
	러시아	야코비	1834년	직류 전동기 시험·제작
	영국	깁스	1882년	변압기 발명
전자회로소자	미국	플레밍	1904년	2극 진공관 발명
	미국	드포레스트	1907년	3극 진공관 발명
	미국	바딘, 브라텐, 쇼클리	1948년	트랜지스터 발명

(2) 물질과 전기

오래 전부터 전기의 근원에 대해 수많은 학자들이 연구하고 발전시켜온 결과, 전기의 본질을 다음과 같이 규명하고 있다.

모든 물질은 아주 작은 분자 또는 원자의 집합으로 구성되어 있으며, 이들 원자는 [그림 1-1]과 같이 태양을 따라 지구가 돌고 있는 것과 같이 양(+)전기를 가진 **원자핵**(atomic nucleus : **아토믹 뉴클리어스**)과 그 주위를 돌고 있는 음(−)전기를 가진 **전자**(electron : **일렉트론**)라는 미립자로 구성되어 있으며, 원자핵의 구조나 원자핵을 둘러싸고 있는 전자의 수에 따라 다른 종류의 원자가 된다.

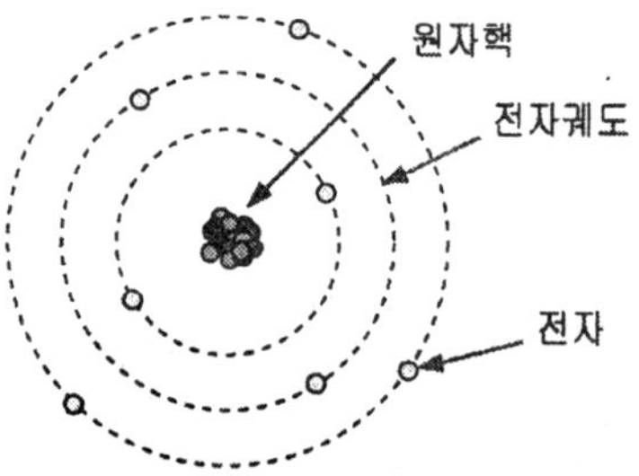

[그림 1-1] 원자의 구조

또한 원자핵을 중심으로 [그림 1-2]와 같이 전자껍질 여러 개가 한 원자핵 주위에 동심원을 그리며 일정한 궤도를 이루며 돌고 있는데 많은 물질 중에서 수소원자는 가장 간단한 결합을 하고 있으며, 원자핵과 1개의 전자로 이루어져 있다. 이러한 수소의 원자핵을 **양성자**(proton : 프로톤)라고 부른다.

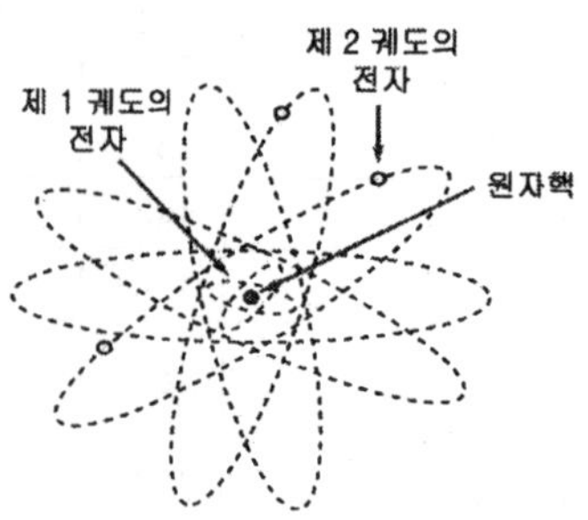

[그림 1-2] 보어의 원자 모델

수소원자의 에너지 준위를 살펴보면([그림 1-3]) 가장 안정적이려면 가장 안쪽 껍질에 위치해야 하는데, 그것을 바닥상태라고 한다. 바닥상태에서 에너지를 받게 되면 그 위의 껍질들로 이동할 수 있게 되는데 이동한 상태는 불안정한 상태이기 때문에 들뜬 상태라고 하며, 언제든지 에너지를 방출하고 원래의 위치로 되돌아갈 수 있다.

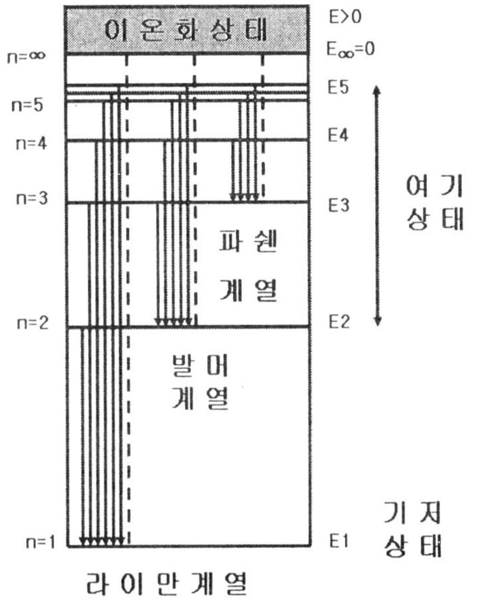

[그림 1-3] 수소원자의 에너지 준위

라이만, 발머, 파센 계열이라는 것들은 원자의 역학적 에너지의 위치 에너지를 나타낸 것으로 이온화 상태가 높을수록 에너지가 크고 위험한 상태가 된다. 그리고 전자가 에너지를 아주 많이 받게 되면 수소의 전자껍질을 완전히 벗어나게 되는데 이것을 이온화라고 한다.

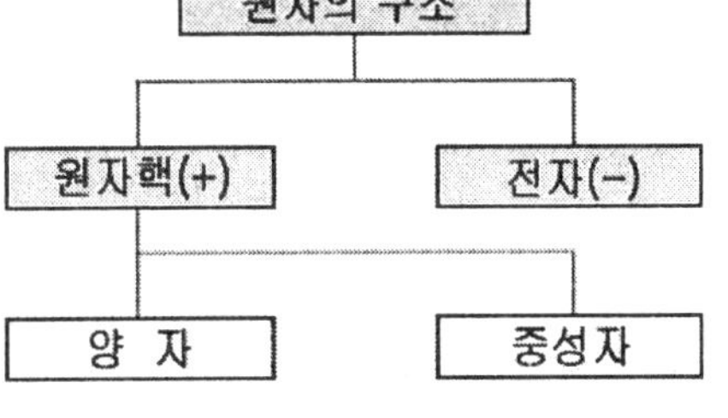

[그림 1-4] 원자의 구조

많은 물질들의 원자의 구조는 수소처럼 간단히 이루어지지 않았는데, 원자핵의 바깥쪽 궤도를 돌고 있는 전자와 같은 수의 양전기를 가진 양성자와 전기적으로 중성인 '**중성자**(neutron : 뉴트론)'로 이루어져 있다.

① 양성자는 양(+) 전기, 전자는 음(−) 전기를 지니고 있으며, 같은 종류의 전기적 성질을 가진 것들은 서로 밀어내려 하고, 다른 종류의 전기적 성질을 가진 것들은 서로 끌어당기려는 성질을 가진다.
② 전자의 질량은 매우 적으며 9.10956×10^{-31}[kg]이고, 양성자는 전자보다는 매우 무거운 1.67261×10^{-27}[kg]으로, 양성자의 질량은 전자의 약 1840배이다.
③ 1개의 전자와 양성자가 가지고 있는 전기량의 절대값은 같으며 1.60219×10^{-19}[C]값을 가진다(표 1-2 참조).

〈표 1-2〉 양성자, 중성자, 전자의 비교

입 자	전 하 량	질 량
양 성 자	$+1.60219 \times 10^{-19}$[C]	1.67261×10^{-27}[kg]
중 성 자	0[C]	1.67491×10^{-27}[kg]
전 자	-1.60219×10^{-19}[C]	9.10956×10^{-31}[kg]

이와 같이, 양성자와 전자를 지니고 있는 모든 물질들은 같은 수의 전자와 양성자를 가지고 있기 때문에 서로 중화되어, 외부에는 전기적 성질을 나타내지 않는 중성상태로 존재한다.

금속의 경우 : 원자핵을 중심으로 돌고 있는 전자들 중에서 가장 바깥쪽 궤도를 돌고 있는 전자는 원자핵과의 결합력이 약하므로, 이들 전자는 외부의 자극에 의하여 원자핵을 떠나서 물질 안에서 자유로이 움직이는 성질을 가지게 된다. 이와 같은 전자를 **자유전자**(free electron : **프리 일렉트론**) 또는 **전도전자**(conduction electron : **컨덕션 일렉트론**)라고 한다. 전기의 여러 가지 현상은 일반적으로 이들 자유전자의 이동에 의한 증감에 따른 것이며, 온도가 상승하면 물질 안의 자유전자의 운동은 활성화한다.

전자각 : 원자 안에 있는 전자가 취하는 에너지 상태를 간단히 구별하기 위해서, 이들 껍질에 전자가 들어 있는 것으로 생각하고, 이 껍질들을 전자껍질이라 하며 원소들의 전자각에 의한 전자 수는 〈표 1-3〉과 같다.

원자번호 : 원소를 원자핵의 양성자수가 증가하는 순으로 배열한 주기율표상의 화학원소의 번호이며, 원자에서 양성자수는 전자수와 같으며 이것이 원자번호이며, 〈표 1-4〉는 원자들의 배열순을 보여주고 있다.

〈표 1-3〉 전자각별 전자수

각	양자수				양자상태의 수효	
	주양자수	방위양자수	자기양자수	스핀양자수	전자의 총수	
	n	I	m	s	T	
K	1	0	0	↑↓	2	2
L	2	0	0	↑↓	2	8
		1	+1	↑↓	6	
			0	↑↓		
			−1	↑↓		
M	3	0	0	↑↓	2	18
		1	+1	↑↓	6	
			0	↑↓		
			−1	↑↓		
		2	+2	↑↓	10	
			+1	↑↓		
			0	↑↓		
			−1	↑↓		
			−2	↑↓		

↑ 는 ⊕ 스핀, ↓ 는 ⊖ 스핀을 나타냄

〈표 1-4〉 원자번호순 원자배열

원 자	원 자 번 호	*K*	*L*		*M*	
		1s	*2s*	*2p*	*3s*	*3p*
H(수소)	1	1				
He(헬륨)	2	2				
Li(리듐)	3	2	1			
Be(베릴륨)	4	2	2			
B(붕소)	5	2	2	1		
C(탄소)	6	2	2	2		
N(질소)	7	2	2	3		
O(산소)	8	2	2	4		
F(플루오린)	9	2	2	5		
Ne(네온)	10	2	2	6		
Na(나트륨)	11	2	2	6	1	
Mg(마그네슘)	12	2	2	6	2	
Al(알루미늄)	13	2	2	6	2	1
Si(규소)	14	2	2	6	2	2
P(인)	15	2	2	6	2	3
S(황)	16	2	2	6	2	4
Cl(염소)	17	2	2	6	2	5
Ar(아르곤)	18	2	2	6	2	6

(3) 전기의 발생

물질은 보통의 상태에서 중성상태라고 말하는데, 그 이유는 원자는 양전기를 지니고 있는 원자핵과 음전기를 지니고 있는 전자가 견고하게 결합하고 있어 중성상태로 유지되고 있는 것이다.

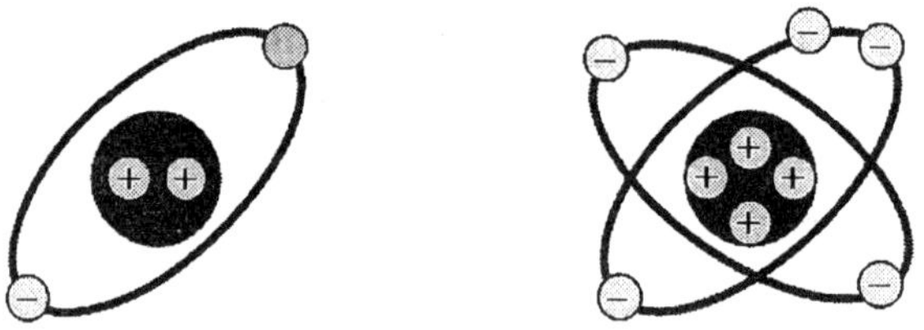

(a) 양(+) 전기적 성질 (b) 음(−) 전기적 성질

[그림 1-5] 자유전자

물질 내부의 자유전자는 쉽게 원자핵의 구속력을 이탈할 수 있으므로, 어떠한 자극에 의해 [그림 1-5]의 (a)와 같이 자유전자가 물질 밖으로 이동하면 물질 속에서는 양전기가 음전기보다 많아지게 되어 물질은 양전기적 성질을 가지게 된다. 또한 [그림 1-5]의 (b)와 같이 외부로부터 자유전자가 들어오게 되면 양전기보다 음전기가 많아져서 음전기적 성질을 가지게 되는 것이다. 이와 같이, 물질이 여분의 양전기나 음전기를 가지게 된 것을 양(+) 또는 음(−)으로 **대전되었다고** 한다.

(4) 전하와 전기량

잘 건조시킨 유리막대를 [그림 1-6]과 같이 명주헝겊으로 문지를 경우, 이 유리막대와 헝겊은 모두 작은 종이조각이나 먼지 등의 가벼운 물체를 끌어당기는 성질을 갖는데 이러한 현상을 전기라 한다. 이러한 현상은 마찰에 의하여 각각에 마찰전기가 일어났기 때문인데, 이와 같이 유리막대 또는 명주헝겊과 같이 물체에 전기를 띠는 현상을 **대전(electrification : 일렉트리피케이션)**이라 하고, 대전된 물체를 대전체(electrified Body : 일렉트리파이드 바디)라고 한다. 대전에 의해 유리막대와 명주헝겊이 가진 **전기를 전하(electric charge : 일렉트릭 차지)**라 하는데 유리막대는 정 또는 양(+)전하, 명주헝겊은 부 또는 음(−)전하라 한다.

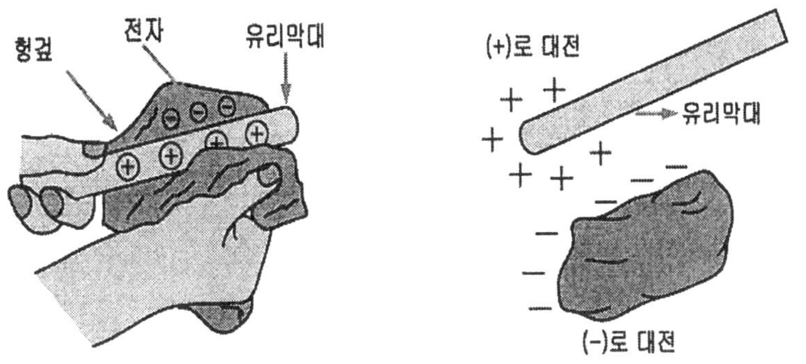

[그림 1-6] 대 전

같은 종류의 전하는 서로 밀어내고, 다른 종류의 전하는 서로 끌어당기는 성질을 가지고 있으며, 어떤 물체가 대전하였을 때 대전된 물체가 가지고 있는 전하의 양을 전기량이라고 하며 기호는 Q, 단위는 [C](Coulomb : 쿨롱)을 사용한다. 전자 한 개는 1.602×10^{-19}[C]의 (−)전기량을 가지고 있으며, 1[C]의 전기량은 6.24×10^{18}개의 전자의 부족이 생겼을 때에 생기는 전하의 전기량이다.

전자1개가 갖는 전하량(전하의 최소 단위)

$$e = 1.602 \times 10^{-19} [C]$$

⬇

$$1[C] = 6.24 \times 10^{18}$$ **개의 전자가 갖는 전하량**

(5) 도 체

어떤 물질에서 전자가 원자와 원자 사이를 자유롭게 이동하여 전기를 잘 통하는 물체를 '도체'라 하고 일반적으로 모든 금속은 **양호한 도체로 전기의 흐름을 방해하는 성질이 매우 작다.**

우리가 도체를 사용하는 목적은 저항을 최소한으로 줄여 전류를 많이 흐르게 하기 위함이다. 많은 도체 중에서 일반적으로 금과 은이 전기를 가장 잘 통하고, 그 다음으로 구리를 말할 수 있는데, 금과 은이 전류를 가장 잘 통하지만 실질적으로 구리가 금이나 은에 비하여 경제성이 좋기 때문에 도체로서 구리선이 많이 사용되고 있다.

(6) 절 연 체

전자가 자신의 궤도 안에 머물러 있으려는 성질이 강해 어떠한 자극을 가해도 전하의 이동이 어려워 전기를 쉽게 통하지 않으려고 하는데, 이를 절연체 또는 부도체라고 한다.

① **부도체** : 도체에 비해 전하를 저장하려는 특성을 가지고 있으며, 유리, 플라스틱, 고무, 종이, 운모와 같은 절연물질은 **유전체(dielectrics : 다이일렉트릭스)**라고 하는데, 이는 전하를 저장할 수 있는 성질을 가진다.

② **절연체** : 전류의 흐름을 막을 필요가 있을 때 사용되며 콘덴서와 같이 전하를 저장할 때에는 유전체를 사용하여야만 한다.

(7) 물질의 저항률

도체에 전류가 흐르기 쉬운 정도는 **도전율** 또는 **전도율**(conductivity : 컨덕티비티)이라고 하며, 반대로 전류가 흐르는 것을 방해하는 성질을 가진 회로소자를 전기저항 또는 저항이라고 한다. 즉, **저항이란 전류의 흐름을 방해하는 성질을 말한다.**

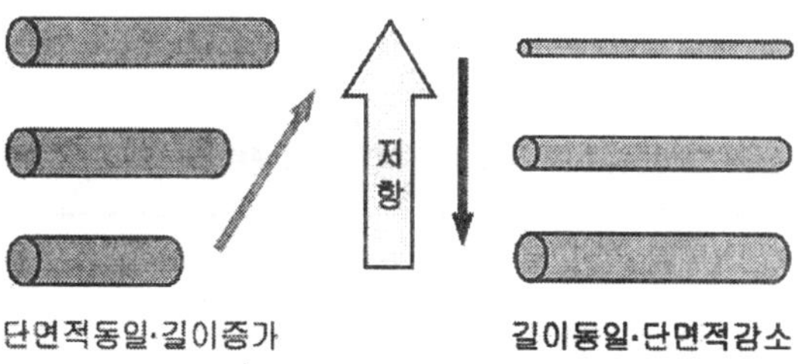

[그림 1-7] 길이, 단면적과 저항의 관계

[그림 1-7]과 같이 전기저항은 도체의 길이 ℓ[m]에 비례하고, 도체의 단면적 A[m^2]에 반비례하며, 저항의 기호는 R, 단위는 [Ω](옴 : ohm)으로 나타내며, 식 (1-1)과 같이 나타낼 수 있다.

$$R=\rho\frac{l}{A}[\Omega] \qquad (1\text{-}1)$$

여기에서 ρ는 물질의 고유저항으로 저항률(resistivity : 레지스티비티)이라 부르고, 단위는 옴[Ω]을 쓰며 도체의 재질에 따라 고유저항값을 가지는 비례상수이다.

저항률 ρ의 역수를 도전율이라 하고, 기호는 σ[1], 단위는 [℧](모 : mho), [℧/m]를 쓰는데 전선의 도전율에는 퍼센트 도전율이 있다.

금속의 저항률이 낮은(전도율이 높은) 것부터 순서대로 나열하면, 은, 구리, 금, 크롬, 알루미늄, 니켈, 철, 납, 수은 등의 순으로 [그림 1-8]과 같다.

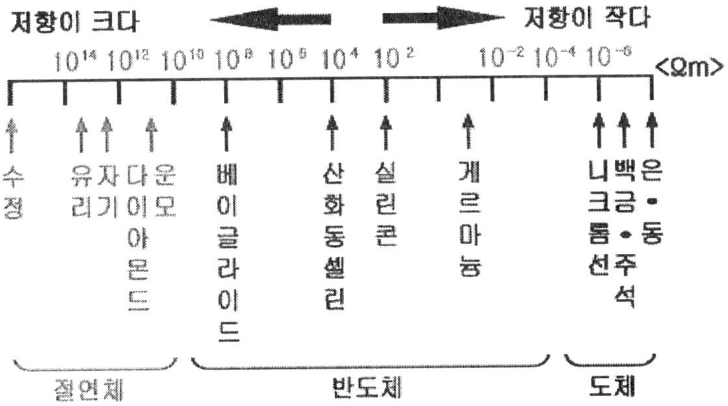

[그림 1-8] 여러 가지 물질의 저항

또한, 〈표 1-5〉에서 알 수 있듯이 도체 중에서 금속은 온도가 높아지면 저항률이 증가하지만, 이와는 반대로 탄소나 반도체에서는 저항률이 감소한다.

〈표 1-5〉 여러 가지 물질의 고유저항

물 질	%전도율 (20[°C])	고유저항 (ρ[μΩ · cm])	온도계수 (20[°C])
니크롬1	1.57	109.0	0.00019
니크롬2	1.54	112.0	0.000172
은	109	1.585	0.00405
순 니켈	23.1	7.500	0.0054
순 알루미늄	63.3	2.733	0.0042
아연도금철선	13	13.262	-
경동선	97	1.7774	0.00381
순동	100	1.7241	0.00393

1) $\sigma = \frac{1}{\rho[\Omega \cdot m]} = \frac{1}{\rho}[℧/m]$

siemens(지멘스) : 전도도의 단위, MKSA 단위

1S = 1/Ω = 1皮, 皮/m (보매미터), s/m(지멘스매미터)

2 전류, 전압과 저항

(1) 전 류

양전하를 가진 물질 A와 음전하를 가진 물질 B를 금속선으로 접속하면([그림 1-9]) 두 전하 사이의 흡입력에 의하여 B의 음전하(자유전자)는 A의 양극에 끌려 이동하게 되며 서로 결합해 부분적으로 중화된다. 즉 B로부터 A방향으로 전자가 이동하게 되는데 이러한 경우 도선에 전류(current : 커런트)가 흘렀다고 한다.

전류의 흐름은 일반적으로 양전하가 이동하는 방향이며, 전자가 이동하는 방향은 전류의 흐름과 반대방향이다.

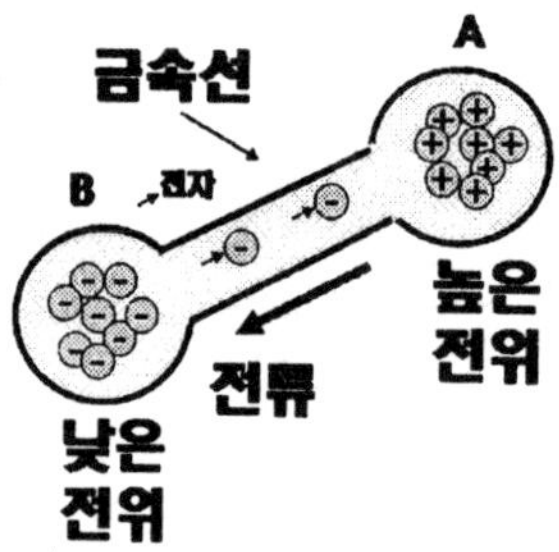

[그림 1-9] 전류의 흐름

전류의 기호는 I로 나타내며 단위로는 [A](ampere : 암페어)를 사용한다. 전류의 크기는 어떤 단면적을 단위시간 t[sec] 동안에 Q[C]의 전하가 이동할 때 통과하는 전하의 양으로 정의하며, 전류 I는 식 (1-2)로 나타낼 수 있다.

$$I = \frac{Q}{t}[\mathrm{A}] \tag{1-2}$$

1[A]는 어떤 단면을 1[sec] 동안에 1[C]의 전하가 이동할 때의 전류의 크기이다.

전류가 도체 내부를 통과하면([그림 1-10]), 자유전자는 도체 내부에 있는 원자핵과 전자들과 충돌하여 도체에 열이 발생하며, 또 전자의 운동으로 인하여 자계가 발생하거나 화학변화를 일으키기도 한다.

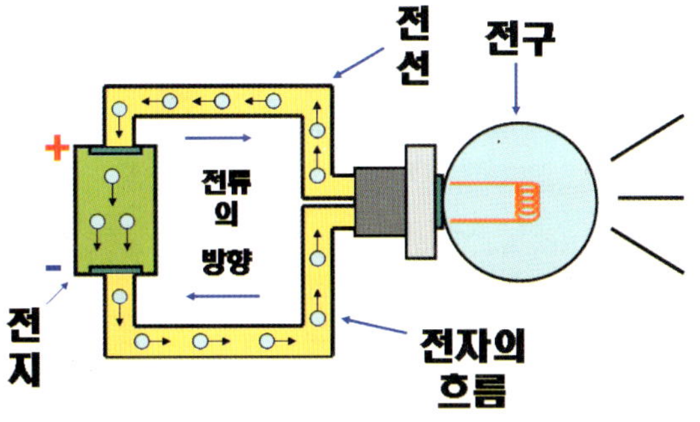

[그림 1-10] 전하의 흐름과 전류의 방향

① **발열작용** : 저항체에 전류를 흘리면 열이 발생하는데 이러한 발열작용은 빛을 내는 전등, 전열등, 열을 내는 전기다리미와 전기히터 등에 이용된다.

② **자기작용** : 전류가 통하고 있는 도체에 자기장이 생기는 현상을 말하며, 이 자기작용은 전자석, 전동기, 발전기, 스피커 등에 이용된다.

③ **화학작용** : 전해액에 전류를 통하면 화학작용이 일어나며, 이 작용은 전기화학 공업에 응용된다.

[그림 1-11]은 순환기계와 전기계를 비교한 것이고, [그림 1-12]는 전류와 도선저항의 관계를 인체의 혈액과 혈관의 관계그림으로 표현한 것이다.

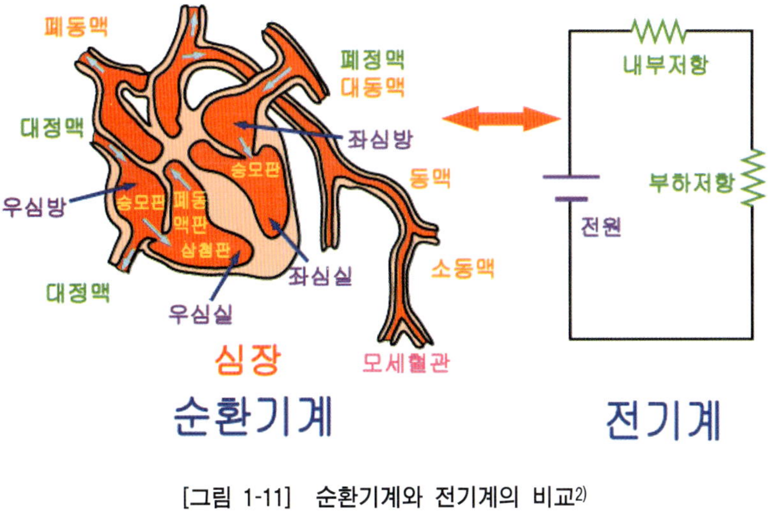

[그림 1-11] 순환기계와 전기계의 비교[2)]

2) ① 심장 : 우리 몸에 피를 돌게 해주는 역할을 한다(우리 몸의 왼쪽 가슴 아래).

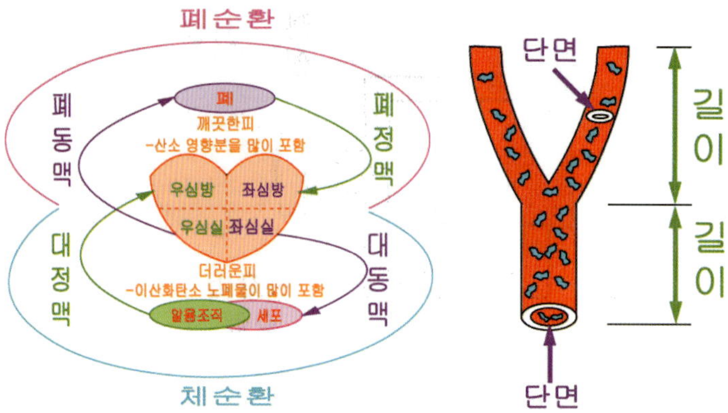

[그림 1-12] 혈 관 계[3)]

(2) 전 압

일반적으로 A점과 B점을 서로 금속선으로 연결하였을 때, [그림 1-13]과 같이 전하가 A, B, 두 점 사이를 이동하게 된다. 이것은 A와 B 사이에 전류가 통했다는 것인데, 이 두 점 사이에는 전위차(potential difference : 포텐셜 디퍼런스), 또는 전압(voltage : 볼티지)이 있다고 한다. 이러한 경우 전류가 A로부터 B로 향해 흘렀다고 하면 A의 전위는 B의 전위보다 높다고 할 수 있다.

일반적으로 전위의 표준을 대지(땅)에 두고 이것을 영(0 : zero) 전위로 나타낸다. 그러므로 양전하를 가진 도체를 연결하면 대지로부터 자유전자가 흡수되어 전류는 대지로 흐른다. 그러므로 대지의 전위가 0이기 때문에 양전하는 (+)의 전위를 가지고, 음전하를 가진 물체는 (−)의 전위를 가지는 것이다. 우리가 흔히 쓰는 전지의 구조도 전압차를 이용한 것으로 [그림 1-14]와 같다.

· 피 − 헤모글로빈(산소운반)이 있다.
· 심장의 펌프질 덕분에 우리가 살고 있음.
심장은 4개의 방으로 구성(좌심방, 좌심실, 우심방, 우심실)

② 혈액순환과정 : 좌심실 → 대동맥 → 모세혈관 → 대정맥 → 우심방 → 삼첨판 → 우심실 → 폐동맥 → 폐 → 폐정맥 → 좌심방 → 이첨판 → 좌심실
③ 혈관에 노폐물이 쌓이면 심작박동이 제대로 안 되며, 협심증, 동맥경화, 심근경색(심장마비) 등의 병을 유발한다.
④ 대동맥 : 심장에서 혈액을 싣고 나가는 큰 혈관
⑤ 대정맥 : 공기호흡하는 척추동물에서 산소가 부족한 피를 심장의 우심방으로 운반하는 혈관
⑥ 동맥혈 : 산소를 많이 함유한 피(대동맥, 동맥, 허파정맥)
⑦ 정맥혈 : 이산화탄소를 많이 함유한 피(대정맥, 정맥, 허파동맥)

3) 혈관의 길이 : 96,000[km]. 외부에서 전원공급이 없는데도 저절로 심장이 뛰는 것은 우심방의 근육 속에 있는 동방결절이라는 곳에서 약 0.8초 간격으로 전기를 발생, 심장 근육을 흥분, 수축(펌프작용) 시키기 때문이다.

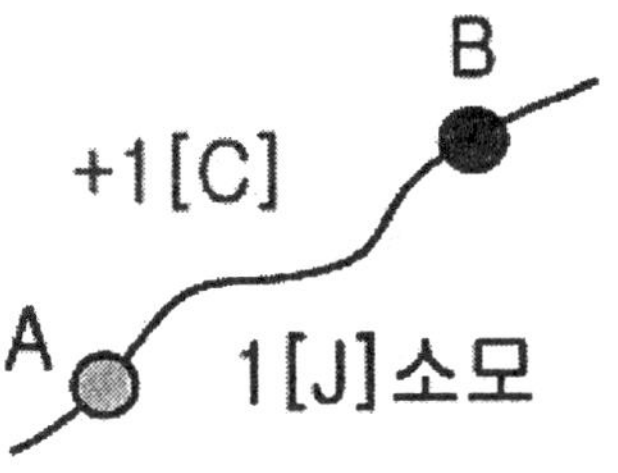

[그림 1-13] 전압의 차이

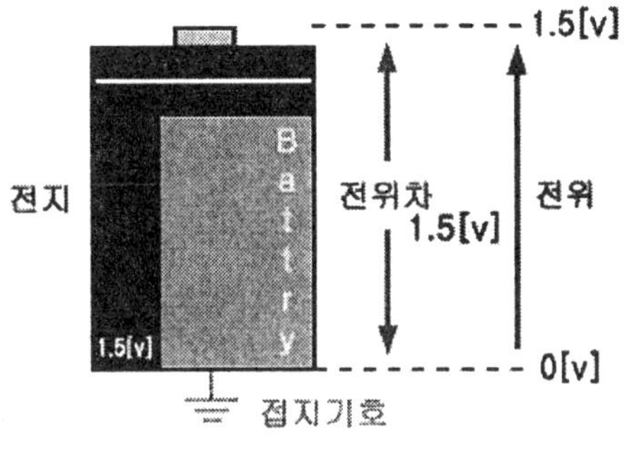

[그림 1-14] 전위의 차이

전압의 실용단위는 [V](Volt : 볼트)를 사용하고, Q[C]의 전하가 어떤 두 점 사이를 이동하여 W[J]의 일을 하고, 이때 그 두 점 사이에 V[V]의 전위차가 생겼다면, 식 (1-3)으로 나타낼 수 있다. 즉, 1[V]는 1[C]의 전하가 이동할 때의 에너지가 1[J]일 때의 전압이다.

$$V = \frac{W}{Q}[\text{V}],\quad W = Q \cdot V[\text{J}] \tag{1-3}$$

(3) 저 항

도체에 전류가 흐를 때 열이 발생하는 것은, 전류가 흐를 때에 외부에서 가해 준 전압이 전류의 흐름을 방해하는 요소에 대항하여 일을 한다는 증거가 된다. 외부에서 가해 준 전압에 의해 발생할 수 있는 전류의 양을 억제하는 요소를 전기저항(electric resistance : 일렉트릭 레지스턴스) 또는 간단히 저항(Resistance : 레지스턴스)이라 한다.

일반적으로 도체는 매우 작은 값의 저항을 가지고 있으며, 절연체는 반대로 매우 큰 저항을 가지고 있다. 구리선의 경우 원자 속에는 많은 수의 자유전자를 가지고 있다. 이러한 자유전자는 공급된 전압에 의하여 쉽게 이동을 할 수 있게 된다. 따라서 구리선에 전압이 공급되었을 때 자유전자의 흐름을 방해하는 요소가 매우 적으므로 저항(resistance : 레지스턴스)이 매우 작다. 하지만 탄소는 구리에 비하여 아주 적은 양의 자유전자를 가지고 있기 때문에 구리에 공급한 전압의 양을 탄소의 양단에 인가하더라도 구리보다 적은 양의 전자가 흐르게 된다.

이러한 경우 탄소에 흐르는 전류를 증가시키기 위해서는 탄소양단에 공급되는 전압의 양을 증가시켜야 한다. 따라서 탄소에 흐르는 전류를 구리에서와 같은 값의 전류로 만들기 위해서는 보다 많은 양의 공급전압이 필요하게 된다. 공급전압이 증가하게 된다는 것은 많은 양의 일을 필요로 하게 됨으로써 많은 양의 열을 발생시키게 된다.

그러므로 구리에 비해 탄소는 전류의 흐름을 방해하는 정도가 크므로 이에 비례하여 탄소는 구리보다 높은 값의 저항을 갖게 된다.

저항의 기호는 R, 단위는 [Ω](Ohm : 옴)으로서, 저항을 통하여 1[A]의 전류가 1[s] 동안 흘러서 0.24[cal]의 열을 발생하였을 경우에, 이 저항은 1[Ω]의 저항값을 가진다고 할 수 있다. 저항값이 작은 물체인 구리의 경우에는 1[m]에 0.03[Ω] 정도의 저항값을 가지고 있으며, 120[V] 600[W] 토스터기에 사용되는 절연선의 저항값은 약 24[Ω] 정도이다.

$$W = \frac{V^2}{R}, \qquad R = \frac{V^2}{W}$$

$$R = \frac{120^2}{600} = \frac{14400}{600} = 24[\Omega]$$

120[V], 100[W] 전구에 사용되는 텅스텐 필라멘트는 약 144[Ω]의 저항값을 갖게 된다.

$$W = \frac{V^2}{R}, \qquad R = \frac{V^2}{W}$$

$$R = \frac{120^2}{100} = \frac{14400}{100} = 144[\Omega]$$

도체의 저항값은 [그림 1-15]와 같이 물질의 고유저항, 길이, 단면적, 온도의 4가지 요소에 의해서 정해지며, 저항의 표시법은 [그림 1-16]에 나타나 있다. 대부분의 저항은 4색으로 표현되는데 이러한 저항의 값을 읽는 방법은 [그림 1-17]과 같다.

$$R = \rho\frac{l}{S}$$

ρ : 저항률 또는 고유저항

$\frac{1}{\rho}$: 도전율(전류를 통하는 정도)

[그림 1-15] 저항값의 기준 요소

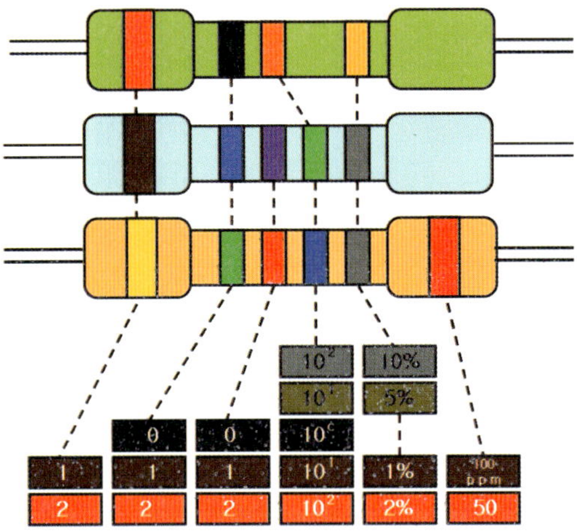

[그림 1-16] 저항의 정밀 색 띠 표시법

끝에서부터 color까지의 폭이 좁은 쪽 부터 읽어나갑니다.

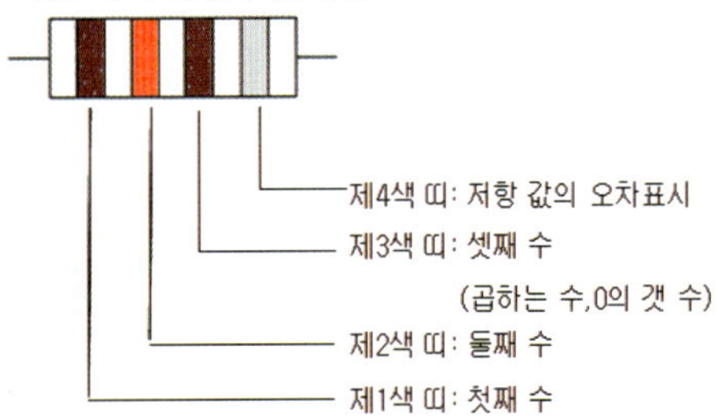

제1색 띠	제2색 띠	제3색 띠	저항오차

1)주황 주황 적색 금색

3 3 100 ± 5%-> 3300Ω =3.3kΩ , 오차±5%

2)갈색 흑색 금색 금색

1 0 0.1 ±5%-> 1Ω, 오차±5%

3)노랑 보라 노랑 금색

4 7 10000 ±5-> 470000Ω=470kΩ, 오차 ±5%

색 상 COLOR		저항환산표			
		첫째 수	둘째 수	셋째 수(곱하는 수)	오차표시
	검 정(흑색)	0	0	10^0	
	밤 색(갈색)	1	1	10^1	±1%
	빨 강(적색)	2	2	10^2	±2%
	주황색(등색)	3	3	10^3	
	노 랑(황색)	4	4	10^4	
	초록색(녹색)	5	5	10^5	±0.5%
	파랑색(청색)	6	6	10^6	±0.25%
	보라색(자색)	7	7	10^7	±0.1%
	회 색(회색)	8	8	10^8	
	흰 색(백색)	9	9	10^9	
	금 색			0.1	±5%
	은 색			0.01	±10%
	무 색				±20%

[그림 1-17] 4색 저항 읽는 방법

(4) 옴의 법칙

1) 전 류

회로에 저항값을 일정하게 놓고 전압을 변화시키면 전류의 값이 변화한다. [그림 1-18]과 같은 기본적인 회로에서 전압을 0에서부터 10[V]까지 변화시킬 수 있고, 부하는 10[V]용 필라멘트 전구를 사용한다면, 정상적인 밝기의 빛이 발생하기 위해서는 정상적인 전류가 흘러야 하는데, 이에 따라 보다 높은 양의 전압을 필요로 하게 된다.

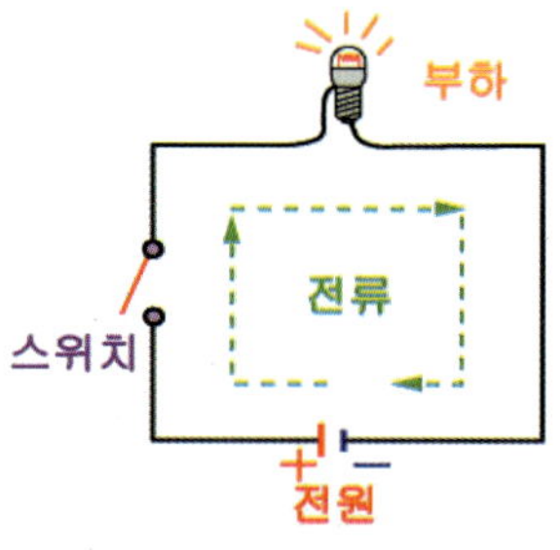

[그림 1-18] 기본회로도

만일 이 회로에 10[V]가 가해지고 있다고 하면, 전구는 빛을 발생할 것이다. 이때 전압을 5[V]로 감소시키면 그에 따라 전류가 감소하므로 전구의 밝기도 감소하게 된다.

마찬가지로 회로 내에 전압의 양을 계속해서 감소시키면 전구의 밝기도 이에 따라 감소하게 되며 마침내 전압이 0[V]의 전압이 되면 전류가 흐르지 않게 되므로 전구도 빛을 발생하지 않게 된다. **전구의 밝기가 공급된 전압의 세기에 따라 흐르는 전류의 변화량에 따라 변화**한다는 것을 의미한다.

그러므로 전류 I의 값은 전압 V인 전원의 양단에 접속된 저항 R을 통하여 흐르는 전류의 크기를 말한다. 따라서 전류와 전압 사이에는 식 (1-4)와 같은 관계가 성립되고

$$V \propto I$$

이것을 등식으로 하면

$$I = \frac{V}{R}[\mathrm{A}] \qquad (1\text{-}4)$$

이 성립한다. 이 식을 옴의 법칙(Ohm's Law : 옴스 로)이라 한다.

2) 전 압

일정한 저항 $R[\Omega]$을 가지는 부하에 전압이 전지와 같이 전선으로 연결되었기 때문에([그림 1-19]) 부하저항 R의 양단에 걸리는 전압의 값은 전지의 전압값과 같다. 전압 V의 숫자상 값은 전류 I와 저항 R의 곱 IR의 결과 식 (1-5)와 같다.

$$V = IR\,[\mathrm{V}] \tag{1-5}$$

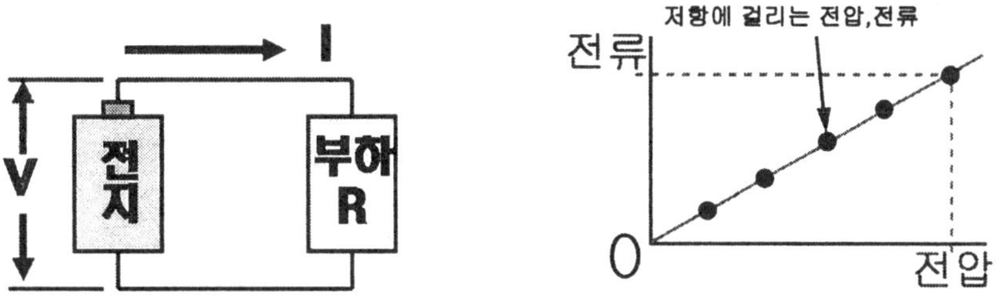

(a) (b)

[그림 1-19] 일정한 저항에서 전압과 전류의 관계

3) 저 항

옴의 법칙의 마지막 응용으로 저항값을 구하는 식을 알아보면, 전압·전류와 같이 3개의 요소 V, I, R이 식 (1-6)의 관계를 가진다.

$$R = \frac{V}{I}\,[\Omega] \tag{1-6}$$

4) 전 력

전력의 기호는 P이고 단위는 [W](Watt : 와트)이다. 1와트의 전력이라는 것은 1초 동안에 1[V]의 전위차에 의하여 1[C]의 전하를 옮기는 데 소요되는 일의 양과 같다. 즉 1초 동안에 변환되거나 전송되는 에너지가 1[J]일 때와 같게 된다. 1[C/s]가 1[A]와 같으므로, 전력의 단위 [W]는 전압과 전류의 곱으로 나타낼 수 있다. 식 (1-7)과 같이

$$P = VI\,[\mathrm{W}] \tag{1-7}$$

또, 전력과 열에너지와는 변환이 가능한데 1초 동안에 1[W]의 전력을 소비하였을 경우 0.24[cal]의 열에너지의 양과 같게 된다.

전력은 저항 R에서 소비되기 때문에 전력의 공식을 저항 R과의 관계로 바꾸어 표시하는 것이 편리하다.

옴의 법칙을 이용하여 전력에 관한 식 (1-8), (1-9)를 나타낸다.

$$P = I^2 R \,[\mathrm{W}] \tag{1-8}$$

$$P = \frac{V^2}{R} \,[\mathrm{W}] \tag{1-9}$$

식 (1-8), (1-9) 공식은 전력공식의 대표적인 형태이다.

(5) 직렬회로

1) 직렬연결

2개 이상의 소자가 [그림 1-20 (a)]와 같이 연속적으로 연결되어 있는 회로를 직렬회로라 한다. 직렬회로에서는 전자가 흐를 수 있는 길이 하나밖에 없기 때문에 직렬회로에서의 모든 소자에 흐르는 전류의 값은 같게 된다.

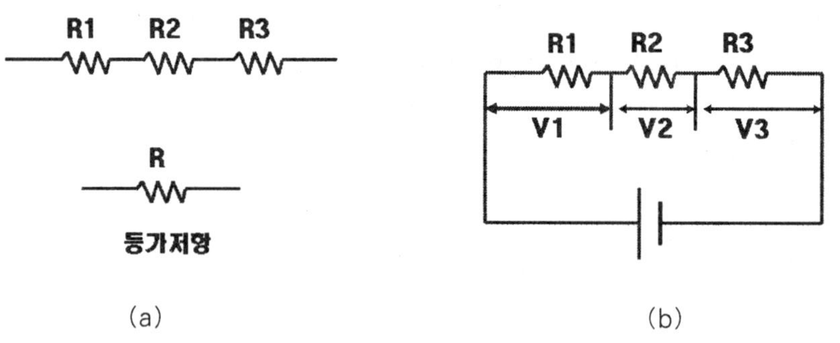

[그림 1-20] 저항의 직렬연결

3개의 저항 R_1, R_2, R_3을 [그림 1-20 (b)]와 같이 직렬로 연결하면, 회로 전체에 흐르는 전류는 항상 일정하다. 각 저항에서 소비되는 전압은 $V_1 = R_1 \times I$, $V_2 = R_2 \times I$, $V_3 = R_3 \times I$가 되고, 전체 전압 $V = V_1 + V_2 + V_3 = (R_1 + R_2 + R_3) \times I$이므로, 전체

저항을 R이라 하면, $V=IR$이므로, 전체 저항 $R=R_1+R_2+R_3$가 된다. 그러므로 N개의 저항 $R_1, R_2, R_3, \cdots, R_N$이 직렬로 연결되어 있다면 식 (1-10)으로 표현된다.

$$R=R_1+R_2+R_3+\cdots+R_N \tag{1-10}$$

2) 직렬연결의 전압과 전류

전체 전류는 1[A]로 어느 곳에서나 항상 일정하게 되며([그림 1-21]), 각 전압이 2, 3, 5[V]이므로 합하면 전원전압 10[V]와 같게 된다. 즉, **각 저항의 크기에 비례하여 각 저항마다 전압이 분배되는 것을 알 수 있다. 그러므로** 전체 회로에 가한 전압 10[V]는 3개의 저항 크기에 비례하여 분배되고 각각의 전압을 더한 값과 같게 된다. 만약 회로에 29[V]를 가했을 때, 각 저항에 생기는 전압강하는 저항값에 비례하여 4, 6, 10[V]가 되고 모두 합하면 전원전압 20[V]와 같게 되며 전류[I]의 값은 모두 1[A]로 같게 된다.

$$I=\frac{V}{R}=\frac{20}{4+6+10}=1[\text{A}]$$

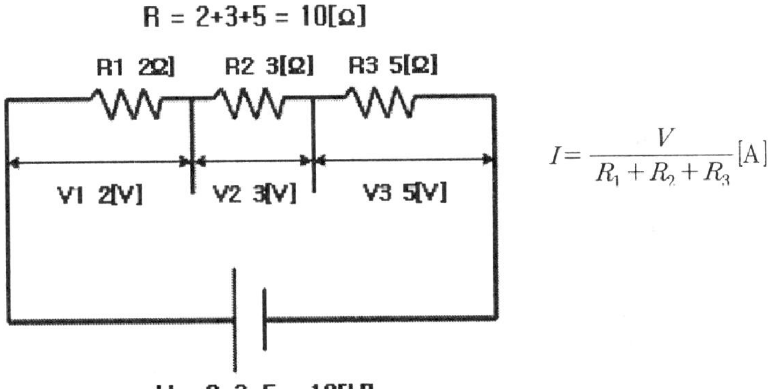

[그림 1-21] 직렬회로에서의 전압분배

(6) 병렬회로

1) 병렬연결

2개 이상의 소자가 [그림 1-22]의 (a)와 같이 전원의 양단에 연결되어 있을 때 병렬회로라 한다. 그림에서 저항 R_1, R_2, R_3와 전원은 서로 병렬회로를 이루고 있다. 여기에서 각 소자는 각각의 전류의 값을 가진다. 그러므로 **병렬회로에는 여러 개의 저항 양단에 공통 전원을 가지고 있으며, 각각의 저항에는 각기 다른 전류 값을 가진다.** 이러한 특성은 한 개의 공통된 통로를 가지고 각각의 전압강하를 가지는 직렬회로와는 반대되는 개념이다.

3개의 저항 R_1, R_2, R_3를 [그림 1-22]의 (b)와 같이 병렬로 연결하면 각 저항에 걸리는 전압은 항상 일정한 반면, 전류의 크기는 저항의 크기에 반비례해서 나누어지게 된다. 각 저항에 흐르는 전류는 $I_1 = V/R_1$, $I_2 = V/R_2$, $I_3 = V/R_3$가 되고, 회로 전체에 흐르는 전류는 $I = V/R$, $I = I_1 + I_2 + I_3 = \left(\frac{1}{R_1} + \frac{1}{R_2} + \frac{1}{R_3}\right)$이 되므로, 전체 저항 $1/R = 1/R_1 + 1/R_2 + 1/R_3$가 된다. 그러므로 n개의 저항 R_1, R_2, R_3, …, R_N이 병렬로 접속되었을 때 합성저항 $R[\Omega]$은 식 (1-11), (1-12)와 같다.

$$\frac{1}{R} = \frac{1}{R_1} + \frac{1}{R_2} + \frac{1}{R_3} + \cdots\cdots + \frac{1}{R_N} \tag{1-11}$$

$$R = \frac{1}{\frac{1}{R_1} + \frac{1}{R_2} + \frac{1}{R_3} + \cdots + \frac{1}{R_N}} \tag{1-12}$$

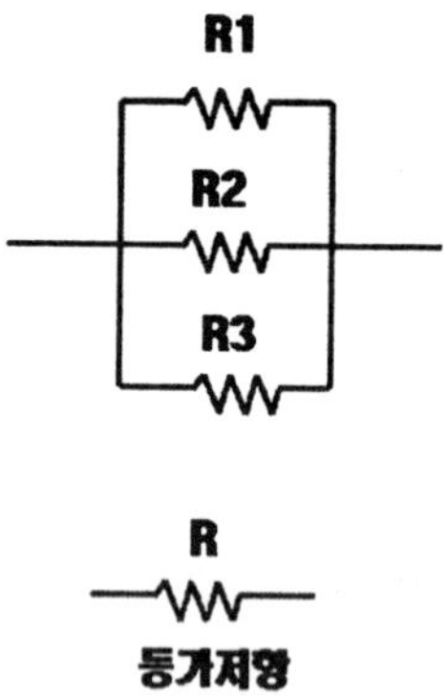

(a)

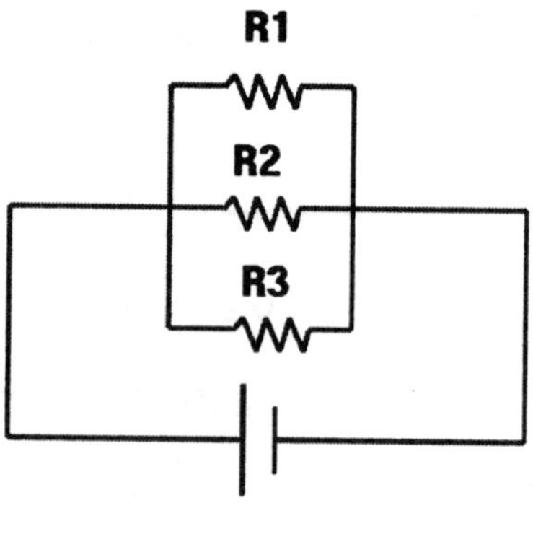

(b)

[그림 1-22] 저항의 병렬회로

2) 병렬연결의 전류분배와 전류의 크기

어떠한 회로에 **저항이 병렬로 접속되었다면 회로에서는 각 저항마다 동일한 전압이 가해지는 반면 저항에 흐르는 전류는 저항에 반비례하여 흐른다.**

접속된 저항의 수만큼 전류가 분배되는데, 각 저항에 흐르는 전류는 옴의 법칙에 의하여 구하게 된다. 회로에서 전체 전류는 각 저항에 흐르는 전류를 모두 더한 값과 같다.

[그림 1-23]과 같은 경우 전류 $I = 6 + 4 = 10$, 그러므로 전체 전류는 10[A]이다.

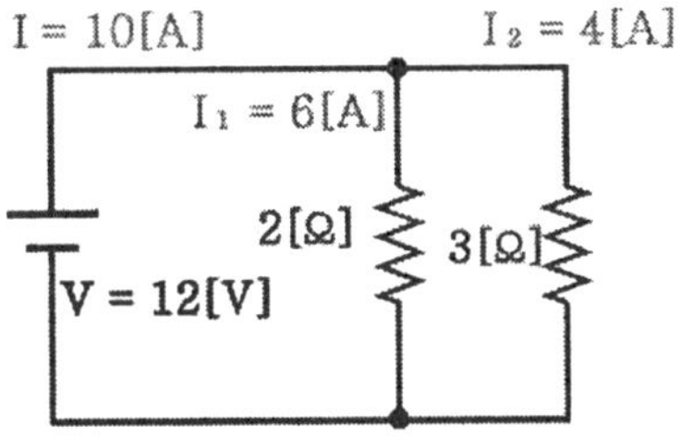

$$I = I_1 + I_2 = 6 + 4 = 10$$
$$V_1 = I_1 \times R_1 = 6 \times 2 = 12[V]$$
$$V_2 = I_2 \times R_2 = 4 \times 3 = 12[V]$$

[그림 1-23] 병렬회로의 전류 분배

(7) 직 · 병렬 조합회로

전기회로에서 어느 회로는 같은 양의 전류의 값을 가지게 하기 위하여 직렬로 연결하고 그 밖의 회로는 같은 양의 전압을 공급하기 위하여 병렬로 연결해야 할 경우가 있다. [그림 1-24]의 회로에서는 한 개의 전원전압에 의하여 직렬로 연결된 부분과 병렬로 연결된 부분에 따라 각 회로마다 서로 다른 전압과 전류를 가지게 된다.

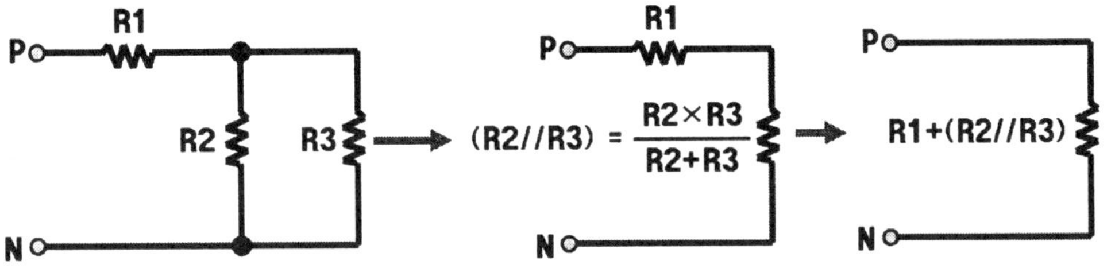

[그림 1-24] 직 · 병렬 조합연결의 등가 저항 구하기

저항이 직렬 및 병렬로 조합되어 연결되어 있다면 직렬 및 병렬 연결을 구분하여 [그림 1-25]와 같이 순차적으로 구해나가는 것이 좋다.

아래의 네 가지 경우를 이용하면 직렬연결과 병렬연결이 조합된 어떤 회로의 등가 저항도(식 1-13) 구할 수 있다.

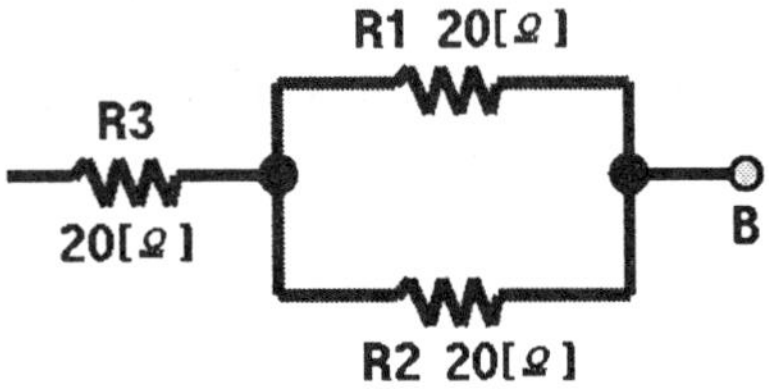

$$R = R_3 + \frac{R_1 \times R_2}{R_1 + R_2} \quad (1\text{-}13)$$

$$R = 20 + \frac{20 \times 20}{20 + 20} = 30[\Omega]$$

[그림 1-25] 저항의 직 · 병렬 연결 (1)

병렬연결된([그림 1-25]) R_1과 R_2의 합성저항을 먼저 계산한 다음, R_1과 R_2의 합성 저항값에 R_3의 저항값을 직렬연결로 계산하면 이 회로의 전체 저항값을 구할 수 있는데 이 회로의 전체 저항값은 30[Ω]이 된다.

병렬연결된([그림 1-26]) R_1과 R_2의 합성저항, R_3과 R_4의 합성저항을 각각 먼저 계산하면, 두 저항이 직렬연결된 것과 같으므로 두 합성저항을 더하면 전체 저항은 7[Ω]이 된다.

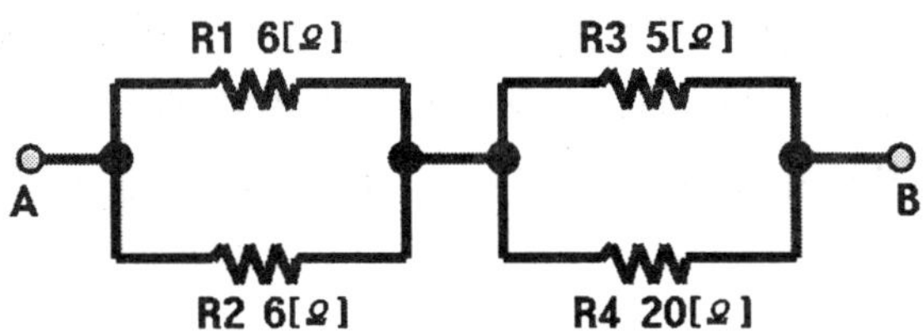

$$R = \frac{R_1 \times R_2}{R_1 + R_2} + \frac{R_3 \times R_4}{R_3 + R_4} = \frac{6 \times 6}{6 + 6} + \frac{5 \times 20}{5 + 20}$$

$$R = \frac{36}{12} + \frac{100}{25}$$

$$3 + 4 = 7[\Omega]$$

[그림 1-26] 저항의 직·병렬 연결 (2)

직렬연결된([그림 1-27]) R_1과 R_2의 합성저항을 구하고, 그 합성저항과 R_3의 병렬 합성저항을 계산하면(식 1-14) 전체 저항값은 50[Ω]이 된다.

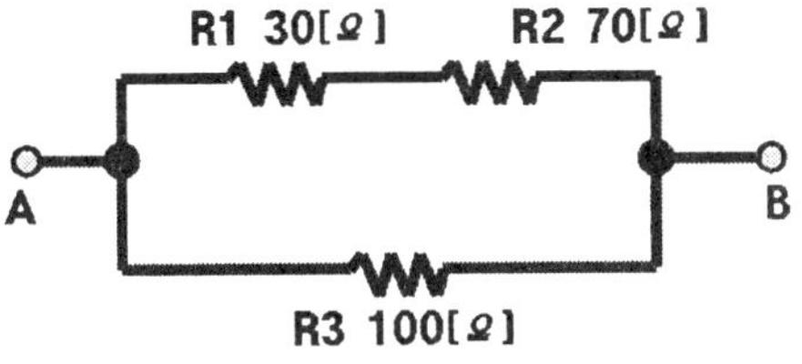

$$R = \frac{(R_1 + R_2)R_3}{R_1 + R_2 + R_3} \tag{1-14}$$

$$R = \frac{(30+70)100}{30+70+100}$$

$$= \frac{10000}{200} = 50[\Omega]$$

[그림 1-27] 저항의 직·병렬 연결 (3)

직렬연결된([그림 1-28]) R_1과 R_3의 합성저항을 구하고 R_2와 R_4의 합성저항을 계산한 후, 두 합성저항의 병렬 합성저항을 계산하면(식 1-15) 전체 저항값은 50[Ω]이 된다.

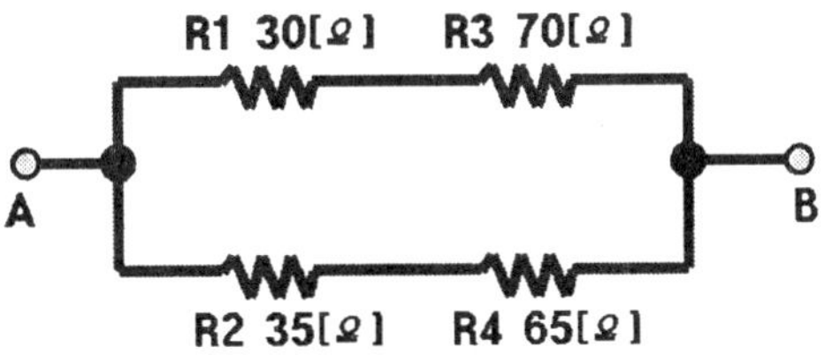

$$R = \frac{(R_1 + R_3)(R_2 + R_4)}{R_1 + R_3 + R_2 + R_4} \tag{1-15}$$

$$R = \frac{(30+70)(35+65)}{30+70+35+65}$$

$$\frac{10000}{200} = 50[\Omega]$$

[그림 1-28] 저항의 직·병렬 연결 (4)

(8) 휘트스톤 브리지

휘트스톤 브리지(Wheatstone bridge)는 정밀저항을 측정할 때 사용한다. **정밀저항을 측정하므로 여러 종류의 센서를 이용하여 변화량을 측정하는 데 주로 이용되는 회로이다.**

4개의 저항을 [그림 1-29]와 같이 대칭으로 접속시키고 검류계(G)를 브리지형태로 접속한 후 전압을 가하면 회로에 전류가 흘러 각 저항에 전압강하가 발생한다. 검류계가 접속된 중간지점인 c-d 간의 전압이 같아지면 전위가 '0'이 되므로 검류계(G)에 전류가 흐르지 않게 된다. 이때, **전위는 평형(같아짐)이 되었다고 한다.**

각 저항의 전압강하는 저항의 크기에 비례하므로 저항은 전압강하의 값을 통하여 미리 정해놓은 두 개의 저항값과 나머지 한 개의 저항값은 조정하여 미지의 저항을 구할 수 있다. **브리지가 평형을 이룰 때 마주보는 저항을 서로 곱한 값은 식 (1-16)과 같다.**

$$PR = QX \quad \rightarrow \quad X = \frac{P}{Q}R \tag{1-16}$$

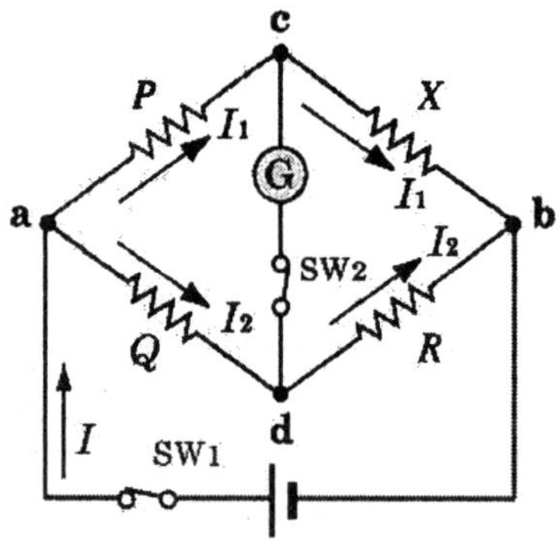

[그림 1-29] 휘트스톤 브리지

(9) 키르히호프의 법칙

1) 키르히호프의 제1법칙(전류법칙 : KCL)

회로 내의 임의의 접속점에 흘러 들어오고 나가는 전류의 대수합은 0이다. 다시 말하면, 회로 내의 임의의 한 접속점에 흘러 들어오는 전류의 총합은 흘러나가는 전류의 총합과 같다.

회로를 해석하기 위해서 키르히호프(Kirchhoff)의 법칙을 이용할 때에는 전압법칙과 전류법칙에 적용시킬 수 있는 대수 부호를 결정하는 일정한 규칙이 필요하게 된다. 전류법칙에 있어서, 임의의 접속점에 들어오는 전류에는 (+)부호를, 흘러나가는 전류에 대해서는 (−)부호를 사용하는 것이 보통이다.

I_1과 I_2는([그림 1-30(a)]) C점으로 흘러 들어가기 때문에 (+)부호로, I_3은 흘러나가는 전류이기 때문에 (−)부호로 표시한다. 또한 [그림 1-30(b)]에서 전체 전류 7[A]가 흐르는 회로에서 양쪽 I_1과 I_2로 흘러나가는 전류의 합은 2[A]+5[A]=7[A]가 된다.

이것을 다시 정리하면 식 (1-17)과 같은 관계가 성립한다.

$$I_1 + I_2 - I_3 = 0 \qquad \Sigma 유입전류 = \Sigma 유출전류 \qquad \Sigma I = 0 \tag{1-17}$$

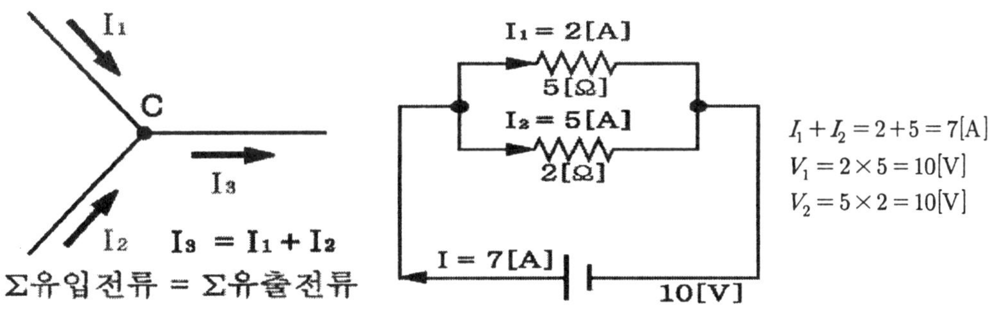

(a) (b)

[그림 1-30] 키르히호프의 전류법칙

2) 키르히호프의 제2법칙(전압법칙 : KVL)

임의의 폐회로에서 기전력의 총합은 저항에서 발생하는 전압강하의 총합과 같고, 만약 임의의 전위를 갖는 한 점에서 출발하여 같은 전위로 동일점에 돌아오면 전위차는 0이 되게 된다.

회로해석을 위하여 전압의 부호를 결정할 때에는 우선 각 전압의 극성을 표시하는데, 극성은 전류가 흘러 들어오는 쪽은 (+), 흘러나가는 쪽은 (−)로 나타낸다. 전류가 한 폐회로 내의 한 점에서 출발하여 한쪽 방향으로 일주한다면, 먼저 접하게 되는 전압단자의 극성이 (+)이면 그 전압의 대수부호는 (+)로 나타내고, 반대로 전압의 극성이 (−)이면 그 전압의 대수부호는 (−)로 나타낸다.

이와 같은 방법은 전원전압과 전압강하 모두에 적용할 수 있으며, 일주방향이 시계방향이든 혹은 시계반대방향이든 상관이 없다. 어느 경우든 출발점을 기준으로 하여 회로를 일주한 다음 다시 원점으로 되돌아올 때까지의 경로에서 전원전압 및 전압강하의 대수합은 0이다. [그림 1-31]에서와 같이 V_1, V_2를 같은 방향으로, V_3를 다른 방향으로 접속하고 R_1, R_2, R_3가 직렬로 접속된 회로에서 전압상승(+)과 전압강하(−)의 관계는 식 (1-18)과 같다.

$$V_1 + V_2 - V_3 = IR_1 + IR_2 - IR_3, \ \Sigma \text{기전력} = \Sigma \text{전압강하}, \ \Sigma V = RI \quad (1\text{-}18)$$

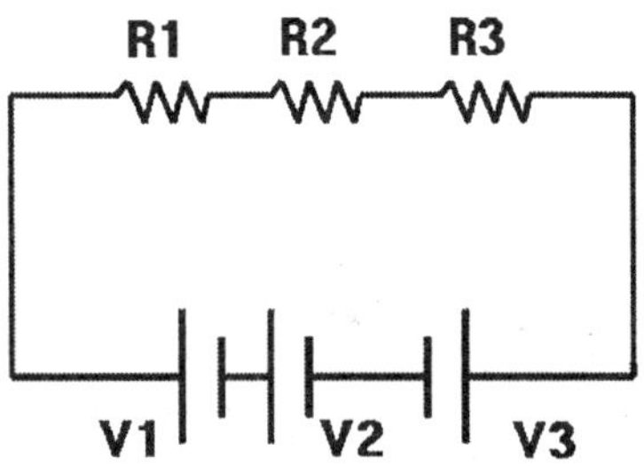

(a)

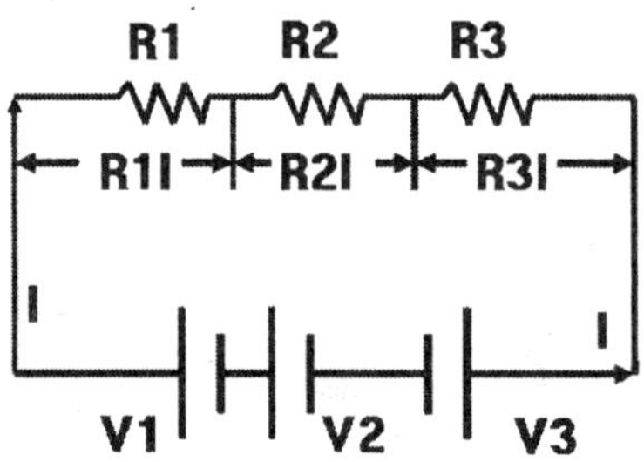

(b)

[그림 1-31] 키르히호프의 전압법칙

출발점으로 되돌아오지 못할 경우에는 출발점으로부터 그 점까지의 전원전압 및 전압강하의 대수합은 출발점과 동작점 사이의 전위차가 되는 것이다. 최초의 어느 두 점 사이의 전위차는 어느 폐회로를 선택하여도 동일하므로 전위차를 결정할 때 이용한 경로와는 상관이 없다.

3 전 지

전지는 내부의 화학 변화에 의해서 전기적 에너지를 만들어 내는 셀(cell)의 집합이다. 전지는 일정한 직류전압을 출력하며, 출력전압에 영향을 주는 내부저항을 가진 발전기의 형태와 같다. 가장 일반적인 전지로는 출력이 1.5[V]인 탄소-아연 건전지이며, 납축전지의 출력은 2.2[V]이다. 또 1.35[V]의 수은 전지와 1.25[V]의 니켈-카드뮴 전지도 사용된다.

(1) 기전력의 발생원리

묽은 황산(H_2SO_4) 용액 속에 [그림 1-32]와 같이 구리(Cu)와 아연판(Zn)을 넣으면, 구리보다 이온화되는 성질이 강한 아연은 용액 속에 양이온(Zn^{2+})으로 되어 용해된다. 따라서 아연판에는 2e－의 **최외각**[4] 전자가 남는다.

또한 묽은 황산은 $H_2SO_4 \rightarrow 2H^+ + SO_4^{2-}$ 상태로 전리한다. 이러한 상태에서 아연판에 남아 있는 음전기가 도선을 통해 구리판으로 이동하게 되며, 이 전자가 전해액 속의 수소이온(H^+)과 결합하고, 수소 가스(H_2)로 되어 구리판 위에 발생하게 된다.

그 결과, 전자를 밖으로 내보내게 되는 아연판이 음극(－)으로 되고, 그 전자를 받게 되는 동판이 양극(＋)으로 되어, 그 양 전극 간에는 기전력이 발생한다.

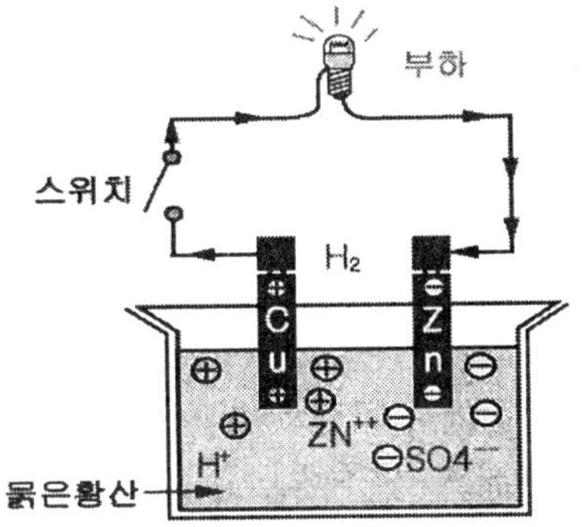

[그림 1-32] 전기분해

4) **최외각** : 여러 껍질 중에 제일 바깥쪽에 있는 껍질을 말한다.

(2) 전지의 종류

전지는 화학전지, 물리전지, 연료전지로 크게 나눌 수 있는데, 우리가 흔히 말하는 전지라고 하는 경우는 화학전지를 말한다.

이러한, 전지 중에 반응이 비가역적이며 재생할 수 없는 1차 전지와 반응이 가역적으로 반복하여 충·방전이 가능한 2차 전지(축전지 또는 충전식 전지)로 크게 나눌 수 있다.

(3) 탄소-아연 건전지

탄소-아연 건전지는 [그림 1-33]과 같은 구조로 나타낼 수 있는데, 전해질을 담은 아연 용기는 음(−)의 전극으로 작용하도록 하고 가운데에 있는 탄소 막대는 양(+)의 전극으로 아연이 닿을 수 없도록 짧게 한다. 전해질은 염화암모늄과 물의 혼합용액이나, 액체가 아니고 포화된 탄소 입자와 가루 상태의 이산화망간을 염화암모늄 용액에 섞어 반죽한 형태이다.

아연이 염화암모늄에 의해 분해될 때 질소와 수소를 가지고 있는 암모늄 분자 물질은 수소를 방출하게 된다. 그러면 탄소 전극 주위에 수소기포가 모여 방해하는 것을 **전지의 분극작용**[5]이라 한다. 분극작용은 건전지의 기전력을 감소시킨다. 건전지 내에 이산화망간을 넣어 수소를 산화시켜 분극작용을 적게 하여 출력전압을 공급할 수 있게 되고, 만약 아연 전극에 철과 탄소 같은 불순물을 함유하고 있다면 그 불순물이 양극이 되어 아연 전극 사이에 국부 전지를 형성하여 순환 전류가 흐르게 되고 이 때문에 기전력을 감퇴시키는데 이것을 국부작용이라고 한다. 이것은 아연 전극을 소모하게 되므로, 이것을 감소시키기 위해 음극에 수은도금을 하여 방지하는데, 이것을 **아말감**[6]이라 한다.

이처럼 우리 주위에는 [그림 1-34]와 같이 여러 가지 건전지가 사용된다.

---

5) 전지의 분극작용 : 전지에 부하를 걸면 양극 표면에 수소가스가 생겨 전지의 기전력을 저하시키는 현상.
  ① 분극현상 : 볼타전지를 이용하여 전구를 켜면 켜진 지 몇 분 되지 않아 전구의 불이 꺼진다(이유−구리판 주위에 수소기체가 생겨 전자의 흐름을 방해→분극). 그러나 과산화수소, 이산화망간 등과 같은 산화제를 구리판 주위에 넣어 주면 수소기체가 물로 변하여 분극현상이 사라져 전류가 잘 흐르게 됨. 이와 같은 현상을 감극이라 한다.
  ② 감극제 : 수소기체를 제거하여 전극의 활동을 활발하게 유지시키는 물질

6) 아말감 : 수은과 하나 이상의 다른 금속으로 이루어진 합금

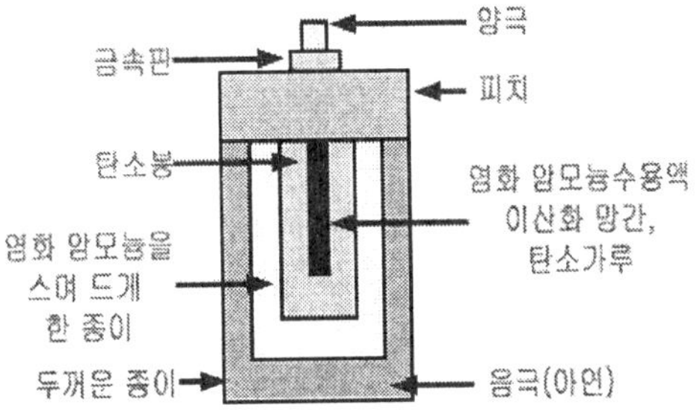

[그림 1-33] 건전지의 구조

[그림 1-34] 여러 가지 건전지

(4) 수은전지

수은전지는 평편한 것과 원통형의 두 종류가 있다. 수은 건전지의 구조는 [그림 1-35]와 같이 되어 있으며, 전해액으로 산화아연과 수산화칼륨을 사용하기 때문에 철제의 케이스 속에 들어 있다. 이 전지는 건전지에 비하여 자체 방전이 적어 수명이 길고 사용 중 전압이 일정하기 때문에 항상 같은 조건으로 사용할 수 있는 장점이 있다. 수은전지의 전압은 1.35[V]로서 충전할 수 없는 전지 중에서 가장 성능이 좋고 초소형으로 만들 수 있다.

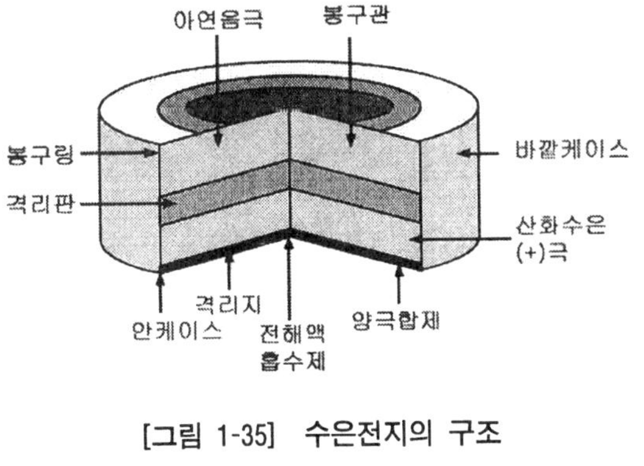

[그림 1-35] 수은전지의 구조

(5) 니켈-카드뮴(Ni-Cd) 축전지

충전이 가능한 니켈-카드뮴(Ni-Cd) 축전지는 밀폐형 축전지의 대표적인 것으로 아래와 같은 특징을 가진다.

① 전지의 용적이 매우 소형이며, 그 용적에 비해 큰 전류를 얻을 수 있다.
② 과충전 및 과방전이 가능하다.
③ 반복 충전이 가능하므로 경제성이 높다.
④ 방전 중의 전압변동이 적으며 전체 방전시간의 약 90%는 공칭전압 1.25[V]를 유지할 수 있다.

그렇지만 충전 장치가 필요하기 때문에 사용할 수 있는 공간에 관계가 있는 결점을 가지고 있으며 모양은 [그림 1-36]과 같다.

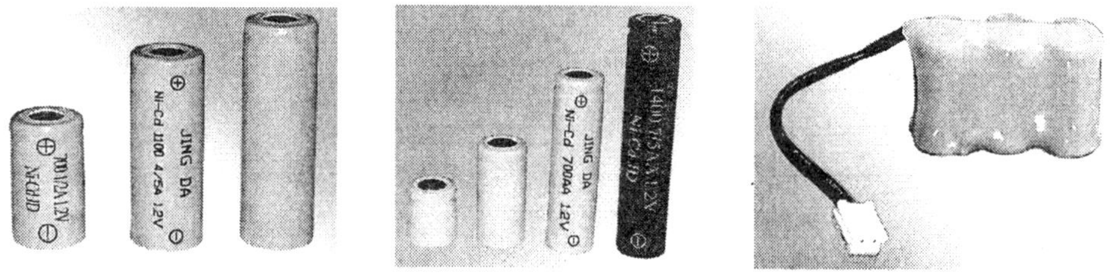

[그림 1-36] 각종 니켈-카드뮴 축전지

(6) 축 전 지

보편적인 납(Pb) **축전지**[7]는 전해액인 묽은 산성 용액 내에 산화염의 정전극과 다공성 혹은 스펀지형 염의 음극으로 이루어져 있다. 축전지의 일반적인 구조는 [그림 1-37]과 같은데, 포스티드 그리드(Posted Grid)로, 염과 안티몬 합금이 격자체를 만드는 데 사용된다. 이 격자체는 전기 화학적 형성 과정이 끝난 뒤에 페이스트로 채워지게 되며, 산화염을 활성 화학물질로 만들며 일반격자는 포스티드 그리드로서, 화학작용으로 이루어지는 전류를 위한 전지 도체로서 작용하게 된다.

전극 판은 묽은 산성 용액 내에서 고무나 에보나이트 박판, 유리판으로 지지하게 된다. 화학적 작용은 아주 복잡하게 일어나지만 최종 결과는 축전지가 방전함에 따라서 양극판에서 활성물질들을 유화 염으로 변화시키는 원리이다.

만약 이 상태로 두면 유산염은 시간이 지남에 따라 결정이 되고 확장되려고 하는 성질이 있으므로, 납축전지는 충전된 상태로 보존되어야 하는데 시간이 지남에 따라 용액이 증발할 경우 충분히 물을 공급해 주어야 한다.

---

7) 축전지 : 화학 에너지를 전기 에너지로 변환하는 장치

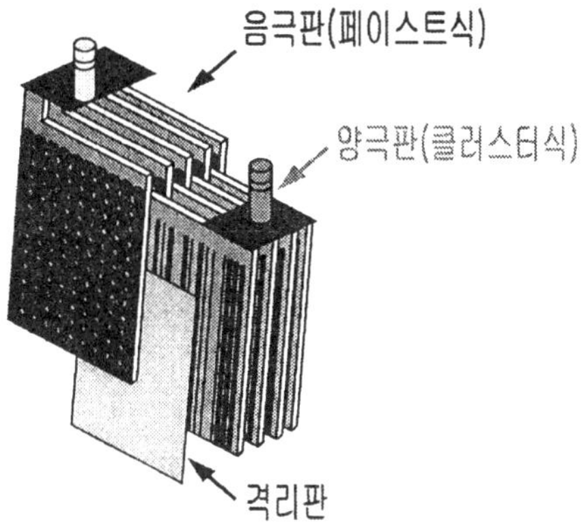

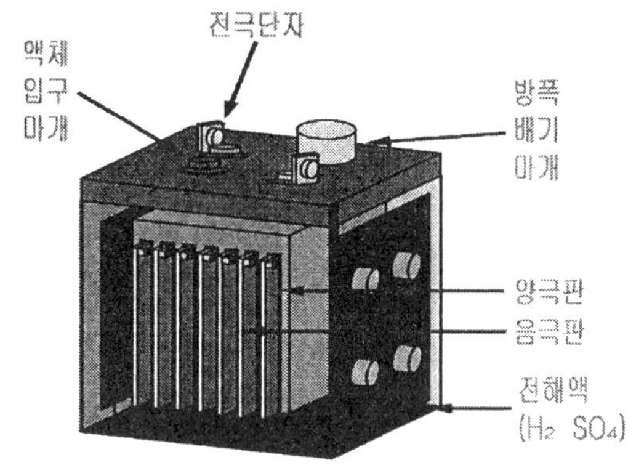

[그림 1-37] 납축전지의 구조

(7) 축전지의 내부저항8)

건전지나 축전지에서 에너지의 근원은 화학적 반응이고 화학적 반작용의 결과물은 전극을 절연시키려 하거나 또는 전류가 전지로부터 흘러나올 때 단자전압을 감소시키는 화학적 혹은 이온 결합을 생기게 하려는 성질이 있다.

이 작용을 분극(성극)작용이라고 하며 어떤 경우에는 전류의 흐름이 정지된 후에도 얼마간 계속되는 경우가 있다. 일반적으로 전지의 구조는 이러한 효과를 중화하는 데 약간의 시간이 걸리는데 이를 가리켜, 전지의 내부저항이라고 부른다. 분극현상은 축전지보다 건전지에서 현저하며, 전지의 내부저항은 식 (1-19)로

$$R_i = \frac{V_0 - V_L}{I_L} \tag{1-19}$$

나타내며, V_0는 분극작용이 일어나기 전에 측정한 단자전압이며, V_L은 부하가 걸려 있을 때 전압이며, I_L은 부하전류이다.

(8) 용량의 단위

전지의 용량 단위는 암페어 시(Ampere-hour : 암페어 아워, Ah)이다. 100[Ah]란 8시간 동안 축전지 또는 건전지를 12.5[A]의 전류를 계속해서 흘릴 수 있다는 것이

8) 축전지의 내부저항 : 전지 자신이 내부에 가지고 있는 저항

다. 이와 같은 식으로 볼 때면 전지가 25[A]로 계속 4시간 혹은 50[A]로 계속 2시간을 계속해서 흘릴 수 있지만 실제로는 암페어 시 용량은 방전율이 증가할수록 감소하게 된다.

(9) 전지의 연결

1) 직렬연결

2개 이상의 전지를 [그림 1-38]과 같이 연결할 때 한 전지의 양(+) 단자와 다른 전지의 음(−) 단자를 연결한 방법을 직렬연결이라 하는데 직렬로 된 두 단자의 끝 부분에 나타나는 전압은 각각 전지전압의 합이 되어, 전체 전압은 증가하나 전류의 크기는 한 개일 때와 같다.

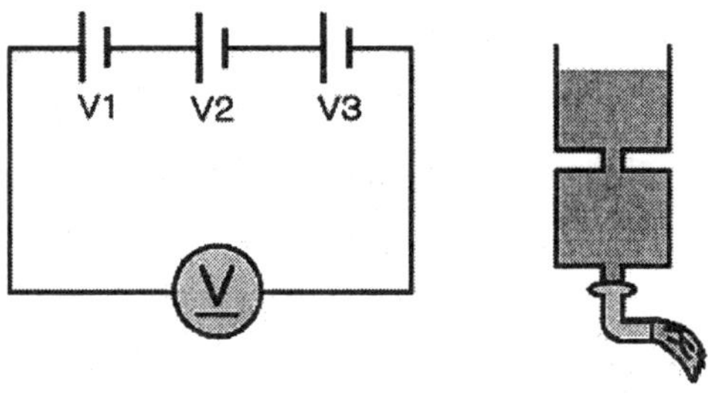

[그림 1-38] 전지와 물통의 직렬연결 비교

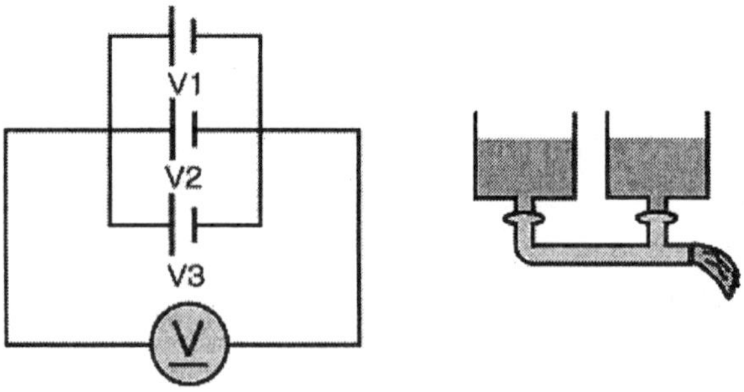

[그림 1-39] 전지와 물통의 병렬연결 비교

2) 병렬연결

2개 이상의 전지를 [그림 1-39]와 같이 연결할 때 한 전지의 양(+) 단자와 다른 전지의 양(+) 단자를 연결하고 또한 음(−) 단자는 음(−) 단자끼리 연결한 방법을 병렬연결이라 하는데 결합된 단자전압은 각각 전지의 단자전압과 같으나, 내부저항은 r/N이 되어, 전력요구가 낮은 전압에 많은 전류가 필요한 회로에 이용된다(단, N은 병렬연결 된 전지의 수를 나타낸 것이다).

(10) 건전지와 축전지의 취급 방법

1차 전지는 전류를 완전히 소모한 후 버리는 일반적인 전지로서, 얼마나 방전되어야 사용할 수 없는 것인가는 그 전지를 사용하는 장비와 회로에 따라 각기 다르다. 조명 장치와 같이 큰 전류를 소모하는 전지는 일찍 소모되지만 적은 전류를 이용하는 완구류, 시계 등에는 장시간 사용할 수 있다. 장비를 가동해 보면 전지의 방전상태를 알 수 있으며, 계속해서 전원을 공급하거나, 긴급을 요하는 주요 장비를 제외하고는 전지를 장비에서 분리하여 별도로 냉암소에 보관하는 것이 좋다.

① **전지를 검사하는 방법** : 전지를 정상 부하에 연결하였을 때 전압을 측정하여 확인하는 방법이 있다. 전지가 신품일 때는 1.5[V]의 정격전압이 출력되지만, 장시간 사용한 전지는 전압이 감소하여 마침내는 1[V] 이하로 떨어지는데, 여러 개의 전지가 직렬로 연결된 전원에서는 이와 같은 전압의 차이가 더욱 심하게 나타나게 된다. 또한, 정밀을 요하는 장비는 전압이 1.3[V] 이하로 떨어지기 전에 수시로 점검하여 새로운 전지로 교환하여 주어야 장비의 고장을 예방할 수 있다.

② **축전지의 충전상태를 검사** : 축전지에 사용되는 전해질의 비중을 측정하는 방법을 쓴다.

㉠ 충전이 완전히 된 축전지의 비중은 1.270~1.300이다.

㉡ 방전된 축전지는 1.150~1.210의 비중을 나타낸다.

㉢ 방전이 다된 축전지의 비중이 1.175 이하로 떨어지면 전극이 유산화 작용으로 파괴되어 충전이 불가능해진다.

㉣ 비중을 측정하기 위해서는 비중계를 사용한다.

㉤ 전해질의 비중은 온도에 따라서 그 값이 변화되므로 온도계와 환산표가 없는 비중계는 온도에 따라 비중의 값을 환산해야 한다.

㉥ 모든 축전지는 습기나 기름 먼지 등에 의해서 방전이 일어나기 때문에 그것을 방지하기 위해서는 항상 깨끗하게 닦아 두어야 한다.

4 자기와 전자 유도

(1) 개 요

자철광(Fe_3O_4)이라고 하는 광석은 철가루와 철조각 등을 끌어당기는 성질이 있고 또 이 자철광으로 강철을 문지르게 되면 강철도 역시 철가루와 철조각을 끌어당기는 성질을 가지게 된다. 이와 같은 성질의 근원을 **자기**(magnetism : 마그네티즘)라 하고, 자기를 가지고 있는 물체를 **자석**(magnet : 마그넷)이라 하며 자석의 양끝을 **자극**이라 한다. 자기에 의한 여러 가지 작용을 **자기작용**이라 하며, 자석에 강철을 마찰한다든지 혹은 다른 방법으로 자석을 만드는 것을 **자화**한다고 한다.

자철광은 천연적으로 자성을 갖고 있으므로 **천연자석**이라 하고, 인공적인 방법으로 자화한 자석을 **인공자석**이라 한다. 인공자석에는 막대자석, 말굽자석, 자침 등이 있다.

자기작용을 느끼고 또 자화할 수 있어 자석이 되는 물질에는 철 이외에 니켈, 코발트 및 합금 등이 있으며 이것을 강자성체 혹은 자성체라고 하며 자기재료로 사용된다. 자성체와 반대로 구리, 알루미늄과 같이 자기를 거의 느끼지 않는 것들을 약자성체라 하고 실용적으로는 비자성체로 취급한다.

(2) 자 극

자기력이 집중된 곳이 자극으로 N극과 S극이다([그림 1-40]). 자석이 철을 끌어당길 때 그 작용은 자석 전체에 존재하는 것이 아니다. 보통의 막대자석, 말굽자석 등으로 쇳가루를 끌어당기면 자석의 양단에 가까운 곳만 쇳가루를 부착하는데 이와 같이 자석의 가장 센 부분을 **자극**(magnetic pole : 마그네틱 폴)이라고 하며, 양극의 선을 **자축**이라고 한다.

[그림 1-40] 자극

지구 자체는 [그림 1-41]과 같이 북극과 남극에 자력을 띤 우리 주변에서 가장 큰 자석이다. 쉽게 회전할 수 있는 것에 작은 막대자석을 부착하게 되면 지구의 자극 때문에 항상 한쪽 끝은 북쪽을 가리키게 되는데, 실제의 지구 북극은 자석의 북극과는 약 15도 정도 다르게 나타난다. **북쪽을 지시하는 자극을 N(North : 노스)극, 남쪽을 지시하는 자극을 자석의 S(South : 사우스)극**이라고 한다.

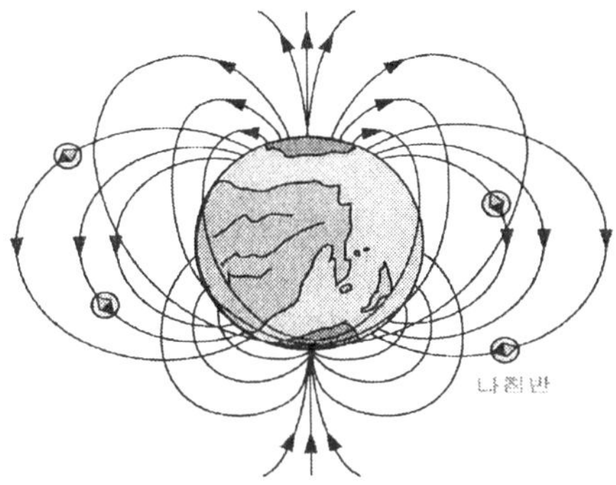

[그림 1-41] 지구자기장

(3) 자극 상호 간의 작용

실로 매단 수평의 두 자침을 가지고 양쪽의 자극을 서로 접근시킬 때 전하 사이의 힘과 마찬가지로 같은 종류의 자극(N극과 N극, 혹은 S극과 S극)은 서로 반발력이 작동하고, 다른 종류의 자극(N극과 S극)은 서로 흡인력이 작용한다. [그림 1-42]는 자극 간의 상호작용을 보여주고 있다.

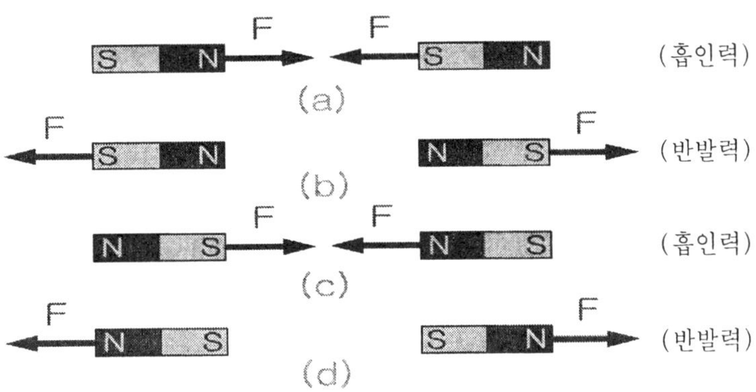

[그림 1-42] 자극 간의 상호작용

(4) 자 속

N극에서 흘러나와 S극으로 흘러 들어가는 것으로 생각하는 자력선들의 전체 집합을 자속(magnetic flux : 마그네틱 플럭스)이라고 하는데 기호는 웨버(Weber : [Wb])이며, [그림 1-43]과 같이 강한 자계는 약한 자계보다 많은 양의 자력선과 자속을 가지고 있다.

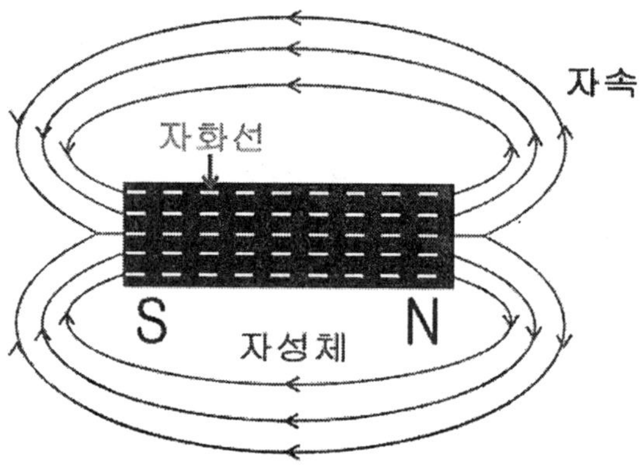

[그림 1-43] 자화와 자속

(5) 자기유도

자기유도란 자성체가 외부 자계의 영향에 의해서 자화되는 현상이다. 영구자석에 의해서 철 막대는 자석이 되는데, 이와 같이 영구자석에 의해 생겨난 자기력선은 철 내부의 분자자석을 자화되기 전에 임의의 방향에서 같은 방향으로 재배열시키는 작용을 한다. 이때 자화된 철 막대는 양끝에 자극을 가지게 되는데, 이것이 자기유도이다. 철에 유도된 극은 자석의 극과는 서로 반대의 극을 가지게 되므로 다른 극끼리는 흡입력이 작용하므로 철 막대를 끌어당긴다.

(6) 자 력 선

유리판이나 두꺼운 종이 위에 [그림 1-44]와 같이 쇳가루를 골고루 뿌린 후 막대자석 혹은 말굽자석 위에 두고, 한쪽 방향을 가볍게 두드릴 때는 쇳가루는 그림에서 보이는 것과 같이 N, S 양 자극 간에 이어져 있는 수많은 선상 위에 배열한다. 이것은 각각의 쇳가루가 자기유도 작용에 의해서 자석의 성질을 가지게 되며 이것이 자계의 방향을 향해서 정렬하려고 하는데 이 모양은 연속적으로 선상이 되어서 N, S 양 극간을 연결하고 있다.

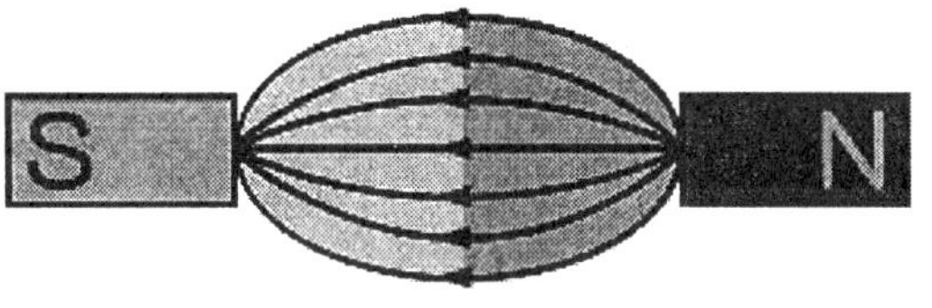

[그림 1-44] 자기력선

이와 같이 쇳가루가 선상 위에 나타나는 곡선은 그 접선에 의하여 자계의 방향을 알 수 있고 또 그 쇳가루의 분출된 양에 따라서 자계의 세기의 크고 작음을 나타낼 수 있으므로 대단히 편리한 선이라 하겠다. 여기서 편의상 쇳가루가 놓여 있는 선과 같은 곡선을 가상하여 그리고 이 곡선이 자석의 N극에서 나와 자계 내에 이어져 있는 자계의 방향을 이용하여 S극에 들어가 양 자극 간에 연속하는 자계방향의 곡선을 생각해낼 수 있는데 이것을 자력선이라 한다.

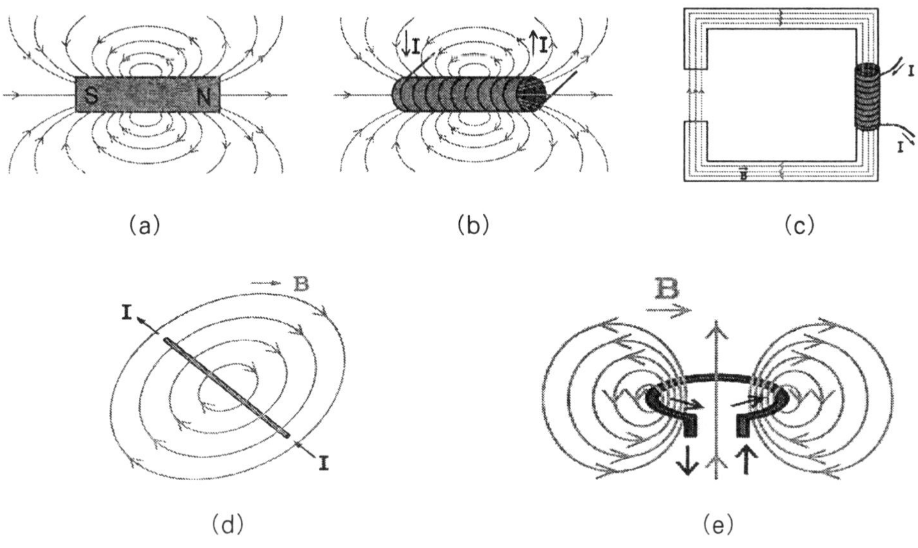

[그림 1-45] 여러 가지 자력선

자계의 여러 가지 상태를 나타낼 때에는 [그림 1-45]와 같이 항상 자력선을 그려서 그 접선의 밀도와 방향에 의하여 여러 곳의 자계의 방향 및 크기를 알 수 있다.

자력선들은 공기, 진공, 종이, 유리, 나무, 플라스틱 등과 같은 비자성 물질에 의해서는 영향이 없다. 이런 비자성 물질들이 자석의 자계 속에 놓였을 때 자력선은 물질이 없을 때와 마찬가지로 형성된다. 그러나 철과 같은 자성체가 자석의 자계 속에 놓였을 때는 자력선은 집중되어 공기 내에서의 자계보다 자력선들은 서로 밀집하게 된다.

(7) 전류의 자기 이론

전류가 흐르는 도선 주위에는 자장이 형성된다는 것을 알 수 있으며 철이나 기타 자기물질의 분자는 전류의 흐름에 의해서 자석의 밀입자가 된다는 것을 알 수 있다. 철조각이 자화되지 않고 있을 때 철조각의 자기분자들은 흩어진 상태에 있다가 강한 자석에 접촉하면 배열된 자기분자들은 한동안 그 상태를 유지하며 자성을 갖게 된다.

전기와 자기 사이의 관계는 외르스테드(H. C. Oersted, 1777~1851)에 의해 1814년에 발견, 정리되었는데, 그는 도선의 전류가 흐르면 자석 나침반의 바늘을 움직인다는 것을 발견하였고 몇 년 후 이와 반대현상이 발견되었다.

전선에 [그림 1-46]과 같이 일정한 방향의 전류가 흐르게 하고 여기에 자침을 가까이 접근시키면 자침이 이동하여 일정한 방향을 가리키면서 정지하며, 전류의 방향을 바꾸면 자침이 가리키는 방향도 반대로 나타난다.

이와 같은 현상은 전류가 흐르는 도선 주위에는 자계가 만들어지고 자기작용을 나타내는 것이다.

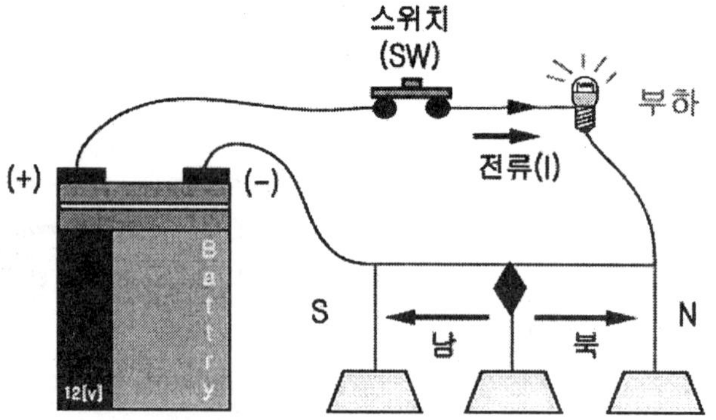

[그림 1-46] 전류의 자기작용

도체에 전류가 흐를 때 그 도체 주위에는 자기장이 생기는데 이때 자기장은 동심원으로 도체를 둘러싸는 모양이 된다. [그림 1-47]에서와 같이 자력선의 방향은 전류가 흐르는 방향에 의해 결정되는데 전류는 왼쪽에서 오른쪽으로 흐를 때 자력은 시계방향으로 나타난다. 도체 주위에 형성되는 자기장의 자기력선의 방향은 암페어의 오른나사 법칙을 적용하면 간단히 알 수 있다.

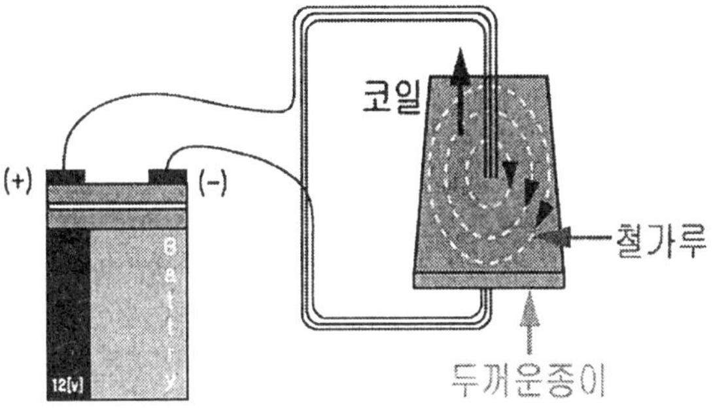

[그림 1-47] 전류와 자력선의 관계

암페어의 오른나사의 법칙이란 엄지손가락을 전류가 흐르는 도체의 방향과 일치시키고 나머지 네 손가락으로 도체를 잡으면 이들 손가락의 방향이 바로 자력선의 방향이 된다. 도체 주위에 발생하는 자력의 강도는 전류에 비례한다.

1) 암페어의 오른나사 법칙

직선전류의 경우에는 [그림 1-48]과 같이 전류를 따라 오른나사를 진행시키면 이 나사가 회전하는 방향이 자력선이 흐르는 방향이 된다. 또 코일의 경우에는 코일의 축을 따라 코일 내에 오른나사를 놓고 이것을 전류의 방향으로 회전시킬 때에 진행방향이 코일 내에 통하는 자력선의 방향이다.

오른손을 [그림 1-49]와 같이 사용하는 것이 있는데 그림과 같이 직선전류인 경우에는 오른손 엄지손가락을 전류의 방향과 일치하게 유지시킨 다음 나머지 손가락으로 전선을 쥐었을 때, 네 손가락이 향하는 방향이 자력선이 통하는 방향이다. 또 코일의 경우는 오른손의 엄지를 세워서 다른 네 손가락을 전류의 방향과 일치하게 유지시키며 코일을 쥐었다고 생각할 때에 엄지손가락이 가리키는 방향이 N극을 나타내는데, 이때 전류의 흐름은 전자의 이동인 것이다.

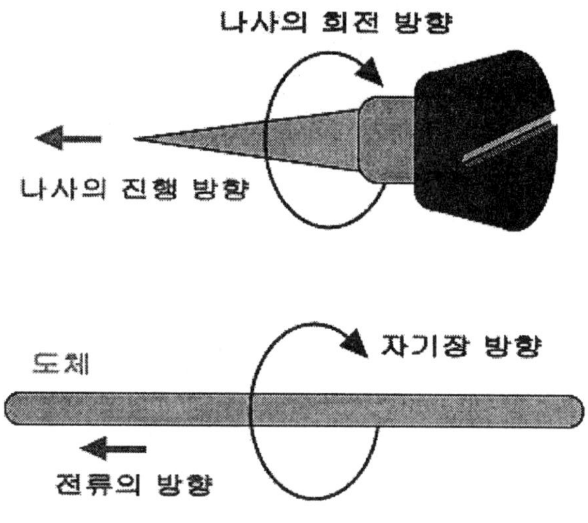

[그림 1-48] 암페어의 오른나사의 법칙

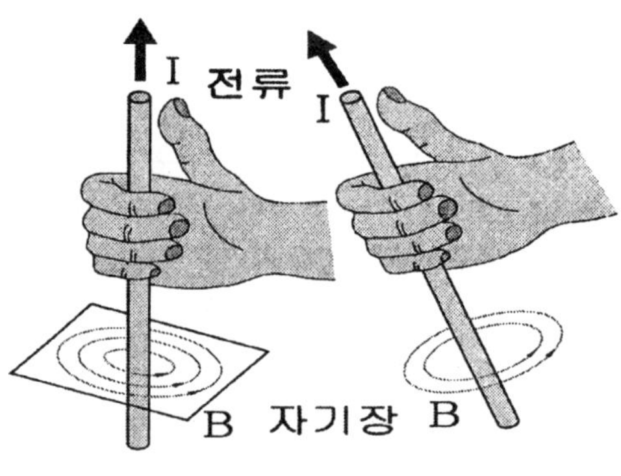

[그림 1-49] 암페어의 오른손 엄지손가락의 법칙

(8) 플레밍의 왼손 법칙

자석의 N, S 양극 사이에 직선의 도선을 놓고 여기에 전류를 흘리면 자극 사이에는 자력선이 N에서 S로 향하여 통한다. 전자력의 방향을 알기 위한 법칙으로 다음의 [그림 1-50]과 같이 왼손의 엄지손가락, 검지손가락, 중지손가락을 서로 직각으로 벌려서 검지손가락을 자기장의 방향, 중지손가락을 전류의 방향으로 향하게 하면 엄지손가락의 방향이 전류가 흐르는 도체에 작용하는 힘, 즉, 전자력의 방향을 가리키게 되는데 이것을 플레밍의 왼손 법칙(Fleming's left-hand rule : 플레밍스 레프트 핸드 룰)이라 한다.

이 힘을 전자력이라 하고 F[N]으로 나타내며, 자속밀도 B[Wb/m^2]의 평등자기장 내에 길이 l[m]인 도선을 자기장의 방향과 θ의 각도로 놓은 다음 I[A]의 전류가 흐를 때 이 도선에 작용하는 전자력 F는 식 (1-20)과 같다.

$$F = BI\,l\sin\theta [\mathrm{N}] \tag{1-20}$$

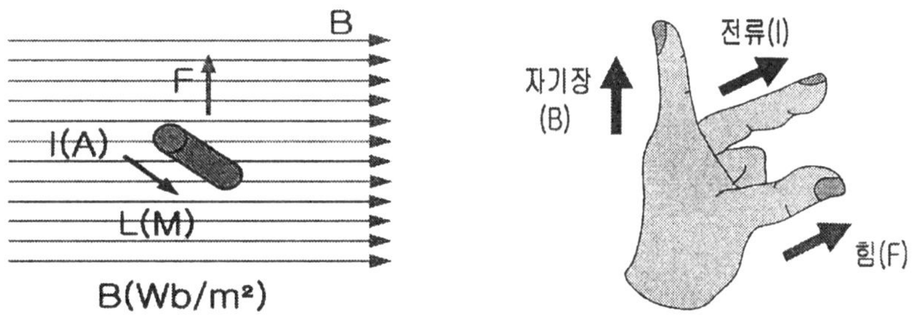

[그림 1-50] 플레밍의 왼손 법칙

(9) 플레밍의 오른손 법칙

플레밍의 오른손 법칙(Fleming's right-hand rule : 플레밍스 라이트 핸드 룰)은 자기장 안의 도체에 힘을 가하여 도체를 움직일 때 전자유도로 생기는 기전력의 방향을 알기 위한 법칙이다.

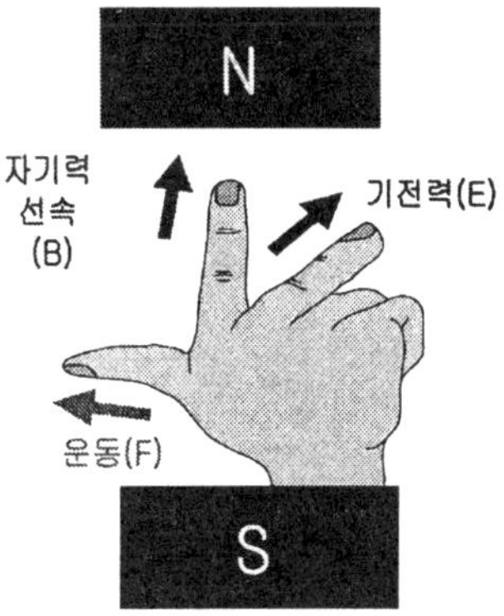

[그림 1-51] 플레밍의 오른손 법칙

오른손의 엄지손가락, 검지손가락, 중지손가락을 [그림 1-51]과 같이 각각 직각이 되게 벌려서 검지손가락을 자기장의 방향, 엄지손가락을 도체의 운동방향과 일치시키면 중지손가락의 방향이 기전력의 방향을 가리키게 된다.

(10) 전자유도 법칙

코일의 양 끝에 검류계를 연결한 후 [그림 1-52]와 같이 통과하는 자속이 변화하면 코일에 기전력이 발생하여 검류계의 지침이 움직이는데 이것을 전자유도라고 한다.

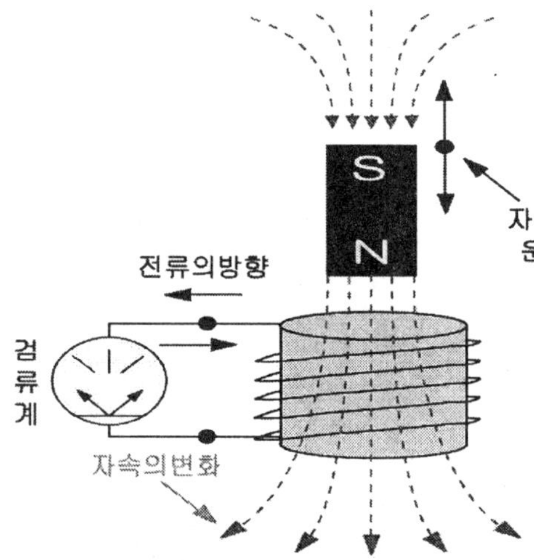

[그림 1-52] 자기유도현상

자석을 위아래로 움직이면 코일을 지나가는 자속이 변화하여 전자유도에 의해서 기전력이 발생하게 되는데 이때 기전력의 크기는 자속의 시간적 변화($\Delta\Phi/\Delta t$)에 비례한다(식 1-21).

$$\nu = K\left(\frac{\Delta\Phi}{\Delta t}\right) \tag{1-21}$$

또한, 도체에 자속을 끊었을 때 도체에도 기전력이 발생하는데 이런 현상도 전자유도라고 한다.

즉, 코일을 움직이면 코일이 자속을 끊어서 기전력이 발생하게 된다.

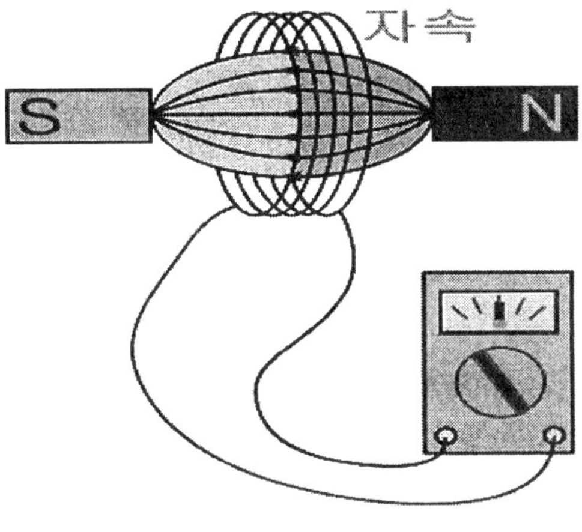

[그림 1-53] 일정한 자계 내의 도선

1) 패러데이의 법칙

패러데이의 법칙(Faraday's law : 패러데이스 로우)에는 두 가지가 있다. 첫 번째 법칙은 전기분해에 관하여 1883년에 발견된 법칙이다. 전기분해에 의해서 전극에 추출되는 물질의 양 m[g]은 물질의 종류가 같다면 용액에 흐르는 전기량 Q[C]에 비례하고, 용액에 흐르는 전기량이 $M+N$ 같다면 물질의 화학 당량 M[g]에 비례한다. 즉, 식 (1-22)

$$m = MQ/96{,}500 \tag{1-22}$$

이다.

두 번째 법칙은 1831년 발견한 전자유도에 관한 법칙으로 [그림 1-53]과 같이 자기장 사이에 도선을 놓으면 기전력 e[V]가 발생하게 되는데, 하나의 회로에 전자유도에 의해서 발생되는 기전력 e[V]는 코일의 권수가 N, 자속 쇄교수 $N\Phi$[Wb]의 시간 t[s]에 대한 변화율에 비례한다. 식 (1-23) 즉,

$$e = -\frac{\Delta(N\Phi)}{\Delta t} \tag{1-23}$$

이다.

2) 렌츠의 법칙

전자유도로 발생한 전류에 의한 자계의 방향은 그 원인으로 된 자계의 변화를 방해하는 방향으로 발생하는데, 이를 렌츠의 법칙(Lenz's law : 렌츠스 로우)이라 한다.

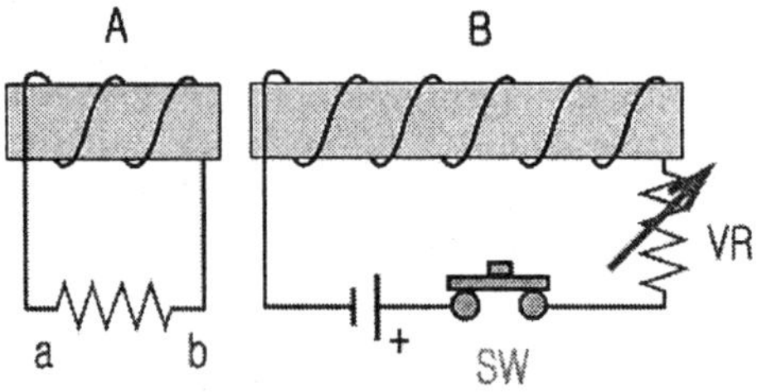

[그림 1-54] 렌츠의 법칙

회로에서 [그림 1-54]와 같이 코일 B에 전류를 흘리게 되면 자기장이 생성되고, 코일 A에는 코일 B의 자계 변화를 방해하려는 자계가 발생하게 된다.

5 콘덴서와 인덕턴스

(1) 유전체와 전하의 저장

공기나 종이와 같은 유전체는 자유전자가 절연체를 통하여 흐를 수 없기 때문에 전하를 보유할 수 있다. 전하는 반드시 공급전원이 있어야만 존재할 수 있다. [그림 1-55]에서 전지는 콘덴서를 충전한다. 전압원으로부터 전원의 음극과 연결된 콘덴서 쪽에는 축적된다. 그리고 전원의 양극에 연결된 콘덴서에서는 전자를 잃는다.

콘덴서의 한쪽 방향은 전자의 과잉으로 인하여 음극을 가지게 되고, 그 반대쪽은 양극을 갖게 된다. 만약 6.25×10^{18}개의 전자가 축적되어 있다면 음의 전하량은 1[C]과 같다. 한쪽 면에 축적되어 있는 전하라는 것은 그 전자 수만큼 다른 쪽에서 가져온 것이다. 전압원이 하는 역할은 단순히 콘덴서의 어느 한쪽 면에서 다른 쪽으로 전자를 재분배하는 것이다.

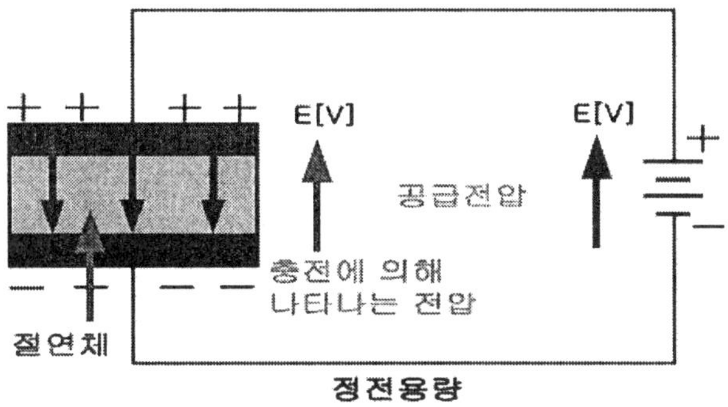

[그림 1-55] 콘덴서의 충전

이러한 과정을 콘덴서의 충전이라고 하는데, 이 충전은 콘덴서 사이의 전위차가 인가된 전압과 같아질 때까지 계속해서 이루어진다. 직렬로 저항이 존재하지 않는다면 충전은 순간적으로 이루어진다. 실제로는 항상 직렬저항이 존재할 수밖에 없다. 이 충전전류는 콘덴서가 인가된 전압으로 충전될 때까지만 일시적으로 흐르지만, 그 후는 회로 내에 전류가 흐르지 않는 특성이 있다.

콘덴서는 유전체에 전하를 축적하는 장치이다. 축적이란 것은 전압원이 없어진 경우에도 전하가 유지되어 있다는 것을 말한다. 얼마의 전하가 축적될 수 있는가 하는 정도가 콘덴서(커패시턴스 : capacitance, [C]) **또는 정전용량이라 한다. 어느 일정 인가전압에서 더 많이 충전되었다면, 콘덴서 용량이 큰 것을 의미한다.**

금속판 사이에 유전체를 삽입한 콘덴서를 [그림 1-56]에 나타내었다. 절연지, 운모, 사기 등 다른 유전체를 사용한 많은 종류의 콘덴서가 있다. 콘덴서의 용량(C)은 도체의 면적(A)에 비례하고, 도체 간의 거리(d)에 반비례하며, 도체 간의 절연체의 종류(K_ϵ)에 따라 다르다(식 1-21).

$$C = K_\epsilon \frac{A}{d} \times 8.85 \times 10^{-12} [\mathrm{F}] \qquad (1\text{-}24)$$

반대 극성으로 충전된 콘덴서 사이에는 전계가 형성되는데, 이 전계는 전류와 관련된 자계에서의 자력선에 해당한다. 콘덴서가 하는 역할은 도체 사이에 절연체에 전계를 충전시키는 것이다. 이 충전은 자계가 코일 권선 내로 충전하는 것과 같은 것이다. 전계는 모든 방향으로 분산되지 않고 콘덴서 내에서 충전된다.

콘덴서는 전계에 의한 정전유도이기 때문에 반대 극성의 전하를 가진 게 된다. 콘덴서의 음극에 전하가 모이게 되면, 양극으로부터 전자를 몰아내게 하는 전력선을 생성시킨다. 그리하여 전자가 이동한 판은 양극의 성질을 가진다. 전계에 의한 반대 극성의 충전은 자성물질에서 자계에 의한 반대 극이 유도되는 개념과 같은 것이다.

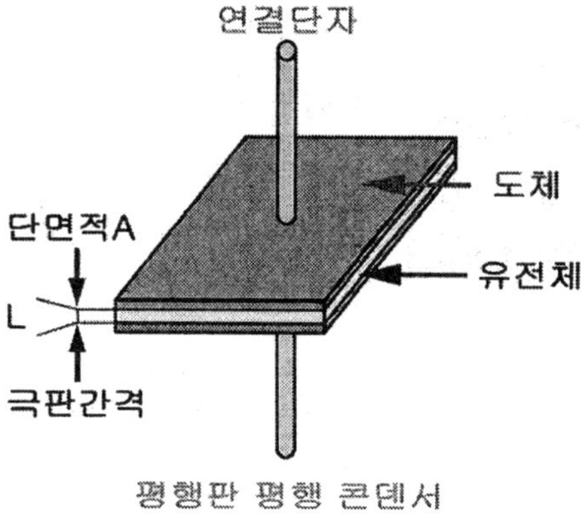

[그림 1-56] 콘덴서의 구조

(2) 콘덴서의 충전과 방전

1) 전압인가

충전과 방전은 콘덴서의 중요한 성질이다. 인가된 전압은 콘덴서에 전하를 공급한다. 전하의 축적으로 콘덴서 판 사이에 전위차가 생기게 되는데 이 콘덴서 전압이 인가된 전압과 같을 때 더 이상 충전이 일어나지 않는다. 이 전하는 인가전압을 연결해놓든지 떼어놓든지 상관없이 콘덴서에 존재하고 있다.

콘덴서는 인가전압을 제거하고 판 사이에 도선이 연결되면 방전이 일어난다. 콘덴서 전압이 인가전압보다 크면 방전된다. 그러면 콘덴서는 전압원에 해당하고 방전회로에 방전전류가 흐르게 되는데, 이런 방전은 콘덴서 전압이 0이 되거나 외부 방전회로의 인가전압과 같아질 때까지 계속 이루어진다.

2) 충 전

서로 마주보는 양극판의 양전하와 음전하는 [그림 1-57]과 같이 절연체를 통해 전계를 형성한다. 이러한 전력선의 방향은 한쪽 판에서는 전자를 몰아내고, 그 판을 양(+)으로 만드는 것처럼 보이는데 그것은 전하를 축적한 절연체를 통한 전력선의 영향이라 하겠다.

전계는 분자구조를 변형시켜서 유전체는 더 이상 중성이 아니다. 절연체는 실제로 보이지 않는 전계의 힘으로 인해 영향을 받게 된다. 절연체는 콘덴서 사이의 매우 높은 전압으로 인한 강력한 전계에 의해서 파괴된다.

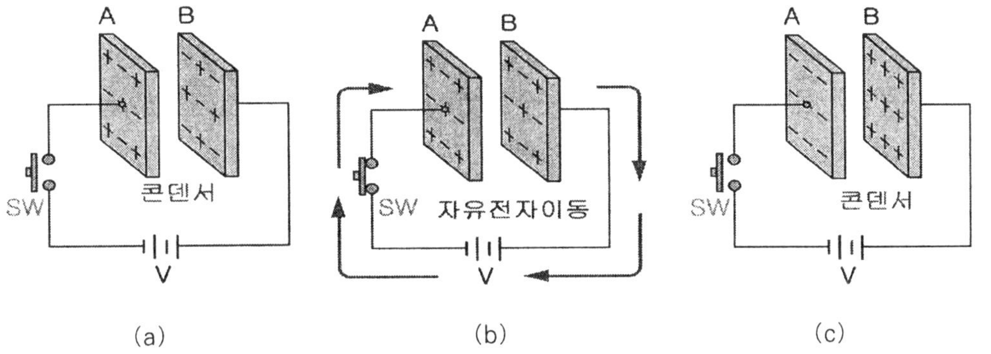

[그림 1-57] 콘덴서의 충전

3) 방 전

유전체 사이에 도선을 [그림 1-58]과 같이 연결함으로써 전하를 중성화하는 것이 콘덴서의 방전이다. 만일 충전된 콘덴서에 도선을 연결하면, 절연체가 충전된 전하로 생긴 전위차로 인해 방전전류를 흐르게 한다. 음극판에 있던 전자를 몰아내고 이 전자들은 도선을 통하여 양극판으로 흡수되게 되는데, 이것은 양전하와 음전하가 중화될 때까지 계속 이루어진다. 그래서 콘덴서에는 극판에 전하가 존재하지 않을 때 완전히 방전되고, 콘덴서 사이의 전압은 0이 된다. 또한 이때 방전전류도 없어진다. 그러나 인가전압에 의해서 콘덴서는 또 다시 충전할 수 있는 특성이 있다.

콘덴서는 충전전압과 같은 전위차를 발생시키는 데 필요한 만큼의 전하를 축적하는 능력을 가지고 있다. 만일 인가전압이 200[V]라면, 콘덴서는 200[V]까지 충전될 것이다.

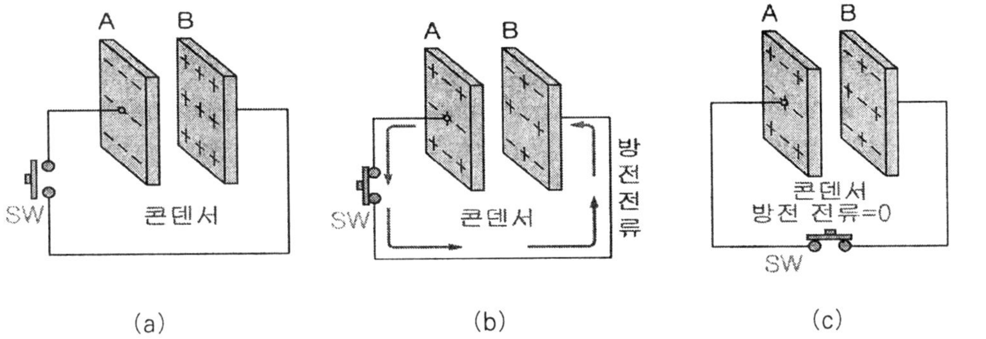

[그림 1-58] 콘덴서의 방전

콘덴서는 인가전압과 같아질 때까지 충전되는데, 콘덴서 전압이 더 작을 경우, 충전이 이루어진다. 콘덴서 전압이 인가전압과 같아지는 순간, 더 이상의 충전전류는 흐르지 않게 된다. **어떠한 충전전류나 방전전류도 절연체 내를 통하여 흐르는 것이 아니라, 도체에 연결된 도선을 통해서 흐른다**는 것이다.

(3) 정전용량의 단위

충전전압이 크게 되면 전계는 더 강해지게 된다. 그리하여 절연체에는 더 많은 전하가 축적되게 된다. 콘덴서에 축적되는 전하량 Q는 전위 양에 비례하여 증가한다. 그러므로 콘덴서가 커지면 커질수록 더 많은 전하를 축적할 수 있게 되는데, 이러한 관계는 식 (1-25)로 요약된다.

$$Q = CV[\mathrm{C}] \tag{1-25}$$

여기에서 Q는 절연체에 축적된 전하이고 V는 콘덴서 판 사이의 전압이다. C는 물리적인 비례상수로서 주어진 충전전압에 대해서 얼마만큼의 전하를 축적할 수 있느냐로 나타내어지는 정전용량(capacitance : 커패시턴스)을 가리킨다. 1[V]의 전압을 가하여 절연체에 1[C]의 전하가 축적될 때 그 정전용량을 1[F](farad : 패럿)이라고 한다. 실용상 콘덴서는 100만분의 1[F] 이하로 사용하기 때문에 [μF](마이크로패럿) 또는 [pF](피코패럿) 등의 보조단위가 많이 사용된다.

전하를 축적하는 양으로서 정의되는 콘덴서에 따라 같은 전압에 대해서 콘덴서 용량이 커지면 커질수록 더 많은 양의 전하를 축적할 수 있는 것을 알 수 있다.

(4) 콘덴서의 종류

콘덴서는 전하를 축적하는 장치로서 **직류는 차단하고 교류만을 흐르게 하는 성질**이 있다. 이러한 콘덴서의 종류는 전극 사이의 유전체(절연체)에 따라 분류하며, 공기, 종이, 유리, 폴리에틸렌, 운모, 자기, 전해 콘덴서 등이 있다.

또한 정전용량의 가변성 여부에 따라 고정콘덴서, 반고정 콘덴서 및 가변 콘덴서로 나눌 수 있다.

1) 고정 콘덴서

① 마이카 콘덴서

마이카 콘덴서(mica capacitor : 마이카 커패시터)는 운모보다 금속박막이나 운모 위에 은을 발라서 만드는데 5[pF]에서 0.01[μF] 정도이며 내압은 300[V] 이상으로 매우 높다. 또한 온도변화에 따른 용량변화가 적고 절연저항이 높은 특성을 가지며 모양은 [그림 1-59]와 같다.

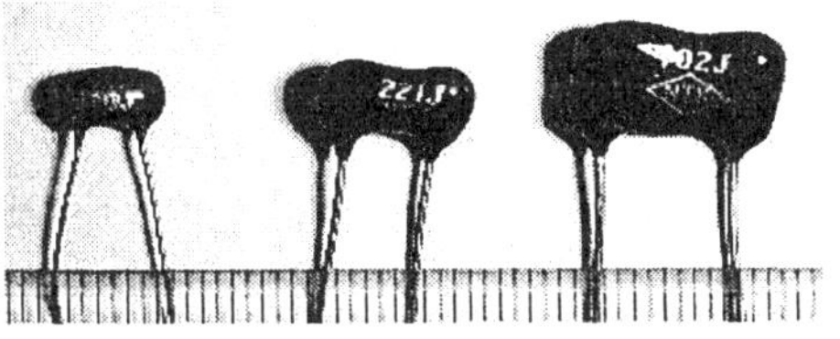

[그림 1-59] 마이카 콘덴서

② 종이 콘덴서

종이 콘덴서(paper capacitor : 페이퍼 커패시터)는 알루미늄과 같은 금속박 사이에 왁스나 기름을 먹인 종이를 넣어 절연체로 사용한 것으로 통신기용으로는 0.1~0.5[μF] 정도의 원통형이 많이 쓰인다.

③ 필름 콘덴서

필름 콘덴서(film capacitor : 필름 커패시터)의 모양은 [그림 1-60]과 같으며, 얇은 폴리스티롤이나 폴리에틸렌 등의 필름을 사용한 것으로 필름을 유전체로 하여 양면에 금속박을 대고 만든 것으로 필름의 두께가 얇고 평탄한 것을 만들 수 있으므로 용량이 정확하다. 특징은 극성이 없으며, 가격은 싸지만 정밀도가 떨어진다.

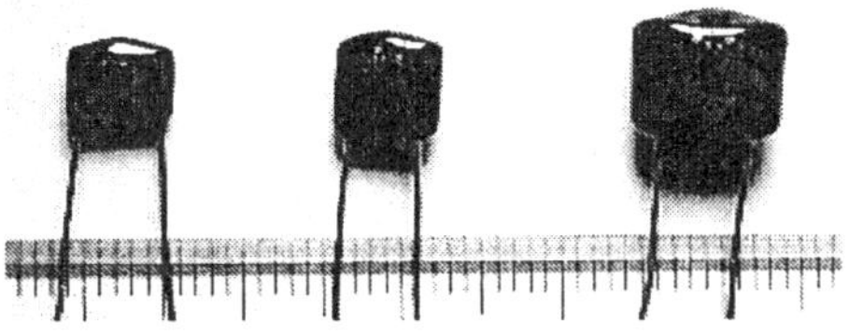

[그림 1-60] 필름 콘덴서

④ 세라믹 콘덴서

세라믹 콘덴서(ceramic capacitor : 세라믹 커패시터)는 유전체로서 티탄산바륨과 같은 유전율이 큰 재료를 사용한 것으로 [그림 1-61]과 같으며, 필름 콘덴서는 인덕턴스의 성질이 있어서 높은 주파수의 교류는 통과하기 어렵지만 세라믹 콘덴서는 고주파 특성이 양호하여 바이패스에 흔히 사용된다. 가격에 비해 성능이 우수하여 가장 많이 사용된다.

[그림 1-61] 세라믹 콘덴서

⑤ 전해 콘덴서

전해 콘덴서(electrolytic capacitor : 일렉트롤리틱 커패시터)에는 [그림 1-62]와 같은 알루미늄 전해 콘덴서와 [그림 1-63]과 같은 탄탈 전해 콘덴서가 있다. 알루미늄 전해 콘덴서는 케미컬(chemical)이라고 부르는데 알루미늄 박 사이에 전해액을 먹인 종이를 끼운 것으로 전해작용에 의해서 알루미늄 박 표면에 산화막을 만들어서 유전체로 이용한다. 다른 콘덴서와 다른 점은 산화막을 만들 때 걸어준 직류전압의 극성과 같은 방향의 전압을 걸어주지 않으면 큰 전류가 흘러 폭발이 일어나게 된다. 그래서 전해 콘덴서에는 극성이 있는데 일반적으로 콘덴서의 마이너스 쪽에 표시가 되어 있으며, 다리가 긴 쪽은 플러스이다. 이것은 용량이 크므로 전원회로의 평활용이나 저주파회로에 많이 쓰이며 내압은 6.3[V]에서 600[V] 정도까지가 있다.

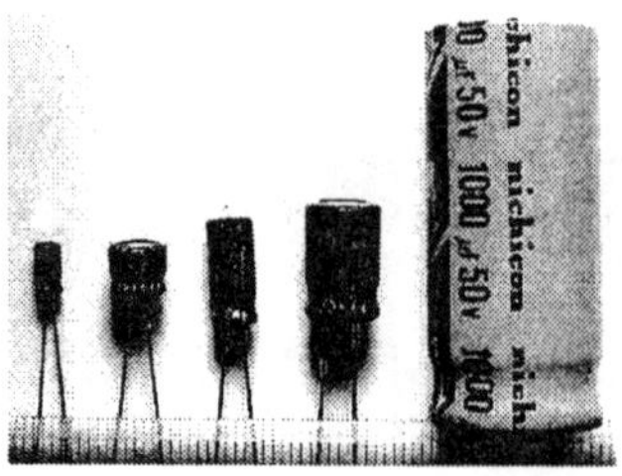

[그림 1-62] 알루미늄 전해 콘덴서

⑥ 탄탈 콘덴서

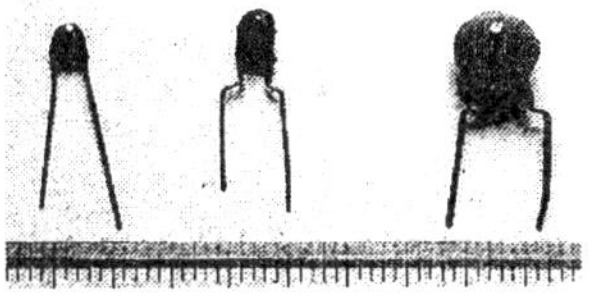

[그림 1-63] 탄탈 콘덴서

탄탈 콘덴서([그림 1-63])는 탄탈륨이라는 재료를 사용하는데 알루미늄 전해 콘덴서와 마찬가지로 비교적 큰 용량을 얻을 수 있으며 알루미늄 전해 콘덴서보다 누설 전류가 작으므로 결합 콘덴서에 적합하다.

〈표 1-6〉 각종 가변 콘덴서

명칭	극성유무	실 물	기 호	기 능
에어바리콘				에어 바리콘 고정 측과 가동 측의 금속층이 공기 중에 마주보고 있는 타입으로 내압이 높으며 송신기 등의 동조에 쓰인다. 수십[pF] 정도에서부터 100[pF] 정도까지의 용량이 있다. 예전에는 430[pF] 등과 같이 큰 것이 AM 라디오용으로 사용되었으나 최근에는 사용되지 않는다.
폴리바리콘	무			폴리 바리콘은 두 종류의 날개 사이에 필름을 끼운 타입으로 필름이 고유전율이기 때문에 소형이면서 고용량의 바리콘이다. 휴대용 라디오의 동조용에 쓰이며, 수십[pF]로부터 수백[pF]의 것이 있다. 또한 내부에 2~4개가 함께 조립된 2열, 4열의 것도 있다.
트리머				동조의 미세조정 등을 위해 쓰이는 바리콘으로 프린트 기판에 붙여서 사용한다. 트리머를 돌릴 때 보통 드라이버로 사용하면 드라이버의 금속에 의해 용량에 영향을 주기 때문에 조정용의 드라이버로 돌려야 한다. 용량은 수[pF]에서부터 수십[pF] 정도며, 용량을 색으로 구별하는 것도 있다.

2) 반고정 콘덴서

유전체로서 마이카(운모), 폴리스티롤, 세라믹(자기) 등을 사용한 콘덴서로서 트리머와 패터가 있다.

콘덴서의 용량을 조정함으로써 정전용량을 회로에 맞게 조정하는 용량으로 고정적으로 사용할 수 있다. 접점에 의한 저항이 없으며, 높은 주파수까지 사용할 수 있어 통신기에 있어서 고주파회로나 국부 발진회로의 주파수의 세밀 조정에 사용된다.

3) 가변 콘덴서

공기를 유전체로 하고 있으며 서로 마주보고 있는 고정판과 회전판의 2조의 전극판이 마주보는 면적을 바꿈으로써 정전용량을 가감시킬 수 있는 콘덴서로서 바리콘이라고도 한다. 용도로는 라디오의 방송을 선택하는 튜너로 사용된다. 앞의 〈표 1-6〉은 가변 콘덴서의 많은 종류를 보여준다.

(5) 콘덴서의 직렬연결

두 개 이상의 콘덴서를 [그림 1-64]와 같이 직렬로 연결하면, 회로 전체에 일정한 전하량 Q가 흐르게 되는데, 각 콘덴서에 저장되는 전하를 Q_1, Q_2, Q_3라 하면, 키르히호프의 법칙에 따라 $V = V_1 + V_2 + V_3$가 되고, 이것을 $V = Q/C$에 대입하면 식 (1-26)과 같다.

$$V = Q/C = Q(1/C_1 + 1/C_2 + 1/C_3) \qquad (1\text{-}26)$$

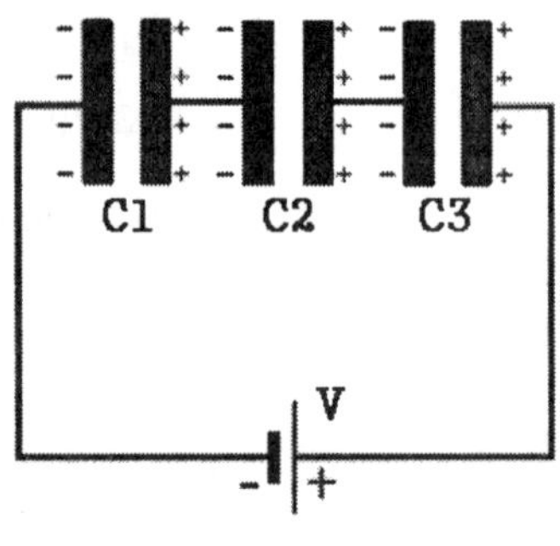

[그림 1-64] 콘덴서의 직렬연결

가 되므로, $1/Q = 1/C_1 + 1/C_2 + 1/C_3$과 같은 관계가 성립된다. 따라서 콘덴서의 직렬연결 시 합성 정전용량 C[F]는 식 (1-27)과 같다.

$$\frac{1}{C} = \frac{1}{C_1} + \frac{1}{C_2} + \frac{1}{C_3} + \cdots\cdots + \frac{1}{C_N} \tag{1-27}$$

(6) 콘덴서의 병렬연결

두 개 이상의 콘덴서를 [그림 1-65]와 같이 병렬로 연결하면, 각 콘덴서에서 소비되는 전압은 공급되는 전압과 같고, 각 콘덴서에 저장되는 전하는 $Q = Q_1 + Q_2 + Q_3$가 되므로, $Q = CV = (C_1 + C_2 + C_3)V$가 되고, $Q = Q_1 + Q_2 + Q_3$과 같은 관계가 성립한다. 따라서 콘덴서의 병렬연결 시 합성 정전용량 C[F]는 식 (1-28)과 같다.

$$C = C_1 + C_2 + C_3 + \cdots\cdots + C_N \tag{1-28}$$

저항의 연결과는 반대로 콘덴서는 병렬연결 할 때, 전체 콘덴서 용량은 각 콘덴서의 정전용량의 합과 같다.

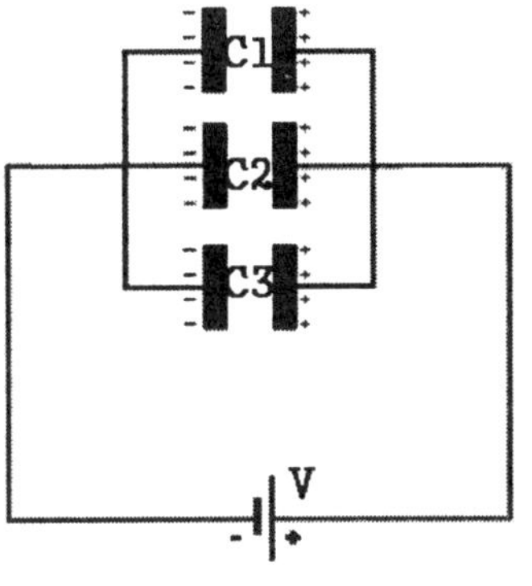

[그림 1-65] 콘덴서의 병렬연결

(7) 자체 인덕턴스

자체 인덕턴스(self-inductance : 셀프 인덕턴스)란 코일의 고유값으로, 유도전압의 비례상수를 말한다. 인덕턴스란 전류가 변화함에 따라 유도전압을 발생시키는 도체의 유도능력을 말하며, 도선을 감아서 코일을 만들고 이 코일에 전류를 흘리면 자기작용이 일어난다. 즉, **전류가 흐르는 곳에는 언제나 자기작용이 함께 일어나게 되는데 그 전류의 크기와 자기작용의 세기와의 관계는 선이나 코일의 인덕턴스라는 현상에 의해서 나타내어진다.** 인덕턴스는 선이나 코일의 전자기적 성질을 나타내는 것으로, 크기는 그 형상, 코일에 감은 횟수 또는 코어에 따라 정해지며, 기호는 L, 단위는 헨리(henry, [H])가 쓰인다. 1헨리[H]라는 것은 1초[t] 동안에 1[A]의 전류를 도선에 흘렸을 때 1[V]의 기전력을 얻을 수 있는 크기인데 실제로 사용되는 단위로는 [mH] 또는 [μH]가 쓰인다.

어떠한 전기회로 내에 인덕턴스가 있으며 회로 내에 흐르는 전류의 흐름에 따라 자속이 만들어지는데 이것이 자기작용을 나타낸다. 여기에 흐르는 전류가 변화하면 자속도 그에 따라서 변화하게 되고, 자속이 있는 주위에 도체가 있게 되며 그 도체에는 전압이 유도된다. 이 유도된 전압 때문에 회로에 별도의 전류가 흐르게 되는데, 그 유도전압은 회로에 전류를 흘리기 위하여 외부로부터 전류가 흐르는 것을 방해하는 특성을 갖게 된다.

(8) 상호 인덕턴스

상호 유도 작용에서 1차 코일에 흐르는 전류의 시간 변동분과 2차 코일에 유도되는 전압의 비례상수 M을 상호 인덕턴스(mutual inductance : 뮤추얼 인덕턴스)라고 한다. 즉 첫 번째 코일에 교류전류가 흐르게 되면 그 회로의 코일에 자력선이 발생하게 되는데 그 자력선의 일부는 2차 측 코일과 교차하여 그 교차한 자력선이 변화해서 2차 측 코일에 유도기전력이 발생한다. 이때 1차 측 코일(L_1)과 2차 측 코일(L_2) 사이에는 상호 인덕턴스가 있다고 하며, 비례상수 M으로 나타내며 단위는 [H]를 사용한다.

상호 인덕턴스는 두 회로의 관계, 위치, 코일의 형상, 크기, 감는 횟수, 공간의 재질 등에 따라 다르게 (식 1-29)와 같이 나타난다.

$$M = \sqrt{L_1 L_2} \tag{1-29}$$

(9) 인덕턴스에 저장되는 에너지

인덕턴스는 코일에 전류가 흐르면, 형성된 자계 내에 전자 에너지를 저장한다. 저장되는 에너지는 자체 인덕턴스 L[H]와 전류 I[A]의 제곱에 비례한다(식 1-30).

$$W = \frac{1}{2} L I^2 \tag{1-30}$$

(10) 인덕턴스의 직렬 및 병렬 연결

두 개 이상의 인덕턴스를 [그림 1-66]과 같이 직렬 또는 [그림 1-67]과 같이 병렬로 연결했을 때, 그 전체 인덕턴스는 저항의 연결과 같이 **직렬연결하면 증가**하고, **병렬연결하면 감소**하게 된다. 따라서 식 (1-31), (1-32)로 나타낼 수 있다.

1) 직렬연결

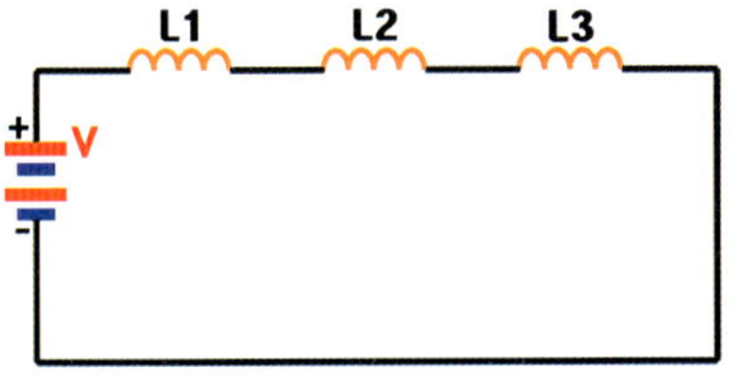

$$L = L_1 + L_2 + L_3 + \ldots\ldots + L_N \tag{1-31}$$

[그림 1-66] 인덕턴스의 직렬연결

2) 병렬연결

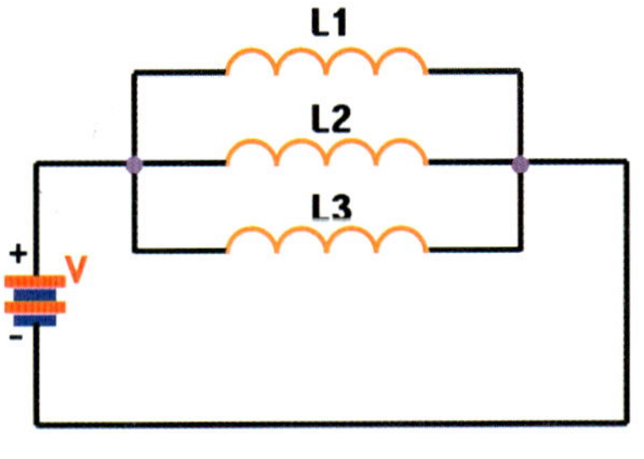

$$\frac{1}{L} = \frac{1}{L_1} + \frac{1}{L_2} + \frac{1}{L_3} + \ldots\ldots + \frac{1}{L_N} \tag{1-32}$$

[그림 1-67] 인덕턴스의 병렬연결

(11) 유도성 리액턴스

인덕턴스가 교류전원에 연결되면, 인덕턴스가 나타내는 저항값은 전원의 주파수에 따라 변화하게 된다. 인덕턴스 내에서 교류전류를 방해하는 성질을 가지고 있는데 이것은 유도성 리액턴스라 한다. 이는 주파수(f)와 인덕턴스(L)에 (식 1-33)과 같이 비례한다.

$$X_L = 2\pi f L \tag{1-33}$$

6 교 류 회 로

(1) 교류의 발생

시간에 따라 전류의 크기와 방향이 주기적으로 변화하는 것을 교류전류라 하고, 이것을 인가하는 전압을 교류전압이라 하며, 교류전류와 교류전압을 통칭하여 교류라 한다.

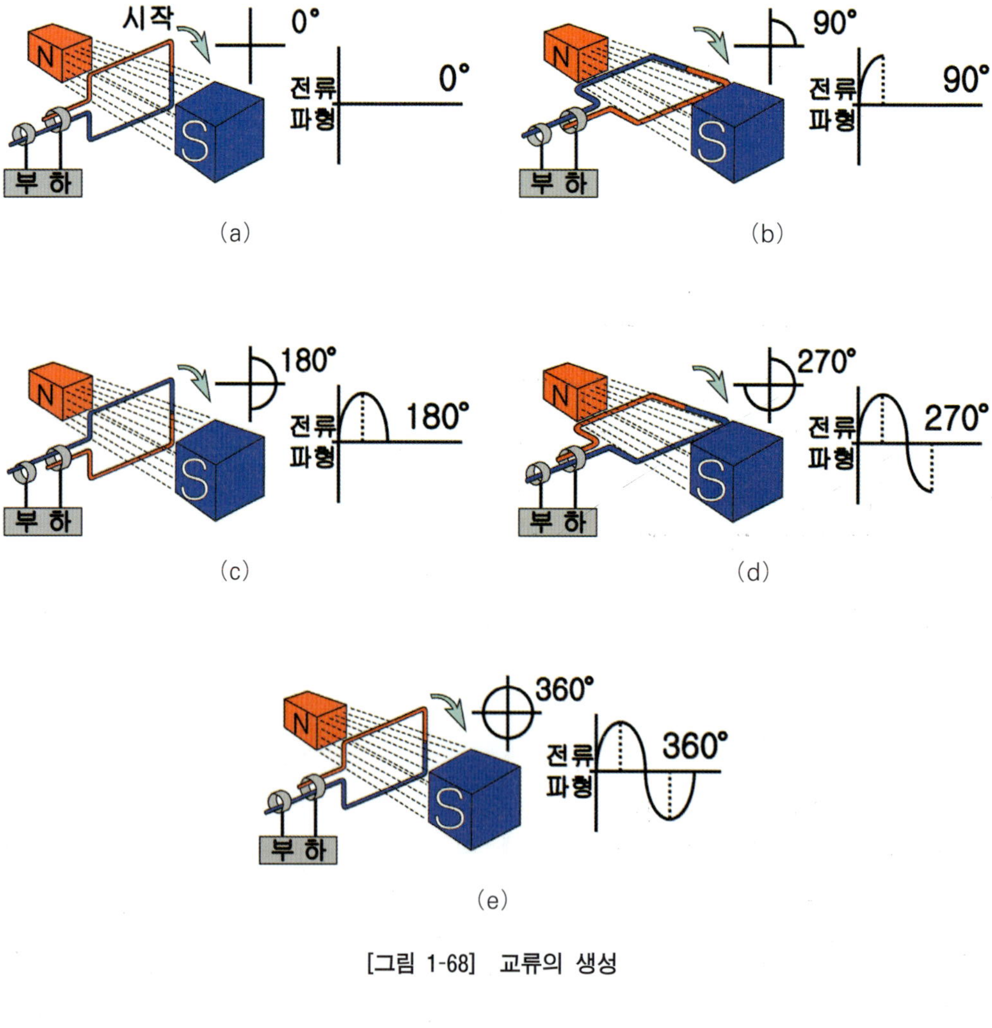

(a) (b) (c) (d) (e)

[그림 1-68] 교류의 생성

도체가 [그림 1-68]과 같이 일정한 각속도 ω[rad/s]로 회전함에 따라 생성되는 최대의 유도기전력을 E_m[V]라 하면, t초 동안에 θ만큼 회전하면 각속도는 $\omega = 2\pi f$[rad/s]이므로 회전각 $\theta = \omega t$, 임의의 시간 t[s] 후의 유도기전력 V는 식 (1-34)와 같이 나타낼 수 있다.

$$v = V_m \sin\theta = V_m \sin\omega t \tag{1-34}$$

이것이 정현파(sine wave : 사인 웨이브) 기전력을 나타내는 일반식이며, 이 식 (1-34)에서 v는 시간에 따라 변하고 있으며 임의의 순간전압을 순간값이라고 하며, V_m은 순간값 중에서 최대의 정현파 기전력의 최대값이라 한다. 이와 마찬가지로 정현파 기전력에 의해서 도체에 흐르는 교류전류의 순간값을 i, 최대값을 I_m이라 하면, 식 (1-35)

$$i = I_m \sin\omega t \tag{1-35}$$

로 나타낸다. 이와 같이 사인곡선(sine curve : 사인 커브)과 같은 모양으로 변화하는 기전력을 정현파 기전력이라 하는데 [그림 1-69]와 같은 모양이다.

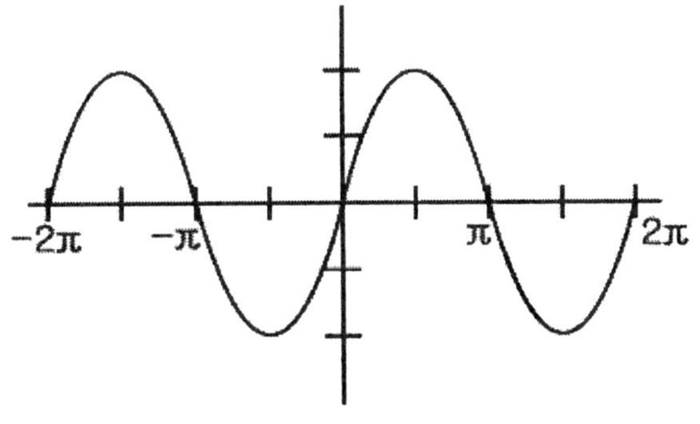

[그림 1-69] 정현파 기전력의 파형

(2) 주 파 수

교류가 직류와 다른 점은 시간에 따라 크기와 방향이 주기적으로 변하는 것이다. 교류에는 정현파 외에 구형파, 톱니파, 삼각파 등이 있으며 그 모양은 [그림 1-70]과 같다.

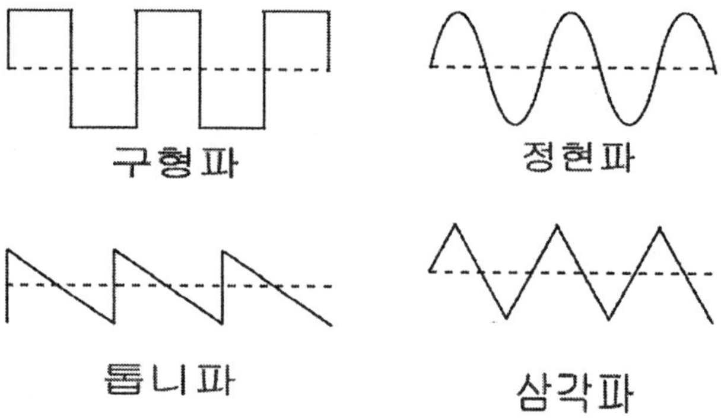

[그림 1-70] 여러 가지 교류 파형들

시간에 따라 주기적으로 반복되는 교류파형이 완전히 변화하여 처음 상태로 돌아가는 것을 1사이클이라 하며 1사이클에 필요한 시간을 주기(period : 피리어드)라 하고, T로 표시하며, 단위는 초[s]를 사용한다. 또 교류의 1초 동안에 반복되는 사이클의 수를 주파수(frequency : 프리퀀시)라 말하며, 기호로는 f를 사용하며 단위는 헤르츠(Hertz : Hz)를 사용한다. 주기 T[sec]와 주파수 f[Hz] 사이에는 식 (1-36)과 같은 관계가 성립된다.

$$f = \frac{1}{T}[\text{Hz}] \quad \text{또는} \quad T = \frac{1}{f}[\text{s}] \tag{1-36}$$

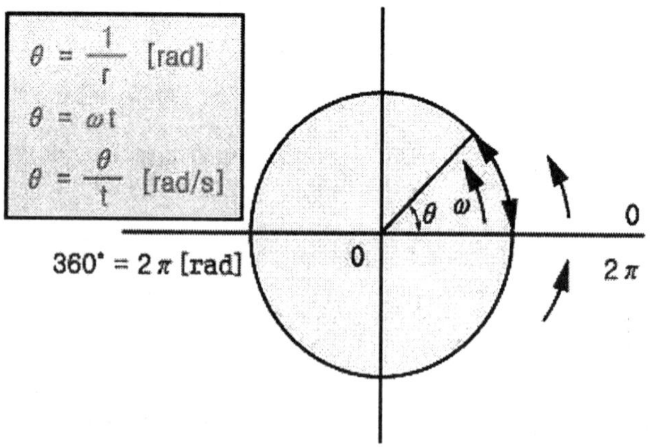

[그림 1-71] 각속도

교류의 파형에서 [그림 1-71]에서와 같이 1주기의 각을 2π[rad]로 정하여 이것을 **전기 각**이라 한다. 그리고 교류가 1초 동안에 진행하는 전기 각을 ω로 표시하는데, 이것을 **각속도**(angular velocity : 앵귤러 벨로시티) 또는 **각주파수**(angular frequency : 앵귤러 프리퀀시)라 하고, 단위는 ω[rad/sec]를 사용한다.

따라서 1주기에 소요되는 시간 T초 동안에 1사이클의 각도는 2π[rad]만큼 증가하므로 1초 동안에는 $2\pi/T$[rad/s]만큼 증가한다. 그러므로 식 (1-37)의 관계가 성립한다.

$$\omega = \frac{2\pi}{T} = 2\pi f \text{ [rad]} \tag{1-37}$$

또 이러한 파형의 주기적인 변화를 거리의 관점에서 생각해볼 때, 1주기의 주파수에 해당하는 길이를 **파장**이라고 하며, **파장은 전송속도와 주파수에 의해 결정**된다.

(3) 위상과 위상차

교류파형의 기전력을 나타내는 식은 식 (1-38)과 같다.

$$v = V_m \sin(\omega t + \theta) \tag{1-38}$$

여기서 θ는 교류파형 간의 차이를 나타내는데 이를 **위상**(phase : 페이즈) 또는 **위상각**(phase angle : 페이즈 앵글)이라 한다.

두 개의 교류파형은 같은 정현파이지만 [그림 1-72]를 보면 A파형은 0점에서, B파형은 A파형의 최소점에서 시작한다. 그러므로 시간의 관점으로 생각해볼 때 B파형이 A파형보다 전압이 먼저 나타난다. 이 시간에 해당하는 양을 각으로 나타내면 $\pi/2$ 즉 90도와 같다.

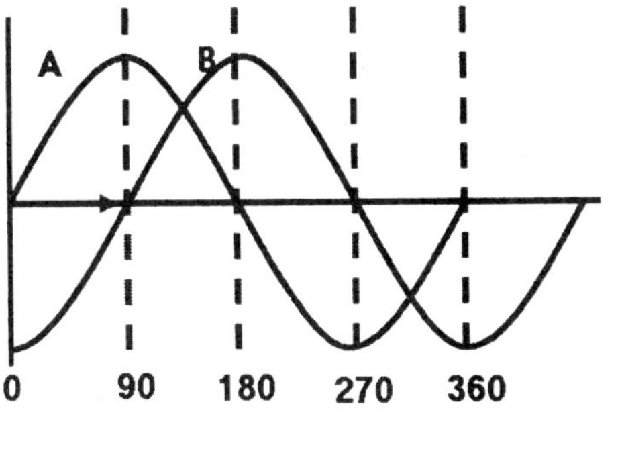

[그림 1-72] 위상차

이 각의 차이를 A파형과 B파형의 **위상각**(phase difference : 페이즈 디퍼런스)이라 하며, B파형은 A파형보다 위상이 90도 **뒤진다**(lag : 래그)고 한다. 또는 A파형은 B파형보다 위상이 90도 앞선다(lead : 리드)라고 한다.

두 개의 정현파 교류의 위상이 일치하면 최대값에 상관없이 **동상**(inphase : 인페이즈)이라 하고, 두 개의 정현파 교류의 위상이 일치하지 않으면 위상차 또는 상차가 있다(out of phase : 아웃 오브 페이즈)고 한다.

(4) 평균값과 실효값

1) 평균값

교류의 파형이 [그림 1-73]과 같이 정현파인 경우에는 최대값으로 고유의 크기를 표시할 수 있으나, 정현파가 아닌 경우에는 최대값은 서로 같은 교류파형이라 하여도 그 성질이 다르므로 최대값만으로는 교류의 크기를 나타낼 수 없다. 그리고 교류파형은 보통 (+)파와 (−)파가 서로 대칭파이므로 각 주파수마다 1주기에 대하여 평균값(average value : 애버리지 밸류)을 구하면 0이 된다. 따라서 1/2주기 동안(반파)의 평균을 취하여 교류의 평균값으로 크기를 표시한다.

정현파의 교류전압과, 전류의 평균값과 최대값의 관계는 식 (1-39), (1-40)과 같다.

$$V_a = \frac{2}{\pi} V_m \fallingdotseq 0.637\, V_m \,[\mathrm{V}] \tag{1-39}$$

$$I_a = \frac{2}{\pi} I_m \fallingdotseq 0.637\, I_m \,[\mathrm{A}] \tag{1-40}$$

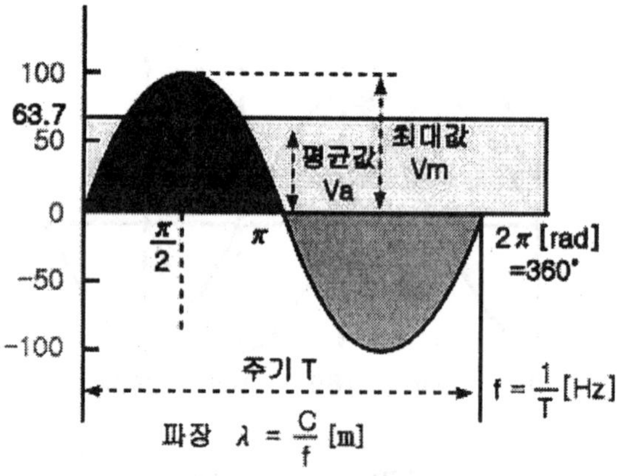

[그림 1-73] 정현파의 최대값과 평균값

2) 실효값

어떤 저항 R에 순간값 i인 교류전류가 흐를 때, **교류전류의 평균 전력이 같은 저항 R에 직류전류 I가 흐를 때 소비전력과 동일**하다면 실제로 i와 I는 같은 효과를 낸다. 그러므로 I의 값을 교류 i의 실효값(effective value : 이펙티브 밸류)이라 부른다.

어떤 저항 R에 직류전류 I가 흐른다면 소비전력 P_{DC}는 식 (1-41)

$$P_{DC} = I^2 R[\mathrm{W}] \tag{1-41}$$

이 되고, 같은 저항 R에 교류전류 I_m를 흘릴 때 1주기(2π) 동안의 소비전력 P_{AC}는 1주기(2π) 동안 소비된 전력을 적분한 값의 평균은 식 (1-42)

$$P_{AC} = \frac{1}{T}\int_0^T i^2\, dt\, R \tag{1-42}$$

이 된다. 여기에서 $P_{DC} = P_{AC}$이면 식 (1-43)

$$I^2 = \frac{1}{T}\int_0^T i^2 dt \tag{1-43}$$

가 되므로, 여기에서 교류전류 i의 실효값은 식 (1-44)와 같이 나타낼 수 있다.

$$I = \sqrt{i^2\text{의 평균}} \tag{1-44}$$

이것이 실용적으로 교류의 실효값을 정의하는 방법이다. 또 식 (1-44)에 따라 교류의 **실효값을 순간값의 제곱평균의 제곱근 값**(Root Mean Square : 루트 민 스퀘어, RMS)이라고 나타낸다.

따라서 정현파 교류의 전류와 전압의 최대값과 실효값의 관계는 식 (1-45), (1-46)과 같다.

$$V = \frac{V_m}{\sqrt{2}} \fallingdotseq 0.707\, V_m\, [\mathrm{V}] \tag{1-45}$$

$$Ia = \frac{I_m}{\sqrt{2}} \fallingdotseq 0.707\, I_m\, [\mathrm{A}] \tag{1-46}$$

또한, 파형에서 실효값을 나타낼 때에는 [그림 1-74]와 같다.

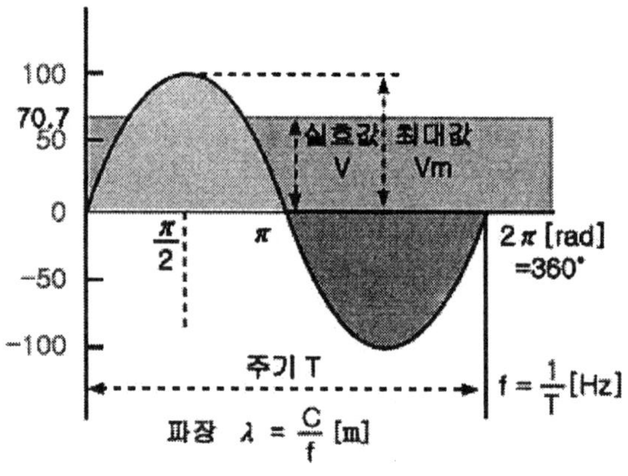

[그림 1-74] 정현파의 최대값과 실효값

우리가 자주 사용하는 파형의 실효값과 평균값은 〈표 1-7〉에 나타나 있다.

〈표 1-7〉 여러 파형의 실효값과 평균값

파형의 종류 \ 구분	실효값	평균값	파형의 종류 \ 구분	실효값	평균값
정현파	$\frac{V_m}{\sqrt{2}}$	$\frac{2V_m}{\pi}$	반파구형파	$\frac{V_m}{\sqrt{2}}$	$\frac{V_m}{2}$
반파정현파	$\frac{V_m}{2}$	$\frac{V_m}{\pi}$	삼각파	$\frac{V_m}{\sqrt{3}}$	$\frac{V_m}{2}$

(5) 벡터와 복소수

힘, 속도, 전류, 전압과 같이 방향과 크기를 동시에 가지는 물리량을 벡터라 한다. 벡터의 표시는 [그림 1-75]와 같이 기준선으로부터 편각은 방향을 나타내고, 크기는 기준선으로부터 편각만큼 벌어진 선분으로 나타낸다.

복소수는 실수와 허수로 이루어진 수로 여기에서 말하는 **허수란 제곱할 경우 음**이 되는 수로서, 허수는 i로 나타내지만 공학에서는 전류를 i로 나타내기 때문에 j로 나타낸다. 복소수를 표시할 때는 문자 위에 점을 찍어 표시한다. 예를 들면 $\dot{Z}$로 나타낼 수 있고 다시 복소수 $\dot{Z}$를 실수부와 허수부 형식으로 나타내면 식 (1-47)과 같다.

$$\dot{Z} = (\text{실수부}) + j\,(\text{허수부}) \tag{1-47}$$

[그림 1-76]과 같이 복소수를 직각좌표에 나타낼 때, x축은 실수축(real axis : 리얼 액시스)이되 **실수**(real number : 리얼 넘버)를 표시하고, y축은 허수축(imaginary axis : 이매저너리 액시스)으로, **허수**(imaginary number : 이매저너리 넘버)를 표시한다. 이와 같은 실수와 허수를 나타내는 평면을 **복소평면**(complex plane : 콤플렉스 플레인)이라고 한다.

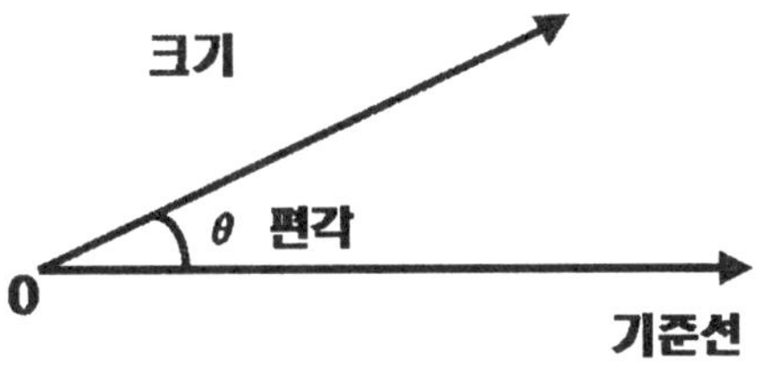

[그림 1-75] 벡터의 표시

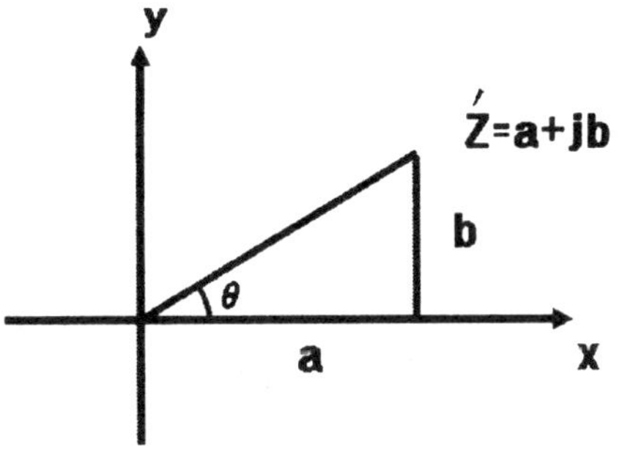

[그림 1-76] 복소수의 좌표표시

즉, 벡터 $\dot{Z}$는 원점을 기준으로 하며 Z의 편각 θ를 기준선을 횡축으로 한 직각좌표축을 그려서 Z의 x축 및 y축 상의 성분을 각각 실수부 a 및 허수부 b로 놓으면 $\dot{Z} = a + jb$와 같이 표시할 수 있다.

이와 같이 직각좌표축 상의 성분으로 벡터를 표시하는 것을 직각좌표형식이라 하고 벡터 $\dot{Z}$의 절대값과 편각은 식 (1-48), (1-49)와 같이 나타낸다.

절대값 $|Z| = \sqrt{a^2 + b^2}$ (1-48)

편 각 $\theta = \tan^{-1}\dfrac{b}{a}$ (1-49)

또 복소수 $\dot{Z}$의 실수부를 a, 허수부를 b, 편각을 θ 그리고 **복소수의 절대값**을 $\dot{Z}$라고 하면 다음과 같은 식 (1-50)이 성립된다.

$$a = \dot{Z}\cos\theta$$
$$b = \dot{Z}\sin\theta \tag{1-50}$$

가 되므로 벡터 $\dot{Z}$는 식 (1-51)과 같이

$$\dot{Z} = Z(\cos\theta + j\sin\theta) \tag{1-51}$$

로 나타낼 수 있다. 이와 같이 나타내는 것을 **삼각함수형식**이라 한다. 이 삼각함수 형식은 크기와 편각으로 구성되어 있으므로 식 (1-52)와 같이 나타낼 수 있다.

$$\dot{Z} = Ze^{j\theta} = \dot{Z}\angle\theta \tag{1-52}$$

여기서 $\dot{Z} = \dot{Z}\angle\theta$와 같이 표시하는 것을 **극좌표형식**이라 하고, $\dot{Z} = \dot{Z}e^{j\theta}$와 같이 나타내는 것을 특히 **지수함수형식**이라 한다.

(6) 저항회로

저항의 크기가 [그림 1-77]과 같이 $R[\Omega]$인 저항만의 회로에 $v = V_m \sin\omega t[\mathrm{V}]$인 교류 순간전압을 인가하였을 때, 이 회로에 흐르는 전류는 식 (1-53)으로 나타낼 수 있다.

$$i = \frac{V_m}{R}\sin\omega t = I_m \sin\omega t[\mathrm{A}] = \sqrt{2}I\sin\omega t\,[\mathrm{A}] \tag{1-53}$$

전압과 전류의 크기를 실효값으로 나타내면 옴의 법칙에 따라(식 1-54)

$$I = \frac{V}{R}[\mathrm{A}] \tag{1-54}$$

이 되므로 여기서, 실효값(식 1-55)

$$I = \frac{I_m}{\sqrt{2}}, \quad V = \frac{V_m}{\sqrt{2}} \tag{1-55}$$

$$V = \sqrt{2}\,V\sin\omega t \ (V : \text{전압의 실효값})$$
$$i = \sqrt{2}\,I\sin\omega t \ (I : \text{전류의 실효값})$$

가 된다. 저항회로에 흐르는 전류는 [그림 1-77]과 같이 전압과 최대값은 다르지만 위상이 같으므로 **동상**(in-phase : 인 페이즈)이라 한다.

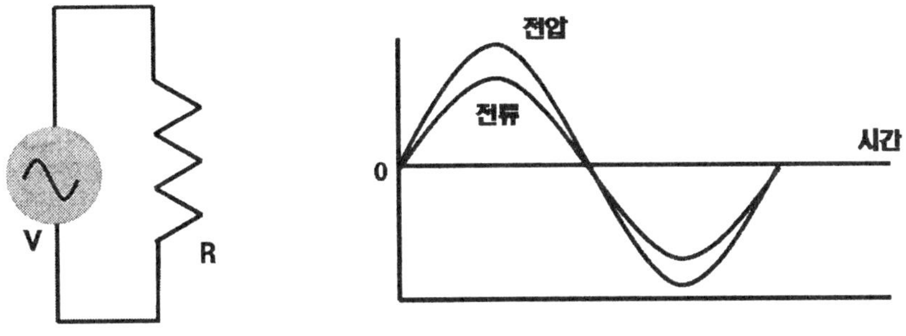

[그림 1-77] 저항성 교류회로

(7) 유도성 회로

인덕턴스(inductance) L[H]만이 회로에 [그림 1-78]과 같이 정현파 교류 순간전류 $i=I_m \sin\omega t$[A]가 흐르면, 인덕턴스는 자체유도 작용에 의해 i에 비례하는 자력선을 만들고 이로 인하여 i보다 $\pi/2$[rad]만큼 위상이 뒤떨어진 식 (1-56)과 같은 유도 기전력 e가 발생하게 된다.

$$e= V_m\left(\sin\omega t-\frac{\pi}{2}\right)[\text{V}] \qquad (1\text{-}56)$$

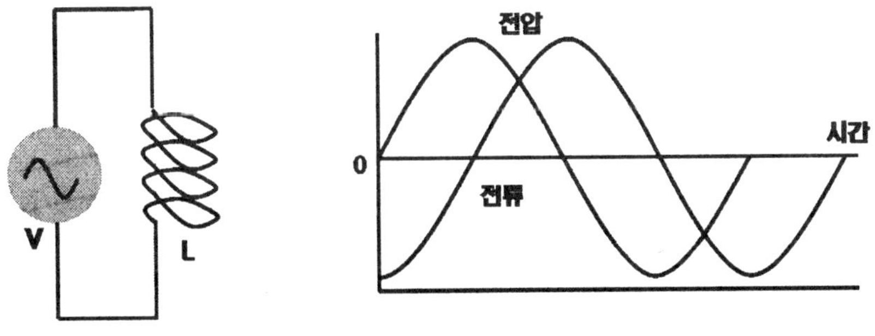

[그림 1-78] 유도성 교류회로

전류 i를 계속 흘리기 위해서는 회로에 유도 기전력 e를 제거할 수 있는 크기가 같고 위상이 반대인 전압 v를 가해야 한다. 따라서 v는 식 (1-57)로 표시된다.

$$v=-e= V_m\left(\sin\omega t+\frac{\pi}{2}\right)[\text{V}] \qquad (1\text{-}57)$$

$$i=\sqrt{2}\,I\sin\left(\omega t-\frac{\pi}{2}\right)=\sqrt{2}\,\frac{V}{W_L}\sin\left(\omega t-\frac{\pi}{2}\right)[\text{A}]$$

즉, **전압 v는 전류 I보다 $\pi/2$[rad]만큼 위상이 앞선다.** [그림 1-78]은 이러한 관계를 보여주는 것이다.

또 전류 I[A]와 전압 V[V]의 실효값, 즉 크기 사이에는(식 1-58)

$$I=\frac{V}{\omega L}[\mathrm{A}]=\frac{V}{2\pi fL} \qquad (1\text{-}58)$$

여기서 $\omega L=2\pi fL$을 유도성 리액턴스(inductive reactance : 인덕티브 리액턴스)라 하며 기호로는 X_L로 표시하고, 단위는 저항과 같은 옴(Ω)을 사용한다. 유도 리액턴스는 [그림 1-79]와 같이 주파수의 크기에 비례하여 증가한다.

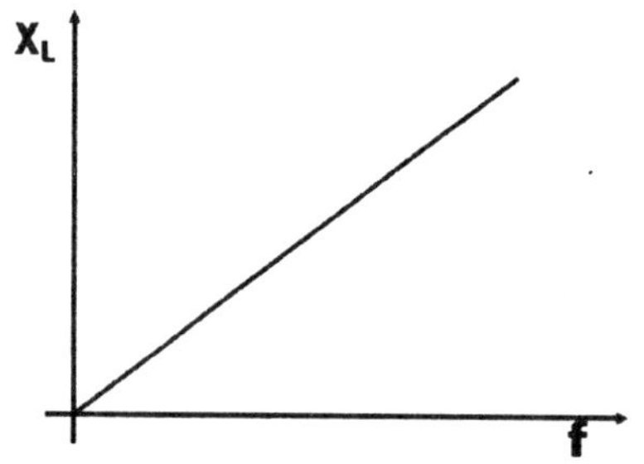

[그림 1-79] 주파수와 유도성 리액턴스의 관계

(8) 용량성 회로

커패시턴스(capacitance) C만의 회로에 [그림 1-80]과 같이 정현파 교류전압(식 1-59)

$$v=\sqrt{2}\,V\sin\omega t[\mathrm{V}] \qquad (1\text{-}59)$$

를 가할 때, 정전용량(capacitance) C에는 가해진 전압의 순간값에 비례하는 전하 $q=Cv$[C]가 축적되게 된다.

콘덴서에 축적된 전하 q는 가해진 전압의 순간값에 비례하여 변화되며, 정전용량과 전원과의 사이에 전하의 이동이 생기기 때문에 전류의 흐름을 식 (1-60)과 같이 나타낼 수 있다.

$$i=\frac{dq}{dt}=I_m\left(\sin\omega t+\frac{\pi}{2}\right)[\mathrm{A}] \qquad (1\text{-}60)$$

즉, **전류 i의 위상은 전압 v의 위상보다 $\pi/2$[rad]만큼 앞선다.** [그림 1-80]은 이러한 관계를 보여주는 것이다.

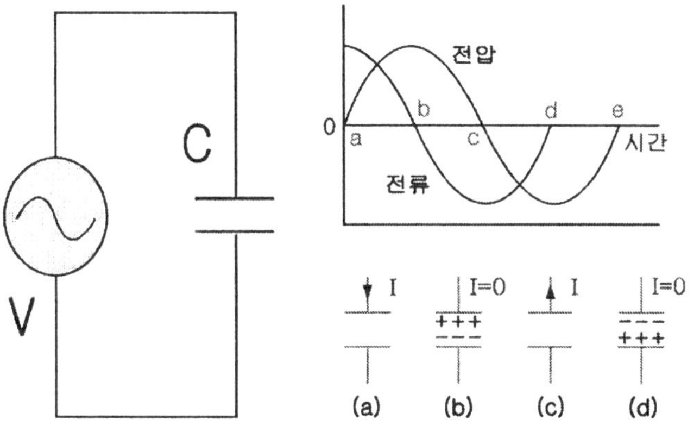

[그림 1-80] 용량성 교류회로

또 전류 I[A]의 전압 V[V]의 실효값, 즉 크기를 나타내면(식 1-61)

$$I = \frac{V}{\frac{1}{\omega C}}\,[\mathrm{A}] \tag{1-61}$$

여기서 $\frac{1}{\omega C} = \frac{1}{2\pi f C}$을 용량성 리액턴스(capacitive reactance : 커패시티브 리액턴스)라 하며 X_C로 표시하고, 단위는 옴(Ω)을 사용한다.

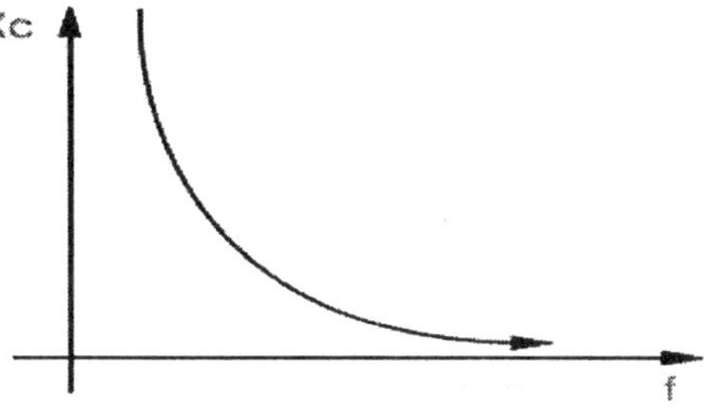

[그림 1-81] 주파수와 용량성 리액턴스의 관계

용량성 리액턴스는 [그림 1-81]과 같이 정전용량 C와 주파수 f에 반비례하여 식 (1-62)에 나타낸다.

$$I=\frac{V}{X_C}=2\pi f\,CV\,[\mathrm{A}] \tag{1-62}$$

즉, X_C의 값은 주파수 f [Hz]에 반비례하고 전류는 비례한다.

(9) R-L 직렬회로

저항 $R[\Omega]$과 자체 인덕턴스 L[H]의 직렬회로에 [그림 1-82]와 같이 정현파 교류 전류 $i=I_m\sin\omega t$[A]가 흐르고 있으며, 전류 i에 의하여 저항 R과 자체 인덕턴스 L의 양단에 걸리는 전압을 각각 v_R, v_L이라고 하면 식 (1-63), (1-64)의 관계가 성립한다.

$$v_R=Ri=RI_m\sin\omega t\,[\mathrm{V}] \tag{1-63}$$

$$v_L=L\frac{di}{dt}=\omega LI_m\cos\omega t=X_LI_m\cos\omega t\,[\mathrm{V}] \tag{1-64}$$

따라서 공급전압 V[V]는 v_R과 v_L의 합이 되므로(식 1-65)

$$V=v_R+v_L=I_m(R\sin\omega t+X_L\cos\omega t)=I_m\sqrt{R^2+X_L^2}\,\sin(\omega t+\theta) \tag{1-65}$$

여기서 $\sqrt{R^2+X_L^2}$은 회로에 가한 전압과 전류의 비를 나타내는 값이다. 이것을 **임피던스**(impedance)라고 하며 Z로 **표시**하고, 단위는 옴(Ω)을 사용하며 식 (1-66)과 같다.

$$\theta=\tan^{-1}\frac{V_L}{V_R}=\tan^{-1}\frac{X_L}{R}=\tan^{-1}\frac{W_L}{R}\,[\mathrm{rad}] \tag{1-66}$$

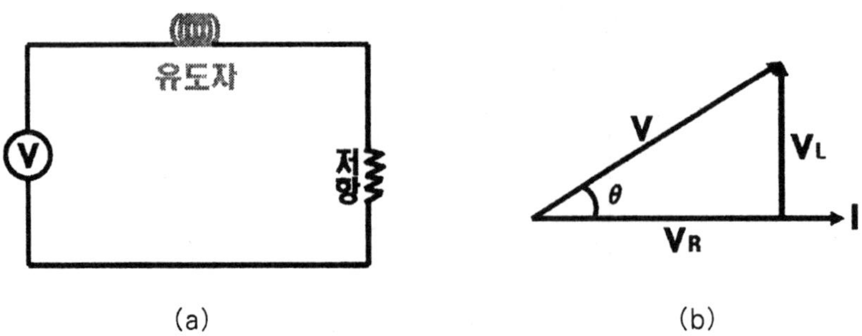

[그림 1-82] R-L 직렬회로와 벡터도

(10) *R-C* 직렬회로

저항 $R[\Omega]$과 정전용량 $C[F]$의 직렬회로에 [그림 1-83]과 같이 주파수 f [Hz], 전압 V[V]를 가할 때 정현파 교류전류 $i = I_m \sin\omega t$[A]가 흐르고 있다면, 전류 i 에 의하여 저항 R과 정전용량 C의 양단에 걸리는 전압을 각각 V_R, V_C이라고 하면 식 (1-67), (1-68)의 관계가 성립한다.

$$V_R = Ri = RI_m \sin\omega t \text{[V]},\ V_R \text{과 } I \text{는 동상} \tag{1-67}$$

$$V_C = X_C I = \frac{1}{\omega C} \cdot I = \frac{1}{2\pi f C} \cdot I \text{[V]},\ V_C \text{는 } I \text{보다 } \frac{\pi}{2} \text{[rad] 뒤진다.} \tag{1-68}$$

따라서 공급전압 $\dot{V} = \dot{V}_R + \dot{V}_C$ [V]는 식 (1-69)와 같이

$$V = V_R + V_C = RI_m \sin\omega t - X_C I_m \cos\omega t = I_m \sqrt{R^2 + X_C^2}\, \sin(\omega t - \theta) \tag{1-69}$$

여기서 임피던스 Z는 $Z = \sqrt{R^2 + X_C^2}\ [\Omega]$이고 임피던스의 각 θ는 식 (1-70)과 같다.

$$\theta = \tan^{-1}\frac{V_C}{V_R} = \tan^{-1}\frac{X_C}{R} = \tan^{-1}\frac{1}{\omega CR} \text{[rad]} \tag{1-70}$$

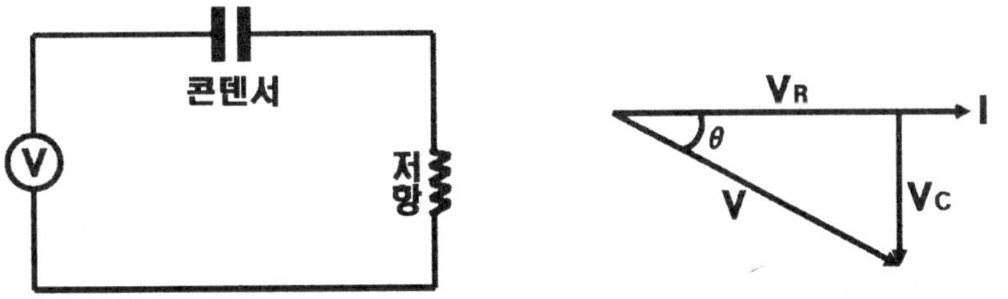

(a) (b)

[그림 1-83] *R-C* 직렬회로와 벡터도

(11) *R-L-C* 직렬회로

저항 $R[\Omega]$, 인덕턴스 L[H], 콘덴서 C[F]의 직렬회로에 [그림 1-84]와 같이 정현파 교류전류 $i = I_m \sin\omega t$[A]가 흐르고 있다면, 각 소자의 양단에 걸리는 전압을

각각 V_R, V_L, V_c라고 하면 식 (1-71), (1-72), (1-73)의 관계가 성립한다.

$$V_R = Ri = RI_m \sin\omega t[\mathrm{V}],\ V_R\text{과 } I\text{는 동상} \tag{1-71}$$

$$V_L = \omega L I_m \cos\omega t[\mathrm{V}],\ V_L\text{은 } I\text{보다 } \frac{\pi}{2}[\mathrm{rad}]\text{ 앞선다.} \tag{1-72}$$

$$V_C = -\frac{1}{\omega C} I_m \cos\omega t[\mathrm{V}],\ V_C\text{는 } I\text{보다 } \frac{\pi}{2}[\mathrm{rad}]\text{ 뒤진다.} \tag{1-73}$$

따라서 공급전압 V[V]는(식 1-74)

$$V = V_R + V_L + V_C = I_m\left[R\sin\omega t + \left(\omega L - \frac{1}{\omega C}\right)\cos\omega t\right][\mathrm{V}] \tag{1-74}$$

여기서(식 1-75)

$$\omega L - \frac{1}{\omega C} = X_L - X_C = X[\Omega] \tag{1-75}$$

으로 리액턴스라 한다.

전류 I[A]와 전압 V[V]를 실효값, 즉 크기로 나타내면(식 1-76, 1-77)

$$V = \sqrt{V_R^2 + V_X^2} = \sqrt{V_R^2 + (V_L - V_C)^2} = \sqrt{R^2 + X^2}\cdot I$$
$$= \sqrt{R^2 + (X_L - X_C)^2}\cdot I = ZI[\mathrm{V}] \tag{1-76}$$

$$I = \frac{V}{Z} = \frac{V}{\sqrt{R^2 + X^2}} = \frac{V}{\sqrt{R^2 + (X_L - X_C)^2}}[\mathrm{A}] \tag{1-77}$$

여기서, $X = X_L - X_C = \omega L - \frac{1}{\omega C}[\Omega]$으로 리액턴스라 한다(식 1-78).

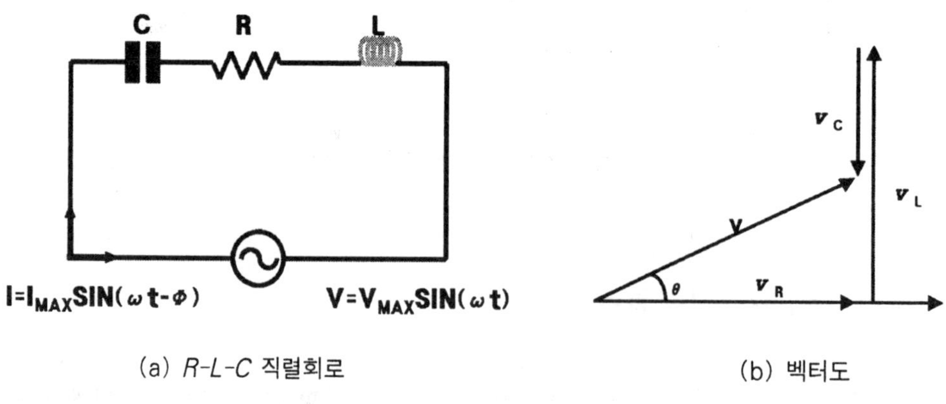

(a) *R-L-C* 직렬회로 (b) 벡터도

[그림 1-84] *R-L-C* 직렬회로와 벡터도

$$\theta = \tan^{-1}\frac{X}{R} = \tan^{-1}\frac{X_L - X_C}{R} = \tan^{-1}\frac{\omega L - \frac{1}{\omega C}}{R}\,[\text{rad}] \quad (1\text{-}78)$$

즉, 이 회로의 전압과 전류의 비인 임피던스 Z는 식 (1-79)와 같다.

$$Z = \frac{V}{I} = \sqrt{R^2 + X^2} = \sqrt{R^2 + (X_L - X_C)^2} = \sqrt{R^2 + \left(\omega L - \frac{1}{\omega C}\right)^2}\,[\Omega] \quad (1\text{-}79)$$

① $\omega L > \frac{1}{\omega C}$, 즉 $V_L > V_C$이면 V는 I보다 θ만큼 위상이 앞선다(유도성 회로).

② $\omega L < \frac{1}{\omega C}$, 즉 $V_L < V_C$이면 V는 I보다 θ만큼 위상이 뒤진다(용량성 회로).

③ $\omega L = \frac{1}{\omega C}$, 즉 $V_L = V_C$이면 V와 I는 동상(무유도성 회로, 직렬공진회로, 또는 전압공진회로).

(12) *R-L* 병렬회로

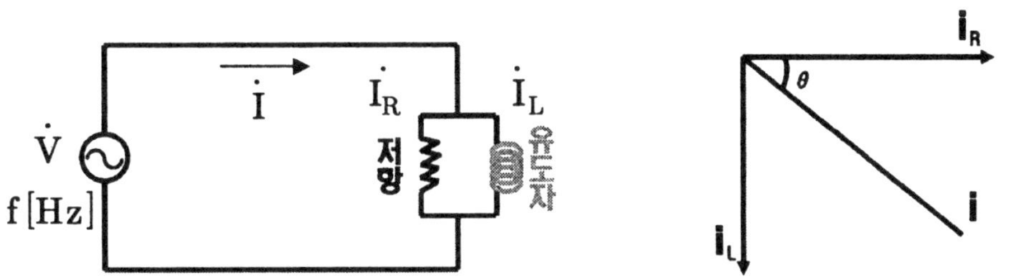

(a) *R-L* 병렬회로 (b) 벡터도

[그림 1-85] *R-L* 병렬회로와 벡터도

[그림 1-85]와 같이 저항 $R[\Omega]$과 자체 인덕턴스 $L[\text{H}]$의 병렬회로에 주파수 f [Hz], 정현파 교류전압 $\dot{V}$를 인가하면 회로에 흐르는 전류를 i라고 한다면, 저항 R과 자체 인덕턴스 L에 흐르는 전류 i_R, i_L은 다음의 관계가 성립한다.

i_R과 V는 동상이므로 그 크기는 $i_R = \frac{V}{R}$[A]이고, i_L에 흐르는 전류는 전압보다 위상이 90도 뒤지고 유도 리액턴스는 $X_L = \omega L = 2\pi f L[\Omega]$이 되므로, 그 크기는 $i_L = \frac{V}{X_L} = \frac{V}{\omega L} = \frac{V}{2\pi f L}$[A]가 된다. 이 회로에서 전류 i는 저항 R과 자체 인덕턴스 L에 흐르는 전류의 합과 같으므로(식 1-80~1-83)

$$I = \sqrt{I_R^2 + I_L^2} = \sqrt{\left(\frac{V}{R}\right)^2 + \left(\frac{V}{X_L}\right)^2} = V\sqrt{\left(\frac{1}{R}\right)^2 + \left(\frac{1}{\omega_L}\right)^2}\,[\mathrm{A}]$$

$$= \frac{V}{Z}[\mathrm{A}] = YV = \sqrt{G^2 + B^2}\cdot V[\mathrm{A}] \qquad (1\text{-}80)$$

$$Z = \frac{V}{I} = \frac{1}{\sqrt{\left(\frac{1}{R}\right)^2 + \left(\frac{1}{X_L}\right)^2}} = \frac{1}{\sqrt{\left(\frac{1}{R}\right)^2 + \left(\frac{1}{\omega L}\right)^2}}$$

$$= \frac{1}{\sqrt{\left(\frac{1}{R}\right)^2 + \left(\frac{1}{2\pi fL}\right)^2}}\,[\Omega] \qquad (1\text{-}81)$$

$$V = ZI = \frac{1}{\sqrt{\left(\frac{1}{R}\right)^2 + \left(\frac{1}{X_L}\right)^2}}\cdot I[\mathrm{V}] = \frac{I}{Y} = \frac{I}{\sqrt{G^2 + B^2}}[\mathrm{V}] \qquad (1\text{-}82)$$

어드미턴스 $Y = \frac{1}{Z} = \sqrt{G^2 + B^2}\,[℧]$, $G = \frac{1}{R}[℧]$, $B = \frac{1}{X_L}[℧]$ (1-83)

($G = \frac{1}{R}[℧]$: 컨덕턴스, $B = \frac{1}{X_L}[℧]$: 서셉턴스)

전류와 전압의 위상차는 식 (1-84)와 같다.

$$\theta = \tan^{-1}\frac{I_L}{I_R} = \tan^{-1}\frac{\frac{V}{X_L}}{\frac{V}{R}} = \tan^{-1}\frac{\frac{1}{X_L}}{\frac{1}{R}} = \tan^{-1}\frac{R}{X_L}$$

$$= \tan^{-1}\frac{R}{\omega L}[\mathrm{rad}] = \tan^{-1}\frac{B}{G}[\mathrm{rad}] \qquad (1\text{-}84)$$

그러므로 R-L 병렬회로는 직렬회로와 마찬가지로 전류의 위상은 전압보다 θ만큼 뒤지고, 크기는 저항과 유도 리액턴스의 크기에 따라 달라진다.

(13) R-C 병렬회로

저항 $R[\Omega]$과 정전용량 C[F]의 병렬회로에 [그림 1-86]과 같이 주파수 f[Hz], 정현파 교류전압 V를 인가하면 회로에 흐르는 전류를 i라고 한다면, 저항 R과 정전용량 C에 흐르는 전류 i_R, i_C는 다음의 관계가 성립한다.

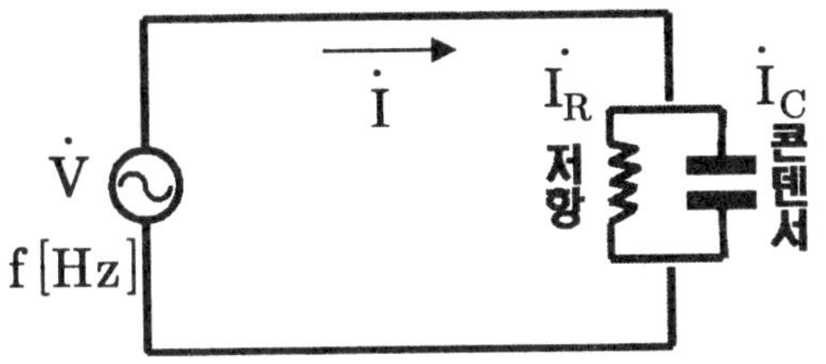

(a) R-C 병렬회로

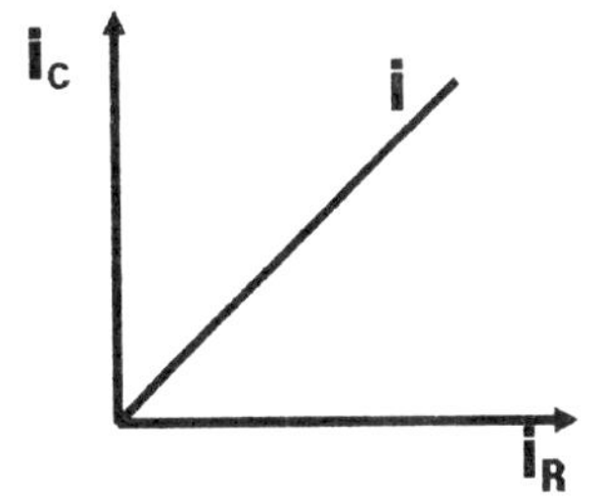

(b) 벡터도

[그림 1-86] R-C 병렬회로와 벡터도

i_R과 V는 동상이므로 i_R의 크기는 $i_R=\dfrac{V}{R}$[A]이고, i_C에 흐르는 전류는 전압보다 위상이 90도 앞서고, 용량 리액턴스는 $X_C=\omega C=2\pi fC$가 되므로, 그 크기는 $i_C=\dfrac{V}{X_C}=\omega CV=2\pi CV$[A]가 된다. 이 회로에서 전류 i는 저항 R과 자체 인덕턴스 C에 흐르는 전류의 합과 같으므로(식 1-85~1-88)

$$I=\sqrt{I_R^2+I_L^2}=\sqrt{\left(\frac{V}{R}\right)^2+\left(\frac{V}{X_C}\right)^2}=V\sqrt{\left(\frac{1}{R}\right)^2+\left(\frac{1}{\omega_C}\right)^2}\,[\mathrm{A}]$$

$$=\frac{V}{Z}=[\mathrm{A}]=YV=\sqrt{G^2+B^2}\cdot V[\mathrm{A}] \tag{1-85}$$

$$Z=\frac{V}{I}=\frac{1}{\sqrt{\left(\frac{1}{R}\right)^2+\left(\frac{1}{X_C}\right)^2}}=\frac{1}{\sqrt{\left(\frac{1}{R}\right)^2+(\omega C)^2}}\,[\Omega]$$

$$=\frac{1}{\sqrt{\left(\frac{1}{R}\right)^2+(2\pi fC)^2}}=\frac{1}{\sqrt{G^2+B^2}}\,[\Omega] \tag{1-86}$$

$$V=ZI=\frac{1}{\sqrt{\left(\frac{1}{R}\right)^2+\left(\frac{1}{X_C}\right)^2}}\cdot I=\frac{I}{Y}=\frac{I}{\sqrt{G^2+B^2}}\,[\mathrm{V}] \tag{1-87}$$

어드미턴스 $Y=\dfrac{1}{Z}=\sqrt{G^2+B^2}\ [\mho]$ (1-88)

($G=\dfrac{1}{R}[\mho]$: 컨덕턴스, $B=\dfrac{1}{X_C}[\mho]$: 서셉턴스)

전류와 전압의 위상차는 식 (1-89)와 같다.

$$\theta = \tan^{-1}\frac{I_C}{I_R} = \tan^{-1}\frac{\frac{1}{X_C}}{\frac{1}{R}} = \tan^{-1}\frac{R}{X_C} = \tan^{-1}\omega CR[\text{rad}]$$

$$= \tan^{-1}\frac{B}{G}[\text{rad}] \qquad (1\text{-}89)$$

그러므로 R-C 병렬회로는 R-C 직렬회로와 마찬가지로 전류의 위상은 전압보다 θ [rad]만큼 앞서고, 크기는 저항과 용량 리액턴스의 크기에 따라 달라진다.

(14) L-C 병렬회로

[그림 1-87(a)]에서 회로에 인가한 전압이 $\dot{V}$이면(식 1-90~1-94)

$I_L = \frac{V}{X_L}[\text{A}]$, I_L은 V보다 $\frac{\pi}{2}$[rad] 뒤진다.

$I_C = \frac{V}{X_C}[\text{A}]$, I_C는 V보다 $\frac{\pi}{2}$[rad] 앞선다.

$$\dot{I} = \dot{I}_L + \dot{I}_C$$

$$I = I_L \sim I_C = V\left(\frac{1}{X_L} \sim \frac{1}{X_C}\right) = \frac{V}{X}[\text{A}] = \frac{\text{V}}{\text{B}}[\text{A}] \qquad (1\text{-}90)$$

$$Z = X = \frac{1}{\frac{1}{X_L} \sim \frac{1}{X_C}}[\Omega] = \frac{1}{Y} = \frac{1}{Y} = \frac{1}{B_L \sim B_C}[\Omega] \qquad (1\text{-}91)$$

$$Y = \frac{1}{Z} = B_L \sim B_C \qquad (1\text{-}92)$$

$$V = ZI[\text{V}] \qquad (1\text{-}93)$$

$I_L > I_L(X_L < X_C)$의 경우 $I = I_L - I_C$(유도성 회로)

$I_L < I_L(X_L > X_C)$의 경우 $I = I_C - I_L$(용량성 회로)

$I_L = I_C(X_L = X_C)$의 경우 $I = 0$(무유도성 회로, 병렬공진회로, 전류공진회로)

공진시 공진 주파수 $f_0 = \frac{1}{2\pi\sqrt{LC}}[\text{Hz}]$ (1-94)

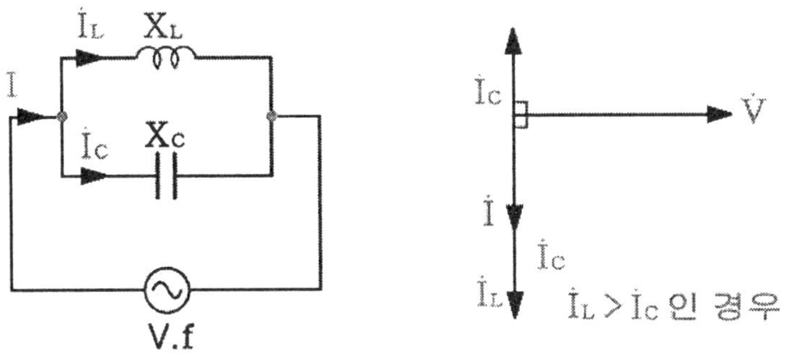

(a) *L*-*C* 병렬회로　　　　(b) 벡터도

[그림 1-87] ***L*-*C* 병렬회로와 벡터도**

(15) *R*-*L*-*C* 병렬회로

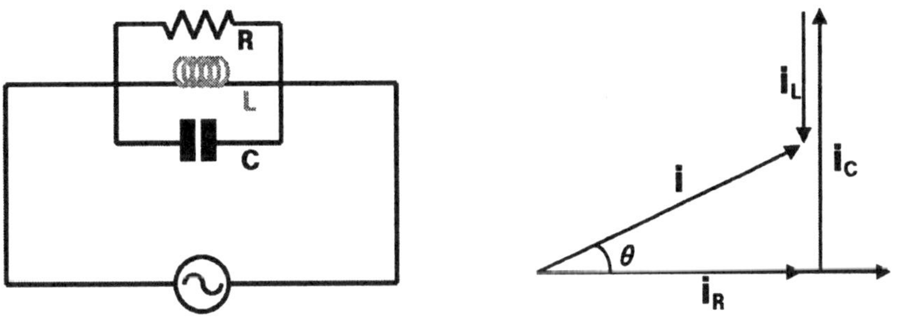

(a)　　　　(b)

[그림 1-88] ***R*-*L*-*C* 병렬회로와 벡터도**

저항 $R[\Omega]$, 자체 인덕턴스 L[H], 정전용량 C[F]의 병렬회로에 [그림 1-88]과 같이 주파수 f[Hz], 정현파 교류전압 V를 인가하면 회로에 흐르는 전류를 i 라고 한다면 저항 R과 자체 인덕턴스 L, 정전용량 C에 흐르는 전류 i_R, i_L, i_C는 다음의 관계가 성립한다.

i_R과 V는 동상이므로 i_R의 크기는 $i_R = \dfrac{V}{R}$[A]이고, i_L에 흐르는 전류는 전압보다 위상이 90도만큼 뒤지므로 그 크기는(식 1-95)

$$i_L = \frac{V}{X_L} = \frac{V}{\omega L} = \frac{V}{2\pi f L} [\mathrm{A}] \tag{1-95}$$

이고, i_C에 흐르는 전류는 전압보다 위상이 90°C만큼 앞서므로, 그 크기는(식 1-96)

$$i_C = \frac{V}{X_C} = \omega C V = 2\pi f C V [\mathrm{A}] \tag{1-96}$$

같게 된다. 여기에서 $X_L > X_C$인 경우 합성전류의 크기는 식 (1-97, 1-98)

$$i = i_R + i_L + i_C = \sqrt{(i_R)^2 + (i_C - i_L)^2} \tag{1-97}$$

$$= V\sqrt{\left(\frac{1}{R}\right)^2 + \left(\frac{1}{X_C} - \frac{1}{X_L}\right)^2} [\mathrm{A}] \tag{1-98}$$

여기에서 전압과 전류의 비를 임피던스 Z라 하며(식 1-99)

$$Z = \frac{V}{I} = \frac{1}{\sqrt{\left(\frac{1}{R}\right)^2 + \left(\frac{1}{X_C} - \frac{1}{X_L}\right)^2}}$$

$$= \frac{1}{\sqrt{\left(\frac{1}{R}\right)^2 + \left(\omega C - \frac{1}{\omega L}\right)^2}} [\Omega] \tag{1-99}$$

전류와 전압의 위상차 θ는 식 (1-100, 1-101)과 같다.

$$\tan\theta = \frac{I_C - I_L}{I_R} = \frac{\frac{V}{X_C} - \frac{V}{X_L}}{\frac{V}{R}} = \left(\frac{1}{X_C} - \frac{1}{X_L}\right) \cdot R \tag{1-100}$$

$$\theta = \tan^{-1}\left(\frac{1}{X_C} - \frac{1}{X_L}\right) \times R = \tan^{-1}\left(\omega C - \frac{1}{\omega L}\right) \cdot R [\mathrm{rad}] \tag{1-101}$$

그러므로 R-L-C 병렬회로는 R-L-C 직렬회로와 마찬가지로 회로에 가해진 전압과 전류의 위상차는 리액턴스의 성분에 따라 θ[rad]만큼 앞서거나 뒤지게 된다.

(16) 공진회로

교류회로에서 X_L과 X_C가 같을 때 일어나는 형상을 공진현상이라 하며, 라디오나 TV 등에서 원하는 방송 주파수를 선택할 때, 무선통신에서 송신기와 수신기가 서로 통화할 수 있도록 주파수 동조에 응용된다. 공진에는 직렬공진과 병렬공진이 있다.

1) 직렬공진회로

저항 $R[\Omega]$, 인덕턴스 $L[\mathrm{H}]$, 콘덴서 $C[\mathrm{F}]$, 직렬회로에 주파수 $f[\mathrm{Hz}]$, 전압 $V[\mathrm{V}]$의 교류를 가한 경우, 이 회로의 전류 I와 위상각 θ는 식 (1-102)~(1-105)와 같이 나타낼 수 있다.

$V_R = RI[\mathrm{V}]$, V_R과 I는 동상

$V_L = X_L I[\mathrm{V}]$, V_L은 I보다 $\frac{\pi}{2}[\mathrm{rad}]$ 앞선다.

$V_C = X_C I[\mathrm{V}]$, V_C는 I보다 $\frac{\pi}{2}[\mathrm{rad}]$ 뒤진다.

$$V = \sqrt{V_R^2 + V_X^2} = \sqrt{V_R^2 + (V_L - V_C)^2} = \sqrt{R^2 + X^2} \cdot I$$

$$= \sqrt{R^2 + (X_L - X_C)^2} \cdot I = ZI[\mathrm{V}] \tag{1-102}$$

$$I = \frac{V}{Z} = \frac{V}{\sqrt{R^2 + X^2}} = \frac{V}{\sqrt{R^2 + (X_L - X_C)^2}}[\mathrm{A}]$$

$$= \frac{V}{\sqrt{R^2 + \left(\omega L - \frac{1}{\omega C}\right)^2}}[\mathrm{A}] \tag{1-103}$$

$$Z = \frac{V}{I} = \sqrt{R^2 + X^2} = \sqrt{R^2 + (X_L - X_C)^2} = \sqrt{R^2 + \left(\omega L - \frac{1}{\omega C}\right)^2}[\Omega] \tag{1-104}$$

여기서, $X = X_L - X_C = \omega L - \frac{1}{\omega C}[\Omega]$으로 리액턴스라 한다.

$$\theta = \tan^{-1}\frac{X}{R} = \tan^{-1}\frac{X_L - X_C}{R} = \tan^{-1}\frac{\omega L - \frac{1}{\omega C}}{R}[\mathrm{rad}] \tag{1-105}$$

① $\omega L > \frac{1}{\omega C}$, 즉 $V_L > V_C$이면 V는 I보다 θ만큼 위상이 앞선다(유도성 회로).

② $\omega L < \frac{1}{\omega C}$, 즉 $V_L < V_C$이면 V는 I보다 θ만큼 위상이 뒤진다(용량성 회로).

③ $\omega L = \frac{1}{\omega C}$, 즉 $V_L = V_C$이면 V와 I는 동상(무유도성 회로, 직렬공진회로, 또는 전압공진회로).

그러므로 $\omega L = \frac{1}{\omega C}$, 즉 $\omega L - \frac{1}{\omega C} = 0$인 상태가 된다면 식 (1-106), (1-107)과 같은 관계식이 성립된다.

$$I = \frac{V}{R}[\mathrm{A}] \tag{1-106}$$

$$\theta = \tan^{-1}\frac{0}{R} = 0[\mathrm{rad}] \tag{1-107}$$

즉, 전압과 전류는 동상(in-phase : 인-페이즈)이 되고, 임피던스는 최소가 되며, 전류는 최대가 된다. 이것을 일반적인 경우의 직렬공진(series resonance : 시리즈 레조넌스)이라고 하며, 다음과 같이 나타나는 상태이다.

- 리액턴스 L[H] 성분이 없어져(0이 되어) 전압과 전류가 동상이 되는 상태
- 임피던스가 최소로 되어 회로에 흐르는 전류가 최대로 흐르는 상태

2) 공진 주파수

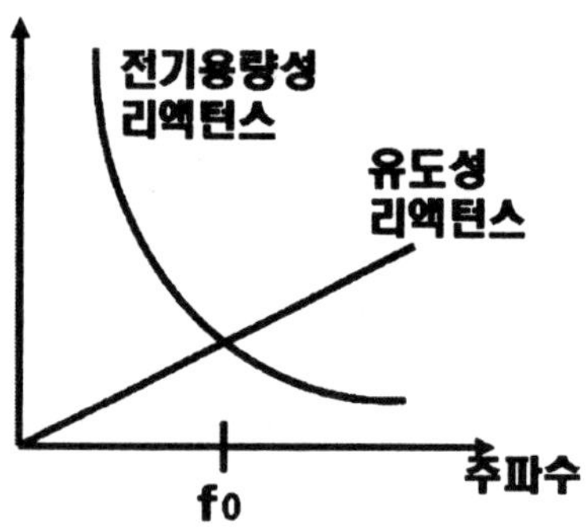

[그림 1-89] 주파수와 리액턴스의 관계

R-L-C 직렬회로의 전원전압은 일정하게 하고 각 주파수를 변화시킬 경우, 회로의 리액턴스 변화를 [그림 1-89]에 나타내었다.

이 그림에서 낮은 주파수에서는 용량성 리액턴스의 값이 유도성 리액턴스의 값보다 크므로 합성 리액턴스는 0보다 작아지게 되고, 주파수가 0에 근접해짐에 따라 리액턴스의 값은 유도성 리액턴스의 값에 근접한다. 이와 반대로 높은 주파수에서는 유도성 리액턴스의 값이 용량성 리액턴스보다 크므로 리액턴스의 값은 0보다 커지고 주파수가 무한대에 근접해짐에 따라 리액턴스는 용량 리액턴스의 값에 근접하게 된다. 그리고 각 주파수의 교차점, 리액턴스의 곡선이 만나는 점, 즉 용량성 리액턴스

와 유도성 리액턴스가 같아지는 점에서 단자전압과 전류가 동상이 되게 된다. 실제 사용되는 2단자 회로의 단자전압과 전류가 어떠한 주파수에서 동상이 될 때 이 회로는 그 주파수에서 공진상태가 되었다고 한다. 그리고 그 주파수를 공진 주파수(resonant frequency : 레조넌트 프리퀀시), 고유 주파수(natural frequency : 내추럴 프리퀀시)라고 한다.

R-L-C 직렬회로의 공진 시 주파수를 ω_0, 공진 주파수를 f_0라 하면(식 1-108, 1-109)

$$\omega_0 L = \frac{1}{\omega_0 C} \qquad \therefore \omega_0 = \frac{1}{\sqrt{LC}} \tag{1-108}$$

$$\therefore f_0 = \frac{1}{2\pi\sqrt{LC}}\,[\mathrm{Hz}] \tag{1-109}$$

f_0를 공진 주파수 또는 고유 진동수(natural frequency)라 한다. 공진일 때 $V_L = V_C$이므로(식 1-110, 식 1-111)

$$V_L = \frac{\omega_0 L}{R} V = V_C = \frac{1}{\omega_0 CR} V\,[\mathrm{V}] \tag{1-110}$$

$$\therefore Q = \frac{V_L}{V} = \frac{V_C}{V} = \frac{\omega_0 L}{R} = \frac{1}{\omega_0 CR} \tag{1-111}$$

Q를 선택도, 첨예도 또는 전압 확대율이라 한다(식 1-112, 113).

$$\text{공진 임피던스 } Z_0 = \sqrt{R^2 + \left(\omega_0 L - \frac{1}{\omega_0 C}\right)^2} = R\,[\Omega] \tag{1-112}$$

$$\text{따라서 공진전류 } I_0 = \frac{V}{Z_0} = \frac{V}{R}\,[\mathrm{A}] \tag{1-113}$$

3) 병렬공진회로

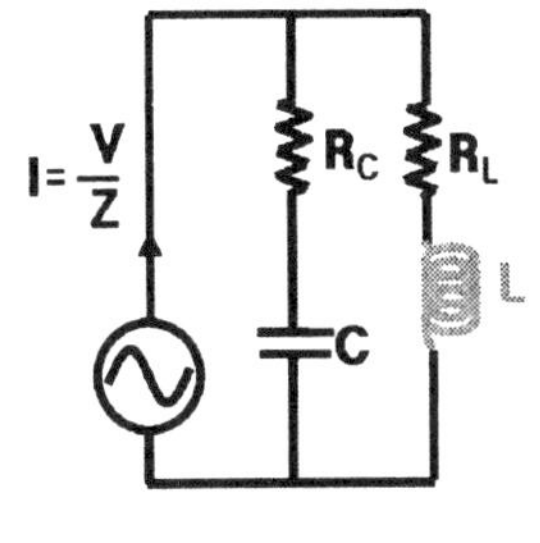

[그림 1-90] *R-L-C* 병렬회로

인덕턴스 L[H]과 내부저항 R_L이 [그림 1-90]과 같이 직렬로 연결된 코일과 콘덴서 C[F]를 병렬로 연결한 병렬공진회로에서 주파수 f[H], 전압 V[V]의 교류를 가할 때 인덕턴스 L에 흐르는 전류 I_L과 커패시턴스 C에 흐르는 전류 I_C가 같을 때, 즉 $I_L = I_C$가 될 경우 X_L과 X_C가 같게 되므로 $I=0$가 되어 회로의 임피던스는 무한대가 되어 전류가 최소로 흐른다고 생각할 수 있으며 이 상태를 병렬공진(parallel resonance : 패러럴 레조넌스) 또는 전류공진이라 한다.

이때에 공진 각주파수를 ω_0, 공진주파수를 f_0라 하면(식 1-114),

$$\omega_0 L = \frac{1}{\omega_0 C} \tag{1-114}$$

을 ω_0에 관해서 정리하면(식 1-115, 1-116)

$$\omega_0 = \frac{1}{\sqrt{LC}} \tag{1-115}$$

$$f_0 = \frac{1}{2\pi\sqrt{LC}} \tag{1-116}$$

로 되어 직렬 공진회로의 공진 주파수와 같은 형태를 이룬다.

(17) 교류전력

회로소자가 순 저항이 아닌 경우에는 정현파 교류전압 $v = V_m \sin\omega t$[V]를 인가할 때 일반적으로 회로에 흐르는 전류 $i = I_m \sin(\omega t - \theta)$가 되며, 이때의 순간전력 p는 식 (1-117)과 같이 나타낼 수 있다.

$$i = \sqrt{2} I \sin(\omega t - \theta)[\mathrm{A}]$$

$$p = vi = \sqrt{2}\, V \sin(\omega t - \theta) \cdot \sqrt{2} I \sin(\omega t - \theta) = 2VI \sin\omega t \cdot \sin(\omega t - \theta)$$

$$= 2VI \cdot \frac{1}{2}[\cos\theta - \cos(2\omega t - \theta)] = VI\cos\theta - VI\cos(2\omega t - \theta)[\mathrm{W}]$$

$$※\ \sin A \cdot \sin B = \frac{1}{2}[\cos(A-B) - \cos(A+B)][\mathrm{W}] \tag{1-117}$$

이 식에서 제1항은 시간에 관계없는 일정한 성분을 가지고, 제2항은 전원전압의 2배의 각주파수로 변화하는 값을 가지며 진폭이 VI인 정현파이다.

그리고 평균전력 P는 순시전력 한 주기 동안의 값을 적분하여 평균한 값이므로 위의 식 제2항에서 1주기의 평균값은 0이 된다. 따라서 평균 전력은 식 (1-118)과 같이 나타낼 수 있다.

$$P = VI\cos\theta\,[\mathrm{W}] \tag{1-118}$$

이 평균 전력이 교류회로의 **소비전력**(유효전력)으로서 일반적으로 **교류전력**이라 한다.

① 역 률

피상전력에 대한 실제로 소비한 유효전력의 비를 **역률**[9](power factor : 파워 팩터)이라 하고, 전압과 전류의 위상차 θ를 역률각이라 하며, $Pf = \cos\theta$를 역률로 표시한다(식 1-119). 역률은 0~1의 수나 백분율로 표시한다.

$$\text{역률 } Pf = \cos\theta = \frac{\text{유효전력}}{\text{피상전력}} = \frac{P}{P_a} = \frac{P}{VI} \tag{1-119}$$

② 피상전력

겉보기 전력으로 보통 **피상전력**(apparent power : 어패런트 파워)이라 한다(식 1-120).

$$P_a = VI\,[\mathrm{VA}] \tag{1-120}$$

③ 유효전력과 무효전력(식 1-121~1-123)

유효전력(effective power : 이펙티브 파워) : $P = VI\cos\theta = P_a\cos\theta\,[\mathrm{W}]$ (1-121)

무효전력(reactive power : 리액티브 파워) : $P_r = VI\sin\theta = P_a\sin\theta\,[\mathrm{Var}]$ (1-122)

피상전력(apparent power : 어패런트 파워) : $P_a = VI = \sqrt{P^2 + P_r^2}\,[\mathrm{VA}]$ (1-123)

피상전력에 대한 무효전력의 비를 **무효율**이라 하고, $\sin\theta$로 표시한다(식 1-124).

$$\sin\theta = \frac{\text{무효전력}}{\text{피상전력}} = \frac{P_r}{VI} = \frac{P_r}{P_a} \tag{1-124}$$

④ 전력량(식 1-125~1-127)

전 력 량 $W = Pt\,[\mathrm{kWh}]$ (1-125)

무효 전력량 $W_r = P_r t\,[\mathrm{kVarh}]$ (1-126)

피상 전력량 $W_a = P_a t\,[\mathrm{kVAh}]$ (1-127)

---

9) 역률 : 직류전력은 $I \cdot V$로 구하나 리액턴스 성분을 포함한 교류전류전력을 구하는 경우에는 실효전압과 실효전류의 곱에 전압과 전류의 위상차 ϕ의 여현 $\cos\phi$의 곱으로 구성. 이 $\cos\phi$를 역률이라 한다.

⑤ 3상 교류

우리가 일상생활에서 사용하는 교류는 2선을 이용해서 전류를 흐르게 하는 단상 교류이다. 하지만 [그림 1-91]과 같이 3개의 선으로 전류를 흐르게 하는 3상 교류를 사용하는 곳도 있으며 그 발전 원리는 [그림 1-92]와 같다.

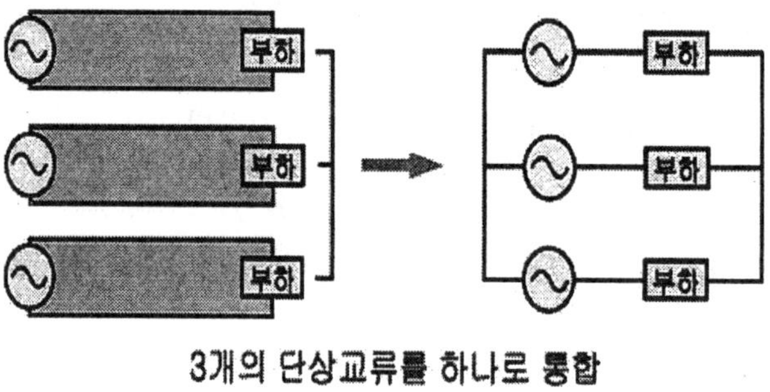

[그림 1-91] 3상 교류의 개념

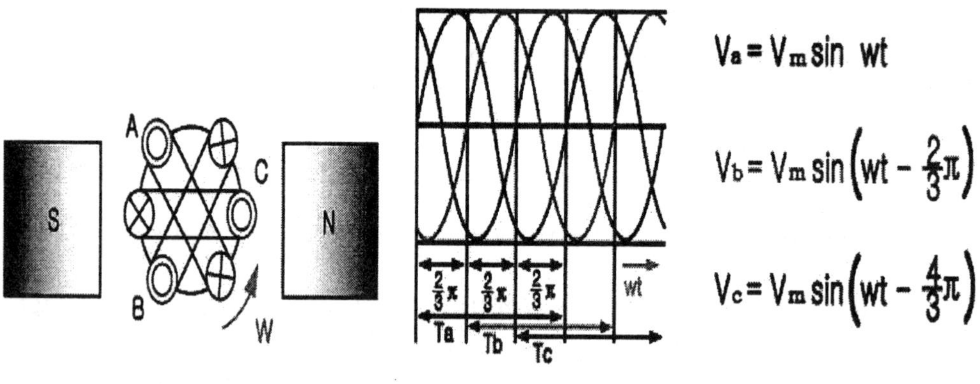

(a) (b)

[그림 1-92] 3상 교류의 발전

3상 교류의 장점으로는 회전하는 전동기의 진동이 적어지고 성능이 향상되며, 동일한 전력을 공급하는 데 필요한 도선의 무게와 부품이 단상에 비해 훨씬 경제적이며, 회전하는 전동기의 진동이 적어지고 성능이 향상되므로 배전용, 발전용, 공장 등에서 사용된다.

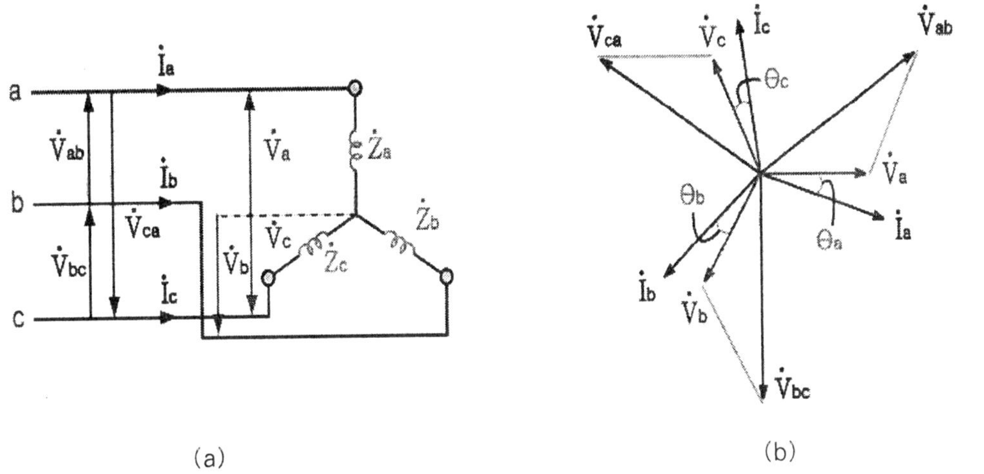

[그림 1-93] 평형 3상 교류회로

㉮ 3상 전력

3상 회로에서 [그림 1-93]과 같은 각 상의 소비전력은(식 1-128)

$$\left.\begin{aligned} P_a &= V_a I_a \cos\theta_a \,[\mathrm{W}] \\ P_b &= V_b I_b \cos\theta_b \,[\mathrm{W}] \\ P_c &= V_c I_c \cos\theta_c \,[\mathrm{W}] \end{aligned}\right\} \tag{1-128}$$

$$P = P_a + P_b + P_c = V_a I_a \cos\theta_a + V_b I_b \cos\theta_b + V_c I_c \cos\theta_c \,[\mathrm{W}]$$

평형 3상 회로이면, 식 (1-129)

$$P = 3\,V_p\,I_p \cos\theta \,[\mathrm{W}] \tag{1-129}$$

㉯ 성형 결선 부하의 3상 전력(식 1-130~1-131)

$$V_l = \sqrt{3}\,V_p,\ I_l = I_p \tag{1-130}$$

$$P = 3\,V_p I_p \cos\theta = 3 \cdot \frac{V_l}{\sqrt{3}} I_l \cos\theta = \sqrt{3}\,V_l\,I_l \cos\theta \,[\mathrm{W}] \tag{1-131}$$

㉰ 삼각 결선 부하의 3상 전력(식 1-132~1-133)

$$V_l = V_p,\ I_l = \sqrt{3}\,I_p \tag{1-132}$$

$$\therefore P = 3\,V_p I_p \cos\theta = 3 \cdot V_l \cdot \frac{I_l}{\sqrt{3}} \cos\theta = \sqrt{3}\,V_l\,I_l \cos\theta \,[\mathrm{W}] \tag{1-133}$$

즉, 3상 전력은 부하의 결선 방법에는 관계없다(식 1-134~1-138).

3상 유효전력 $P = \sqrt{3}\, V_l\, I_l \cos\theta\ [\text{W}]$ (1-134)

3상 무효전력 $P_r = \sqrt{3}\, V_l\, I_l \sin\theta\ [\text{Var}]$ (1-135)

3상 피상전력 $P_a = \sqrt{3}\, V_l\, I_l = \sqrt{P^2 + P_r^{\,2}}\ [\text{VA}]$ (1-136)

역 률 $Pf = \cos\theta = \dfrac{P}{P_a} = \dfrac{R}{Z}$ (1-137)

무효율 $\sin\theta = \dfrac{P_r}{P_a} = \dfrac{X}{Z}$ (1-138)

7 전 기 기 기

(1) 변압기의 개요

변압기(transformer : 트랜스포머)는 일반적으로 전력이 들어오는 쪽인 1차 권선(primary winding : 프라이머리 와인딩)과 나오는 쪽인 2차 권선(secondary winding : 세컨더리 와인딩)을 갖고 있으며, 전원 쪽에서 유입한 교류전력을 전자유도 작용에 이용한다. 변압기의 사용 목적은 1차 권선을 통해 들어온 교류전력을 2차 권선을 통해 변성하여 전달하는 것이다.

전력을 장거리 송전하는 경우에 사용하는 전선의 굵기는 경제성을 고려하여 지나치게 크게 할 수 없으므로 저항도 어느 정도 이하까지는 작게 만들 수 없다. 이러한 이유 때문에 송전선에 의한 저항손실 및 전압강하를 적게 만들기 위해서는 전압을 높게 하여 전류를 적게 만들기 방법 밖에는 없다.

발전기의 전압은 보통 1~2만[V] 정도를 사용하므로 이것을 장거리 송전선의 수십만[V]까지 전압을 승압하기 위해서는 변압기를 필요로 한다. 승압 전력을 받은 이후 전동기를 운전하고 전등을 점등하는 등의 일을 하려면 재차 변압기를 사용하여 각각의 용도에 따라서 적당한 전압으로 강압하여야 한다. 그러므로 전력수송에 있어서 변압기를 빼놓을 수 없는 것이다.

이밖에도 전기로, 전기용접, 전기화학공업 등과 같은 낮은 전압 시 대 전류가 필요한 때에도 변압기를 사용하고 있으며, 교류를 직류로 바꾸기 위한 정류기에 대해서도 변압기의 사용이 매우 중요하다.

두 개의 회로 사이를 절연시키기 위해서 사용하는 변압기에서는 1차, 2차의 전압이 같은 경우도 나타나는데 이것을 절연 변압기라고 한다. 그리고 변압기의 적절한 접속을 통해 교류의 상수를 변화시킬 수도 있다. 또한 계기용 변성기라고 하여 계기의 측정범위를 확장할 목적을 위해 사용하는 변압기도 있다.

1) 변압기의 원리

변압기의 동작 원리를 보다 쉽게 이해하기 위하여 권선의 저항 및 철 속의 포화, 누설 리액턴스를 무시하고, 또 철심의 자기포화와 철손도 없다고 가정할 때 이러한 조건을 만족하는 변압기를 이상 변압기(ideal transformer : 아이디얼 트랜스포머)라 한다.

철심[10]에 [그림 1-94]와 같이 권수 W_1인 권선 1차 코일과 W_2인 권선 2차 코일을 감았다고 할 때 1차권선 쪽에 교류 전원을 인가하면 2차 코일에 기전력이 유기된다. 이럴 경우에 1차 권선의 전류에 의해 만들어져 쇄교하는 자속이 전부 2차 코일과도 쇄교한다고 가정하면 자속이 변화하는 비율은 1차 코일과 2차 코일이 같아지게 되어 1차 코일과 2차코일 각각의 1차 권수에 유도되는 기전력은 같게 된다. 그러므로 1차 코일과 2차 코일의 양단의 기전력은 각 권수에 따라 비례하게 된다.

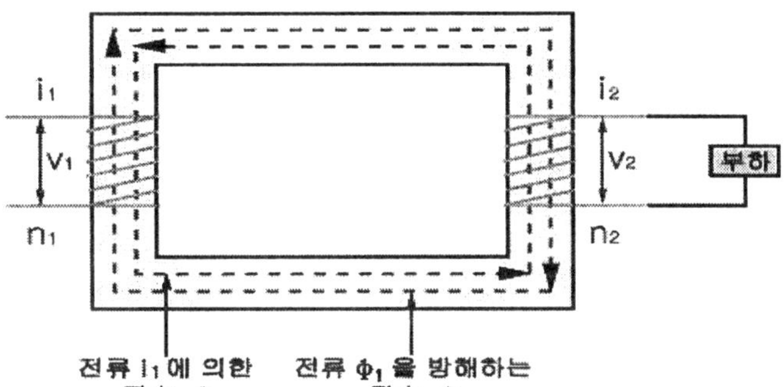

[그림 1-94] 변압기의 구조 및 원리

---

10) **적층철심** : 변압기 등의 철심 코어(core)를 몇 장씩 겹쳐 쌓은 것. 회전기의 전기자(電氣子) 철심이나 변압기의 철심은 규소강판을 0.35mm 정도의 얇은 판으로 만들어서 각각 절연 처리한 후에 몇 장이고 필요한 만큼 쌓아 전류손(損)을 적게 한 것을 말한다.

그리고 1차 코일에서 전류에 의한 권선 내의 전압강하는 무시할 수 있을 만큼 작으므로 유기되는 기전력의 실효값 V_1과 전원에서 공급된 전압과는 평형이 되어야 하므로 권선의 저항을 무시한다면 이들은 서로 같아야 한다. 그렇다면 1차 코일의 권회수를 n_1, 2차 코일의 권회수를 n_2라 하고, 2차 코일에서 유기되는 기전력의 실효값을 V_2라 한다면, 1차 코일과 2차 코일에서 유기되는 기전력의 비, 즉 변압기는 두 권선의 권수비 a와 같고 식 (1-139)로 표시할 수 있다.

$$a = \frac{V_1}{V_2} = \frac{n_1}{n_2} = \frac{I_2}{I_1} = \sqrt{\frac{Z_1}{Z_2}} \tag{1-139}$$

또 출력권선(2차 권선)에 $Z[\Omega]$인 부하를 접속한다면 2차 권선에는 전류 $I_2 = \frac{V_2}{Z}$가 흐르게 된다. 이때 2차 전류에 의하여 생기는 기자력은 철심 내에 자속이 발생함에 따라 철심 내에 자속의 양에 변화를 주게 되어 1차 권선에는 2차 권선의 기자력을 소멸시키는 전류 I_1이 새롭게 생겨나게 되는데 이것을 1차 부하전류라 한다. 1차 부하전류 I_1과 2차 전류 I_2는 서로 반대 방향이고 크기의 관계는 식 (1-140)

$$I_1 n_1 = I_2 n_2 \tag{1-140}$$

로 나타낼 수 있다. 따라서 1차 부하전류와 2차 부하전류의 비, 즉 변류비는 권수비의 역수형태를 취할 수 있으므로 다음과 같은 식 (1-141)으로 나타낼 수 있다.

$$\frac{I_1}{I_2} = \frac{n_2}{n_1} = \frac{1}{a} \tag{1-141}$$

변압기의 출력은 2차 전류와 2차 전압의 곱으로 표시할 수 있다. 이때에 1차에는 1차 부하전류가 흐르게 되어 식 (1-142)와 같이 나타낼 수 있다

$$V_1 I_1 = V_2 I_2 \tag{1-142}$$

위 식에서 알 수 있듯이 입력과 출력이 같아지게 된다.

즉, 이상적인 변압기는 전압의 크기만을 변화시킬 뿐이고 전력의 발생이나 소비는 일어나지 않는 것이다. 그러나 실제 사용 시에 있어서는 변압기 자체의 손실로 인하여 출력은 입력보다 감소하여 나타나게 된다.

2) 변압기의 손실

전력이 소모되면 열이 발생하게 되는데, 이 열은 변압기의 전력손실을 유발시키고

그 손실의 양에 따라 변압기는 100[%]보다 낮은 역률을 가지게 되지만, 이 손실률은 변압기의 총 에너지 변환율에 비할 때 아주 작은 양에 지나지 않는다.

변압기의 에너지 손실은 코일 동선 내의 동손, 와류손, 히스테리시스 손 세 가지로 나눌 수 있다.

① 동 손

전류가 변압기의 1차와 2차 권선에 흐를 때, 코일의 동선(copper losses : 카퍼 로스)에 흐르는 저항 때문에 열이 발생하게 된다. 여기에서 발생되는 열의 총량은 1차 권선의 전류와 저항의 곱과 2차 권선의 전류와 저항의 곱을 합한 것이 된다. 이와 같은 전력의 손실은 1차 코일과 2차 코일을 굵은 선을 사용함으로써 감소시킬 수 있으나 경제적인 측면을 고려하여 선 굵기에 제한을 받기 때문에 적당한 규격을 사용하고 있다.

② 와류손[11](eddy current losses : 에디 커런트 로스)

변압기의 철심은 자력선과 마찰작용이 생기게 되어 철심 자체에서 전압을 유도하게 된다. 이렇게 유도된 **전압은 철심 내에 전류를 순환시켜 열을 발생**시키게 되어 전력의 손실을 가져온다. 그리하여 유도된 전류의 순환을 감소하기 위해서 대부분의 **변압기는 여러 장의 얇은 철판 조각들을 합쳐 하나의 철심**으로 조립하여 사용한다.

③ 히스테리시스 손[12](hysteresis losses : 히스테리시스 로스)

자력선의 강도와 방향이 계속 변화함에 따라 철심 물질의 분자가 자화되는 방향도 계속해서 변화하게 된다. 이들 분자의 자기 방향이 변화하는 현상은 마치 두 가지 이상의 물질이 서로 마찰할 때 일어나는 현상과 같으며 이 현상을 통하여 열이 발생하게 되어 전력의 손실이 일어난다. 이와 같이 **분자가 자화될 때 상호 마찰을 일으켜서 열이 발생하는 것을 히스테리시스 손**이라 부르며, 이 손실은 철심 재료로 적절한 물질을 선택함으로써 감소시킨다.

---

11) 와류손 : 변압기 내부의 철심 사이로 누설전류가 흐르면서 전력이 소모되는 현상

12) 히스테리시스 손 : 한 번 코일 감은 철심에 전류를 흘려주면 전류는 흘려주지 않아도 자력이 남아 있는 현상. 원상복귀 시키려면 반대방향으로 전류를 흘려주어야 함. 변압기에서는 교류를 사용하기에 전류의 방향이 바뀔 때마다 역방향의 자력이 작용하므로 손실이 생김.

(2) 전동기 개요

전동기[13]는 전기 에너지를 기계적 에너지로 변환시키기 위해 회전하는 전기 기기이다. 전동기의 종류에는 크게 직류전동기와 교류전동기 및 직류·교류 겸용 전동기와 같이 세 가지로 나누며, 이밖에도 전동기의 구조, 성능, 크기 등 용도에 따라 여러 가지로 구분할 수 있으나 여기에서는 의료장비에 필요한 몇 가지 대표적인 것들에 관해서만 설명하기로 하겠다.

1) 직류전동기

① 직류전동기 기본구조

직류전동기[14]는 직류전원에 의해서만 사용할 수 있도록 설계되어 있다. 이러한 직류 전동기를 다시 세분하면 직권(Series-Wound : 시리즈 와운드), 분권(Shunt-Wound : 션트 와운드) 및 복권(Compound Wound : 컴파운드 와운드)으로 나눌 수 있다.

자장 내에 있는 도체에 전류가 흐를 때 도체의 운동과 자력선의 방향을 [그림 1-95]에 나타내었다.

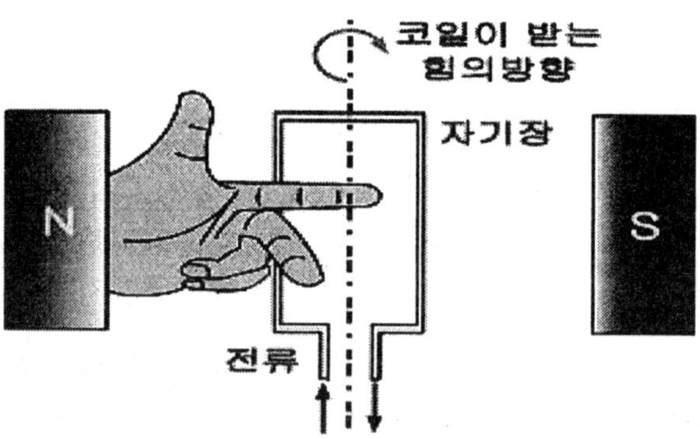

[그림 1-95] 직류전동기의 기본 구조

13) 전동기 : 고정자 – 전동기 전체를 고정하는 외틀 외에 도체와 자성체로 구성
회전자 – 도체, 자성체로 구성

14) 직류전동기 : 자기장 속에 놓인 도체에 직류전류를 흘리면 플레밍의 왼손법칙에 따라 도체에 전자력이 발생하며 회전, 직류전동기는 속도제어가 용이하여 전철, 엘리베이터, 압연기 등과 같이 속도조정이 필요한 경우에 널리 사용된다.

도체의 운동은 영구자석이 가진 자력선과 전류의 흐름에 의해서 도체 주위에 형성되는 자력선의 반발로 인하여 발생한다. 전류가 흐를 때 도체는 플레밍의 왼손법칙에 의해 일정한 방향으로 운동하게 된다. 이것은 도체 주위에 있는 자력선이 영구자석의 자력선과 반발하기 때문에 일어나게 되는데, 이와 반대방향으로 전류가 흐른다면 회전도 반대방향으로 하게 된다.

② 직류전동기의 기본원리

근본적으로 전동기는 한 쌍의 자극과 정류자 및 한 쌍의 브러시로 이루어져 있다. 전원으로부터 전류는 브러시와 정류자를 통하여 회전자에 흐르게 되는데, 회전자의 한쪽에 흐르는 전류의 방향은 다른 한쪽에 흐르는 전류의 방향과 반대이기 때문에 자장 내의 이들 회전자 주위에 발생하는 자력선도 서로 반대방향을 이루게 된다. 이와 같은 자력선의 현상은 회전자의 양단을 위, 아래로 반발시켜 계속 회전하게 되며, 정류자에 의해서 회전자는 그 회전방향이 변하지 않도록 정류자가 서로 접촉되지 않으므로 전류가 흐르지 못하는 위치에서도 회전자를 회전시킬 수 있는 충분한 시간 조건이 된다. 직류전동기의 그 구조는 **계자**[15], **전기자**[16], **정류자**[17], **브러시** 등으로 되어 있으며, 직류발전기와 직류전동기는 같은 구조이다.

③ 전기자의 역기전력과 전류

㉮ 역기전력

전기자의 역기전력을 [그림 1-96]에 나타내었다.

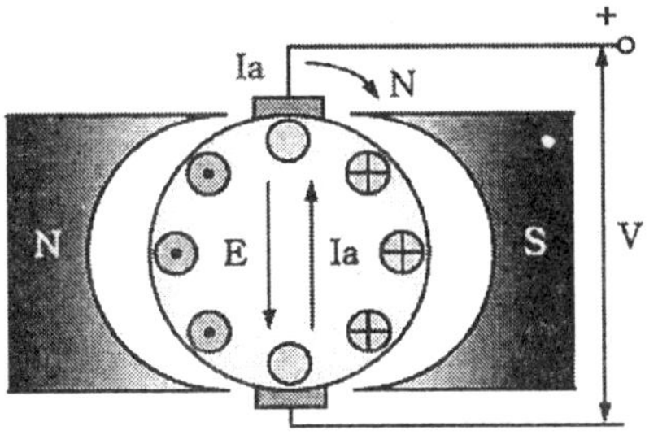

[그림 1-96] 역기전력

15) 계자 : 고정자라고도 하며, 자력을 발생시킨다.
16) 전기자 : 회전력을 발생하며 축, 철심, 전기자 코일, 정류자로 구성된다.
17) 정류자 : 사각형의 코일이 한쪽 방향으로 돌 수 있게 하는 역할. 브러시에서 나오는 전류를 한 방향으로 흐르게 함.

전동기가 회전한 후 도체가 자속을 끊고 다시 도체가 전기자가 되어 전압을 유도하여 유도기전력을 발생시키는 것이다. 이때 발생하는 유도전압은 가해준 전압과 극성이 반대이며, 역기전력(식 1-143)

$$E_0 = e \cdot \frac{Z}{a} = P\phi\frac{N}{60} \cdot \frac{Z}{a} = \frac{PZ}{60a} \cdot \phi N = K_1\phi N[\mathrm{V}] \tag{1-143}$$

로 나타낼 수 있다.

㉯ **전기자 전류**

전동기의 등가회로를 [그림 1-97]에 나타내었다(식 1-144, 1-145)

$$\text{직류전동기의 단자전압} : V = E_0 + I_a R_a[\mathrm{V}] \tag{1-144}$$

$$\text{전기자 전류} : I_a = \frac{V - E_0}{R_a} = \frac{V - K_1\phi N}{R_a}[\mathrm{A}] \tag{1-145}$$

로 나타낼 수 있다.

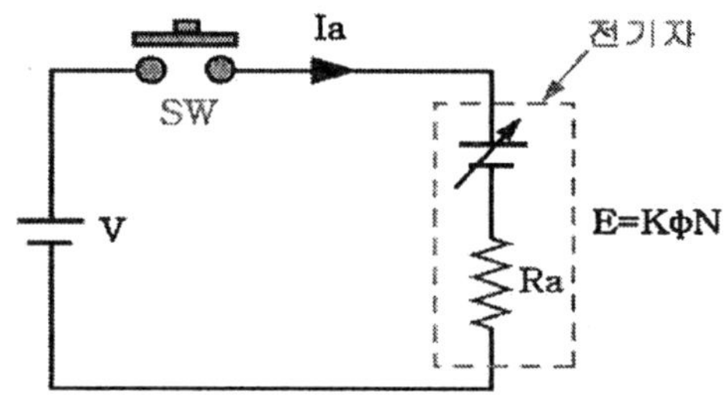

[그림 1-97] 전동기 등가회로

④ 속도, 토크 및 출력

㉮ 속도

전동기의 출력속도를 구하기 위해서는 먼저(식 1-146, 1-147)

$$\text{역기전력} : E_0 = V - I_a R_a = P\phi\frac{N}{60} \cdot \frac{Z}{a} = \frac{PZ}{60a} \cdot \phi N\,[\mathrm{V}] \tag{1-146}$$

$$\text{직류전동기의 회전속도} : N = \frac{60 \times a}{PZ\phi}(V - I_a R_a)[\mathrm{rpm}] \tag{1-147}$$

를 구한 후(식 1-148)

$$회전속도 : N = K\frac{V - I_a R_a}{\phi}[\mathrm{rpm}] \qquad (1\text{-}148)$$

를 구할 수 있다.

㈏ **토크(회전력)**

전동기의 전체 회전력을 구하기 위해서는 먼저 도체에 작용하는 힘(식 1-149)

$$F = Bl\ell[\mathrm{N}] \qquad (1\text{-}149)$$

과 한 개의 도체에 작용하는 회전력(식 1-150)

$$\tau = F\frac{D}{2} = Bl\ell \times \frac{D}{2}[\mathrm{N \cdot m}] \qquad (1\text{-}150)$$

을 구한 후 전동기의 전체 회전속도(토크, 식 1-151)

$$T = Z\frac{P\phi}{\pi} \cdot \frac{I_a}{2a} = K_1 \phi I_a[\mathrm{N \cdot m}] \left(단,\ K_1 = \frac{PZ}{2\pi a}\right) \qquad (1\text{-}151)$$

를 구할 수 있다.

㈐ **출력**

직류전동기의 기계적 동력 P_m은(식 1-152)

$$P_m = EI_a = P\phi n\frac{Z}{a} \cdot \frac{2\pi a T}{P\phi 2} = 2\pi T[\mathrm{W}] \qquad (1\text{-}152)$$

⑤ 전기자 반작용과 정류

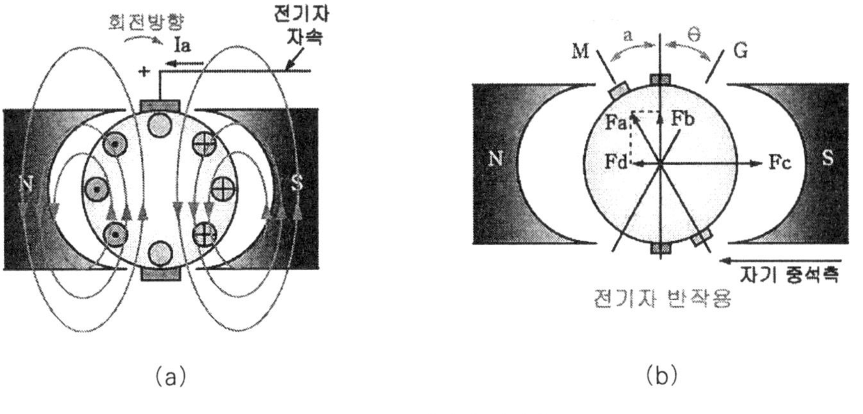

[그림 1-98] 전기자 반작용

• 전기자 반작용은 [그림 1-98]에서와 같이 직류전동기의 전기자에 전류가 흐르면 중성축이 회전방향과 반대방향으로 이동하는 전기자 반작용이 생기게 되는데 이를 극복하기 위해서는 [그림 1-99]과 같이 보극과 보상권선을 설치해 주어야 한다.

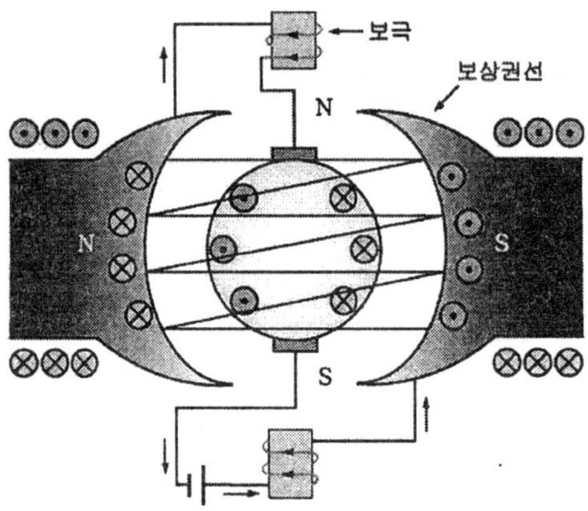

[그림 1-99] 전기자 반작용에 대한 대책

⑥ 직류전동기의 종류

직류전동기는 [그림 1-100]과 같이 타여자 전동기, 분권전동기, 직권전동기, 가동복권 전동기, 차동복권 전동기로 나눌 수 있는데, 전기자의 위치 및 분권 또는 계자 코일의 위치에 따라 종류가 달라진다.

⑦ 직류전동기의 특성

㉮ 직류전동기의 부하 변화에 따른 속도 특성

직류전동기 중 속도 변동이 가장 큰 전동기는 직권전동기이고, 속도 변동이 가장 작은 전동기는 차동복권 전동기이다. 하지만 속도가 가장 정속도인 전동기는 타여자 전동기이다. 전동기의 속도의 특성은 [그림 1-101]과 같으며, 가동 복권의 속도 특성은 분권에 비해 부하전류에 대한 감소비율이 높으며, 차동은 크게 나타난다.

㉯ 직류전동기의 부하 변화에 따른 토크 특성

분권전동기의 토크는 [그림 1-102]에서 알 수 있듯이 전기자 전류와 부하 전류에 비례하며, 직권전동기의 토크는 부하 전류의 2승에 비례하여 나타난다. 또한 가동복권 전동기의 토크 특성은 분권전동기에 비해 부하전류에 대한 증가비율이 높으며, 차동은 작게 나타난다.

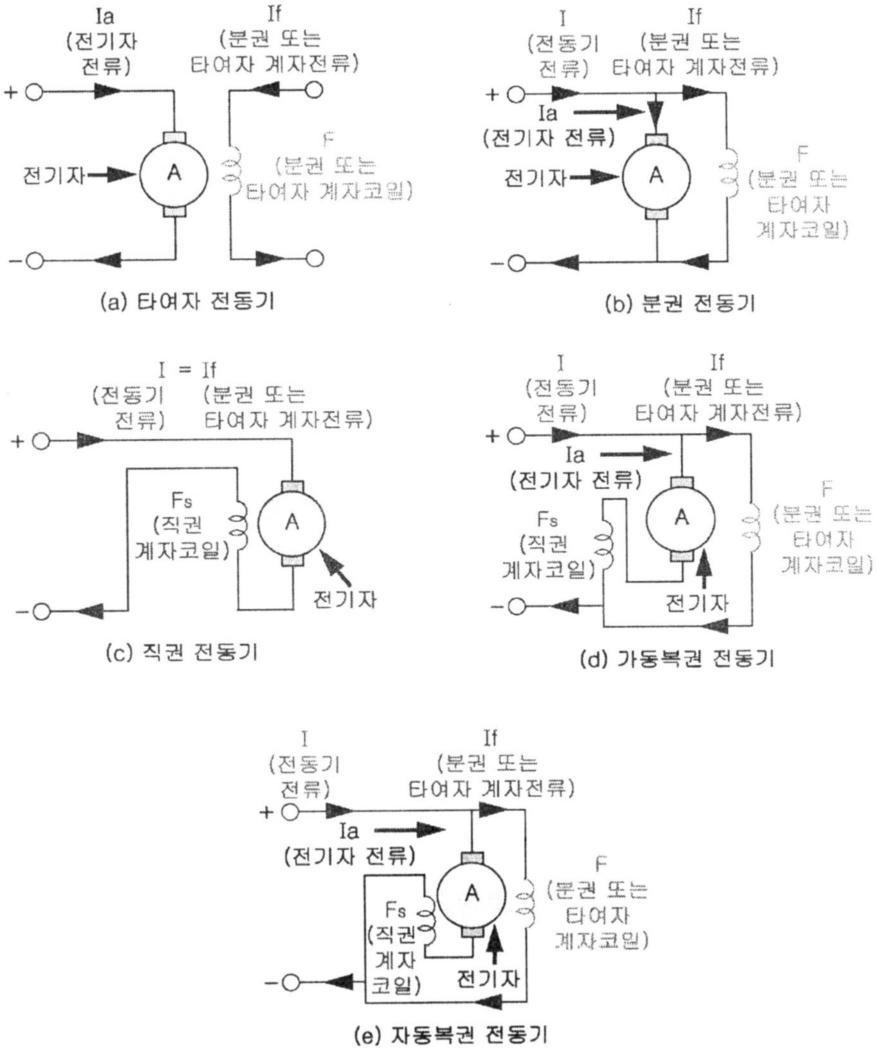

[그림 1-100] 직류전동기의 종류

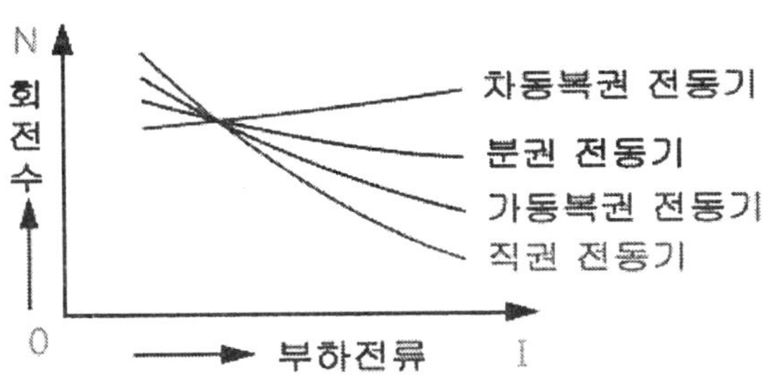

[그림 1-101] 직류전동기의 속도 특성

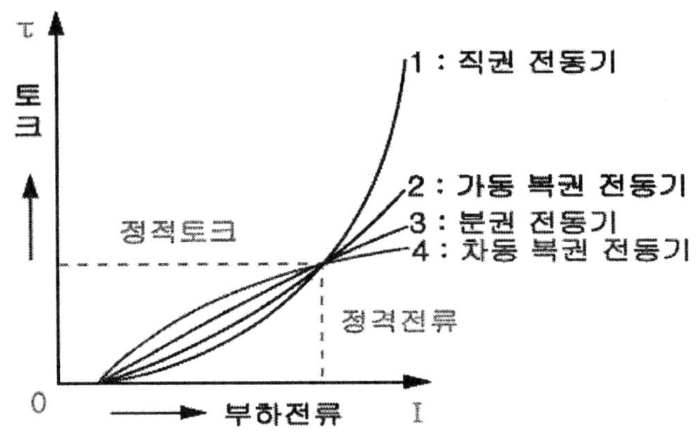

[그림 1-102] 직류전동기의 토크 특성

⑧ 직류전동기 기동

기동이란 정지상태에 있는 전동기를 운전상태로 만드는 것을 말하는데, 직류전동기를 기동할 때는 기동전류를 제한하기 위하여 기동저항기를 이용하며, **기동 시 기동전류는 작고, 기동 토크는 커야** 한다. 또한 운전 중의 전동기 전기장 전류는 기동 시 역기전력과 운전 시 역기전력에 의해 단자전압[V]의 70~80[%]가 되어 기동전류가 대단히 커지게 되므로 주의하여 사용하여야 한다.

⑨ 직류전동기 속도제어

속도제어란 회전속도를 부하의 요구조건에 따라 변화시켜주는 것을 말하는데 속도를 제어하는 요소에는 **계자자속 [Φ], 전기자 저항 [R], 단자전압 [V]**를 이용하여 할 수 있다.

㉮ 계자제어

계자전류를 제어하여 계자자속 Φ를 제어하는 방법으로 **전력손실이 적고, 광범위한 속도제어가 가능**한 장점이 있어 전기철도와 같은 **정출력 가변 속도제어**에 사용된다.

㉯ 저항제어

전기자 회로에 **저항을 직렬로 연결하여 저항을 조절하여 제어하는 방법**으로 비교적 쉬운 제어 방법이지만, 전력손실이 많아 효율이 나쁘고, 속도제어 범위가 작은 단점이 있어 많이 사용되진 않는다.

㉰ **전압제어**

단자전압을 변화시켜 제어하는 방법으로, 크게 3가지로 나눌 수 있다.

㉠ **워드 레오나드 방식** : 직류전동기의 전원용 발전기와 발전기 기동용 전동기를 이용하는 방식으로 권상기나 신문 윤전기, 제철용 압연기에 사용된다.

㉡ **일그너 방식** : 발전기 축에 플라이휠을 설치하여 제어하는 방법으로 대형 압연기에 사용된다.

㉢ **저항제어** : 전동기를 직렬 또는 병렬로 연결하여 속도를 제어하는 방법으로 전기철도용 직권전동기에 사용되며 저항제어와 조합하여 사용하여야 한다.

⑩ 직류전동기 제동

제동이란 운전 중의 전동기를 정지시키는 것을 말하며, 제동 방법에는 기계적 제동과 전기적 제동으로 나눌 수 있는데 **기계적 제동은 브레이크나 유압 공기압** 같은 간단한 방법을 사용하지만 **전동기 제동에는 전기적 제동**을 사용한다.

전기적 제동 방법에는 아래와 같은 방법이 있다.

㉮ **발전제동**

운전 중인 전동기를 전원에서 분리하여 발전기로 작용시켜 제동시키는 방법으로 **회전체의 운동 에너지를 전기적 에너지로 변환**시켜 열에너지로 소비시키는 방법이다.

㉯ **회생제동**

전동기의 운동 에너지를 전기 에너지로 변환하여 전원에 반환시켜 제동시키는 방법으로 회전체의 운동 에너지를 전기적 에너지로 변환시킨 후 **전기자 단자전압보다 높은 역기전력을 발생시켜 전기자 전압을 억제**하는 방법이다.

㉰ **역전제동**

전동기의 전기자 전원을 반대로 공급하여 **전동기를 역회전시켜 제동**하는 방법으로 회전하는 전동기에 전기자 전원의 극성을 반대로 접속하여 역회전이 일어나게 하여 급제동시키는 방법으로 제동 시에는 안전을 위해 전원을 차단해주어야 한다.

(3) 교류전동기

교류전동기는 전류의 방향과 크기가 주기적으로 변하는 교류에 사용되도록 만들어졌으며, 교류전동기를 구분하면 유도전동기, 동기형 전동기, 직권전동기로 나눌 수 있다.

전기기기에 일반적으로 쓰이고 있는 대부분의 전동기는 교류전동기이다. 그 이유는 교류가 직류보다 전원사용이 편리하고, 고전압, 대전류를 사용하는 큰 동력의 전동기도 동작시킬 수 있으며, 구조가 간단하여 경제성이 높고 직류전동기보다 내압이 좋아 고장이 드물다는 장점 때문이다. 또한 교류전동기는 브러시와 정류자를 가지지 않는 특성이 있다.

교류전동기의 구조를 [그림 1-103]은 잘 나타내 주고 있다.

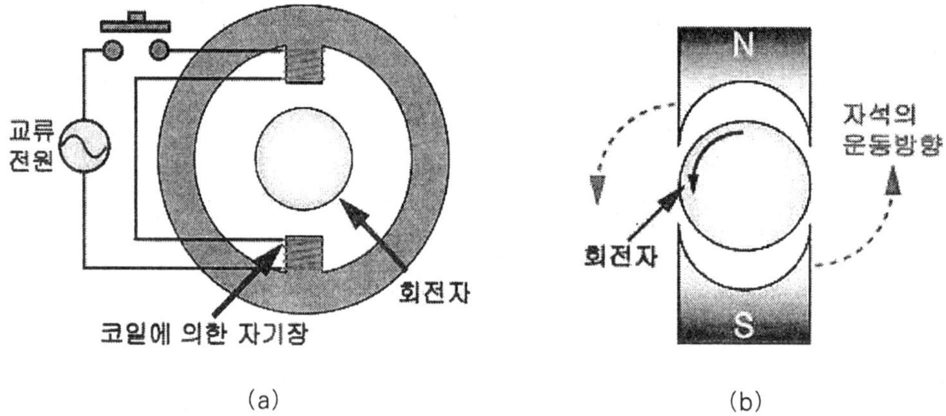

[그림 1-103] 교류전동기의 구조

(4) 직 · 교류 겸용 전동기

직 · 교류 겸용 전동기(universal motors : 유니버설 모터)는([그림 1-104]와 같은 구조의) 단순히 계자권선을 전기자와 직렬로 연결한 형태의 직류전동기이다.

전동기를 직류전원에 가동할 경우에는 회전자와 계자전류의 위상이 일치되어야 하고, 구조는 직류전동기와 같이 회전하는 전기자가 정류자와 브러시에 연결되어 있다. 이 전동기는 기동 토크가 크며 회전속도가 빠른 특징이 있어 의료장비에서는 치과용 드릴 엔진이나 원심분리기와 같이 회전속도가 빠르고 조절이 가능한 장비에 널리 사용되고 있다.

직류에서 사용하다가 교류로 전원을 바꿀 때는 저항이나 유도체에 의한 전류를 조절하기 위하여 사용 전에 계자권선의 연결을 수정해야 한다.

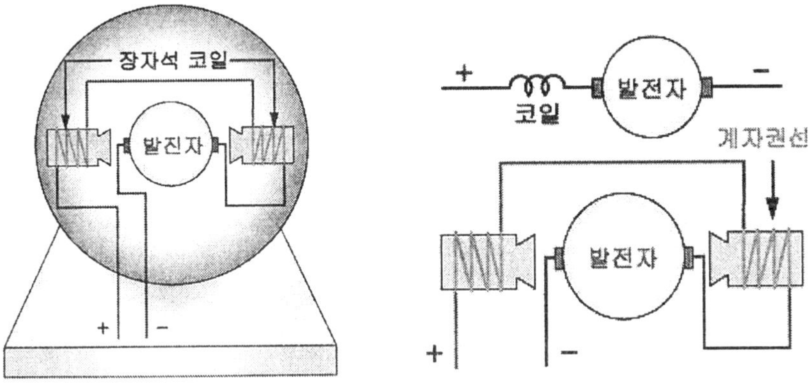

(a) (b)

[그림 1-104] 직 · 교류 겸용 전동기의 구조

8 시퀀스 제어

(1) 계전기 개요

계전기[18]는 전기회로를 개폐하는 데 사용하는 전자력을 이용한 스위치 장치이다. 계전기의 기능은 일반 스위치의 기능과 다르지 않으나 일반 스위치는 인위적으로 동작하는 데 비해서 계전기는 전자력의 힘으로 동작시킬 수 있다.

계전기가 일반 스위치보다 편리한 점은 대전류와 위험한 고전압의 회로를 간편하게 개폐할 수 있으며, 동작하는 사람과 전기회로 간의 거리를 분리시켜 원격제어할 수 있고 한꺼번에 많은 계전기를 동작시킬 수 있다는 점이다.

1) 계전기 구조

가장 간단한 계전기는 [그림 1-105]와 같이 하나의 철심에 감은 코일 권선과 가

18) 계전기 : 한 회로(전압을 가한 회로)의 전류 변동을 이용하여 다른 회로(계전기)의 전류를 원격 조정하거나 자동제어하는 전자기 장치

동편 및 한 세트의 접점들로 이루어진 것이다. 코일 권선에 전압을 인가하게 되면 발생하는 자력에 의해 가동편이 움직이는 동시에 가동편에 연결된 접점 세트는 전기회로를 닫아주었다가 코일 권선의 전압을 제거하게 되면 스프링의 힘에 의해 복귀되어 접점 세트가 열리고 회로는 차단된다.

계전기는 여러 가지 형태가 가능하여 전기회로를 닫거나 열어주는 것은 가동편에 연결된 접점 세트의 구조에 따라 다르게 사용할 수 있으며 계전기의 구조는 [그림 1-105]와 같다.

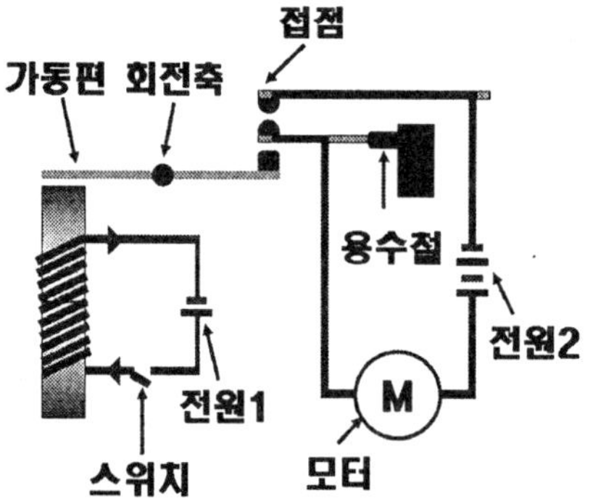

[그림 1-105] 계전기의 구조 및 구동회로

2) 계전기 구성품

① 코 일

코일(coil)을 선택하는 데에는 사용용도에 따라서 코일에 흐르는 전류용량을 고려해야 한다. 직류에 사용한다면 전류의 흐름을 제한하는 요소는 코일 자체의 직류저항뿐이므로 가해지는 전압에 따라서 저항의 크기도 용량에 맞게 결정하여야 한다. 그러나 교류에 사용한다면 고려해야 할 사항은 코일 자체의 직류저항은 물론이고 유도 리액턴스가 더욱 중요하게 된다.

② 가동편

계전기의 가동편(armature : 아마추어)은 코일에 전류가 흐름과 동시에 발생하는 자력에 의해서 철심에 접촉하게 된다. 이 가동편에 부착된 접점의 한쪽 세트는 가동편의 작용에 따라 다른 쪽 접점 세트와 접촉하게 된다.

고전압에 사용하는 계전기의 가동편은 와류손에 의한 열손실이 일어나므로 여러 조각의 얇은 판을 부착하여 이것을 방지한다.

③ 철 심

직류계전기는 굵은 철심(core : 코어)이나 혹은 기타 작은 물질로 만들 수 있으나 교류용 계전기의 철심은 와류손에 의한 열을 방지하기 위해서 여러 조각의 얇은 판을 부착하여 제작한다.

또한 교류에서는 전류방향이 계속해서 변화하게 된다. 따라서 가동편도 붙었다 떨어졌다를 반복하게 되므로 떨림현상이 있다.

이러한 현상을 없애기 위해서 가동편이 붙은 철심 끝 부분에 구리로 만든 환상형 고리를 끼우게 되면 코일과 환상형 구리 고리에 위상이 다른 두 가지의 자기력선이 발생하여 가동편은 계속해서 철심에 붙어 있을 수 있다.

④ 접 점

접점(contacts : 콘택트)은 계전기의 다른 부분보다 고장나기 쉬운 부분으로 정교한 손질이 요구된다. 고장의 주요 원인은 접점이 접촉되는 부분에 스파크가 발생하여 접촉 부위가 패이거나 탄소가 표면을 덮어 접촉저항이 증가하여 계전기의 기능을 상실하게 된다.

접점 세트의 한쪽 세트는 고정되어 있고 가동편에 부착된 움직이는 접점 세트는 스프링에 의해 움직일 수 있게 된다. 접점의 표면은 은이나 합금으로 접촉저항이 없게 만들어졌으며 항상 불순물이 없도록 깨끗하게 유지해야 기능을 유지할 수 있다.

접점은 일반적으로 정상상태에서 열린 접점(NO : Normally Open : 노멀리 오픈)과 닫힌 접점(NC : Normally Closed : 노멀리 클로즈드)의 두 가지로 구분된다.

3) 접점 세트의 종류

계전기는 전압, 전류 또는 직류, 교류 용도에 의해서 분류하는 것 외에 접점 세트의 종류에 의해서도 분류할 수 있다. [그림 1-106]과 같이 접점이 하나만 있을 때 SPST(Single Pole Single Throw : 싱글 폴 싱글 스로)라 하고 [그림 1-107]과 같이 두 개가 있을 때 DPDT(Double Pole Double Throw : 더블 폴 더블 스로)라고 하며 그밖에도 다양한 형태가 있다.

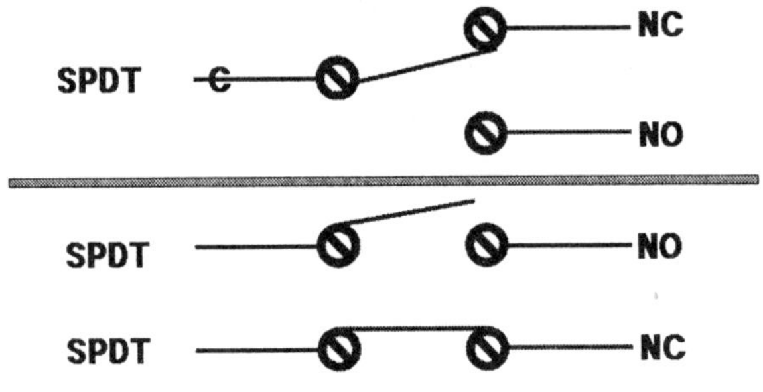

[그림 1-106] SPST 접점 및 SPDT 접점

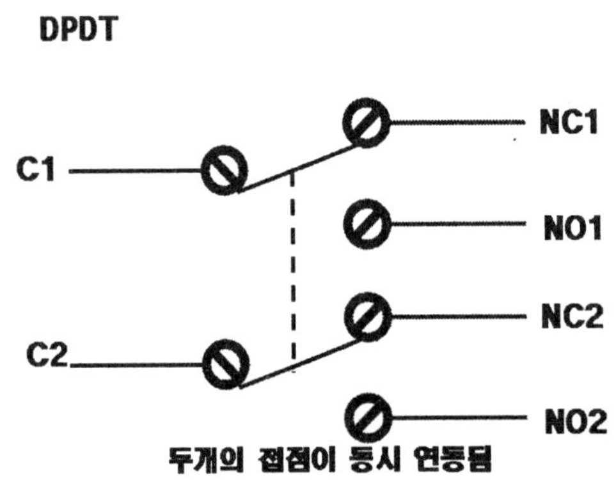

[그림 1-107] DPDT 접점

(2) 시퀀스 제어의 기초

제어에는 인위적 제어와 자동제어가 있는데 정해진 조작과정을 자동적으로 실행하는 자동제어에는 피드백 제어(feedback control : 피드백 컨트롤)와 시퀀스 제어(sequence control : 시퀀스 컨트롤)가 있다.

㉮ 피드백 제어

제어량의 값을 목표값과 비교하여 일치시키도록 계속하여 정정동작을 하는 제어이며, 연속적인 작업을 행하는 대상으로 하는 정량적 제어로서 프로세서(processor) 공업 등에서 유체와 같은 물리량을 제어하는 데 효과적으로 사용되며, 여기에는 프로세서 제어, 서보기구, 자동조정 등이 있다.

㈏ 시퀀스 제어[19)]

어떤 회로에 릴레이(relay), 타이머버튼, 스위치 등을 접속하여 미리 정해진 순서에 따라 제어의 각 단계를 순차적으로 진행시켜나가는 제어를 의미하며, 불연속적인 작업을 행하는 공정제어 등에 널리 사용되고 있다. 이는 일종의 스위치나 버튼을 사용하여 전기회로의 부하를 동작시키기도 하고, 부하의 동작상태나 고장상태를 알리기도 하는 일련의 제어를 말하는 것으로 요즘 사용되는 전기회로는 모두 이러한 시퀀스 회로에 의해 제작되고 있다.

㉮ 빌딩이나 공장 등에서 엘리베이터를 동작시키고 고장을 알리기도 하며, 세탁기, 냉장고, 자동판매기 등도 시퀀스로 동작하는 것이다. 무접점 소자를 이용한 제어회로에는 PLC(Programmable logic controller : 프로그래머블 로직 컨트롤러) 등의 전자회로를 사용한 것이 있으며, 유접점 소자는 버튼 스위치나 각종 릴레이를 사용하고 있다.

시퀀스 제어의 장점은 〈표 1-8〉에 나타내었다.

〈표 1-8〉 시퀀스 제어로 인한 효과적인 장점

시퀀스 제어로 인한 효과적인 장점
생산 속도의 향상
운전의 확실성의 향상
경제성의 향상
에너지 절약의 향상
제품의 품질 향상
생산 능률의 향상

1) 유접점 릴레이의 장 · 단점

제어를 할 경우 릴레이 접점들의 개폐에 의하여 이루어지는 유접점 릴레이에 의한 시퀀스의 장 · 단점은 〈표 1-9〉와 같다.

19) 시퀀스 제어 : 동작의 순서를 미리 정해 놓고 이에 따라 조작의 각 단계를 차례로 행하는 제어

〈표 1-9〉 유접점 릴레이에 의한 시퀀스의 장 · 단점

장 점	단 점
온도 특성이 양호하다.	기계적 진동, 충격 등에 비교적 약하다.
입력과 출력을 분리할 수 있다.	동작 속도가 늦다.
동작상태의 확인을 쉽게 할 수 있다.	접점의 소모가 있으므로 수명에 한계가 있다.
독립한 다수의 출력회로가 얻어진다.	제어반의 외형과 설치면적이 크다.
과부하 용량이 크다	소비 전력이 비교적 크다.
전기적 잡음에 대해서 안정적이다.	
개폐 부하 용량이 크다.	

2) 무접점 릴레이의 장 · 단점

다이오드, 트랜지스터, IC, 사이리스터 등을 사용하여 기본적인 회로의 기능을 발휘하게 하는 무접점 릴레이에 의한 시퀀스의 장 · 단점을 〈표 1-10〉과 같이 나타내었다.

〈표 1-10〉 무접점 릴레이에 의한 시퀀스의 장 · 단점

장 점	단 점
진동, 충격에 의하여 오동작할 염려가 없다.	신뢰성이 떨어진다.
고정밀도이며, 응동(신호가 응답해서 작동) 시간이나 감도에 불균일이 적다.	전기적 잡음 및 서지에 약하다.
장치의 축소화가 가능하다.	별도 전원을 필요로 한다.
동작 속도가 빠르다.	온도 변화에 대해서 약하다.
고빈도의 사용에 견디고 수명이 길다.	

① 시퀀스 제어계 표현 방법

㉮ 전개 접속도

가장 많이 사용하는 방법으로 시퀀스도(sequence diagram : 시퀀스 다이어그램)라고도 하며, 동작의 내용을 이해하기 쉽게 하기 위해 시퀀스 제어를 사용한 전기장치 및 기기와 기구의 동작을 기능 중심으로 나타낸 도면으로, 시퀀스 제어기호를 사용하여 작성한다. 여기에는 주회로와 제어회로, 표시회로도로 이루어져 있다.

주회로는 전원을 부하에 공급하기 위한 회로이며, 제어회로는 주회로의 개폐 및 표시회로의 동작 등의 모든 제어동작이 이루어지는 제어의 핵심 회로이며, 동작순서에 따라 좌측에서 우측으로 그려나가는데 이를 **횡서 시퀀스도**라 한다. 표시회로는 제어의 동작을 알아볼 수 있도록 나타내는 부분이다. 일반적인 작업환경에서는 주회로와 표시회로가 작업장에 표기되어 있고, 제어회로와 표시회로는 제어실에 있는 경우가 많다.

㈏ 논리회로도

신호처리회로를 논리기호를 사용하여 보다 알아보기 쉽게 그림으로 나타낸 것이다.

㈐ 타이밍도표

제어계의 각 접점 및 제어장치의 시간적인 동작상태를 그림으로 표현한 것으로, 제어요소 간의 시간별 동작상태를 이해하기 쉽다.

㈑ 표면 접속도

제어반의 제작 및 점검 등에 사용하기 위하여 기구나 부품의 실제 배치를 그려놓은 도면이다.

㈒ 블록선도

블록과 화살표로 제어계의 신호전달방식 같은 것을 나타낸 도면으로 플로차트(순서도) 또는 블록선도라 말할 수 있으며 시퀀스도는 이 플로차트를 기초에 두고 이루어진다.

(3) 조작용 기기

1) 순간 유지형 스위치

① 푸시(누름)버튼 스위치(복귀형 수동 스위치)

푸시(누름)버튼 스위치(push button switch)는 [그림 1-108]에 나와 있는 푸시 버튼을 누르고 있을 때에만 접점(선과 선이 만나는 점)이 개폐(연결)되며, 손을 떼면 스위치 내부의 스프링의 힘에 의해 복귀(전 상태)되는 제어용 조작 스위치를 말하며, 버튼 대신 레버(손잡이) 등으로 동작하는 것도 있다. 버튼을 누르면 가동접점(c접점)이 고정접점과 접촉하여 연결(on)되는 접점을 a접점이라 하고 단선(off)되는 접점을 b접점이라 한다.

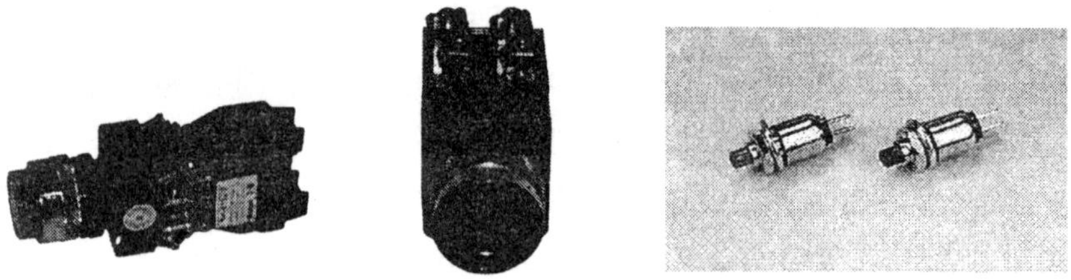

[그림 1-108] 푸시버튼 스위치

- a접점 : 스위치를 조작하기 전에는 열려 있는 접점으로 일하는 접점(arbeit contact : 아르바이트 콘택트) 상시 개방 접점(normal open contact : 노멀 오픈 콘택트)으로 'NO'로 표시한다.
- b접점 : 스위치를 조작하기 전에는 닫혀 있는 접점으로 열리는 접점(break contact : 브레이크 콘택트) 상시 폐쇄 접점(normal close contact : 노멀 클로즈 콘택트)으로 'NC'로 표시한다.
- c접점 : 절환접점으로 a접점과 b접점을 공유하면서 변환하는 접점(change over contact : 체인지 오버 콘택트) 또는 이동접점(transfer contact : 트랜스퍼 콘택트)이라 한다.

② 마이크로 스위치

마이크로 스위치(micro switch)는 미소 접점 간격과 스냅 동작기구를 가지고 정해진 힘으로 개폐 동작을 할 수 있으며, 동작을 일으키는 접점 기구가 케이스로 덮여 있고, 그 실물은 [그림 1-109]와 같으며 외부의 액추에이터(actuator)에는 다른 물체의 접촉 시 접점 개폐를 할 수 있는 기구를 갖추고 있다.

[그림 1-109] 마이크로 스위치

③ 발판 스위치

발판 스위치(foot switch : 풋 스위치)는 기계장치 및 회로의 동작을 발로 조작할 수 있는 것으로 발판부에 마이크로 스위치가 내장되어 있으며 발판부에는 동작 걸림 장치가 있고 발판 스위치 보호 커버가 부착되어 있다.

실물은 [그림 1-110]과 같다.

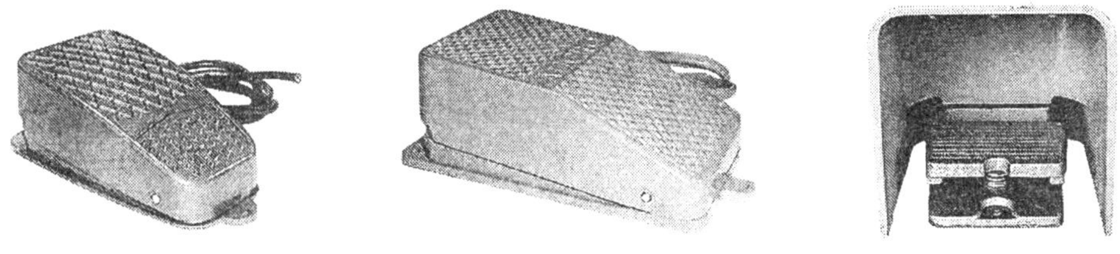

[그림 1-110] 발판 스위치

2) 유지형 스위치

유지형 스위치는 수동조작 유지점 접점이라고도 부르며, 사람이 일단 수동 조작을 하면 반대로 조작할 때까지 접점의 개폐상태가 유지된다.

종류에는 토글스위치, 셀렉터 스위치, 캠(로터리) 스위치 등이 있으며 시퀀스 회로보다는 단순동작을 요구하는 회로에 주로 이용되며 주로 사용되는 스위치로는 [그림 1-111]과 같이 푸시 버튼을 누른 후 유지되는 형태와 회전하여 유지시키는 형태가 있다.

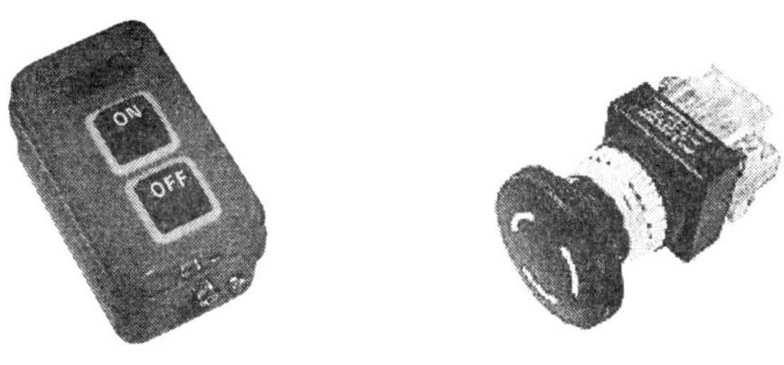

[그림 1-111] 푸시 유지형 스위치

① 캠 스위치

[그림 1-112]와 같은 캠 스위치(cam switch)는 캠과 접점을 하나로 구성하여 놋지(notch) 절환하는 것으로 전류계, 전압계 등의 절환용으로 사용한다. 다른 형태의 캠 스위치는 10단 이상의 접점을 가질 수 있는 특징이 있다.

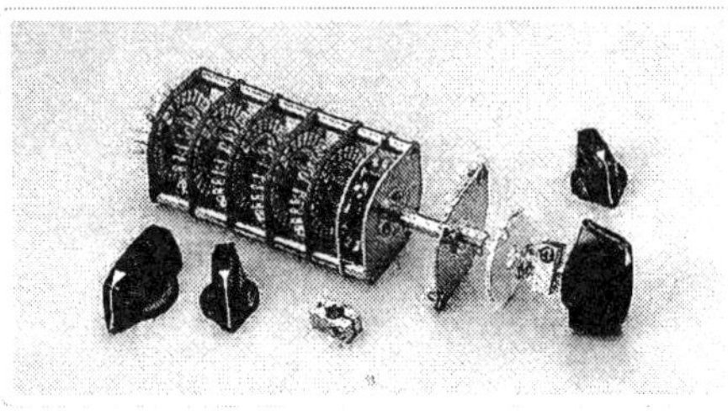

[그림 1-112] 캠 스위치

② 셀렉터 스위치

셀렉터 스위치(selector switch)는 로터리 스위치라고도 하며 손잡이나 레버를 회전하여 개폐를 하는 형태로 on-off 2단 이상의 회전도 가능하다. [그림 1-113]과 같이 셀렉터 스위치는 손잡이를 좌우 회전하여 on/off 할 수 있다.

[그림 1-113] 셀렉터 스위치

③ 키 스위치

키 스위치(key switch)는 [그림 1-114]와 같이 손잡이를 고정시킬 수 있어서 보안을 요하는 회로가 있을 경우에 사용되며, 키를 사용하여야만 동작시킬 수 있어 보호용으로 많이 쓰이고 있다.

[그림 1-114] 키 스위치

④ 토글스위치

토글스위치(toggle switch)는 [그림 1-115]와 같이 돌출된 레버를 직선운동으로 동작시켜 조작하는 것으로 보통 연결단자는 납땜형으로 되어 있다. 토글스위치(스냅 스위치)는 상하 또는 좌우로 움직여 on/off 할 수 있다.

[그림 1-115] 토글스위치

3) 검출 스위치

검출 스위치는 자동화 시스템에서 없어서는 안 될 중요한 요소로서 제어대상의 상태나 변화 등을 검출하기 위해 사용되는데 위치, 액면, 온도, 전압, 그 밖의 여러 제어량을 검출하는 데에 주로 사용된다.

① 리밋 스위치

리밋 스위치(limit switch)는 검출기 중 가장 널리 사용되는 것으로, [그림 1-116]와 같이 마이크로 스위치(micro switch)를 견고한 케이스 내에 봉입한 것으로 기계적인 입력을 검출하는 부분을 액추에이터(actuator)라고 한다. 형태에 따라 롤러 레버형, 포크 레버형, 로드 조절 레버형, 코일 스프링형, 롤로플러저형 등으로 나눌 수 있다.

리밋 스위치는 시퀀스 제어의 촉각작용을 하는 것으로, 제어대상의 위치 검출, 기계의 구동 거리제한 및 공정의 변환 등을 검출하기 위해 사용되는데 **기계적인 신호를 전기적 신호로 변환**시킨다. 이 스위치는 a접점과 b접점이 있으며 동작의 원리는 검출될 부분에 스위치에 접촉부가 닿으면 접촉자가 움직여 접점이 개폐된다. 캠은 정해진 위치에 진행상황을 검출하며, 도그는 정해진 위치에 존재 여부를 검출한다.

기계적 접점 스위치로 기기들이 움직일 때 정해진 위치에서 동작 검출하는 스위치로서 사용용도에 따라 롤러 레버를 교체하여 사용할 수 있다.

[그림 1-116] 리밋 스위치

② 리드 스위치

리드 스위치(reed switch)는 [그림 1-117]과 같이 자성재료로 이루어진 한 개조의 리드편이 불활성 가스와 함께 유리관 내에 봉입된 것으로서, 동작원리는 코일 혹은 영구자석 등에 의해 외부로부터 주어진 자기를 받으면 리드편의 양단이 자화되게 되는데, 이것에 따라 상대하는 접점부에 **자기 흡인력이 리드편의 탄성력보다 강하게 되면 접점이 닫힌다.** 즉, 외부에서 가해지는 자기 에너지의 세기에 따라 일련의 스위치 작용을 하는 것이다.

리드 스위치는 그 동작형태에 따라 노멀 오픈(normal open)형, 노멀 클로즈(normal close)형, 트랜스퍼(transfer)형 등으로 분류되며, 리드 릴레이(reed relay)는 이러한 것들이 발전한 형태로서 리드 릴레이는 리드 스위치에 전자석을 조합한 것으로 전자석에 흐르는 전류를 on/off 하는 것으로 리드 스위치를 조작할 수 있다.

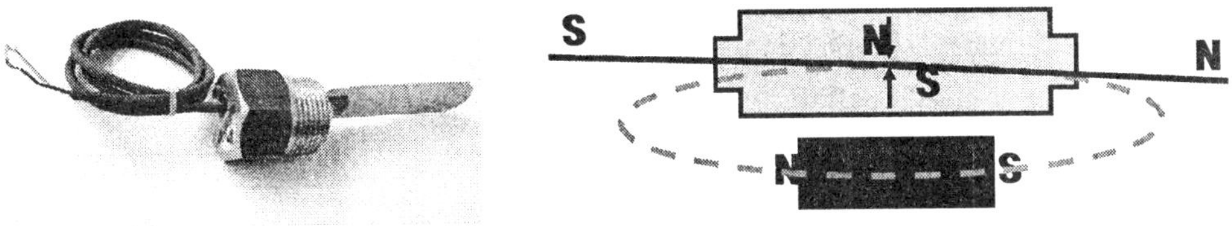

(a) (b)

[그림 1-117] 리드 스위치의 구조와 동작원리

- **리드 스위치의 장점** : 자기 에너지를 이용하기 때문에 수 밀리미터 정도의 거리에서도 무접촉으로 스위치의 개폐 조작을 행할 수 있으며 그 동작도 대단히 빠르고 500[Hz] 정도의 응답 특성을 가지고 있다.

③ 근접 스위치

근접 스위치[20](proximity switch : 프록시머티 스위치)는 반도체소자를 이용하여 물체의 접근 또는 존재를 무접촉으로 감지하는 일종의 검출 스위치이다. 1차, 2차 코일을 [그림 1-118]과 같이 배치하고, 1차 코일에 고주파 전류를 가하게 되면 평상시에는 평형을 유지하므로 2차 측 코일에 전압이 발생하지 않는다. 그러나 검출 헤드에 금속체를 접근시키면 맴돌이 전류가 발생되어 평형상태가 무너지며 2차 코일에 전압이 발생하게 되는데, 이 전압을 증폭하여 출력 릴레이를 구동한다.

- **근접 스위치의 장점** : 응답속도가 빠르고, 전자회로와 직접결합이 가능하다. 실제 사용하고 있는 근접 스위치의 예는 [그림 1-119]에서 볼 수 있다.

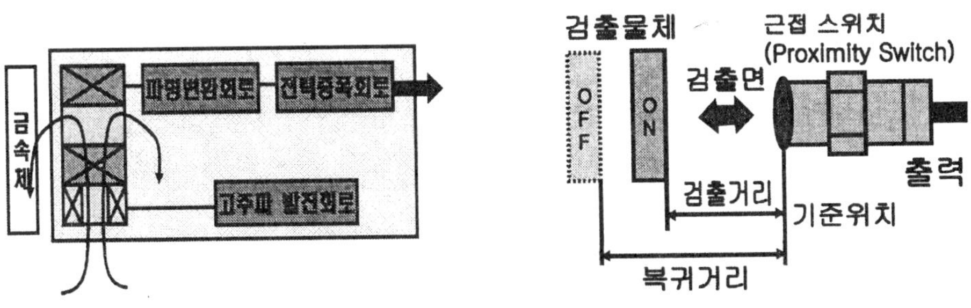

(a) (b)

[그림 1-118] 근접 스위치의 원리

---

20) 근접 스위치 : 물리적 접촉으로 대상물의 유무상태를 검출하는 무접촉형 스위치

[그림 1-119] 근접 스위치

④ 광전 스위치

광전 스위치(photo electric switch : 포토 일렉트릭 스위치)는 [그림 1-120]과 같이 빛을 발생하는 광원과 빛을 받아들이는 광도전체(CdS), 포토다이오드 또는 포토트랜지스터를 1개조로 하여 물체가 광로를 지나갈 때 광로나 광량의 변화를 이용하여 접점을 동작하여 물체를 감지하는 방식으로, 물체의 접촉에 의한 것이 아니기 때문에 움직이는 물품의 계수나 기계적 동작의 제한 등에 사용된다.

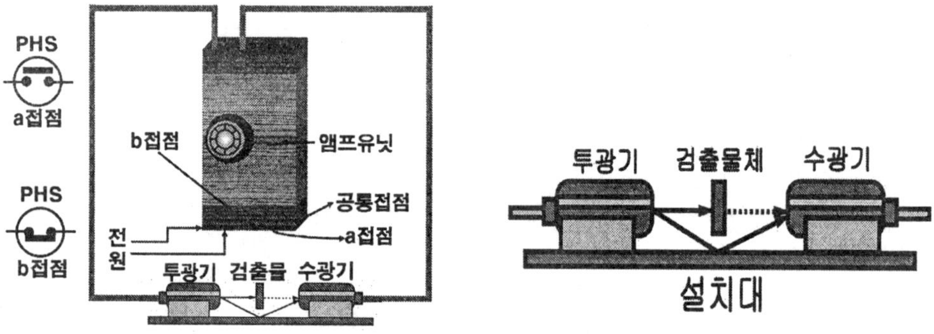

[그림 1-120] 광전 스위치의 원리

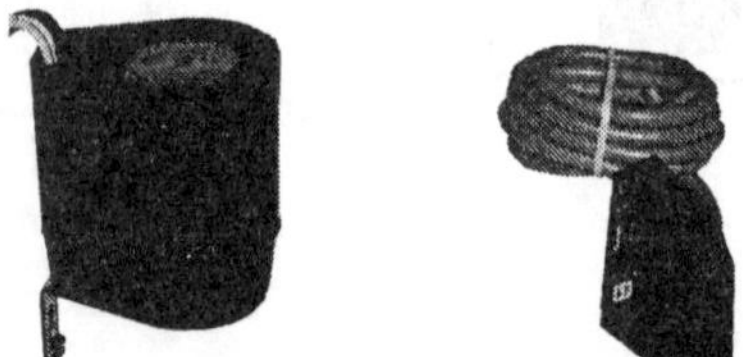

[그림 1-121] 광전 스위치

- **광전 스위치의 특징** : 빛의 전달속도가 빠르고 응답속도가 빨라 무접점 회로의 경우 분당 수만 회의 검출도 가능하게 된다.
- **광전 스위치의 종류** : 투과형, 반사형, 복사형이 있다.
- **광전 스위치의 장점** : 검출물이 금속일 필요는 없고 검출거리가 길어 비교적 먼 거리로부터 검출이 가능하며, 응답속도가 빠르고 정밀도가 높으며 색채의 판별이 가능하기 때문에 여러 분야에 사용되고 있다.

우리 생활에는 [그림 1-121]과 같은 것이 이용된다.

- **투광기** : 주로 텅스텐램프, 형광등, 발광다이오드를 사용하며 이러한 광원을 직접 혹은, 광학계 증폭기 등의 광학을 조합하여 적외선을 전기신호로 변환시킨다.
- **투과형** : 빛을 내는 투광기와 빛을 받아들이는 수광기 사이에 물체가 지나갈 때 수광기의 빛의 변화에 의해 감지하는 것이다.
- **반사형** : 투광기에서 발사된 빛이 물체에 반사되어 수광기에 다시 들어오는 방식이다.
- **복사형** : 투광기 없이 물체의 자연 복사광에 의해 수광기에서 빛을 받아들여 물체를 검출하는 방법이다.

⑤ 플로트 스위치

플로트 스위치(float switch)는 레벨 스위치(level switch)라고도 하며, [그림 1-122]와 같이 액면의 높이를 알아볼 수 있는 검출용 스위치로 액면이 올라가면 액면에 떠 있는 플로트가 리밋 스위치를 밀어 접점을 개폐할 수 있고, 액면이 내려가면 플로트가 내려가 리밋 스위치는 스프링의 힘에 의해 원상 복귀되는 원리를 이용한다.

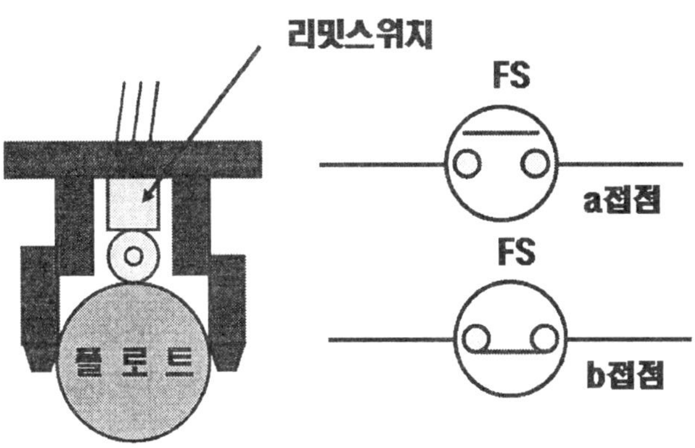

[그림 1-122] 플로트 스위치의 원리와 기호

플로트 스위치는 전극식 스위치 또는 도전성 매체로 전극 간의 저항 변화를 이용해서 검출하는 것으로 액면 스위치라고 한다. 레벨 검출 대상으로는 액체 외의 입체, 입체 점성체 등이 있다.

⑥ 온도 스위치

온도 스위치란 온도가 정해놓은 값에 도달하게 되면 동작하는 검출 스위치를 말하며 구조와 실물은 [그림 1-123]과 같다.

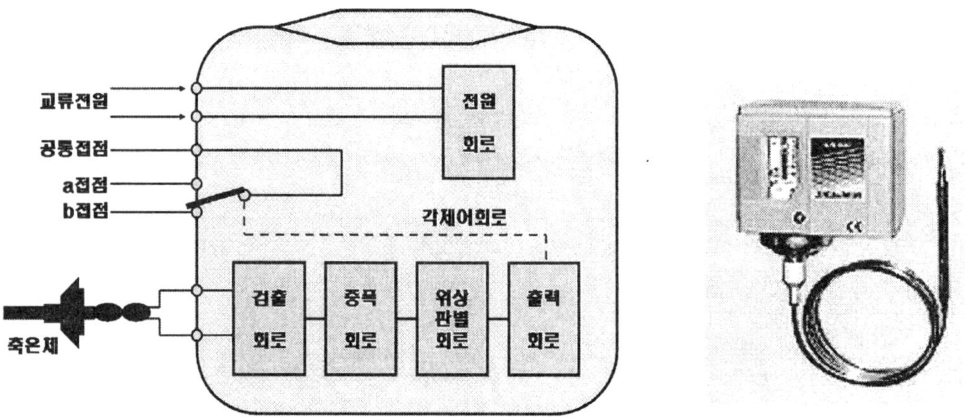

(a) (b)

[그림 1-123] 온도 스위치의 구조 및 사진

온도의 변화에 대해서 전기적 특성이 변화하는 소자 즉, 서미스터, 열전대, 바이메탈 등을 이용하여 만들어지는데, 그 변화에 의해서 미리 설정된 온도를 검출하여 동작하는 스위치이다.

- **온도 스위치의 종류** : 전열기기, 냉난방기기, 온수기 등의 온도제어나 모터, 히터 등의 과열 방지용에 사용되고 있다.

⑦ 속도 스위치

속도 스위치(speed switch : 스피드 스위치)는 [그림 1-124]와 같이 속도가 일정한 값으로 도달했을 때 동작하는 스위치이다.

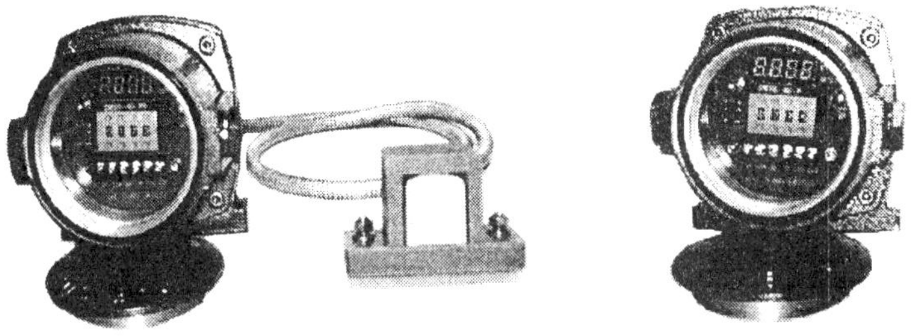

[그림 1-124] 속도 스위치

⑧ 습도 스위치

공기압의 습도 변화에 따라 정해놓은 습도의 값에 도달했을 때 동작하는 스위치로 [그림 1-25]에 나타내었다.

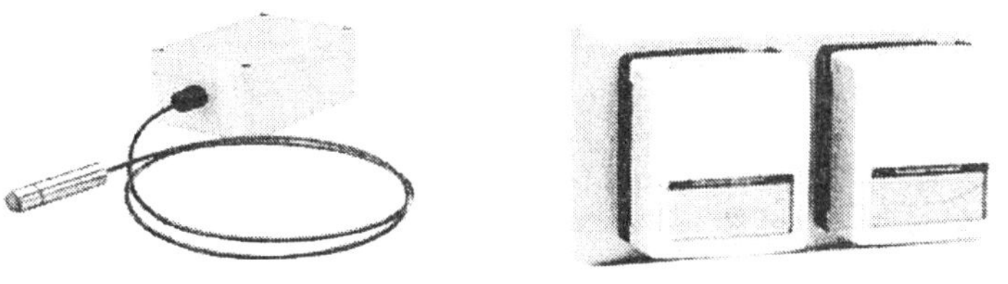

[그림 1-125] 습도 스위치

(4) 제어용 기기

1) 전자 릴레이

전자 릴레이는 보조 릴레이(auxiliary relay : 오그질리어리 릴레이)로 주로 사용되며, 철심에 코일을 감고 여러 개의 가동접점과 고정접점으로 구성된 것으로, [그림 1-26], [그림 1-27]과 같은 형태이다. 이 전자 릴레이는 코일에 전류가 흐르면 전자력에 의해 전자석이 되면서 가동철편이 동작하게 되는데, 이때 a접점은 붙게 되어 on 상태가 되고, b접점은 떨어지게 되어 off 상태가 된다. 이것을 전자 릴레이가 동작한다고 하며, 다시 코일에 전류가 끊기면 각 접점은 복귀 스프링에 의해 원상태로 복귀하게 된다.

그리고 a접점과 b접점을 공유하고 있는 c접점이 있다. c접점은 a접점, b접점을 동시에 사용할 수도 있고 어느 한 접점만을 사용할 수 있는데, 특히 c접점, b접점을 동시에 사용할 경우에 c접점(공통접점)으로 인하여 회로가 단락될 수 있으니 반드시 공통접점부가 회로에서 어떻게 사용되고 있는지 확인하고 사용하여야 한다.

제어용 릴레이를 사용할 때에는 조작 전원의 정격, 필요한 접점의 수, 제어 전원의 용량 등을 고려하여 **릴레이**[21]의 특성에 맞게 사용하여야 한다. 특히 접점의 수를 고려할 때 8핀과 11핀을 많이 사용하는데 그 내부의 모습은 [그림 1-126]과 [그림 1-127]에 나와 있다.

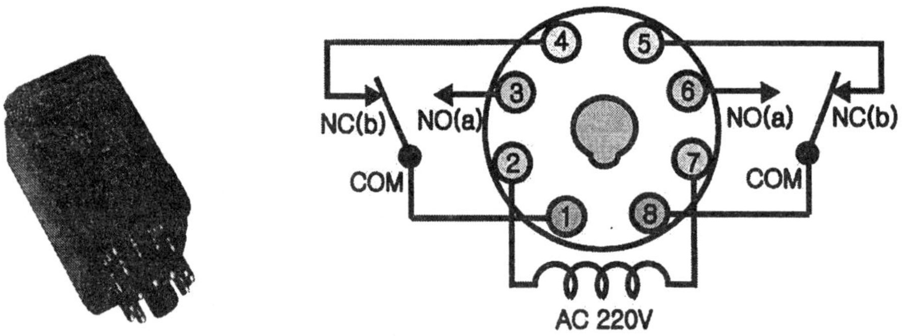

[그림 1-126] 전자 릴레이 8핀과 내부회로

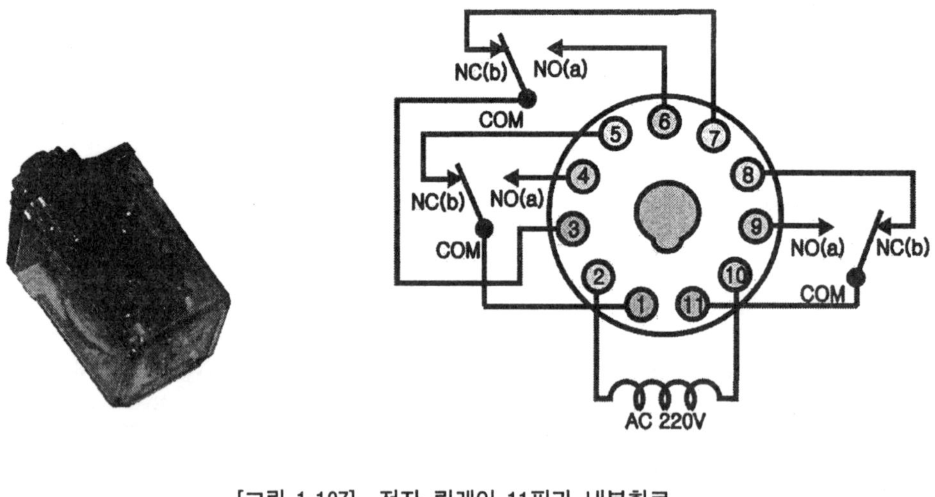

[그림 1-127] 전자 릴레이 11핀과 내부회로

---

21) 릴레이 : 컴퓨터 등을 사용하여 외부기기를 제어할 때 자주 사용하는 부품 코일에 전류를 흘리면 자석이 되는 성질을 이용, 코일이 전자석으로 되었을 때 철판을 끌어당겨 그 철판에 붙어 있는 스위치부의 접점을 열거나 닫는다.
- 장점 : 전기적으로 독립된 회로를 연동시킬 수 있다.
- 단점 : ① 동작속도가 느리다. ② 노이즈 발생

2) 한시 계전기

한시 계전기(timer : 타이머)는 [그림 1-128]과 같은 형태로서 전기적 또는 기계적 입력신호를 받아 지정해 놓은 시간이 경과된 후 동작이 되는 일종의 **릴레이**[22]이다. 시간을 설정할 때에는 소형의 전동기를 사용하는 **전동기식 타이머**와 콘덴서의 충방전을 이용한 **전자식 타이머** 그리고 공기나 오일 등의 제동력을 이용한 **제동식 타이머** 등이 쓰이는데 주파수의 영향으로 그 값이 변할 수 있으므로 반드시 고려해야 한다. 우리나라에서 이용하는 교류전압의 상용주파수가 60[Hz]이므로 50/60[Hz]의 기구에서는 60[Hz]로 조정하여 사용해야 한다. 동작원리는 릴레이와 같지만 접점의 동작에 시간을 두고 동작시킬 수 있다는 것이 가장 큰 차이점이다.

접점의 동작형태는 한시동작접점과 한시복귀접점이 있다.

- **한시동작접점** : 동작하는 데 시간이 걸리는 접점으로, 타이머 가동 후 설정된 시간이 지난 후 접점이 동작하는 것이다.
- **한시복귀접점** : 복귀하는 데 시간이 걸리는 접점으로, 타이머 가동과 동시에 접점이 동작한 후 설정된 시간이 지난 후에 원래의 위치로 복귀되는 접점이다.

대부분 한시 a접점과 한시 b접점은 한쪽을 공통(c접점)으로 하여 사용하도록 제작되는데, 그 내부의 회로를 살펴보면 [그림 1-129]와 같다.

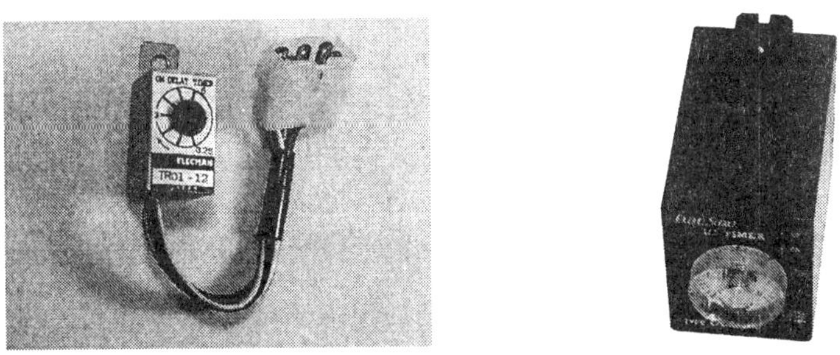

[그림 1-128] 한시계전기(timer : 타이머)

---

22) 릴레이(계전기) : 고장전류나 전압 등을 검출해서 C/B(회로차단기)를 동작시킨다.
 · 종류 ① OCR(Over Current Relay) : 회로 내에서 과전류가 흐르게 되면 차단기를 끊는 계전기
 ② OCGR(Over Current Ground Relay) : 선간전압의 불평형이나 선이 땅과 접지되었을 때 회로를 차단하게 되는 계전기
 ③ OVR(Over Voltage Relay) : 과전압 계전기
 ④ UVR(Under Voltage Relay) : 부족전압 계전기

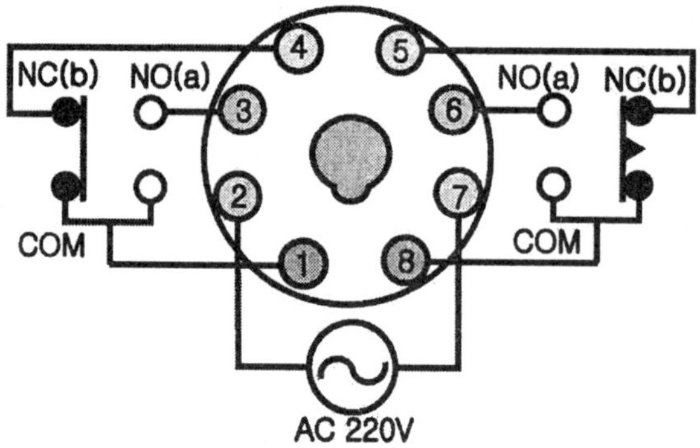

[그림 1-129] 내부회로

3) 전자 접촉기(MC)

전자 접촉기(magnetic contact : 마그네틱 콘택트)는 전자력에 의한 전자석의 동작에 의해 접점을 개폐하는 기구로서, 전동기 등과 같은 동력부하에는 필수적으로 사용되고 있다.

- **동작원리** : 전자 릴레이와 비슷하고, 다른 점은 접점이 주 접점과 보조접점으로 나뉘어 있다는 점이다. 주 접점은 부하의 전원을 개폐하며 보조접점은 제어회로에 사용되는데 릴레이와 같다.
- **보조 전자 접촉기** : 독립적으로도 사용 가능하지만 과부하 계전기를 조합하여 전자 개폐기(electro magnetic switch : 마그네틱 스위치)로 주로 이용되고 있다. 여기서 과부하 계전기는 과부하 시(정격전류의 1.25~2배의 전류) 부하를 보호하기 위해 사용되는데, [그림 1-130]은 실제 사용되는 전자 접촉기의 실물이다.
- **전자접촉기의 종류** : 전자형, 열동형, 유도형이 있다.

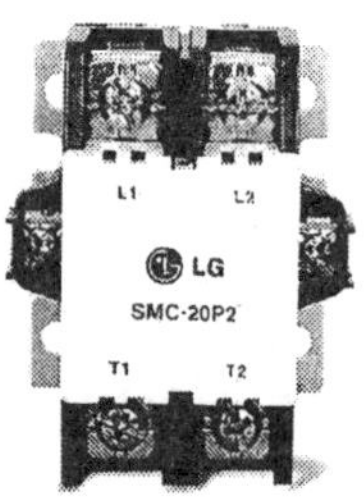

[그림 1-130] 전자 접촉기

4) 열동 계전기

열동 계전기는 서멀 릴레이(thermal relay : THR)라고도 하며, 주로 과부하 보호에 사용되며 그 실물은 [그림 1-131]과 같다.

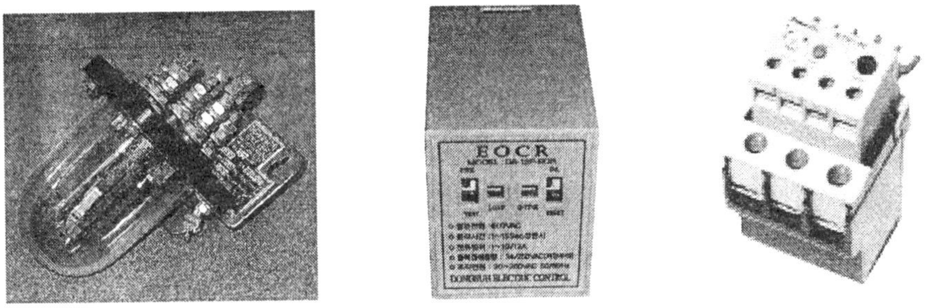

[그림 1-131] 열동 계전기

정격 이상의 전류(과부하 전류)가 흐르면 내부 내에 발생되는 열에 의해 바이메탈이 동작하여 접점이 닫히게 되어 전자 접촉기의 회로를 차단하게 되는데, 이것은 부하와 전선의 과열을 방지하는 데 중요한 기능을 한다.

그 내부회로를 자세히 살펴보면 [그림 1-132]와 같다. 수동 복귀의 열동 계전기가 동작하여 모터가 정지한 경우 모터의 과부하의 원인을 정확하게 파악하여 원인을 제거한 후에 열동 계전기의 리셋(reset) 버튼을 눌러서 처음 상태로 해주면 된다.

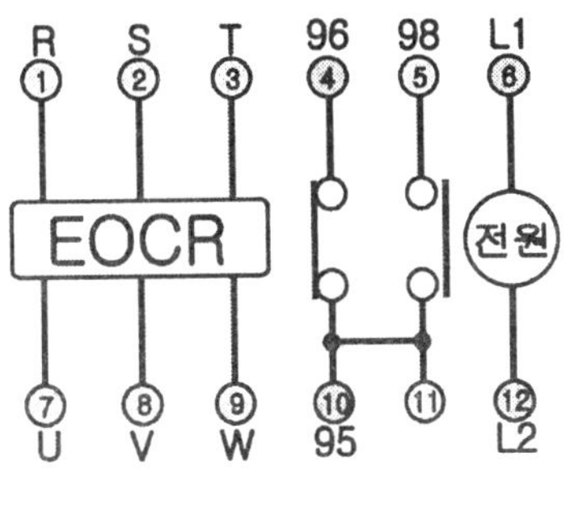

[그림 1-132] EOCR 계전기 내부회로

5) 압력 스위치

압력 스위치(pressure switch : 프레셔 스위치)는 명칭에서 알 수 있는 것같이 일정한 압력에 의하여 스위치가 on/off 되는 것이다([그림 1-133]). 저압인 경우 다이어그램의 신축을 이용하고, 유압, 수압과 같이 고압인 경우 부르동관(Bourdon tube : 부르동 튜브)의 신축을 이용하여 스위치를 on/off 시킨다.

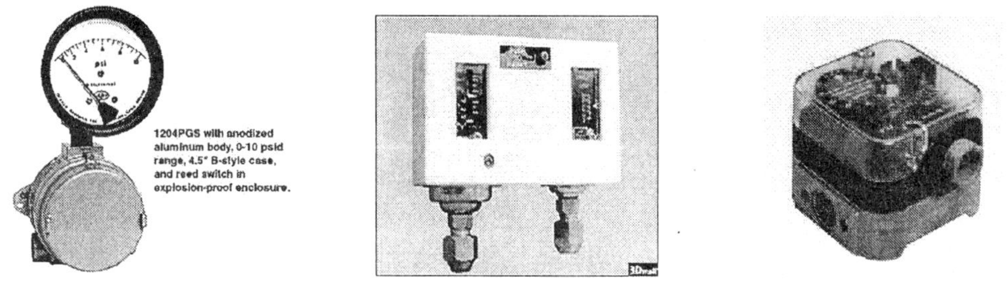

[그림 1-133] 압력 스위치

6) 배선용 차단기

배선용 차단기는 손잡이를 on, off 시킴으로써 단자 부에 배선된 전기회로를 개폐할 수 있으며, 과부하 보호 장치를 사용하든지, 과부하 시 경보를 사용하도록 되어 있다.

[그림 1-134]는 일반적으로 널리 쓰이는 배선용 차단기의 예이다.

[그림 1-134] 배선용 차단기

배선용 차단기는 노 퓨즈 브레이크(No Fuse Breaker : NFB) 또는 몰드 케이스 서킷 브레이크(Molded Case Circuit Breaker : MCB)라고도 부른다. 스위치 내부에 개폐기구와 트립 장치가 내장되어 있고, 단락이나 정격전류를 초과하는 과전류가 흐를 시 자동적으로 트립되어 회로를 자동으로 차단하며 사고 전류를 감지하는 역할을 한 트립의 원인을 파악 후 제거한 다음 다시 손잡이를 올리면 정상적으로 동작한다. 트립되는 것은 바이메탈의 원리를 이용한 것으로 과전류에 의해 발생된 열을 감지하여 차단 동작을 한다.

7) 플리커 릴레이

플리커 릴레이(flicker relay)는 전원이 투입되면 a접점과 b접점이 교대 점멸되어 점멸시간을 사용자가 조절할 수 있는 특징이 있어 경보신호용 및 교대점멸용 등에 사용되는데 그 실물은 [그림 1-135]와 같고, 접점의 교대를 일으키는 내부회로의 모습은 [그림 1-136]과 같다.

[그림 1-135] 플리커 릴레이

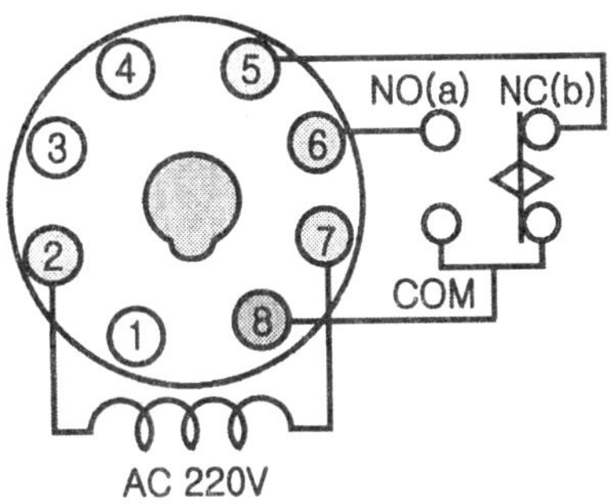

[그림 1-136] 내부회로

8) 온도 계전기

온도 계전기(temperature relay : 템퍼러처 릴레이) 온도가 일정한 값에 도달하였을 때 동작하여 검출하는 계전기로 그 실물은 [그림 1-137]과 같고, 온도변화에 대해 전기적 특성이 변화하는 소자 즉 서미스터, 백금 등 저항이 변화하는 것과 열기전력을 일으키는 열전쌍 등을 측정온도에 이용하여 그 변화에서 미리 설정된 온도를 검출하여 동작하는 계전기이다.

- **온도 계전기의 종류** : 무지시형, 디지털형, 메타지시형 등이 있다. 미리 설정된 온도에 반응하기 위한 회로는 [그림 1-138]과 같다.

[그림 1-137] 온도 계전기

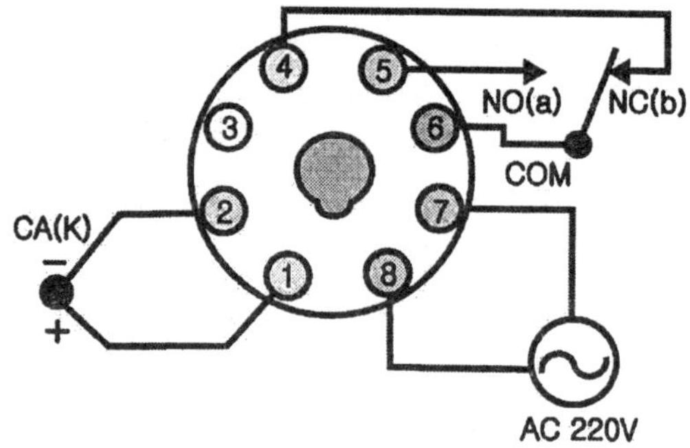

[그림 1-138] 내부회로

9) 액면제어 계전기

공장 등의 각종 액면제어를 검출하는 스위치로 그 실물은 [그림 1-139]와 같으며, 그 종류에는 플로트식, 압력식, 전극식, 전자식 등이 있으며, [그림 1-140]과 같은 내부회로를 가지고 있어 베이스에 신호를 입력하여 검출하며, 8핀과 11핀 등이 있다.

[그림 1-139] 액면제어 계전기

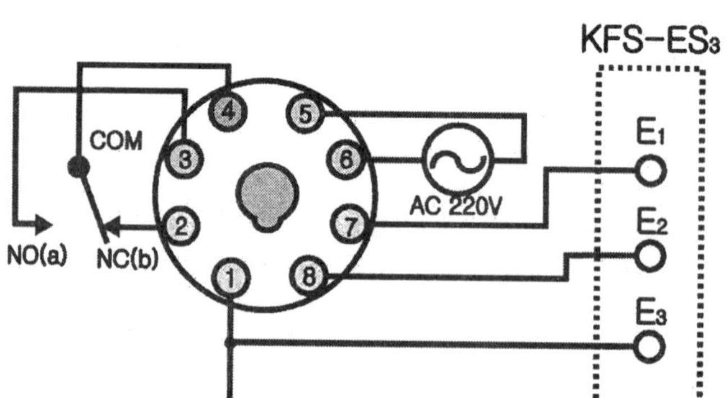

[그림 1-140] 내부회로

10) 카운터

카운터(counter)란 숫자를 셀 때 사용하는 것으로 가산(up), 감산(down)이 가능하여 입력신호가 들어오면 출력으로 수치를 표시하는 것을 말하는데, 검출 방법으로는 입력신호를 적산하여 계수하는 적산 카운터와 설정한 수와 입력신호 수가 같을 때 출력신호를 내는 프리셋 카운터로 나눌 수 있다. 또한 출력 방법으로는 계수식과 디지털식으로 분류할 수 있다.

우리가 많이 사용하고 있는 타이머의 실물은 [그림 1-141]과 같고, 그 내부회로는 [그림 1-142]와 같다.

[그림 1-141] 카운터

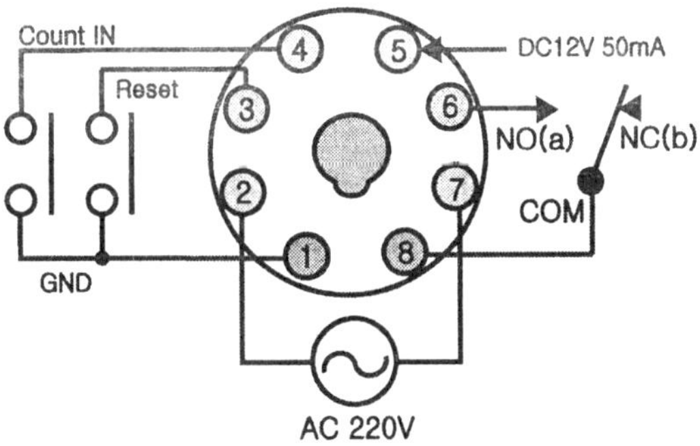

[그림 1-142] 내부회로

11) 파워 릴레이

파워 릴레이(power relay)는([그림 1-143]) 전자 접촉기 대신 전력회로의 개폐가 가능하도록 제작된 것으로 릴레이와 같이 일체형으로 구성되어 있으며 취급이 매우 간단하다.

[그림 1-143] 파워 릴레이

검출 방법으로는 베이스에 삽입하여 사용하는 방법이 있고, 전자 접촉기는 고장 시 점검이 매우 어려운 점에 비해 파워 릴레이의 경우는 컨트롤 박스 제작 시, 고장 수리 시에 따로 분리하여 점검할 수 있으므로 수리시간이 매우 짧은 장점이 있다. 일체형으로 취급하기 간단하고, 최대로 한 내부회로는 [그림 1-144]와 같다.

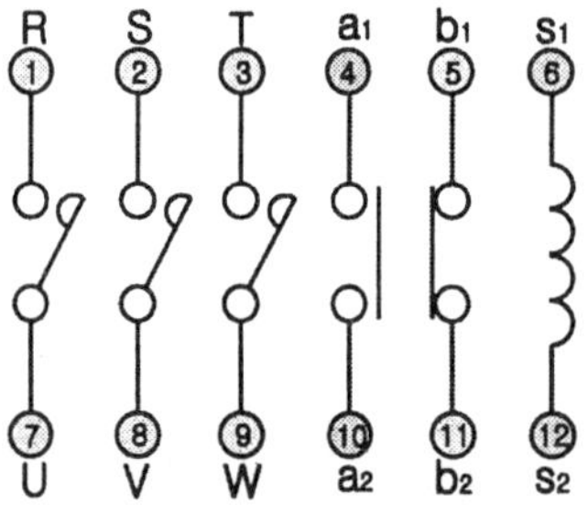

[그림 1-144] 내부회로

12) SR 릴레이

SR 릴레이(Set Reset Relay : 셋 리셋 릴레이)는([그림 1-145]) Set 신호와 Reset 신호를 주어 동작하는 원리를 사용하며, 그 내부에 정류회로가 내장되어 있어 DC12/24[V]의 출력을 사용할 수 있으므로 별도의 정류회로를 추가하지 않아도 동력회로와 전력 전자회로를 동시에 사용할 수 있는 장점을 가지고 있다. Set 신호와 Reset 신호를 가지는 SR 릴레이의 내부회로는 [그림 1-146]과 같다.

[그림 1-145] SR 릴레이

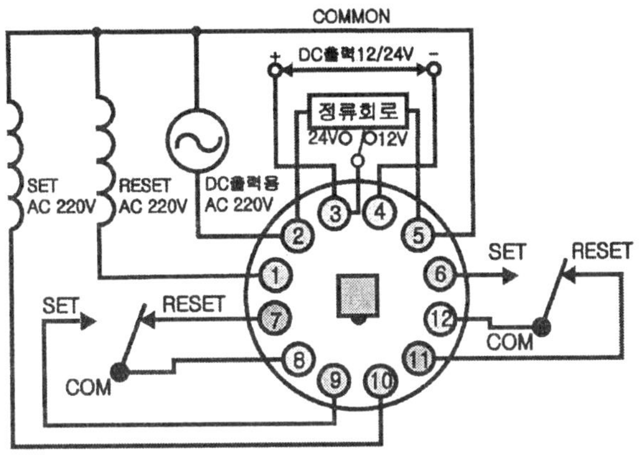

[그림 1-146] 내부회로

13) 파일럿램프

파일럿램프(pilot lamp)는 일반적으로 배전반 등의 전원의 유무, 시퀀스 제어회로의 동작 상황 등을 나타내기 위한 것으로 누름버튼 스위치 위에 부착된 것도 있다. 배전반이나 스위치박스에 부착하여 사용하며, 그 실물은 [그림 1-147]과 같은데 표시등의 색깔에 따라 메시지를 나타내 준다.

표시의 종류	표시등의 색
전원	백색
운전	적색
정지	녹색
중고장	적색
경고장	적황색

[그림 1-147] 파일럿램프

14) 부 저

부저(buzzer)는 시퀀스 제어회로의 고장이나 이상이 있을 경우 소리로 조작자에게 이상을 알리는 기기로 비상등과 교대점멸을 사용하는 경우가 많으며, 그 종류에는 크게 노출형과 매입형으로 나눌 수 있으며 그 실물은 [그림 1-148]과 같다.

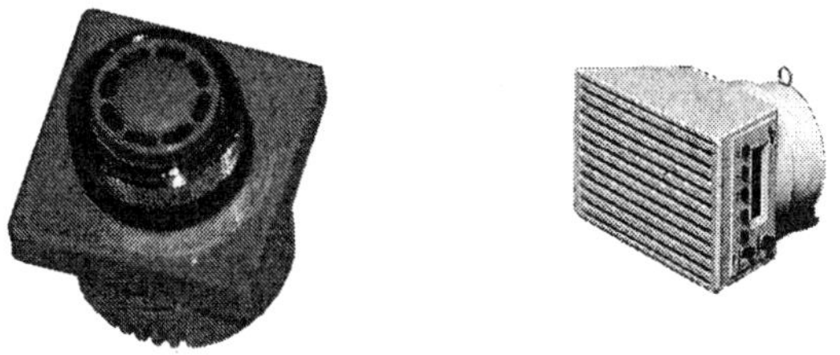

[그림 1-148] 부 저

(5) 시퀀스 제어의 기본회로

1) 자기유지회로

자기유지회로(self holding circuit : 셀프 홀딩 서킷)는 기억회로라고도 하며 어떤 신호나 힘에 의한 순간 동작으로 만들어진 입력신호가 제거된 후에도 릴레이에 동작을 기억하여 계속적으로 유지시켜 주는 회로이다. 이 회로는 제어계의 가장 기본이 되며 유지형 스위치를 사용하는 대신에 자기유지회로를 이용하여 동작시키는 이유로는 공급전원이 무단으로 차단된 후에 다시 공급되어도 회로를 보호할 수 있기 때문이다.

자기유지회로의 좋은 예로 [그림 1-149]를 나타내었다. 푸시버튼 스위치 PB-A에 병렬로 연결된 릴레이(MC) 자신의 a 접점 MC-a1을 접속시킨 것으로, PB-A를 누르면 릴레이 MC가 동작하게 되어 주접점 MC가 on 상태가 되어 전동기 M이 동작하게 된다. 이후 PB-A를 놓아도 자기유지접점 MC-a1으로 동작을 계속하여 회로는 on 상태가 유지되며, RL 램프가 점등된다. 이 a접점 MC-a1을 자기유지접점이라고 한다.

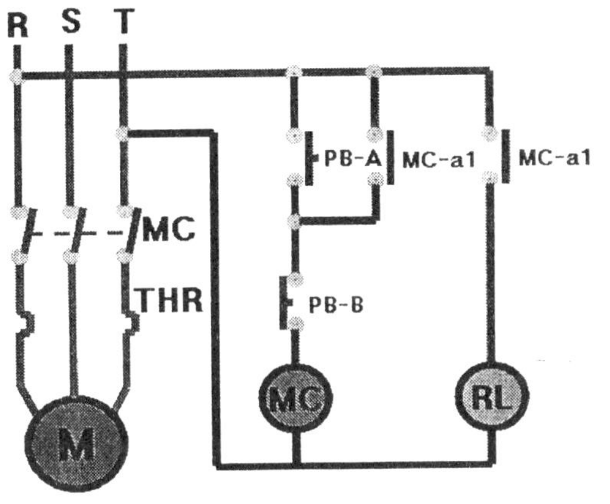

[그림 1-149] 자기유지회로

2) 지연회로

지연회로는 타이머에 의해 설정된 시간만큼 늦게 출력이 변하게 만든 회로이다. 동작이 늦으며 타이머 코일과 동시에 복귀되는 오프 딜레이 타이머(한시동작 순시복귀 회로)와, 동시에 동작하고 늦게 복귀되는 온 딜레이 타이머(순시동작 한시회로)가 있다.

푸시버튼 스위치 PB-A를 [그림 1-150]에서 누르게 되면 타이머 T가 동작함에 따라서 온 딜레이 타이머 접점 'T-a 순시'가 on 상태로 동작하여 자기유지회로가 되고, 오프 딜레이 타이머 접점 'T-a 한시'는 타이머에 설정한 시간이 지난 후에 동작하여 전자 접촉기 MC가 동작하여 주회로의 주접점 MC가 접속되어 전동기 M이 동작하게 되면서 RL 램프가 점등된다.

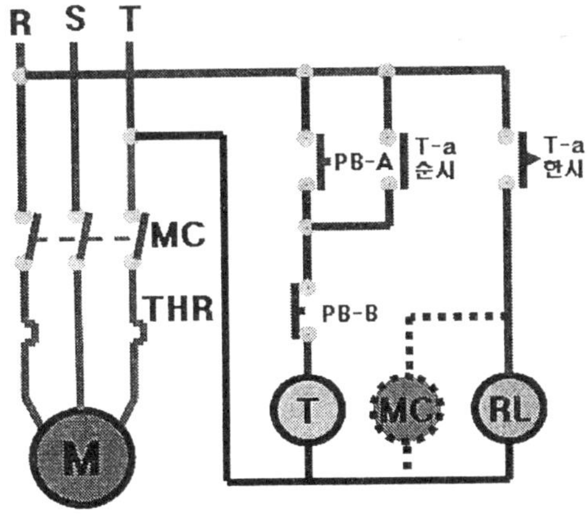

[그림 1-150] 지연회로

3) 인터록 회로

인터록(interlock) 회로는 두 개 이상의 회로에서 한 개의 회로만 동작시키면서 나머지 회로는 동작이 될 수 없도록 잡아주는 회로이다. 이 회로를 사용하는 목적으로는 관련기기의 동작을 금지시킴으로써 작업자 및 기기를 보호하는 것이다. 그러므로 이 회로는 **상대 동작 금지 회로** 또는 **선행 동작 우선 회로**라고도 한다.

3상유도 전동기의 동작원리는 120°의 위상차를 갖는 3상 전원에 의해 회전 자장이 발생함에 따라 회전자가 동작하는 것이다. 3상 전동기에 입력되는 3상 중에서 두 개의 상을 바꾸어 주면 회전력이 반대 방향으로 전환되므로 역회전 운전을 할 수 있게 된다. 이와 같은 경우에는 정회전과 역회전 동작이 동시에 일어날 수 있어 주회로가 단락되어 위험한 상태가 되므로 정·역회전 동작이 동시에 발생하지 않도록 인터록 회로를 반드시 넣어 사용하여야 한다.

푸시버튼 스위치 PB-A를 [그림 1-151]에서 누르게 되면 릴레이 Ry1이 동작하게 되어 Ry1-a1이 on 상태가 되어 자기 유지되며, 전자 접촉기 코일 MC1이 동작하고 주회로의 주접점 MC1이 on 상태가 되어 있는 전동기는 정방향으로 회전하고 RL 램프가 점등된다. 이때 역회전 회로에 직렬로 연결된 Ry1-b1이 개방되어 있으므로 역회전용 푸시버튼 스위치 PB-C를 아무리 누른다 하여도 릴레이 Ry2는 동작하지 않게 된다. PB-B를 눌러서 Ry1을 감자시킨 다음에 운전 중인 전동기의 회전 방향을 바꾸기 위해서는 정지용 PB-B를 눌러 전동기를 정지시킨다.

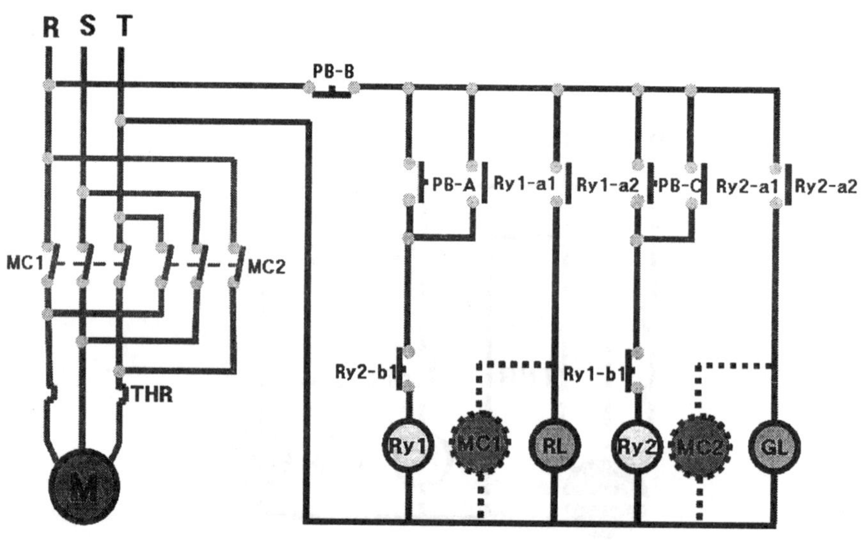

[그림 1-151] 인터록 회로

같은 방법으로 PB-C를 눌러서 전자 접촉기 코일 MC2가 동작하여 전동기가 역회전하고 GL 램프가 점등된다. 정회전용 푸시버튼 스위치 PB-A를 아무리 누른다 하여도 릴레이 Ry1은 동작하지 않게 된다. 즉, MC1이 동작하면 MC2는 동작할 수 없고 반대로 MC2가 동작하면 MC1이 동작하지 않게 된다.

4) 우선회로

우선회로는 우선권이 있는 회로가 먼저 동작이 되고 난 다음 나머지 회로가 동작하는 회로로서 동작에 순서가 정해져 있을 경우에 사용되는 회로이다. 일상생활에서 예를 들어 보면 엘리베이터의 출입문이 닫히지 않은 상태에서는 절대로 엘리베이터가 올라가거나 내려가는 동작을 할 수 없다. 그것은 출입문을 닫는 회로가 동작하기 전에는 엘리베이터는 올리고 내리는 동작은 전동기가 할 수 없기 때문이다. 이렇게 어떤 동작에 순서가 꼭 필요한 회로를 구성할 때 매우 중요한 회로이다.

푸시버튼 스위치 PB-A를 [그림 1-152]에서 누르면 전자 접촉기 코일 MC1이 동작하게 되어 전동기 M1이 동작하게 되며 RL 램프가 점등된다. 그런 다음 전자 접촉기 MC2의 직렬연결 되어 있는 보조접점 MC1-a3가 on 상태로 있을 때에만 푸시버튼 스위치 PB-C를 누르면 MC2가 동작하게 되어 전동기 M2가 동작하게 되며 GL 램프가 점등된다.

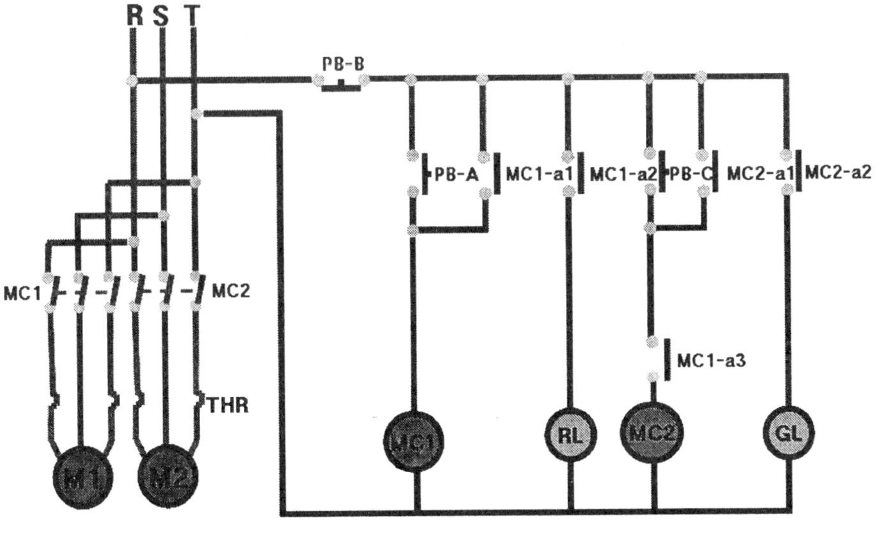

[그림 1-152] 우선회로

5) 전동기의 직입기동(전 전압 기동)

전 전압 기동이란 [그림 1-153]과 같은 회로를 말하는데, 이것은 기동 전류가 적은 소형의 전동기를 기동 및 정지시키는 데 사용하는 것으로 별도의 고려사항이 없어도 되므로 이러한 경우 직입기동(전 전압 기동) 방식을 사용하는데, on, off 버튼만으로도 조작이 가능하여 간편하다. RL, GL, OL은 표시회로로 이는 전동기의 동작 상황이나 제어회로의 동작 상황을 구분하는 데 사용된다. OL이 점등된 경우는 열동계전기가 과부하로 인해 동작되었을 경우인데, 이 문제를 해결하려면 수동복귀접점이므로 과부하의 원인을 제거한 이후에 다시 동작시키면 된다.

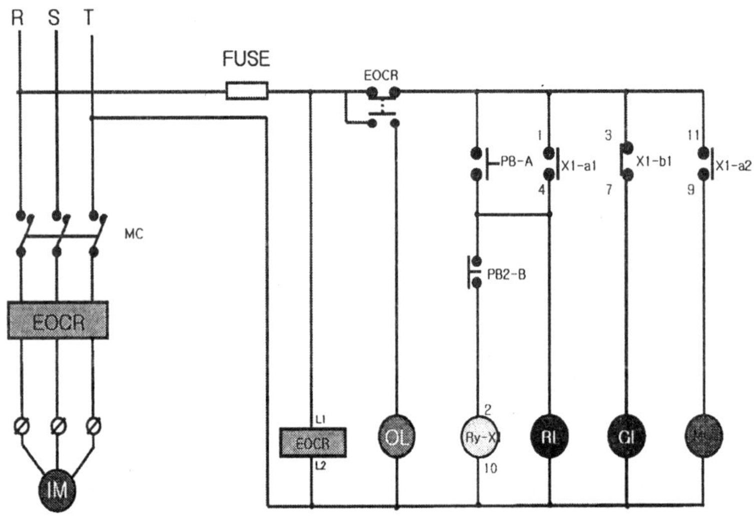

[그림 1-153] 전동기의 직입기동

6) 순차제어회로 배선하기

순차회로를 배선하는 방법은 [그림 1-154]에 나와 있는 순서와 같다.

■ 동작 요구조건

① 전원을 켜면 표시등(GL1)과 표시등(GL2)이 켜진다.

② 기동 스위치 1을 동작(on)시키면 유도전동기 1이 기동 운전을 하면서 표시등(GL2)이 꺼짐과 동시에 표시등(RL1)이 켜지면서 T1에 전원이 공급되게 된다.

또, t초 후에 유도전동기 2가 기동 운전하게 되면서 유도전동기 2가 기동 운전과 동시에 표시등(GL1)이 꺼지게 되고 표시등(RL2)이 켜지게 된다. 단, 기동 스위치 1에 의해서만 동작된다.

③ 정지 스위치를 누르면 유도전동기 2가 정지되면서 표시등(RL2)이 꺼짐과 동시에, 표시등(GL1)이 켜지면서 T2에 전원이 공급되게 된다. 또, t초 후에 유도전동기 1이 정지하면서, 표시등(RL1)이 꺼짐과 동시에, 표시등(GL2)이 켜지게 된다.

④ 과전류 계전기(EOCR)가 동작하게 되면 표시등(GL1)과, 표시등(GL2)이 꺼지면서 플리커 릴레이가 동작하게 된다. 부저(B)와 고장 표시등(YL)이 t초 간격으로 교대 동작하고 t초 후에는 부저와 고장 표시등 모두(B, YL) 고장부위 복귀 시 정지하게 된다.

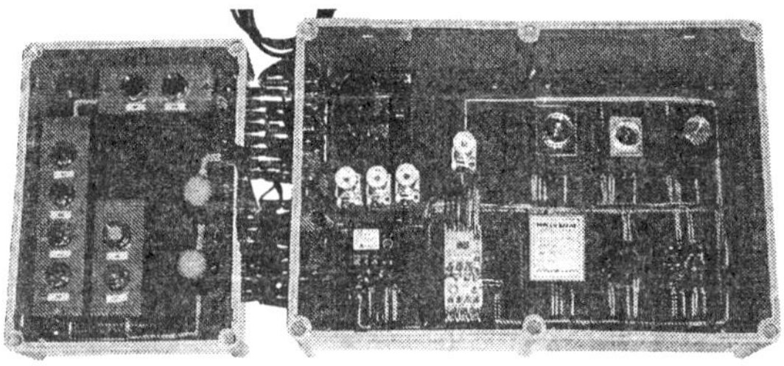

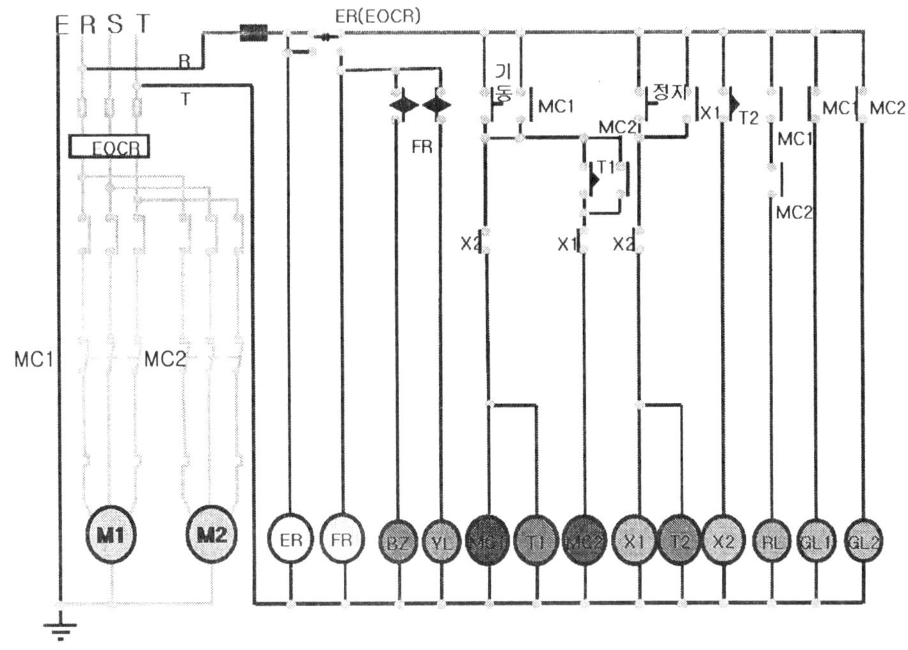

[그림 1-154] 순차회로

문제 및 해설

1. 다음 중 원자의 구조에 대한 설명으로 옳은 것은?

① 원자는 핵과 분자로 구성되어 있다.
❷ 원자핵은 양성자와 중성자로 구성되어 있으며, 주위를 전자가 돌고 있다.
③ 원자핵은 양성자와 전자로 되어있다.
④ 원자는 전기적으로 양성 전자와 핵으로 구성되어 있다.

해설 원자는 원자핵과 원자핵을 중심으로 하여 돌고 그 주위를 음(−)성인 전자로 구분할 수 있으며, 원자핵은 다시 전기적으로 양(+)성을 갖는 양성자와 전기적인 성질을 전혀 가지지 않는 중성자로 구성되어 있다.

2. 전자 1개가 갖는 전하량과 질량은 얼마인가?

① 전하량 : 1.6021×10^{-19}[C], 질량 : 9.109×10^{-31}[kg]
② 전하량 : -1.6021×10^{-19}[C], 질량 : -9.109×10^{-31}[kg]
③ 전하량 : 1.6021×10^{-19}[C], 질량 : -9.109×10^{-31}[kg]
❹ 전하량 : -1.6021×10^{-19}[C], 질량 : 9.109×10^{-31}[kg]

해설 양성자, 중성자, 전자의 전하량과 질량은 아래의 표와 같이 나타낼 수 있다.

입 자	전하량	질 량
양 성 자	$+1.60219 \times 10^{-19}$[C]	1.672161×10^{-27}[kg]
중 성 자	0[C]	1.67491×10^{-27}[kg]
전 자	-1.60219×10^{-19}[C]	9.10956×10^{-31}[kg]

3. 자유전자의 에너지대를 무엇이라 하는가?

① 대전대　　② 금지대
❸ 전도대　　④ 가전자대

해설 가장 바깥쪽 궤도(최외각궤도)를 돌고 있는 전자는 원자핵과의 결합력이 약해 이동이 쉬워지는데, 원자핵이 전자를 끌어당기는 힘의 에너지대를 **금지대**, 최외각궤도의 전자 에너지대를 **가전자대**(자유전자로의 이탈이 쉬운)라 하고, 원자핵과의 결합력과 전자의 이동하려는 에너지가 균형을 이룬다(Valence Band : 밸런스 밴드). 그리고, 이탈된 자유전자의 에너지대를 **전도대**(전기를 전도하는)라 한다.

정답 1. ② 2. ④ 3. ③

4. 전자가 원자핵과의 결합력이 강하여 자신의 궤도에 머물러 있으려고 하는 원자로 구성된 물질은 전기를 쉽게 통하지 않으려고 하는데, 이를 무엇이라고 하는가?

① 전도체 ❷ 절연체
③ 도체 ④ 반도체

해설 전자가 자신의 궤도에 머물러 있으려고 하는 원자로 구성된 물질은 전기를 쉽게 통하지 않으려고 하는데, 이를 절연체 또는 부도체라 한다. **절연체에는 전하를 저장하려는 특성이 있다.**

5. 어떠한 두 물체가 마찰에 의해서 전기적 성질을 띠게 된다. 이러한 현상을 무엇이라고 하며, 이때 띠게 되는 전기를 무엇이라고 하는가?

❶ 대전 – 전하 ② 대전 – 전자
③ 마찰 – 전하 ④ 전하 – 대전

해설 잘 건조시킨 유리막대를 명주헝겊으로 마찰하면, 이 유리막대와 명주헝겊은 모두 작은 종이 조각, 먼지 등의 가벼운 물체를 끌어당긴다. 이것은 마찰에 의하여 각각에 마찰전기가 일어났기 때문인데, 이 경우 유리막대 또는 명주헝겊과 같이 물체에 전기를 띠는 현상을 **대전(electrification : 일렉트리피케이션)**이라고 하며, 대전된 물체를 **대전체(electrified body : 일렉트리파이드 바디)**라고 한다. 대전에 의해 유리막대와 명주헝겊이 가진 전기를 **전하(electric charge : 일렉트릭 차지)**라 하는데 유리막대는 정 또는 양(+)전하, 명주헝겊은 부 또는 음(−)전하라 한다.

6. 다음 중 저항기의 저항체의 필요한 조건으로 올바른 것은?

① 고유저항이 작을 것
② 저항의 온도계수가 클 것
③ 구리에 대한 열기전력이 클 것
❹ 화학적으로 오래 변하지 않을 것

해설 저항체의 필요한 조건 ① 고유저항이 크다 ② 저항의 온도계수가 작다 ③ 구리에 대한 열기전력이 작다.

7. 표준 저항기가 갖추어야 할 조건이 아닌 것은?

① 온도계수가 작아야 한다.
② 고유저항이 커야 한다.
❸ 열기전력이 커야 한다.
④ 산화가 잘 되지 않을 것

해설 저항기의 조건에는 열기전력이 작을수록 좋다.

정답 4. ② 5. ① 6. ④ 7. ③

8. 반도체의 저항과 온도와의 관계는?

① 저항값은 온도에 비례한다.
② 저항값은 온도의 제곱에 반비례한다.
❸ 저항값은 온도에 반비례한다.
④ 저항값은 온도와 무관하다.

해설 반도체의 저항은 온도에 반비례한다.

9. 두 가지의 다른 종류의 금속을 접촉시킨 후, 두 접점을 다른 온도로 유지하면 전류가 흐르는 현상은?

❶ 제어벡 효과 ② 펠티어 효과
③ 제 3금속의 법칙 ④ 플레밍의 법칙

해설 제어벡 효과는 열전 온도계, 전열등, 전기히터 등에 사용된다.

10. 국제 표준 연동 고유저항은 몇 [Ω/m]인가?

① 1.7241×10^{-4} ② 1.7241×10^{-6}
❸ 1.7241×10^{-8} ④ 1.7241×10^{-12}

해설 고유저항이란 길이 1[m], 단면적 1[m^2]의 물질이 갖는 저항을 그 저항의 고유저항 또는 저항률이라고 한다. 국제 표준 연동선의 고유저항 : 1.724×10^{-8}[Ω/m]

11. 단면적이 10[cm^2]이고, 길이가 5[m]인 니켈의 저항은 얼마인가?(단, 니켈의 고유저항은 7.5[μΩ·cm]이다.)

❶ 375[μΩ] ② 425[μΩ]
③ 325[μΩ] ④ 475[μΩ]

해설 물질의 저항은 고유저항(ρ)×길이(ℓ)÷단면적(A)이다. 고유저항의 단위는 [μΩ·cm]이므로, 단위를 [cm]로 맞추면 $R = 7.5 \times 10^{-6} \times 500/10 = 375$[μΩ]이 된다.

12. 광전자 방출현상 중, 방출되는 에너지에 관한 설명 중 옳은 것은?

❶ 빛의 세기에 비례한다. ② 빛의 파장에 비례한다.
③ 빛의 속도에 지수적 증가 ④ 빛의 세기에 반비례한다.

해설 광전자 방출이란 도체에 빛을 비추면 그 표면에서 전자를 방출하는 현상(광전현상)으로 물질에서 방출되는 전자의 양은 광자의 양 측, 빛의 세기에 비례한다.

정답 8. ③ 9. ① 10. ③ 11. ① 12. ①

13. 다음 중 글로우 방전 및 아크 방전이 생기기 전에 과도적으로 발생하는 방전은?

① 암류 ② 코로나 방전
❸ 불꽃방전 ④ 전로파괴

해설 전극 간의 전장의 세기가 낮을 때는 암류가 생기며 전압이 파괴전압 이상이면 불꽃과 소음이 일어나는 방전을 불꽃방전이라 한다.

- **암류** : 기체가 절연파괴를 일으키기 전에 흐르는, 발광을 수반하지 않는 극히 작은 전류

14. 다음 중 전장의 세기가 큰 부분에서 높은 전압이 걸릴 때 국부적으로 발생하는 것을 무엇이라 하는가?

① 암류 ❷ 코로나 방전
③ 불꽃방전 ④ 글로우 방전

해설 코로나 방전 : 2개의 전극 사이에 높은 전압을 가하면 불꽃을 일으키기 전에 전기량의 강한 부분만이 발광하여 전도성을 갖는 현상

15. 원자가 외부에서 열, 빛, X선 등의 방사 또는 운동 입자들의 충돌로부터 에너지를 얻어 핵 주위인 전자가 보다 더 큰 에너지 준위로 이동하는 것을 무엇이라 하는가?

① 광전 효과 ② 홀 효과
③ 전리현상 ❹ 여기현상

해설 여기현상 : 고속으로 운동하고 있는 전자가 분자나 원자 중의 핵외 전자에 충돌하면 부딪힌 핵의 전자는 에너지를 얻게 되어 더 높은 에너지 준위를 가지게 되는 현상

16. 코트렐 집진장치에서 집진전극은 어느 극을 말하는가?

❶ 양극 ② 음극
③ 양극과 음극 사이의 제3극 ④ 두 극이 공통

해설 코로나 방전을 이용, 집진기나 정전 도장에 사용되고 있으며, 집진전극인 금속원통 내에 방전전극의 금속선을 넣고 이 금속선을 음극, 원통을 양극으로 하여 수만[V]의 직류전압을 가하면 전상이 생기고 방전전극 주위에 음성 코로나가 발생, 전리된 전자는 먼지 등에 부착, 음이온이 되어 집진전극으로 끌려 부착하고 중화되기 때문에 매우 작은 먼지도 제거할 수 있다.

정답 13. ③ 14. ② 15. ④ 16. ①

17. 도선에 10초 동안 500[C]의 전하가 흘렀다면 이 도선에 흐른 전류의 양은 얼마인가?

① 25[A] ❷ 50[A]
③ 125[A] ④ 250[A]

해설 전류의 단위로는 암페어(Ampere [A])를 사용하며, 그 크기는 단위시간, 즉, 1초 동안에 얼마만큼의 전기량이 이동했는가에 따라 결정된다. 따라서 10초 동안 500[C]의 전하가 흘렀다면 500/10=50[A]가 전류가 흐른 것이다.

18. 10[C]의 전하가 이동하여 150[J]의 일을 하였다면, 이때의 전위차는 얼마인가?

① 0.15[V] ② 1.5[V]
③ 5[V] ❹ 15[V]

해설 전위차, 즉 전압의 실용 단위는 볼트(Volt)로 나타내며, Q[C]의 전하가 어떤 두 점 사이를 이동하여 W[J]의 일을 하였다면, 이 두 점 사이의 전위차는 $V = W/Q$[V]가 된다. 따라서 이 문제에서는 150/10 = 15[V]의 전위차를 갖는다.

19. 저항의 단위에서, 1[A]의 전류가 1초 동안 흘렀을 때 몇 [cal]의 열을 발생했을 때를 1[Ω]이라 하는가?

① 0.024[cal] ❷ 0.24[cal]
③ 2.4[cal] ④ 24[cal]

해설 저항의 실용 단위는 옴(Ohm : Ω)으로서, 어떤 저항을 통하여 1[A]의 전류가 1초 동안 흘러서 0.24[cal]의 열을 발생하였다면, 이 저항의 값은 1[Ω]이 된다.

20. 100[m]의 거리에서 전원을 연결하여 단상 200[V], 6[A]용 모터를 운전하고자 할 때 전원에서 몇 [V]를 공급하여야 하는가(단, 선의 100[m]에 대한 내부저항은 2[Ω]이다)?

① 107[V] ❷ 112[V]
③ 115[V] ④ 120[V]

해설 100[m] 전선에 의한 전압강하는 $V_r = l \cdot r = 6 \times 2 = 12$[V]이므로 공급 점에서 필요로 하는 전압은 200 + 12 = 212[V]가 된다.

21. 1[eV]는 몇 [J]인가?

① 1 ❷ 1.602×10^{-19}
③ 9.1095×10^{-31} ④ 1.602×10^{19}

해설 $e = 1.602 \times 10^{-19}$[C], $\therefore$ 1[eV] $= 1.602 \times 10^{-19}$[C] $\times$ 1[V] $= 1.602 \times 10^{-19}$[J]

정답 17. ② 18. ④ 19. ② 20. ② 21. ②

22. 100[V]의 전위차로 가속된 전자의 운동 에너지는 얼마인가?

① 1.6×10^{-20}[J]　　② 1.6×10^{-19}[J]

③ 1.6×10^{-15}[J]　　❹ 1.6×10^{-17}[J]

해설 $1.602\times10^{-19}\times100=1.602\times10^{-17}$[J]

23. 어떤 도체의 단면을 30분 동안에 3,600[C]의 전하량이 이동했다. 이때 이 단면에 흐른 전류 I는 몇 [A]인가?

① 1[A]　　❷ 2[A]

③ 3[A]　　④ 4[A]

해설 $I=\dfrac{Q(C)}{t(S)}=\dfrac{3600(C)}{30\times60}=2[A]$

24. 1[J/C]가 나타내는 것은?

① 1[N]　　❷ 1[V]

③ 1[H]　　④ 1[F]

해설 $V=\dfrac{W[V]}{Q[C]}$

1[V]는 1[C]의 전하가 두 점 사이를 이동할 때의 에너지가 1[J]일 때의 전위차이다.

25. 저항 R_1, R_2, R_3를 병렬로 연결 시 합성 저항을 바르게 구한 식은?

① $\dfrac{R_2R_3+R_1R_2+R_1R_3}{R_1R_2R_3}$　　② $\dfrac{R_1+R_2+R_3}{R_2R_3+R_1R_3+R_1R_2}$

❸ $\dfrac{R_1R_2R_3}{R_2R_3+R_1R_2+R_1R_3}$　　④ $\dfrac{R_2R_3+R_1R_2+R_1R_3}{R_1+R_2+R_3}$

해설 $Rp=\dfrac{1}{\dfrac{1}{R_1}+\dfrac{1}{R_2}+\dfrac{1}{R_3}}=\dfrac{1}{\dfrac{R_2R_3}{R_1R_2R_3}+\dfrac{R_1R_3}{R_1R_2R_3}+\dfrac{R_1R_2}{R_1R_2R_3}}$

$=\dfrac{1}{\dfrac{R_2R_3+R_1R_2+R_1R_3}{R_1R_2R_3}}=\dfrac{R_1R_2R_3}{R_2R_3+R_1R_2+R_1R_3}$

정답 22. ④ 23. ② 24. ② 25. ③

26. 같은 크기 저항을 가진 두 개의 도선을 직렬로 연결하였을 때의 저항의 크기는?

❶ 한 도선 저항의 2배　　② 한 도선 저항의 $\frac{1}{2}$배

③ 한 도선 저항과 같다.　　④ 한 도선 저항의 $\frac{2}{3}$배

해설 직렬연결 시 $R(s) = R_1 + R_2$

27. 저항 R_1[Ω]과 R_2[Ω]을 병렬로 연결하고 임의의 전압을 가할 때, 전류 I가 한 전선을 통해 흘러 들어갔다. R_1에 흐르는 전류는?

① $\frac{R_1}{R_1+R_2}I$　　② $\frac{R_1R_2}{R_1+R_2}I$

❸ $\frac{R_2}{R_1+R_2}I$　　④ $\frac{R_1+R_2}{R_1R_2}I$

해설 병렬연결 시 각 저항의 전체 성분비를 $R_1 : \frac{R_2}{R_1+R_2}$, $R_2 : \frac{R_1}{R_1+R_2}V$

그러나 전류는 저항에 반비례하므로 $IR_1 = \frac{R_2}{R_1+R_2}I$

28. 다음의 회로에서 2[Ω]에 흐르는 전류[A]는?

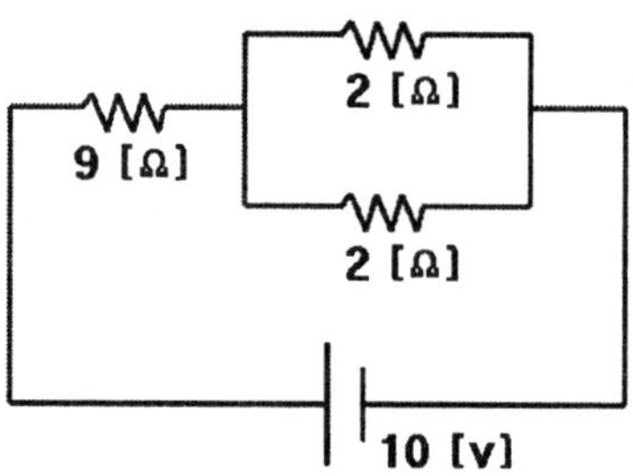

① 0.3[A]　　❷ 0.5[A]

③ 0.8[A]　　④ 1.2[A]

해설 합성저항 $R_s = 9 + \frac{2\times 2}{2+2} = 10[\Omega]$

$I = \frac{V}{R_s} = \frac{10[\text{V}]}{10[\Omega]} = 1[\text{A}]$

$I_{R_1} = \frac{2}{2+2} \times 1 = 0.5[\text{A}]$

정답 26. ① 27. ③ 28. ②

29. 다음의 회로에서 3[Ω] 양단에 걸리는 전압은 몇 [V]인가?

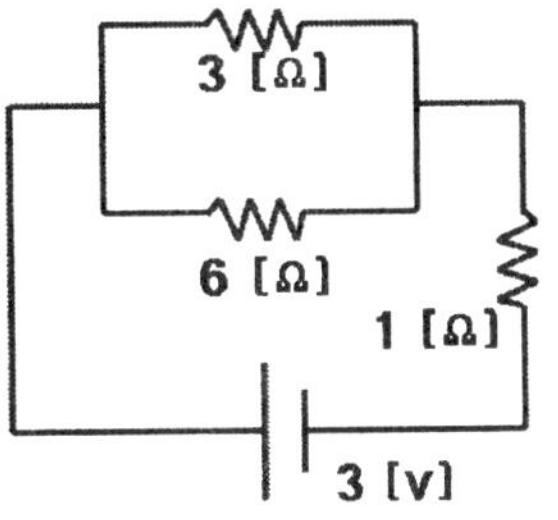

① 0.9[V]
② 1.2[V]
③ 1.6[V]
❹ 2[V]

해설 병렬 합성저항 $Rp=\frac{3\times 6}{3+6}=2$, 전체 저항 $R_s=2+1=3[\Omega]$

회로에 흐르는 $I=\frac{3[V]}{3[\Omega]}=1[A]$, 따라서 $V=\frac{6}{3+6}\times 1\times 3=2[V]$

30. 그림의 회로에서 전원이 100[V]일 때 흐르는 전류 I는 몇 [A]인가?

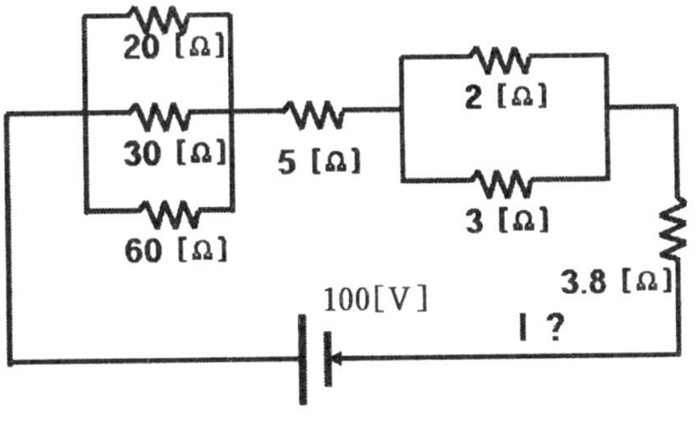

① 1.5[A]
② 3[A]
❸ 5[A]
④ 7.5[A]

해설 합성저항 $Rs=\frac{1}{\frac{1}{20}+\frac{1}{30}+\frac{1}{60}}+5+\frac{2\times 3}{2+3}+3.8=20[\Omega]$

$I=\frac{100[V]}{20[\Omega]}=5[A]$

31. 220[Ω]의 저항 5개를 임의로 연결하여 만들 수 있는 최소의 저항값은 얼마인가?

❶ 44[Ω]
② 60[Ω]
③ 82[Ω]
④ 104[Ω]

해설 병렬연결 시 $R_p=\frac{R}{n}=\frac{220}{5}=44[\Omega]$

정답 29. ④ 30. ③ 31. ①

32. 임의의 직류 전원으로 전류를 내보낼 때 전원의 전압을 고정시킨 상태에서 흐르는 전류가 4배가 되려면 저항값은 몇 배로 변화시켜야 하는가?

① 1배 ② 2배 ③ 3배 ❹ $\frac{1}{4}$배

해설 $I \propto \frac{1}{R}$이므로 R값을 1/4배 감소시키면 전류 I는 4배 증가한다.

33. 다음 회로에 흐르는 전류 I는 얼마인가?

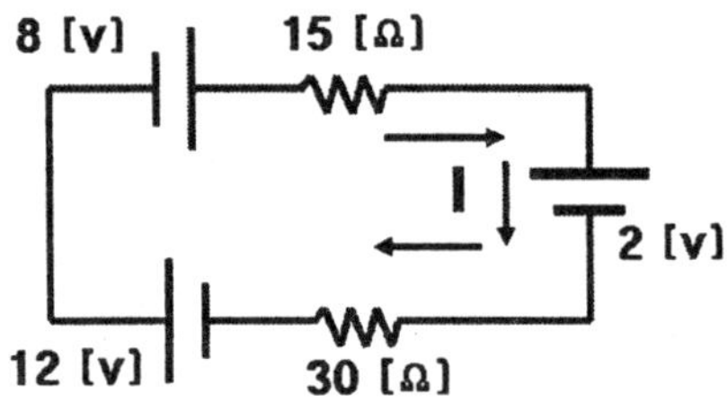

① 0.1[A]
❷ 0.4[A]
③ 0.6[A]
④ 0.8[A]

해설 회로 내에 전체 전압은 $V=8+12-2=18$
전체 저항은 $R_s=15+30=45[\Omega]$, $I=\frac{18[V]}{45[\Omega]}=0.4[A]$

34. $R[\Omega]$인 3개의 저항이 △결선으로 되어 있을 때 Y결선으로 변환하면 한 변의 저항[Ω]은 얼마인가?

① 9R ② $\sqrt{3}/R$ ③ $3R$ ❹ $R/3$

해설 $R_Y=\frac{1}{3}R_\triangle$

35. 75[Ω]의 저항 3개로 △결선 회로를 만든 후 그것을 다시 Y결선 회로로 변환하면 한 변의 저항[Ω]은 얼마인가?

① 10[Ω] ❷ 25[Ω]
③ 40[Ω] ④ 150[Ω]

해설 $R_Y=\frac{1}{n}R_\triangle$, $R_Y=\frac{1}{3}R_\triangle$에서 $R_\triangle=75[\Omega]$, $R_Y=\frac{1}{3}\times 75=25[\Omega]$

36. 그림과 같은 회로에서 전류 I는 무엇인가?

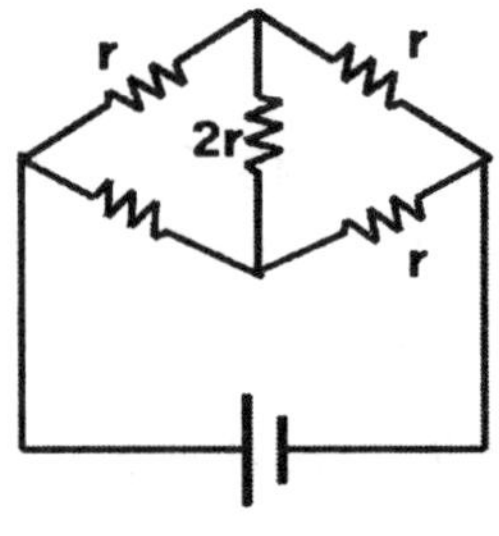

❶ $\frac{E}{r}$ ② $\frac{E}{2r}$
③ $\frac{E}{3r}$ ④ $\frac{E}{4r}$

정답 32. ④ 33. ② 34. ④ 35. ② 36. ①

해설 합성 저항은 브리지 회로가 평형상태이므로 $R=\dfrac{2r\times 2r}{2r+2r}=r$

따라서 전류 $I=\dfrac{E}{r}$

37. 전류의 열작용을 이해하고 계산할 수 있는 법칙은 어느 것인가?

① 옴의 법칙 ② 키르히호프의 법칙
❸ 줄의 법칙 ④ 플레밍의 법칙

해설 • **줄의 법칙** : 임의의 저항에 전류를 흘리면 그 저항에 소비되는 에너지는 전부 열에너지로 바뀐다.

38. 전력에 대한 설명 중 옳은 것은 무엇인가?

① 단위는 [W/3]이다. ❷ 단위시간의 전기 에너지이다.
③ 공률과 다른 단위를 갖는다. ④ 전기 에너지 이외에는 환산할 수 없다.

해설 $P=w/t$[W], [J/ sec]이며 열량으로 환산이 가능하다.

39. 다음 중 전력과 관계없는 식은 무엇인가?

① [VI] ② [W/t] ③ [I^2R] ❹ 1[cal/sec]

해설 전력 $P=VI=I^2R=$[W/t]$=$[J/sec]

40. 1[J/s]와 같은 크기는 얼마인가?

❶ 1[W] ② 1[W·s] ③ 1[cal] ④ 1[V]

해설 1[J/s]=1[W]

41. 1분간에 3,600[J]의 일을 할 때 전력은 몇 [W]인가?

① 22[W] ② 36[W] ❸ 60[W] ④ 160[W]

해설 전력 P[w]=[J/s]=3600[J]/60[sec]=60[W]

42. 4.2[J]은 약 몇 [cal]인가?

① 약 0.1[cal] ② 약 0.24[cal] ❸ 약 1[cal] ④ 약 2.4[cal]

해설 1[J]=0.24[cal], 4.2[J]=0.24×4.2[cal] ≒ 약 1[cal], 그러므로 1[cal]=4.2[J]

정답 37. ③ 38. ② 39. ④ 40. ① 41. ③ 42. ③

43. 임의의 100K[Ω]저항의 허용 전력은 20[kW]라고 가정한다면, 이때의 허용 전류는 약 몇 [A]인가?

① 약 0.1[A] ❷ 약 0.45[A]
③ 약 1[A] ④ 약 4.5[A]

해설 $P = I^2R,\ I = \sqrt{\frac{P}{R}} = \sqrt{\frac{20}{100}} = 0.447\cdots\cdots[A]$

44. 4.5[kW]의 전기다리미를 정격상태에서 30분간 사용하였다면 발열량은 몇 [kcal]인가?

① 720[kcal] ② 1,800 [kcal]
❸ 1,944[kcal] ④ 2,700[kcal]

해설 전류 I가 시간 t 동안 흐를 때 저항의 발열량

$W = P \cdot t[J] = 0.24P \cdot t[cal]$

$W = 0.24 \times 4500 \times 30 \times 60 = 1994[kcal]$

45. "회로망의 한 접속점에 유입하고 유출되는 모든 전류의 총합은 0이다"는 어떤 법칙인가?

① 플레밍의 법칙 ② 옴의 법칙
③ 패러데이의 법칙 ❹ 키르히호프의 법칙

해설 유입되고 유출되는 전류의 합은 **키르히호프의 제1법칙**인 키르히호프 전류법칙으로 구할 수 있다.

46. 0.5[Ω/m]인 60[m]짜리 도선이 있다. 이 도선 양단에 210[V]의 전압을 5분간 공급할 때 발생되는 열량은 몇 [cal]인가?

❶ 105,840[cal] ② 106,840[cal]
③ 301,800[cal] ④ 630,000[cal]

해설 저항의 길이에 비례하므로 $R = 60 \times 0.5 = 30[\Omega],\ I = \frac{210[V]}{30[\Omega]} = 7[A]$

발생열량 $= 0.24 \times I^2Rt = 0.24 \times 7^2 \times 30 \times 300$초 $= 105840[cal]$

47. 100[°C]의 물 100g를 10분 동안에 20[°C] 올리기 위하여 써야 할 전열기의 용량은?(이때 전열기의 효율은 60[%]라 한다.)

① 약 7.2[W] ❷ 약 6.9[W]
③ 약 8[W] ④ 약 8.8[W]

해설 $Q = Cm$(온도변화)$= 0.24 I^2Rt[cal]$,

$Q = 1 \times 100 \times (20-10)^{\circ} = 0.24 \times P \times 10 \times 60[cal],\ P \fallingdotseq 6.944\cdots\cdots$

정답 43. ② 44. ③ 45. ④ 46. ① 47. ②

48. 100[V], 10[A]의 전열기를 사용하여 1[ℓ]의 물을 20[°C]에서 40[°C]로 상승시키는 데 필요한 시간[sec]은?

① 2.31×10^3　　❷ 0.083×10^3

③ 0.185×10^3　　④ 0.207×10^3

해설 $1[\ell] = 1[kg]$, $c = 1$, $Q = Cm$(온도변화) $= 0.24\,VIt\,[cal]$,
$Q = I \times 1000 \times (40-20) = 0.24^\circ \times 100 \times 10 \times t$, $t = 83.33\cdots \Rightarrow 0.083 \times 10^3$

49. 25[Ω]의 저항에 75[V]의 정현파 전압을 인가하였다면 이 저항에 소비되는 유효전력은 약 얼마인가?

① 75[W]　　② 92[W]

❸ 112[W]　　④ 150[W]

해설 $Vm = 75$, $Vm = \sqrt{2}\,Vrms$, $Vrms = \dfrac{Vm}{\sqrt{2}} \fallingdotseq 53[V]$

$$P = VI = \frac{V^2}{R} = \frac{53^2}{25} \fallingdotseq 112[W]$$

50. 비열 C, 질량 M의 물체의 온도를 1°C만큼 높이는 데 필요한 열량을 열용량이라 한다. C, M을 이용해 열용량을 나타내면?

① $\dfrac{M}{C}$　　② $\dfrac{C}{M^2}$

❸ CM　　④ $4.2\,CM$

해설 열용량 = 비열×질량, 열용량 = $C \times M$

51. 200[V], 100[W] 전열기를 100[V]로 사용하면 소비되는 소비전력은 얼마인가?

① 10[W]　　② 15[W]

③ 20[W]　　❹ 25[W]

해설 정격 $P = VI = \dfrac{V^2}{R}$,　$R = \dfrac{V^2}{P} = \dfrac{200^2}{100} = 400[\Omega]$

소비 $P = \dfrac{V^2}{R} = \dfrac{100^2}{400} = 25[W]$

52. 300[W]의 전열기를 1시간 사용하였을 때 발생하는 열량은 몇 [kcal]인가?

① 200.5[kcal]　　❷ 259.2[kcal]

③ 300.8[kcal]　　④ 372.6[kcal]

해설 발생하는 열량 $H = 0.24 \times Pt\,[cal] = 0.24 \times 0.3 \times 3600 = 259.2[kcal]$

정답 48. ② 49. ③ 50. ③ 51. ④ 52. ②

53. 200[V]용 15[W]와 60[W] 전구 두 개를 직렬로 연결하고 직류 200[V] 전원을 공급하면 어느 전구가 더 밝은가?

❶ 15[W]가 더 밝다.
② 60[W]가 더 밝다.
③ 두 전구 모두 안 켜진다.
④ 두 전구의 밝기가 같다.

해설 $P=VI=I^2$, $R=\dfrac{V^2}{R}$, $\therefore R=\dfrac{V^2}{P}$

$R_A(15\mathrm{W})=\dfrac{200^2}{15}$, $R_A(60\mathrm{W})=\dfrac{200^2}{60}$, $R \propto V$이므로, $R_A(15\mathrm{W})$ 전구가 더 큰 전압이 걸린다.

54. 회로망에서 "임의의 한 폐회로의 전압강하의 대수합은 그 폐회로 중에 있는 모든 기전력의 대수합과 같다."라는 것은 무슨 법칙에 해당하는가?

① 키르히호프의 제1법칙
❷ 키르히호프의 제2법칙
③ 패러데이의 법칙
④ 옴의 법칙

해설 키르히호프의 제2법칙 : 폐회로 내에서 $\Sigma IR=\Sigma E$

55. 1[°C]의 물 1[g]을 온도 1[°C]만큼 올리는 데 필요한 에너지는 얼마인가?

① 2.4[J] ② 3.1[J]
❸ 4.2[J] ④ 6.4[J]

해설 1[°C]의 물 1[g]을 온도 1[°C]만큼 올리는 데 1[cal]가 필요하다.

1[J] = 0.24[cal]

$1[\mathrm{cal}]=\dfrac{1}{0.24}[\mathrm{J}]=4.2[\mathrm{J}]$

56. [C] 단위를 갖는 것은?

① 자계의 세기 ② 전계의 세기
③ 전압 ❹ 전하량

해설 전하량의 단위는 쿨롱[C]이다.

정답 53. ① 54. ② 55. ③ 56. ④

57. 다음과 같은 색 띠를 갖는 저항의 저항값은 얼마인가?

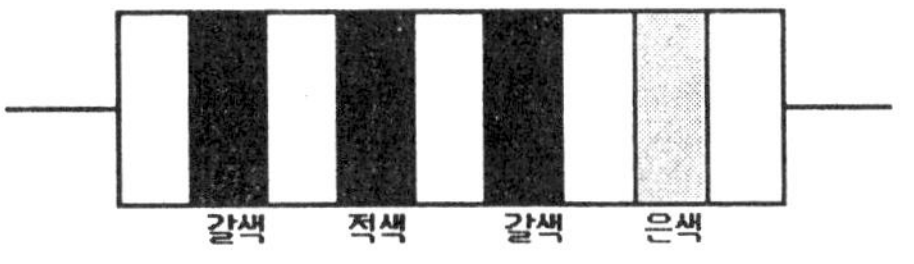

① 60[Ω] ② 80[Ω]
❸ 120[Ω] ④ 180[Ω]

해설 첫 번째 색 띠 = 첫 번째 유효숫자 : 갈색 = 1
두 번째 색 띠 = 두 번째 유효숫자 : 적색 = 2
세 번째 색 띠 = 10의 승수 : 갈색 = 10^1
네 번째 색 띠 = 오차율 : 은색 = ±10[%]
$\therefore 12 \times 10 = 120[\Omega] \pm 10[\%]$

58. 12[V]의 전압과 240[Ω]의 저항이 연결된 회로에 흐르는 전류는 얼마인가?

① 0.01[A] ❷ 0.05[A]
③ 0.1[A] ④ 1[A]

해설 옴의 법칙에 의해 회로에 흐르는 전류 $I = V/R$이므로 $12/240 = 0.05$[A]가 된다.

59. 17[V]의 전원에 어떤 저항을 연결하고 회로에 전류계를 연결하여 전류를 측정하였더니 5[mA]의 전류가 측정되었다. 저항의 크기는 얼마인가?

① 2.5[kΩ] ② 3[kΩ]
❸ 3.4[kΩ] ④ 4[kΩ]

해설 옴의 법칙에 의해 저항의 크기 $R = V/I$이므로, $17/(5 \times 10^{-3}) = 3400[\Omega] = 3.4[k\Omega]$이 된다.

60. 전원의 어떠한 회로에 800[Ω]의 저항이 연결되어 있다. 전류계를 이용하여 전류를 측정하였더니, 60[mA]의 전류가 측정되었다. 전원의 크기는 얼마인가?

① 24[V] ❷ 48[V]
③ 64[V] ④ 84[V]

해설 옴의 법칙에 의해 전압의 크기 $V = IR$이므로, $800 \times 60 \times 10^{-3} = 48$[V]가 된다.

정답 57. ③ 58. ② 59. ③ 60. ②

61. 10[V]의 전원에 20[kΩ]의 저항이 연결된 회로에서 저항에서 소비되는 전력은 얼마인가?

❶ 5[mW] ② 10[mW]
③ 15[mW] ④ 20[mW]

해설 옴의 법칙에서 전력[P]= V^2/R이므로, 10×10/20000=0.005[W]가 된다.

62. 아래의 회로에서 전원의 크기는 21[V], $R_1=4[\Omega]$, $R_2=7[\Omega]$, $R_3=10[\Omega]$일 때, R_2에 흐르는 전류의 크기는 얼마인가?

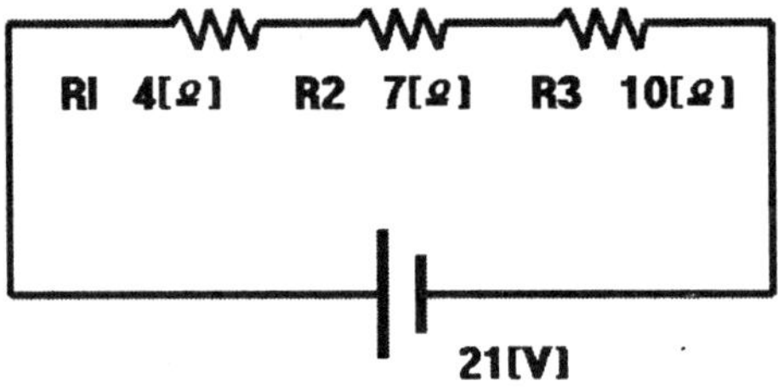

① 0.1[A] ❷ 1[A] ③ 1.5[A] ④ 2[A]

해설 직렬회로에서는 모든 소자에 흐르는 전류의 크기가 같다. 이 회로에 흐르는 전류를 구하기 위해서는 먼저 전체 저항값인 합성 저항값을 구한다. 직렬회로에서의 전체 저항은 모든 저항의 크기를 더한 값이므로 4+7+10=21[Ω]이 된다.
따라서 전류 I=21/21=1[A]이므로 R_2에 흐르는 전류는 1[A]가 된다.
직렬접속은 전류가 일정하고 전압강하가 생긴다.
병렬접속 시 전압이 일정하고 전류는 분배법칙에 의해 각 저항에 분배된다.

63. 아래의 회로에서 $R_1=300[\Omega]$, $R_2=400[\Omega]$, $R_3=600[\Omega]$이다. 각 저항에서의 전압강하 $V_1=6[\mathrm{V}]$, $V_2=8[\mathrm{V}]$, $V_3=12[\mathrm{V}]$이다. 회로에 흐르는 전류는 얼마인가?

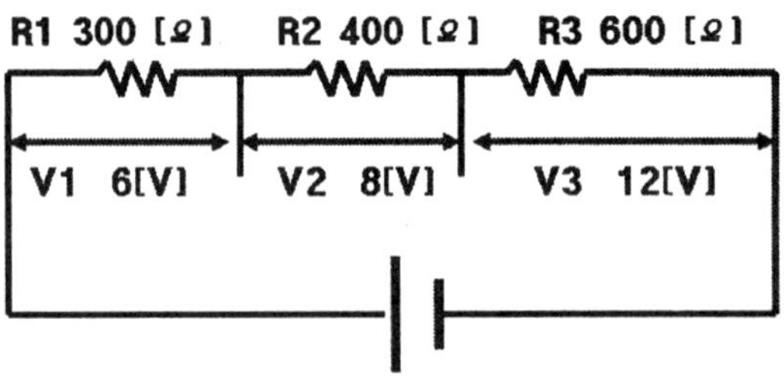

① 5[mA] ② 10[mA] ③ 15[mA] ❹ 20[mA]

정답 61. ① 62. ② 63. ④

해설 직렬회로에서는 각 저항의 크기와 비례하여 전압강하가 생기고, 모든 저항에서의 전압강하의 합은 전원전압의 크기와 같다. 따라서 이 회로의 전원전압은 26[V]이다. 전체 저항은 1,300[Ω]이므로, 전류를 구하면 20[mA]가 된다.

$$I = \frac{E}{R} = \frac{26}{1300} = 0.02[A] = 20[mA]$$

64. 아래의 회로에서 전원전압은 12[V], $R_1 = 300[\Omega]$, $R_2 = 300[\Omega]$, $R_3 = 600[\Omega]$이다. 회로 전체에 흐르는 전류의 크기는 얼마인가?

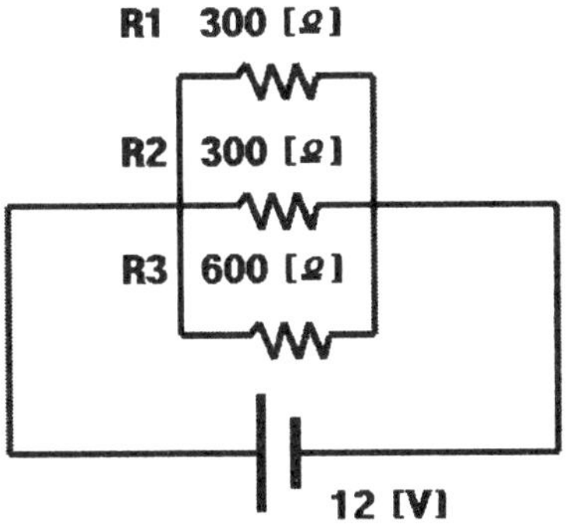

① 20[mA]　　② 50[mA]　　❸ 100[mA]　　④ 120[mA]

해설 병렬회로에서는 각 저항에 걸리는 전압이 일정하고, 각 저항에 흐르는 전류의 합이 전체 전류가 된다. 따라서 각 저항에 12[V]의 전압강하가 발생하므로, R_1에 흐르는 전류의 크기는 12/300=40m[A], R_2에 흐르는 전류도 역시 40m[A], R_3에 흐르는 전류는 12/600=20m[A]이므로, 전체 전류는 40+40+20=100m[A]가 된다.

65. 다음의 회로에서 전체 저항의 값은 얼마인가?(단, $R_1 = 200[\Omega]$, $R_2 = 300[\Omega]$, $R_3 = 350[\Omega]$, $R_4 = 1150[\Omega]$이다.)

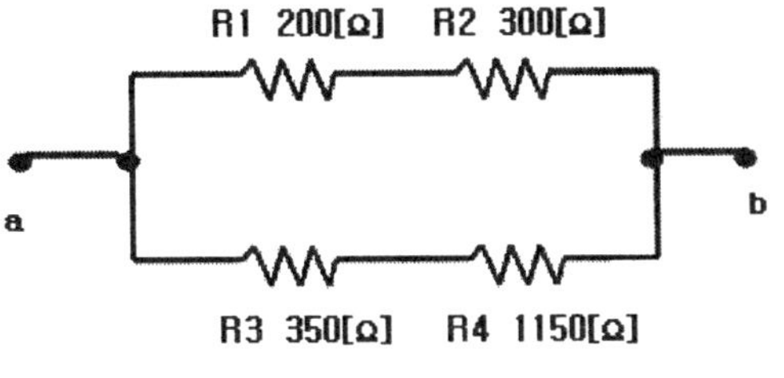

① 225[Ω]　　② 275[Ω]　　③ 325[Ω]　　❹ 375[Ω]

정답 64. ③ 65. ④

해설 문제와 같은 합성저항의 경우 먼저 R_1과 R_2의 직렬합성저항, R_3과 R_4의 직렬합성저항을 구한다. 그러면 각각 500[Ω]과 1,500[Ω]이 된다. 그러면 이 두 저항이 병렬로 연결된 회로와 같은 회로가 되므로 병렬합성저항을 구하면 $\frac{500\times 1500}{500+1500}=375[\Omega]$이 된다.

※ 아래의 회로를 보고 다음의 물음에 대해 답하시오.

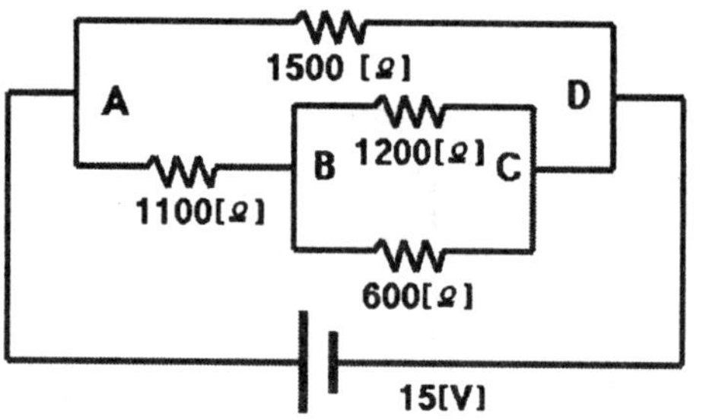

66. AD 간의 합성저항은 얼마인가?

① 520[Ω] ❷ 750[Ω] ③ 1,200[Ω] ④ 1,800[Ω]

해설 AD 간의 합성저항을 구하기 위해서는 먼저 BC 간의 병렬합성저항을 먼저 구해야 한다. BC 간의 병렬합성저항은 400[Ω]이 되고, 1,100[Ω] 저항과의 합성저항은 1,500[Ω]이 된다. 결과적으로 1,500[Ω] 저항 두 개가 병렬로 연결된 것과 같으므로, 전체 합성저항은 750[Ω]이 된다.

$$\text{BC 간 } \frac{1200\times 600}{1200+600}=400[\Omega],\quad \text{AC 간 } 1100+400=1500[\Omega]$$

$$\text{AD 간 } \frac{1500\times 1500}{1500+1500}=750[\Omega]$$

67. 600[Ω] 저항에 흐르는 전류는 얼마인가?

① 6[mA] ② 6.5[mA] ❸ 6.67[mA] ④ 7[mA]

해설 먼저 전체 저항을 구하면 750[Ω]이 된다. 따라서 전체 전류는 20[mA]가 된다. 아래쪽 저항의 합성저항은 1,500[Ω]이므로 A점에서 아래쪽 분지로 10[mA]가 흐른다. B점에서 10[mA]의 전류가 다시 저항값에 반비례하여 흐르므로, 600[Ω] 저항에 흐르는 전류의 크기는 10×1200/1800=6.67[mA]가 된다.

$$I=\frac{E}{R}=\frac{15}{750}=20[\text{mA}]$$

AD 간 10[mA], AC 간 10[mA]

$$600[\Omega]=\frac{10\times 1200}{1800}=6.67[\text{mA}]$$

정답 66. ② 67. ③

68. BC 간의 전압은 얼마인가?

① 2[V] ❷ 4[V]
③ 6[V] ④ 8[V]

해설 BC 간의 병렬합성저항은 400[Ω]이다. 병렬연결에서는 각 분지에 걸리는 전압이 같으므로, 아래쪽 저항들에서 발생하는 전체 전압강하는 15[V]가 된다. 이 전압강하값이 저항의 크기에 따라 분배가 되므로, $\frac{15 \times 400}{1500} = 4$[V]가 된다.

69. 600[Ω] 저항에서 소비되는 전력은 약 얼마인가?

① 16[mW] ② 20[mW]
❸ 26[mW] ④ 30[mW]

해설 BC 간의 전압강하가 4[V]가 600[Ω] 저항에 대해서도 적용되므로, $[P] = \frac{V^2}{R}$을 이용하면, 16/600 = 26.67[mW]가 된다.

70. 회로에서 c, d 간의 전위가 같을 때 미지의 저항 X를 구하면 얼마인가?

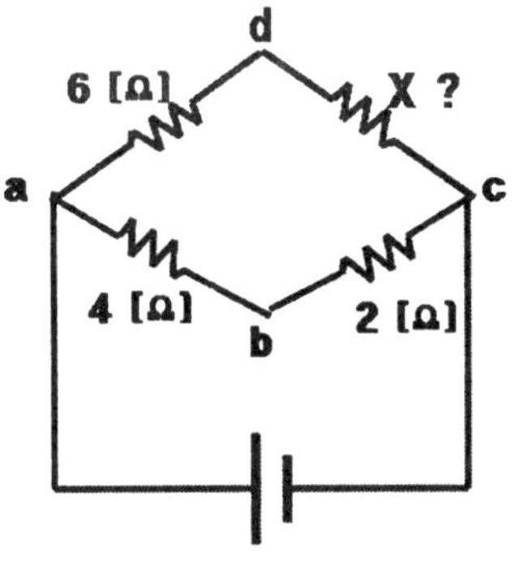

① 1[Ω] ② 2[Ω]
❸ 3[Ω] ④ 4[Ω]

해설 휘트스톤 브리지 회로에서 c와 d점 간의 전위가 같을 때를 평형상태라 하는데, 이때는 서로 마주보는 저항끼리 곱한 값이 같다. 따라서 미지의 저항 X의 값은 6×2/4 = 3[Ω]이 되는 것이다.

정답 68. ② 69. ③ 70. ③

71. 회로에서 저항이 분기되는 점으로 흘러 들어가는 전류가 10[mA]이다. R_1에 흐르는 전류의 크기가 4[mA]이다. R_2와 R_3의 크기가 같다면 R_2와 R_3에 흐르는 전류의 크기는 얼마인가?

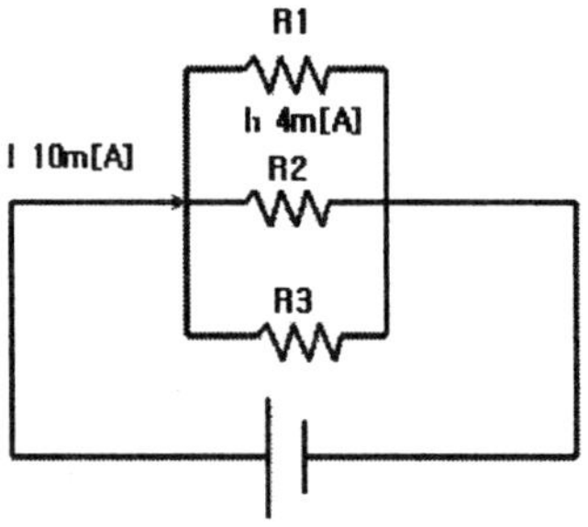

① 1[mA]　　② 2[mA]
❸ 3[mA]　　④ 4[mA]

해설 키르히호프의 전류법칙에 의해 임의의 한 접속점에서 흘러 들어가는 전류와 흘러나가는 전류의 크기는 같다. 따라서 R_1에 4[mA]의 전류가 흐른다면 R_2와 R_3에 흐르는 전류의 합은 6[mA]이다. 두 저항의 크기가 같다면 나누어지는 전류의 크기도 같으므로 R_2와 R_3에는 각각 3[mA]의 전류가 흐르게 되는 것이다.

72. 그림과 같은 회로에서 전원전압은 13[V]이다. R_1에서의 전압강하의 크기가 3[V]이다. R_2와 R_3의 크기가 같다면 R_2와 R_3에서의 전압강하는 얼마인가?

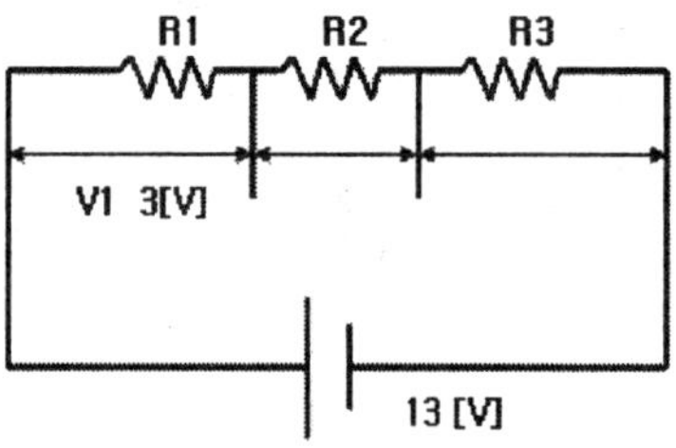

① 2[V]　　② 5[V]
③ 7[V]　　❹ 10[V]

해설 키르히호프의 전압법칙에 의해서 세 저항에서의 전압강하의 합은 전원전압과 같다. 따라서 R_2와 R_3에서의 전압강하의 합은 10[V]가 된다. R_2와 R_3의 크기가 같다면 전압분배의 크기가 같으므로 R_2와 R_3에서는 각각 5[V]의 전압강하가 발생하게 된다.

정답 71. ③ 72. ④

73. 전지의 종류 중 한 번만 사용하고 폐기하는 것이 아니라 몇 번이라도 충전해서 반복 사용할 수 있는 전지를 무엇이라고 하는가?

① 건전지 ② 비가역 전지
❸ 축전지 ④ 1차 전지

해설 전지는 방전하면 다시 사용할 수 없는 1차 전지와 가역적으로 반복하여 충전과 방전이 가능한 2차 전지(축전지 또는 충전식 전지)로 크게 나눌 수 있다.

74. 전지의 기전력이 5[V], 부하전류의 크기가 20[mA], 부하전압이 4.6[V]라면 전지의 내부저항의 크기는 얼마인가?

① 10[Ω] ❷ 20[Ω]
③ 30[Ω] ④ 40[Ω]

해설 전지의 내부저항은 $R_i = \frac{V_0 - V_L}{I_L}$로 나타내며, V_0는 분극이 생기기 직전에 측정한 전원전압이며, V_L은 부하가 걸려 있을 때 전압이며, I_L은 부하에 흐르는 전류의 값이다. $R_i = \frac{V_0 - V_L}{I_L}$에 값을 넣어서 계산하면 $\frac{5-4.6}{20\times 10^{-3}} = \frac{0.4}{0.02} = 20[\Omega]$이 된다.

75. 90[Ah]의 자동차용 축전지가 있다. 충전을 하지 않는다는 가정하에 자동차가 소모하는 전류의 크기가 15[A]라 하면 이 축전지를 얼마동안 사용할 수 있겠는가?

① 3시간 ② 4시간
③ 5시간 ❹ 6시간

해설 전지의 용량은 Ah로 나타내며, 이 값은 사용하는 전류의 양과 시간의 곱이다. 소모되는 전류의 크기가 크다면 짧은 시간 동안 사용할 수 있고, 소모되는 전류의 크기가 작다면 그만큼 사용시간은 늘어난다.

76. 충전 가능한 니켈-카드뮴 전지의 특징으로 잘못된 것은?

① 전지의 용적이 매우 적지만, 그 용적에 비해 큰 전류가 얻어진다.
② 과충전 및 과방전이 가능하다.
③ 반복적인 충·방전이 가능하므로 경제적이다.
❹ 아무 때나 충전이 가능하다.

해설 충전 가능한 **니켈-카드뮴 전지의 특징**에 대한 내용은 아래와 같다.

㉠ 전지의 용적이 매우 적지만, 그 용적에 비해 큰 전류가 얻어진다.
㉡ 과 충전 및 과방전이 가능하다.
㉢ 반복적인 충, 방전이 가능하므로 경제적이다.

정답 73. ③ 74. ② 75. ④ 76. ④

㉣ 방전 중의 전압변동이 적으며 전체 방전시간의 약 90%는 공칭전압 1.25V 유지 가능하다.

- **니켈-카드뮴 전지** : 메모리 효과를 가지기 때문에 완전히 방전하고 충전하지 않으면 전지의 모든 용량을 모두 사용할 수 없다.

77. 자석의 N극에서 흘러나와 S극으로 흘러 들어가는 것으로 생각되는 자력선들의 전체 집합을 무엇이라고 하는가?

❶ 자속 ② 자극
③ 자석 ④ 자기

해설 N극에서 흘러나와 S극으로 흘러 들어가는 것으로 생각하는 자력선들의 전체 집합을 자속(magnetic flux : 마그네틱 플럭스)이라고 하는데, 기호는 웨버(Weber : [Wb])이며, 강한 자계는 약한 자계보다 많은 양의 자력선과 자속을 가지고 있다.

78. 다음 그림과 같이 표현된 회로에서 저항 R의 값을 E, V, r로 나타낸 식은?

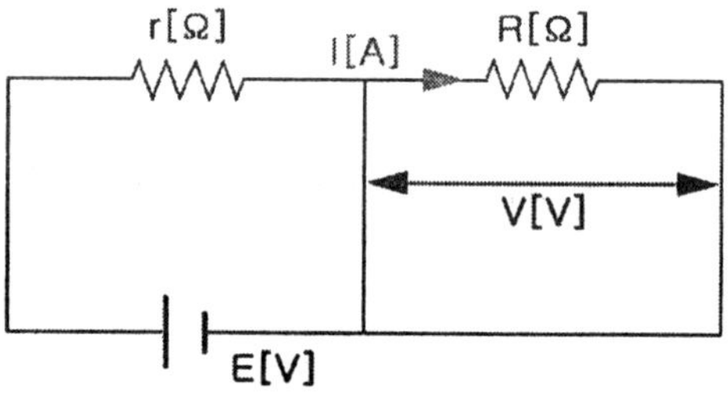

❶ $R=\dfrac{V}{E-V}\cdot r[\Omega]$ ② $R=\dfrac{E}{E-V}\cdot r[\Omega]$

③ $R=\dfrac{E-V}{V}\cdot r[\Omega]$ ④ $R=\dfrac{E-V}{E}\cdot R[\Omega]$

해설 직류회로이므로 전류의 값은 모두 같다. 전류

$$I=\frac{E}{r+R}=\frac{E-V}{r}$$
$$=\frac{V}{R}\rightarrow R(E-V)=V\cdot r\rightarrow R$$
$$=\frac{V}{E-V}\cdot r$$

정답 77. ① 78. ①

79. 같은 규격의 축전지 3개를 병렬로 연결하였을 때 전압과 용량의 변화는 어떻게 되는가?

① 전압과 용량이 같이 6배가 된다.

② 전압과 용량이 같이 $\frac{1}{6}$배가 된다.

③ 전압은 3배, 용량은 일정하다.

❹ 전압은 일정하고, 용량은 3배가 된다.

해설 축전지 병렬연결 시 $C_n = C_1 + C_2 + \cdots\cdots + C_n$

80. 표준 전지에서 널리 쓰이는 양극 재료는 무엇인가?

❶ 카드뮴　　② 수은

③ 구리　　④ 납

해설 표준 전지는 카드뮴 전지가 많이 쓰인다.

81. 양극판 부근에 양극판 금속의 염류를 두고 전류가 통할 때 그 염류 중의 금속 이온을 양극판 위에 석출시켜 수소를 양극판 위에 유리시키지 않는 감극법을 쓰고 있는 전지는?

❶ 다니엘 전지　　② 르클랑셰 전지

③ 중크롬산 전지　　④ 공기 전지

해설 양극은 동, 음극은 아연, 전해액은 $ZnSO_4$, 감극제는 유산동을 사용한 전지

82. 20[°C]의 물 200[ℓ]를 2시간 동안에 40[°C] 올리기 위하여 써야 할 전열기의 용량은? 이때 전열기의 효율은 60[%]라 한다.

❶ 약 3.858[kW]　　② 약 3.945[kW]

③ 약 3.958[kW]　　④ 약 4.157[kW]

해설 $Q = Cm\theta = 0.24 I^2 Rt\eta \times 10^{-3} \fallingdotseq 860PT\eta$[kcal]에서

$$P = \frac{Cm\theta}{860T\eta} = \frac{1 \times 200 \times 20}{860 \times 2 \times 0.6} \fallingdotseq 3.858[\text{kW}]$$

83. 충전 시 납축전지의 양극은?

❶ PbO_2　　② $PbSO_4$

③ PbO　　④ Pb

해설 납축전지의 가역변화

$$\underset{(+극)}{PbO_2} + \underset{(전해액)}{2H_2SO_4} + \underset{(-극)}{Pb} \underset{충전}{\overset{방전}{\rightleftarrows}} \underset{(+극)}{PbSO_4} + \underset{(전해액)}{2H_2O} + \underset{(-극)}{PbSO_4}$$

정답 79. ④ 80. ① 81. ① 82. ① 83. ①

84. 200회를 감은 코일이 있다. 이것과 쇄교하는 자속이 0.4초 사이에 0.4[Wb]에서 0.2[Wb]로 감소하였다면 유도 기전력은 얼마인가?

① 50[V] ② 75[V]
❸ 100[V] ④ 125[V]

해설 N회 겹쳐져 감은 코일에 대한 패러데이의 전자유도 법칙은

$$e = -N\frac{d\Phi}{dt}$$

이므로, 기전력 e는

$$e = -\frac{200\times(0.4-0.2)}{0.4} = 100[\text{V}]$$

가 된다.

85. 자기 인덕턴스 15[H]의 코일에 흐르는 전류를 0.2초 동안에 0.8[A] 변화시켰다. 이때 코일에 발생하는 전압은 몇 [V]인가?

① 15[V] ② 30[V]
③ 45[V] ❹ 60[V]

해설 패러데이의 유도법칙에서 기전력의 크기는

$$e = -L\frac{dI}{dt}$$

이므로, 기전력 e는

$$e = \frac{15\times 0.8}{0.2} = 60[\text{V}]$$

가 된다.

86. 20회 감은 어떤 코일에 4[A]의 전류를 흘렸더니 10^{-3}[Wb]의 자속이 코일과 쇄교하였다. 코일의 자기 인덕턴스는 얼마인가?

① 4[mH] ❷ 5[mH]
③ 6[mH] ④ 7[mH]

해설 패러데이의 유도법칙에서 $N\frac{d\Phi}{dt} = L\frac{dI}{dt}$이므로 $L = N\frac{d\Phi}{dI}$가 된다. 따라서

$$L = \frac{20\times 10^{-3}}{4} = 5[\text{mH}]$$

가 된다.

정답 84. ③ 85. ④ 86. ②

87. 전류에 의한 자계의 방향은 자계의 변화를 방해하려는 방향으로 발생한다는 것은 어떤 법칙인가?

① 옴의 법칙 ② 줄의 법칙
❸ 렌츠의 법칙 ④ 회로망의 법칙

해설 전자유도로 발생한 전류에 의한 자계의 방향은 자계의 변화를 방해하려는 방향으로 발생한다는 것이 렌츠의 법칙이다.

88. 자속밀도 0.3[Wb/m^2]인 평등자계 중에 길이 40[cm]인 도체를 자계의 방향과 직각으로 놓고 30[A]의 전류를 흘릴 때 도체에 작용하는 힘은 얼마인가?

❶ 3.6[N] ② 4[N]
③ 4.4[N] ④ 4.8[N]

해설 자속밀도 B[Wb/m^2]의 평등자계 중에 길이 l[m]인 도선을 자계의 방향에 대하여 θ만큼 기울여서 I[A]의 전류가 흐를 때 이 도선에 작용하는 전자력 F는 $F = BIl\sin\theta$[N]과 같다. 따라서 $0.3 \times 0.4 \times 30 \times \sin 90 = 3.6$[N]이 된다.

89. 3[A]의 전류를 30초 동안 질산은 용액에 흘리면 몇 [g]의 은이 석출하겠는가?(은의 전기화학 당량은 0.001118[g/C])

① 0.00087[g] ② 0.00962[g]
❸ 0.10062[g] ④ 0.8765[g]

해설 크기 $W = KQ = KIt = 0.001118 \times 3 \times 30$초 $= 0.10062$[g]

90. 황산구리 용액에 10[A]의 전류를 흘려 3[g]의 구리를 석출하는 데 몇 분 정도 걸리는가? (단, 구리의 화학당량 0.0003293[g/c]이다.)

① 약 10[분] ❷ 약 15[분]
③ 약 20[분] ④ 약 25[분]

해설 $W = KIt$, $3 = K \times 10 \times t$, $t \fallingdotseq 911s$, $\frac{911s}{60} \fallingdotseq 15$[분]

91. 비오-사바르의 법칙은 다음의 어떤 관계의 해석에 사용하는가?

① 전압과 자장의 세기 ② 기전력과 회전력
③ 자장과 전장의 관계 ❹ 전류와 자장의 세기

해설 비오-사바르의 법칙(Biot-Savart law)은 전류가 만드는 자장의 세기에 대한 법칙

정답 87. ③ 88. ① 89. ③ 90. ② 91. ④

92. 그림과 같이 도선에 I[A]의 전류가 흐를 때 도선의 미소 부분 $\triangle l$[m]에 의하여 P점에 생기는 자장 $\triangle H$는?

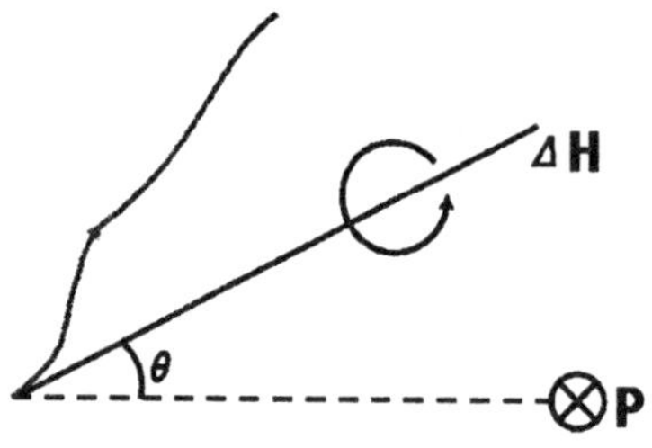

❶ $\triangle H=\dfrac{I\triangle l\sin\theta}{4\pi r^2}$[AT/m]　② $\triangle H=\dfrac{\triangle l\sin\theta}{4\pi}$[AT/m]

③ $\triangle H=\dfrac{I\triangle l\cos\theta}{4\pi r^2}$[AT/m]　④ $\triangle H=\dfrac{4\pi I\triangle l\cos\theta}{r^2}$[AT/m]

93. 전류에 의한 자장의 방향을 결정하는 법칙은?

① 앙페르의 법칙　❷ 플레밍의 오른손 법칙

③ 패러데이의 법칙　④ 렌츠의 법칙

해설 플레밍의 오른손 법칙 : 발전기의 유도 기전력의 방향을 정하는 법칙

94. 자속밀도 단위는?

① [Wb · m]　❷ [Wb/m²]

③ [AT/m]　④ [Wb² · m]

해설 $\dfrac{m}{4\pi r^2}$ ⇒ 단위는 [Wb/m²], 자극 주위의 자속밀도는 자극으로부터 거리의 제곱에 반비례함으로써 $H=\dfrac{m}{4\pi r^2}$이므로 $B=\mu H=\mu_0\mu_s H$

95. 진공 속에서 1[m]의 거리에서 3×10^{-3}[Wb]와 10×10^{-3}[Wb]의 자극이 떨어져 있다. 두 자극 사이에 작용하는 힘은 몇 [N]인가?

① 569×10^{-4}　② 189×10^{-5}

❸ 189.9×10^{-3}　④ 56.9×10^{-2}

해설 $F=6.33\times10^4\times\dfrac{Q^1Q^2}{r^2}=\dfrac{6.33\times10^4\times3\times10\times10^{-6}}{1^2}=0.1899=189.9\times10^{-3}$

정답 92. ① 93. ② 94. ② 95. ③

96. 공기 중에서 m [Wb]의 자극으로부터 나오는 자력선의 총수는 얼마인가?

① m^2
② $\dfrac{\sqrt{\mu_0}}{m}$
③ $4\mu_0 m$
❹ $\dfrac{m}{\mu_0}$

해설 총 자력선 수=자장의 크기×구의 표면적

$$= \frac{1}{4\pi\mu_0} \cdot \frac{m}{r^2} \times 4\pi r^2 = \frac{m}{\mu_0}\text{개}$$

97. 10,000[AT/m]의 자장 중에 어떤 자극을 놓았더니 100[N]의 힘이 작용하였다. 자극의 세기는 얼마인가?

① 0.001[Wb]
❷ 0.01[Wb]
③ 0.1[Wb]
④ 0.15[Wb]

해설 $F = H \cdot m$[N]이므로

$$m = \frac{F}{H} = \frac{100}{10000} = 0.01[\text{Wb}]$$

98. 다음의 자력선의 성질이다. 옳은 것은 무엇인가?

① S극에서 나와서 N극에서 끝난다.
② 자력선은 서로 교차한다.
③ 자력선에 그은 접선은 그 접점에서의 전장의 방향을 나타낸다.
❹ 한 점의 자력선의 밀도는 그 점의 자장의 세기를 나타낸다.

해설 자력선은 서로 교차하지 않는다.

99. 진공의 투자율 μ_0 [H/m]는?

① 6.33×10^{-12}
② 8.855×10^{-10}
❸ 12.56×10^{-7}
④ 15.56×10^{-5}

해설 진공 중의 비투자율은 1이고 투자율은

$$\mu_0 = 4\pi \times 10^{-7} = 12.56 \times 10^{-7}[\text{H/m}]$$

이다.

정답 96. ④ 97. ② 98. ④ 99. ③

100. 공심 솔레노이드의 내부 자장의 세기가 1,200[AT/m]일 때 자속밀도[Wb/m^2]는 얼마인가?

① $16\pi \times 10^{-5}$[Wb/m^2] ② $24\pi \times 10^{-4}$[Wb/m^2]

③ $32\pi \times 10^{-4}$[Wb/m^2] ❹ $48\pi \times 10^{-5}$[Wb/m^2]

해설 $B = \mu H = \mu_0 \mu_s H = 4\pi \times 10^{-7} \times 1 \times 1200 = 48\pi \times 10^{-5}$[Wb/m^2]

101. 영구자석의 재료로서 적당하지 않은 것은?

① 자기감쇄가 일어나지 않을 것.

② 열이나 진동에 안정할 것.

③ 잔류자기와 보자력이 큰 것.

❹ 잔류자기가 크다면 다른 조건에 크게 영향을 받지 않음.

해설 영구자석 재료의 구비 조건은 잔류자기와 보자력이 클 것, 열이나 진동에 안정할 것, 자기감쇄가 일어나지 않을 것 등이다.

102. 다음은 강자성체의 투자율에 대한 설명이다. 옳게 설명한 것은?

① 투자율은 매질의 두께에 비례한다.

❷ 투자율은 자화력에 따라서 크기가 달라진다.

③ 투자율이 큰 것은 자속이 통하기 어렵다.

④ 투자율은 자속 밀도에 반비례한다.

해설 투자율은 전기회로의 도전율에 해당하며 자속이 통하기 쉬운 정도를 나타내므로 매질에 따라 다르며 자속밀도 B와 H의 비$\left(\frac{B}{H}\right)$이다.

103. m[Wb]의 점 자극에서 r[m]가 떨어진 점의 자장의 세기는 진공에서 얼마인가?

① $\frac{4\pi m}{r^2}$[AT/m] ② $\frac{m}{4\pi r^2}$[AT/m]

❸ $6.33 \times 10^4 \times \frac{m}{r^2}$[AT/m] ④ $\sqrt{\frac{m}{4\pi r}}$[AT/m]

해설 공기나 진공 중에서 $\mu_s \fallingdotseq 1$, $H = \frac{1}{4\pi\mu_0}\frac{m}{r^2} = 6.33 \times 10^4 \times \frac{m}{r^2}$[AT/m]

104. 자극의 세기가 10^{-3}[Wb]이고, 길이가 1m인 막대자석의 자기 모멘트는 얼마인가?

① 10^{-9}[Wb · m] ② 10^{-6}[Wb · m]

③ 10^{-4}[Wb · m] ❹ 10^{-3}[Wb · m]

해설 $M = ml = 10^{-3} \times 1 = 10^{-3}$[Wb · m]

정답 100. ④ 101. ④ 102. ② 103. ③ 104. ④

105. 자극의 세기가 10×10^{-5}[Wb]이고, 길이 1[m]의 막대자석을 70[AT/m]의 평등 자계 내에 자계와 90°의 각도로 놓는다면 자석이 받는 회전력 [N·M]은 얼마인가?

❶ 7×10^{-3}　　② 7×10^{-2}

③ 7×10^{3}　　④ 7×10^{4}

해설 $T=mlH\sin\theta=10\times10^{-5}\times1\times70\times\sin90°=7\times10^{-3}$[N·m]

106. 진공상태에서 자속밀도 7[Wb/m²]의 평등 자장 속에 100[cm]의 직선 도선이 자장과 직각방향으로 놓여 10[A]의 전류를 통과할 때 도선이 받는 힘은 몇 [N]인가?

① 0[N]　　② 0.7[N]

③ 7[N]　　❹ 70[N]

해설 $F=IBl\sin\theta=10\times7\times1=70$[N]

107. 자속밀도 0.2[Wb/m²]인 평등 자장 속에 40[cm]인 도체를 90° 각으로 놓고 5[A]의 전류를 흘릴 때 도체에 작용하는 힘은 몇 [N]인가?

① 0.2[N]　　❷ 0.4[N]

③ 0.6[N]　　④ 0.8[N]

해설 $F=IBl\sin\theta=5\times0.2\times0.4=0.4$[N]

108. 평행한 두 금속물체에 같은 방향의 전류가 흐른다면 두 금속물체 사이에 작용하는 힘은 무엇인가?

① 반발력　　② 흡착력

❸ 흡인력　　④ 복원력

해설 평행한 두 도선에 같은 방향으로 전류가 흐르면 두 도선 사이에는 흡인력이 생기고, 두 도체에 반대방향으로 전류가 흐르면 반발력이 작용한다.

109. 무한정 직선 도체에서 10[cm] 떨어진 점의 자장의 세기가 20[AT/m]이었다면 이 도선에 흐르는 전류의 크기는 얼마인가?

① 약 10.54[A]　　❷ 약 12.6[A]

③ 약 15.54[A]　　④ 약 18.6[A]

해설 $H=\dfrac{I}{2\pi r}$, $I=H\cdot2\pi r=20\times2\pi\times10\times10^{-2}\fallingdotseq12.6$[A]

정답 105. ① 106. ④ 107. ② 108. ③ 109. ②

110. 반지름 1[m]이고, 도선을 100회 감은 환상 솔레노이드에 0.6[A]의 전류가 흐를 때 그 내부의 자장의 세기 H[AT/m]는 얼마인가?

① 6.68[AT/m] ② 9.05[AT/m]
❸ 9.55[AT/m] ④ 11.77[AT/m]

해설 $2\pi r H = NI$에서 $H = \dfrac{NI}{2\pi r} = \dfrac{100 \times 0.6}{2\pi \times 1} \fallingdotseq 9.55[\mathrm{AT/m}]$

111. 자속밀도가 3[Wb/m^2]인 자로의 공극이 갖는 단위 체적당 에너지는 몇 [J/m^3]인가?

❶ 3.582×10^6[J/m^3] ② 6.701×10^6[J/m^3]
③ 10.828×10^6[J/m^3] ④ 12.082×10^6[J/m^3]

해설 $\therefore \mu_0 = 4\pi \times 10^{-7}$, $W = \dfrac{BH}{2} = \dfrac{B^2}{2\mu_0}$,

$$W = \frac{3^2}{2 \times 4\pi \times 10^{-7}} \fallingdotseq 3.582 \times 10^6[\mathrm{J/m^3}]$$

112. 알루미늄 박 사이에 전해액을 먹인 종이를 끼운 것으로 전해작용에 의해서 알루미늄 박 표면에 산화피막을 만들어 이것을 유전체로 사용하는 콘덴서는 무엇인가?

① 세라믹 콘덴서 ② 마이카 콘덴서
③ 탄탈 콘덴서 ❹ 알루미늄 전해 콘덴서

해설 알루미늄 전해 콘덴서는 알루미늄 박 사이에 전해액을 먹인 종이를 끼운 것으로 전해작용에 의해서 알루미늄 박 표면에 산화피막을 만들어 유전체로 사용한다.

113. 1[ohm · sec]와 같은 크기는 다음 중 어느 것인가?

① 1[F] ② 1[F/m]
❸ 1[H] ④ 1[H/m]

해설 $e = L \cdot \dfrac{di}{dt}$, $L = e \cdot \dfrac{\Delta t}{\Delta i}[\mathrm{H}] = [\mathrm{V \cdot sec/A}] = [\Omega \cdot \mathrm{sec}]$

114. 1[V · sec]의 단위는 무엇의 단위인가?

❶ 자속 ② 전압
③ 전기장 ④ 전자력

해설 권수 1회의 코일을 쇄교하고 있는 자속이 1[sec] 동안에 1[Wb]의 비율로 변화했을 때 코일에 발생하는 전압을 1[V]로 정의한다.

정답 110. ③ 111. ① 112. ④ 113. ③ 114. ①

115. 70회를 감은 코일과 쇄교하는 자속이 0.4[Wb]에서 0.2[Wb]로 0.5[sec] 동안에 변화하였을 때의 기전력의 크기는?

① 20[V] ② 22[V]
③ 24[V] ❹ 28[V]

해설 $v' = N\frac{\triangle \varnothing}{\triangle t} = 70 \times \frac{(0.4-0.2)}{0.5} = 28[\mathrm{V}]$

116. 평균 반지름이 50[cm]이고, 도선을 200회 감은 원형 코일에 15[A]의 전류가 흐를 때 코일중심의 자장의 세기는 몇 [AT/m]인가?

① 1,000[AT/m] ② 2,000[AT/m]
❸ 3,000[AT/m] ④ 4,000[AT/m]

해설 $H = \frac{NI}{2r} = \frac{200 \times 15}{2 \times 50 \times 10^{-2}} = 3000[\mathrm{AT/m}]$

117. 100회 감은 코일을 지나가는 자속이 0.05[초] 동안에 2×10^{-1}[Wb]에서 4×10^{-1}[Wb]로 증가할 때, 유도기전력 [V]은 얼마인가?

① 150[V] ② 200[V]
❸ 400[V] ④ 600[V]

해설 $v' = N\frac{\triangle \varnothing}{\triangle t} = 100 \times \frac{(4-2) \times 10^{-1}}{0.05} = 400[\mathrm{V}]$

118. 유기기전력의 설명 중 틀린 것은?

① 시간에 반비례한다. ② 쇄교 자속수의 변화에 비례한다.
③ 감은 코일의 횟수 ❹ 쇄교 자속수에 비례한다.

해설 $v' = N\frac{\triangle \varnothing}{\triangle t}$ (쇄교 자속수의 변화에 비례한다.)

119. 환상 솔레노이드의 평균 길이가 120[cm]이고 감은 횟수가 100회일 때 이것에 0.5[A]의 전류를 흘리면 자장의 세기는?

① 10[AT/m] ② 30.2[AT/m]
❸ 41.6[AT/m] ④ 38.9[AT/m]

해설 $H = \frac{NI}{2\pi r} = \frac{NI}{l} = \frac{100 \times 0.5}{120 \times 10^{-2}} \fallingdotseq 41.6[\mathrm{AT/m}]$

정답 115. ④ 116. ③ 117. ③ 118. ④ 119. ③

120. $L_1 = 30[\mu\mathrm{H}]$, $L_2 = 40[\mu\mathrm{H}]$인 2개의 코일 사이에 존재하는 M은 $2.5[\mu\mathrm{H}]$이다. 두 코일 간의 결합계수는 얼마인가?

① 0.042 ② 0.052
③ 0.062 ❹ 0.072

해설 결합계수 $\alpha = \dfrac{M}{\sqrt{L_1 L_2}} = \dfrac{2.5}{\sqrt{30\times 40}} = 0.072$

121. 100회 감은 15[mH]의 코일에 40[Wb]의 자속이 발생한다. 이 코일에 흐르는 전류[A]는 얼마인가?

① 266×10^{-3} ❷ 266×10^{3}
③ 277×10^{-3} ④ 277×10^{3}

해설 $LI = N\varnothing$에서

$$I = \frac{N}{L}\varnothing = \frac{100}{15\times10^{-3}}\times 40 \fallingdotseq 266\times10^{3}$$

122. 150[AT/m]의 자장 안에 임의의 자극이 놓였을 때 12×10^{3}[N]의 힘을 받는다. 이때 자극의 세기 [Wb]는 얼마인가?

① 20[Wb] ② 40[Wb]
❸ 80[Wb] ④ 120[Wb]

해설 $F = mH$, $m = \dfrac{F}{H} = \dfrac{12\times10^{3}}{150} = 80$

123. 0.01[F]의 콘덴서에 100[V]의 전압을 가할 때 축적되는 전기량은 몇 [C]인가?

① 0.5[C] ❷ 1[C]
③ 1.5[C] ④ 2[C]

해설 콘덴서에 축적되는 전하량 Q는 $Q = CV$가 된다. 따라서 $0.01\times100 = 1$[C]이 된다.

124. 두 판의 면적이 각각 0.1[m^2]이고, 판과 판 사이의 거리가 10[mm]인 콘덴서의 유전체로 종이를 사용하였다. 이 콘덴서의 용량은 얼마인가?(종이의 비유전율은 5이다.)

① 305.5[pF] ② 400.5[pF]
❸ 442.5[pF] ④ 494.5[pF]

정답 120. ④ 121. ② 122. ③ 123. ② 124. ③

해설 콘덴서의 용량은 각 판이 면적에 비례하고, 판과 판 사이의 거리에 반비례한다.

$$C = K_\epsilon \frac{A}{d} \times 8.85 \times 10^{-12}[\mathrm{F}]$$

여기서 K_ϵ는 유전체의 비유전율이다. 따라서

$$C = \frac{5 \times 0.1}{10 \times 10^{-3}} \times 8.85 \times 10^{-12} = 442.5 \times 10^{-12}[\mathrm{F}]$$

가 된다.

125. 아래의 회로에서 C1=60[μF], C2=70[μF], C3=420[μF]이다. 전체 합성 커패시턴스는 얼마인가?

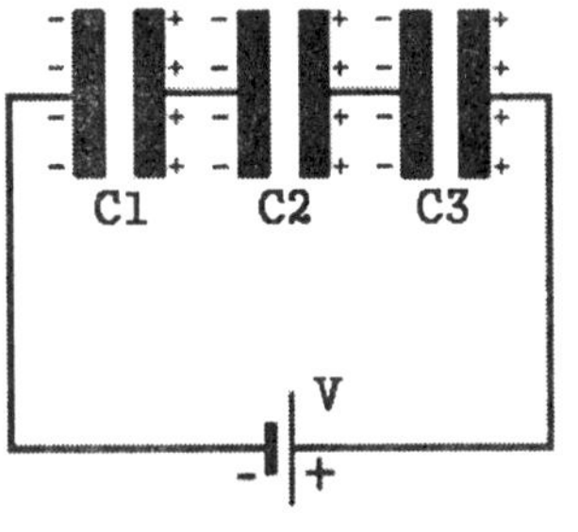

① 10[μF] ② 20[μF]
❸ 30[μF] ④ 40[μF]

해설 콘덴서의 직렬연결 시 전체 커패시턴스는 저항의 병렬연결 시 총 저항을 구하는 방법과 같다. 즉,

$$1/Q = 1/C_1 + 1/C_2 + 1/C_3$$

이다. 따라서

$$1/C = (1/60[\mu\mathrm{F}]) + (1/70[\mu\mathrm{F}]) + (1/420[\mu\mathrm{F}]) = 1/30\mu$$

이므로, $C = 30[\mu\mathrm{F}]$가 된다.

정답 125. ③

126. 오른쪽 회로에서 C1=30[μF], C2=20[μF], C3=50[μF]이다. 전체 합성 커패시턴스는 얼마인가?

❶ 100 [μF]
② 200 [μF]
③ 300 [μF]
④ 400 [μF]

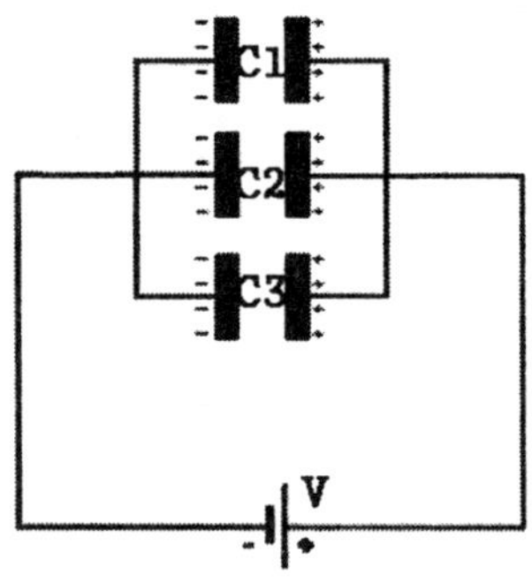

해설 콘덴서를 병렬연결할 경우, 전체 합성 커패시턴스는 모든 콘덴서의 커패시턴스를 더한 값과 같다. 따라서 전체 커패시턴스는 30+20+50=100[μF]가 된다.

127. 자기 인덕턴스가 15[H]인 코일에 20[A]의 전류가 흐르고 있다. 이때 축적되는 전자 에너지는 얼마인가?

① 500[J] ② 1,000[J]
③ 2,000[J] ❹ 3,000[J]

해설 인덕터에 축적되는 에너지는 $W=\frac{LI^2}{2}$이므로, $W=\frac{15\times 400}{2}=3000$[J]이 된다.

128. 회로에서 L1=40[mH], L2=50[mH], L3=120[mH]일 때, 전체 인덕턴스는 얼마인가?

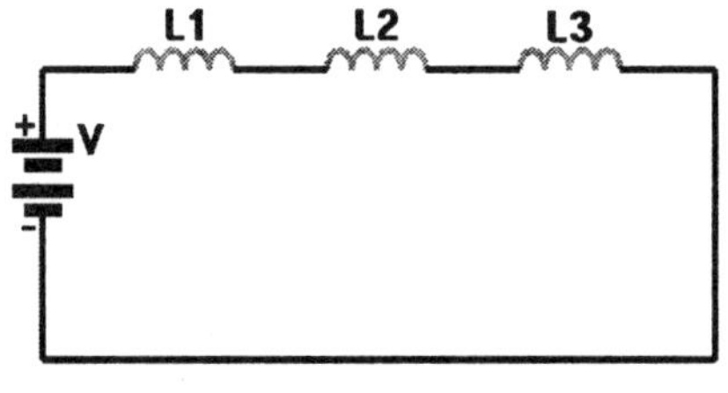

① 150[mH] ② 180[mH]
❸ 210[mH] ④ 240[mH]

해설 인덕터의 직렬연결에서는 저항의 직렬연결과 같이 모든 인덕턴스를 더해서 총 인덕턴스를 구한다. 따라서 전체 인덕턴스 $L=40+50+120=210$[mH]가 된다.

정답 126. ① 127. ④ 128. ③

129. 70[Hz]의 교류회로에 40[mH]의 인덕터를 연결하였을 경우 유도성 리액턴스는 얼마인가?

① 15.6[Ω] ② 16.6[Ω]

❸ 17.6[Ω] ④ 18.6[Ω]

해설 인덕턴스 내에서 교류전류를 방해하는 성질을 유도성 리액턴스라 한다. 이는 주파수 (f)와 인덕턴스(L)에 비례한다.

$$X_L = 2\pi f L$$

따라서 $X_L = 2\times 3.14\times 70\times 40\times 10^{-3} = 17.6[\Omega]$이 된다.

130. 회로에서 L1=300[mH], L2=900[mH], L3=600[mH]이다. 전체 인덕턴스는 얼마인가?

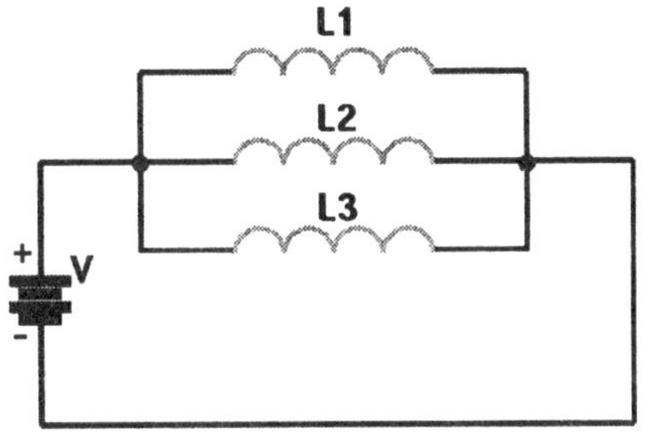

① 158.3[mH] ❷ 163.6[mH]

③ 170.5[mH] ④ 183.9[mH]

해설 인덕턴스의 병렬연결의 경우 저항의 병렬연결과 같이 구하면 된다. 따라서

$$1/L = 1/300+1/900+1/600$$

이므로, $L = 163.6$[mH]가 된다.

131. 같은 양의 점전하가 진공 중에 1[m]의 간격으로 있을 때 9×10^9[N]의 힘이 작용했다면, 이때 점전하의 전기량 [C]은 얼마인가?

① 3×10^{-7} ② 9×10^{-7}

③ 3×10^{9} ❹ 9×10^{9}

해설 $F = 9\times 10^9 \times \dfrac{Q_1 Q_2}{r^2}$[N]에서 $Q_1 Q_2 = \dfrac{F\cdot r^2}{9\times 10^9} = \dfrac{(9\times 10^9)^2}{9\times 10^9}\times 1^2 = 9\times 10^9$[C]

정답 129. ③ 130. ② 131. ④

132. 진공 중에 1[m]의 거리로 3×10^{-7}[C] 및 7×10^{-4}[C]의 두 점전하가 놓여 있다. 그 사이에 작용하는 힘은 몇 [N]인가?

① 80×10^{-2}[N]　　② 121×10^{-2}[N]
❸ 189×10^{-2}[N]　　④ 195×10^{-2}[N]

해설 $F=9\times10^{9}\times\dfrac{Q^1Q^2}{sr^2}=9\times10^{9}\times\dfrac{7\times3\times10^{-7}\times10^{-4}}{1\times1^2}$

$=9\times21\times10^{-2}=189\times10^{-2}$[N]

133. 공기 중에 놓인 5×10^{-10}[C]의 전하에서 2[m] 떨어진 점 A와 1[m] 떨어진 점 B와의 전위차는 얼마인가?

① 1[V]　　❷ 2.25[V]
③ 5[V]　　④ 7.5[V]

해설 $V_B-V_A=9\times10^{9}\left(\dfrac{5\times10^{-10}}{1}-\dfrac{5\times10^{-10}}{2}\right)=2.25$[V]

134. 35[μF], 10[μF], 55[μF]의 세 콘덴서가 병렬로 접속되어 있을 경우 합성용량은 얼마인가?

① 55[μF]　　❷ 100[μF]
③ 130[μF]　　④ 155[μF]

해설 $C_p=C_1+C_2+C_3=35+55+10=100$[μF]

135. 정전용량이 같은 콘덴서 4개를 병렬로 접속했을 때 합성용량은 직렬로 4개를 접속했을 때의 몇 배인가?

① $\dfrac{1}{16}$　　② $\dfrac{1}{2}$
❸ 16　　④ 32

해설 $C_s=\dfrac{1}{\dfrac{1}{C}+\dfrac{1}{C}+\dfrac{1}{C}+\dfrac{1}{C}}=\dfrac{C}{4}$

$C_p=C+C+C+C=4C$

$\dfrac{C}{4}:4C=1:x,\ x=16$

정답 132. ③ 133. ② 134. ② 135. ③

136. 그림과 같은 회로에 20[C]의 전하를 충전시키려고 한다. 이때 양 단자에 몇[V]의 전압을 가해야 하는가?

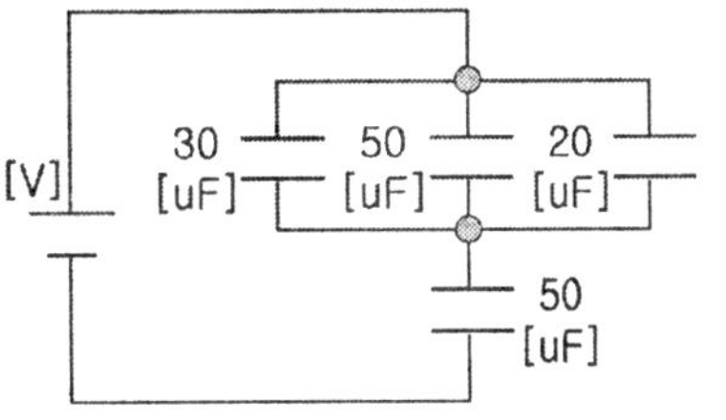

① 3×10^5
❷ 6×10^5
③ 12×10^5
④ 0.3×10^5

해설 $Cp=20+30+50=100[\mu F]$,

$Cs=\dfrac{100\times 50}{100+50} ≒ 33[\mu F]$, $\therefore Q=CV$

$V=\dfrac{Q}{C}=\dfrac{20}{33[\mu]}=0.6\times 10^6=6\times 10^5[V]$

137. 그림과 같이 콘덴서를 접속한 회로의 총 합성 정전용량[C]은?

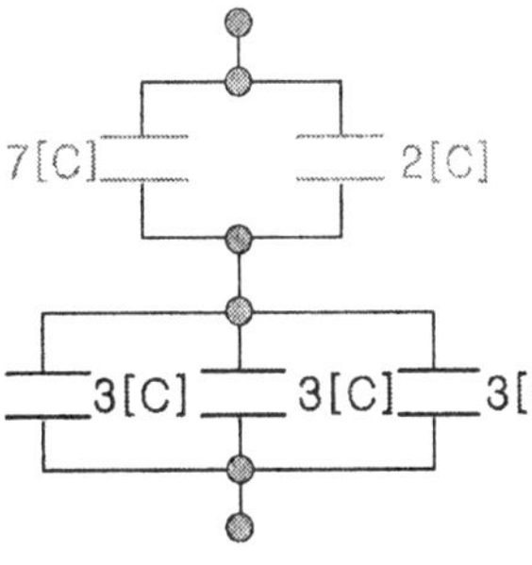

① 6 [C]
② 8.5[C]
③ 3 [C]
❹ 4.5[C]

해설 $Cp_1=3+3+3=9$,

$Cp_2=2+7=9$, $Cs=\dfrac{9\times 9}{9+9}=4.5[C]$

138. 유전율이 ϵ, 전장의 세기가 E일 때 유전체의 단위 부피에 저축되는 에너지는 얼마인가?

① $\dfrac{E^2}{2\epsilon}[J]$
② $\dfrac{\epsilon E}{2J}[J]$
❸ $\dfrac{\epsilon E^2}{2}[J/m^3]$
④ $\dfrac{\epsilon^2 E}{E}[J/m^3]$

해설 $W=\dfrac{1}{2}DE=\dfrac{1}{2}\epsilon E^2[J/m^3]$

정답 136. ② 137. ④ 138. ③

139. 100[V]의 전압으로 충전해서 700[J]의 에너지를 축적하는 콘덴서의 정전용량[μF]은 얼마인가?

① 0.07 ❷ 0.14
③ 0.71 ④ 1.47

해설 $W=\frac{1}{2}CV^2$[J]에서 $C=\frac{2W}{V^2}=\frac{2\times 700}{100^2}=0.14[\mu F]$

140. 다음 중 평행 판 전극에 일정 전압을 유지하면서 극판의 간격을 $\frac{1}{4}$배로 좁히면 내부 전계의 세기는 어떻게 되는가?

① $\frac{1}{2}$배로 작아진다. ② 2배로 커진다.
③ $\frac{1}{4}$배로 작아진다. ❹ 4배로 커진다.

해설 $E=\frac{V}{Z}$[v/m] $\therefore E \propto \frac{1}{z}$

그러므로 $E=\frac{V}{\frac{1}{4}}=4V$

141. 다음 중 전기력선의 성질 중 옳지 않은 것은 무엇인가?

① 양전하에서 나와 음전하로 들어간다.
② 전기력선의 접선방향이 전장의 방향이다.
③ 전기력선에 수직한 단면적 1[m^2]당 전기력선의 수가 그곳의 전장의 세기와 같다.
❹ 전하 사이에는 흡인력이 발생한다.

해설 ①, ②, ③은 전기력선의 일반적인 성질이나, ④의 경우는 흡인력과 반발력의 발생은 양전하와 음전하에 따라 달라진다.

142. 다음 중 전기력선의 성질 중 맞지 않는 것은 무엇인가?

① 양전하에서 나와 음전하로 들어간다.
② 전기력선의 접선방향이 전장의 방향이다.
❸ 전기력선의 수가 그곳의 전장의 세기와 다르다.
④ 등전위면과 전기력선은 교차한다.

해설 전위가 다른 두 등전위면은 교차하지 않지만 전기력선은 직각으로 교차한다.

정답 139. ② 140. ④ 141. ④ 142. ③

143. 다음은 정전 흡인력에 대한 설명이다. 이 중 옳은 것은 무엇인가?

① 전압의 제곱에 반비례한다.
② 극판 간격에 비례한다.
❸ 극판 면적에 비례한다.
④ 쿨롱의 법칙으로 직접 계산된다.

해설 $F=\dfrac{\epsilon A}{2t^2}\cdot V^2$[V/m]에서 $\therefore F\propto A$
그러므로 흡인력은 극판 면적에 비례한다.

144. 다음 중 유전율을 나타내는 단위는 무엇인가?

❶ [F/m] ② [V/A]
③ [C/m^2] ④ [C/sec]

해설 전속밀도 D와 전장의 세기 E의 비를 유전율($\epsilon=\epsilon_0\cdot\epsilon_s$)이라 하며 단위는 [F/m]로 사용한다.

145. 가우스의 정리를 통해 구할 수 있는 크기는 무엇인가?

① 힘의 세기 ② 전류의 세기
❸ 전장의 세기 ④ 전위의 크기

해설 가우스의 정리는 전장의 세기를 구하는 데 응용할 수 있다.

146. 0.1[μF]의 콘덴서에 5[V]의 전압을 가할 때 콘덴서에 저장되는 에너지는 얼마인가?

① 0.25[J] ② 0.75[J]
❸ 1.25[J] ④ 12.5[J]

해설 $W=\dfrac{1}{2}CV^2=\dfrac{1}{2}\times 0.1\times 5^2=\dfrac{1}{2}\times 0.1\times 25=1.25$[J]

147. 1[C]의 전기량이 두 점 사이를 이동하여 42[J]의 일을 하였다면, 이 두 점 사이의 전위차는 몇 [V]인가?

① 12[V] ② 28[V]
③ 36[V] ❹ 42[V]

해설 $W=QV,\ \therefore V=\dfrac{W}{Q}=\dfrac{42}{1}=42$[V]

정답 143. ③ 144. ① 145. ③ 146. ③ 147. ④

148. 비유전율이 12인 물질의 유전율은 얼마인가?

① 24.0×10^{-12}[F/m] ❷ 106.26×10^{-12}[F/m]
③ 12×10^{-6}[G/m] ④ 212.56×10^{-6}[F/m]

해설 $\epsilon=\epsilon_0\cdot\epsilon_s$, $\epsilon_0=8.855\times10^{-12}$, $\epsilon_s=12$
$\epsilon=8.855\times10^{-12}\times12=106.26\times10^{-12}$[F/m]

149. 다음 설명 중 잘못된 것은?

① 정전용량이란 콘덴서가 전하를 축적하는 능력을 말한다.
② 콘덴서에 전압을 가하는 순간은 콘덴서는 단락상태가 된다.
❸ 정전유도에 의하여 작용하는 힘은 반발력이다.
④ 같은 부호의 전하끼리는 반발력이 생긴다.

해설 정전용량이란 콘덴서가 전하를 통과시키는 능력을 말하며, 콘덴서에 교류전압을 가하는 순간 콘덴서는 단락상태가 되며, 같은 극은 반발력, 다른 극은 흡입력이 생긴다.

150. 다음 그림과 같이 균일하게 대전한 무한히 넓은 평형 판의 안쪽의 전장의 세기[V/m]는 얼마인가?

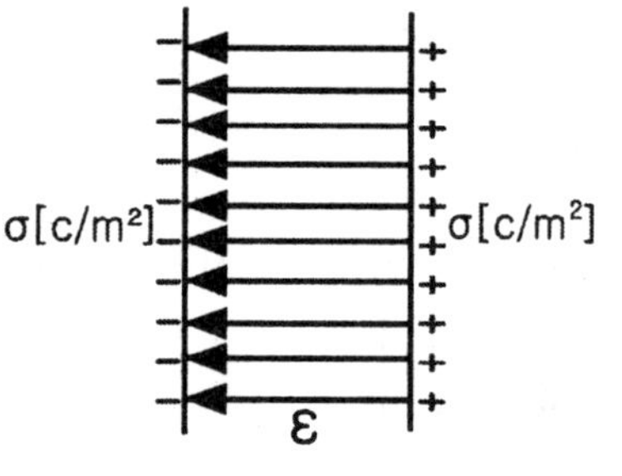

❶ $\dfrac{\sigma}{\epsilon_0\epsilon_s}$

② $\dfrac{\sigma}{2\epsilon_0\epsilon_s}$

③ $\dfrac{2}{\sigma\epsilon_0\epsilon_s}$

④ $\dfrac{1}{\sigma\epsilon_0\epsilon_s}$

해설 ①은 대전한 도체 표면의 전장이고 ②는 넓은 평면에 의한 전장이다.

151. 0.1[μF]의 콘덴서에 100[V]의 직류전압을 가하면 축적되는 전하[C]는 얼마인가?

① 10^5[C] ❷ 10^{-5}[C]
③ 0.1×10^6[C] ④ 10^3[C]

해설 $Q=CV=0.1\times10^{-6}\times100=0.1\times10^{-4}=10^{-1}\times10^{-4}=10^{-5}$[C]

정답 148. ② 149. ③ 150. ① 151. ②

152. 다음 그림에서 a, b간의 합성 정전용량은 얼마인가?

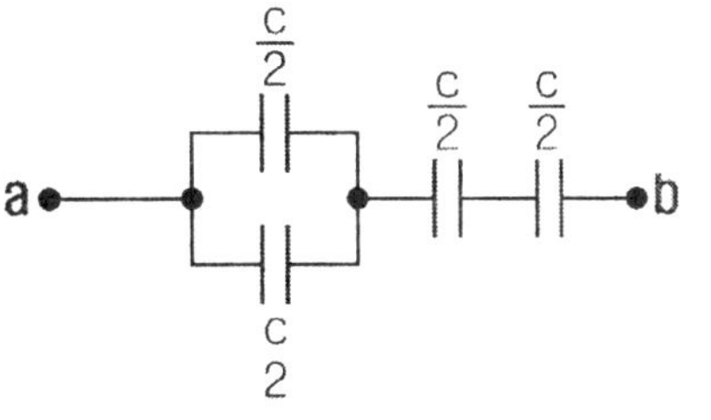

① $\frac{C}{4}$

② $4C$

❸ $\frac{C}{5}$

④ $2C$

해설 $Cs_1 = \frac{C}{2} + \frac{C}{2} = C$

$Cs_2 = \frac{C}{4}$

$Cs = \frac{\frac{C^2}{4}}{C + \frac{C}{4}} = \frac{4C^2}{20C} = \frac{C}{5}$

153. 어떤 콘덴서에 얼마간의 전압 [V]를 가했더니 Q[C]의 전하가 충전되었다. 저장된 에너지 [J]를 C와 V로 표현한 것은 무엇인가?

① $\frac{1}{4}CV$　　② $\frac{1}{4}CV^2$

③ $\frac{1}{2}CV$　　❹ $\frac{1}{2}CV^2$

해설 $W = QV = \frac{1}{2}CV^2$[J]

154. 전기력선의 밀도와 같은 것은 무엇인가?

① 정전력　　② 유전 속 밀도

❸ 전장의 세기　　④ 전하밀도

해설 전기력선 밀도는 그 점의 전장의 세기와 같도록 전기력선 수를 정하였다.

155. 진공의 유전율 ϵ_0의 값은?

① 9×10^9[F/m]　　❷ 8.855×10^{-12}[F/m]

③ 3.3×10^9[F/m]　　④ 6.25×10^{-7}[F/m]

해설 진공의 유전율 $\epsilon_0 = \frac{10^7}{4\pi C^2} = 8.855\times 10^{-12}$[F/m]이다.

정답 152. ③ 153. ④ 154. ③ 155. ②

156. 광속도를 C[m/sec]라 할 때 진공의 유전율[F/m]은 얼마인가?

① 6.635×10^{-12}[F/m] ② 7.291×10^{-12}[F/m]

❸ 8.855×10^{-12}[F/m] ④ 9.672×10^{-12}[F/m]

해설 $\epsilon_0 = \frac{10^7}{4\pi C^2} = 8.855\times 10^{-12}$[F/m]

157. I[N/C]와 같은 단위가 아닌 것은 무엇인가?

① 1[V/m] ② 1[J/m·C]

③ 1[J/C·m] ❹ 1[AT/m]

해설 [V/m] = [J/C · m] = [J/m · C] = [N/C], [AT/m]은 자기장의 세기 H의 단위이다.

158. 다음 중 콘덴서의 용량을 결정하는 요소가 아닌 것은 무엇인가?

① 극판의 넓이 ② 극판 간의 거리

❸ 공급하는 전원의 종류 ④ 극판 간의 유전체의 종류

해설 콘덴서의 용량을 결정하는 요소에는 극판의 넓이, 극판 간의 거리와 극판을 구성하는 유전체의 종류가 있다.

159. 15×10^{-8}[C]의 전하에 3×10^{-2}[N]의 힘을 작용시키려면 얼마의 전장의 세기가 필요한가?

① 0.1×10^6[M] ❷ 0.2×10^6[M]

③ 0.3×10^6[M] ④ 0.4×10^6[M]

해설 $F = QE$, $E = \frac{F}{Q} = \frac{3\times 10^{-2}}{15\times 10^{-8}} = 0.2\times 10^6$[M]

160. 자기 인덕턴스 L_1, L_2 상호 인덕턴스 M의 코일을 같은 방향으로 직렬로 연결했을 때 합성 인덕턴스는 얼마인가?

① $L_1 + L_2 + M$ ② $L_1 - L_2 + M$

③ $L_1 + L_2 - 2M$ ❹ $L_1 + L_2 + 2M$

해설 직렬연결일 때 자기 인덕턴스는 $L = L_1 + L_2 \pm 2M$[H]이며, 같은 방향이면 ⊕, 반대방향이면 ⊖이다.

정답 156. ③ 157. ④ 158. ③ 159. ② 160. ④

161. 어떤 코일에 전류가 0.01초 동안에 0.3[A] 변화하여 기전력이 3[V] 측정되었다면 이 회로의 자체 인덕턴스는 몇 [H]인가?

❶ 0.1[H] ② 0.2[H]
③ 0.3[H] ④ 0.8[H]

해설 $e = L\frac{\triangle I}{\triangle t}$ 식을 변형시키면

$$L = \frac{\triangle t}{\triangle I}e = \frac{0.01}{0.3} \times 3 = 0.1[\text{H}]$$

162. $L = 30$[mH]의 코일에 흐르는 전류가 0.01[sec] 동안에 0.05[A]가 변화했다. 코일에 발생하는 전압은 몇 [V]인가?

① 0.1[V] ❷ 0.15[V]
③ 0.2[V] ④ 0.25[V]

해설 $V_L = L\frac{\triangle I}{\triangle t} = 30 \times 10^{-3} \times \frac{0.05}{0.01} = 0.15[\text{V}]$

코일에 발생하는 전압은 시간변화에 따른 전류의 변화 크기이다.

163. 10[m]의 코일에 100[J]의 에너지가 축적되었다면 이 코일에 매초 흘러간 전류의 크기는 얼마인가?(단, 전원 공급은 직류전류 공급일 때)

① $I = 35[\text{A}]$ ❷ $I = 45[\text{A}]$
③ $I = 47[\text{A}]$ ④ $I = 53[\text{A}]$

해설 $W = \frac{1}{2}LI^2$ 이므로 $I^2 = \frac{2W}{L}$

$$\therefore I = \sqrt{\frac{2W}{L}} = \sqrt{\frac{200}{0.01}} \fallingdotseq 45[\text{A}]$$

164. 환상 솔레노이드에 50회를 감았을 때의 자체 인덕턴스는 5회 감았을 때보다 몇 배 증가하는가?

① $\frac{1}{100}$ ② $\frac{1}{10}$
③ 10 ❹ 100

해설 $L = \frac{\mu AN^2}{l}$[H]에서 L은 N^2에 비례하므로 10배의 권수의 제곱인 100배가 된다.

$$L \propto N^2$$

정답 161. ① 162. ② 163. ② 164. ④

165. 전하량이 Q_1, Q_2 두 전하 사이에 작용하는 힘을 나타내는 데 맞는 식은 무엇인가?(단, 진공 중에서 r만큼 서로 떨어져 있다.)

① $9\times 10^9 \dfrac{Q_1 Q_2}{\mu_s r^2}$ ② $6.33\times 10^4 \dfrac{Q_1 Q_2}{r^2}$

❸ $9\times 10^9 \dfrac{Q_1 Q_2}{r^2}$ ④ $6.33\times 10^4 \dfrac{Q_2}{\mu_s r^2}$

해설 쿨롱의 법칙에서 $F=9\times 10^9 \dfrac{Q_1 Q_2}{r^2}$, $4\pi Q_0 \fallingdotseq 9\times 10^9$[N]

166. 평행도선의 간격이 r이고 각각 I_1, I_2의 전류가 평행하게 흐르고 있다면 길이 1[m]에 작용하는 힘은 얼마인가?

① $\dfrac{I_1 I_2}{r}\times 10^{-14}$ ❷ $\dfrac{2I_1 I_2}{r}\times 10^{-7}$

③ $\dfrac{\sqrt{2} I_1 I_2}{r^2}\times 10^{-7}$ ④ $\dfrac{4I_1 I_2}{r_2}\times 10^{-7}$

해설 평행한 두 도체 사이에 작용하는 힘은 $F=\dfrac{2\mu_s I_1 I_2 l}{r}\times 10^{-7}$[N]이다.

167. 두 자극 사이에 작용하는 힘의 크기를 나타낸 식은?(단, m_1, m_2 : 자극의 세기, μ : 투자율, r : 자극 간의 거리이다.)

① $F=\dfrac{m}{4\pi\mu r^2}$[N] ② $F=\dfrac{m}{4\pi\mu r}$[N]

❸ $F=\dfrac{m_1 m_2}{4\pi\mu r^2}$[N] ④ $F=\dfrac{m_1 m_2}{4\pi\mu r}$[N]

해설 쿨롱의 법칙에 의하면 $F=\dfrac{m_1 m_2}{4\pi\mu r^2}$[N]이다.

168. 4극 발전기의 전기각이 1440°로 측정되었다. 이 발전기는 몇 회전을 하였는가?

① 1회전 ❷ 2회전

③ 3회전 ④ 4회전

해설 P는 극의 수, 그러므로 전기각 $=\dfrac{P}{2}\times$ 기하 [rad], 기하 [rad] $=\dfrac{\text{전기각}}{2}=720°$

$\therefore 720 \div 360 = 2$회전

정답 165. ③ 166. ② 167. ③ 168. ②

169. $f = 200[\text{Hz}]$ 일 때 주기 T는?

① 1[msec] ❷ 5[msec]
③ 10[msec] ④ 15[msec]

해설 $f = \dfrac{1}{T} = 200[\text{Hz}]$, $T = 5[\text{msec}]$ [Hz]

170. $I = 30\cos 3.14t[\text{A}]$의 주기 T는 얼마인가?

① 0.625[sec] ② 2.25[sec]
❸ 3.125[sec] ④ 3.125[sec]

해설 $f = \dfrac{w}{2\pi} = \dfrac{3.14}{2\pi} = 0.32[\text{Hz}]$, $T = \dfrac{1}{f} = \dfrac{1}{0.32} = 3.125[\text{sec}]$

171. 어느 교류 순간값이 $V = 100\sin(100t - 30°)$라면 이 교류의 최대값과 위상각은 각각 얼마인가?

❶ 100V, −30° ② 100V, 30°
③ 130V, −30° ④ 300V, 100°

해설 $V(t) =$ 최대값 $\sin$(각주파수$\times t +$위상각)

172. $v = V_m\cos\omega t[\text{V}]$와 $I = I_m\cos\omega t[\text{A}]$의 위상차는 얼마인가?

① 같다 ❷ 0
③ i가 V보다 $\dfrac{\pi}{2}$ 앞선다. ④ V가 i보다 $\dfrac{\pi}{2}$ 앞선다.

해설 $U = V_m\cos(\omega t + 0°)$, $i = I_m\cos(\omega t + 0°)$, ∴ 위상차는 없다.

173. 우리나라 가정용 전압은 220[V]이다. 이때 전압이 $t = 0.012[\text{sec}]$ 때의 순시값은 얼마인가?

① 8.38[V] ② 10.5[V]
❸ 17.38[V] ④ 34.76[V]

해설 $V = 220\sin\omega t = 220\sin 2\pi \times 60 \times 0.012$
$= 220\sin 1.44\pi = 220 \times 0.079 ≒ 17.38[\text{V}]$

정답 169. ② 170. ③ 171. ① 172. ② 173. ③

174. 교류 순시값 $v = V_m \sin(\omega t + \varnothing)$ [V]인 교번 기전력의 평균값 V_{av} [V]는 얼마인가?

① $V_{av} = \dfrac{V_m}{3}$　　❷ $V_{av} = \dfrac{2}{\pi} E_m$

③ $V_{av} = \dfrac{3E_m}{\sqrt{2}}$　　④ $V_{av} = \sqrt{2} E^{2_m}$

해설 $E_{av} = \dfrac{2}{\pi} E_m ≒ 0.637 E_m$

175. 어떤 정현파 전압의 평균값이 110[V]이면 최대값은 약 몇 [V]인가?

① 114[V]　　② 120[V]

③ 150[V]　　❹ 172[V]

해설 $V_a = \dfrac{2}{\pi} V_m$[V]에서 $V_m = \dfrac{\pi}{2} V_a = \dfrac{\pi}{2} \times 110 ≒ 172$ [V]

176. 주기파의 파고율을 나타내는 식은 무엇인가?

① 실효값 / 평균값　　② 평균값 / 최대값

❸ 최대값 / 실효값　　④ 실효값 / 최대값

해설 파형율 $= \dfrac{\text{실효값}}{\text{평균값}}$, 파고율 $= \dfrac{\text{최대값}}{\text{실효값}}$

177. 히스테리시스 현상 중 다른 진동회로와 발진기를 결합시켰을 때 일어나는 현상을 무엇이라 하는가?

❶ 인입 현상　　② 블로킹 현상

③ 기생 진동　　④ 자기 발진

해설 다른 진동회로를 발진기에서 결합시켰을 때 일어나는 히스테리시스 현상을 인입 현상이라고 한다.

178. $V = 172.5\sin 120\omega t$[V]인 교류전압의 실효값을 구하면 얼마인가?

① 42.3[V]　　② 61.9[V]

③ 110.5[V]　　❹ 123.7[V]

해설 $V = V_m \sin\omega t = \sqrt{2}\, Va \sin\omega t$

$\therefore Va = \dfrac{V_m}{\sqrt{2}} = \dfrac{172.5}{\sqrt{2}} = 123.7$[V]

정답 174. ② 175. ④ 176. ③ 177. ① 178. ④

179. 어떤 회로에 교류전압을 가하니 공급된 전압보다 90° 느린 전압이 측정되었다면, 이 회로의 성분은 어떤 것인가?

① 무유도성　　② 유도성
❸ 용량성　　④ 저항 성분

해설 공급된 전압이 전류가 $\frac{\pi}{2}$[rad](90°)만큼 위상이 뒤지면 용량성이 된다.

180. 3[Ω]의 저항과 4[Ω]의 리액턴스의 직렬회로의 역률은 몇 [%]인가?

① 40[%]　　❷ 60[%]
③ 80[%]　　④ 90[%]

해설 역률 $\cos\theta = \frac{R}{\sqrt{R^2+X^2}} = \frac{3}{\sqrt{3^2+4^2}} = \frac{3}{5} = 0.6$

181. 저항 R와 리액턴스 X와의 직렬회로에 전압 E를 공급했을 때 소비전력 [W]의 크기를 나타내면 무엇인가?

① $\frac{E^2R}{\sqrt{R_2+X_2}}$　　② $\frac{E^2+X}{\sqrt{R^2+X^2}}$
❸ $\frac{E^2R}{R^2+X^2}$　　④ $\frac{ER}{R^2+X^2}$

해설 $Z = \sqrt{R^2+X^2}$ [Ω]

$I = \frac{E}{Z} = \frac{E}{\sqrt{R^2+X^2}}$ [A]

$P = I^2R = \left(\frac{E}{\sqrt{R^2+X^2}}\right)^2 \times R = \frac{E^2R}{R^2+X^2}$ [W]

182. $C = 1+j$으로 표시되는 C의 복소평면에서 벡터의 편각은 얼마인가?

① 30°　　❷ 45°
③ 60°　　④ 90°

해설 $A = R+jX$, $\theta = \tan^{-1}\frac{X}{R} = \tan^{-1}1 = 45°$

정답 179. ③ 180. ② 181. ③ 182. ②

183. V 결선 시 변압기 한 대의 이용률은 얼마인가?

① 0.556 ② 0.677
❸ 0.866 ④ 1

해설 변압기 한대의 이용률 $= \dfrac{V\text{결선으로의 용량}}{2\text{대의 허용용량}} = \dfrac{\sqrt{3}\,EI}{2EI} = 0.866$

184. 저항 $R = 100[\Omega]$, 인덕턴스 $L = 33[\text{mH}]$, 정전 용량 $C = 50[\mu\text{F}]$로 구성된 직렬회로에서 공진 주파수 f_r는 얼마인가?

❶ 약 124[Hz] ② 약 154[Hz]
③ 약 194[Hz] ④ 약 196[Hz]

해설 $f_r = \dfrac{1}{2\pi\sqrt{LC}}$에서 $f_r = \dfrac{1}{2\pi\sqrt{33\times10^{-3}\times50\times10^{-6}}} \fallingdotseq 124[\text{Hz}]$

185. $Z = 8 + j6\,[\Omega]$로 이루어진 임피던스에 200[V]의 전압을 가할 때 흐르는 전류 I[A]는 얼마인가?

① $12 + j3$ ② $12 - j16$
③ $16 + j16$ ❹ $16 - j12$

해설 $I = \dfrac{V}{Z} = \dfrac{200}{8+j6}$, 분모와 분자에 $8 + j6$을 곱하면

$\dfrac{200(8-j6)}{8^2+6^2} = \dfrac{1600-j1200}{100} = 16 - j12$

186. $R = 4[\Omega]$, $X_z = 3[\Omega]$의 리액턴스 직렬회로에 220[V]의 교류를 가할 때 전류의 유효분은 얼마인가?

① 18.6[A] ② 22[A]
❸ 35.2[A] ④ 40[A]

해설 $Z = \sqrt{R^2 + X_z^2} = \sqrt{4^2+3^2} = 5[\Omega]$, $I = \dfrac{E}{Z} = \dfrac{220}{5} = 44[\text{A}]$,

$\cos\theta = \dfrac{R}{Z} = \dfrac{4}{5} = 0.8$, $I_R = I\cos\theta = 44\times0.8 = 35.2[\text{A}]$

정답 183. ③ 184. ① 185. ④ 186. ③

187. 2전력계법으로 평행 3상 전력을 측정하였다. 이때 전력계가 각각 400[W], 1200[W]를 표시하였다면, 이 부하의 전력은 몇 [W]인가?

① 800[W]
② 1200[W]
③ 1400[W]
❹ 1600[W]

해설 $P=P_1+P_2=400+1200=1600[\mathrm{W}]$

188. 2전력계법을 이용해 평행 3상 전력을 측정한 결과 전력계가 각각 300[W], 400[W]를 표시하였다면, 이때의 소비전력과 역률은 각각 얼마인가?

① 600[W], 70.7[%]
② 700[W], 70.7[%]
❸ 700[W], 97.0[%]
④ 1400[W], 97.6[%]

해설 $P=P_1+P_2=300+400=700[\mathrm{W}]$

$$\cos\theta=\frac{P_1+P_2}{2\sqrt{P_1^2+P_2^2-P_1P_2}}$$ 에서

$$\cos\theta=\frac{300+400}{2\sqrt{300^2+400^2-300\times400}}\fallingdotseq 0.97$$

189. 같은 크기를 갖는 임피던스 3개를 각각 △와 Y로 결선한 두개의 부하를 같은 3상 전압에 접속할 때 각 부하에 흐르는 전류 사이의 관계를 표현한 것은 무엇인가?

① $I_\triangle=\sqrt{3}\,I_Y$
② $I_\triangle=\sqrt{2}\,I_Y$
③ $I_Y=\sqrt{3}\,I_\triangle$
❹ $I_Y=\dfrac{\sqrt{3}}{3}I_\triangle$

해설 △결선하면 $I_\triangle=\sqrt{3}I_Y$, Y결선 시 $I_Y=\dfrac{\sqrt{3}}{3}I_\triangle$

190. 콘덴서의 리액턴스가 10[kHz]에서 100[Ω]으로 측정되었다. 만약 주파수를 30[KHz]로 올린다면 이때 측정되는 콘덴서 임피던스는 몇 [Ω]인가?

❶ 333[Ω]
② 433[Ω]
③ 533[Ω]
④ 633[Ω]

해설 $X_c=\dfrac{1}{2\pi fC}$에서 X_c가 100[Ω]이므로 $100=\dfrac{1}{2\times3.14\times10\times10^3\times C}$

$$C=\frac{1}{2\times3.14\times10^3\times10\times100}=\frac{1}{62.8\times10^5}\fallingdotseq 15.923\times10^{-6}$$

$$\therefore X_c=\frac{1}{2\times3.14\times30\times15.923\times10^{-6}}\fallingdotseq 333[\Omega]$$

정답 187. ④ 188. ③ 189. ④ 190. ①

191. 사인파 교류 전류에서 평균값(I_{av})과 최대값(I_m)의 관계를 도식화하면 무엇인가?

① $I_{av} = \frac{1}{\sqrt{2}} I_m$ ❷ $I_{av} = \frac{2}{\pi} I_m$

③ $I_{av} = \frac{\pi}{2} I_m$ ④ $I_{av} = \frac{\pi}{2\sqrt{2}} I_m$

해설 $I_{av} = \frac{2}{\pi} I_m$

192. $L-C$ 병렬 공진회로에서 전류가 0이 되었다. 이때, ∞가 되는 것은?

❶ 임피던스 ② 어드미턴스

③ 전압 ④ 공급전원의 주파수

해설 L-C 병렬회로에서 전류가 0이 되려면 임피던스가 무한대가 되어야 한다.

$I = \frac{V}{R}$이므로, $R = \infty$ 이면 $I = 0$

193. 저항 R과 유도 리액턴스 X_L이 병렬로 연결된 회로의 임피던스를 구하는 식은 무엇인가?

① $\frac{R}{\sqrt{R^2 + X_L^2}}$ ② $\frac{X^L}{\sqrt{R^2 + X_L^2}}$

③ $\frac{R + X_{12}}{\sqrt{R^2 + X_L^2}}$ ❹ $\frac{RX_L}{\sqrt{R^2 + X_L^2}}$

해설 $Z = \frac{V}{I} = \frac{1}{\sqrt{\left(\frac{1}{R}\right)^2 + \left(\frac{1}{X_L}\right)^2}}$

$= \frac{1}{\sqrt{\left(\frac{1}{R}\right)^2 + \left(\frac{1}{W_L}\right)^2}} = \frac{RX_L}{\sqrt{R_2 + X_2^2}}$

194. $V = 141\cos\left(120\pi t - \frac{\pi}{6}\right)$인 전압의 주파수는 몇 [Hz]인가?

① 30[Hz] ❷ 60[Hz]

③ 120[Hz] ④ 240[Hz]

해설 $w = 2\pi f, \quad \therefore f = \frac{w}{2\pi} = \frac{120\pi}{2\pi} = 60[\text{Hz}]$

정답 191. ② 192. ① 193. ④ 194. ②

195. 코일만의 회로에서 전압과 전류의 위상차는?

① 전압과 전류는 동상이다.
❷ 전압이 전류보다 $\frac{\pi}{2}$ 앞선다.
③ 전류가 전압보다 $\frac{\pi}{2}$ 앞선다.
④ 전류가 전압보다 $\frac{\pi}{3}$ 앞선다.

해설 R-L-C 회로에서의 전류와 전압의 관계
저항만의 회로 : 전압과 전류 동상
콘덴서만의 회로 : 전류보다 전압이 $\frac{\pi}{2}$ 느리다.
코일만의 회로 : 전압이 전류보다 $\frac{\pi}{2}$ 앞선다.

196. 변압기의 원리가 되는 법칙은 무엇인가?

❶ 패러데이의 법칙
② 줄의 법칙
③ 옴의 법칙
④ 렌츠의 법칙

해설 변압기의 목적은 1차권선 측을 통해 들어온 교류전력을 2차권선 측을 통해 변성하여 전달하는 것을 목적으로 하므로 변압기는 전자 유도 작용을 이용하는 기기이다.

197. 1차 측에 100회, 2차 측에 300회의 코일이 감긴 이상적인 변압기의 1차 측에 200[V]의 전압을 인가하면, 2차 측에 출력되는 전압은 얼마인가?

① 300[V]
② 500[V]
❸ 600[V]
④ 700[V]

해설 이상적인 변압기에서 1차 측의 전압과 2차 측의 전압은 코일을 감은 수에 비례하게 되므로 2차 측의 출력 전압은 600[V]가 된다.

$$100 : 300 = 200 : x, \ \therefore x = 600$$

198. 1차 측에 150회, 2차 측에 300회의 코일이 감긴 이상적인 변압기의 1차 측 부하전류가 5[mA]라면, 2차 측의 부하전류의 크기는 얼마인가?

❶ 2.5[mA]
② 5[mA]
③ 7.5[mA]
④ 10[mA]

해설 이상적인 변압기에서 1차 측의 부하전류와 2차 측의 부하전류는 코일의 감은 수에 반비례한다. 2차 측 코일의 감은 수가 1차 측의 2배이므로, 전류는 1/2가 된다. 따라서 2.5[mA]가 흐르게 된다.

정답 195. ② 196. ① 197. ③ 198. ①

199. 변압기에 감겨 있는 코일의 동선에 흐르는 전류에 의한 열손실을 무엇이라고 하는가?

① 에디 커런트 로스 ❷ 동손
③ 히스테리시스손 ④ 와류손

해설 전류가 변압기의 일차와 이차 권선에 흐를 때, 코일의 동선에 흐르는 저항 때문에 열을 발생하게 되는데, 발생되는 열의 총량은 일차의 I_1R_1과 이차의 I_2R_2를 합한 것이며 이를 동손(copper losses : 카퍼 로스)이라 한다.

200. 변압기의 철심에 의해 유도된 전류에 의한 전력손실을 무엇이라 하는가?

① 카퍼 로스 ② 동손
③ 히스테리시스손 ❹ 와류손

해설 변압기의 철심은 자력선과 마찰작용이 일어나므로 철심 자체에서 전압을 유도하게 된다. 이 유도된 전압은 철심 내에 전류를 순환시켜 열을 발생하므로 전력을 손실시키는데 이를 와류손(eddy current losses : 에디 커런트 로시스)이라 한다.

201. 전기 에너지를 기계적 에너지로 변환하는 전기기기를 무엇이라고 하는가?

① 변압기 ② 계전기
❸ 전동기 ④ 코일

해설 전동기는 전기 에너지를 기계적 에너지로 변환시키는 회전하는 전기기기이다. 전동기의 종류는 크게 직류전동기와 교류전동기 및 직류·교류 겸용 전동기의 세 가지로 나눈다.

202. 다음 중 직류전동기가 아닌 것은 무엇인가?

① 분권전동기 ② 복권전동기
❸ 동기전동기 ④ 직권전동기

해설 직류전동기는 **타여자 전동기**와 자여자 전동기로 나누며, **자여자 전동기**는 다시 분권·직권·복권 전동기로 나누어진다. **교류전동기**에는 유도전동기, 동기전동기, 정류자 전동기로 나눈다.

203. 교류전동기와 달리 직류전동기만이 가지고 있는 것은 무엇인가?

① 정류자 ❷ 정류자와 브러시
③ 브러시 ④ 코일

해설 전기기기에 일반적으로 사용되는 대부분의 전동기는 교류전동기이다. 이것은 교류가 직류보다 전원 사용이 편리하고 고전압, 대전류에 큰 동력의 전동기도 동작시킬 수 있으며 구조가 간단하여 경제성이 높고 직류전동기보다 고장이 드물다는 장점이 있다. 교류전동기는 브러시와 정류자를 가지지 않는다.

정답 199. ② 200. ④ 201. ③ 202. ③ 203. ②

204. 일반 스위치와 달리 전자기 현상을 이용한 스위치를 무엇이라고 하는가?

① 변압기　　② 전동기
❸ 계전기　　④ 정류자

해설 계전기는 전기회로를 개폐하는 데 사용하는 전자기를 이용한 스위치 장치이다. 계전기의 기능은 일반 스위치의 기능과 같으나 일반 스위치는 인위적으로 동작하는 데 비해서 계전기는 전자력을 통해서 동작시킬 수 있는 특징이 있다.

205. 다음 중 계전기의 구성품이 아닌 것은 무엇인가?

① 철심　　② 코일
③ 접점　　❹ 저항

해설 계전기의 구성품은 코일, 가동편, 철심, 접점이 있다.

206. 제어량의 값을 목표값과 비교하여 그 값이 일치하도록 계속하여 정정동작을 하는 제어방식을 무엇이라고 하는가?

① 자기제어
❷ 피드백 제어
③ 접점제어
④ 저항제어

해설 피드백 제어는 제어량의 값을 목표값과 비교하여 그 값이 일치하도록 계속 정정동작을 하는 제어이며, 연속적인 작업을 행하는 대상으로 하는 **정량적 제어**로서 프로세서(processor) 공업 등에서 유체와 같은 물리량을 제어하는 데 효과적으로 사용되고 있으며, 구성요소로는 프로세서 제어, 서보기구, 자동조정 등이 있다.

207. 어떤 회로에 릴레이(relay), 타이머, 버튼 스위치 등을 접속하여 미리 정해놓은 순서에 따라 제어의 각 단계를 순차적으로 진행시키는 제어방식을 무엇이라고 하는가?

① 자기제어
② 피드백 제어
③ 접점제어
❹ 시퀀스 제어

해설 시퀀스 제어는 어떤 회로에 릴레이(relay), 타이머, 버튼 스위치 등을 접속하여 미리 정해놓은 순서에 따라 각 단계를 순차적으로 진행시켜 나가는 제어를 의미하며, 불연속적인 작업을 행하는 **공정제어** 등에 널리 사용되고 있다.

정답 204. ③ 205. ④ 206. ② 207. ④

208. 다음 중 유 접점 릴레이의 장점을 설명한 것 중 옳은 것은 무엇인가?

① 전기적 잡음에 대해서 안정적이지 못하다.

② 개폐 부하 용량이 작다.

❸ 동작 속도가 느리다.

④ 온도 특성에 변화가 크다.

해설 유접점 릴레이의 장점과 무접점 릴레이의 장점을 비교해보면 아래와 같다.

유접점 릴레이의 장점	무접점 릴레이의 장점
독립한 다수의 출력회로가 얻어진다.	고정밀도이며, 응동시간(신호가 응답해서 동작)이나 감도에 불균일이 적다.
온도 특성이 양호하다.	
과부하 용량이 크다.	진동, 충격에 의하여 오동작할 염려가 없다.
입력과 출력을 분리할 수 있다.	
개폐 부하 용량이 크다.	장치의 축소화가 가능하다.
전기적 잡음에 대해서 안정하다.	동작 속도가 빠르다.
동작상태의 확인을 쉽게 할 수 있다.	고빈도의 사용에 견디고 수명이 길다.

209. 외부로부터 가해지는 자기 에너지의 조절에 따라서 일련의 스위치 작용을 하는 것은 무엇인가?

① 푸시버튼 스위치 ② 캠 스위치

③ 토글 스위치 ❹ 리드 스위치

해설 리드 스위치(reed switch)는 자성체로 이루어진 한 개조의 리드편을 불활성 가스와 함께 유리관 내에 봉입된 것이다. 동작원리는 코일 혹은 영구자석 등에 의해 외부로부터 주어진 자기를 받으면 리드편의 양단이 자화되게 되는데, 이것에 따라 상대하는 접점부에 자기 흡인력이 리드편의 탄성력보다 강하게 되면 접점이 닫힌다. 즉, 외부로부터 가해지는 자기 에너지의 조절에 따라서 일련의 스위치 작용을 하는 것이다.

210. 어떠한 신호나 힘이 순간적으로 릴레이에 가해진 후 스위치에 손을 떼어도 릴레이의 동작을 기억하여 계속적으로 지켜주는 회로는 무엇인가?

① 전동기 직입기동 회로 ❷ 자기유지회로

③ 지연회로 ④ 우선회로

해설 자기유지회로는 어떤 신호나 힘에 의한 순간 동작으로 만들어진 입력신호가 릴레이에 가해지면 입력신호가 제거된 후에도 릴레이의 동작을 기억하여 계속적으로 지켜주는 회로로 **기억회로**(memory circuit : 메모리 서킷)라고도 한다.

정답 208. ③ 209. ④ 210. ②

chapter

2 전자회로

1 반도체 소개

도체란 전압을 인가하면 충분히 많은 양의 전하가 이동할 수 있는 물질이고, 부도체는 전압을 인가하여도 거의 전하가 이동하기 어려운 물질이다. 반도체는 말 그대로 도체와 부도체의 중간 성질을 갖는 물질이다. 그러므로 반도체는 도체와 부도체의 중간 정도로 전하를 이동할 수 있는 물질이다.

(1) Si과 Ge 원자

Si(Silicon, 실리콘)과 Ge(Germanium, 게르마늄)은 대표적인 반도체 물질이다. 물론 반도체 물질은 Si(실리콘)과 Ge(게르마늄) 이외에도 많은 물질이 존재한다. 하지만 실리콘과 게르마늄이 대표적으로 사용되는 가장 큰 이유는 결정을 매우 높은 순도로 만들 수 있기 때문이다. 또한 Si(실리콘)과 Ge(게르마늄)은 〈표 2-1〉에서 알 수 있듯이 4가 원소이며, 4가 원소는 최외각에 4개의 전자가 있어 작은 에너지로도 전자를 옮길 수 있어 반도체 소재로 폭 넓게 이용된다.

〈표 2-1〉 반도체를 만드는 원소 주기율표에서의 위치

일반적인 반도체 재료

Ⅲ	Ⅳ	Ⅴ
B	C	
Al	Si	P
Ga	Ge	As
In		Sb

Si(실리콘) 원자가 주변의 8개의 원자와 결합하여 진성 실리콘 결정을 나타낸 것이 [그림 2-1]이다. 4개의 최외각전자를 갖는 실리콘 원자는 주위에 있는 다른 4개의 실리콘 원자와 서로 한 개씩의 전자를 공유한 것이다.

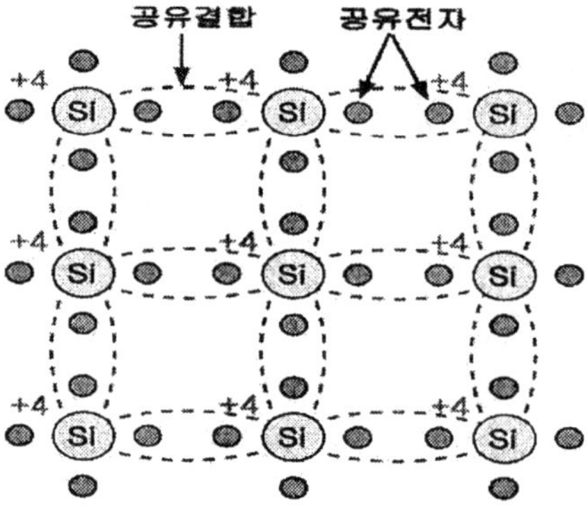

[그림 2-1] 진성 실리콘의 결정구조

Ge(게르마늄)은 Si(실리콘)과 마찬가지로 대표적인 반도체 소자로 4개의 최외각전자를 가지고 있지만 이 두 반도체의 차이점은 〈표 2-2〉에서 알 수 있듯이 Si는 14개, Ge는 32개의 양성자로 원자핵이 구성되어 있는 것이다.

〈표 2-2〉 실리콘과 게르마늄 원자의 비교

물리적 성질	Si	Ge
원자번호	14	32
원자량	28.1	72.6
격자정수(A, 실내온도)	5.43	5.65
인접원자간격(A, 실내온도)	2.35	2.44
원자수/[cm^3]	5.0×10^{22}	4.4×10^{22}
밀도(20°C, [g/cm^3])	5.32	2.33
녹는점(°C)	1420	936
비유전율	12	16
금지대폭(eV, 0[k])	1.21	0.78
금지대폭(eV, 300[k])	1.10	0.72

원자가 화학적으로 안정되기 위해서는 최외각전자가 8개로 구성되어야 한다.

[그림 2-2(a)]와 같이 탄소원자가 8개의 최외각전자를 갖기 위해 주변의 다른 원자들과 전자를 공유하여 결합하는 것을 **공유결합**이라고 한다. 탄소의 공유결합을 입체적으로 나타낸 [그림 2-2(b)]의 경우 공유되는 각각의 전자들은 이웃하는 원자들에 의해 똑같은 구심력을 가지게 된다.

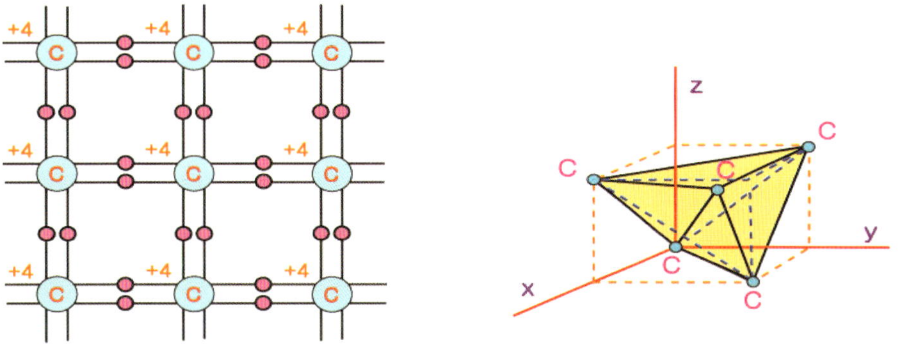

(a) 평면적으로 나타낸 탄소원자의 공유결합

(b) 입체적으로 나타낸 탄소원자의 공유결합

[그림 2-2] 공유결합

진성이란 결정체에 불순물이 없다는 것으로 순도가 높다는 것이며 진성 실리콘 결정도 공유결합을 한 것이다.

모든 원소는 원자번호를 가지고 있는데 각 원자의 화학적 성질은 전자수의 배열에 의해서 결정되므로, 원자번호는 원자의 화학적 성질을 나타내는 것이다. 즉, 각 원소를 원자번호순으로 나열하면, 가장 바깥껍질에 있는 전자수의 배열이 반복해서 나타나, 같은 화학적 성질을 지닌 원소가 주기적으로 출현하여 원소의 주기율표가 이루어진다.

이와 같이 원자번호는 원자의 기본적 성질을 나타내는 한 가지 양으로, 화학에서 가장 중요한 것이다.

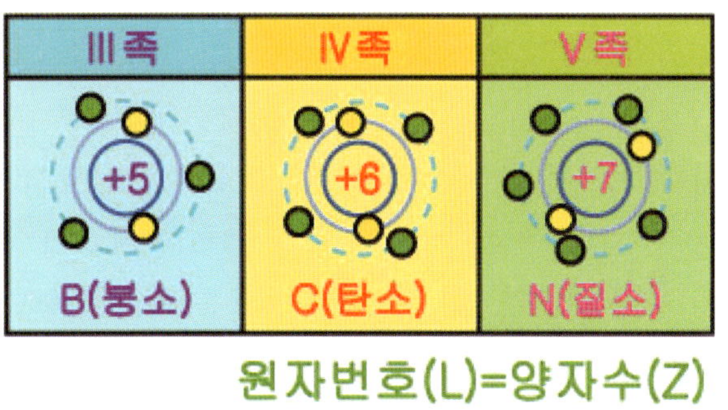

[그림 2-3] 원자번호와 질량수

최외각전자의 수에 따라 3족, 4족, 5족의 대표적인 붕소, 탄소, 질소의 구조를 [그림 2-3]에 나타내었다.

양성자와 전자가 외부로부터의 어떠한 에너지의 흡수가 없이 그 상태를 유지하는 것을 전자가 금지대에 있다고 하고, 약간의 에너지를 받아서 불안전한 상태에 있을 때 가전자대에 전자가 존재한다고 한다. 이 상태에서 전자가 에너지를 더욱 흡수하면 원자 내에서 탈출하여 자유전자의 상태로 될 때 그 전자는 전도대에 있다고 한다.

이 자유전자가 원자로부터 탈출하는 데 필요한 에너지의 양은 원자가 갖는 고유한 값의 크기에 따라 달라지는데, [그림 2-4]는 같은 4족인 원소들도 원소에 따라 금지대의 크기가 다르다는 것을 보여주는 것이다.

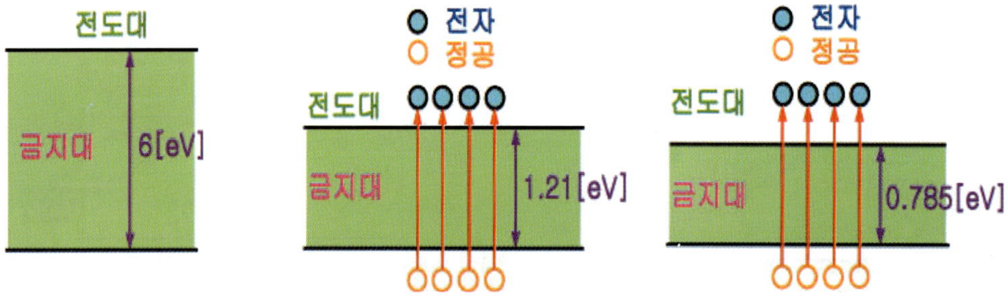

(a) 다이아몬드 (b) 실리콘 (c) 게르마늄

[그림 2-4] 4족 원소 결정체의 에너지 차이

1) 에너지 준위

전자의 궤도가 클수록 원자핵에 대한 에너지 준위(energy level : 에너지 레벨)와 위치 에너지도 높아진다. 또한 전자의 궤도에 따라 에너지 준위를 나타낼 수 있으며 에너지 준위가 높을수록 전자의 궤도는 커진다. 원자핵에 열, 빛 또는 복사와 같은 외부 에너지가 원자에 가해지면 전자는 에너지가 증가하게 되어 더 높은 에너지 준위(더 큰 궤도)를 갖게 된다. 그러나 전자는 곧 원래의 에너지 준위로 떨어지며 이 경우 전자가 얻었던 에너지를 열, 빛 또는 기타, 다른 복사형태로 방출하게 된다.

물질의 전기적 성질에 따른 에너지 준위를 [그림 2-5]에 나타내었다.

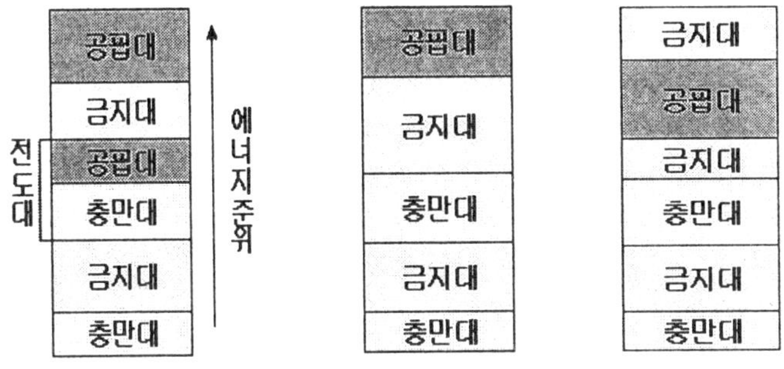

(a) 도체 (b) 절연체 (c) 반도체

[그림 2-5] 도체, 절연체, 반도체의 에너지 준위

2) 에너지대

원자들의 결합 시 첫 번째 궤도에서 움직이는 모든 전자는 서로 같은 에너지 준위에 존재하는 것같이 보이지만 미세하게 다른 에너지 준위에 존재하여 첫 번째 궤도 상의 에너지대(energy bands : 에너지 밴드)를 형성한다. 또한 두 번째 궤도 전자와 세 번째 궤도 전자도 이와 마찬가지로 에너지대를 형성하게 된다.

(2) 전자와 정공의 전도

상온에서 반도체 내의 전자들은 원자 중심에서 끌어당기는 힘이 비교적 약하기 때문에 주위로부터 충분한 열에너지를 얻으면 [그림 2-6]과 같이 N형 반도체는 가전자대로부터 전자가 존재할 수 없는 금지대역을 지나 자유전자가 되는 전도대로 이동하게 되고, P형 반도체는 이와 반대의 현상이 일어난다.

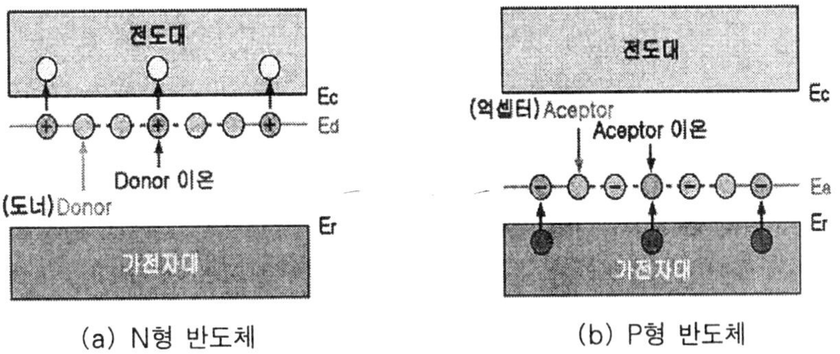

(a) N형 반도체 (b) P형 반도체

[그림 2-6] 불순물 반도체의 에너지 준위

전자 1개가 전도대로 이동하게 되면 가전자대에는 전자의 빈자리가 생기게 되는데 이러한 공백을 정공(hole : 홀)이라 부르며, 정공은 양(+)의 전기적 성질을 띤다. 실리콘에 [그림 2-7]처럼 열에너지를 인가할 경우 전도대로 자리변환을 한 모든 가전자대의 전자의 자리에는 빈자리가 생기게 된다. 이러한 경우 전자의 빈자리에는 정공이 생기게 되므로 전자와 정공은 쌍을 이루게 된다.

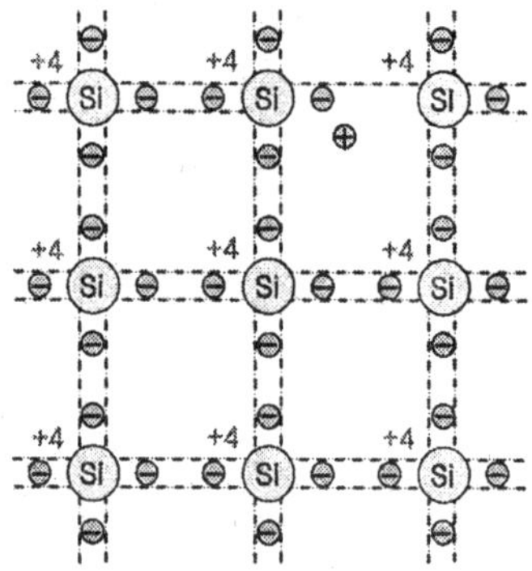

(a) 열에너지 인가 시 가전자의 발생

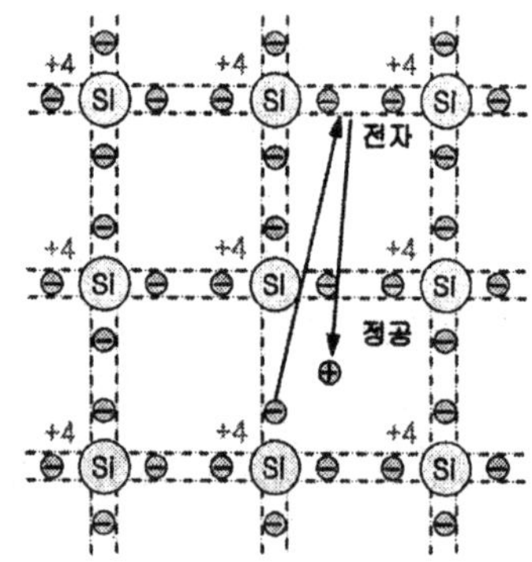

(b) 전자와 정공의 이동

[그림 2-7] 전자와 정공

(3) 도 핑

실리콘과 게르마늄 같은 진성 반도체는 실온에서는 거의 전류가 흐르지 못한다. 이러한 진성 반도체는 약간의 불순물을 첨가하면 도전율을 크게 증가시킬 수 있으므로 이처럼 **불순물을 첨가하는 과정을 도핑**(doping)이라 하며, 이 과정을 거치면 전류를 흐르게 하는 **캐리어**(carrier : 전자나 정공)의 수가 증가하게 된다.

도핑과정을 거친 반도체는 **외인성 반도체**라고 하고, 불순물의 종류에 따라 N형 반도체와 P형 반도체로 나눌 수 있으며, 이러한 반도체들의 특성은 〈표 2-3〉과 같다.

〈표 2-3〉 반도체 원료와 불순물 원자의 이온화 에너지

원소	가전자수	결정에서의 지름[A]	이온화 에너지[eV]		불순물	전도형
			Ge에서	Si에서		
B(붕소)	3	0.81	0.0104	0.045	억셉터 (acceptor)	P형
Al(알루미늄)	3	1.26	0.0102	0.057		
Ga(갈륨)	3	1.26	0.0108	0.065		
In(인듐)	3	1.44	0.0112	0.161		
P(인)	5	1.13	0.0120	0.044	도너 (donor)	N형
As(비소)	5	1.13	0.0127	0.049		
Sb(안티몬)	5	1.36	0.0096	0.039		
Si(실리콘)	4	1.17	1.12 - 3.6×10^4 T°K		없음	진성
Ge(게르마늄)	4	1.22	0.78 - 2.2×10^4 T°K			

(4) N형 반도체와 P형 반도체

N형 반도체는 진성 반도체(실리콘, 게르마늄)의 전도대에 있는 전자의 수를 증가시키기 위하여 5가 원자인 불순물을 첨가하여 만든다. 첨가하는 불순물원자들로는 비소(As), 인(P), 안티몬(Sb) 등이 있다. N형 반도체에서 불순물에 의해 여분의 전자가 만들어지기 때문에 불순물로 첨가된 **5가 원자를 도너**(donor) 원자라고 한다.

5가의 원자는 [그림 2-8]과 같이 [안티몬(Sb)의 경우] 이웃하는 4개의 실리콘 원자들과 공유결합을 형성하는데, 5개의 최외각전자 중에 4개의 최외각전자만이 이용되고, 나머지 한 개의 전자가 남게 된다. 이 여분의 전자는 어느 원자와도 결합하지 못하여 남게 되고 비교적 자유롭게 움직일 수 있기 때문에 전기전도 역할을 한다. 이러한 전자의 수는 불순물의 양에 비례하여 증가한다.

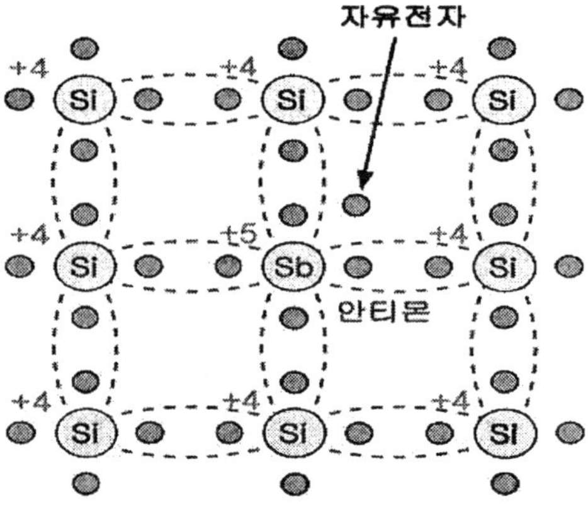

[그림 2-8] N형 반도체의 결정구조

P형 반도체는 진성 반도체에서 정공수를 증가시키기 위해서 3가의 불순물 원자를 첨가하여 만든다. 불순물로 첨가하는 원자로는 3개의 최외각전자를 갖은 알루미늄(Al), 붕소(B)와 갈륨(Ga) 등이 있다. P형 반도체에서는 불순물에 의해 정공이 만들어져 전자가 쉽게 이동할 수 있도록 하기 때문에 불순물로 첨가하는 3가 원자들을 억셉터(acceptor) 원자라고 한다.

[그림 2-9]와 같이 3가의 원자는 [인듐(In)인 경우] 이웃하는 4개의 실리콘 원자들과 공유결합을 형성하는데, 공유결합을 하기 위해서는 4개의 전자가 필요하지만 1개가 부족하게 되어 정공을 형성한다. 이러한 정공의 수는 불순물의 양에 비례하여 증가한다.

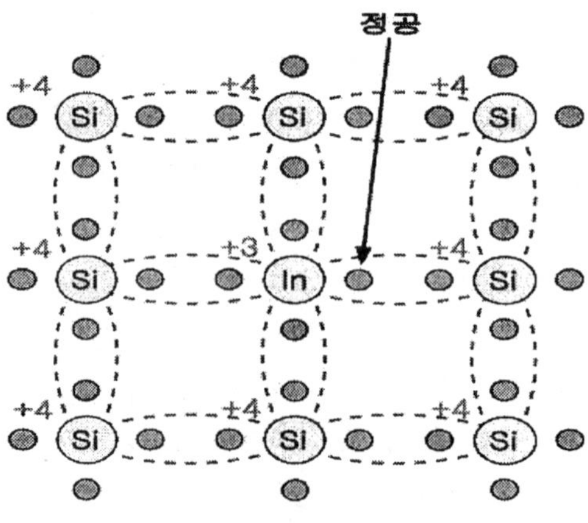

[그림 2-9] P형 반도체의 결정구조

(5) 다수 캐리어와 소수 캐리어

전류를 형성하는 대부분의 입자(다수 캐리어)가 전자인 경우 N형 반도체라고 하는데, N형이란 Negative(네거티브)란 의미로 음전하를 가진 입자의 전기적 성질을 의미한다.

- **N형 반도체** : 전류를 형성하는 전자들을 **다수 캐리어**라 부른다. 비록 N형에서 다수의 전류입자가 전자라 하여도 약간의 정공도 가지게 되는데, 이런 **정공**들을 **N형 반도체의 소수 캐리어**라고 한다.
- **P형 반도체** : 전류를 형성하는 대부분의 캐리어는 정공이다. P형이란 Positive(포지티브)란 의미로 양전하를 가진 입자의 전기적 성질을 의미한다. P형 반도체에서 다수 캐리어는 전자가 쉽게 이동하도록 도와주는 정공이 된다. 비록 P형에서 다수의 전류입자가 정공이라 해도 약간의 전자가 존재하게 되는데, 이러한 **전자들을 P형 반도체의 소수 캐리어**라고 한다.

(6) PN 접합의 바이어스

평형상태에서는 [그림 2-10]과 같이 전기적으로 중성이므로 PN 접합을 지나는 전류가 없다.

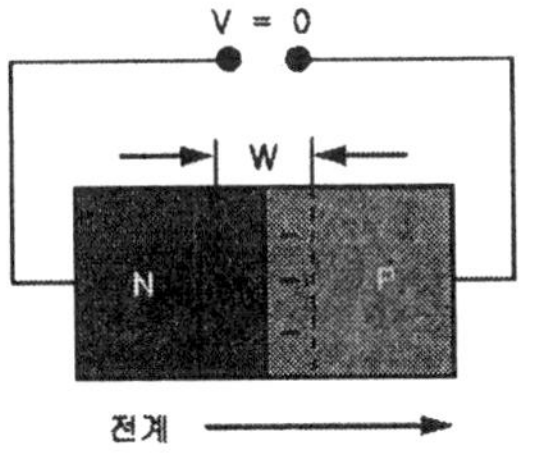

(a) 전위 영역 W에서의 공간전하

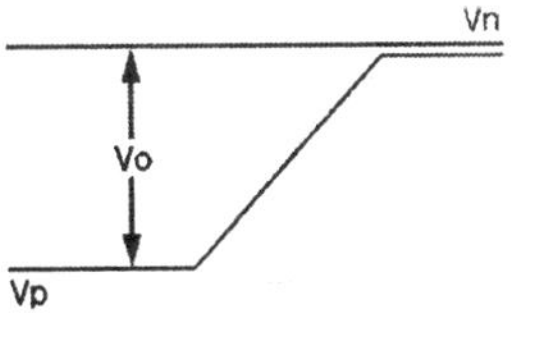

(b) 접촉전위 Vo

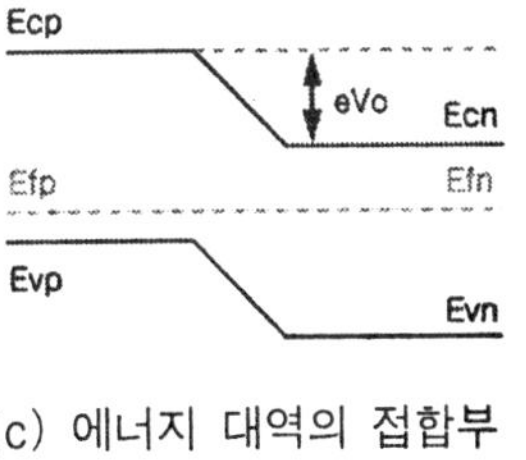

(c) 에너지 대역의 접합부

[그림 2-10] PN 접합의 평형상태

PN 접합은 양단에 걸리는 **바이어스**[1]에 의해 전류가 흐르기도 하고 흐르지 않기도 하기 때문에 전자회로에서 중요한 역할을 한다. PN 접합 다이오드에는 순방향과 역방향의 두 가지 바이어스가 존재하며, 양단에 걸어주는 외부전압의 극성과 크기에 의해 결정된다.

역방향 바이어스의 경우 접합면 근처의 N영역에 있는 자유전자는 (+)전원 단자 쪽으로 끌리게 되고, 접합면 근처에 있는 P영역의 정공은 더욱더 넓어지게 된다. 공핍층의 전위차가 전원전압과 같을 때 그 공핍층 폭의 증가가 중지된다. 즉, 공핍층의 전위차가 전원전압과 다를 경우 공핍층의 폭은 계속해서 넓어지고, 전위차가 전원전압과 같을 경우 자유전자와 정공의 이동이 중지된다.

PN 접합을 하는 합금 접합법의 제조공정을 [그림 2-11]에 나타내었다.

(a) N-Type 결정 시료 위에 In 덩어리를 놓고 높은 열(약 500°)로 가열한다.
(b) In과 Ge이 융화되어 N-Type의 Ge과 In이 합금을 형성한다.
(C) 냉각 후에 융해되지 않는 N형 Ge 결정과 융해되어 생긴 P형 Ge 결정이 형성된다. Ge에 확산되지 않은 In의 나머지 윗부분은 전극으로 활용된다.

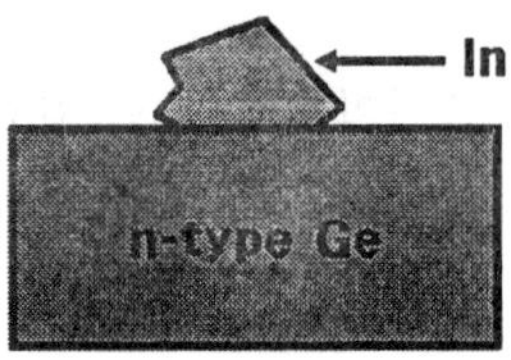

(a) N형 Ge과 In의 접촉

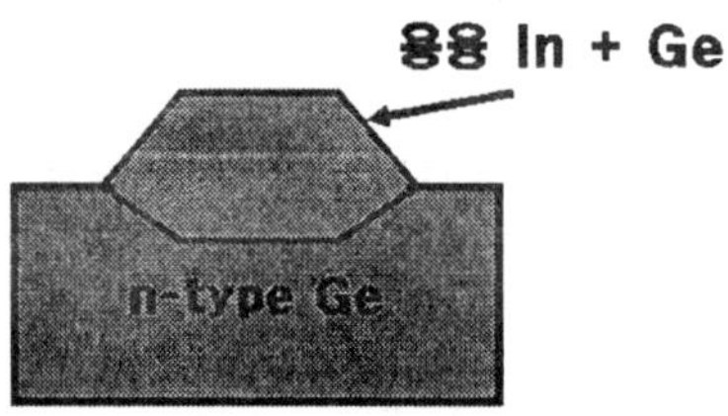

(b) In과 Ge의 결합

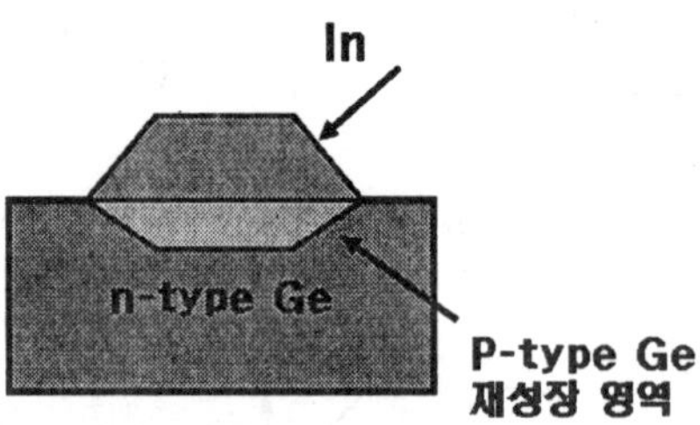

(c) P형의 재성장 영역과 Ge 속에서의 In의 응결

[그림 2-11] PN 접합 합금 접합법 제조공정

1) 바이어스 : 전자소자를 원하는 조건에서 동작시키기 위하여 소자 양단에 전압을 인가하는 것이라고 할 수 있다.

1) 순방향 바이어스

PN 접합 전원에 (−)단자는 N영역에 연결하고 (+)단자는 P영역에 연결하면 순방향 바이어스가 걸린다. 순방향 바이어스가 걸리면 PN 접합을 지나는 전류가 흐르게 된다.

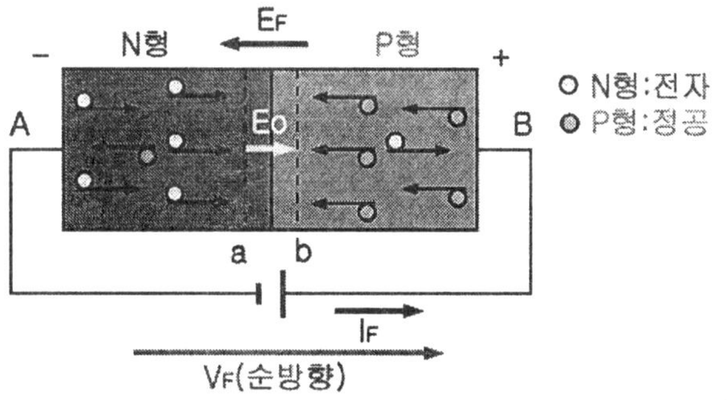

[그림 2-12] 순방향 바이어스

PN 접합에 순방향 바이어스가 걸렸을 때 [그림 2-12]는 전자와 정공의 이동경로이며, 순방향 바이어스의 기본동작 원리는 같은 극성은 서로 밀어내고 다른 극은 서로 끌어당기는 현상을 이용하여 전원의 (−)단자는 N영역에 있는 전도대의 전자를 접합면 쪽으로 밀어내고 정공을 끌어당기며, 이와는 반대로 (+)단자는 P영역에 있는 전자를 끌어당기게 되고 정공은 접합면 쪽으로 밀어낸다.

이러한 힘이 전위장벽 이상으로 강해지면, 외부전압은 N영역의 자유전자들을 공핍층과 접합경계를 지나 P영역에 흘러들어 정공과 재결합할 수 있게 된다. 자유전자들이 N영역으로 들어가면 더 많은 전자들이 전원의 (−)단자를 통해 N영역으로 흘러들어온다. 따라서 접합부로 향하는 자유전자(다수 캐리어)들의 움직임에 의하여 N영역을 통하여 전류가 흐르게 된다.

P영역으로 들어온 전자들은 정공과 결합하게 되어 가전자가 된다. 이후에 가전자들은 (+)단자에서 당기는 힘에 의해 한 정공에서 다른 정공으로 옮겨가면서 (+)단자 쪽으로 이동하게 된다. 이러한 가전자들의 이동방향과 정공의 이동방향은 서로 반대가 된다. 따라서 P영역의 전류는 접합부로 향하는 정공(다수 캐리어)들의 움직임에 의하여 형성된다. [그림 2-13]에서는 순방향 바이어스에서 공핍층과 전위의 변화를 나타낸 것이다.

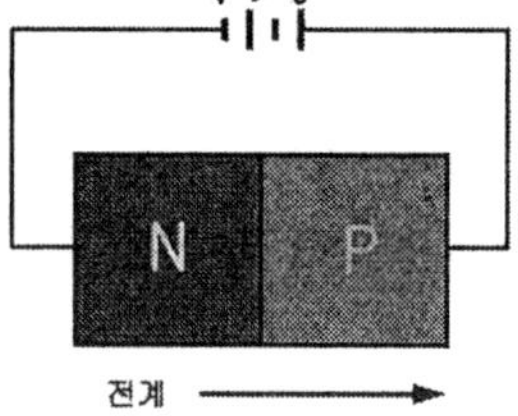

(a) 전위 영역에서의 공핍 층

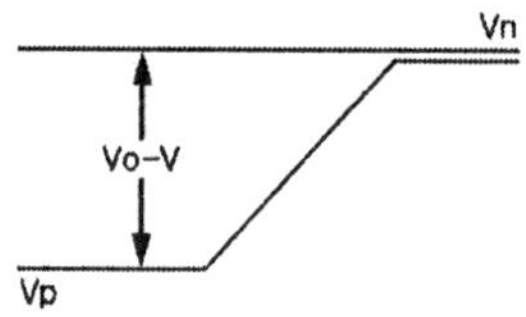

(b) 접촉전위 Vo

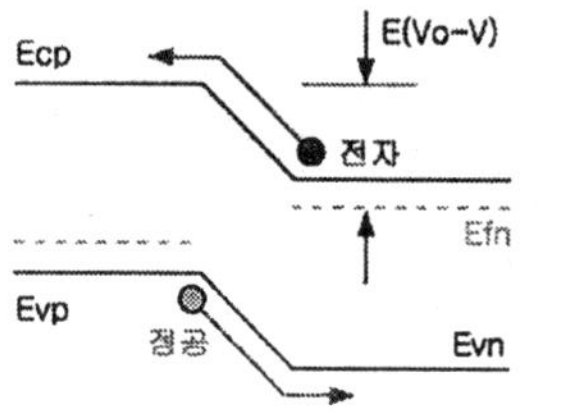

(c) 에너지 대역의 접합부

[그림 2-13] 순방향 바이어스의 영향

2) 순방향 바이어스에서의 전위장벽 효과

접합면에서 전위장벽은 순방향 바이어스와 반대방향이다. 이와 같은 이유는 P영역과 N영역의 접합 근처에 있는 이온들이 접합을 지나 PN 접합을 지나서 들어오는 전자들의 흐름을 방해하기 때문이다. PN 접합에 전류가 흐르기 위해서는 외부 순방향 바이어스 전압이 전위장벽의 크기보다 커야 한다. 이 전위장벽은 실리콘(Si)의 경우 0.7[V], 게르마늄의 경우 0.2~0.3[V]이다.

3) 역방향 바이어스

전압원의 (−)단자가 P영역 쪽에, (+)단자가 N영역 쪽에 연결되어 있는 경우를 역방향 바이어스라 하며, PN 접합 쪽으로 전류가 흐르지 못하도록 한다.

[그림 2-14]는 PN 접합에 역방향 바이어스가 걸렸을 때 전자와 정공의 이동경로이며, 역방향 바이어스의 기본동작 원리는 순방향 바이어스와 마찬가지로 같은 극성은 서로 밀어내고 다른 극성은 서로 끌어당기는 현상을 이용하여 전원의 (−)단자는 P영역에 있는 정공을 끌어당기고 전자를 N형 쪽으로 밀어내며, 이와는 반대로 (+)단자는 N영역에 있는 전자를 끌어당기게 되고 정공은 P형 쪽으로 밀어낸다. 이와

같이 PN 접합으로부터 전자와 정공들이 더욱 멀어지게 만든다. 이렇게 전자와 정공들이 접합면으로부터 멀어짐에 따라 공핍층의 폭은 더욱 넓어지게 되고, 더 많은 양이온과 음이온들이 각각 N과 P 영역에 발생하게 된다.

역방향 바이어스의 경우 공핍층은 마치 절연체와 같은 역할을 하는데, 이 공핍층은 콘덴서와 같은 효과를 나타낸다. [그림 2-15]에서는 역방향 바이어스에서 공핍층과 전위의 변화를 나타낸 것이다.

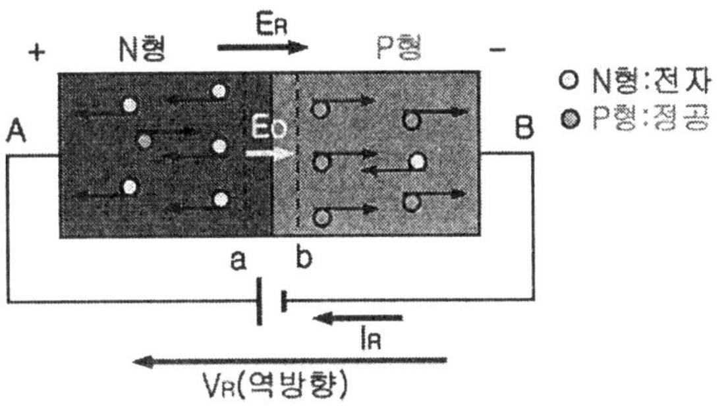

[그림 2-14] 역방향 바이어스

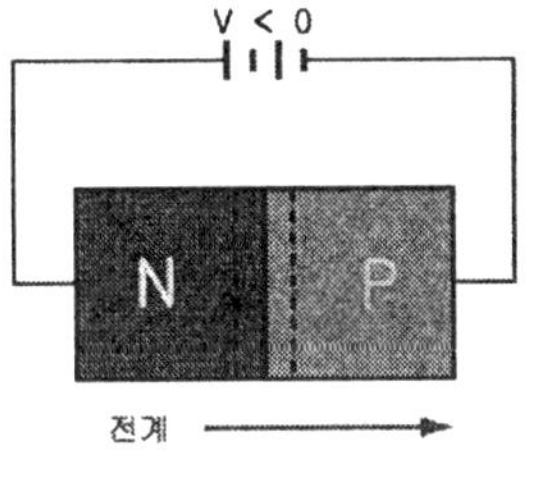

(a) 전위 영역에서의 공핍 층

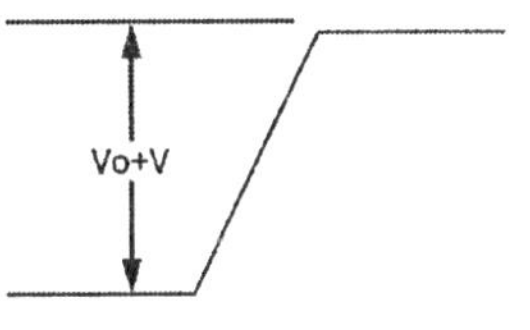

(b) 접촉전위 Vo

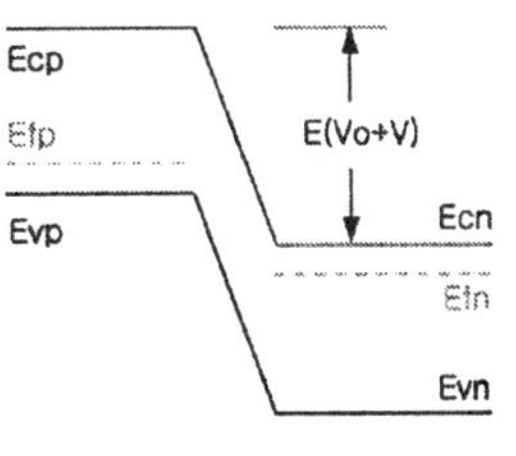

(c) 에너지 대역의 접합부

[그림 2-15] PN 접합에서의 역방향 바이어스 영향

[그림 2-16]에서는 PN 접합에서 바이어스에 따른 공핍층의 영역의 변화와 그에 따른 특성을 나타낸 것이다.

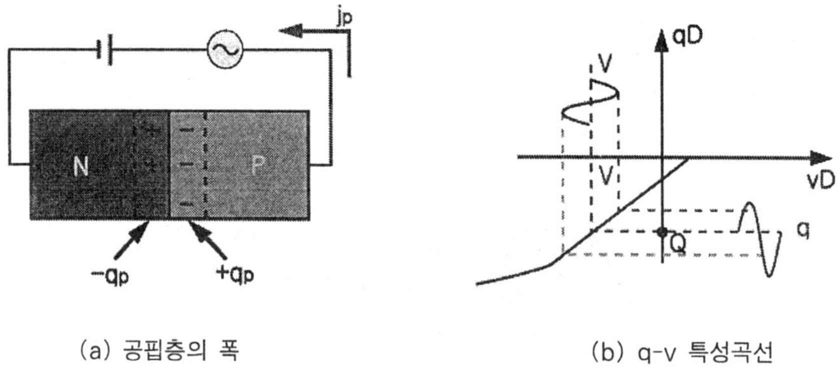

[그림 2-16] PN 접합에서의 공핍층의 특성

2 다 이 오 드

다이오드(diode)는 PN 접합으로 구성된 반도체 소자이다. 순방향 바이어스의 크기가 전위장벽보다 클 경우에 다이오드에 전류가 흐른다. 역방향 바이어스 전압이 파괴전압보다 작을 때에는 다이오드에서 전류흐름을 막는다.

(1) 다이오드 기호

기본적인 다이오드 기호를 [그림 2-17]에 나타내었다. 화살표 방향은 전류가 흐르는 방향이다. 다이오드의 두 단자는 각각 양극(anode : 애노드)과 음극(cathode 또는 kathode : 캐소드)이라 부르며, 각각 A 및 K로 표시한다.

[그림 2-17] 다이오드의 기호

(2) 다이오드 특성곡선

[그림 2-18]은 일반적인 다이오드의 전류와 전압의 관계를 보여주는 것이다.

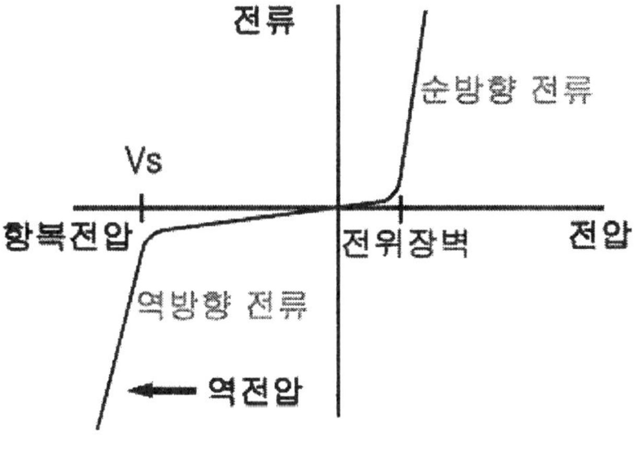

[그림 2-18] 다이오드의 특성곡선

역방향 바이어스의 경우는 삼사분면에 해당한다. 역 전압이 왼편으로 증가하면 파괴전압(breakdown voltage : 브레이크다운 볼티지)에 이를 때까지 전류는 거의 0에 머문다. 파괴점에 이르면 큰 역방향 전류가 흐르게 되어 외부에서 이를 제한하지 않으면 다이오드는 파괴되어 버리게 된다.

순방향 바이어스 전압이 [그림 2-19]에서 보듯이 전위장벽보다 작을 경우 매우 적은 양의 순방향 전류가 흐른다. 이 순방향 바이어스 전압이 전위장벽 값과 거의 같을 경우 전류는 증가하기 시작한다.

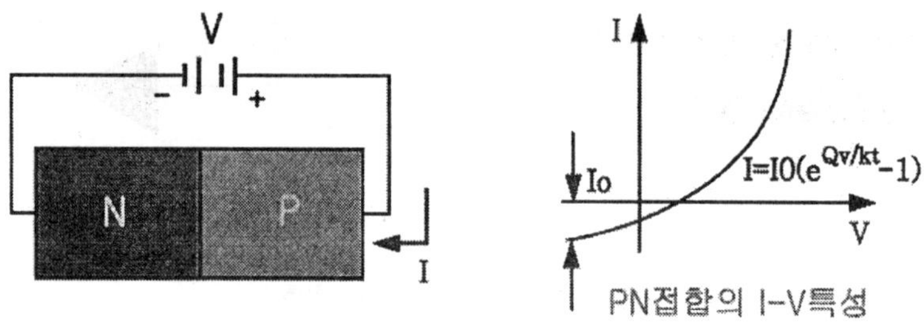

(a) (b)

[그림 2-19] PN 접합의 전류-전압 특성곡선

다이오드의 이상적인 모델을 [그림 2-20]에 나타내었다.

(a)의 이상적 다이오드는 V>0일 경우 on이 되는 것을 보여준다.

(b)는 오프셋 전압을 갖는 이상적 다이오드의 그림으로 오프셋 전압이 실리콘인 경우 0.7[V], 게르마늄일 경우에는 0.2~0.3[V]가 된다.

(c)의 그림은 저항성분을 포함하고 있는 것으로 실제 다이오드 특성과 유사하다.

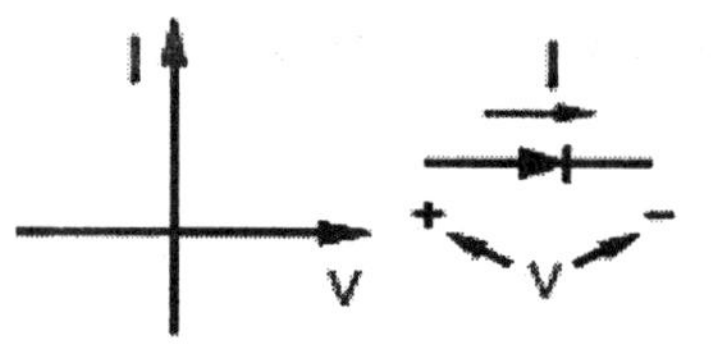

(a) 이상적 다이오드

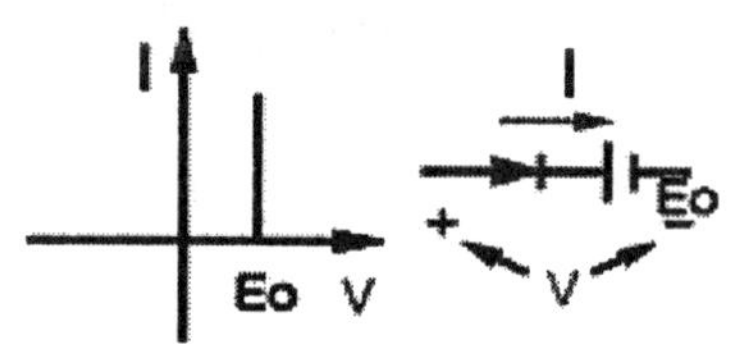

(b) 오프셋 전압을 갖는 이상적 다이오드

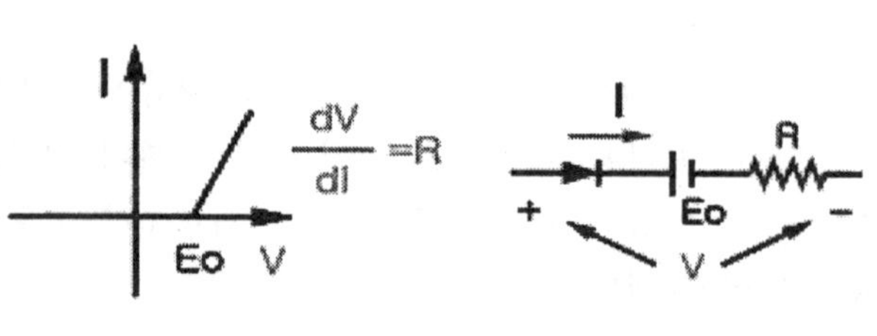

(c) 오프셋 전압과 순방향 특성에 나타난 경사를 말해주는 저항을 갖는 이상적 다이오드

[그림 2-20] 다이오드 특성의 근사모델

(3) 특수 다이오드

다이오드는 PN 접합으로만 되어 있다. 따라서 전류가 한 방향으로만 흐르므로 주된 역할은 정류작용이다. 그 밖에도 PN 접합은 또 다른 유용한 성질들을 지니고 있는데, 역방향 바이어스일 때 접합은 외부전압에 의해 조절될 수 있는 용량성 임피던스를 가지고 있다.

또한 PN 접합은 감광성이 있으며, 역항복 전압은 제너 다이오드(Zener diode)에 사용될 수 있다.

1) 터널 다이오드

반도체 내에 불순물의 첨가 농도가 증가하면 전하밀도가 증가하고 공간전하 영역의 폭과 전위장벽이 감소된다. 또 불순물 첨가 농도를 점점 증가시켜 공간전하 영역이 10[nm]보다 작아지면 새로운 메커니즘이 발생하며, 소자의 특성이 급격하게 변화하여 공핍층을 통해 전하 캐리어가 **터널효과**(tunneling effect : 터널링 이펙트)를 일으킬 수 있다는 특성을 이용한 소자가 **터널 다이오드**(tunnel diode)이다. 또 이 현상을 발견한 에사키의 이름을 따서 **에사키 다이오드**(Esaki diode)라고도 부르며 기호는 [그림 2-21]과 같다.

[그림 2-21] 터널 다이오드의 기호

터널 다이오드의 중요한 성질은 [그림 2-22]처럼 순방향 전압이 가해질 때 특정한 영역에서 부(−)저항을 가지고 있다는 것이다.

부저항이 있는 경우 공급전압이 증가함에 따라 전류는 감소하게 되는데, 이러한 특성을 이용하여 터널 다이오드는 증폭기 또는 발진기(oscillator : 오실레이터) 등에 사용할 수 있다.

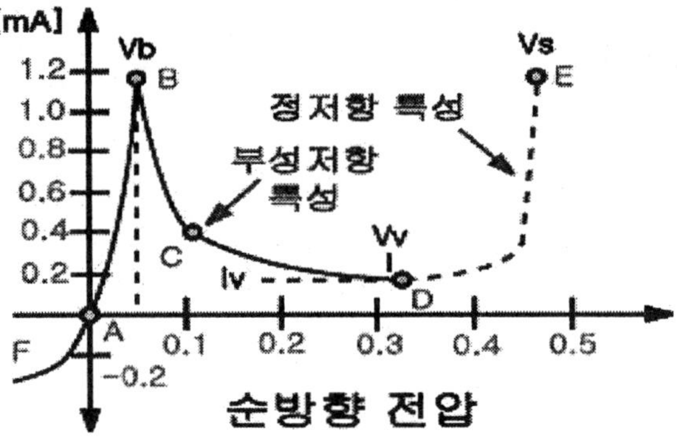

[그림 2-22] 터널 다이오드의 특성곡선

2) 제너 다이오드

제너 다이오드(Zener diode)의 기호 및 특성곡선을 [그림 2-23]에 나타내었다. PN 접합 다이오드에 역방향 전압을 가하면 항복현상이 일어나게 되는데 이 부분에서는 다이오드에 흐르는 전류가 급격히 증가하여도 단자전압은 거의 일정하다. 이 항복현상을 이용하여 정전압이나 전압 기준 전압을 얻기 위해 만들어진 것이 제너 다이오드이다.

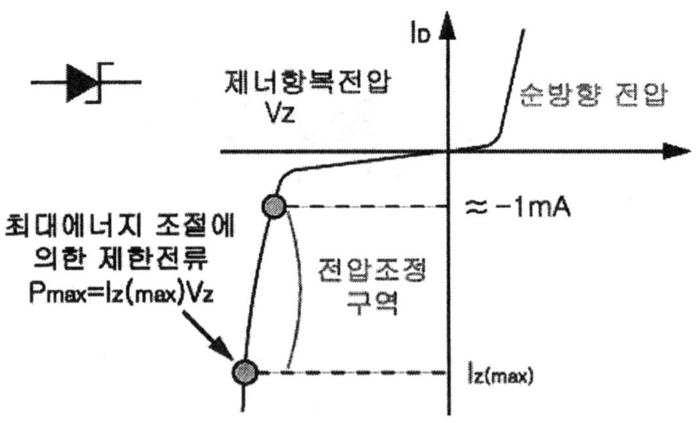

[그림 2-23] 제너 다이오드의 기호 및 특성곡선

제너 다이오드는 [그림 2-24]와 같이 인가되는 전압이 동작영역 내의 전류의 증감에 관계없이 거의 일정하기 때문에 정전압 다이오드라고 부른다.

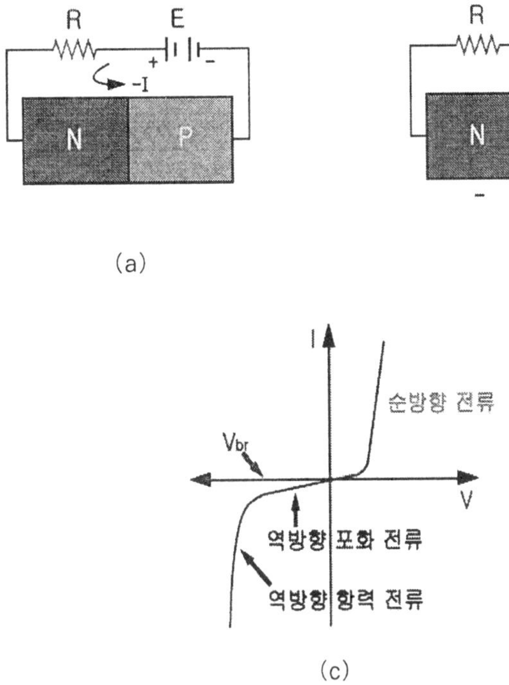

[그림 2-24] 다이오드의 역방향 항복

항복전압은 PN 접합의 불순물의 농도에 의하여 자유로이 조정할 수 있지만, 항복 전압이 6~8[V] 정도의 것이 가장 특성이 좋다.

제너 다이오드 항복전압의 온도변화에 따른 특성을 [그림 2-25]에 나타내었는데, 온도에 따라 항복전압은 크게 변하지 않는다.

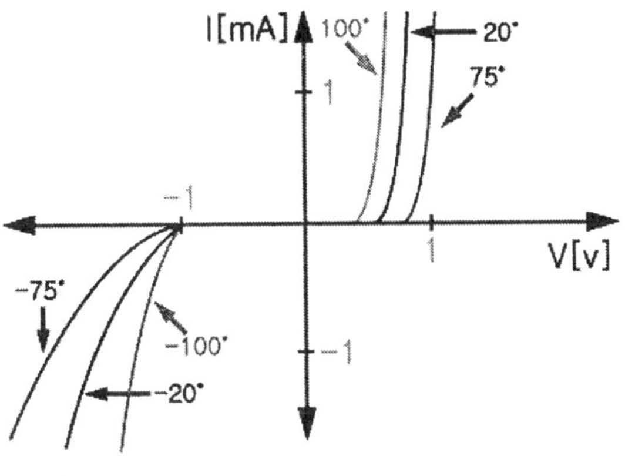

[그림 2-25] 제너 다이오드 항복전압의 온도 특성

제너 다이오드는 [그림 2-26]과 같이 파괴전압 영역에 영구히 접합시킴으로써 안정된 전압 조정기(voltage regulator : 볼티지 레귤레이터)의 역할을 할 수 있다. 이러한 이유 때문에 전압 제어 소자로 널리 사용되고 있다.

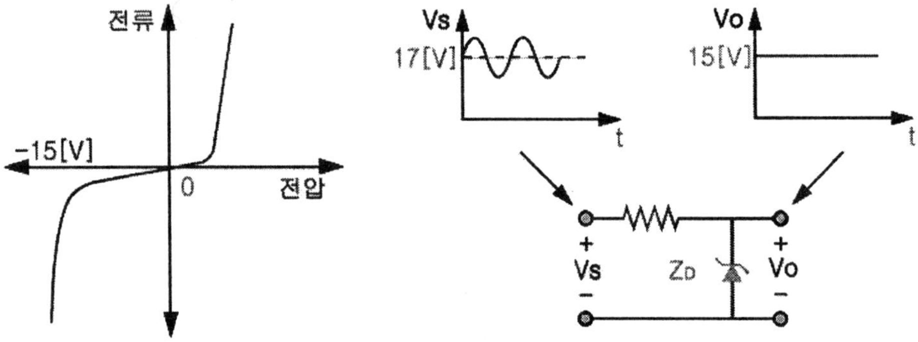

(a) I-V특성 (b) 전압조정소자

[그림 2-26] 전압 조정기 회로

3) 버랙터 다이오드

PN 접합 다이오드에 역방향 전압을 가하면 접합부의 전위장벽이 높아지게 되어 공핍층의 폭이 넓어지므로 전류가 거의 흐르지 않고 정전용량만이 증가하게 되며, PN 접합 용량은 가해지는 역방향 전압의 크기에 따라 변화하게 된다.

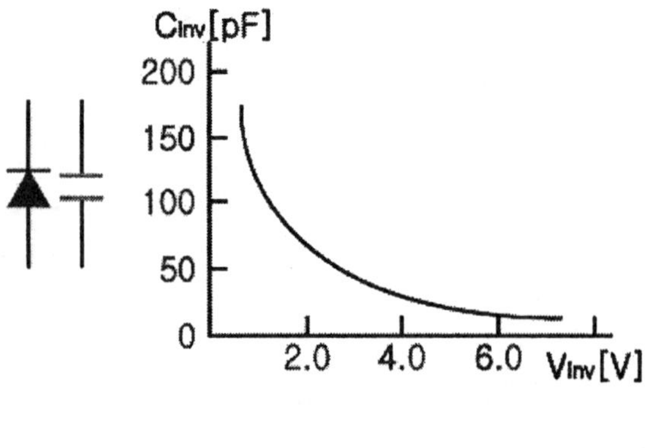

[그림 2-27] 버랙터 다이오드의 기호 및 특성곡선의 예

즉, 순방향 전압이 걸렸을 때 전하량이 증가하고 전류가 흐르게 되는 것으로 이 성질을 이용하여 쓰이는 것을 **버랙터 다이오드**(varactor diode) 또는 **가변용량 다이오드**(variable capacitance diode : 베어리어블 커패시턴스 다이오드)라고 한다.

- **버랙터 다이오드** : [그림 2-27]과 같은 특성곡선을 가지고 있으며, 자동주파수 제어(AFC)회로, FM변조회로, TV의 전자튜너회로 등 기계적으로 정전용량을 조절함으로써 정상상태 변조를 얻기 위한 곳에 사용된다.

4) 배리스터

배리스터(varistor)는 양 끝에 가해지는 전압에 의해서 저항값이 변하는 비선형 반도체 소자로서, **베어리어블 레지스터**(variable resistor)의 약칭이다. 가해지는 전압의 극성과 관계없이, 전압의 크기만으로 저항이 정해지는 대칭형 배리스터와, 가해지는 전압의 극성에 의해서 달라지는 비대칭형 배리스터가 있다.

- **비대칭형 배리스터** : 셀렌 · 게르마늄 · 실리콘 등의 반도체 다이오드가 사용된다.
- **대칭형 배리스터**는 실리콘카바이드나 비대칭형을 2개 조합해서 사용하며, 전기접점의 불꽃을 소거하거나 반도체 정류기 · 트랜지스터 등의 서지전압(surge voltage : 서지 볼티지)으로부터의 보호의 목적으로 사용된다.

5) 발광 다이오드

3가, 5가 화합물 반도체인 인화갈륨(GaP), 비소화갈륨(GaAs) 등 발광하기 쉬운 성질을 가진 재료에 의해 만들어진 PN 접합 다이오드를 발광 다이오드(Light Emitting Diode : 라이트 이미팅 다이오드, LED)라고 한다.

인화갈륨의 단결정에 2가 원소인 Zn(아연)을 불순물로 주입하면 P형을 만들 수 있고, 6가 원소인 Se(셀렌)을 불순물로 주입하면 N형을 만들 수 있다.

순방향 전압으로서 1.6~2.0[V] 정도의 전압을 가하여 수 [mA]~수십 [mA]의 전류를 흘리면 PN 접합부를 지나서 N형에서 흘러나와 P형에 흘러들어간 전자가 정공과 재결합하고, 또한 P형의 정공도 N형의 전자와 재결합한다. 이와 같이 **전자가 정공과 재결합할 때 여분의 에너지를 빛으로 방출**하는데, 이 현상을 **전계 루미네선스**(Electro Luminescence : 일렉트로 루미네선스, EL)라 한다.

- **발광 다이오드의 특징** : 소비전력이 적고, 저전압에서 동작하며, 발열이 적고, 수명은 대단히 길고 효율성이 좋다. 또한 동작이 고속이고, 고주파 점멸이 가능하므로 신호표시용, 디지털 계측기의 숫자, 문자 표시용에 많이 이용되고 있다.

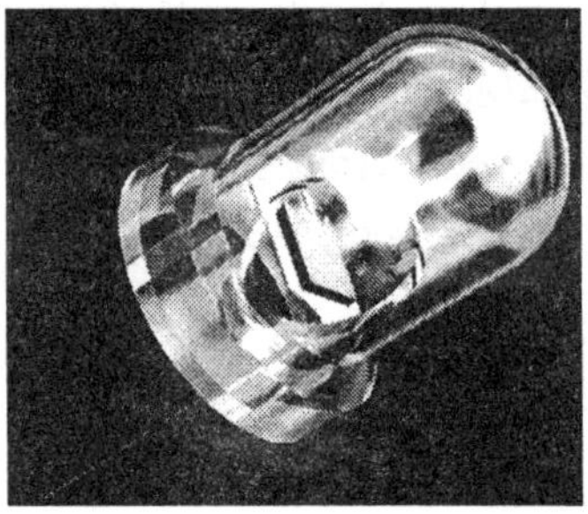

[그림 2-28] LED

[그림 2-29] 7-세그먼트

일반적인 발광 다이오드의 실제 모습을 [그림 2-28]에 나타내었으며, [그림 2-29]는 숫자표시를 할 수 있는 7-세그먼트 발광 다이오드를 나타낸 것이다.

또한 발광 다이오드와 트랜지스터를 조합하여 빛을 이용한 전기적 제어에 많이 사용하고 있는데 이러한 회로를 **포토커플러**(photo coupler)라 하며, 포토커플러의 구조와 동작원리 및 구성은 [그림 2-30]과 같다. 우리가 자주 접하는 의료기기에서는 환자와 기기를 분리할 필요가 있을 경우 사용한다.

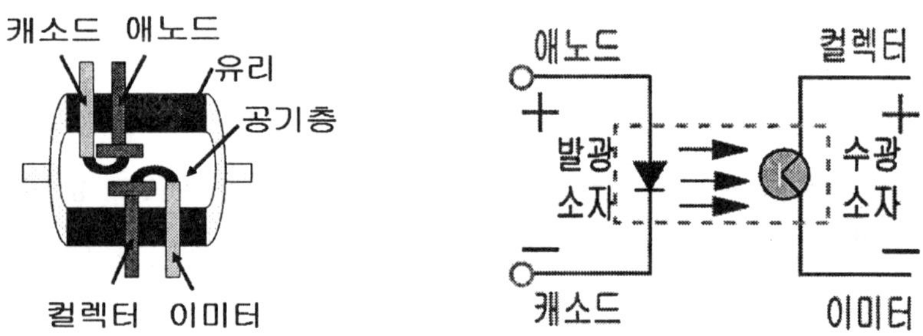

(a) 포토커플러의 구조 (b) 포토커플러의 구성

[그림 2-30] 포토커플러의 구조 및 구성

6) 포토다이오드

포토다이오드는 발광 다이오드의 역현상을 이용한 것이다([그림 2-31]). 즉, P형 영역에 (−), N형 영역에 (+)의 역방향 전압을 가하여 접합부에 빛을 받게 되면 빛 에너지에 의하여 전자-정공쌍이 발생하여 역방향 전류가 흐른다. 이 전류의 크기는 접합부에 가한 빛 에너지의 양에 비례한다.

- **포토다이오드**(photo diode) **특징** : 빛에 대하여 감도가 좋고, 응답속도가 매우 좋아 광 통신의 수광소자로 사용되며, 또한 광 신호를 전기신호로 바꾸는 광 검출기 등에 사용된다.

[그림 2-31] 포토다이오드

7) 쇼트키 다이오드

일반적으로 다이오드는 낮은 주파수에서 순방향 바이어스에서 역방향 바이어스로 변하면 차단이 된다. 하지만 주파수가 증가하면 역방향의 반주기 동안 흐르는 큰 전류를 신속하게 차단하지 못하는 단점이 생긴다. 이것은 순방향 전류의 증가로 인한 축적현상과 다이오드 off 시의 역 회복시간 때문인데 이러한 역방향 회복시간의 해결책으로 쇼트키 다이오드가 사용된다.

- **쇼트키 다이오드** : [그림 2-32]의 (a)와 같이 한쪽 면은 금속[금(gold : 골드), 은(silver : 실버), 백금(platinum : 플래티늄)]으로 되어 있고, 다른 쪽은 N형 실리콘으로 만들어진 특수목적용 다이오드이다.
- **쇼트키 장벽** : 바이어스가 되지 않았을 때 N형 측에 있는 자유전자는 금속면에 자유전자보다 더 작은 궤도에 들어 있어 전위의 차이가 생기게 되는데 이것을 쇼트키 장벽이라 한다.

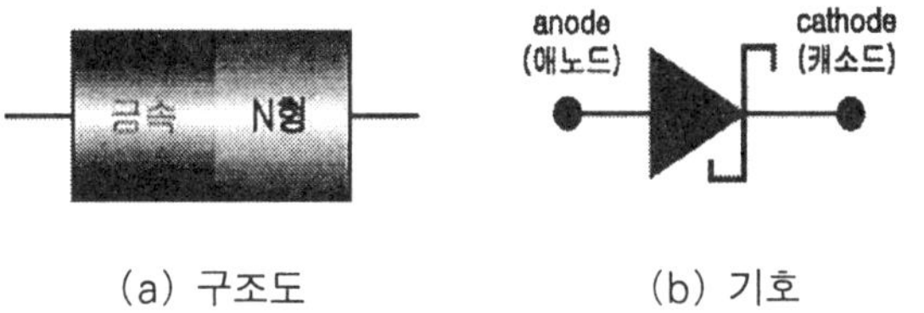

(a) 구조도 (b) 기호

[그림 2-32] 쇼트키 다이오드

- **쇼트키 다이오드의 동작원리** : 다이오드가 순방향으로 바이어스 되면 N형 측 자유전자가 더 큰 궤도로 이동할 수 있는 에너지를 얻게 되어 접합면을 지나 금속으로 이동하게 되며, 이때 더 큰 전류를 흐르게 한다. 하지만 금속은 정공을 가지고 있지 않기 때문에 전하 축적과 역방향 회복시간이 존재하지 않는다. 즉 전하의 축적이 없기 때문에 일반적인 다이오드보다 스위칭 시간이 짧은 것이다.
- **순방향에서 쇼트키 다이오드** : 약 0.25[V]의 턴온 전압을 가진다. 일반적인 실리콘 다이오드가 0.7[V]의 턴온 전압을 갖는 데 비해서 작은 값이므로 전력손실을 최소화할 수 있어 저전압 정류기에 쓰인다. 쇼트키 다이오드를 이용한 정류회로를 [그림 2-33]에 나타내었다.

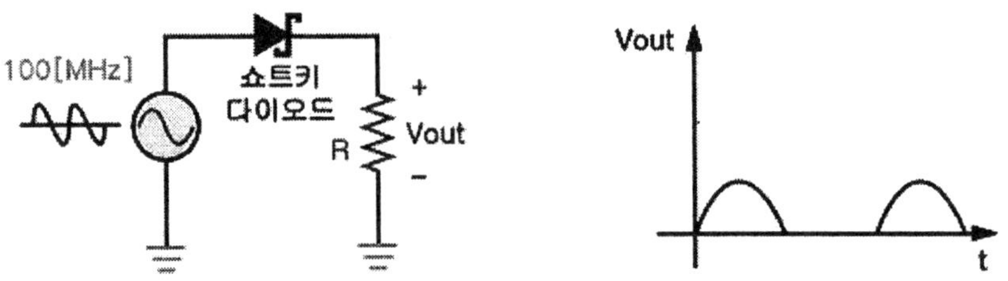

(a) 반파 정류기 (b) 정류된 출력

[그림 2-33] 쇼트키 다이오드 정류회로

8) 전력 다이오드

전력 다이오드는 교류입력 신호를 평균값 또는 직류값으로 변화시키는 정류과정에서 사용한다. 이런 용도의 다이오드를 정류기(rectifier : 렉터파이어)라고 한다.

- **전력 다이오드** : 고전류, 고온, PIV 정격의 특성 때문에 대부분 실리콘을 사용하여 제작한다.
- **전력용 다이오드의 전류용량** : 여러 개의 다이오드를 병렬로 연결함으로써 증가시킬 수 있다.

(4) 반파 정류기

다이오드는 인가하는 전압의 방향에 따라 한쪽 방향으로만 전류를 흘릴 수 있는 특성 때문에, 교류를 직류로 바꾸어주는 정류기 회로에서 교류전압을 직류전압으로 바꿔주는 역할을 한다.

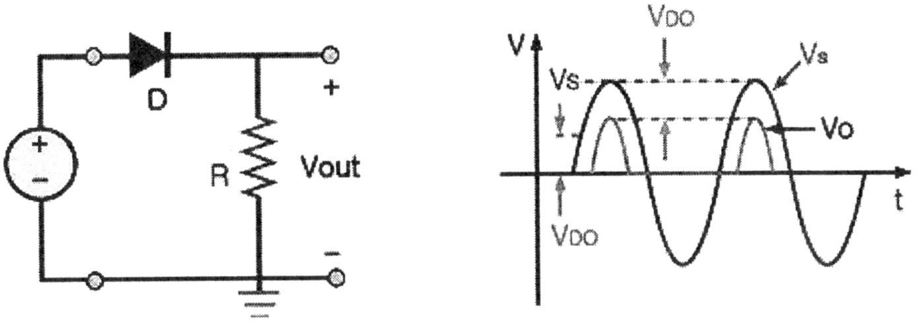

[그림 2-34] 반파 정류기 회로 및 입력전압 대 출력전압의 관계

반파 정류회로 및 입력전압 대 출력전압의 관계를 [그림 2-34]에 나타내었다. 입력전압의 한 주기 동안의 동작을 살펴보면 입력전압이 (+)일 때, 다이오드는 순방향 바이어스가 되어 전류가 부하로 흐르게 되고, 반대로 입력전압이 (−)일 때, 다이오드는 역방향 바이어스가 되어 전류가 부하로 흐르지 않게 된다. 따라서 부하에는 항상 (+)전압만이 흐르는 것이다.

반파 정류기의 평균전압 또는 직류값은 다이오드의 전압강하를 무시하면 $V_{DC} = 0.318\,V_{p-p}$가 된다.

(5) 중간 탭 전파 정류기

중간 탭(center tap : 센터 탭) 전파 정류기는 [그림 2-35]와 같이 2개의 다이오드를 연결하여 구성한다.

중간 탭을 중심으로 2개의 반파 정류기가 연결된 것과 같으며 입력신호는 변압기를 통하여 2차 권선에서 얻고 중간 탭에서 보면 양쪽 단자들의 전압은 같아야 한다.

입력전압의 양의 반주기 동안 위쪽의 다이오드 D1은 순방향 바이어스 되고 아래의 다이오드 D2는 역방향 바이어스가 되어 부하저항에 다이오드 D1을 통해 전류가 흐르게 되는 것이다. 반대로 음의 반주기 동안 2차 전압의 극성은 반대가 되어 다이오드 D1은 역방향 바이어스가 되고, 다이오드 D2는 순방향 바이어스가 되어 다이오드 D2를 통해 부하에 전류가 흐르게 되는 것이다.

이러한 전파 정류회로는 [그림 2-36]과 같은 입·출력파형을 나타내며, **반파 정류보다 주파수가 2배**가 된다. 다만, 1차 전압과 같은 크기의 전압을 얻기 위해서는 변압기의 권선비가 1 : 2가 되어야 하며, 전파 정류기의 피크 값은 $V_{out(peak)} = 0.5\,V_{p-p}$가 되고, 평균값이나 직류값은 동일한 2차 전압에서 반파 정류 출력값의 2배가 된다. 이것을 식으로 나타내면 $V_{DC} = 0.636\,V_{out(peak)}$가 된다.

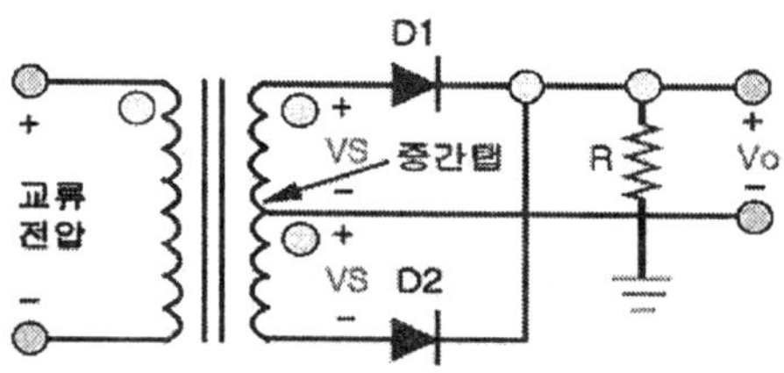

[그림 2-35] 중간 탭 전파 정류기

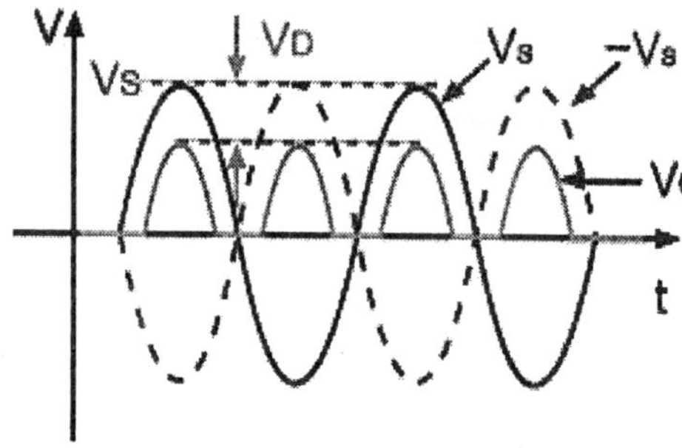

[그림 2-36] 중간 탭 전파 정류기의 입력 대 출력

(6) 브리지 전파 정류회로

[그림 2-37]은 4개의 다이오드를 이용한 브리지 전파 정류회로이다. 입력전압의 양(+)의 반주기 동안은 다이오드 D1과 D2가 순방향 바이어스가 되어 부하로 전류가 흐르게 된다. 이와는 반대로 입력 전압의 음(−)의 반주기 동안은 다이오드 D3와 D4가 순방향 바이어스가 되어 부하로 전류가 흐르게 된다.

이러한 브리지 전파 정류회로의 입력과 출력의 파형은 [그림 2-38]과 같다. 외부의 자극이 없는 이상 다이오드라고 가정하면 부하전압의 피크 값은 $V_{out} = V_{2(peak)}$가 된다.

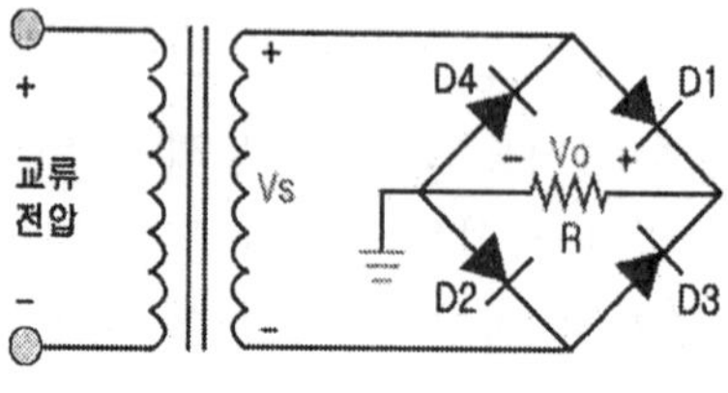

[그림 2-37] 브리지 전파 정류회로

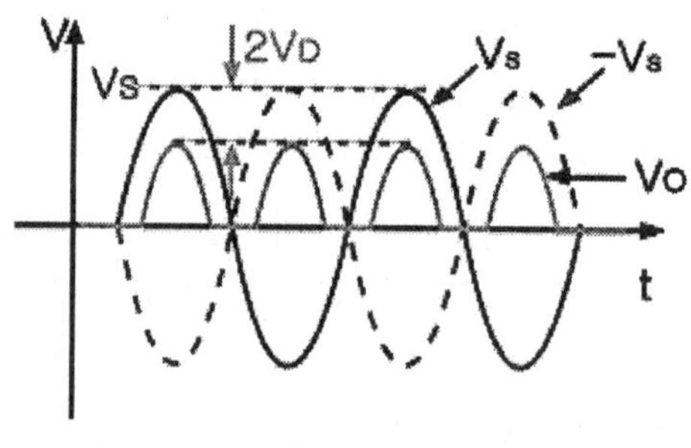

[그림 2-38] 브리지 전파 정류회로의 입력 대 출력

(7) 콘덴서 입력 필터

콘덴서 필터를 갖는 반파 정류기와 그 출력전압을 [그림 2-39]에 나타내었다.

처음 입력의 양(+)의 반주기 동안 다이오드는 순방향 바이어스가 되고 입력전압이 콘덴서 양단의 전압 이상이 되면 콘덴서는 충전이 되며, **입력전압이 콘덴서 양단의 전압보다 높을 경우 충전값을 유지**한다. 이와는 반대로 입력의 음(−)의 반주기 동안 다이오드는 역방향 바이어스가 되어 입력전압이 콘덴서 양단의 전압보다 낮아지기 시작하면서 콘덴서는 방전을 시작한다. 콘덴서는 부하저항을 통해 일정한 비율로 방전하게 된다.

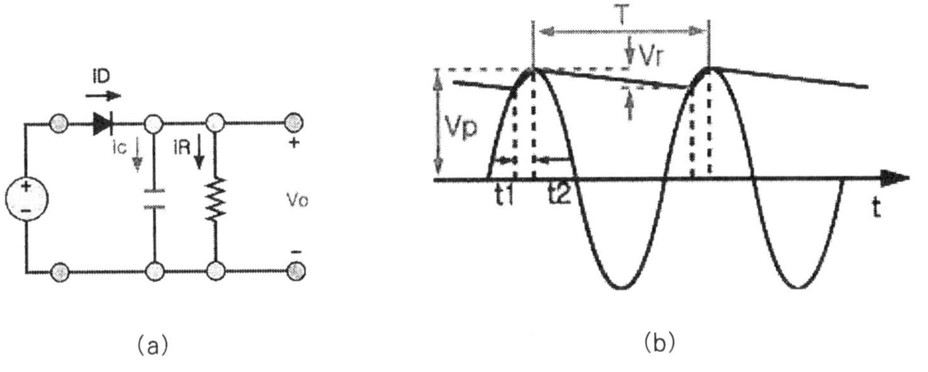

[그림 2-39] 콘덴서 필터를 갖는 반파 정류회로의 출력

전파정류의 경우에는 [그림 2-40]과 같이 콘덴서에서 방전되는 시간이 짧으므로 반파 정류회로보다 맥동전압의 크기가 작아지고 직류에 가까운 전압이 된다. 그러므로 콘덴서의 크기가 클수록 방전시간이 짧아 직류전압에 더욱 가까워지게 된다.

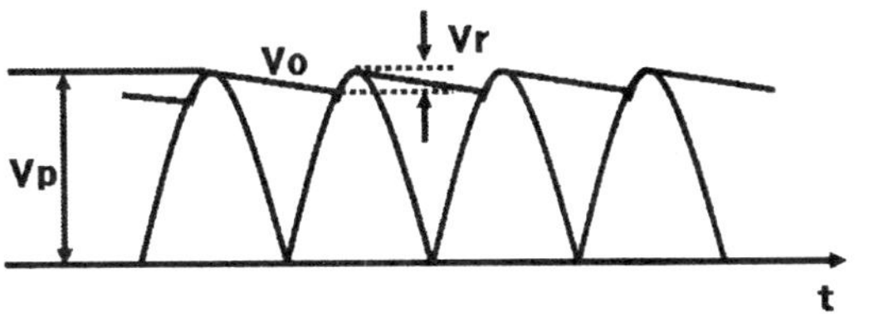

[그림 2-40] 콘덴서 필터를 갖는 전파 정류회로의 출력

(8) 리 미 터

정격출력이 0.5[W] 이하인 소신호 회로에서 **어떤 값 이상 또는 이하의 신호전압을 제거하는 것을 리미터**(limiter)라고 한다.

신호파 형성뿐만 아니라 신호를 수신하는 회로를 보호하는 데 유용하게 쓰이는 리미터 회로는 다이오드 하나를 이용하여 만들 수 있다. [그림 2-41] 회로에서는 입력전압이 V_{set} **보다 높으면** 다이오드가 on 하여 V_{out} 는 V_{set} 으로 일정하게 출력되고, V_{set} **보다 낮으면** 다이오드가 off 하여 V_{out} 는 V_{IN} 이 나온다.

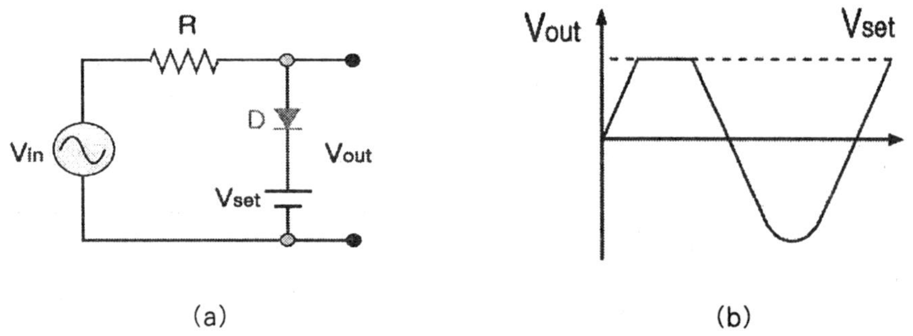

[그림 2-41] 리미터 회로

(9) 클 램 퍼

클램퍼(clamper)의 목적은 교류신호에 직류전압 값을 더하는 데 있다. 입력이 처음 음의 반주기 동안 다이오드는 순방향 바이어스가 되고 콘덴서는 입력의 첨두값인 $V_{p(IN)}-0.7\,V$까지 충전하게 된다. 그런 다음 바로 음의 첨두값에서 다이오드는 역방향으로 바이어스 된다. 이것은 콘덴서의 충전에 의해 캐소드가 거의 $V_{p(IN)}-0.7\,V$를 유지하고 있기 때문이다. 콘덴서는 단지 높은 부하저항 R을 통해서만 방전할 수 있으므로 음의 반주기의 첨두값에서 다음 주기의 첨두값까지 콘덴서는 적은 방전을 하며 방전하는 양은 값에 의해 좌우된다. **좋은 클램퍼가 되기 위해서는 RC 시정수는 적어도 입력 주파수의 10배 이상** 되어야 한다. 콘덴서의 전압은 [그림 2-42]와 같이 중첩의 원리에 의해 입력전압에 더해지며 다이오드의 방향이 바뀌면 음의 직류전압이 입력신호에 더해진다.

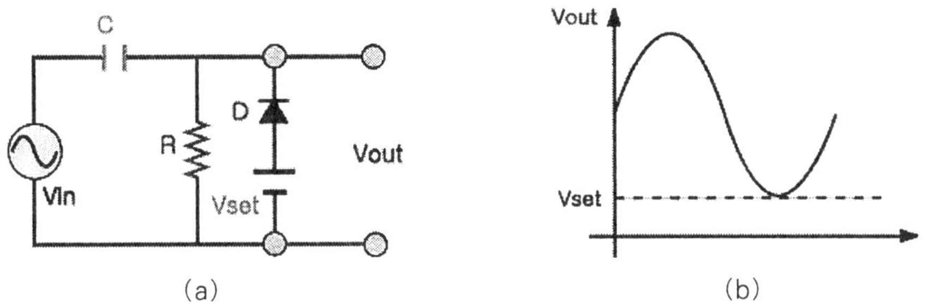

[그림 2-42] 클램퍼 회로

3 트랜지스터

(1) 쌍극 접합 트랜지스터

쌍극 접합 트랜지스터(Bipolar Junction Transistor : 바이폴러 정션 트랜지스터, BJT)는 두 PN 접합으로 구분된 세 개의 도핑된 반도체 영역으로 구성된다. 이 영역은 이미터(emitter), 베이스(base), 컬렉터(collector)라고 부른다. BJT는 베이스에 인가되는 전류에 의해 컬렉터 회로에 흐르는 전류를 제어하는 **전류제어소자**이다.

BJT의 두 가지 형태는 [그림 2-43]과 같다.

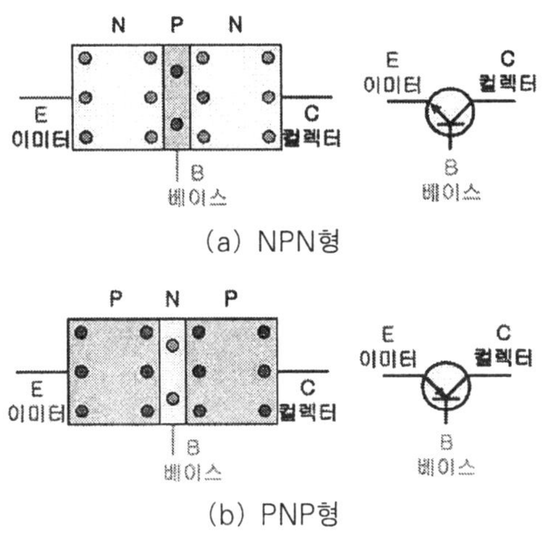

[그림 2-43] NPN형과 PNP형 트랜지스터

컬렉터, 이미터, 베이스 단자에 흐르는 전류를 나타내는 관계식

$$I_C = \alpha I_E + I_{CBO},\ I_E = I_B + I_C$$

으로부터(식 2-1)

$$I_C = \left(\frac{\alpha}{1-\alpha}\right)(I_B + I_{CBO}) \tag{2-1}$$

를 구할 수 있다. 만약 $\beta = \left(\frac{\alpha}{1-\alpha}\right)$이고 I_{CBO}를 무시하면(식 2-2)

$$I_C = \beta I_B \tag{2-2}$$

가 되며, $\alpha \fallingdotseq 1$이기 때문에 $I_C \fallingdotseq I_E$이다.

트랜지스터는 크게 3개의 동작영역을 갖는다. 트랜지스터는 가해주는 전압과 입력 신호에 따라 포화영역, 활성영역, 차단영역으로 구분된다.

- **포화영역** : 트랜지스터가 on 상태일 때 베이스 전류(IB)가 증가해도 컬렉터 전류가 변하지 않는 영역으로 이미터-베이스 접합과 컬렉터-베이스 접합이 모두 순방향바이어스이다.
- **활성영역** : 베이스 전류에 의해 컬렉터 전류를 많이 흐를 수 있게 하는 영역으로 이미터-베이스 접합은 순방향 바이어스, 컬렉터-베이스 접합은 역방향 바이어스이다.
- **차단영역** : 베이스 전류가 0[μA] 이하로 되어 컬렉터 전류가 흐르지 못하는 영역으로 이미터-베이스 접합과 컬렉터-베이스접합은 모두 역방향바이어스이다.

트랜지스터가 증폭기로 동작 시에는 동작점이 활성영역에 존재하며, 디지털 회로에서 사용하는 논리모드로 동작 시에는 차단영역과 포화영역을 이용한다. **활성영역에서 동작할 때 증폭기**로 사용되며, **차단영역과 포화영역에서 동작할 때 스위치기**능을 한다.

다이오드와 유사하게 PNP형과 NPN형 트랜지스터는 번갈아 도핑된 3개의 영역이 결합하여 3개의 층을 구성하지는 않는다. 이런 3개의 층은 먼저 컬렉터 영역 속으로 베이스 영역을 녹이고 다시 이미터 영역을 베이스 영역 속으로 녹이는 확산 기술에 의해서 만들어진다.

트랜지스터는 [그림 2-44]와 같이 여러 가지의 패키지가 있다. 내구성이 강한 구조의 포장은 고전력 소자를 사용하고, 플라스틱이나 작은 캔의 몸체를 가진 것은 저전력 또는 중간 전력 소자를 사용한다.

[그림 2-45]는 트랜지스터에 표시되어 있는 명칭에 따른 각각의 용도와 상기 타입에 따른 사양을 보여주는 그림이다.

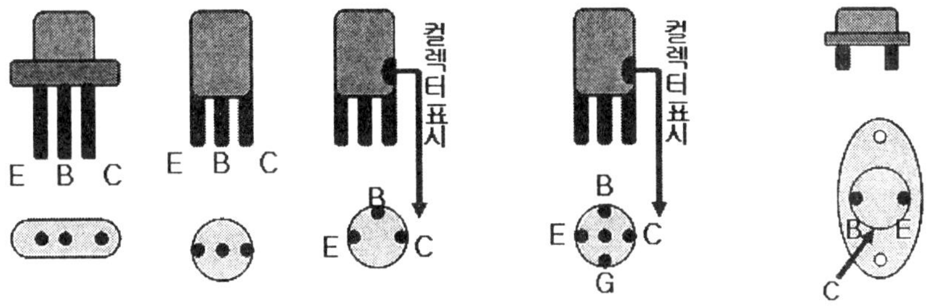

[그림 2-44] 트랜지스터 패키지의 종류

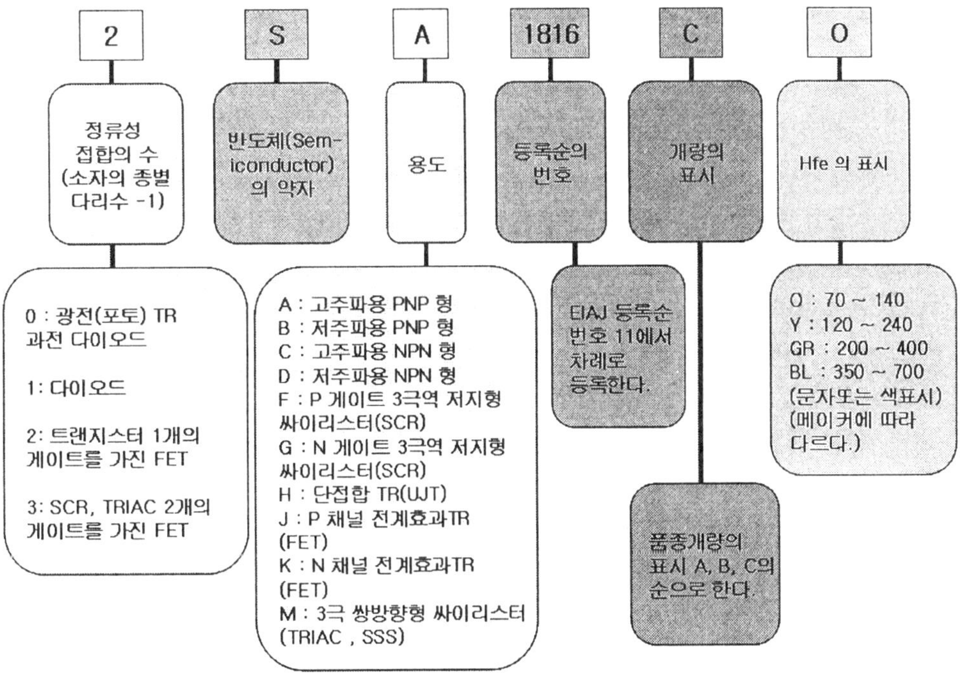

[그림 2-45] 트랜지스터의 용도와 상기타입에 따른 명칭

① 합금형 트랜지스터의 제작과정

N형 물질을 베이스 사이에 두고 [그림 2-46]의 기판 위아래에 이미터와 컬렉터를 형성하게 될 P형 물질의 결정을 얹고, 온도를 녹는점 가까이 높이게 되면 P형 물질이 녹아 N형 물질의 기판과 합금이 되면서 PNP의 반도체 접합을 형성하는 것이다. 오래 전부터 사용되었지만, 요즘은 고주파대의 특성에 한계가 있기 때문에 **음성주파수의 증폭** 등에만 사용한다.

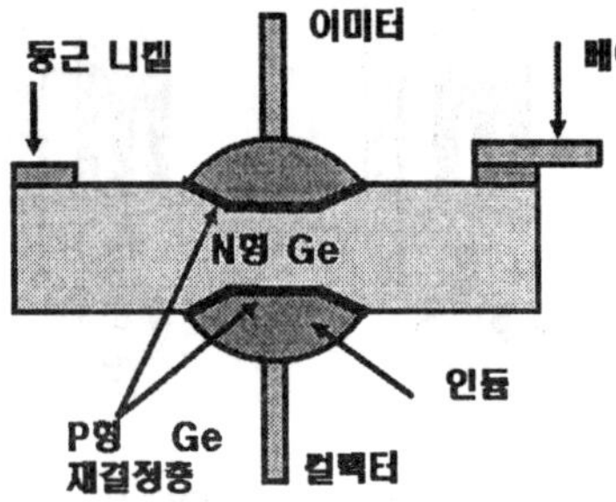

[그림 2-46] 합금형 트랜지스터의 구조

② 드리프트형 트랜지스터

합금 접합형 트랜지스터 베이스 내의 불순물 농도를 이미터 쪽은 진하게, 컬렉터 쪽은 연하게 확산시켜 베이스 안에 생기는 전위 차이에 따라 이미터에서 들어오는 캐리어를 가속시킴으로써 주행 시간을 짧게 하여 만든 트랜지스터이다([그림 2-47]). 이 트랜지스터는 고주파 특성이 좋고 차단 주파수가 100~200[MHz]로 매우 높으며 대량 생산에도 알맞기 때문에 **단파 정도까지의 고주파용**으로 널리 쓰이고 있다.

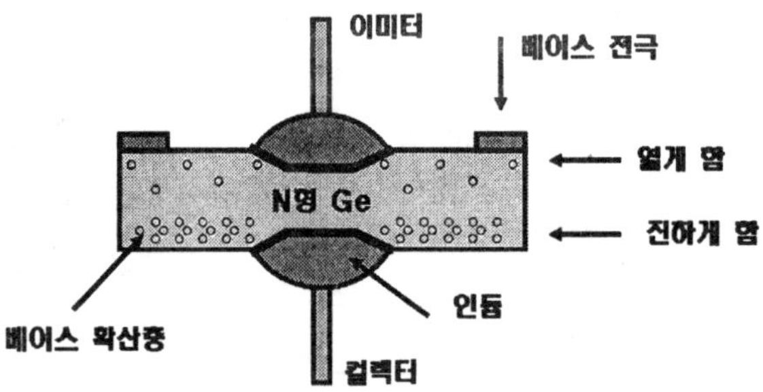

[그림 2-47] 드리프트형 트랜지스터 구조

③ 확산형 트랜지스터

PNP 트랜지스터의 경우 베이스 영역을 형성하기 위해 P형 웨이퍼에 N형을 확산시킨다([그림 2-48]). 그리고 P형의 이미터를 확산 또는 합금의 방법을 사용하여 N형의 베이스 위에 형성한다. 그런 다음 마지막으로 컬렉터 접합의 콘덴서를 줄이기 위해 에칭을 하여 제작한다. 이 트랜지스터는 기하학적인 형태 때문에 **메사(Mesa) 트랜지스터**라고도 불린다.

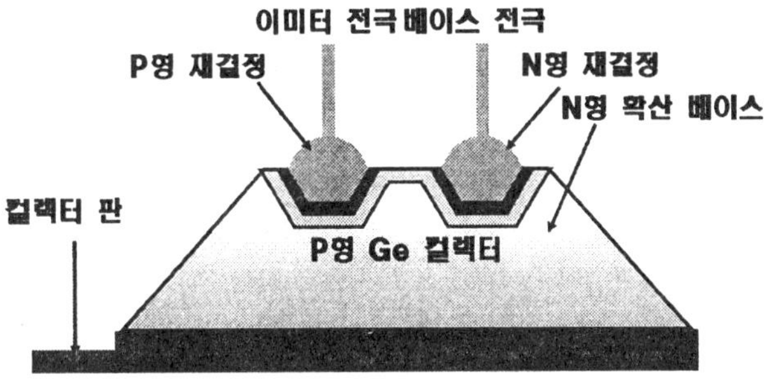

[그림 2-48] 확산형 트랜지스터의 구조

④ 에피텍시얼 플레이너형 트랜지스터

베이스와 이미터 영역을 형성하기 위해 두 번의 확산 공정을 하여 제작한다([그림 2-49]). 플레이너란 말처럼 평평한 표면을 가지고 있으며 노출된 접합을 제거하기 위해 SiO_2(산화층)을 첨가하여 표면 누설 손실을 줄인다.

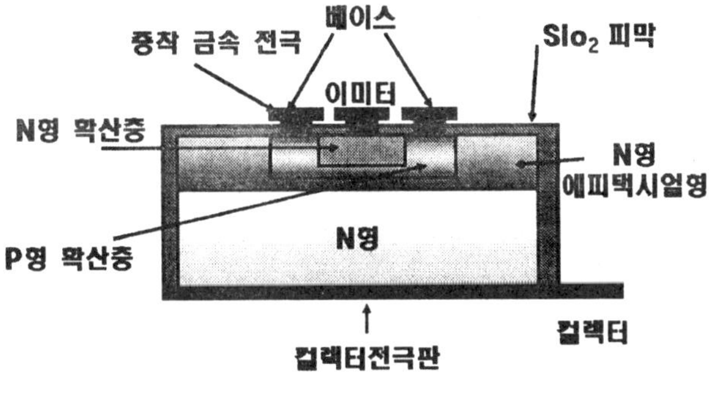

[그림 2-49] 에피텍시얼 플레이너형 트랜지스터 구조

1) 트랜지스터 바이어스

트랜지스터를 증폭기로 동작시키기 위해서는 두 PN 접합이 외부 직류전압에 의해서 정확하게 바이어스되어야 한다. NPN형과 PNP형의 동작은 전자와 정공의 역할, 바이어스 전압의 극성, 전류 방향이 모두 반대라는 것을 제외하고는 같다.

PNP형 트랜지스터의 적절한 바이어스를 [그림 2-50]에 나타내었다. **베이스-이미터(BE) 접합은 순방향 바이어스이고, 베이스-컬렉터(BC) 접합은 역방향 바이어스이다. 이러한 바이어스를 순방향-역방향 바이어스라 부른다.**

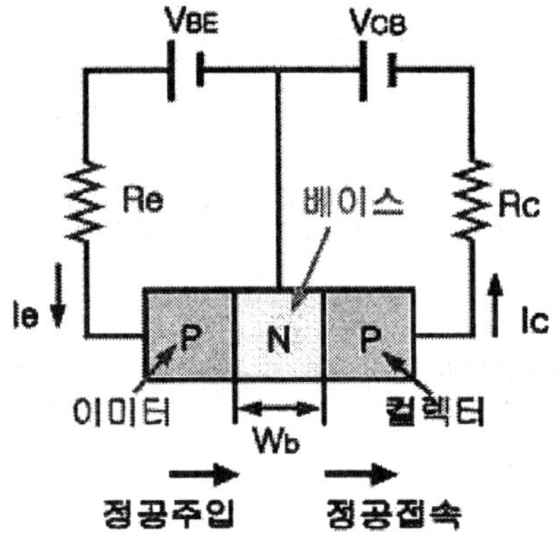

[그림 2-50] PNP 트랜지스터의 바이어스

순방향-역방향 바이어스일 때, 트랜지스터의 내부에서는 [그림 2-51]과 같이 베이스에서 이미터로의 순방향 바이어스는 베이스-이미터 공핍층을 좁게 하고 베이스에서 컬렉터로의 역방향 바이어스는 베이스-컬렉터 공핍층을 넓게 한다. 높은 밀도로 도핑된 N형 이미터 영역은 전도대의 자유전자로 충만한데, 이 전자들은 순방향 바이어스가 된 다이오드에서처럼 베이스-이미터 접합을 통하여 P형 베이스 영역으로 쉽게 확산되어 소수 캐리어가 된다.

- **베이스 영역** : 매우 얇고 도핑의 밀도가 매우 낮아 정공의 수가 매우 제한되어 있다. 따라서 베이스-이미터 접합을 지나 이동해 온 전자의 일부분만이 베이스에서 정공과 재결합하는데 재결합된 상대적으로 적은 전자들이 가전자로 베이스 도선을 통하여 흘러나가고, 작은 베이스 전류가 된다.

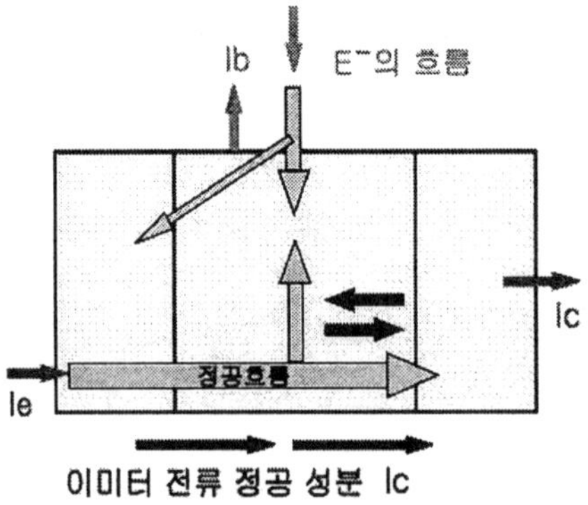

[그림 2-51] 전류의 흐름

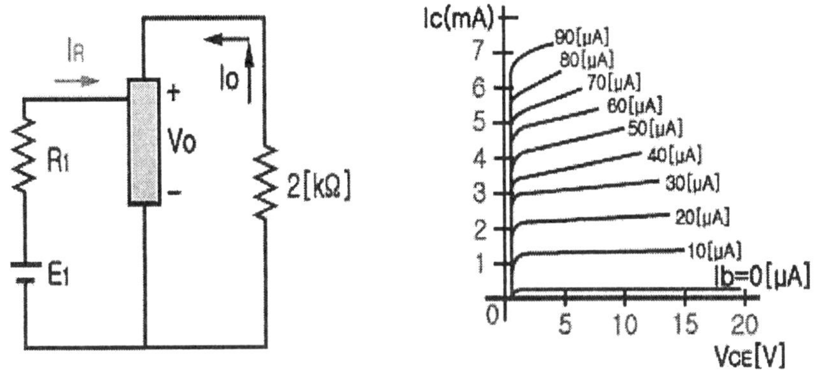

(a) 바이어스 회로　　　　(b) 전압 전류 특성

[그림 2-52] 트랜지스터의 증폭원리

이미터로부터 베이스 영역으로 흐르는 대부분의 전자는 베이스 층이 얇기 때문에 베이스-컬렉터 공핍층으로 확산된다. 양이온과 음이온 사이에 형성된 인력에 의해 형성되는 전계에 의하여 전자는 베이스-컬렉터 접합을 통하여 당겨진다. 실제로는 [그림 2-52(a)]와 같이 컬렉터 쪽에 공급된 외부전원에 의해서 역방향 바이어스가 된 베이스-컬렉터 접합을 통하여 전자를 끌어당기며, 전자는 컬렉터 영역을 통하여 이동하고 컬렉터 도선을 통하여 흘러 나가서 외부 직류 전원의 양극으로 흘러 들어 간다. 그리고 외부의 전압과 전류의 관계는 [그림 2-52(b)]와 같다.

2) 트랜지스터 전류

공통 이미터 회로의 바이어스를 [그림 2-53(a)]에 나타내었다.

트랜지스터에서 이미터 전류는 컬렉터 전류와 베이스 전류의 합으로(식 2-3) 표현 한다.

$$I_E = I_C + I_B \tag{2-3}$$

이 직류 전류들은 트랜지스터의 직류 전류 이득인 β와도 관계가 있으며, 컬렉터 전류는 베이스 전류에 β를 곱한 값, 식 (2-4)와 같다.

$$I_C = \beta I_B \tag{2-4}$$

여기에서 전류이득 β는 일반적으로 20에서 200 사이의 값이다. 이것을 정리하여 공통 이미터 회로의 컬렉터 특성곡선과 부하선을 나타내면 [그림 2-53(b)]와 같다.

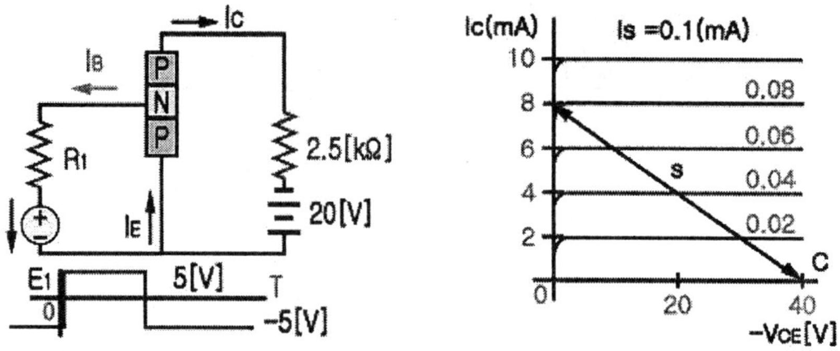

(a) 바이어스 회로　　　　(b) 컬렉터 특성과 부하선

[그림 2-53] 트랜지스터 출력특성

트랜지스터의 펄스 응답을 [그림 2-54]에 나타내었다. I_b가 인가된 후 트랜지스터의 동작시작만큼 지연시간이 지난 다음 I_c가 흐르게 된다. 이와 같이 지연시간이 존재하므로 회로설계 시 트랜지스터의 펄스 응답 특성을 고려하여 제작하여야 원하는 신호를 얻을 수 있다.

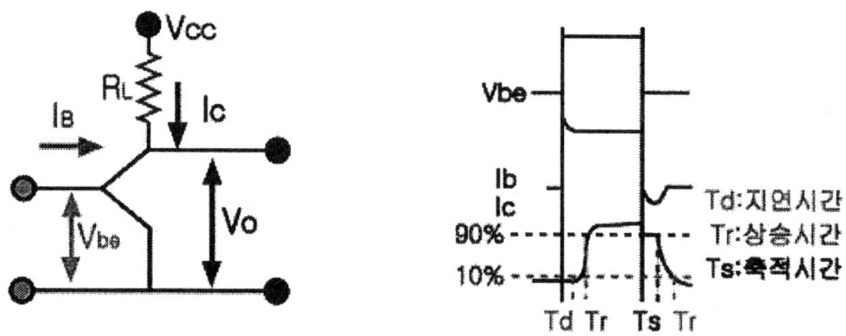

(a) 트랜지스터 회로　　　　(b) 트랜지스터의 펄스 응답

[그림 2-54] 트랜지스터의 펄스 응답

3) 트랜지스터 전압

바이어스 된 세 가지 직류전압은([그림 2-55]) 이미터 전압(V_E), 컬렉터 전압(V_C) 그리고 베이스 전압(V_B)이다. 컬렉터 전압(V_C)은 직류 전원전압 V_{CC}에서 R_C에 걸리는 전압을 뺀 값, 식 (2-5)와 같다.

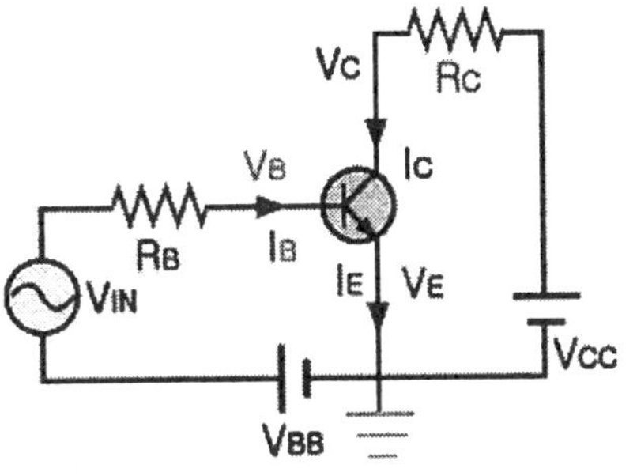

[그림 2-55] 트랜지스터 전압

$$V_C = V_{CC} - I_C R_C \tag{2-5}$$

베이스 전압(V_B)은 이미터 전압(V_E)에 실리콘 트랜지스터에서는 약 0.7V인 베이스-이미터 전압(V_{BE})을 더한 값과 같다.

4) 이미터 접지 증폭기

이미터 접지 증폭기는 [그림 2-56]과 같이 이미터를 접지시키고 입력신호를 베이스에 인가하여 출력신호를 컬렉터에서 얻는 방식이다. 이미터를 공통 접지로 사용하기 때문에 **공통 이미터 증폭기**(common-emitter amplifier : 코먼-이미터 앰플리파이어)라 한다.

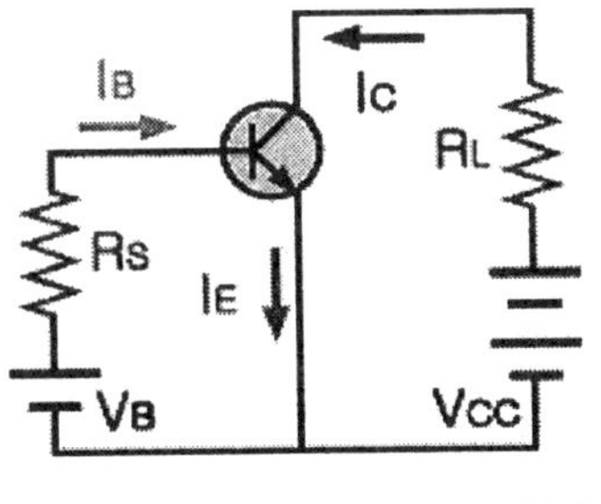

[그림 2-56] 공통 이미터 증폭기

이미터 접지 증폭기는 가장 많이 사용하는 회로로서 [그림 2-57]과 같이 베이스의 작은 전류를 통해 높은 컬렉터 전류를 사용할 수 있어 증폭도가 가장 크며, 입출력의 위상은 반전되어 출력된다. 이러한 특성 때문에 **전압 증폭**에 많이 사용된다.

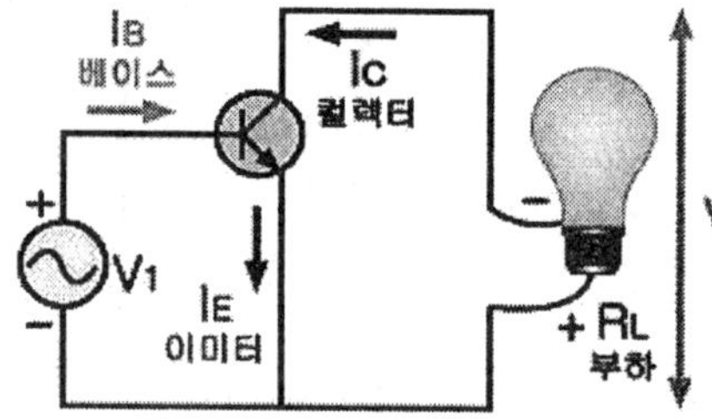

[그림 2-57] 이미터 접지 증폭회로

이 증폭기는 전류증폭률(β)은 매우 크고 전압이득과 출력이득 또한 크다. 하지만 [그림 2-58]과 같이 입력 임피던스의 값에 따라 출력 임피던스의 값이 변하기 때문에 [그림 2-59]와 같이 이미터 접지 증폭회로를 사용할 경우 입력전류와 출력전류의 값을 잘 조정하여 사용하여야 한다.

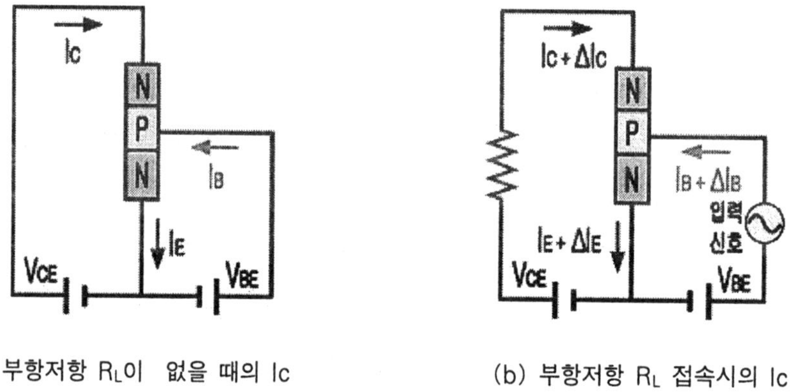

(a) 부항저항 R_L이 없을 때의 Ic　　(b) 부항저항 R_L 접속시의 Ic

[그림 2-58] 이미터 접지의 전류 증폭률

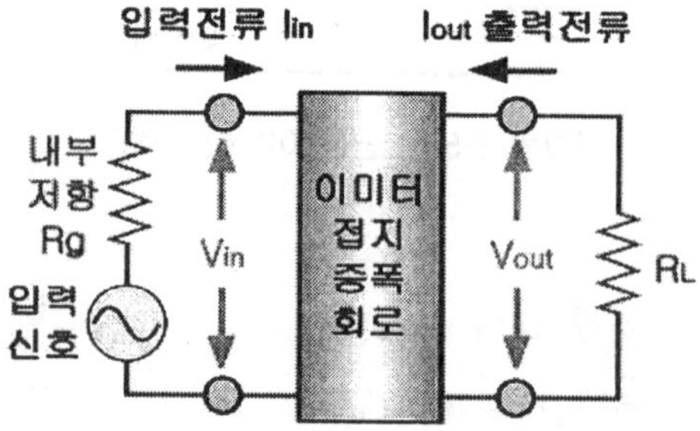

[그림 2-59] 이미터 접지의 증폭률

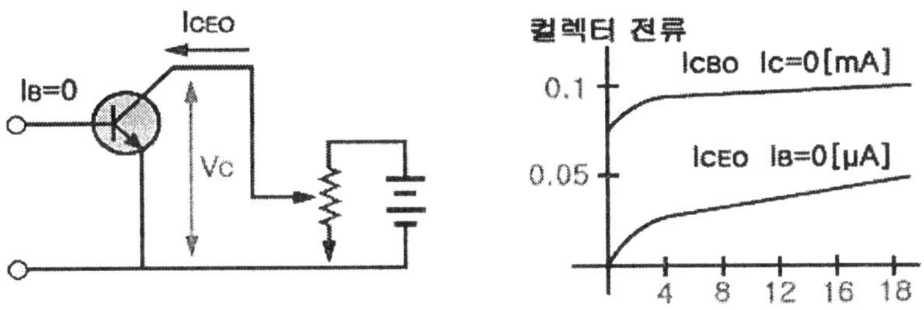

(a) 측정회로 (b) I_{CBO}와 I_{CEO}의 특성

[그림 2-60] 이미터 접지의 컬렉터 차단 전류

이미터 접지의 컬렉터 차단회로를 [그림 2-60]에 나타내었다. 선형 증폭을 위해서는 공통 이미터 회로의 차단영역은 V_{CE}전압이 특정값일 때 이상적으로 $I_C = 0[mA]$가 되어야 한다. 실리콘 반도체에서의 차단 조건은 $I_B = 0[\mu A]$ 또는 $I_C = I_{CEO}$가 되어야 하며, 게르마늄 반도체에서는 $I_C = I_{CBO}$가 되어야 한다.

5) 컬렉터 접지 증폭기

컬렉터 접지 증폭기는 [그림 2-61]과 같이 컬렉터를 접지시키고 입력신호를 베이스에 인가하여 출력신호를 이미터에서 얻는 방식이다. 컬렉터 단자를 공통 접지로 사용하기 때문에 **공통 컬렉터 증폭기**(common-collector amplifier : 코먼-컬렉터 앰플리파이어)라 한다.

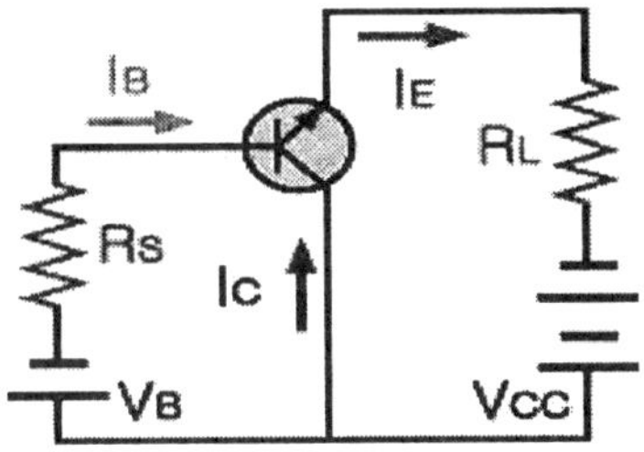

[그림 2-61] CC 증폭기

컬렉터 접지 회로에서는 부하저항으로서 단지 이미터 저항 RL만 설치된다. 따라서 교류전류의 동작전원에 [그림 2-62]와 같이 큰 저항이 작용하지 않는다는 전제 조건하에 컬렉터는 입출력 신호의 기준단자가 된다. 이 회로는 고임피던스의 신호원을 저임피던스의 증폭입력에 적응시킬 수 있으므로 주로 **임피던스 변환기**에 사용된다.

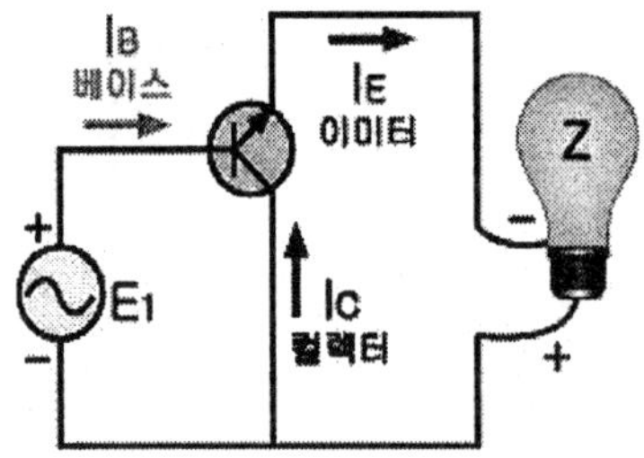

[그림 2-62] 컬렉터 접지 회로

6) 베이스 접지 증폭기

베이스 접지 증폭기는([그림 2-63]) 베이스를 접지시키고 입력신호를 이미터에 인가하여 출력신호를 컬렉터에서 얻어낸다. 또한 [그림 2-64]와 같이 베이스를 공통 접지로 사용하기 때문에 공통 베이스 증폭기(common-base amplifier : 코먼-베이스 앰플리파이어)라 하며, 이미터와 베이스 사이는 순방향으로 하여 증폭회로로 사용할 수 있다.

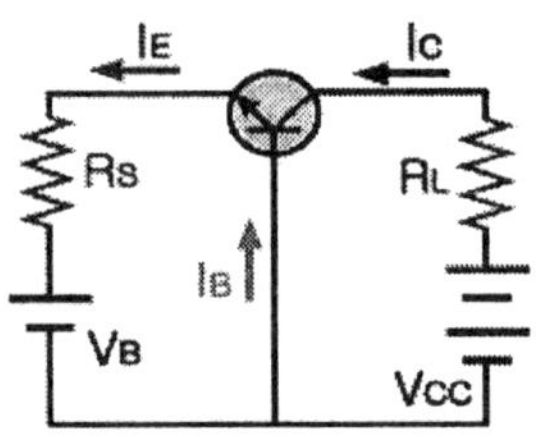

[그림 2-63] 공통 베이스 증폭기

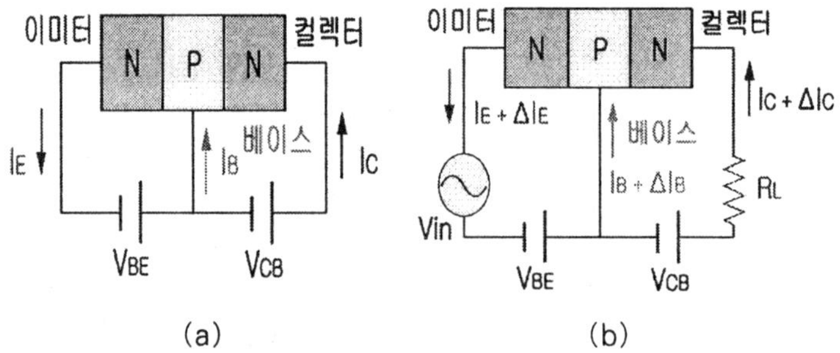

[그림 2-64] 베이스 접지의 전류 증폭률

또한, 베이스 접지 증폭회로는 입력용량이 작기 때문에 주로 **고주파 증폭**에 사용된다. 큰 이미터 전류가 신호원에 부하를 가하므로 **전류증폭은 1보다 작다.** 이미터-베이스 사이의 입력은 순방향이므로 입력저항은 작으며, [그림 2-65]와 같이 컬렉터 전류를 차단할 수 있다.

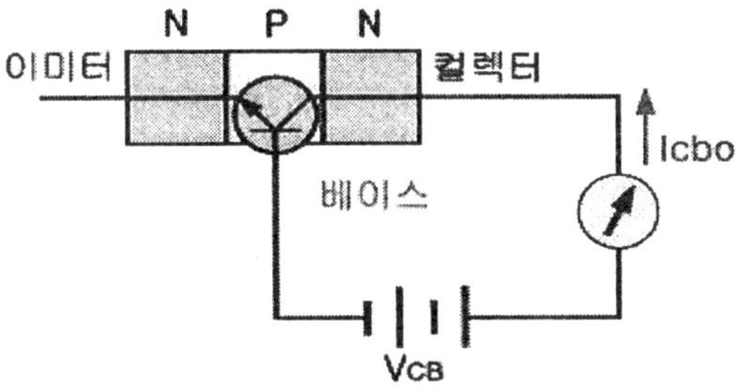

[그림 2-65] 베이스 접지의 컬렉터 차단전류

(2) 전계효과 트랜지스터

쌍극 접합 트랜지스터(BJT)는 베이스 전류가 컬렉터 전류의 양을 제어하는 **전류제어소자**이다. 하지만 **전계효과 트랜지스터**(Field-Effect Transistor : 필드 이펙트 트랜지스터, FET)의 경우에는 게이트 단자의 전압이 소자를 통해 흐르는 전류의 양을 제어하는 **전압제어소자**이다. BJT와 FET를 [그림 2-66]과 같이 비교하면, FET는 매우 높은 입력 임피던스를 갖는 특성을 알 수 있다.

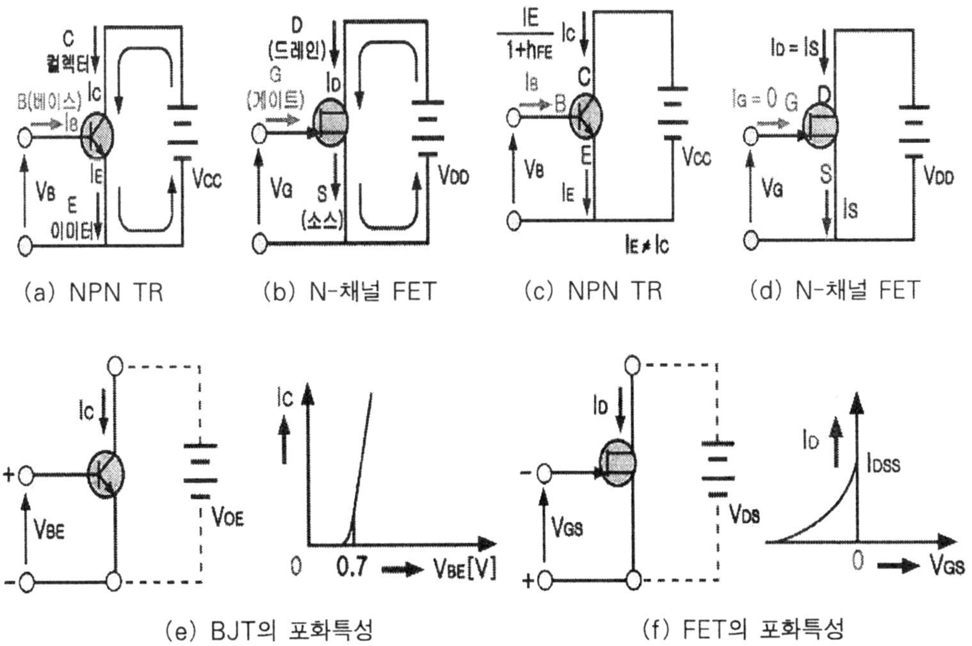

[그림 2-66] BJT와 FET 동작의 비교

1) JFET의 구조

접합형 전계효과 트랜지스터(Junction Field-Effect Transistor : 정션 필드-이펙트 트랜지스터, JFET)는 전계효과 트랜지스터(FET)의 한 형태로, 게이트 전류를 흐르지 못하게 하기 위해서 접합을 **역방향 바이어스로 하여 동작**시킨다.

N-채널과 P-채널 JFET의 구조를 [그림 2-67]에 나타내었다.

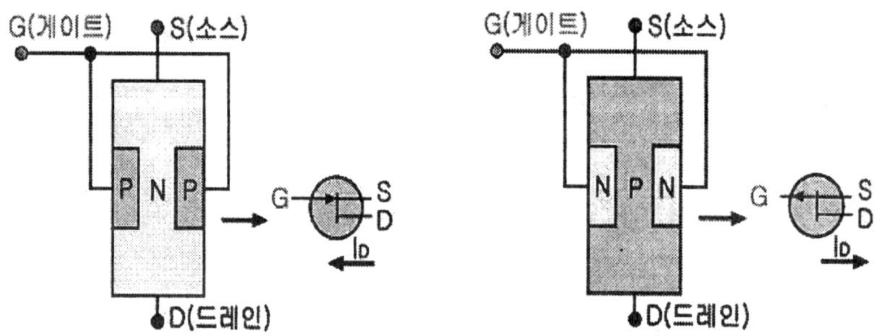

(a) P-채널 JFET (b) N-채널 JFET

[그림 2-67] N-채널과 P-채널 JFET

N-채널을 기준으로 할 때, 도선은 N-채널의 양쪽 끝에 각각 연결되는데, 아래쪽의 단자는 자유전자가 단자로부터 빠져나가기 때문에 드레인(drain)이라 하고, 위쪽 끝의 단자는 자유전자가 단자로부터 들어오기 때문에 소스(source)라고 한다. 또한 두 개의 P-채널 영역은 채널을 형성하기 위하여 N형 반도체 속으로 확산되며, 양쪽 P형 영역은 게이트(gate) 도선으로 연결된다.

2) JFET의 기본동작

JFET의 동작을 설명하기 위하여, [그림 2-68]은 바이어스 전압이 N-채널 소자에 인가된 것을 보여주는 것이다. V_{DS}는 드레인-소스 사이에 전압을 공급하며, 드레인에서 소스로 전류가 흐르도록 한다. V_{GS}는 게이트와 소스 사이의 역방향 바이어스 전압이다. 게이트의 P 물질 주위의 분홍색 영역은 역방향 바이어스에 의해 생긴 공핍층을 나타낸 것으로 게이트와 드레인 사이의 역방향 바이어스 전압은 [그림 2-69]와 같이 게이트와 소스 사이의 역방향 바이어스 전압보다 크므로 공핍층은 채널의 드레인 끝 쪽으로 넓어진다.

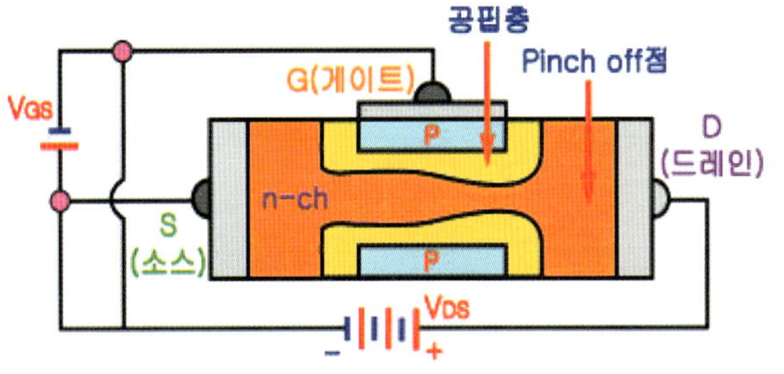

[그림 2-68] JFET의 동작

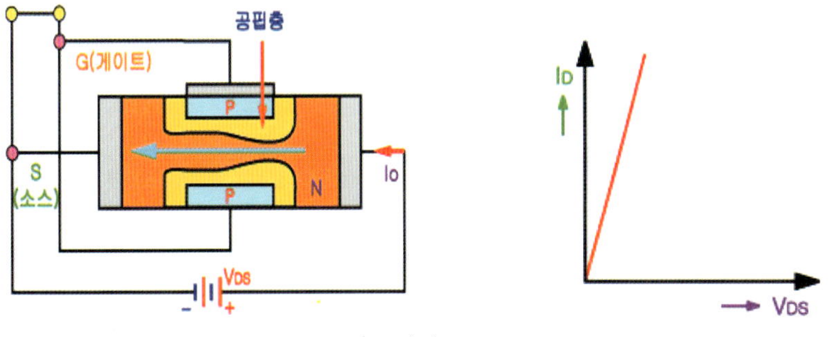

(a)

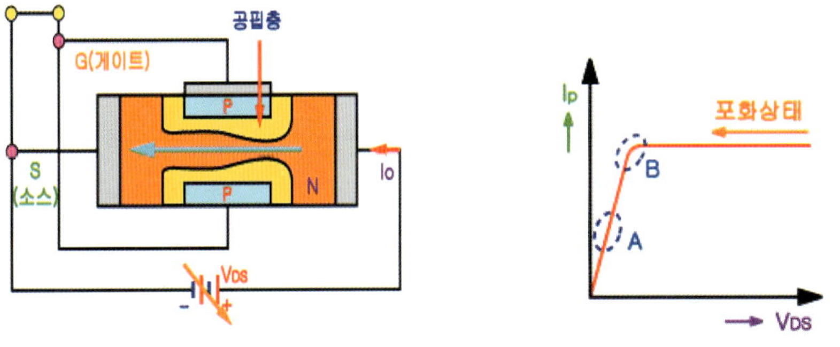

(b)

[그림 2-69] VDS-ID 특성

JFET는 게이트-소스 간의 PN 접합이 항상 역방향으로 바이어스 되어 동작된다. 게이트 전압이 [그림 2-70]과 같이 음(－)인 상태에서 게이트-소스 접합이 역방향으로 바이어스 되면 N-채널에 공핍층이 증가하며 그 저항은 증가하게 된다. 따라서 채널의 폭은 게이트 전압을 [그림 2-71]과 같이 변화시킴으로써 제어할 수 있기 때문에, 결과적으로 드레인 전류 I_D의 양을 [그림 2-72]와 같이 제어할 수 있는 것이다.

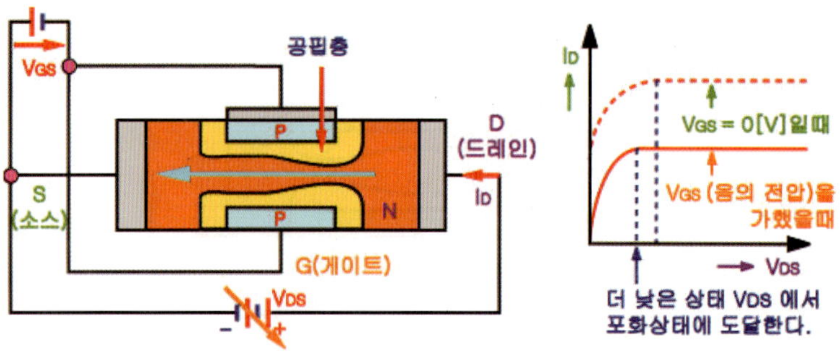

[그림 2-70] VGS-ID 특성

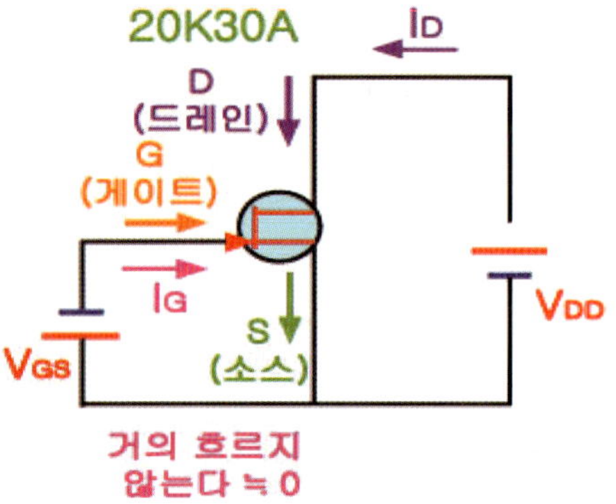

(a) JFET의 기본적인 사용법

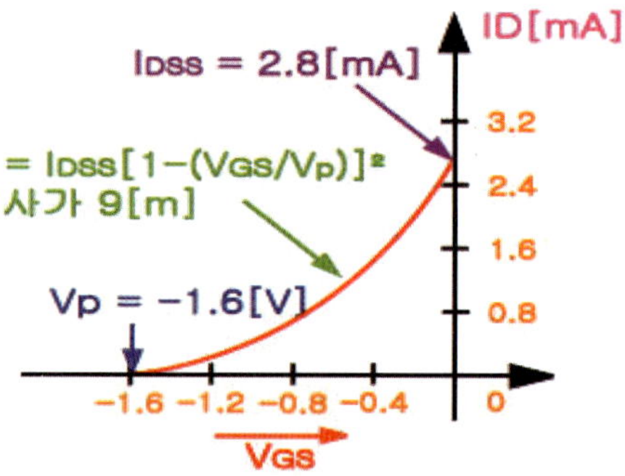

(b) JFET의 전달특성

[그림 2-71] JFET의 기본적인 사용법

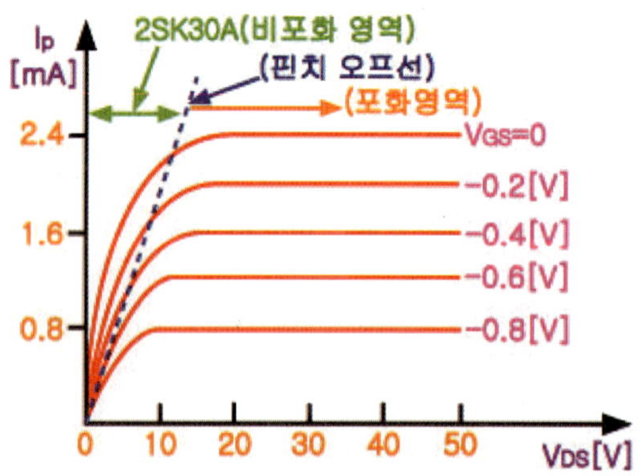

[그림 2-72] JFET의 출력특성 곡선

(3) 금속산화 반도체 전계효과 트랜지스터

금속산화 반도체 전계효과 트랜지스터(Metal Oxide Semiconductor Field-Effect Transistor : 메탈 옥시드 세미컨덕터 필드-이펙트 트랜지스터, MOSFET)는 전계효과 트랜지스터의 또 다른 한 종류이다. MOSFET는 [그림 2-73]과 같이 JFET와 달리 PN 접합 구조를 가지고 있지 않다. 그 대신, MOSFET의 게이트가 기본적으로 실리콘 이산화물층에 의해 채널과 절연되어 있기 때문에 게이트 전류가 매우 작다.

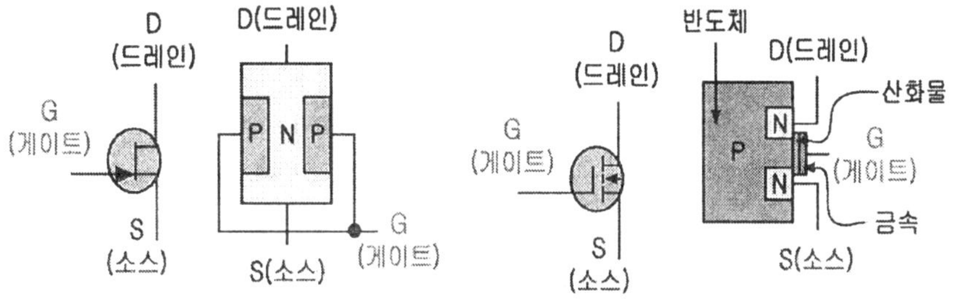

(a) JFET (b) MOSFET

[그림 2-73] 접합형 FET와 MOS형 FET의 비교

MOSFET는 [그림 2-74]와 같이 증진형(Enhancement : 인헨스먼트, E) MOSFET와 공핍형(Depletion : 디플레션, D) MOSFET의 두 가지로 나눌 수 있다.

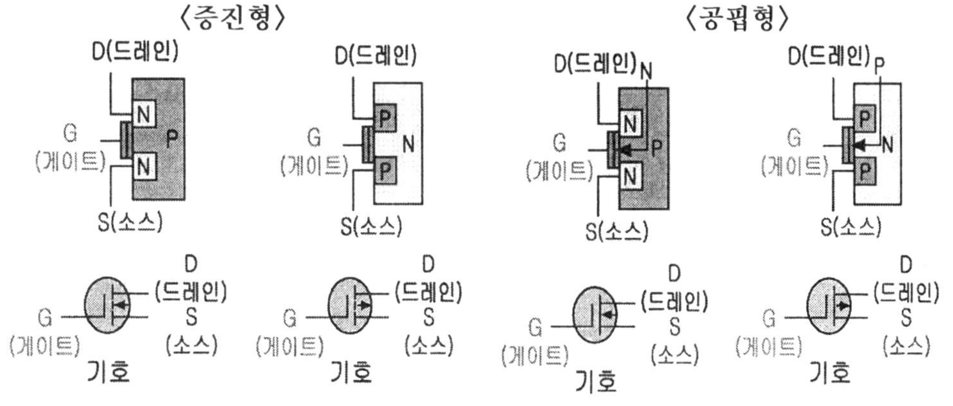

(a) N-채널 MOSFET (b) P-채널 MOSFET (c) N-채널 MOSFET (d) P-채널 MOSFET

[그림 2-74] MOSFET의 종류 및 기호

1) 공핍형 MOSFET(D-MOSFET)

공핍형 N-채널 MOSFET의 구조를 [그림 2-75]에 나타내었다. P형 영역은 기판이라고 하며 드레인과 소스는 기저층 반도체 속으로 확산되어 절연된 게이트에 인접한 좁은 채널에 의해 연결된다. 자유전자는 소스로부터 드레인 영역까지 흘러간다. 그리고 물리적으로 채널 폭은 감소시켜 전자의 이동통로를 줄여서 흐르는 **전류의 양을 조절**한다.

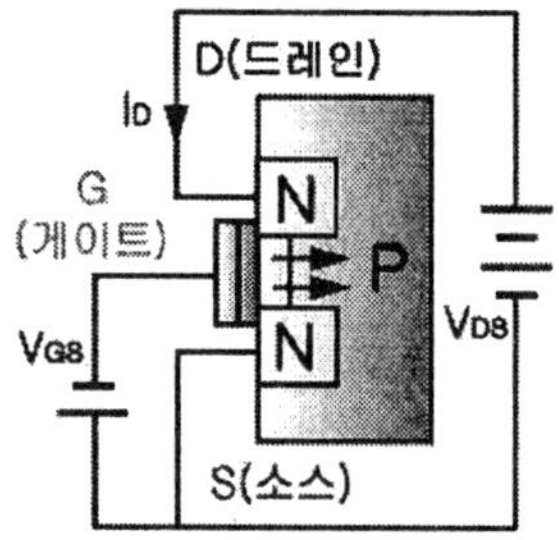

[그림 2-75] 공핍형 N-채널 MOSFET의 동작

D-MOSFET는 공핍모드와 증진모드를 가지고 있는데 공핍모드 혹은 증진모드 두 개의 모드 중 하나로 동작하므로, 이를 **공핍/증진 MOSFET**이라 부르기도 한다. 게이트가 채널에서 [그림 2-76]과 같이 절연되어 있으므로 양(+) 혹은 음(−)의 어느 게이트 전압도 인가할 수 있다.

음(−)의 게이트-소스 전압이 인가되면 MOSFET는 공핍모드에서 동작하고, 채널의 폭을 줄여 드레인 전류를 작게 만든다.

양(+)의 게이트-소스 전압이 인가되면 증진모드에서 동작한다. 채널을 통해서 흐르는 자유전자의 개수를 증가시키고 드레인 전류가 많아진다.

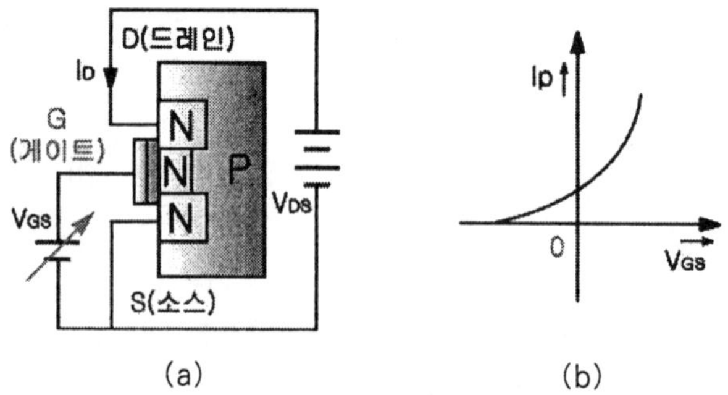

[그림 2-76] 공핍형 MOSFET의 VGS-ID 특성

2) 증진형 MOSFET(E-MOSFET)

증진형의 MOSFET는 [그림 2-77]에서 볼 수 있듯이 기저층이 실리콘 이산화물층까지 완전히 확장되어 있어 증진모드에서만 동작하고, 공핍모드 동작은 없다.

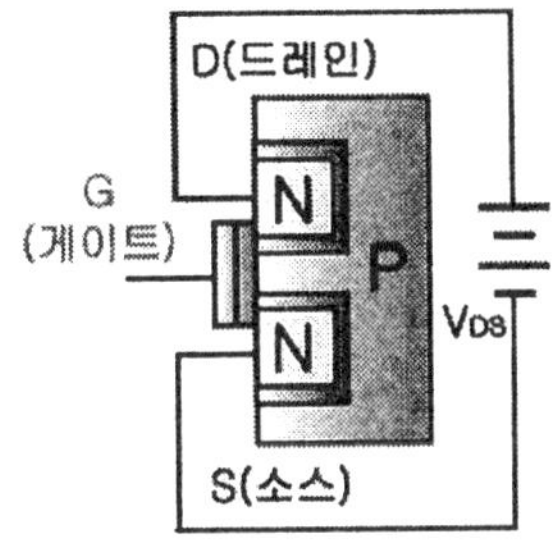

[그림 2-77] 증진형 MOSFET의 동작

또한 D-MOSFET와는 [그림 2-78]과 같이 그 구조가 다르며 E-MOSFET는 물리적인 채널을 가지고 있지 않고 V_{GS}의 제어를 통해 동작을 제한한다. 또한, N-채널 소자에 대해서 임계값을 넘는 양의 게이트 전압은 실리콘 이산화물층 근처의 기저영역에 반전층이라는 자유전자의 얇은 층을 형성하여 채널을 만든다.

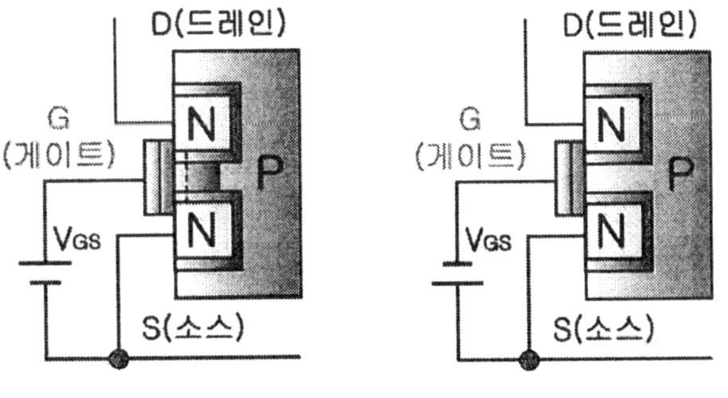

(a) $V_{GS} > 0$　　(b) $V_{GS} < 0$

[그림 2-78] V_{GS}에 의한 MOSFET의 동작

채널의 도전율은 [그림 2-79]와 같이 게이트-소스 전압을 증가시킴으로써 증진되며, 좀 더 많은 채널로 끌어들인다. 그리고 임계전압 이하에서는 채널이 형성되지 않는다.

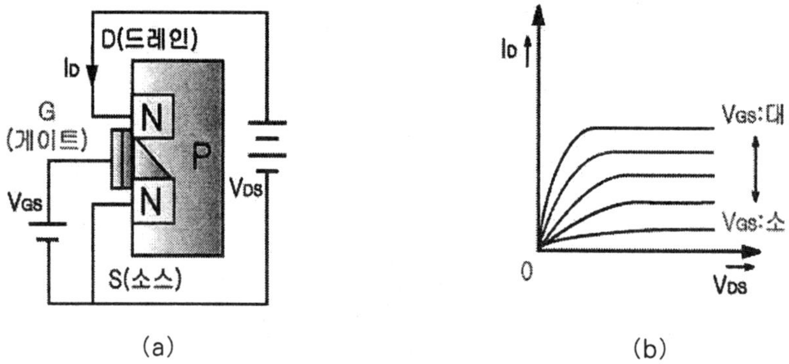

[그림 2-79] VDS-ID 특성곡선

(4) 사이리스터

사이리스터(thyristor)는 4층 구조를 갖는 반도체 소자로 래치동작을 발생시키고 내부귀환에 사용되고, SCR, SSS, TRIAC, SBS, GTO 등의 스위칭 소자를 총칭하는 것으로 〈표 2-4〉와 같이 많은 종류가 있으며 각각의 특징을 가지고 있으며 그 중에서 SCR은 사이리스터의 대명사로 불릴 정도로 대표적인 것이다. 또한 사이리스터는 BJT나 FET와 달리 오직 스위치 소자로만 사용된다.

1) PNPN 소자

SCR의 동작 원리를 알기 위해서는 먼저 PNPN 소자에 대해서 알아야 한다. PNPN 소자는 [그림 2-80(a)]와 같이 4개의 층을 가진 실리콘 소자에서는 전지의 극성을 어떻게 접속해도 3개의 접합 중 하나 또는 둘이 역방향 바이어스 되므로 전류가 흐르지 않는 특성이 있으며 그 기호는 [그림 2-80(b)]와 같다.

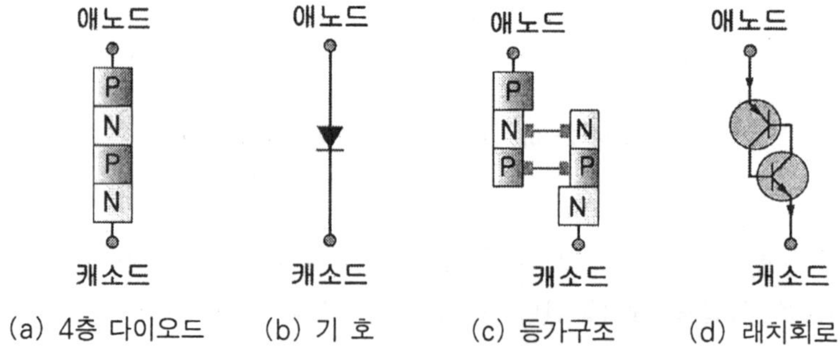

[그림 2-80] PNPN 소자

〈표 2-4〉 사이리스터의 종류

방향성	단자수	명칭(상품명)	기 호	트리거 방법	전력용	트리거용	용 도
단일방향성	3	실리콘 제어 정류소자 : SCR		게이트 신호	○		위상제어 정지 스위치 인버터, 초퍼
	3	실리콘 단일 방향소자 : SUS, PUT		게이트 신호 또는 브레이크 오버전압 초과		○	타이머 회로 트리거 회로
	4	실리콘 제어 스위치 : SCS		어느 한쪽의 게이트 신호	○	○	조광기, 트리거회로, 카운터 제어 회로
쌍방향성	2	BISWITCH (비스위치) 트리거 다이오드, DIAC(다이악), SSS, SIDAC (SI다이악), BIAC(바이악)	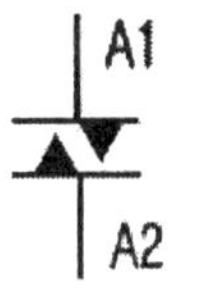	브레이크 오버 초과 전압	○	○	AC위상제어 트리거 회로 과전압 보호
	3	TRIAC FLS (트라이악 FLS)	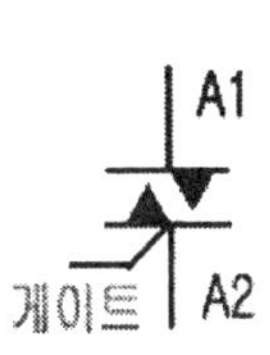	게이트 신호 또는 브레이크 오버전압 초과	○		교류 스위치 위상제어
	3	실리콘 쌍방향 스위치 : SBS		위와 같음		○	트리거 회로 과전압 보호

PNPN 소자의 동작을 이해하기 위해서는 [그림 2-80(c)]의 왼쪽 반은 PNP, 오른쪽 반은 NPN 트랜지스터인 등가 구조를 알아야 하며, 다시 이 구조를 등가회로로 나타내면 [그림 2-80(d)]와 같은 래치회로가 된다.

- **래치회로** : 어떤 베이스든지 간에 순방향 바이어스를 적용하는 것이다. 트리거링 방법과 래치를 항복시킬 수 있는 V_{CC}를 인가하여 단락시키기 위해 사용되는 것이다. PNPN 소자는 트리거 입력이 없기 때문에 단락을 시키기 위해서는 항복효과를 이용하는데 이것은 래치회로를 개방시키기 위해 사용되는 것으로 래치 전류를 낮은 크기로 감소시켜 래치회로를 개방하는 저 전류 중단 방법과 역 바이어스 트리거 링 방법이 있다.
- **PNPN 소자의 특징** : 전지를 순방향으로 접속했을 때는 중앙의 접합만이 역방향 바이어스 되는데, 이때 하나의 순방향으로 바이어스 된 접합을 통해 약간의 전류를 흘려주게 되면 전류의 대부분이 역방향 바이어스 되며 두 번째의 접합을 통하여 흐르게 되고, 다시 옆쪽에 있는 순방향으로 바이어스 접합을 통해서 흐르게 된다. 이때 순방향 바이어스 된 두 번째의 접합을 통해서 흐르는 전류는 역방향 바이어스 된 접합에 의해 많은 전류를 발생시키는데, 이 전류는 외부회로에 의해서 제한되는 값까지 급속히 증대된다.

SCR을 트리거(SCR을 off에서 on으로 하는 것)하려면 순방향 파괴전압 V_{BR}을 가해서 작은 전류 I_{BR}을 흘려주면 되고, 이것을 다시 도통(on)상태로 유지하려면 최소 유지 전류 I_H를 흘려주면 된다. 일단 순방향 전류가 흐르기 시작하면 외부회로에 의해서 전류를 I_H 이하로 낮게 하지 않는다면 전류는 계속 흐르게 된다.

전지의 극성을 반대로 하여 접속하면 2개의 접합에 역 바이어스가 걸려 최대 역전압(PRV)이 걸릴 때까지는 역전류가 거의 흐르지 않다가 최대 역 전압을 넘게 되면 소자가 파괴될 가능성이 있다. 이와 같이 PNPN 소자를 **4층 다이오드** 또는 **4층 스위치**라고도 하며 역방향 특성은 다이오드의 경우와 거의 같지만 **순방향 특성은 스위치가 직렬**로 들어간 것처럼 동작한다.

2) SCR

SCR(Silicon Controlled Rectifier : 실리콘 컨트롤드 렉터파이어)은 [그림 2-81(a)]와 같이 PNPN 구조에 캐소드 옆의 P층에 제어용 전극인 게이트를 추가한 것으로 게이트에 작은 전류를 흘리면 도통(on)하고 순방향 전류가 I_H 이상이면 도통(on)상태를 계속 유지한다.

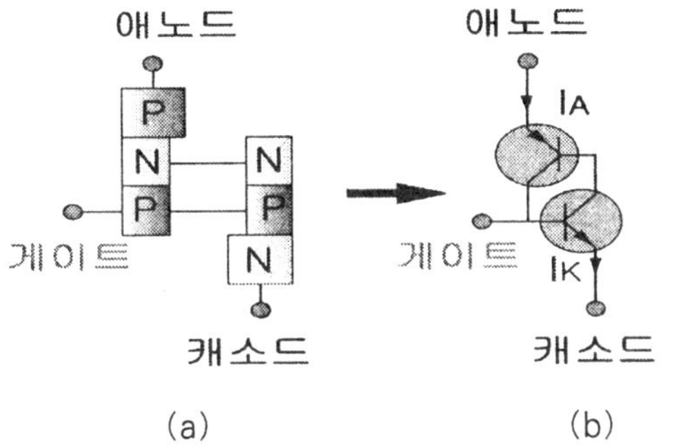

[그림 2-81] SCR의 구조와 등가회로

- **SCR의 주요한 특성**: [그림 2-81(b)]의 등가회로에서 알 수 있듯 게이트에서 캐소드로 작은 전류를 흘림으로써 off 상태에서 on 상태로 하여 정류기로서 동작시키는 것이다. 이것을 다시 off 상태로 하려면 게이트에서 캐소드로 흐르는 전류를 최대 유지 전류 I_H 이하로 하여야 한다. 하지만 이때 게이트 전류를 차단하면 SCR은 off 상태로 되지 않는다.

이와 같이 게이트 전류는 애노드 전류를 증가시키는 데 충분한 시간(저항 부하회로에서는 5[μs])이 필요하다.

위상제어의 원리를 [그림 2-82]에 나타내었다. V_A는 교류전원이므로 부하에는 SCR을 통해 반파 정류된 전류가 흐르게 된다. 즉 교류이므로 1사이클마다 트리거해 주어야 한다. 하지만 같은 전원에서 위상제어를 통해 V_A보다 θ_1, θ_2, …로 임의의 지연을 가진 위상의 전압을 보내주고 펄스화하여 트리거해 주면 θ_1, θ_2의 지연각 이하의 부분만이 도통하게 된다. 위상제어를 통해 각 θ를 0에서 180°까지 변화시키면 부하 전류는 최대에서 0까지 변화시킬 수 있다.

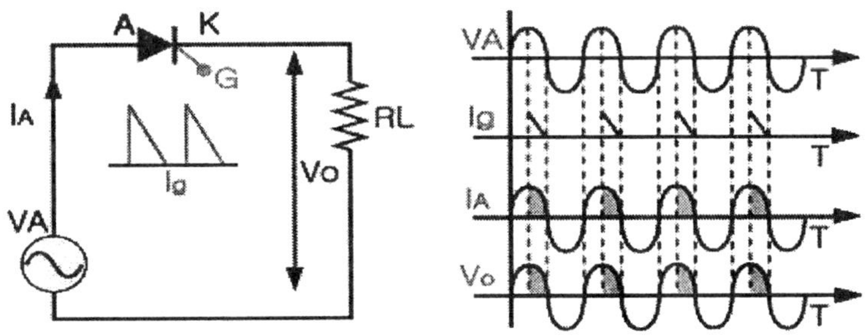

(a) SCR의 교류 위상 제어 회로 (b) SCR의 각 단자 파형

[그림 2-82] SCR 교류 위상 제어 회로

SCR을 턴 온 시키는 방법은 〈표 2-5〉와 같으며, 턴 온 시키는 방법에서 ⓑ~ⓔ는 강제적인 방법으로 소자를 파괴할 수 있으므로 되도록이면 사용하지 않는 것이 좋다.

〈표 2-5〉 SCR을 턴 온 및 턴 오프 시키는 방법

SCR을 턴 온 시키는 방법	SCR을 턴 오프 시키는 방법
ⓐ (+)의 게이트 전류 펄스를 인가한다.	ⓐ 전류를 바이 패스한다.
ⓑ 브레이크 오버 전압보다 큰 애노드 전압을 인가한다.	ⓑ 순방향 애노드 전류를 유지전류 이하가 되게 한다.
ⓒ 애노드와 캐소드 간의 전압상승률 $\frac{dv}{dt}$이 규격 이상이 되게 한다(충전전류의 증가).	ⓒ 애노드와 캐소드 간의 전압상승률 $\frac{dv}{dt}$이 규격 이하가 되게 한다(충전전류의 감소)
ⓓ 접합면에 허용온도 이상을 인가한다.	ⓓ 역 전압을 인가한다.
ⓔ 접합면 내부에 빛을 조사한다.	ⓔ 전류를 끊는다.

3) LA SCR

LA SCR(Light Actived SCR : 라이트 액티브 SCR : 광활성 SCR)은 **포토 SCR** 또는 **광여기 SCR**이라고도 하며 포토트랜지스터와 마찬가지로 SCR의 펠릿에 빛이 들어가도록 케이스에 창을 뚫었다.

- LA SCR : [그림 2-83]과 같이 게이트 전극도 있으므로 보통의 SCR과 마찬가지로 게이트에 전류를 흘려 트리거할 수도 있고 빛으로 트리거할 수도 있다.

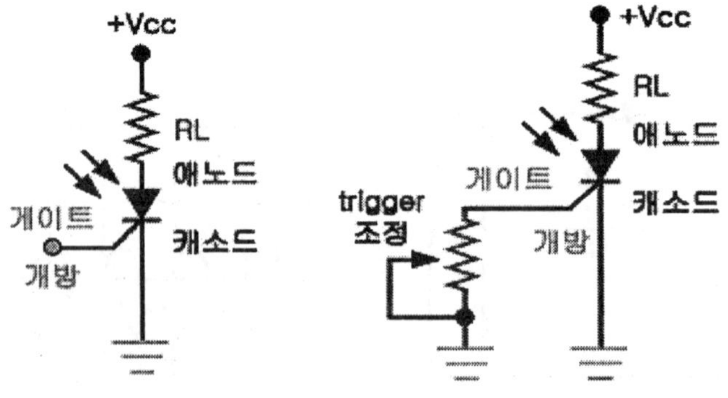

(a) LA SCR (b) 빛에 대한 감도조절

[그림 2-83] LA SCR의 회로

4) GTO

SCR은 일단 on하면 애노드 전압을 0 또는 0에 가깝게 하여 유지전류 이하로 하지 않으면 off되지 않는다. 만일 게이트에 (−)의 전압을 가했을 때 on한 SCR이 off로 된다고 하면 매우 편리한데 이러한 SCR을 GTO(Gate Turn-off : 게이트 턴 오프) SCR 또는 GTS라고 하며 구조 및 등가회로는 [그림 2-84]와 같다.

- **GTO** : SCR에 비해 개선된 스위칭 특성을 가지고 있는데, 턴 온 시간은 SCR과 비슷하지만 턴 오프 시간은 SCR의 일반적인 턴 오프 시간에 비해 매우 짧기 때문에 **고속 스위칭 회로**에 사용된다.

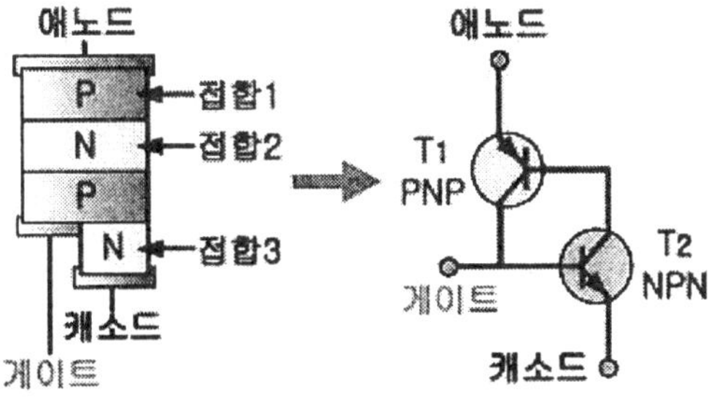

[그림 2-84] GTO의 구조 및 등가회로

5) PUT

PUT의 구조 및 기호를 [그림 2-85]에 나타내었다. PUT(Programmable Unijunction Transistor : 프로그래머블 유니정션 트랜지스터)는 UJT와 비교하여 동일 평면상의 플레이너형 N게이트 SCR 소자로서 R_{BB}, η, I_P, I_V를 광범위하게 조정할 수 있는 트리거 소자이다.

- **PUT** : 누설전류가 적고 게이트 감도가 높고 미소 전력의 동작이 가능하고 출력 펄스의 상승이 빠르고 값이 싸다는 등의 이점이 있다.

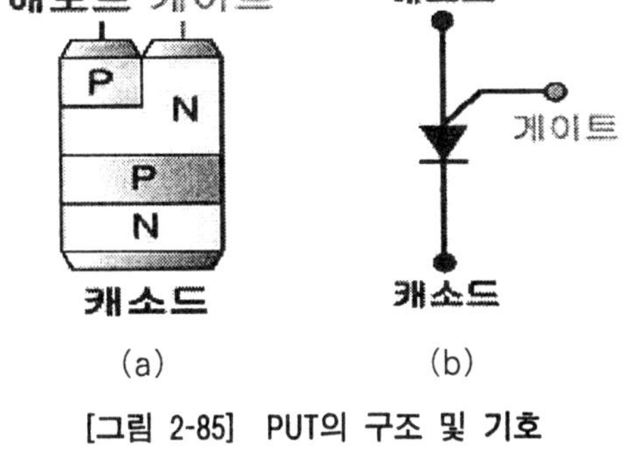

[그림 2-85] PUT의 구조 및 기호

6) SBS

SBS(Silicon Bilateral Switch : 실리콘 바일래터럴 스위치)는 다이액과 마찬가지로 쌍방향성 게이트 트리거 소자로서 교류회로에 전용으로 사용된다. SCR과 제너 다이오드 2중 구조로 [그림 2-86]과 같이 구성되며, Anode1(애노드1)과 Anode2(애노드2) 간에 가해진 전압이 [그림 2-87]과 같이 제너 다이오드의 제너 전압 이상이 되면 한쪽 SCR이 on 되며, 또 Anode1과 Anode2 간의 전압이 제너 다이오드의 제너 전압 이하가 되면 다른 쪽 SCR이 on 된다.

SBS와 같은 원리로 동작하는 SUS(Silicon Unilateral Switch : 실리콘 유니래터럴 스위치)는 이 SBS의 한쪽 조합만을 가진 것으로 **SBS가 쌍방향성**인 데 대해서 SUS는 **단일 방향성**이다.

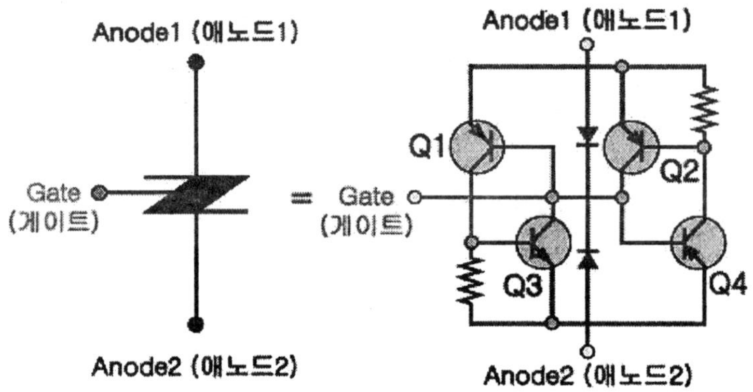

[그림 2-86] SBS의 기호와 등가회로

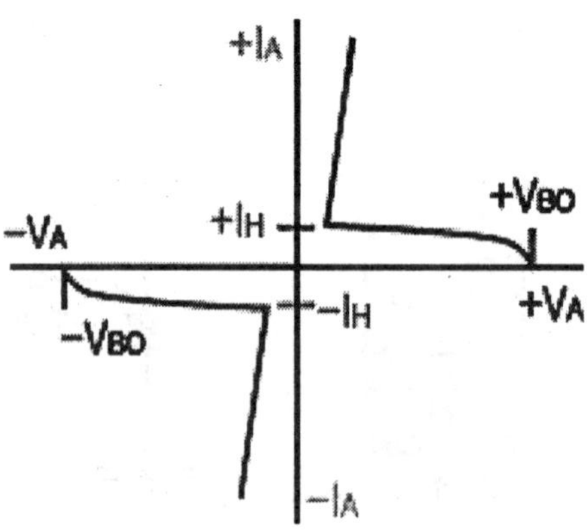

[그림 2-87] SBS의 특성곡선

7) 트라이액

SCR은 한쪽 방향으로만 도통하므로 교류의 반파에서만 동작하지만 트라이액(TRIAC)은 양방향성 소자로써 **교류의 전파 제어**가 가능하다. [그림 2-88]에서 애노드 1과 2 사이의 영역에는 2개의 PNPN 스위치가 서로 반대방향으로 평행으로 배치되어 있다. 그러므로 게이트와 애노드 사이에서 어느 방향으로 작은 전류를 흘려도 트리거시킬 수 있다.

이러한 원리를 이용하면 [그림 2-89]와 같은 이상적인 트라이액을 만들 수 있지만 실제로 사용할 경우 약간의 오차가 있다. 하지만 제어회로가 간단하고 **교류전력의 제어에 적합**하여 널리 이용되고 있다.

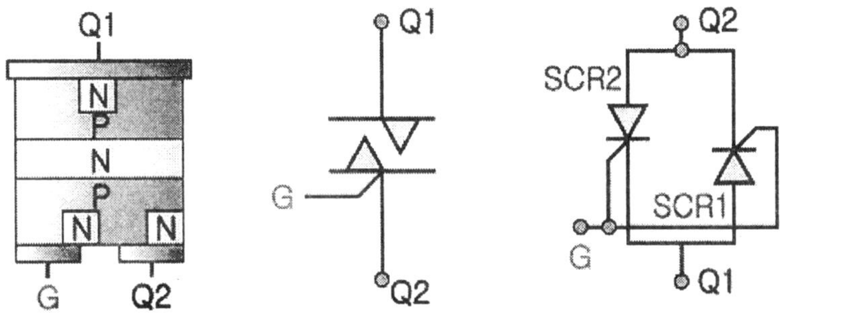

(a) TRIAC의 구조 (b) 기호 (c) TRIAC의 등가회로

[그림 2-88] TRIAC의 구조, 기호 및 등가회로

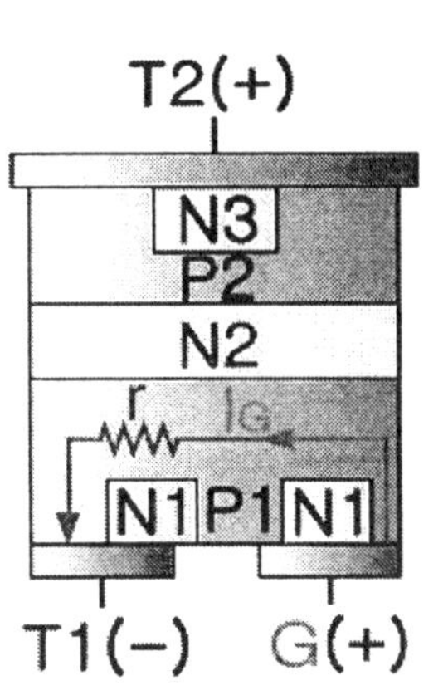

[그림 2-89] TRIAC의 이상적인 전원공급법

8) 다이액

다이액(DIAC)을 SSS라고도 하며, [그림 2-90]과 같이 두 개의 PNPN 다이오드를 역방향으로 병렬 결합시킨 것으로, DIAC는 2극(diode)의 교류 스위치라는 의미에서 붙여진 명칭이다.

- **다이액** : 쌍방향성 2단자 사이리스터로 교류전원으로부터 직접 트리거 펄스를 얻는 회로에 사용된다.

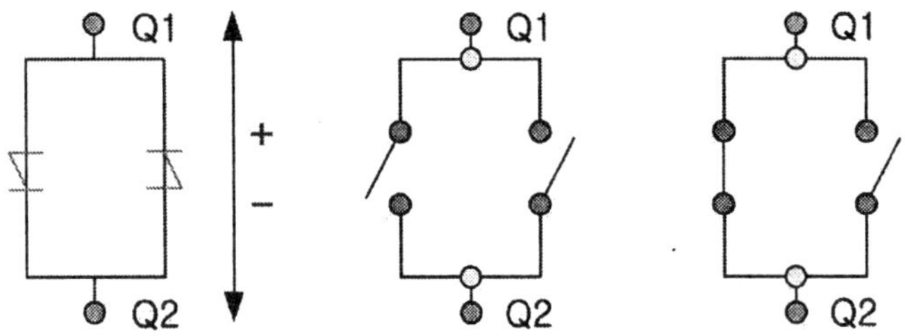

(a) 병렬 역접속 4층　　(b) 등가회로　　(c) 좌측 래치의 단락

[그림 2-90] 다이액(DIAC)의 등가회로

이러한 다이액의 실제 모습과 기호는 [그림 2-91(a)]와 같으며 특성은 [그림 2-91]의 (b)에 나타나 있듯 TRIAC 제어소자로서 적당하며 일정한 브레이크 오버 전압은 일반적으로 20~40[V]이며 브레이크 오버 전압 V_{BR} 이상의 전압을 인가하면 애노드 1과 애노드 2 사이는 도통하게 된다. 다이액은 용도에 따라 **파워용과 트리거용**이 있다.

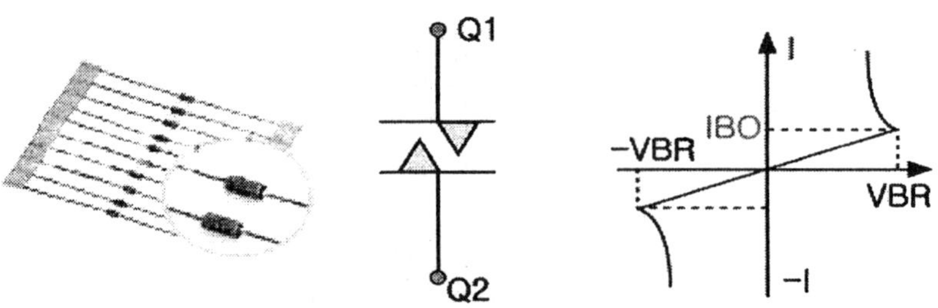

(a) 실물 및 기호　　(b) 특성곡선

[그림 2-91] 다이액(DIAC)의 실물과 기호 및 특성곡선

문제 및 해설

1. 진성 반도체의 특성으로 잘못된 것은?

① 전기적 전도성은 도체와 부도체의 중간 정도이다.
❷ 온도가 상승하면 반도체의 저항은 증가한다.
③ 진성 반도체에 불순물을 섞으면 저항이 감소한다.
④ 온도가 절대온도 0도 정도의 낮은 상태에서는 절연체가 된다.

해설 진성 반도체의 특성은 다음과 같다.

ⓐ 전기적 전도성은 도체와 부도체의 중간 정도이다.
ⓑ 온도가 상승하면 반도체의 저항은 감소한다.
ⓒ 진성 반도체에 불순물을 섞으면 저항이 감소한다.
ⓓ 온도가 절대온도 0도 정도의 낮은 상태에서는 절연체가 된다.

2. 외인성 반도체의 설명으로 맞는 것은?

① 불순물을 섞을수록 저항은 증가하고, (+)의 저항 온도계수를 가진다.
② 불순물을 섞을수록 저항은 증가하고, (−)의 저항 온도계수를 가진다.
③ 불순물을 섞을수록 저항은 감소하고, (+)의 저항 온도계수를 가진다.
❹ 불순물을 섞을수록 저항은 감소하고, (−)의 저항 온도계수를 가진다.

해설 외인성 반도체는 불순물 반도체라고도 하며, 불순물을 섞을수록 저항은 감소하고 도전율은 증가한다. 그리고 저항 온도계수는 (−)로 된다.

3. 진성 반도체를 만드는 데 사용되는 실리콘(Si)은 몇 개의 최외각전자를 가지는가?

① 3개 ❷ 4개
③ 5개 ④ 6개

해설 진성 반도체의 원료인 실리콘(Si)은 4가 원소로 4개의 최외각전자를 가진다. 실리콘이나 게르마늄 반도체는 공유결합을 이루고 있다.

4. 실리콘(Si)의 원자 수는 얼마인가?

① 12 ❷ 14
③ 16 ④ 18

해설 실리콘의 원자번호는 14번이고, 원자 수는 원자번호와 같다.

정답 1. ② 2. ④ 3. ② 4. ②

5. 게르마늄(Ge)의 원자번호는 32이다. 게르마늄 원자의 마지막 궤도에 존재하는 전자의 수는 몇 개인가?

① 3개　　❷ 4개
③ 5개　　④ 6개

해설 게르마늄 원자의 마지막 궤도에 존재하는 전자의 수는 4개이다. 4가 원소에 속하는 게르마늄은 진성 반도체의 원료로 사용된다.

6. 에너지 대역 중에 전자가 존재하지 않는 대역은 무엇인가?

① 전도대　　② 허용대
❸ 금지대　　④ 충만대

해설 에너지 대역 중에서 **충만대**는 전자가 가득 찬 영역이고, **전도대**는 전자가 약간 존재하거나, 없지만 전자가 들어올 수 있는 영역이다. **허용대**는 충만대와 전도대를 합쳐서 부르는 말이다. **금지대**는 허용대 사이에 전자가 존재하지 않는 대역이다.

7. 반도체의 가전자대에서 전도대로 전자가 이동하면서 생기는 빈자리를 무엇이라 하는가?

❶ 정공　　② 전자
③ 중성자　　④ 양성자

해설 반도체의 가전자대에서 전도대로 전자가 이동하면서 생기는 빈자리를 정공(hole : 홀)이라 부른다.

8. 진성 반도체에 도전율을 증가시키기 위해 불순물을 첨가하는 과정을 무엇이라 하는가?

① 접합　　② 확산
❸ 도핑　　④ 에칭

해설 실리콘과 게르마늄 같은 반도체의 도전율을 현격히 증가시킬 수 있는데, 이는 진성 반도체의 불순물을 첨가하여 조절할 수 있다. 이러한 과정을 도핑이라 하며, 이는 전기를 전도하는 **캐리어**(carrier : 전자나 정공)의 수를 증가시킨다.

9. 다음 중 진성 반도체의 전도대에 있는 전자의 수를 증가시키기 위해 첨가하는 불순물은?

❶ 안티몬　　② 붕소
③ 갈륨　　④ 탄소

해설 순수한 실리콘 반도체의 전도대에 있는 전자 수를 증가시키기 위해서는 5가 원자인 불순물을 첨가한다. 이 원자들은 **5개의 가전자**를 가지고 있는 **비소(As), 인(P), 안티몬(Sb)** 등이다.

정답 5. ② 6. ③ 7. ① 8. ③ 9. ①

10. 다음 중 진성 반도체의 전도대에 있는 정공의 수를 증가시키기 위해 첨가하는 불순물은?

❶ 인듐 ② 인
③ 비소 ④ 납

해설 순수한 실리콘에서 정공수를 증가시키기 위해서는 3가의 불순물 원자를 첨가한다. 이러한 반도체를 **P형 반도체**라 하며, 여기에 첨가하는 원자들은 **3개의 가전자**를 가진 **알루미늄(Al), 붕소(B)와 갈륨(Ga)** 등이다.

11. 다음 중 억셉터(acceptor)로 사용될 수 있는 원소는?

① 안티몬 ❷ 알루미늄
③ 탄소 ④ 비소

해설 알루미늄(Al), 붕소(B), 갈륨(Ga)과 같은 3가 원소들을 억셉터라고 한다.

12. 다음 중 도너(donor)로 사용될 수 있는 원소는?

① 갈륨 ❷ 인
③ 붕소 ④ 탄소

해설 인(P), 안티몬(Sb), 비소(As)와 같은 5가 원소들을 도너라고 한다.

13. 다음 중 P형 반도체를 만들기 위해 첨가하는 불순물은?

① 비소 ❷ 붕소
③ 인 ④ 납

해설 순수한 실리콘에서 정공수를 증가시키기 위해서는 3가의 불순물 원자를 첨가한다. 이러한 반도체를 P형 반도체라 하며, 여기에 첨가하는 원자들은 3개의 가전자를 가진 알루미늄(Al), 붕소(B)와 갈륨(Ga) 등이다.

14. 다음 중 N형 반도체를 만들기 위해 첨가하는 불순물은?

❶ 비소 ② 갈륨
③ 납 ④ 알루미늄

해설 순수한 실리콘 반도체의 전도대에 있는 전자 수를 증가시키기 위해서는 5가 원자인 불순물을 첨가한다. 이 원자들은 5개의 가전자를 가지고 있는 비소(As), 인(P), 안티몬(Sb) 등이다.

정답 10. ① 11. ② 12. ② 13. ② 14. ①

15. N형 반도체의 다수 캐리어는 무엇인가?

❶ 전자　② 정공
③ 도너　④ 억셉터

해설 N형 반도체의 다수 캐리어는 전자이다. 비록 N형에서 다수의 캐리어가 전자라 하여도 약간의 정공도 존재하게 되는데, 이러한 정공들을 소수 캐리어라 부른다.

16. P형 반도체의 다수 캐리어는 무엇인가?

① 전자　❷ 정공
③ 도너　④ 억셉터

해설 P형 반도체에서 다수 캐리어는 정공이다. 비록 P형에서 다수 캐리어가 정공이라 해도 약간의 전자도 존재하게 되는데, 이러한 전자들을 소수 캐리어라 한다.

17. 다음 중 전위장벽의 설명으로 올바른 것은?

① PN 접합 사이의 전위차
❷ PN 접합에 전류가 흘러가기 위한 최소 전압
③ PN 접합에 걸릴 수 있는 최대 전압
④ PN 접합에 도전을 방지하기 위한 최소 전압

해설 PN 접합의 접합면에서 재결합을 하고 남은 이온들의 전하에 의한 경계면을 전위장벽이라 한다. PN 접합에 전류가 흘러가기 위해서는 전위 장벽 이상의 전압을 걸어주어야 한다.

18. 실리콘 다이오드의 순방향 바이어스에서 전위장벽의 크기는 얼마인가?

① 0.3[V]　② 0.5[V]
❸ 0.7[V]　④ 0.9[V]

해설 PN 접합에 전류가 흐르기 위해서는 외부에서 걸어주는 전압의 크기가 일정 전위를 넘어야 한다. 이 일정 전위를 전위장벽이라고 한다. 이 전위장벽은 실리콘의 경우 0.7[V], 게르마늄의 경우 0.3[V]이다.

19. 게르마늄 다이오드의 순방향 바이어스에서 전위장벽의 크기는 얼마인가?

❶ 0.3[V]　② 0.5[V]
③ 0.7[V]　④ 0.9[V]

해설 PN 접합에 전류가 흐르기 위해서는 외부에서 걸어주는 전압의 크기가 일정 전위를 넘어야 한다. 이 일정전위를 전위장벽이라고 한다. 이 전위장벽은 실리콘의 경우 0.7[V], 게르마늄의 경우 0.3[V]이다.

정답 15. ① 16. ② 17. ② 18. ③ 19. ①

20. P형과 N형 반도체 접합으로 만들어진 PN 접합의 역할은?

① 증폭작용 ② 발진작용
❸ 정류작용 ④ 스위치작용

해설 PN 접합의 주된 역할은 정류작용이다.

21. 게르마늄, 실리콘 등은 어떤 결합을 하고 있는가?

① 이온결합 ❷ 공유결합
③ 분자결합 ④ 반데르발스 결합

해설 공유결합은 각 원자를 최외각의 전자 2개를 서로 이웃하는 원자들이 공유함으로써 최외각 궤도에 8개의 전자를 가지게 된다. 이와 같이 **최외각전자**, 즉 가전자를 원자들이 서로 공동으로 소유함으로써 결합하는 것을 말한다. 게르마늄이나 실리콘의 원자는 최외각 궤도에 4개의 전자를 가지고 있는데(화학적으로 4개의 원자) 원자가 접합하여 최외각전자가 서로 8개가 되면 결정이 안정된다.

22. N형, P형 반도체를 구별하는 데 유용하게 이용할 수 있는 현상은?

❶ 광전효과 ② 광기전력 효과
③ 펠티어 효과 ④ 홀 효과

해설 광전효과는 물질이 광 에너지를 흡수하고 그 결과로 전자를 방출한다. 광기전력 효과, 광도전 효과, 광전자 방출 효과가 이에 속한다.

23. 실리콘 반도체에 비소(As)를 첨가시키면 어떤 반도체가 되는가?

❶ N형 반도체 ② P형 반도체
③ PN형 반도체 ④ 순수 반도체

해설 실리콘은 4족 원소, 비소는 5족 원소. 따라서, 비소가 들어간 규소 반도체는 공유결합을 이루지 못한 자유전자들이 다수 존재하는 N형 반도체가 된다.

24. 인, 비소와 같이 결정 중에 캐리어 전자를 공급하는 불순물 원소를 무엇이라고 하는가?

❶ 도너(donor) ② 페르미(fermi)
③ 억셉터(acceptor) ④ 캐리어(carrier)

해설 도너는 **N형 반도체에 전자를 공급하는 5족 원소**이며, 억셉터는 **P형 반도체에서 전자를 빼앗는 3족 원소**라 한다.

정답 20. ③ 21. ② 22. ① 23. ① 24. ①

25. 도핑에서 억셉터(acceptor)에 대한 설명이다. 옳지 않은 것은?

① 불순물 반도체를 만들기 위해 첨가시키는 불순물이다.
❷ N형 반도체를 만들기 위한 불순물이다.
③ 3족의 원소를 사용한다.
④ Al, B, In 등이 억셉터로 사용된다.

해설 N형이 아니라 P형으로 불순물 인듐(In), 갈륨(Ga), 붕소(B)와 같이 3족 원소들이 전자를 받아들인다는 뜻으로 억셉터(acceptor)라 한다.

26. PN 접합으로 이루어진 소자로 주로 양방향 전류를 단방향 전류로 변환하는 용도로 사용되는 반도체 소자는 무엇인가?

❶ 다이오드
② 쌍방향 접합 트랜지스터
③ 접합 전계효과 트랜지스터
④ 사이리스터

해설 다이오드는 PN 접합으로 구성된 반도체 소자이다. 순방향 바이어스의 크기가 전위장벽보다 클 경우에 다이오드에 전류가 흐른다. 반면 역방향 바이어스가 걸리면 전류가 흐르지 않는다. 이렇게 다이오드는 한쪽 방향으로만 전류가 흐르는 성질이 있어 주로 **정류작용**에 이용된다.

27. PN 접합면에서 정공과 전자가 서로 반대쪽으로 흘러가는 것을 방해하는 것은 ?

① 에너지 준위　　② 페르미 준위
❸ 전위장벽　　④ 전자궤도

해설 전위장벽은 정공과 전자가 서로 반대쪽으로 흘러가는 것을 방해한다.

28. 다음 중 PN 접합 다이오드에서 공핍층이 존재하는 경우는?

❶ 전자와 정공의 확산에 의해서 생긴다.
② PN 접합에 전압을 인가하지 않았을 때 생긴다.
③ PN 접합에 다수 캐리어가 많이 모여 있는 순간 생긴다.
④ PN 접합에 (−)전압만 인가하였을 때 생긴다.

해설 PN 접합에 전자와 정공에 의해서 공핍층이 존재한다.

정답 25. ② 26. ① 27. ③ 28. ①

29. 전압을 인가하지 않은 PN 접합 다이오드의 전위장벽의 크기는 무엇에 따라 바뀌는가?

① 반도체의 두께 ② 반도체의 종류
❸ 불순물의 양 ④ 금지대의 폭

해설 전압을 인가하지 않은 PN 접합의 다이오드의 전위장벽의 크기는 반도체에 섞여 있는 불순물의 양에 의해서 결정된다.

30. 다이오드에서 항복과 파괴를 바르게 서술한 것은?

❶ 항복은 재사용이 가능하고 파괴는 재생이 불가능하다.
② 항복은 재사용이 불가능하고 파괴는 재생이 가능하다.
③ 항복이 생기면 전압이 다시 떨어져도 전류는 흐른다.
④ 항복과 파괴는 같은 현상이다.

해설 역전압이 일정 전압값을 넘으면 전자사태 및 제너 현상에 의해서 역전류가 갑자기 흐르게 된다. 그리고 전압이 다시 떨어지면 전류가 흐르지 않는 현상을 **항복**이라 한다. **파괴**는 큰 역전류가 흐른 후에 다이오드가 바르게 동작하지 않는다.

31. 순방향 전압이 가해질 때 특정한 범위의 음(−)의 저항을 가지고 있어 발진기로 동작할 수 있는 다이오드는 무엇인가?

❶ 터널 다이오드 ② 제너 다이오드
③ 버랙터 다이오드 ④ 발광 다이오드

해설 터널 다이오드의 중요한 성질은 순방향 전압이 가해질 때 **특정한 범위에서 음(−)의 저항**을 가지고 있다는 것이다. 부저항이 있는 경우 공급전압이 증가함에 따라 전류는 감소한다. 이런 특성 때문에 터널 다이오드는 증폭기 또는 발진기(oscillator : 오실레이터)로서 동작할 수 있다.

32. 다음 중 터널 다이오드에 대한 설명으로 잘못된 것은?

① 부성 저항 특성을 지닌다.
② 순방향으로 흐르는 전류를 에사키 전류, 역방향으로 흐르는 전류를 제너 전류라 한다.
❸ 보통 다이오드와 비교하여 공간 전하층의 폭이 매우 넓다.
④ 불순물 농도가 높다.

해설 터널 다이오드는 보통 다이오드와 비교하여 공간 전하층의 폭이 좁기 때문에 역방향으로 낮은 전압을 걸어주어도 터널 효과에 의해서 **큰** 전류가 흐른다.

정답 29. ③ 30. ① 31. ① 32. ③

33. 다음 중 터널 다이오드 작용이 아닌 것은?

❶ 정류작용 ② 발진작용
③ 스위칭 작용 ④ 증폭작용

해설 터널 다이오드는 마이크로파의 발진기, 증폭기, 고속 스위칭 소자 등에 이용된다.

34. 다음 중 부성 저항 특성을 나타내는 소자는?

① 제너 다이오드 ② 발광 다이오드
❸ 터널 다이오드 ④ 버랙터 다이오드

해설 터널 다이오드는 순방향 바이어스가 걸렸을 때 부성 저항 특성을 나타낸다.

35. PN 접합 다이오드에 역방향 전압을 가했을 때 발생하는 항복현상을 이용한 다이오드는 무엇인가?

① 터널 다이오드 ❷ 제너 다이오드
③ 버랙터 다이오드 ④ 발광 다이오드

해설 PN 접합 다이오드에 역방향 전압을 가하면 항복현상이 일어난다. 이 부분에서는 다이오드에 흐르는 **전류가 급격히 증가하여도 단자전압은 거의 일정**하다. 이 항복현상을 이용하여 전압 기준용으로 만들어진 것이 제너 다이오드(zener diode)이다.

36. 제너 다이오드가 주로 이용되는 회로는?

① 고압 정류회로 ② 검파 회로
③ 반파 정류회로 ❹ 전압 안정회로

해설 제너 다이오드는 제너 항복 효과를 이용하기 위해 만든 다이오드로 전압 안정회로에 주로 사용된다.

37. 전원전압을 일정하게 유지하여 전압안정을 시키기 위해 사용되는 다이오드는?

❶ 제너 다이오드 ② 터널 다이오드
③ 발광 다이오드 ④ 버랙터 다이오드

해설 제너 다이오드는 제너 항복 전압이 일정한 다이오드로 전압 안정화 회로에 사용된다.

정답 33. ① 34. ③ 35. ② 36. ④ 37. ①

38. 자동주파수제어(AFC)회로, FM변조회로, TV의 전자튜너회로 등에 사용되는 바리콘 대용으로 이용되는 다이오드는 무엇인가?

① 터널 다이오드 ② 제너 다이오드
❸ 버랙터 다이오드 ④ 발광 다이오드

해설 PN 접합 다이오드에 역방향 전압을 가하면 접합부의 전위장벽이 높아져서 공핍층의 폭이 넓어지므로 전류가 거의 흐르지 않고 정전용량만으로 되고, 또한 PN 접합 용량은 가해지는 역방향 전압의 크기에 따라 변화한다.

- **버랙터 다이오드** : 자동주파수제어(AFC)회로, FM변조회로, TV의 전자튜너회로 등 기계적으로 콘덴서를 조절함으로써 정상상태 변조를 얻기 위한 곳에 사용된다.

39. 버랙터 다이오드의 용도로 알맞은 것은?

❶ AFC회로 ② AGC회로
③ 정전압 회로 ④ 주파수 변환 회로

해설 버랙터 다이오드는 자동주파수제어(AFC)회로, FM변조회로, TV의 전자튜너회로 등 기계적으로 콘덴서를 조절함으로써 정상상태 변조를 얻기 위한 곳에 사용된다.

40. 버랙터 다이오드의 정전용량(C)과 공급한 역전압(V)의 관계를 나타내는 수식은?(K는 상수값)

① $C=K\sqrt{V}$ ❷ $C=\frac{K}{\sqrt{V}}$
③ $C=KT$ ④ $C=\frac{K}{T}$

해설 버랙터 다이오드의 정전용량과 공급한 역전압은 $C=\frac{K}{\sqrt{V}}$의 관계를 가진다.

41. 신호표시용, 디지털 계측기의 숫자표시용 또는 측정회로에서 환자와 기기를 분리할 때 사용하는 다이오드는 무엇인가?

① 터널 다이오드 ② 제너 다이오드
③ 버랙터 다이오드 ❹ 발광 다이오드

해설 3가, 5가 화합물 반도체인 인화갈륨(GaP), 비소화갈륨(GaAs) 등 발광하기 쉬운 성질을 가진 재료에 의해 만들어진 PN 접합 다이오드를 발광 다이오드(Light Emitting Diode : 라이트 이미팅 다이오드, LED)라고 한다. 발광 다이오드의 특징은 소비전력이 적고, 저전압에서 동작, 발열이 적고, 수명은 대단히 길고 효율성이 좋고, 동작이 고속이고, 고주파 점멸이 가능하므로 신호표시용, 디지털 계측기의 숫자·문자 표시용에 많이 이용되고 있다.

정답 38. ③ 39. ① 40. ② 41. ④

42. 스위칭 시간이 대단히 짧아 전자계산기의 고속 스위치로 쓰이는 소자는?

❶ 터널 다이오드 ② 제너 다이오드
③ 버랙터 다이오드 ④ 발광 다이오드

해설 터널 다이오드는 고속 스위칭 소자이다.

43. 교류전압을 직류전압으로 바꿔주는 회로를 무엇이라고 하는가?

❶ 정류회로 ② 평활회로
③ 변조회로 ④ 복조회로

해설 교류전압을 직류전압으로 바꿔주는 회로를 정류회로라 하며, 다이오드를 이용한다. 정류회로에는 반파 정류회로, 중간 탭 전파 정류회로, 브리지 전파 정류회로가 있다.

44. 교류 입력전압의 최대값이 7[V]였다. 반파 정류된 출력파형의 최대값은 얼마인가?(단, 다이오드의 전압(V_D)은 0.7[V]이다.)

① 5.6[V] ❷ 6.3[V]
③ 7[V] ④ 7.7[V]

해설 반파 및 중간 탭 전파 정류회로에서는 교류 한 주기에서 다이오드를 한 번 거치게 되므로, 출력되는 전압은 입력되는 최대보다 0.7[V] 작다.

$$V_i - V_D = 7 - 0.7 = 6.3[V]$$

45. 브리지 정류회로의 최대값이 10[V]였다. 정류된 출력파형의 최대값은 얼마인가?(단, 다이오드의 전압(V_D)은 0.7[V]이다.)

❶ 8.6[V] ② 9.3[V]
③ 10[V] ④ 10.7[V]

해설 다이오드에는 동작전압이 0.7[V] 걸리게 된다. 그런데 브리지 정류회로에서는 반주기의 파형이 다이오드를 2번 거치게 되므로 출력전압의 최대값은 입력전압의 최대값보다 1.4[V] 작다.

$$V_i - 2V_D = 10 - 2 \times 0.7 = 8.6[V]$$

46. 전파 또는 반파 정류된 파형은 정류회로를 통과한 후에도 여전히 맥동을 가지고 있는데, 이를 제거하여 최대한 직류에 가깝게 해주기 위해 추가하는 소자는 무엇인가?

① 다이오드 ② 스위치
③ 저항 ❹ 콘덴서

해설 전파 또는 반파 정류된 파형은 맥동을 가지고 있는데, 출력에 콘덴서를 추가하면, 콘덴서의 **충전과 방전을 통해 출력이 더욱 안정**된 직류에 가까워진다.

정답 42. ① 43. ① 44. ② 45. ① 46. ④

47. 교류신호에 직류전압 값을 더하기 위한 회로를 무엇인가?

① 클리퍼 회로 ❷ 클램퍼 회로
③ 리미터 회로 ④ 피크 검출 회로

해설 클램퍼의 목적은 교류신호에 직류전압 값을 더하는 데 있다.

48. 입력신호의 값을 일정 값 이하로 제한하기 위해 사용되는 회로는?

① 정전압 회로 ❷ 리미터 회로
③ 피크 검출 회로 ④ 클램퍼 회로

해설 리미터는 입력신호의 값을 일정 값 이하로 제한하기 위해 사용된다.

49. 정전압 회로에 잘 쓰이고, 정전압 방전관과 유사한 특성을 가진 다이오드는?

① SCR ② Trigger
❸ Zener ④ 트라이액

해설 제너 다이오드는 정전압 회로에 주로 사용된다.

50. 다음 쇼트키 다이오드에 대한 서술 중 잘못된 것은?

① 마이크로파 수신기용 믹서로 좋다.
② 금속의 일함수 ϕ_m이 N형 반도체의 일함수 ϕ_s보다 크다.
❸ 직렬저항이 높아서 전기적 잡음이 크다.
④ 반도체와 금속면의 접촉에 의한 전위 장벽을 이용한 것이다.

해설 마이크로파 수신기용 믹서로 우수하고 $\phi_m > \phi_s$이고 다른 다이오드에 비해 직렬저항이 낮아서 전기적 잡음이 작다.

51. 다이오드 전압이 0.7[V], 다이오드 전류가 200[mA]라면, 순방향으로 바이어스 된 실리콘 다이오드의 전력소비는 얼마인가?

① 7[mW] ② 14[mW]
③ 70[mW] ❹ 140[mW]

해설 다이오드의 전력소비를 구하려면,

$$소비전력(P) = VI = 0.7\text{V} \times 200\text{mA} = 140\,[\text{mW}]$$

가 된다.

정답 47. ② 48. ② 49. ③ 50. ③ 51. ④

52. 다음 그림의 R_S에서의 전압과 전류는 얼마인가?(V_{CC} =10[V], R_S=6[KΩ], 다이오드에 걸리는 전압 V_D=0.7[V])

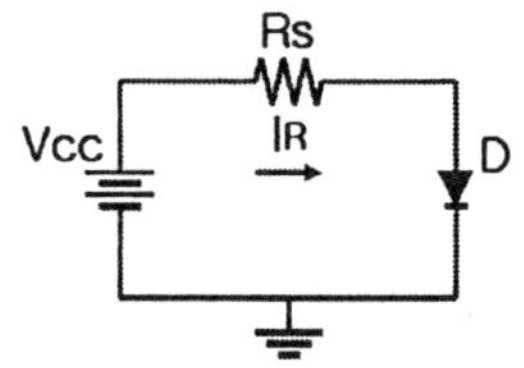

❶ 9.3[V], 약 1.6[mA]
② 9.3[V], 약 1.7[mA]
③ 10[V], 약 1.6[mA]
④ 10[V], 약 1.7[mA]

해설 R_S에 걸리는 전압 V_R는 V_{CC}에서 다이오드에 걸리는 전압 V_D를 뺀 나머지 전압이 걸린다.

$$V_R = V_{cc} - V_D = 10 - 0.7 = 9.3[V]$$

R_S에 흐르는 전류 I_R는 $I_R = \frac{V_R}{R_S} = \frac{9.3}{6 \times 10^3} = 1.55[mA]$가 되어 약 1.6[mA]가 된다.

53. 다음 그림에서 2차 측에 걸리는 전압 V_2는 60[V]이다. 이 회로에 사용된 다이오드가 이상적인 다이오드라고 가정할 때, 직류부하에 걸리는 전압은 얼마인가?

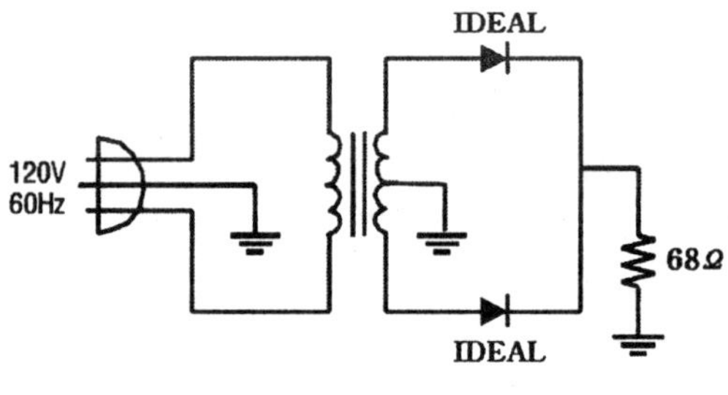

① 25[V] ❷ 27[V] ③ 29[V] ④ 31[V]

해설 중간 탭 전파 정류회로는 양의 반주기를 정류하는 반파 정류기와 음의 반주기를 정류하는 반파 정류기를 합쳐놓은 것과 같다. 2차 권선의 중간 탭 때문에 반파 정류기에는 2차 전압의 $\frac{1}{2}$의 크기의 입력파형이 들어간다.

$$V_2 = \frac{V_{2(peak)}}{\sqrt{2}},\ V_{2(peak)} = \sqrt{2} \times V_2 = 1.414 \times 60 = 84.8[V]$$

$$V_{out(peak)} = \frac{V_{2(peak)}}{2} = \frac{84.8}{2} = 42.4[V]$$

$$V_{DC} = \frac{2V_{out(peak)}}{\pi} = 0.636 \times V_{out(peak)} = 0.636 \times 42.4 = 27[V]$$

정답 52. ① 53. ②

54. 다음의 브리지 정류회로에서 직류출력 전압이 20[V], 부하가 400[Ω]이라고 하면 각 다이오드에 흐르는 첨두 전류값은 얼마인가?

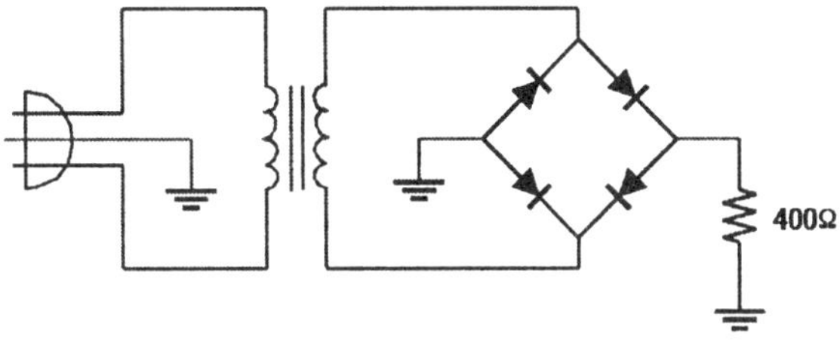

① 68.5[mA] ② 73.5[mA] ❸ 78.5[mA] ④ 83.5[mA]

해설 브리지 전파 정류회로에서의 직류출력 전압(V_{dc})

$$V_{DC} = \frac{2V_{peak}}{\pi},\ V_{peak} = \frac{\pi V_{DC}}{2} = \frac{\pi \times 20}{2} = 31.4[V]$$

첨두 전류값(I_{peak})

$$I_{peak} = \frac{V_{peak}}{R_L} = \frac{31.4}{400} = 78.5[mA]$$

55. 다음 그림에서 2차 측 전압 V_2의 첨두값이 80[V]이고, 다이오드에 걸리는 순방향 전압이 1[V]일 때 다이오드에 흐르는 전류가 1.6[A]이다. 트랜스 2차 측 권선저항이 0.7[Ω]일 때의 서지 전류를 구하여라(단, 다이오드에 걸리는 전압 V_D는 0.7[V]).

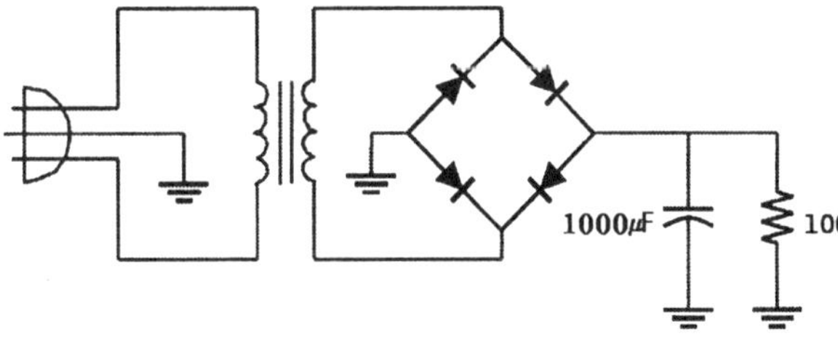

① 25[A] ❷ 27[A] ③ 29[A] ④ 31[A]

해설 **서지전류**(surge current)

필터에 콘덴서는 전원 스위치 on되기 전에는 충전이 되어 있지 않다가 스위치를 켜는 순간에 콘덴서는 단락되어 있으므로 초기 충전전류가 매우 크다. 이런 갑작스런 전류를 서지전류라 한다. 서지전류를 계산한 후에 다이오드의 정격 서지전류가 계산식에서 구한 서지전류보다 큰 다이오드를 선택한다. 또는 서지저항을 포함시켜 해결하는 방법이 있다.

정답 54. ③ 55. ②

우선, 2차 측에 실효전압을 먼저 구하면

$$V_{2s} = \frac{V_2}{\sqrt{2}} = \frac{80}{\sqrt{2}} = 56.56[V]$$

이 되고, 권선저항 R_W과 다이오드에 저항성분 R_D을 더하여 전체 저항 R_T을 구하면 우선

$$R_D = \frac{V_D}{I_D} = \frac{1}{1.6} = 0.625[\Omega]$$

가 되고, 브리지 정류회로는 2개의 다이오드를 지나기 때문에

$$R_T = R_W + 2R_D = 0.8 + 2 \times 0.625 = 2.05[\Omega]$$

가 된다.

$$I_S = \frac{V_{2s} - 2V_D}{R_T} = \frac{56.56 - 2 \times 0.7}{2.05} \cong 26.9[A]$$

56. 쌍극 접합 트랜지스터에서 베이스-이미터 접합과, 베이스-컬렉터 접합은 각각 어떤 바이어스인가?

① 순방향 바이어스, 순방향 바이어스
❷ 순방향 바이어스, 역방향 바이어스
③ 역방향 바이어스, 역방향 바이어스
④ 역방향 바이어스, 역방향 바이어스

해설 트랜지스터의 올바른 바이어스는 순방향-역방향 바이어스로서, **베이스-이미터(BE) 접합**은 순방향 바이어스이고, **베이스-컬렉터(BC) 접합은 역방향 바이어스**이다.

57. 쌍극 접합 트랜지스터에서 베이스 전류가 2[mA]라면, 컬렉터 전류의 크기는 얼마인가? (단, β값은 150이다.)

① 150[mA] ❷ 300[mA]
③ 450[mA] ④ 600[mA]

해설 쌍극 접합 트랜지스터의 직류 전류 이득인 β의 관계에서 베이스 전류에 β를 곱한 값은 컬렉터 전류와 같다.

$$I_B = 2[mA], \quad \frac{I_C}{I_B} = \beta, \quad I_C = \beta I_B = 150 \times 2 = 300[mA]$$

정답 56. ② 57. ②

58. 쌍극 접합 트랜지스터 증폭회로 중 전압 증폭도가 좋아서 증폭회로로 많이 사용하는 회로는?

① 공통 베이스 증폭기 ❷ 이미터 접지 증폭기
③ 컬렉터 접지 증폭기 ④ 베이스 접지 증폭기

해설 이미터 접지 증폭기는 가장 많이 사용하는 회로로서 **증폭도가 가장 크다**. 또한 **입출력의 위상이 역위상**이며 **전압 증폭**에 많이 사용된다.

59. 다음 회로에서 V_{CC}는 12[V], R_C=1.5[kΩ]이고, I_C는 6[mA]이다. 컬렉터에 걸리는 V_C 은 얼마인가?

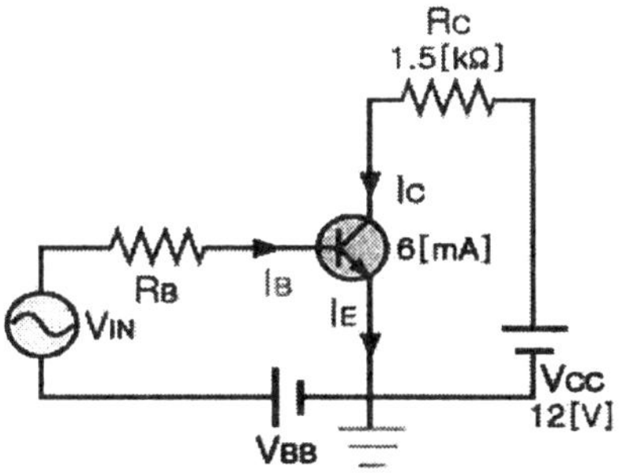

① 1.5[V] ❷ 3[V] ③ 4.5[V] ④ 6[V]

해설 컬렉터 전압은 직류 전원전압 V_{CC}에서 R_C에 걸리는 전압을 뺀 값이다. 즉,

$$V_C = V_{CC} - I_C R_C = 12 - 6 \times 10^{-3} \times 1.5 \times 10^3 = 12 - 9 = 3[V]$$

가 된다.

60. 트랜지스터 증폭회로 중에 전압 증폭도는 1로 낮지만, 전류 증폭도가 높아서, 주로 임피던스 변환용으로 사용되는 증폭기는 무엇인가?

① 공통 베이스 증폭기 ② 이미터 접지 증폭기
❸ 컬렉터 접지 증폭기 ④ 베이스 접지 증폭기

해설 컬렉터 접지 회로에서는 부하저항으로서 단지 이미터 저항 R_e만 설치된다. 따라서 교류전류의 동작전원에 큰 저항이 작용하지 않는다는 전제 조건하에 컬렉터는 입출력 신호의 기준단자가 된다. 이 회로는 고임피던스의 신호원을 저임피던스의 증폭입력에 적응시킬 수 있다. 따라서 주로 임피던스 변환기에 사용된다.

정답 58. ② 59. ② 60. ③

61. 쌍극 접합 트랜지스터와 달리 게이트 전압을 조정해서 전류의 양을 조정하는 소자는 무엇인가?

① 다이오드
② 쌍극 접합 트랜지스터
❸ 전계효과 트랜지스터
④ 사이리스터

해설 BJT는 **전류제어소자**이다. 즉 베이스 전류가 컬렉터 전류의 양을 제어한다. 하지만 전계효과 트랜지스터(FET)의 경우에는 게이트 단자의 전압이 소자를 통해 흐르는 전류의 양을 제어하는 전압제어소자이다. 또한 BJT와 비교하면, FET는 매우 높은 입력 임피던스를 갖는다.

62. 다음 중 전계 효과 트랜지스터(FET)의 설명으로 잘못된 것은?

① 접합형 FET와 MOS FET의 두 가지 형태가 있다.
❷ 소수 캐리어에 의해 증폭작용을 한다.
③ MOS FET는 입력저항이 높다.
④ 접합형은 저주파 잡음이 매우 작다.

해설 전계 효과 트랜지스터(FET)는 접합형과 MOS형이 있고 다수 캐리어에 의해 증폭작용을 한다. MOSFET의 입력 임피던스는 매우 높고, 접합형은 저주파 잡음이 매우 작다.

63. 게이트-소스 사이의 전압이 (+)일 때만 동작하는 MOSFET는 무엇인가?

① 공핍형 MOSFET
❷ 증진형 MOSFET
③ C-MOSFET
④ D-MOSFET

해설 공핍형 MOSFET는 공핍모드 혹은 증진모드 두 개의 모드 중 하나로 동작하므로, 이를 공핍/증진 MOSFET이라 부르기도 한다. 반면에, 증진형 MOSFET는 증진모드에서만 동작하고, 공핍모드 동작은 없다.

64. 쌍극 접합 트랜지스터에 비해서 전계효과 트랜지스터의 장점은 무엇인가?

① 입력 임피던스가 낮다.
❷ 입력 임피던스가 높다
③ 출력 임피던스가 낮다.
④ 출력 임피던스가 높다.

해설 전계효과 트랜지스터는 쌍극 전합 트랜지스터에 비해 입력 임피던스가 매우 높다. 따라서 증폭회로의 입력 단에 많이 사용된다.

정답 61. ③ 62. ② 63. ② 64. ②

65. 사이리스터의 대표적인 예로서 반파 정류회로로 많이 사용되는 것은 무엇인가?

❶ SCR ② SBS
③ DIAC ④ TRIAC

해설 SCR(Silicon Controlled Rectifier : 실리콘 컨트롤드 렉터파이어)은 사이리스터의 대표적인 것으로서, PNPN 구조에 캐소드 옆의 P층에 제어용 전극으로서 게이트를 추가한 것으로 게이트에 작은 전류를 흘리면 도통(on)하고 순전류가 IH 이상이면 on 상태를 계속 유지한다. SCR의 주요한 특성은 게이트에서 캐소드로 작은 전류를 흘림으로써 off 상태에서 on 상태로 하여 정류기로서 동작시키는 것이다.

66. SCR을 턴 오프 시키는 방법이 아닌 것은?

① 전류를 바이패스하는 방법 ② 전류를 I_H 이하가 되게 하는 방법
❸ 과전압을 인가하는 방법 ④ 역전압을 인가하는 방법

해설 SCR을 턴 오프 시키는 방법은 다음과 같다.
ⓐ 전류를 바이패스하는 방법
ⓑ 전류를 I_H 이하가 되게 하는 방법
ⓒ 전류를 끊는 방법
ⓓ 역전압을 인가하는 방법

67. 다음 중 양방향 조건의 반도체는?

① SCR ❷ TRIAC
③ UJT ④ Zener Diode

해설
- **SCR**(Sillicon Controlled Rectifier)는 사이리스터의 70[%] 정도를 차지하며 단일 방향성이다.
- **TRIAC**(Triode In AC Switch)은 일정한 전류를 게이트 단자에 공급하면 양쪽 방향으로 전류의 흐름을 제어한다.

68. 트라이액(TRIAC)에 관한 설명 중 틀린 것은?

❶ 애노드와 캐소드 전극이 있다
② 게이트 전류에 의하여 트리거시킨다.
③ 전류제어 소자이다.
④ 다이리스터 2개를 역병렬로 접속한 것과 같은 기능을 한다.

해설 트라이액은 애노드와 캐소드의 구별 없이 제1 전극(T_1), 제2 전극(T_2)과 게이트 전극이 있다. 캐소드와 애노드는 극성에 따라 작용하는 전자소자에서 주로 쓰인다. 하지만, 트라이액은 **교류 제어용**이기 때문에 이런 용어를 쓰지 않는다.

정답 65. ① 66. ③ 67. ② 68. ①

69. 다음 중 트랜지스터의 장점으로 올바른 것은?

❶ 가볍고 기계적으로 강하다.
② 수명이 짧다.
③ 진공상태가 필요하다.
④ 과부하에 비교적 강하다.

해설 트랜지스터 장점은 진공이 필요 없다. 가볍다. 수명이 반영구적이다. 기계적으로 강하다.

70. 다음 트랜지스터의 전류 증폭률의 식 중에 옳은 것은?

① $\alpha = \dfrac{\Delta I_C}{\Delta I_B}$　　② $\alpha = \dfrac{\beta}{1-\beta}$

③ $\beta = \dfrac{\Delta I_C}{\Delta I_E}$　　❹ $\beta = \dfrac{\alpha}{1-\alpha}$

해설 $\alpha = \dfrac{\Delta I_C}{\Delta I_E}$, $\alpha = \dfrac{\beta}{1+\beta}$, $\beta = \dfrac{\Delta I_C}{\Delta I_B}$

71. 트랜지스터의 전류 증폭률 β가 99일때 α의 값은?

① 0.98　　❷ 0.99
③ 1　　④ 1.01

해설 $\alpha = \dfrac{\beta}{1+\beta} = \dfrac{99}{1+99} = 0.99$

72. 트랜지스터의 α값이 0.98일 때 β의 값은?

① 39　　② 44
❸ 49　　④ 54

해설 $\beta = \dfrac{\alpha}{1-\alpha} = \dfrac{0.98}{1-0.98} = 49$

73. 트랜지스터의 이미터 전류 I_E가 4[mA]가 흐르고 있을 때, 베이스 전류 I_B의 값을 구하여라(단, α는 0.98).

❶ 0.08[mA]　　② 0.1[mA]
③ 0.12[mA]　　④ 0.14[mA]

정답 69. ① 70. ④ 71. ② 72. ③ 73. ①

해설 $\alpha = \dfrac{I_C}{I_E}$ 이므로

$$I_C = \alpha I_E = 0.98 \times 4 = 3.92[\text{mA}]$$

이다.

$$I_B = I_E - I_C = 4 - 3.92 = 0.08[\text{mA}]$$

이 된다.

74. 다음 중 고주파 주파수 특성이 우수한 트랜지스터는?

① 합금형 트랜지스터
② 드리프트형 트랜지스터
❸ 확산형 트랜지스터
④ 에피텍시얼 플레이너형 트렌지스터

해설 확산형 트랜지스터는 저항률이 비교적 낮은 불순물을 사용하여 고주파 주파수 특성이 우수하다.

75. FET의 드레인 전류의 어떤 값에 의해 제어되는가?

① 소스 전압　　② 소스 전류
❸ 게이트 전압　　④ 게이트 전류

해설 FET의 드레인 전류는 게이트 전압에 의해 제어된다.

76. 다음 사이리스터 중에서 양방향성 소자는?

① SCR　　② PUT
❸ 트라이액　　④ SUS

해설
- **단방향성 사이리스터** : SCR, SUS, PUT, SCS 등이 있다.
- **양방향성 사이리스터** : 트라이액, 다이악, SSS, SIDAC, SBS 등이 있다.

77. 트라이액에 대한 설명 중 잘못된 것은?

① 전류제어 소자이다.
② 쌍방향성 소자이다.
❸ 게이트 전압에 따라 부하 전류의 값이 조절된다.
④ 게이트 전류에 의해서 트리거 시킬 수 있다.

해설 트라이액은 전류제어 소자이고 쌍방향성을 가진다. 게이트에 일정 값 이상의 전류를 흘려주면 트리거되어 on 또는 off를 유지시켜 주는 소자이다.

정답 74. ③ 75. ③ 76. ③ 77. ③

78. GTO의 특성으로 바르게 서술한 것은?

① 소스에 역방향의 전류를 흘려서 주전류를 차단한다.
② 드레인에 역방향의 전류를 흘려서 주전류를 차단한다.
❸ 게이트에 역방향의 전류를 흘려서 주전류를 차단한다.
④ 게이트에 순방향의 전류를 흘려서 주전류를 차단한다.

해설 GTO는 SCR보다 게이트의 제어 능력을 크게 하여 턴 오프(turn off)하기 쉽도록 만든 소자이다. 주전류를 차단하기 위해서는 게이트에 역방향의 전류를 흘려주면 된다.

79. 다음 기호가 나타내는 반도체 소자의 이름은?

① SCR
❷ 트라이액
③ 다이액
④ PUT

해설

이 름	기 호	이 름	기 호	이 름	기 호
SCR		다이액	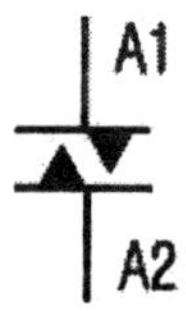	PUT	

80. 트랜지스터를 높은 주파수까지 사용할 수 있게 하기 위해 차단 주파수를 높이기 위한 방법은?

① 이미터의 두께를 얇게 한다.
❷ 베이스의 두께를 얇게 한다.
③ 컬렉터의 두께를 얇게 한다.
④ 이미터의 두께를 두껍게 한다.

해설 베이스의 두께가 얇으면 차단 주파수가 높아져서 높은 주파수에서 사용할 수 있게 된다.

정답 78. ③ 79. ② 80. ②

81. 아래 그림에서 V_{cc}=15[V], V_{BB}=9[V], R_c=1[kΩ], R_e=500[Ω], R_b=50[kΩ], β=100이다. Q-Point를 찾으시오.

① V_{CEQ}=2.55[V], I_{CQ}=7.3[mA]
❷ V_{CEQ}=2.55[V], I_{CQ}=8.3[mA]
③ V_{CEQ}=3.77[V], I_{CQ}=7.3[mA]
④ V_{CEQ}=3.77[V], I_{CQ}=8.3[mA]

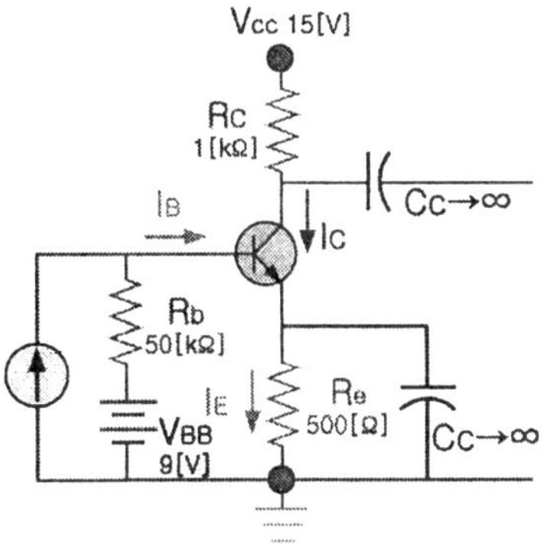

해설 $I_C = \beta I_B,\ I_C \cong I_E \cong \beta I_B$,

$$V_{BB} - (50\times10^3\times I_B + 0.7 + 500\times100\times I_B) = 0$$
$$9 = 50\times10^3\times I_{BQ} + 0.7 + 500\times100\times I_{BQ} = 100\times10^3\times I_{BQ} + 0.7$$
$$8.3 = 100\times10^3\times I_{BQ}$$
$$I_{BQ} = \frac{8.3}{100\times10^3} = 83\times10^{-6}$$
$$I_{CQ} \cong I_{EQ} = \beta I_{BQ} = 100\times83\times10^{-6} = 8.3\times10^{-3}$$
$$V_{CC} = V_{C+}V_{CEQ+}V_E$$
$$V_{CEQ} = V_{CC} - V_C - V_E = V_{CC} - I_{CQ}R_C - I_{EQ}R_E = V_{CC} - I_{EQ}(R_{C+}R_E)$$
$$= 15 - 8.3\times10^{-3}\times1.5\times10^3 = 2.55[\mathrm{V}]$$

82. 다음 그림에서 실내온도 25°C, R_b=400[Ω], R_e=100[Ω], I_{CQ}=10[mA]일 때, 온도가 55°C로 상승했다면, I_{CQ}의 변화는 얼마인가?

① 0.1[mA]
② 0.3[mA]
❸ 0.6[mA]
④ 1[mA]

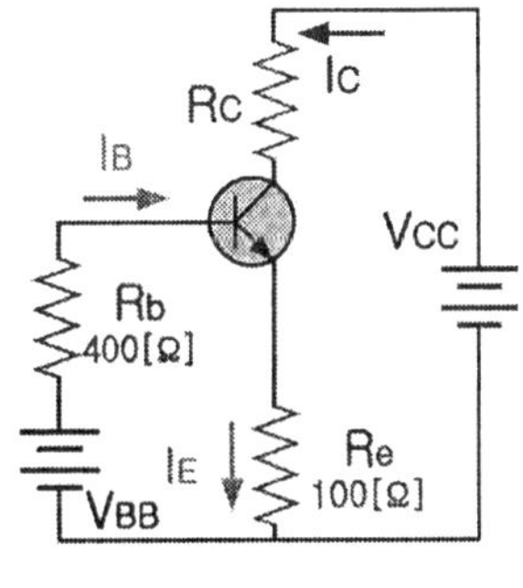

해설 $$\Delta I_{CQ} = \frac{k\Delta T}{R_E} + \left(1+\frac{R_B}{R_E}\right)I_{CBO}(\epsilon^{k\Delta T}-1)$$

I_{CB01}은 매우 작은 값이므로 무시할 수 있다.

$$\Delta I_{CQ} = \frac{(2\times10^{-3})(30)}{100} = 0.6\times10^{-3}$$
$$\Delta I_{CQ} \cong 0.6[\mathrm{mA}]$$

정답 81. ② 82. ③

83. 다음 그림에서 I_{Dss}=2[mA], $V_{GS(off)}$=−5[V]이다. 이때, 소스 저항 R_s를 구하여라.(단, $R_s=V_p/I_{Dss}$)

① 1[kΩ]
❷ 2.5[kΩ]
③ 5[kΩ]
④ 10[kΩ]

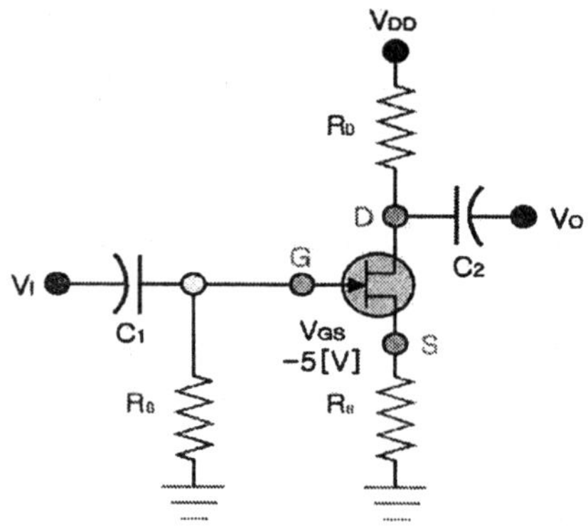

해설 $Rs = \frac{V_P}{I_{Dss}}$, $V_{GS(off)} = -V_P$, $Rs = \frac{-V_{GS(off)}}{I_{Dss}} = -\frac{(-5)}{2\times 10^{-3}} = 2.5[k\Omega]$

84. 다음 그림에서 R_c=1[kΩ], R_b=220[kΩ], V_{cc}=10[V]이고, 출력전압의 Peak−to−Peak 전압이 4[V]일 때 출력전력은 얼마인가?

① 1[mW]
❷ 2[mW]
③ 10[mW]
④ 20[mW]

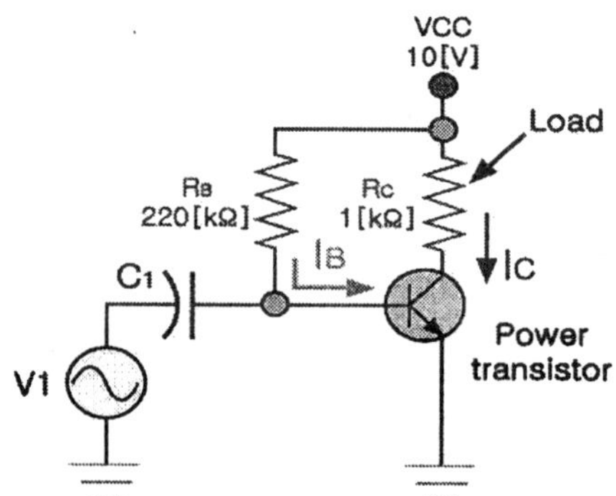

해설 $P_{out} = \frac{V_{CE(P-P)}^2}{8Rc} = \frac{4^2}{8\times 10^3} = 2[mW]$

정답 83. ② 84. ②

chapter

3 OP-AMP 회로

1 연산 증폭기

(1) 연산 증폭기의 사용범위

연산 증폭기(OPERATIONAL AMPLIFIER or OP-AMP : 오퍼레이션 앰플리파이어 또는 오피 앰프)는 매우 큰 증폭도를 갖는 **차동 증폭기**(differential amplifier : 디퍼렌셜 앰플리파이어)로서 신호의 증폭 필터, 파형변환 등과 같은 아날로그(analog) 전자회로 구성에서 기본소자로 널리 사용된다.

표준적인 연산 증폭기의 기호는 [그림 3-1]에서 볼 수 있듯이 2개의 입력단자와 1개의 출력단자가 있으며, 일반적인 연산 증폭기는 2개의 (+)전압과 (−)전압인 직류전원을 필요로 하며, 입력단자는 반전 입력(−)과 비반전 입력(+)으로 구분되어 있다. 이러한 연산 증폭기는 덧셈, 뺄셈, 적분, 미분과 같은 **산술연산**에 주로 사용할 수 있으며, 최근에는 미분기, 적분기, 비교기, 신호변환기, 서브제어, 통신기기, 함수 발생기 등과 같이 매우 광범위한 분야에 사용된다.

(2) 연산 증폭기의 동작

보통 일반적인 증폭기인 경우 입력 핀이 한 줄로 되어 있는 경우가 많지만 연산 증폭기는 대부분이 두 줄의 입력 핀을 갖는 차동 증폭기로 되어 있다. 따라서 연산 증폭기는 [그림 3-1(a)]와 같이 5개의 핀이 필요하다. 하지만 그 외에 외부 부가부품용, 동작상태의 조절용 등의 핀을 추가하면 6~8개의 핀을 필요로 하는 경우도 있다.

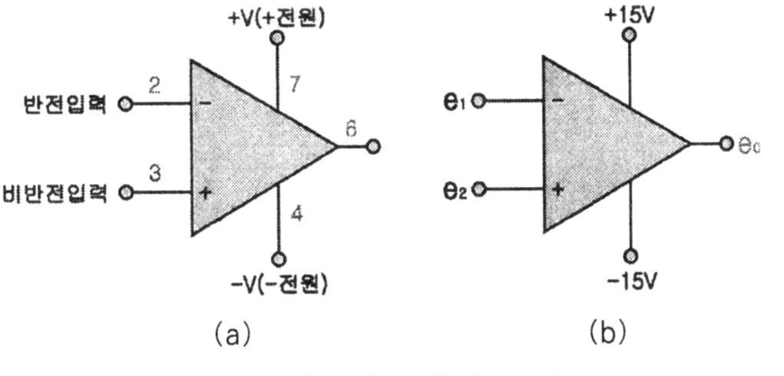

[그림 3-1] 연산 증폭기의 기호

[그림 3-1(b)] 그림에서 볼 수 있듯이 각 단자의 전압을 e_0, e_1, e_2라고 할 경우 식 (3-1)을 나타낼 수 있다.

$$e_0 = A(e_2 - e_1) = -A(e_1 - e_2) \tag{3-1}$$

먼저 A는 양(+)의 수로서 연산 증폭기의 전압이득 또는 차동이득이라고 하며, 이 값은 직류신호나 10[Hz] 정도의 낮은 주파수의 교류신호에 대해 10만~1000만 배 정도로 매우 크다. A는 주파수가 높아지면 작아지는데 보통 1[MHz]에서 10[MHz] 사이 정도에서 1이 된다.

연산 증폭기의 출력전압인 e_0는 직류신호 또는 교류신호와는 상관없이 2개의 입력단자 사이에 가해진 e_1, e_2전압의 차이만 증폭하는 동작을 한다. 이러한 특징을 가지는 증폭기를 차동 증폭기라 하며, 접지 0[V]를 기준으로 반전 또는 비반전 입력에 대한 각각의 출력을 알아볼 때도 사용 가능하다.

반전 입력에 가해진 전압은 극성이 반대로 되어 출력에 나타나지만 비반전 입력에 가해진 전압은 동일한 극성으로 출력에 나타난다. 이때 주의할 사항은 같은 전압의 신호를 2개의 입력단자에 가하면 출력에 아무것도 나타나지 않는다는 것이다. 즉, 2개의 입력단자에 공통으로 가해지는 신호는 증폭하지 않고, 차이값에 대해서만 증폭을 한다.

하지만 실제 연산 증폭기에서는 두 입력단자에 동일한 신호를 가할 경우 출력이 나타나는데 이때 **동상신호에 대한 증폭도를 동상이득**(common mode gain : 커몬 모드 게인)이라고 한다. 일반적인 연산 증폭기의 해석에서는 **동상이득이 0인 이상적인 경우**로 가정한다.

(3) 이상적인 연산 증폭기

연산 증폭기가 무엇인지 설명하기 위해서 먼저 연산 증폭기의 이상적인 특성을 설명할 필요가 있다. 물론 실제의 연산 증폭기는 이러한 이상적인 특성을 갖고 있지 못하지만, 이상적인 관점에서 소자를 이해하고 해석하는 것이 훨씬 쉽고 효율적이기 때문이다.

이상적인 연산 증폭기의 특성은([그림 3-2]) 두 입력 단자 사이의 입력전압은 V_{in}으로, 출력전압은 내부 전압원의 기호로 표시하며 무한대의 입력 임피던스를 가진다는 개념을 사용하여 여러 가지 연산 증폭기 결선을 해석하는 데 많이 사용된다.

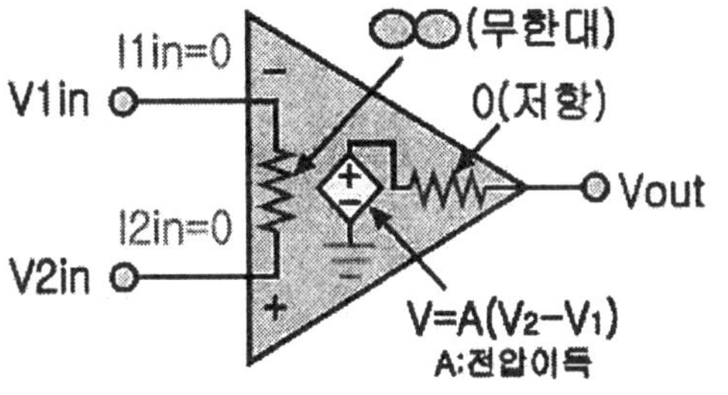

[그림 3-2] 이상적인 연산 증폭기

(4) 이상적인 연산 증폭기의 특징

〈표 3-1〉 이상적인 연산 증폭기의 특징

연산 증폭기의 특징	특징에 대한 설명
입력 임피던스가 무한대	반전과 비반전 입력에 의한 각각의 입력단자로의 전류의 유입은 0이다.
출력 임피던스는 0이다.	출력단자에 최대 전압이 걸리는 것을 말한다.
개방전압 이득이 무한대	출력이 입력에 아무런 영향을 미치지 않을 때의 전압이득
온도에 따라 특성이 변하지 않음	온도 변화에 의한 전압, 전류 드리프트와 성능변화가 없어야 한다. 동작온도가 안정되어야 한다.
주파수 대역폭이 무한대	모든 주파수 영역의 입력신호에 지연 없이 반응한다.
회로의 완전 평형 유지	두 입력전압이 같으면 출력전압이 0[V]이어야 한다. 출력 오프셋 전압을 0[V]로 보정시키기 위해 요구되는 입력전압을 입력 오프셋 전압이라고 한다.

(5) 연산 증폭기의 역사 및 실제 연산 증폭기

최초의 연산 증폭기는 진공관을 이용하여 구성하였으나, 1940년대 후반의 트랜지스터가 발명되면서 반도체를 이용하여 제작하는 연구가 이루어졌다. FairChild(페어차일드)에서 발표한 최초의 모노리딕 IC인 uA702를 시작으로, uA702를 개량한 uA709는 IC화한 최초의 연산 증폭기였다. 1970년대 이후 반도체 회로 설계기술과

IC 제조기술의 발달에 의해 다양한 종류의 연산 증폭기가 각 반도체 제조회사에서 발명되었다.

최근의 IC 연산 증폭기는 이상적인 연산 증폭기가 갖는 여러 파라미터 값들에 가까운 값들을 갖도록 만들어지지만 실제로 이상적인 소자는 만들 수 없다. 모든 IC 소자가 그 파라미터 값에서 특정 범위의 제한을 받는 것처럼 IC 연산 증폭기 역시 제한을 받게 된다. 여기서 **IC 연산 증폭기는 전압과 전류에 제한**을 갖는데, 최대 출력값은 전원보다는 작게 제한된다. 실제로, 일반적인 연산 증폭기의 출력전압은 공급전원보다 2[V] 정도 작게 출력되고 출력전류도 전력소모 및 소자의 정격과 같은 내부사양에 의해서 제한된다. 결과적으로 연산 증폭기는 높은 전압이득, 높은 입력 임피던스, 낮은 출력 임피던스, 그리고 넓은 대역폭을 갖는 특징을 갖고 있으며 의료분야인 계측장비와 같이 생체신호의 미약한 신호(수[mV])를 증폭할 때 사용되는 연산 증폭기는 이 특징을 충분히 만족하는 **고성능의 증폭기**가 사용된다.

(6) 연산 증폭기의 정격 및 성능 용어

1) 입력 바이어스 전류

연산 증폭기의 내부인 입력회로를 구성하는 **바이폴라 트랜지스터**(BJT)의 베이스 바이어스 전류 또는 **소신호 증폭기**(FET)의 게이트 누설전류를 말하며, 소자에 따라 입력단자로 흘러 들어갈 수도 있고, 입력단자로부터 흘러나올 수도 있다. 이때 두 입력단자를 통해 흘러 들어가거나 나오는 **전류의 합의 평균치**를 **입력 바이어스 전류**라고 하는데 입력 단자전압에 대한 정확한 증폭을 방해하기도 한다.

2) 전압이득

$\frac{\text{출력전압}}{\text{입력전압}}$을 말하는 것으로 직류 또는 저주파 교류의 차동이득을 나타낸다. 전압이득은 증폭도를 그대로 표기하거나 [dB]로 환산하여 표기하기도 하며, 일반적으로 10^5(100[dB])에서 10^7(140[dB])의 범위값을 갖고 있다.

3) 입력 오프셋 전압

연산 증폭기의 입력을 접지에 접속하여 0[V]로 하였을 경우 출력도 0[V]를 유지해야 하지만 내부회로인 소자들의 불균일성 등으로 인하여 수[mV]의 전압이 입력

단자에 인가된다. 따라서 **실제 연산 증폭기는 0[V]가 아닌 출력전압**이 나타난다. 이때 나타나는 출력전압을 회로의 증폭도로 나누면 입력 오프셋 전압을 구할 수 있다. 전압의 반대방향으로 같은 크기의 전압을 입력단자에 인가하게 되면 출력전압이 0[V]가 되어 회로는 평형상태를 유지할 수 있게 된다.

4) 입력 오프셋 전류

반전 입력단자와 비반전 입력단자에 흐르는 바이어스 전류에는 차이가 있다. 입력단자에 저항을 접속하면 바이어스 전류에 의한 전압강하가 입력단자에 생기게 된다. 이때 입력 오프셋 전류는 출력단자로 오프셋 전압을 발생시키는 역할을 하며 입력 오프셋 전류는 **사용 온도**에 따라 변한다.

5) 동상신호(공통모드) 제거비

$20\log\frac{\text{차동이득}}{\text{동상이득}}$ 으로써 [dB]로 **나타낸다.** 주파수에 따라 변하며, 전압이득에 근접한 값을 가지므로 동상이득은 1에서 10 정도로 매우 작다.

6) 이득 대역폭 곱

연산 증폭기의 이득이 3[dB] 정도(약 0.707배) 감소하는 주파수인 차단 주파수와 직류이득의 곱을 말한다.

7) 데시벨[dB]의 크기

$G =$ 벨의 수 $= \log_{10}\frac{P_2}{P_1}$ (P_1 : 입력전력, P_2 : 출력전력)으로 나타낼 수 있으며 역사적으로 벨은 두 전력값의 비 또는 G(전력이득)를 측정하는 데 사용되었다.

데시벨이란(식 3-2) 벨 단위의 $\frac{1}{10}$ 크기로서

$$G_{dB} = 10\log_{10}\frac{P_2}{P_1} \tag{3-2}$$

이며 이 데시벨을 전압이득에 이용하고자(식 3-3) 한다면

$$P_2 = \frac{V_2^2}{R_2}, \quad P_1 = \frac{V_1^2}{R_1}, \quad R_1 = R_2 \tag{3-3}$$

이면 식 (3-4)가 된다.

$$G_{dB} = 20\log_{10}\frac{V_2}{V_1}\,[\mathrm{dB}] \tag{3-4}$$

8) 정궤환, 부궤환

입력이 상승할 때 출력도 상승하는 회로에서 출력의 일부를 입력으로 되돌림(피드백)시킬 경우 출력을 더욱더 상승시켜 발진하게 된다. 이를 정궤환이라 하며, 반대로 입력이 상승할 때 출력이 하강하는 회로에서 되돌림(피드백)시킬 경우 출력을 감소시키는데 이를 부궤환이라 한다.

(7) 대표적인 연산 증폭기의 종류

1) 범용 연산 증폭기

값이 저렴하며 쉽게 구할 수 있는 제품으로 매우 다양한 종류의 제품이 있으며 1[MHz] 내외의 이득 대역폭 곱과 1[V/μs]에서 10[V/μs] 정도의 **슬루율**[1] 및 10[mV] 정도의 **입력 오프셋 전압**을 갖는다.

2) 광대역 연산 증폭기

단위이득 주파수가 10[MHz] 이상, 슬루율이 10[V/μs] 이상으로 **높은 주파수**의 신호를 증폭하는 곳에 사용된다.

3) 계측용 연산 증폭기

저주파 또는 직류특성이 뛰어난 연산 증폭기로서 입력 바이어스 전류와 입력 오프셋 전압이 작고, 차동이득도 크며 온도변화에 따른 특성변화가 매우 적다. 일반적으

1) 슬루율 : 입력신호에 대한 출력의 응답속도를 말하는 것으로 단위는 [V/μs]로서 출력전압이 신호의 변화를 따라갈 수 있는 능력을 의미

로 차동이득과 동상신호 제거비가 매우 크지만 이득 대역폭 곱은 작다. 따라서 직류 또는 **낮은 주파수의 신호를 증폭 및 측정**하는 장치에 주로 사용된다.

4) 저잡음 연산 증폭기

등가입력 잡음이 작은 연산 증폭기로서 대부분의 입력회로가 BJT로 되어 있기 때문에 입력 바이어스 전류가 큰 편이다. 주로 **고성능 음향 기기나 미소신호의 증폭**에 사용된다.

5) 저입력전류 연산 증폭기

전하량을 측정하는 경우 연산 증폭기의 입력 바이어스 전류가 오차의 원인이 되며, 측정대상이 높은 임피던스 저 전류 출력일 경우에도 바이어스 전류가 신호전류보다 충분히 작아야 하는데, 증폭기 내의 **전계효과 트랜지스터(FET)의 바이어스 전류가 적은 증폭기**가 이때 사용된다.

6) 대출력 연산 증폭기

출력의 전류 구동능력이 수[A]까지 가능하다.

7) 고전압 연산 증폭기

수100[V]의 고전압까지 증폭 가능한 증폭기이다.

8) 저전압 연산 증폭기

전지 2개의 전압 3[V]만으로도 동작하는 증폭기이다.

9) 저전력 연산 증폭기

10[μA] 정도의 작은 전류에도 동작하는 증폭기이다.

10) 단일전원 연산 증폭기

단일전원 작동이 가능하다.

(8) 동상신호 제거비

연산 증폭기는 양(+) 입력에 같은 극성일 경우 원하지 않는 신호(잡음)가 발생하지만 차동 증폭기에 의해서 제거되어 출력에 나타나지 않게 된다. 이러한 동상신호를 제거하는 증폭기의 능력을 **동상신호(공통 모드) 제거비**(common-mode rejection ratio : 코먼-모드 리젝션 레이쇼)라 부르는 **파라미터**로 나타낸다. 이상적인 차동 증폭기에서는 원하는 신호에 대해서는 매우 높은 이득을 가지지만 공통 모드 신호에 대해서는 그 이득이 0이어야 한다. 그러나 실제의 차동 증폭기는 매우 작은 공통 모드 이득과 큰 차동 전압이득을 갖는데 공통 모드 이득에 비해서 차동이득이 크면 클수록 공통 모드 신호를 제거한다는 관점에서 차동 증폭기는 더 높은 성능을 가지고 있다고 평가 받는다.

연산 증폭기와 동상신호 제거비의 관계 및 동상신호의 특성은 다음과 같다.

1) 연산 증폭기

연산 증폭기는 차동 증폭기라고도 하는데 여기서 차동이란 차이라는 의미이며, 이상적인 연산 증폭기의 경우 두 입력단자에 인가된 전압의 차이만을 증폭한다는 의미이며 만약 두 입력단자의 차가 0[V]라면 출력 역시 0[V]가 되어야 하는 것이다. 그러나 실제적인 연산 증폭기인 경우 증폭기 입력단자에 인가된 전압이 동상신호처럼 그 신호의 차가 0[V]인 경우에도 출력이 0[V]가 아닌 출력값이 나오게 되는데 이 정도를 **동상신호 제거비를 이용해 연산 증폭기의 성능**을 구분할 수 있다.

2) 동상신호

차동 증폭기의 두 입력단자에 동시에 같은 크기로 입력되는 전원 리플 및 전자기파 등 기타 불필요한 신호를 말한다.

3) 동상신호 제거비

입력된 동상신호에 대해 차동이득을 동상이득으로 나눈 비를 의미하며 두 입력단자에 동일하게 가해진 동상신호에 영향을 받지 않는 정도를 나타낸다. 동상신호 제거비는 값이 커서 단위를 데시벨(dB)로 표시하며 **동상신호 제거비가 크면 클수록 연산 증폭기의 성능이 좋다**고 볼 수 있다. [그림 3-3]은 동상신호 제거비를 표현한 회로도이다.

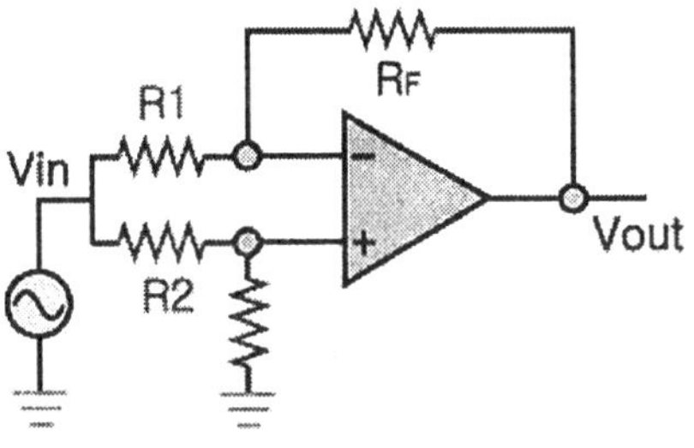

[그림 3-3] 동상신호 제거비 관련 연산 증폭기

A_{cm}은 동상이득이고, A_{dm}은 차동이득이라고 할 때 $A_{dm} = \dfrac{R_f}{R_1}$, $A_{cm} = \dfrac{V_{out}}{V_{in}}$이므로 동상신호 제거비는 식 (3-5)로 나타낼 수 있다.

$$CMRR = 20\log\frac{A_{dm}}{A_{cm}}[\mathrm{dB}] \tag{3-5}$$

2 연산 증폭기 응용

(1) 비 교 기

연산 증폭기를 비교기(comparator : 콤퍼레이터)로 사용하는 기본목적은 입력전압이 어떤 전압보다 큰가를 검출하기 위한 것이라 할 수 있다.

[그림 3-4]의 회로는 비교기 중 가장 기본이 되는 0[V] 전위 검출기이다. [그림 3-4]에서 비반전 입력(+)은 접지되어 있고, 입력신호는 반전 입력(−)에 인가된다. 개방 루프 전압이득이 매우 크기 때문에 두 입력 사이에 전위 차이가 매우 작더라도 증폭기를 **포화상태**[2])로 만들어 출력전압이 제한값에 이르게 된다.

이러한 원리를 이용한다면 0[V] 전위 검출기에서 비반전 단자를 0이 아닌 임의의 다른 전압으로 바꾸면 그 전압을 기준으로 비교 기능을 수행할 수 있게 된다.

2) 포화상태 : 더 이상 증폭도에 비례하여 증폭하지 못하고 왜곡되는 상태

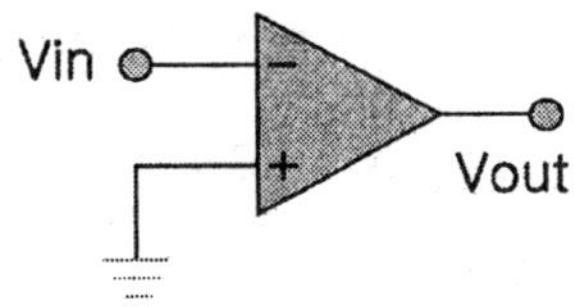

[그림 3-4] 0[V] 전위 검출기의 논리회로

(2) 반전 증폭기

연산 증폭기를 이해하기 위해 이상적인 연산 증폭기의 특성은 회로 해석을 단순화하는 데 매우 유용하다. 실제로 무한대의 입력 임피던스 개념은 크게 쓸모가 있다. 입력 임피던스가 무한대라는 것은 반전 입력단자로 흘러 들어가는 전류가 0[A]이라는 것을 의미한다. 입력 임피던스를 통한 전류가 0[A]이라는 것은 반전 입력과 비반전 입력 사이에 전압강하가 없다는 것을 의미하는 것으로 비반전 입력이 접지되어 있으므로 반전 입력의 전압은 0[V]이다. 즉, 반전 입력단자의 전압이 0[V]이라는 것은 가상접지를 의미하며 여기서 **가상접지**란 것은 두 입력단자 사이의 전압이 0[V]라는 가정하에 하나의 입력단자를 접지시키면 다른 입력단자도 가상적으로 접지된 효과를 얻을 수 있다는 것을 의미한다.

반전 증폭기(inverting amplifier : 인버팅 앰플리파이어)는 전압을 증폭하지만 출력전압은 입력전압과 반대의 극성을 갖는다. [그림 3-5]에서 입력신호는 반전 입력(−)에 인가되며 출력의 일부분은 궤환회로를 통하여 반전 입력(−)로 되돌아가 인가된다. 이것을 부궤환(negative feedback : 네거티브 피드백)이라 하며 궤환비율은 R_1, R_2에 의해 결정된다. 이러한 궤환회로는 출력을 전압 분배하여 작게 함으로써 이 작아진 전압을 반전 입력으로 되돌려 증폭기의 이득을 보여준다.

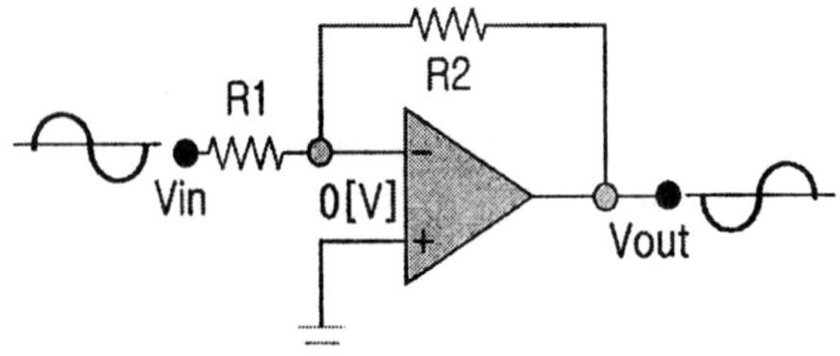

[그림 3-5] 반전 증폭기의 논리회로

반전 증폭기의 폐 루프 이득은 개방 루프 이득과 관계없이, 저항 R_1에 대한 궤환 저항 R_2의 비율이 되고 전류의 방향을 고려하면 입력전압에 대해 출력전압의 위상이 반전되므로 반전 증폭기의 입력전압 대 출력전압의 비는 $\frac{V_{out}}{V_{in}} = -\frac{R_2}{R_1}$와 같이 나타나게 된다. 즉, 반전 증폭기는 전압이득 조절이 가능한 반전 증폭기로서 결선된 연산 증폭기 회로라고 볼 수 있다. 또한 입력신호는 직렬저항 R_1을 통해서 반전 입력에 인가되며 출력은 R_2를 통하여 **반전 입력으로 피드백**되고, **비반전 입력은 접지**가 된다.

(3) 비반전 증폭기

비반전 증폭기(non-inverting amplifier : 논 인버팅 앰플리파이어)는 전압을 역전시키지는 않고 설정한 증폭도에 따라 증폭해 준다.

비반전 증폭기도 반전 증폭기처럼 저항의 비를 통해 증폭도를 설정할 수 있지만 **정궤환에 의해 1 이상의 증폭도**만 설정할 수 있다. 반전 증폭기에서는 $R_1 > R_2$ 시에는 증폭도가 1보다 작기 때문에 증폭기가 아닌 감쇄기로 동작했지만, 비반전 증폭기에서는 그러한 사용을 전혀 할 수 없다.

비반전 증폭기의 **입력 임피던스는 연산 증폭기의 (+)입력 단자의 입력 임피던스가 되는데 이것은 최악의 상태라 해도 100[kΩ] 이상 되며 더 상위 것으로 1[TΩ](테라, 10^{12}) 이상의 매우 높은 입력 임피던스**를 갖게 된다. 그러므로 미약한 신호의 검출에도 많이 사용된다.

비반전 증폭기에서 [그림 3-6]과 같은 입력전압 대 출력전압의 비는 식 (3-6)과 같이 표현할 수 있다.

$$A_V = \frac{V_{out}}{V_{in}} = 1 + \frac{R_2}{R_1} \tag{3-6}$$

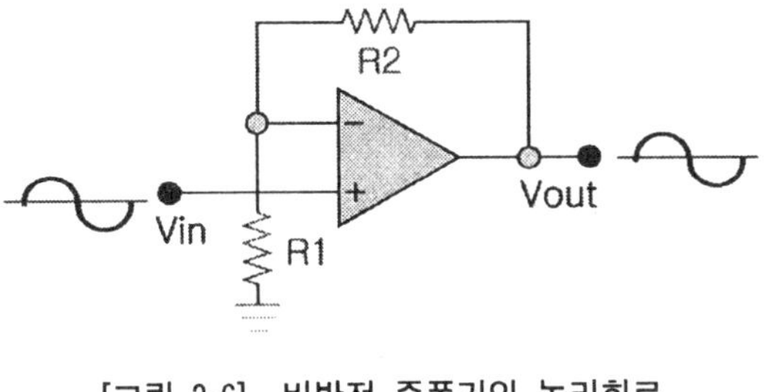

[그림 3-6] 비반전 증폭기의 논리회로

식에서 볼 수 있듯이 비반전 증폭기의 폐 루프 이득은 항상 1보다 크며 개방 루프 이득과 관계없이 R_1, R_2 두 개의 값에 의해서 결정된다.

비반전 증폭기의 입력 임피던스를 너무 높게 하면 개방상태에서 외부 노이즈나 누설 전류의 영향을 쉽게 받을 수 있어서 좋지 않다. 하지만 적당한 **입력저항을 그라운드와 병렬로 넣어 입력 임피던스를 설정**할 수 있다.

(4) 반전 증폭기와 비반전 증폭기의 비교

반전 증폭기와 비반전 증폭기는 〈표 3-2〉와 같이 서로 다른 특성을 가지고 있기 때문에 서로의 단점을 보완하며 여러 분야에 응용되어 사용되고 있다.

〈표 3-2〉 반전 증폭기와 비반전 증폭기의 비교

반전 증폭기	비반전 증폭기
위상차 180도	위상 동일
임피던스가 비반전 증폭기에 비해 낮음.	임피던스 매우 높음.
일반적 증폭회로에서 사용 안함.	일반적 증폭회로에서 많이 사용
저항의 비로 설정	저항의 비로 증폭도 설정 (1 이상의 증폭도만 설정 가능)

(5) 전압 폴로어

전압 폴로어(voltage follower : 볼티지 폴로어)는 증폭도가 1인 증폭회로이다([그림 3-7]). 즉, 전압 폴로어 결선은 비반전 증폭기의 특수한 경우인데, 모든 출력전압이 반전 입력으로 직접연결을 통하여 피드백되며 그 **전압이득은 1**이 된다. **전압 폴로어 결선의 가장 중요한 특성**은 매우 높은 입력 임피던스와 매우 낮은 출력 임피던스를 갖는다라고 정의할 수 있다. 그러므로 내부저항이 매우 높은 신호전압이 있을 때 이것을 다른 계측장비 등으로 측정 또는 전압 전송 시 신호원의 내부저항을 통과하면서 신호전압이 떨어져 쓸모없게 된다. 따라서 내부저항이 증폭기의 이득만큼 작아지므로 아날로그 신호 전송 시 신호원의 임피던스를 낮추어 신호 대 잡음비가 높게 사용되도록 쓰인다.

이러한 성질 때문에 전압 폴로어는 높은 임피던스의 전원과 낮은 임피던스의 부하를 연결해 주는 거의 이상적인 **완충(buffer : 버퍼) 증폭기**로 사용된다.

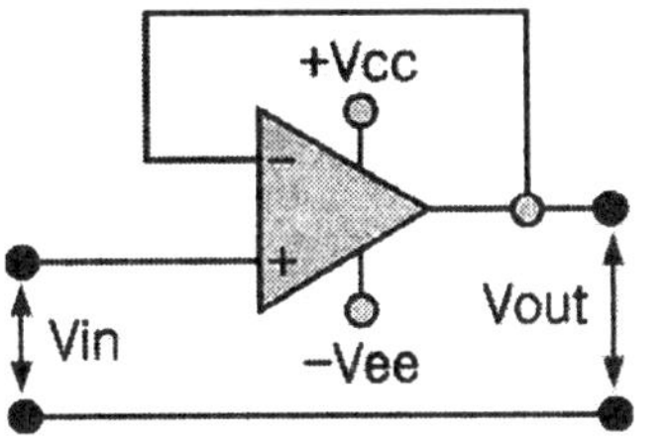

[그림 3-7] 전압 폴로어의 논리회로

(6) 합 증폭기

합 증폭기(summing amplifier : 서밍 앰플리파이어)는 반전 증폭기의 변형된 형태로 볼 수 있는데 합 증폭기의 입력단자 수는 2개 이상이며, 출력전압은 모든 입력전압의 대수적 합에 대한 음의 값에 비례한다.

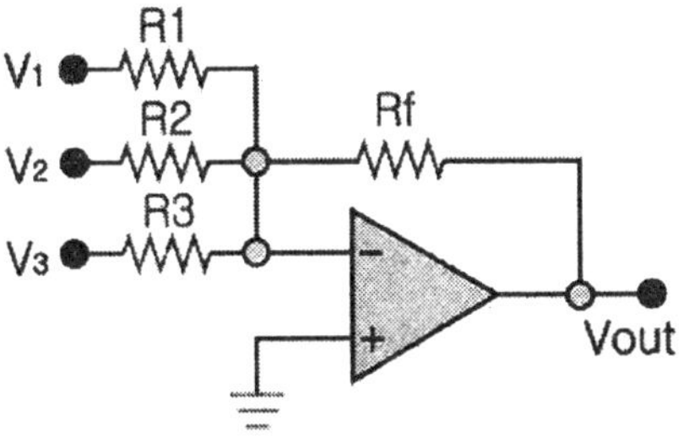

[그림 3-8] 합 증폭기의 논리회로

3개의 입력을 가진 합 증폭기를 [그림 3-8]에 나타내었다. 각 입력전압 V_1, V_2, V_3에 의해 생성된 전류를 각각 I_1, I_2, I_3라 하면, 궤환저항 R_f로 $I_1+I_2+I_3$의 전류가 흘러 들어간다. 이것을 식 (3-7), (3-8), (3-9)로 나타내면

$$V_{out}(\text{출력전압}) = -R_f\,(I_1+I_2+I_3) \tag{3-7}$$

이때 $I_1 = \dfrac{V_1}{R_1}$, $I_2 = \dfrac{V_2}{R_2}$, $I_3 = \dfrac{V_3}{R_3}$

$$V_{out} = -R_f\left(\frac{V_1}{R_1}+\frac{V_2}{R_2}+\frac{V_3}{R_3}\right) \tag{3-8}$$

여기서 $R_f = R_1 = R_2 = R_3$라고 하면,

$$V_{out} = -(V_1 + V_2 + V_3) \tag{3-9}$$

가 된다.

결국 저항 R_f를 통하여 직류 부궤환(negative feedback : 네거티브 피드백)이 형성되므로 가상접지(virtual ground : 버추얼 그라운드)가 만들어진다. 이 때문에 입력전압인 V_1, V_2, V_3은 서로 독립적이 되고 가상접지 때문에 입력신호 간에 상호작용이 없으므로 **출력전압은 이들을 단순히 더하여 주면** 된다.

그리고 정밀성이 필요한 경우 입력 바이어스 전류 및 오프셋 전류가 작은 연산 증폭기를 사용하는데 이러한 특성을 이용하면 **이득이 1보다 큰 합 증폭기, 평균 증폭기, 배율 가산기** 등을 구성할 수 있다.

(7) 차동 증폭기

차동 증폭기는 **두 입력전압의 차이**를 **증폭**해 준다. 그런 의미에서 연산 증폭기 자체가 차동 증폭기이지만 여기서 소개하는 차동 증폭기는 증폭도를 자유롭게 설정할 수 있으며 연산 증폭기 1개로 구성할 수 있기 때문에 간단한 차동증폭이 필요할 때 아주 적당한 회로이다.

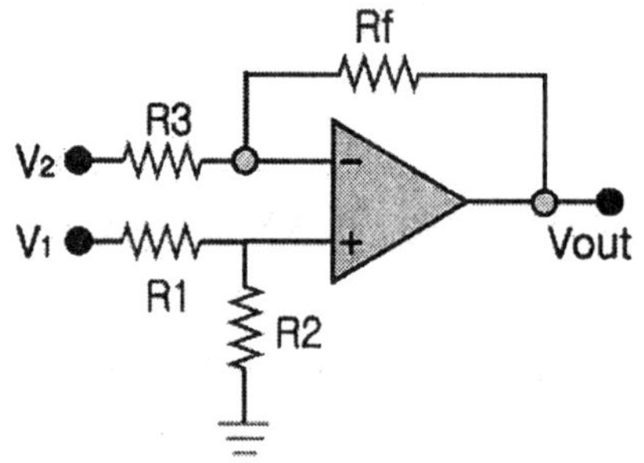

[그림 3-9] 차동 증폭기 논리회로

증폭률을 조절할 수 있는 차동 증폭기를 [그림 3-9]에 나타내었다. 두 입력은 각각 저항 R_1과 R_3을 통해 입력에 인가되고, 출력은 R_f를 통해 부궤환된다. 이상적인 연산 증폭기의 특성을 이용하면 쉽게 해석할 수 있는데 반전 입력과 비반전 입력의 전압은 같아야 하므로, 식 (3-10)과 같은 관계가 성립된다.

$$V_2\frac{R_3}{R_3+R_f} + V_{out}\frac{R_3}{R_f+R_3} = V_1\frac{R_2}{R_1+R_2} \tag{3-10}$$

R_1과 R_3가 같고, R_2와 R_f가 같다고 할 때 식 (3-10)에 대입하여 출력(V_{out})에 대해 정리하면 식 (3-11)이 된다.

$$V_{out} = \frac{R_2}{R_1}(V_1 - V_2) \tag{3-11}$$

즉, 비반전 입력에서 반전 입력을 뺀 값을 R_2와 R_1의 비율만큼 증폭하는 것이다.

차동 증폭기는 **생체 신호 계측에 있어서 많이 사용하는 증폭기**이다. 차동 입력 신호는 원하는 만큼 증폭해 주고, 잡음 등의 동상 입력 신호는 최소화시키지만 입력 임피던스가 작고, 저항의 크기가 정확히 일치하지 않으면 왜곡된 출력을 나타낼 수 있다. 이를 개선하기 위해 실제 의료용으로 많이 사용하는 차동 증폭기로 3개의 연산 증폭기를 사용한 [그림 3-10]의 계측 증폭기가 있다.

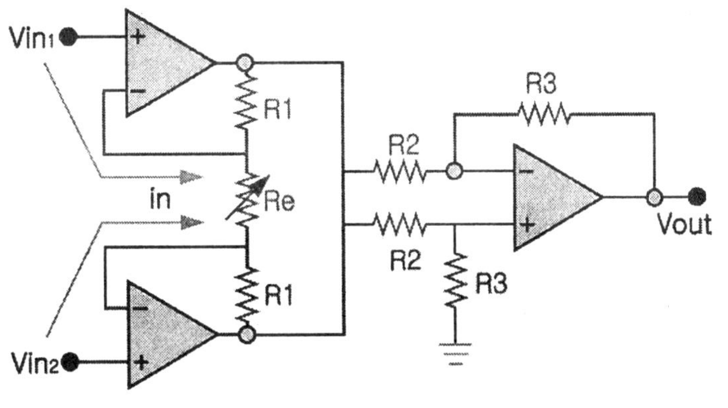

[그림 3-10] 계측 증폭기의 논리회로

계측 증폭기의 가장 큰 장점은 전압 이득률을 쉽게 조절할 수 있다는 것과, 입력 임피던스가 높다는 점을 들 수 있다.

의료용 계측장비에 의한 생체의 계측 시 신호전압에 동상전압(잡음)이 중첩될 경우 동상전압이 신호전압보다 큰 경우가 많다. 이러한 경우 계측 증폭기는 저항의 측면에서는 입력저항을 더욱 증가시키고 출력저항을 더욱 낮추는 **완충 증폭기**의 역할을 하며 출력의 측면에서는 차동 증폭기의 특징인 동상신호를 제거하는 효과와 저항 Re의 조절을 통한 이득조절의 용이성을 얻을 수 있다.

(8) 적분기와 미분기

1) 적분기

적분기(integrator : 인터그레이터)는 저주파 필터가 f_c 이상의 주파수를 가지는 신호에 대해 45° 이상의 위상지연(phase delay : 페이스 딜레이)이 생기며 f_c보다 충분히 큰 주파수에 대하여는 **90°의 위상지연이 생겨 적분기의 역할**을 하는 것이다. 즉 Sine(사인) 파형을 입력시키면 Cosine(코사인) 파형이 출력될 것이며, Sine(사인) 파형의 조합인 구형파(square wave : 스퀘어 웨이브)를 입력시키면 **삼각파형이 출력**되어 적분기의 역할을 하게 된다. 그럼으로써 적분기는 입력신호에 대한 적분동작을 수행하는 회로라고 할 수 있다.

적분기 회로는 반전 증폭기의 궤환저항을 C(콘덴서)로 대치하면 [그림 3-11]과 같은 적분기를 만들어 낼 수 있으며 다음과 같은 특징을 갖는다.

① 연산 증폭기를 이용한 적분기 회로는 저항과 부궤환의 콘덴서로 이루어진다.

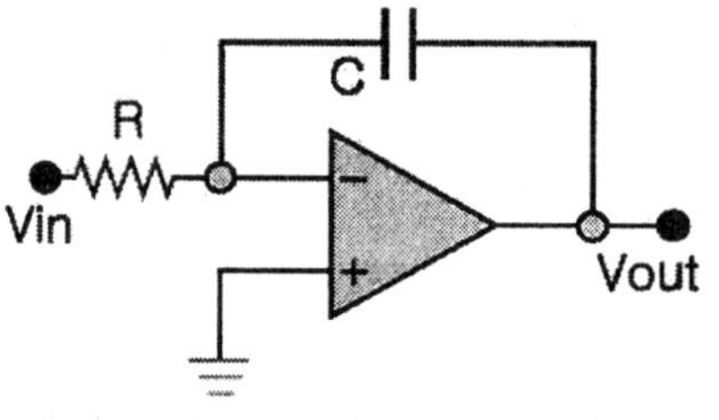

[그림 3-11] 적분기의 논리회로

② 아날로그 컴퓨터, 램프파(ramp wave : 램프 웨이브) 발생기 및 그 밖의 여러 응용 분야에서 많이 쓰인다.

③ 직선성이 우수한 선형 램프 회로에서는 파형이 일정한 비율로 상승하는 특성을 가져야 한다.

④ 일정한 직류전압을 가하면 원하는 램프 전압을 얻을 수 있어서 **타이밍 회로**나 **A/D 변환기** 등에 필수적으로 쓰인다.

⑤ 적분기를 이해하기 위해서는 먼저 콘덴서에 흐르는 전류와 전압과의 관계를 알아야 하는데 이 회로에서 콘덴서의 전류와 전압의 관계는 $V_C = \frac{1}{C}\int_0^t I_C dt$가 된다.

⑥ 연산 증폭기의 원리에 따라 비반전 입력은 가상접지가 되므로 오프셋 전류가 존재하지 않는다고 가정하면 콘덴서에 흐르는 전류는 입력되는 전류의 크기와 같고, 입력되는 전류의 크기는 $I_{IN} = \frac{V_{IN}}{R}$이 된다. 또한 $I_C = I_{in}$이고, $V_{out} = -V_C$ 이므로, 출력전압은 $V_{out} = -\frac{1}{RC}\int_0^t V_{in}dt$가 된다.

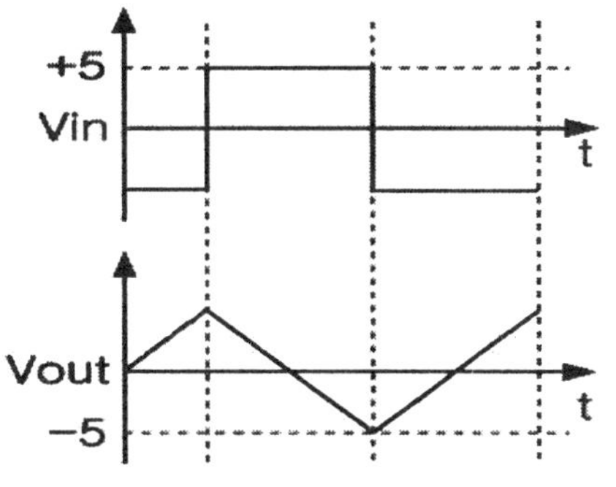

[그림 3-12] 적분기 회로의 입력과 출력의 관계

적분기 회로의 출력 파형([그림 3-12])은 입력전압의 적분으로 나타나는데 입력전압이 구형파일 경우 출력은 삼각파가 되며, 입력이 정현파일 경우 출력도 정현파가 되지만 위상이 90° 뒤지게 된다.

2) 미분기

미분기(differentiator : 디퍼렌시에이터) 회로의 구성은 적분기와 마찬가지로 저항과 콘덴서로 이루어지는데, [그림 3-13]에서 볼 수 있듯이 적분기와는 달리 콘덴서가 입력단에 있고, 부궤환에 저항이 있으며 다음과 같은 특징이 있다.

① 적분기의 R과 C의 위치를 바꾸면 미분기가 된다.

먼저 콘덴서에 흐르는 전류는 $I_C = C\frac{dV}{dt}$가 **된다**. 따라서 입력되는 전류는 $I_{in} = C\frac{dV_{in}}{dt}$가 된다. 이 전류가 부궤환으로 흐르고 이 전류에 부궤환의 저항값을 곱하면 $V_{out} = -RC\frac{dV_{in}}{dt}$인 출력전압이 된다.

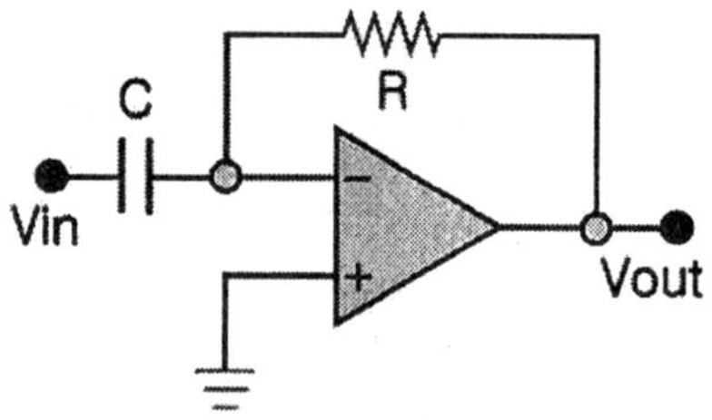

[그림 3-13] 미분기 논리회로

② 미분기는 [그림 3-14]에서 볼 수 있듯이 C의 임피던스와 주파수가 높아질수록 작아지므로 증폭도가 커져 고주파 잡음에 매우 민감하다.

③ 이상적인 미분기의 증폭도는 주파수 증가에 따라 선형적으로 증가하지만 연산 증폭기를 사용함으로써 연산 증폭기의 주파수와 전압이득 특성 때문에 미분기로 작동하는 주파수 구간이 제한되며, C에 직렬저항을 연결하면 이 주파수 구간은 더욱 좁아지게 된다.

④ 실제 응용에서는 C(콘덴서)와 직렬로 R(귀환저항)보다 충분히 작은 값의 저항을 연결하여 고주파 이득을 제한해 준다.

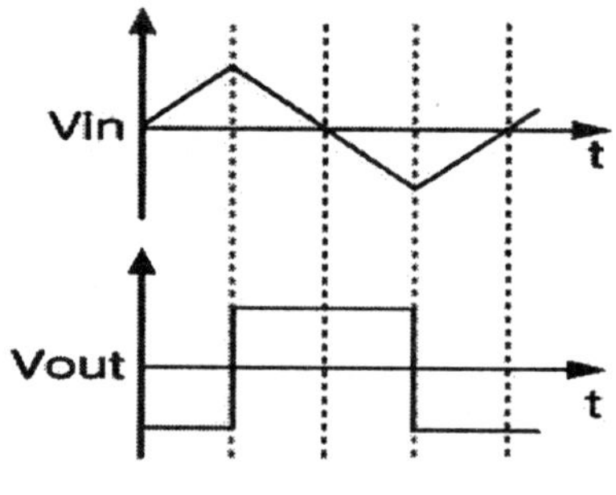

[그림 3-14] 미분기 회로의 입·출력 그래프

(9) 능동 필터(activite filter : 액티브 필터)

수동소자만으로 2차 이상의 필터를 만들 경우 인덕턴스를 반드시 사용한다. 하지만 필터의 동작 주파수가 낮으면 인덕턴스가 커질 뿐만 아니라 설계도 어렵고 소자의 오차가 필터 응답에 큰 영향을 준다. 그래서 연산 증폭기를 사용하여 R(저항)과 C(콘덴서)만으로 임의의 고차 필터를 쉽게 만들 수 있으며 각각의 특성의 균일성을 유지하기가 쉽다.

1) 필 터

자연계의 물리량을 분석 및 관찰하기 위해서는 일반적으로 센서를 이용하여 원하는 신호를 얻게 된다. 이때 얻은 신호의 파형은 다양한 주파수의 신호가 포함되어 있어서 매우 복잡한 형태를 가지고 있어 관찰자가 분석하기에는 매우 어렵다. 이렇게 신호를 복잡하게 만드는 가장 큰 요인은 잡음(noise : 노이즈) 때문인데 잡음과 같이 원하지 않는 신호들은 모두 제거하고 원하는 신호만을 얻을 때 이용되는 것이 필터(filter)이다.

① **필터의 사용하는 방법** : 전기적 필터(electrical filters : 일렉트리컬 필터), 기계적 필터(mechanical filters : 메커니컬 필터), 유공압 필터(hydraulic/pneumatic filters : 하이드롤릭/펜뉴매틱 필터) 등 여러 가지 형태가 있다.

② **필터의 특징**은 〈표 3-3〉과 같다.

〈표 3-3〉 필터의 종류 및 구성

기본적인 필터의 종류	필터의 기본구성	수동 필터와 능동 필터	
		수동 필터	능동 필터
· 저역통과 필터 · 고역통과 필터 · 대역통과 필터 · 대역억제 필터	· 저항(R) · 인덕턴스(L) · 콘덴서(C)	· RLC로 구성된 필터	· 연산 증폭기를 이용하여 구성 · 원하는 전압이득이나 임피던스 특성유지

2) 연산 증폭기를 사용한 능동 필터의 장점

① 연산 증폭기가 이득을 가지므로 삽입 손실이 없다.

② 수동 필터에 비해 값이 저렴하다.

③ 능동 필터는 동조가 용이하고, 필요한 응답을 변경하지 않고 넓은 주파수 범위에 걸쳐 조정될 수 있다.

④ 고 입력 임피던스와 저출력 임피던스를 가진다.

3) 연산 증폭기를 사용한 능동 필터의 단점

① 설계 시 사용되는 연산 증폭기의 형태에 따라 주파수 응답이 다르다.

② 수동 필터에 불필요한 전원 장치가 반드시 필요하다.

4) 저역통과 필터

저역통과 필터(low-pass filter : 로-패스 필터)의 일반적인 논리회로는 [그림 3-15]와 같고 이 **필터의 특징**은 다음과 같다.

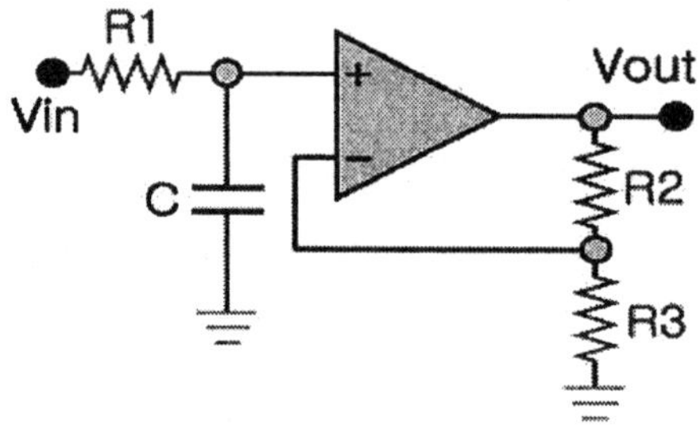

[그림 3-15] 1차 저역통과 필터 논리회로

① 전압이득이나 입·출력 임피던스를 조절할 수 있다(원하는 전압이득 및 큰 입력 임피던스와 작은 출력 임피던스를 가질 수 있다).
② 연산 증폭기를 이용한 저역통과 필터 RC회로의 저역통과 필터와 단위이득을 갖는 **부궤환 연산 증폭기**로 구성된다.
③ 하나의 RC회로로 구성된다.
④ −20[dB]/decade(데시벨/디케이드)의 기울기를 갖는 필터를 **단극** 또는 **1차 필터**라고 한다.
⑤ 연산 증폭기의 차단 주파수는 필터의 차단 주파수보다 크다고 가정한다.

기본적인 **저역통과 필터**(low-pass filter : 로-패스 필터)의 주파수 응답 곡선을 [그림 3-16]에 나타내었다.

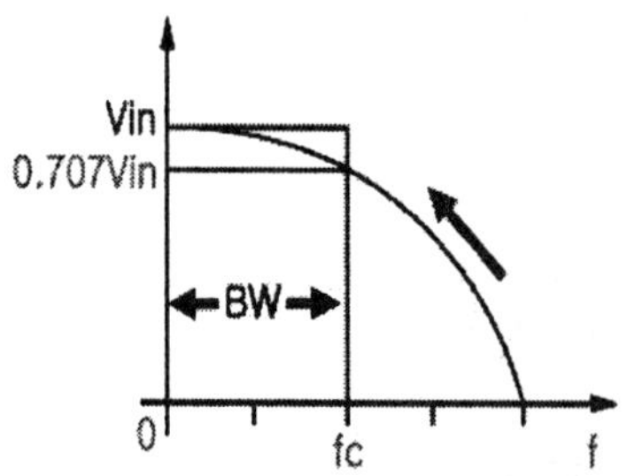

• BW : 대역통과필터의 대역폭 0Hz~fc
• 차단 주파수(fc) : 출력이 입력의 70.7%(−3dB 감소)에 해당하는 주파수 $fc=\frac{1}{2\pi RC}$이다.

[그림 3-16] 저역통과 필터의 주파수 응답 그래프

출력이 원래 출력의 0.707배가 되기 시작하는 주파수를 차단 주파수(fc)라고 하는데 차단 주파수보다 작은 주파수 성분은 통과시키고, 그 이상인 주파수는 차단시킨다. 기본적인 저역통과 필터는 하나의 저항과 하나의 콘덴서로 이루어진 1차 능동 필터이다.

모든 필터의 기본형이라 할 수 있는 저역통과 필터는 가장 간단한 형태로 구현되어 있으며, 이것을 기반으로 여러 가지 형태로 변환하여 다른 종류의 필터를 만들 수 있다.

주로 고주파 잡음 신호를 걸러내어 저주파의 필요한 신호만을 골라낼 때 많이 사용되는 필터 구조이며, 여러 분야에 걸쳐 널리 사용되는 필터 형태로서 특성적으로 모든 필터의 기본형이라고 할 수 있다.

2차 저역통과 필터에 대해 알아보자.

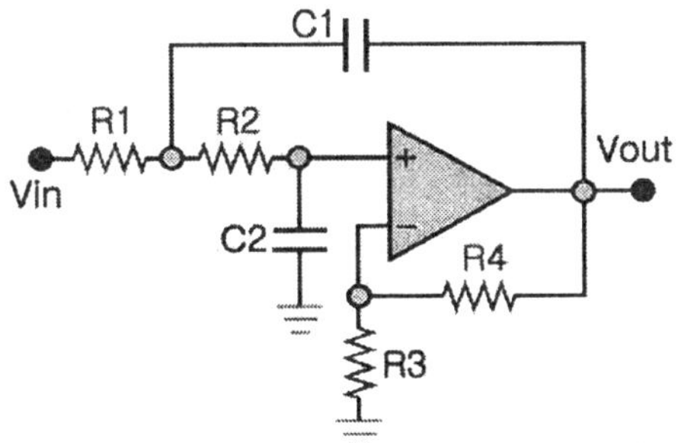

[그림 3-17] 2차 저역통과 필터 논리회로

2차 저역통과 필터를 [그림 3-17]에 나타내었다. 차단 주파수(f_c)는 저항 R_1, R_2, 콘덴서 C_1, C_2에 의해 정해진다. 하지만 보통의 경우 $R_1 = R_2$, $C_1 = C_2$로 사용하므로 $f_c = \frac{1}{2\pi RC}$가 된다. R_3와 R_4는 전압 이득률을 조정하는 데 사용한다(단, 이득률이 변하면 필터의 특성도 변한다).

1차 필터는 고주파에서 감쇠특성이 있으므로 보다 더 가파른 감쇠특성을 얻기 위해서 2차 필터를 사용한다.

즉 **1차 필터는 차단 주파수 이상이 될 때 출력전압이 주파수에 비례하여 감소**하지만 **2차 필터는 주파수의 제곱에 비례하여 감소**한다. 2차 필터는 공진기, 발진기처럼 특정 주파수 스펙트럼에서 급격하게 에너지가 발생하는 경우 그 파형의 에너지 집중도를 표현할 때 사용하기도 한다.

5) 고역통과 필터

고역통과 필터(high-pass filter : 하이-패스 필터)의 일반적인 논리회로는 [그림 3-18]과 같고 이 **필터의 특징**은 다음과 같다.

① RC회로에서 차단 주파수에 의해 저역의 신호를 차단한다.
② 고역에서는 연산 증폭기 내부의 RC회로에 의해 차단 주파수 이하의 모든 신호를 통과시키지 않는다.
③ 광대역통과 필터와 같은 응용 필터에서는 증폭기 내부의 차단 주파수가 확실히 크다.

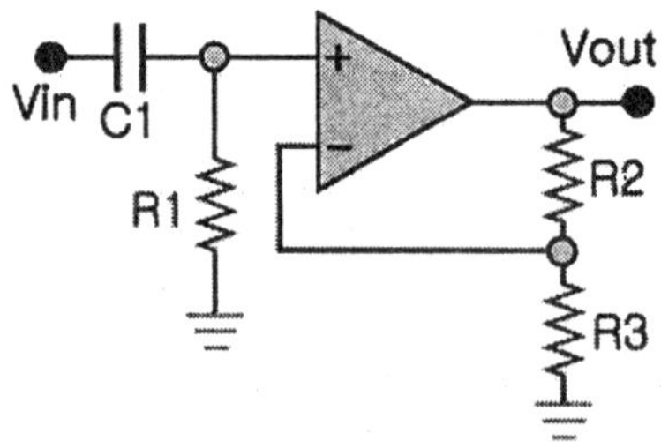

[그림 3-18] 1차 고역통과 필터 논리회로

기본적인 **고역통과 필터**(high-pass filter : 하이-패스 필터)의 주파수 응답 곡선을 [그림 3-19]에 나타내었다. 고역통과 필터의 특성은 저역통과 필터와 마찬가지로 출력이 원래의 **0.707배가 되는 주파수를 차단 주파수**라고 하고, 차단 주파수보다 큰 주파수는 통과시킨다. 단, 연산 증폭기의 특성상 대역폭이 한정되어 있기 때문에 매우 높은 고주파로 가면 다시 이득이 감소하게 되므로 매우 넓은 대역에서 볼 때는 대역통과 필터의 특성을 지닌다. 기본적인 고역통과 필터는 하나의 저항과 하나의 콘덴서로 이루어진 1차 능동 필터이다. 하지만 저항과 콘덴서를 복합적으로 구성한 고역통과 2차 능동 필터에 대해 알아보자.

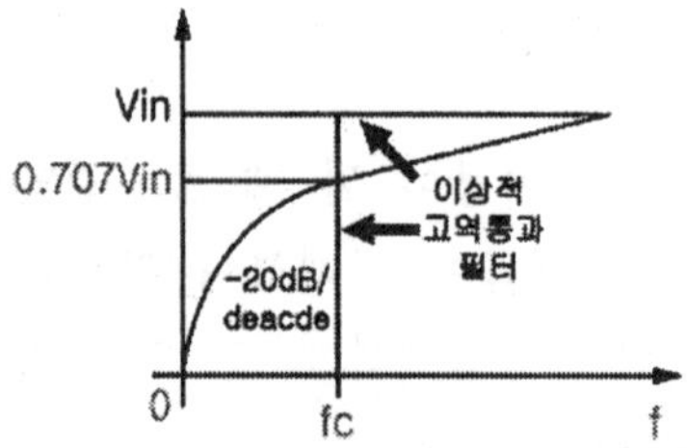

[그림 3-19] 고역통과 필터의 주파수 응답

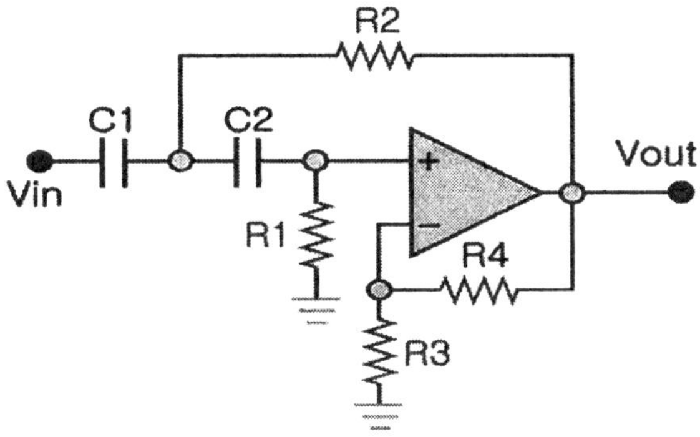

[그림 3-20] 2차 고역통과 필터의 논리회로

고역통과 필터는 [그림 3-20]에서 볼 수 있듯이 저역통과 필터에서 R(저항)과 C(콘덴서)의 위치를 바꾼 것과 같다. 따라서 차단 주파수도 저역통과 필터와 같은 $f_c = \frac{1}{2\pi RC}$가 된다. 고역통과라는 특성을 제외하고는 모든 특성은 2차 저역통과 필터와 동일하다.

6) 대역통과 필터

대역통과 필터(band-pass filter : 밴드-패스 필터)는 [그림 3-21]에서 볼 수 있듯이 낮은 차단 주파수와 높은 차단 주파수 사이의 모든 신호는 통과시키고, 그 이외의 신호는 통과시키지 않는다. 이와 같이 주파수대역만 정확하게 골라내는 대역통과 필터는 상당히 중요한 역할을 수행한다.

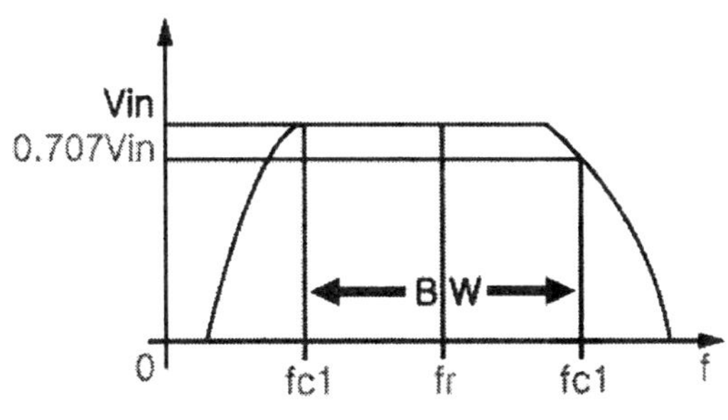

[그림 3-21] 대역통과 필터의 주파수 특성

다시 말해 대역통과 필터는 시스템마다 사용해야 할 주파수가 정확히 정해져 있으므로 주파수를 제한시켜 주는 역할을 한다. 이러한 특징 때문에 매우 다양한 형태의 필터로 구현되고 많은 최신기술에서 이용되고 있으며, 필터 중에서 가장 많이 사용된다.

이러한 대역통과 필터를 만드는 방법으로는 [그림 3-22]와 같이 고역통과 필터와 저역통과 필터를 연결하여 각각의 특성을 이용하여 주파수를 제한하는 방법이 있다. 또한 이 방법 외에 하나의 연산 증폭기를 사용하는 방법으로 [그림 3-23]의 논리회로를 사용하는 방법이 있다.

- **장점** : 대역통과 필터의 특성 중 대역통과 폭을 쉽게 조절할 수 있다는 것이다.

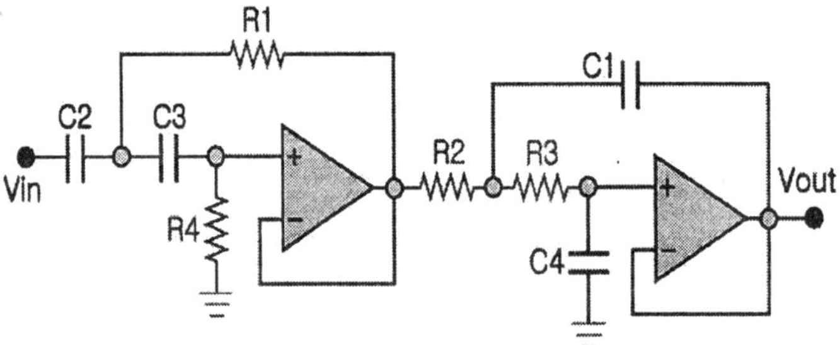

[그림 3-22] 고역통과 필터와 저역통과 필터를 직렬연결한 대역통과 필터 회로

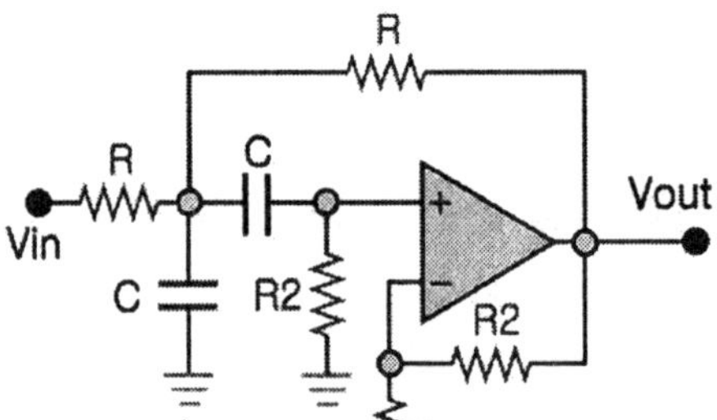

[그림 3-23] 하나의 연산 증폭기를 이용한 대역통과 필터 논리회로

7) 대역저지 필터

대역저지 필터(band-rejection filter : 밴드 리젝션 필터, notch filter : 노치 필터)의 기본 논리회로를 [그림 3-24]에 나타내었는데, 대역통과 필터가 합 증폭기에 연결되어

있는 상태를 말한다. 대역통과 필터의 출력이 반전된 후에 합 증폭기에 피드백되고, 입력과의 차를 증폭함으로써 대역저지 필터가 된다.

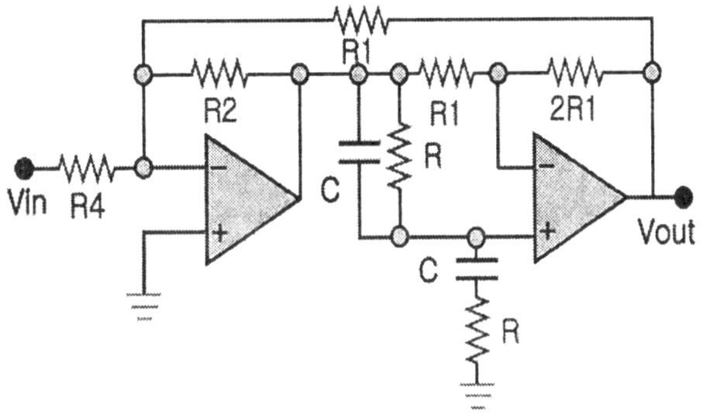

[그림 3-24] 대역저지 필터 논리회로

대역저지 필터의 주파수 응답을 [그림 3-25]에 나타내었다. 이 필터는 대역통과 필터와는 정반대로, 모든 주파수대역은 잘 통과시키면서 특정 대역의 주파수만 통과시키지 않는 형태의 필터이다.

다시 말해 대역통과 필터와 공진 형태를 정 반대로 사용하는 형태로 쉽게 구성될 수 있으며, 직렬공진과 병렬공진을 잘 배치하고 조합하여 구현할 수 있다. 이러한 특성 때문에 주로 특정 주파수의 유입만 차단하기 위해 사용되며, 곳곳에 유용하게 사용될 수 있다.

- **장점** : 대역저지 필터는 원하는 주파수 대역만을 골라서 제거함으로써 **생체신호에서 전원잡음을 제거하는 회로**에 많이 사용된다.

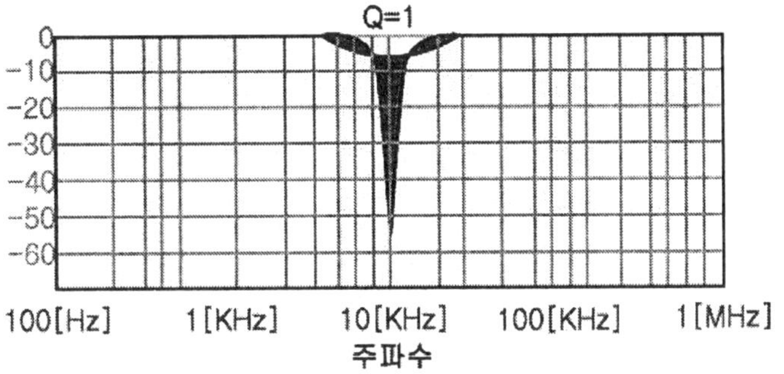

[그림 3-25] 대역저지 필터의 주파수 특성

문제 및 해설

1. 이상적인 연산 증폭기의 특징으로 옳지 않은 것은?

❶ 낮은 대역폭 ② 0의 출력 임피던스
③ 0의 오프셋 전류 ④ 무한대의 입력 임피던스

해설 이상적인 연산 증폭기는 무한대의 전압이득, 무한대의 대역폭, 그리고 무한대의 입력 임피던스를 가지며(개방상태), 구동전원으로부터 어떠한 전력도 받지 않는다. 또한 연산 증폭기는 출력 임피던스는 0이며 오프셋 전류와 전압도 0이 된다.

2. 다음 중 연산 증폭기의 기호는 무엇인가?

① 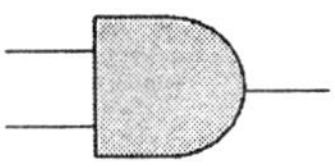

② 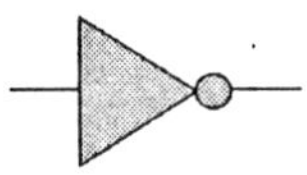

❸ 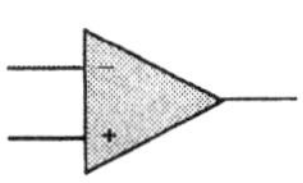

④ 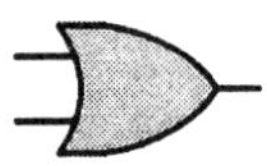

해설 ①은 AND 게이트, ②는 NOT 게이트, ④는 OR 게이트로서 디지털 논리회로이다.

3. 원하지 않는 신호인 공통신호를 제거하는 능력을 무엇이라고 하는가?

❶ 공통 모드 제거비 ② 노멀 제거비
③ 공통신호 제거비 ④ 공통 필터 제거비

해설 원하는 신호가 한 입력에만 인가되거나 혹은 반대의 극성으로 양 입력에 인가되거나 하면 앞에서 출력에 원하는 신호가 증폭되어 나타난다. 양 입력에 같은 극성으로 나타나는 원하지 않는 신호(잡음)는 차동 증폭기에 의해서 상쇄되어 출력에 나타나지 않는다. 공통 모드 신호를 제거하는 증폭기의 능력을 **공통신호(동상신호) 제거비**라고 하며 $20\log\frac{\text{차동이득}}{\text{동상이득}}$ 크기의 **파라미터**로 나타낸다.

4. 연산 증폭기에서 입력 오프셋 전압이란 무엇을 말하는가?

❶ 증폭기의 평형을 유지하기 위하여 입력단자 사이에 공급하는 전압
② 출력전압과 입력전압이 같게 될 때 증폭기에 입력되는 전압
③ 출력전압이 ∞가 되게 하기 위한 입력단자 사이의 전압
④ 출력전압이 ∞가 되게 하기 위한 입력단자 사이의 최대 전류

정답 1. ① 2. ③ 3. ① 4. ①

해설 연산 증폭기 내부회로인 소자들의 불균일성으로 입력단자에 전압을 인가하지 않아도 미세한 전위차가 발생한다. 따라서 출력전압이 0[V]가 아닌 출력이 나오는데 이때 입력단자를 0[V]로 보정하기 위해 입력단자에 걸어주는 전압을 **입력 오프셋 전압**이라 한다.

5. 연산 증폭기의 정확도를 높이기 위한 조건이 아닌 것은?

① 좋은 차단 특성을 가져야 한다.

② 큰 증폭도와 좋은 안정도가 필요하다.

③ 많은 양의 음 되먹임을 안정하게 걸 수 있어야 한다.

❹ 직렬 차동 증폭기를 사용하여 구성하여야 한다.

해설 연산 증폭기의 정확도는 큰 증폭도, 안정도, 많은 양의 음 되먹임, 높은 차단특성이 필요하다.

6. 실제의 연산 증폭기에 ±15[V]의 전원을 공급하였다. 출력전압의 범위는 얼마인가?

❶ 13[V] ② 25[V]

③ 30[V] ④ 35[V]

해설 연산증폭기의 출력전압은 보통 두 전원의 전압보다 약간 작게 제한되므로 일반적인 연산 증폭기의 **출력전압은 공급전압보다 2[V] 정도 작게 출력**된다.

7. 연산 증폭기의 차동 모드 증폭률이 1000, 공통 모드 증폭률은 0.001이다. 공통 모드 제거비는 몇 [dB]인가?

① 100[dB] ❷ 120[dB]

③ 140[dB] ④ 150[dB]

해설 연산 증폭기의 공통 모드 제거비($CMRR$)는

$$CMRR = 20\log\frac{A_{dm}}{A_{cm}}$$

로 계산할 수 있다. 따라서

$$CMRR = 20\log\frac{1000}{0.001} = 20\log 10^6 = 20 \times 6 = 120[\mathrm{dB}]$$

이 된다.

정답 5. ④ 6. ① 7. ②

8. 다음 연산 증폭회로의 출력전압을 어떻게 나타나는가?

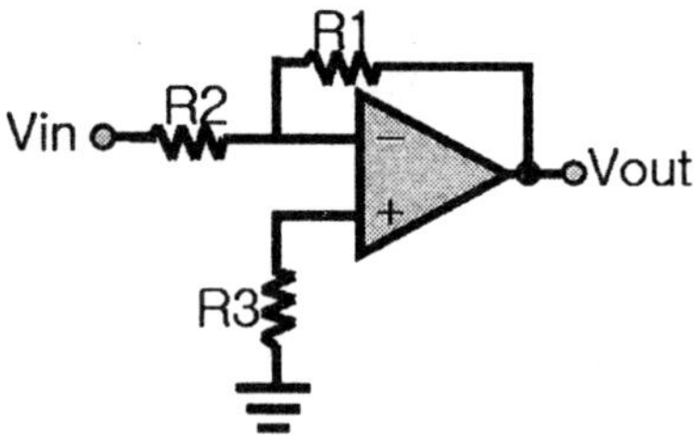

❶ $-\dfrac{R_2}{R_1}V_{in}$　　② $-\dfrac{(R_2+R_3)}{R_2}V_{in}$

③ $\dfrac{R_2}{R_3}V_{in}$　　④ $\dfrac{R_2}{R_1+R_3}V_{in}$

해설 $\dfrac{V_{out}}{V_{in}}=-\dfrac{R_2}{R_1}$이므로 $V_{out}=-\dfrac{R_2}{R_1}V_{in}$가 된다.(V_{out} : 출력전압)

9. 증폭기에서 바이어스가 적당하지 않으면 일어나는 현상으로 옳지 않는 것은?

① 이득이 낮다.
② 전력 손실이 많다.
❸ 주파수 변화 현상이 많이 일어난다.
④ 파형이 일그러진다.

해설 증폭기의 바이어스가 적당하지 않으면 그 증폭기가 가진 전압-전류 특성곡선상의 동작점이 변하기 때문에 출력 파형이 입력 파형에 비례하지 않아 일그러짐이 커지고 손실이 증가하며, 이득도 떨어진다.

10. 트랜지스터의 전압-전류 특성곡선의 부하선(load line)으로부터 알 수 있는 것은?

① 동작범위　　② 바이어스 안정도
③ 증폭이득　　❹ 동작곡선

해설 증폭소자(트랜지스터)의 전압-전류 특성곡선은 부하선을 연결하여 증폭이득과 동작점 등을 구할 수 있다.

11. 트랜지스터 증폭기의 바이어스 안정도(안정계수 S)는 다음 중 어느 것이 가장 좋은가?

❶ 2　　② 6
③ 10　　④ 15

해설 S(안정계수 값)가 낮을수록 안정도가 좋다.

12. 고정 바이어스(bias)에 대하여 옳은 것은?

① 안정성이 좋다.　　② Bias가 불변한다.
❸ 회로가 간단하다.　　④ 온도 특성이 좋다.

해설 고정 바이어스(fixed bias : 픽스드 바이어스) 회로는 동작점이 온도 변화에 따라 변동되는 결점이 있지만 회로 구성이 매우 간단하다.

정답 8. ① 9. ③ 10. ④ 11. ① 12. ③

13. 증폭회로에서 입력 전압에 포함된 다른 주파수 성분 사이의 위상관계가 출력쪽에서 다르게 나타나기 때문에 생기는 것을 무엇이라 하는가?

① 진폭 일그러짐　　② 고조파 일그러짐
❸ 주파수 일그러짐　　④ 위상 일그러짐

해설 위상 일그러짐은 증폭회로의 각 주파수에 있어서의 위상이 주파수에 비해 비례되어 있지 않을 때 일어나는 것으로 각 주파수에 있어서의 시간의 늦음이 일정하지 않으므로 지연 일그러짐이라고도 불린다.

14. 전압 증폭도 25[dB]의 증폭기를 2단 종속 접속하였을 경우 배선 등으로 인하여 10[dB] 손실이 생겼다고 하면 종합 증폭도는 몇 [dB]인가?

① 30[dB]　　❷ 40[dB]
③ 50[dB]　　④ 60[dB]

해설 2단 종속할 경우 이득이 증가되고 손실했으므로 감산된다. 그러므로

$$G = 25 + 25 - 10 = 40[\text{dB}]$$

이 된다.

15. 다음 그림의 회로에 대해 직류 바이어스 전압과 전류를 계산하시오. $R_E = 3.3[k\Omega]$, $R_C = 2.2[k\Omega]$, $V_{EE} = 9[V]$, $V_{CC} = 9[V]$이다.

① 1.5[V]
❷ 3.5[V]
③ 5.5[V]
④ 7.5[V]

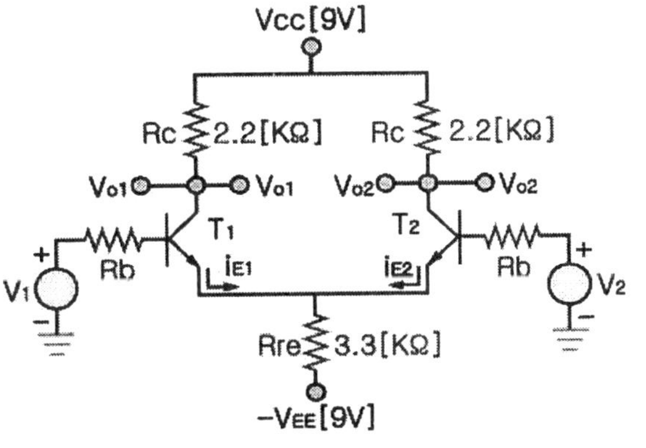

해설 차동 증폭기 : 차동 증폭기는 증폭기의 두 입력 사이에 전압 차이를 증폭시켜 출력하는 증폭기이다.

$$I_E = \frac{V_{EE} - 0.7}{R_E} = \frac{9 - 0.7}{3.3 \times 10^3} \cong 2.5[\text{mA}]$$

$$I_C = \frac{I_E}{2} = \frac{2.5 \times 10^{-3}}{2} = 1.25[\text{mA}]$$

$$V_C = V_{CC} - I_C R_C = 9 - 1.25 \times 10^{-3} \times 4.4 \times 10^3 = 3.5[V]$$

정답 13. ③ 14. ② 15. ②

16. 다음 그림에서 R_i의 값은 1[kΩ], R_f의 값은 4[kΩ]이다. 입력전압이 1[V]일 때, 출력전압은 얼마인가?

❶ 5[V] ② 7[V]
③ 10[V] ④ 15[V]

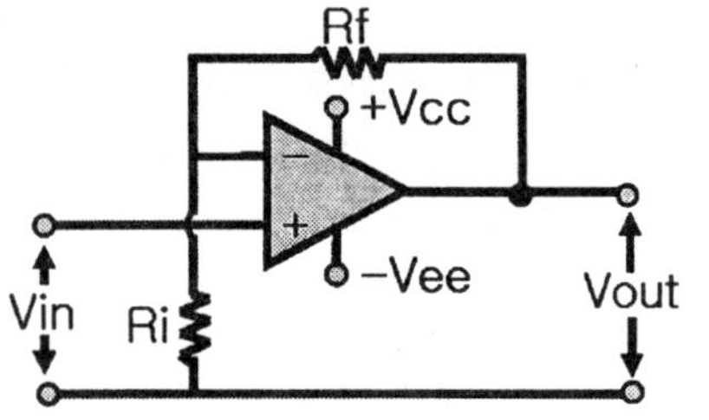

[해설] 위의 그림은 비반전 증폭기 논리회로도이다. 비반전 증폭기의 이득률은

$$1+\frac{Rf}{Ri}=1+\frac{4}{1}=5$$

이므로, 이득률은 5가 되어, 입력전압이 1[V]이므로 1×5=5이므로 출력전압은 5[V]가 된다.

17. 다음 그림에서 Ri의 값은 20[kΩ], Rf의 값은 100[kΩ]이다. 입력전압이 2[V]일 때, 출력전압은 얼마인가?

① −3[V] ② −6[V]
③ −9[V] ❹ −10[V]

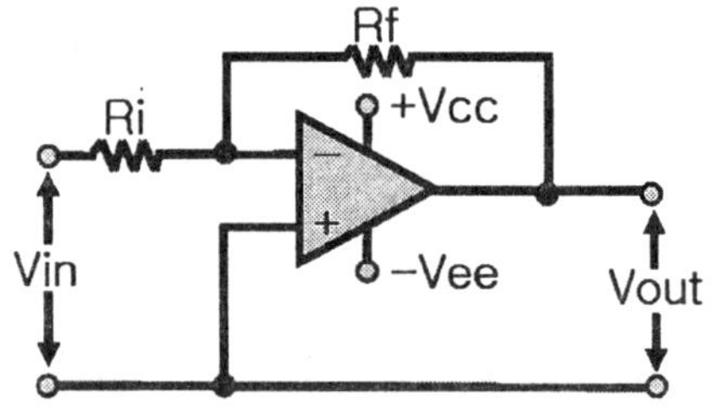

[해설] 위의 그림은 반전 증폭기 논리회로도이다. 반전 증폭기의 이득률은

$$-\frac{Rf}{Ri}=-\frac{100}{20}=-5$$

이므로 이득률은 −5가 되어, 입력전압 2[V]이므로 −5 × 2 = −10이므로 출력전압은 −10[V]가 된다.

18. 다음 중 어느 경우에 입력 임피던스가 가장 높은가?

① 합 증폭기 ② 비반전 증폭기
❸ 전압 폴로어 ④ 차동 증폭기

[해설] 전압 폴로어는 단위이득 증폭기로 입력 임피던스가 높고, 출력 임피던스가 낮아서 입력 단에 버퍼로 많이 사용된다.

[정답] 16. ① 17. ④ 18. ③

19. 이득을 나타내는 단위는 무엇인가?

① kW ❷ dB
③ kg ④ A

해설 [kW] : 전력의 단위, [dB] : 전압이득, [kg] : 질량의 단위(양), [A] : 전류 단위

20. 증폭회로의 입력신호를 v_i, 출력신호를 v_o라 할 때 이득 [dB]은 어떻게 표시되는가?

❶ $G = 10 \log_{10} \frac{v_o}{v_i}$ ② $G = 20 \log_{10} \frac{v_o}{v_i}$

③ $G = 20 \log \frac{v_i}{v_o}$ ④ $G = 10 \log \frac{v_i}{v_o}$

해설 출력신호에 대한 입력신호의 비는 보통 [dB]로 표시한다.

$$G = 10 \log_{10} \frac{v_o}{v_i}$$

로 나타낸다.

21. 어느 증폭기에 입력 10[mV]의 전압을 가했을 때 출력에서 10[V]의 전압을 얻었다. 이 증폭기의 전압이득[dB]은 얼마인가?

① 20[dB] ② 40[dB]
❸ 60[dB] ④ 80[dB]

해설 전압이득 $G = 20 \log_{10} \frac{v_o}{v_i}$ 이므로

$$G = 20 \log_{10} \frac{10}{10 \times 10^{-3}} = 20 \log_{10} 10^3 = 20 \times 3 = 60[\text{dB}]$$

이 된다.

22. 전압 증폭도가 20[dB]과 40[dB]인 증폭기를 직렬로 연결시킬 경우 총 이득은 얼마인가?

① 10 ② 10^2
❸ 10^3 ④ 10^4

해설 전체 종합이득은 $G = G1 + G2 = 20 + 40 = 60[\text{dB}]$이다.

$$60[\text{dB}] = 20 \log_{10} A,\ \log_{10} A = 3,\ A = 1000 = 10^3$$

이 된다.

정답 19. ② 20. ① 21. ③ 22. ③

23. 다음 그림에서 R1은 10[kΩ], R2는 100[kΩ] 이다. 비반전 입력단의 전압이 5[V], 반전 입력단의 전압이 3[V]일 때 출력전압은 얼마인가?

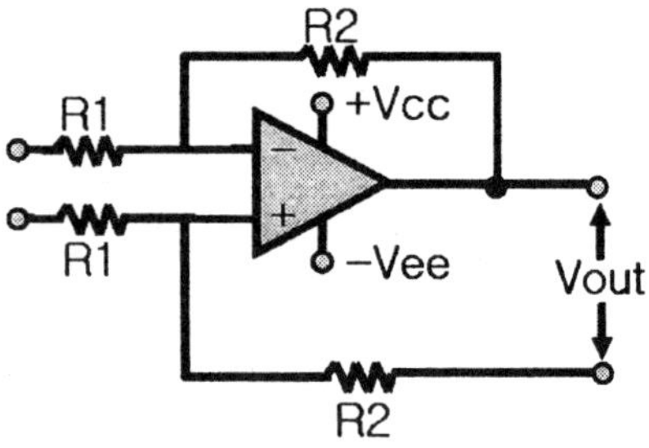

① 15[V]
❷ 20[V]
③ 25[V]
④ 30[V]

해설 위의 그림은 차동증폭기 논리 회로도이다. 차동 증폭기의 이득은

$$\frac{R2}{R1}=\frac{100}{10}=10$$

이다. 비반전 입력에서 반전 입력을 뺀 값이 증폭 되므로, 출력전압은

$$(5-3)\times 10 = 20[\text{V}]$$

가 된다.

24. 전류 되먹임 증폭기의 출력 임피던스는 되먹임이 없을 때와 비교하면 어떠한가?

① 변화 없다. ② 낮아진다.
❸ 높아진다. ④ 높아지거나 또는 낮아진다.

해설 전류 되돌림 증폭기에서는 되먹임에 의해 입력 임피던스가 낮아지고, 출력 임피던스는 높아진다.

25. 다음 그림의 회로에서 R=20[kΩ], C=0.1[μF]이다. 차단 주파수는 얼마인가?

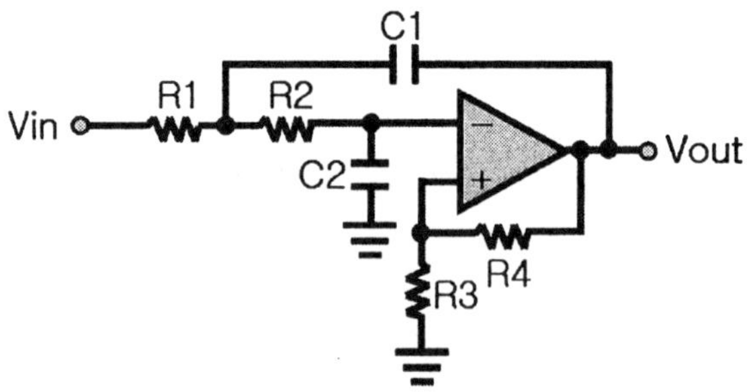

① 69.6[Hz] ❷ 79.6[Hz]
③ 696[Hz] ④ 796[Hz]

정답 23. ② 24. ③ 25. ②

해설 그림의 회로는 2차 저역통과 필터로서 차단 주파수는 $f_c = \frac{1}{2\pi RC}$로 구한다. 앞의 식에 대입하면 $f_c = \frac{1}{2\times 3.14\times 20\times 0.1}$ ≒ 79.6이므로 차단 주파수는 79.6[Hz]가 된다.

26. 필터 회로에서 출력이 원래 출력의 0.707배가 되는 때의 주파수는 무엇인가?

① 잔존 주파수　　② 할당 주파수
③ 통과 주파수　　❹ 차단 주파수

해설 출력이 원래 출력의 0.707배가 되기 시작하는 주파수를 차단 주파수(f_c)라고 부른다. 저역통과 필터의 경우 차단 주파수보다 낮은 주파수를 통과시키고, 고역통과 필터의 경우에는 차단 주파수보다 높은 주파수를 통과시킨다.

27. 다음 회로의 출력은 어떻게 되는가?

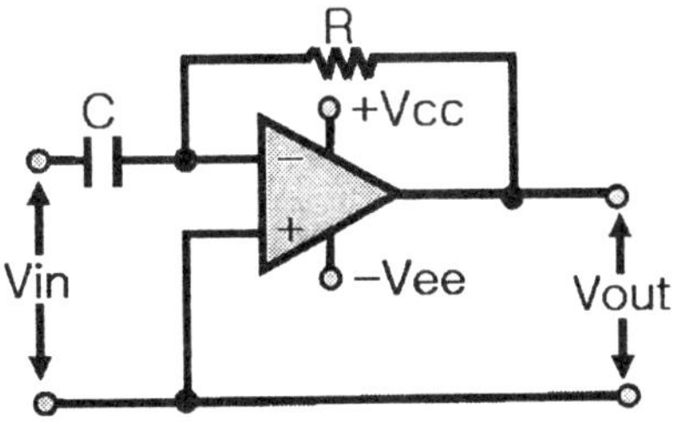

① $V_{out} = -\frac{1}{RC}\int_0^t V_{in}dt$

② $V_{out} = RCV_{in}$

③ $V_{out} = \frac{C}{R}V_{in}$

❹ $V_{out} = -RC\frac{dV_{in}}{dt}$

해설 이 회로는 미분기 회로로서 콘덴서에 흐르는 전류는 $I_C = C\frac{dV}{dt}$가 된다. 따라서 입력되는 전류는 $I_{in} = C\frac{dV_{in}}{dt}$가 된다. 이 전류가 부궤환으로 흐르고 이 전류에 부궤환의 저항값을 곱하면 출력전압이 된다. $V_{out} = -RC\frac{dV_{in}}{dt}$

28. 3[V]보다 높은 전위에서 하이펄스, 3[V]보다 낮은 전위에서 로(low)펄스를 내는 회로를 구성하기 위해서는 연산 증폭기의 반전 입력 단자에 얼마의 전압을 인가하는가?

❶ 3[V]　　② 5[V]
③ 7[V]　　④ 9[V]

해설 0전위 검출기 회로에서 반전 입력에 3[V]의 전압을 인가하면, 3[V] 전위 검출기가 되어 3[V]보다 높은 전압에서는 하이 출력을, 3[V]보다 낮은 출력에서는 로(low) 출력을 나타낸다.

정답 26. ④　27. ④　28. ①

29. 차단 주파수가 15[kHz]인 고역통과 필터를 설계하려고 한다. 콘덴서의 크기가 22[μF]일 경우, 저항 R의 값은 얼마가 되어야 하는가?

① 380[Ω] ❷ 480[Ω]
③ 580[Ω] ④ 700[Ω]

해설 필터의 차단 주파수를 구하는 공식은 $f_c = \frac{1}{2\pi RC}$이다.

따라서 저항 R을 구하는 공식은 $R = \frac{1}{2\pi f_c C}$가 된다.

이 식에 대입해서 R의 값을 계산하면, $R = \frac{1}{2 \times 3.14 \times 15 \times 22} \fallingdotseq 482.52[\Omega]$

약 480[Ω]이 된다.

30. 사람의 심전도를 측정하기 위한 심전계에서는 상용 전원전압에 의한 60[Hz] 잡음이 섞이는 경우가 많다. 이를 제거하기 위해서는 어떤 필터를 사용해야 하는가?

① 대역통과 필터 ② 고역통과 필터
③ 저역통과 필터 ❹ 대역저지 필터

해설 ⓐ **대역통과 필터** : 대역통과 필터는 하한차단 주파수와 상한차단 주파수 사이의 모든 신호는 통과시키고, 그 이외의 신호는 통과금지 필터 중에서도 가장 많이 쓰인다. 또한 원하는 주파수대역만 정확하게 골라내는 역할을 수행한다.

ⓑ **고역통과 필터** : RC회로에서 차단 주파수에 의해 저역의 신호를 차단한다. 고역에서는 연산 증폭기 내부의 RC회로에 의해 차단 주파수 이상의 모든 신호를 통과시키지 않는다.

ⓒ **광대역통과 필터** : 대부분의 응용에서 증폭기 내부의 차단 주파수가 확실히 크다.

ⓓ **저역통과 필터** : 연산 증폭기를 이용한 저역통과 필터 RC회로의 저역통과 필터와 단위이득을 갖는 부귀한 연산 증폭기로 구성

ⓔ **대역저지 필터** : 대역저지 필터는 원하는 주파수 대역만을 골라서 제거하는 필터로서 생체신호에서 전원잡음을 제거하는 등에 많이 사용한다. 원하지 않는 주파수 성분을 제거하기 위한 회로로서, 상용전원에 의한 60[Hz] 잡음을 없애기 위해 사용하는 것이 대표적인 예라고 할 수 있다.

31. 다음 중 2개의 입력단자에 가해진 2개의 신호차를 증폭하여 출력으로 하는 연산 증폭기의 종류는 무엇인가?

① 가산기 ② 미분기
❸ 차동 증폭기 ④ 적분기

정답 29. ② 30. ④ 31. ③

해설 ⓐ **가산기** : 반전 증폭기의 변형된 형태이며 합 증폭기의 입력단자 수는 2개 이상이며, 출력전압은 모든 입력전압의 대수적 합에 대한 음의 값에 비례하여 나타난다.
ⓑ **미분기** : 미분기 회로의 구성은 적분기와 마찬가지로 저항과 콘덴서로 이루어지는데 적분기와는 달리 콘덴서가 입력 단에 있고, 부궤환에 저항이 있다.
ⓒ **적분기** : 연산 증폭기를 이용한 적분기 회로로 저항과 부궤환의 콘덴서로 이루어졌다.

32. 아래 그림의 비반전 증폭기에서 V_{in}=1[V], R_1=13.3[kΩ], R_2=2.2[kΩ]일 때, 출력전압은 얼마인가?

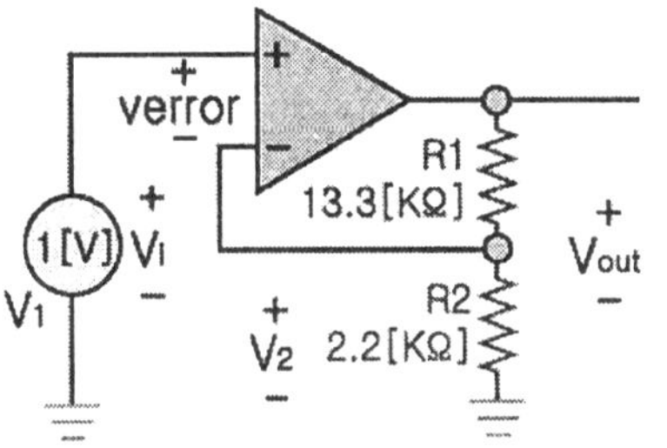

① 5.05[V] ② 6.05[V] ❸ 7.05[V] ④ 8.05[V]

해설 비반전 증폭기 $V_{OUT} = \left(1+\frac{R_1}{R_2}\right)V_{in} = \left(1+\frac{13.3}{2.2}\right) \cong 7.05[V]$

33. 다음 그림에서 v_s=5[V], R_F=20[kΩ], R_s=20[kΩ]일 때, 출력전압은 얼마인가?

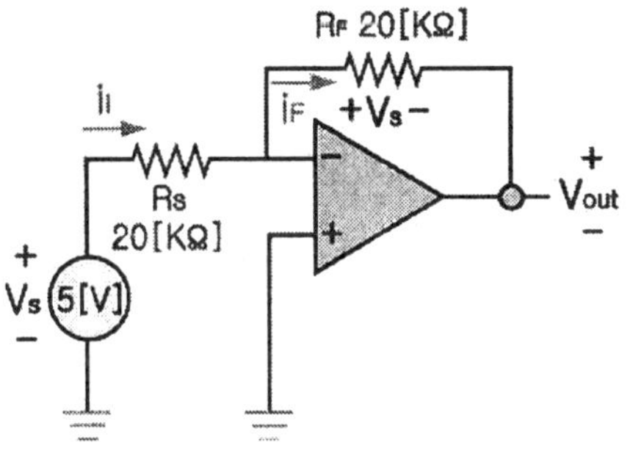

❶ −5[V] ② −10[V] ③ 5[V] ④ 10[V]

해설 반전 증폭기 $V_{out} = -\left(\frac{R_F}{R_S}\right)V_s = -\frac{20K}{20K}\times 5 = -5[V]$

정답 32. ③ 33. ①

34. 다음 그림의 OP-AMP가 A=25000, Z_{in}=4[MΩ], Z_{out}=150[Ω]을 가질 때 다음 반전 증폭기의 입력, 출력 임피던스(R_{in}, R_{out})를 구하여라.(R_1=49[kΩ], R_2=1[kΩ])

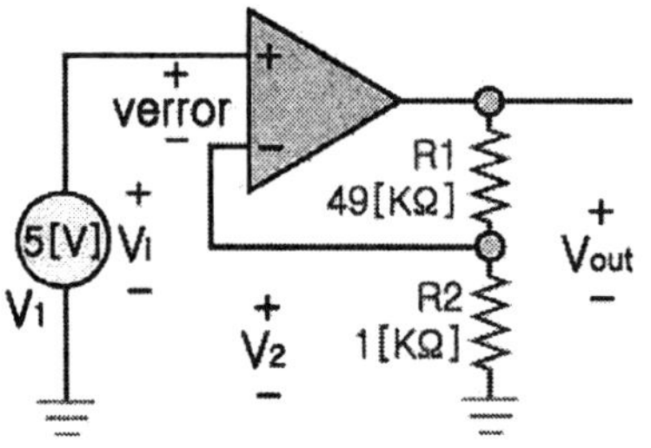

① R_{in}=20[MΩ], R_{out}=75[Ω]
② R_{in}=200[MΩ], R_{out}=30[Ω]
❸ R_{in}=2[GΩ], R_{out}=0.3[Ω]
④ R_{in}=20[GΩ], R_{out}=0.3[Ω]

해설 귀환률(B) $= \dfrac{V_{in}}{V_{out}} = \dfrac{R_2}{R_1+R_2} = \dfrac{1}{49+1} = \dfrac{1}{50}$

입력, 출력 임피던스(R_{in}, R_{out})는

$$R_{in} = (1+A\times B)Z_{in} = \left(1+25000\times\frac{1}{50}\right)\times 4\times 10^6 = 2.004[G\Omega] \cong 2[G\Omega]$$

$$R_{out} = \frac{Z_{out}}{1+A\times B} = \frac{150}{501} = 0.299[\Omega] \cong 0.3[\Omega]$$

35. 다음 회로는 고역통과 필터이다. R_1=50[kΩ], R_2=10[kΩ]일 때 이득은 얼마인가?

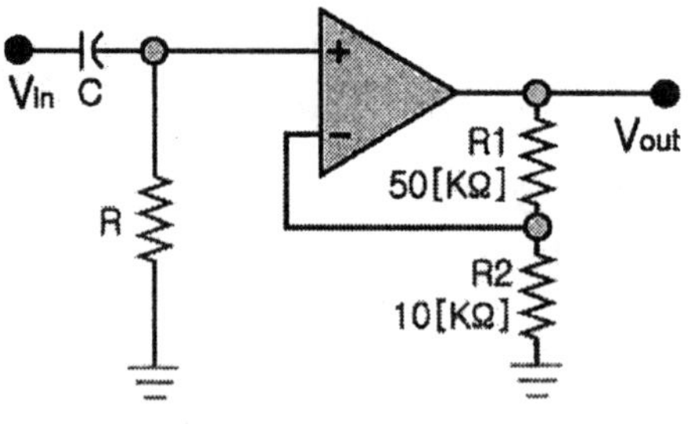

① 5 ❷ 6 ③ 7 ④ 8

정답 34. ③ 35. ②

해설 고역통과 필터는 입력신호에 포함된 저주파성분을 제거하기 위해 사용하는 능동 필터이다. C는 주파수가 높을수록 통과가 잘된다.
이득 A_V는

$$A_V = 1 + \frac{R_1}{R_2} = 1 + \frac{50K}{10K} = 6$$

가 된다.

36. 다음 그림은 저역통과 필터이다. R=15[kΩ], C=1[μF]이라고 할 때 차단 주파수는 얼마가 되는가?

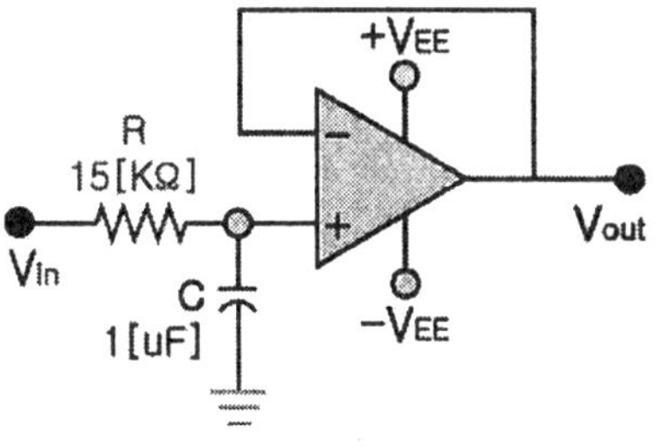

① 139.2[Hz] ② 149.2[Hz] ❸ 159.2[Hz] ④ 169.2[Hz]

해설 저역통과 필터는 입력신호에 포함된 고주파 잡음을 제거하여 신호대잡음비를 높이기 위해 사용한다.
차단 주파수는

$$F = \frac{1}{2\pi RC} = \frac{1}{2\pi \times 1.5 \times 10^3 \times 10^{-6}} \cong 159.2[\text{Hz}]$$

가 된다.

chapter

4 디지털 회로

1 디지털 논리회로

디지털 컴퓨터는 자료의 처리, 수치계산, 통신용 교환기, 가전제품, 산업기기 등 여러 분야에서 활용되고 있으며, 이러한 디지털 컴퓨터는 아날로그 컴퓨터에 비하여 정밀도, 신뢰성, 경제성에서 우수하여 아날로그 컴퓨터보다 더 광범위하게 사용되고 있다. 또한 디지털 컴퓨터는 신호, 물리적인 양 등을 나타내는 정보를 이진수를 이용하여 표현하는데 이진수 '0'과 '1'의 두 값을 입력하여 결과로서 다시 '0'이나 '1'을 출력하는 장치를 논리회로라 부른다.

논리(logic : 로직)라는 것은 간단히 말해 '참'과 '거짓'이라는 두 가지 상태를 베이스로 하여 생각하는 것으로, 예를 들면 'A는 참이고 B는 거짓'이라는 논리식으로 표현할 수 있다. 논리식이 성립되었는가의 여부를 판정하는 것을 논리연산(혹은 논리계산)이라 하는데 '참'과 '거짓' 각각을 '1'과 '0'에 표현하면 논리연산을 실행하는 장치를 디지털 회로로 표현할 수 있으며 이러한 회로를 논리회로라고 한다.

이진수를 표현하는 방식은 여러 가지가 있을 수 있지만, 'on' 또는 'off'로 표현할 수 있는 트랜지스터 전자회로는 확실한 두 개의 신호값을 가지고 전자회로를 구성하기 때문에 신뢰성을 높일 수 있다. 일반적으로 전자회로에서 나타내는 'on' 또는 'off'를 표현할 때 'on' 상태를 이진수의 1(+5V), 'off' 상태를 이진수의 0(0V)으로 표시한다.

(1) AND 게이트

두 개 이상의 입력신호에 대하여 한 개의 출력신호를 얻는 게이트로서 논리곱을 나타낸다. 이 게이트의 출력은 입력신호에 의하여 결정이 되는데, 입력신호가 모두 1인 경우에만 출력신호는 1이 되고, 입력신호 중에 0인 입력신호가 하나라도 있을 경우에는 출력신호는 0이 된다. AND 게이트의 기호와 진리표는 〈표 4-1〉과 같다.

AND 게이트를 [그림 4-1]은 전기적인 스위치로 나타낸 것으로 이 회로는 스위치가 직렬로 연결되어 있으므로 스위치 A와 B가 모두 닫혀야지만 램프에 불이 들어오게 된다. 스위치 A와 B 중에서 어느 하나라도 연결되지 않으면 램프는 꺼지게 되는 AND 연산을 하게 된다.

그러므로 AND 게이트는 [그림 4-2]에서 볼 수 있듯이 입력 A와 B 둘 중 하나라도 입력값이 0이 인가될 경우 출력은 0이 되는 것을 알 수 있다.

〈표 4-1〉 AND 게이트의 기호 및 진리표

논 리 기 호	논 리 식	입력(input)		출력(output)
		A	B	Y
		0	0	0
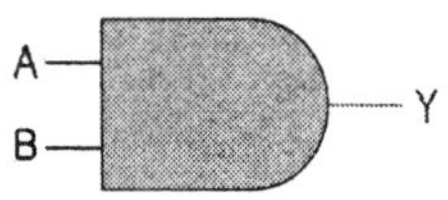	Y = A · B	0	1	0
		1	0	0
		1	1	1

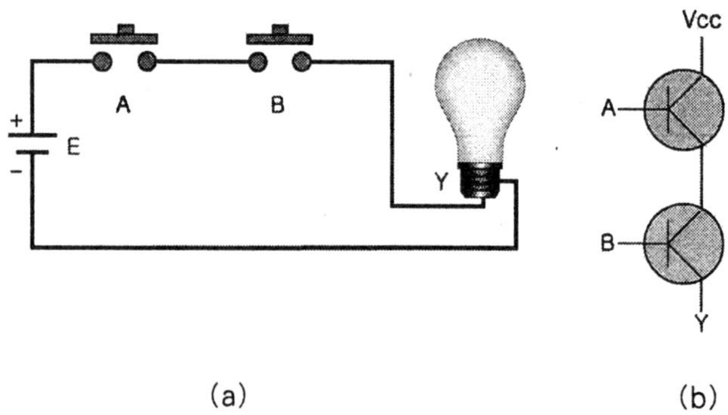

[그림 4-1] AND 게이트의 스위치 및 트랜지스터 회로

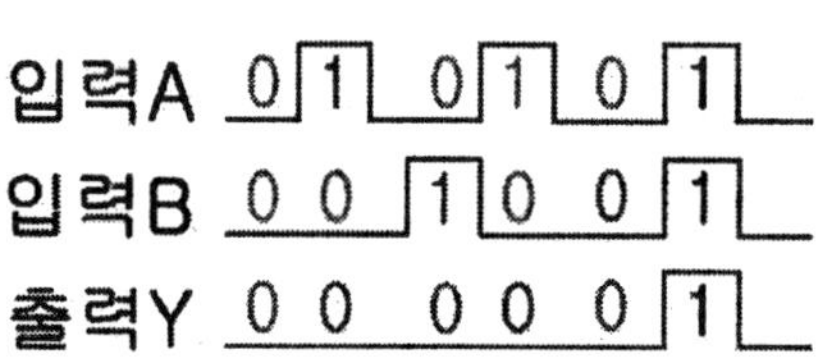

[그림 4-2] AND 게이트의 출력 파형

(2) OR 게이트

두 개 이상의 입력신호에 대하여 한 개의 출력신호를 얻는 게이트로서 논리합을 나타낸다. 이 게이트의 출력은 입력신호에 의하여 결정되는데, 입력신호가 모두 0인 경우에만 출력신호는 0이 되고, 입력신호 중에 1인 신호가 하나라도 있으면, 출력신

호는 1이 된다. 즉, 두 개의 입력 중 하나만 '1'이어도 출력은 '1'이 되며, 만약 두 개의 입력이 모두 '0'이면 출력도 '0'이 되는 것이다.

OR 게이트의 기호와 진리표는 〈표 4-2〉와 같다.

OR 게이트의 스위치 회로([그림 4-3])는 스위치가 병렬로 연결되어 있다는 것을 알 수 있다. 만약 2개의 스위치 A와 B가 모두 off 상태에서는 0[V]의 값이 인가되어 램프에 불이 들어오지 않는다. 하지만 둘 중 하나만이라도 on이 되면 5[V]의 값이 인가되면 램프에 불이 들어오기 때문에 스위치 회로가 작동하게 된다.

그러므로 OR 게이트 회로는 [그림 4-4]에서 볼 수 있듯이 입력 A와 B의 값 중에서 어느 값이라도 1의 입력이 인가되면 출력 Y의 값에 1이 출력됨을 알 수 있다.

〈표 4-2〉 OR 게이트의 기호 및 진리표

논리기호	논리식	입력(input)		출력(output)
		A	B	Y
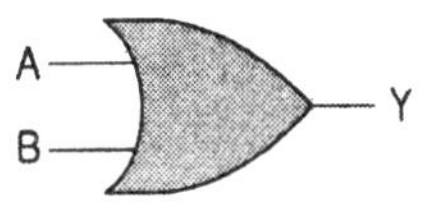	Y = A + B	0	0	0
		0	1	1
		1	0	1
		1	1	1

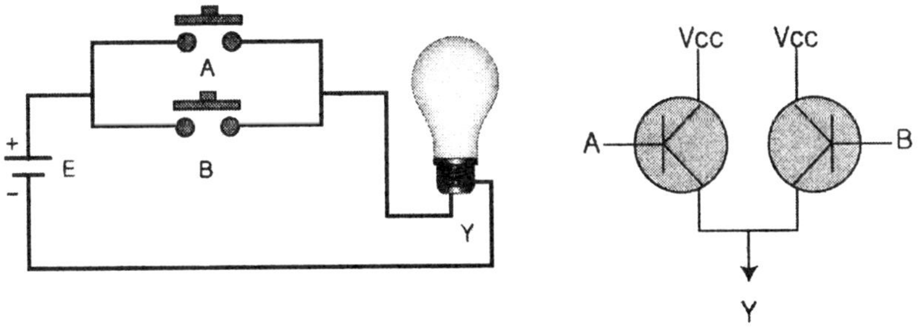

(a) (b)

[그림 4-3] OR 게이트의 스위치 및 트랜지스터 회로

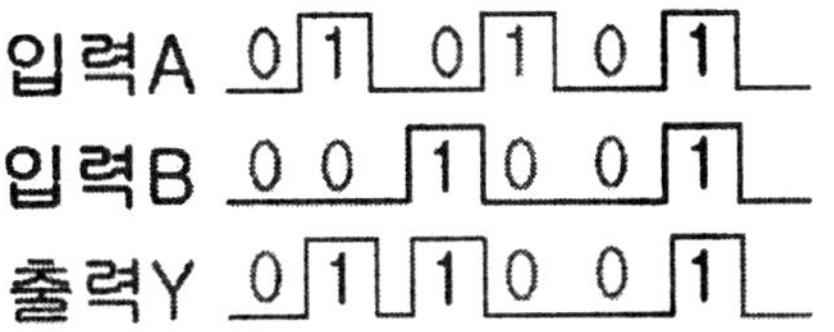

[그림 4-4] OR 게이트의 출력 파형

(3) NOT 게이트

한 개의 입력신호와 한 개의 출력신호를 갖는 게이트로서 논리부정을 나타내는데, 2진수의 논리역을 만들어 낸다. 이 게이트에서 주의해야 할 것은 입력신호에 따른 출력신호가 반대로 된다는 것이다. 즉, 입력이 1인 경우에는 출력은 0이 되고, 입력이 0인 경우는 출력이 1이 된다. 이러한 원리 때문에 이 게이트를 인버터(inverter)라고도 한다. NOT 게이트의 기호와 진리표는 〈표 4-3〉과 같다.

〈표 4-3〉 NOT 게이트의 기호 및 진리표

논 리 기 호	논 리 식	입력(input)	출력(output)
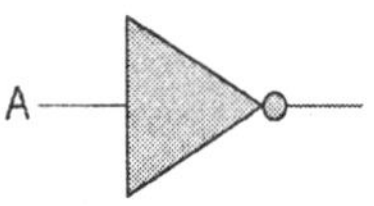	Y = $\overline{A}$	A	Y
		1	0
		0	1

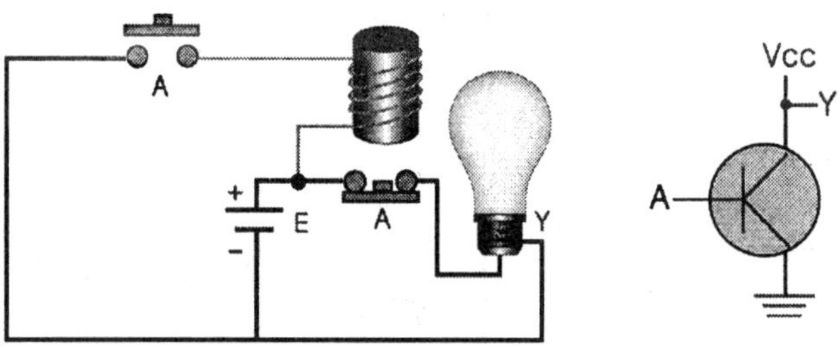

(a) (b)

[그림 4-5] NOT 게이트의 스위치 및 트랜지스터 회로

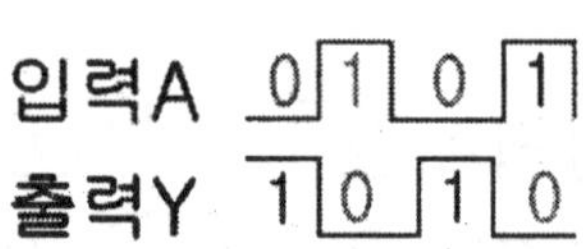

[그림 4-6] NOT 게이트의 출력 파형

트랜지스터로 구성된 NOT 연산회로([그림 4-5])의 입력 A에 0[V]를 인가하면 트랜지스터의 베이스 전류가 흐르지 않아 차단상태(off)가 되며, 이때 출력 Y는 전압이 5[V]가 나타나게 되고 출력값으로 1이 출력된다.

반대로 입력값 A에 5[V]를 인가할 경우 1이 입력되고 트랜지스터의 베이스 전류가 충분히 흐르게 됨으로써 트랜지스터는 포화상태가 되어 출력 Y는 접지와 같은 전압으로 0[V]가 출력된다.

NOT 게이트의 출력 파형([그림 4-6])은 입력 A값과는 정반대의 파형인 출력 Y의 파형이 나타나는 것을 보여주는 것이다.

(4) XOR 게이트

XOR(Exclusive OR : 익스클루시브 오어) 게이트는 두 개 이상의 입력신호에 대하여 한 개의 출력신호를 얻으며, 입력신호 중 홀수 개의 1이 입력된 경우에 출력신호는 1이 되며, 그렇지 않은 경우에는 출력신호는 0이 된다.

이 게이트의 기호와 진리표는 〈표 4-4〉와 같다.

〈표 4-4〉 XOR 게이트의 기호 및 진리표

논 리 기 호	논 리 식	입력(input)		출력(output)
		A	B	Y
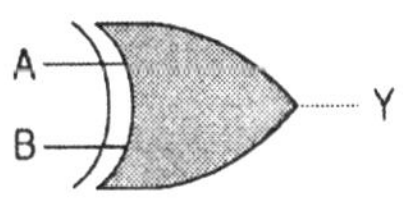	Y = A ⊕ B	0	0	0
		0	1	1
		1	0	1
		1	1	0

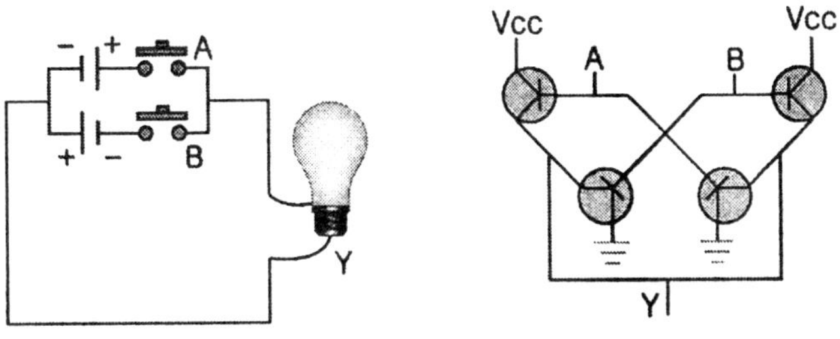

(a) (b)

[그림 4-7] XOR 게이트의 스위치와 트랜지스터 회로

XOR(Exclusive-OR : 익스클루시브 오어) 게이트는 [그림 4-7]에서 논리의 '둘 중 하나'라는 식으로 동작한다. 즉, 두 개의 입력 A와 B 중 하나가 '1'이면 출력도 '1'이 된다. 그러나 두 개의 입력 모두가 '0'이거나 또는 두 개의 입력 모두가 '1'이라면 출력은 '0'이 된다. 이러한 회로를 관찰하는 다른 방법으로는, 두 개의 입력들이 서로 다르면 출력은 1이 되고, 두 개의 입력이 서로 같으면 출력은 0이 된다.

(5) NAND 게이트

두 개 이상의 입력신호에 대하여 한 개의 출력신호를 얻는 게이트로서, 입력신호가 모두 1인 경우에만 출력신호는 0이 되고, 그렇지 않을 경우에는 출력신호는 1이 된다. 이 게이트는 AND 게이트와는 반대로 작동하는 게이트로서, NOT AND의 의미로 NAND 게이트라고 부른다.

NAND 게이트는 NOT 게이트 바로 뒤에 AND 게이트가 연결되어 있는 것과 같이 동작한다. 즉, 두 개의 입력 모두가 '1'인 경우에만 출력이 '0'이 되고, 그렇지 않은 경우는 모두 '1'이 된다.

이 NAND 게이트의 기호와 진리표는 〈표 4-5〉와 같다.

〈표 4-5〉 NAND 게이트의 기호 및 진리표

논리기호	논리식	입력(input)		출력(output)
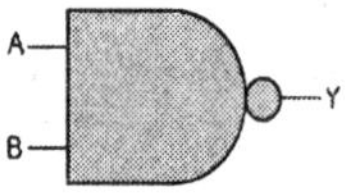	$Y = \overline{A \cdot B}$	A	B	Y
		0	0	1
		0	1	1
		1	0	1
		1	1	0

(6) NOR 게이트

두 개 이상의 입력신호에 대하여 한 개의 출력신호를 얻는 게이트로서, 입력신호가 모두 0인 경우에만 출력신호는 1이 되고, 입력신호 중에 하나라도 1이 있는 경우는 출력신호는 0이 된다. 이 게이트는 OR 게이트와는 반대로 작동하는 게이트로서, NOT OR의 의미로 NOR 게이트라고 부른다. NOR 게이트는 NOT 게이트 바로 뒤에 OR 게이트가 연결되어 있는 것과 같이 동작한다. 즉, 두 개의 입력이 모두 '0'인 경우에만 출력이 '1'이 되고, 그렇지 않은 경우는 모두 '0'이 된다.

이 NOR 게이트의 기호와 진리표는 〈표 4-6〉과 같다.

〈표 4-6〉 NOR 게이트의 기호 및 진리표

논 리 기 호	논 리 식	입력(input)		출력(output)
		A	B	Y
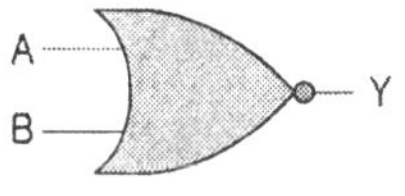	$Y = \overline{A+B}$	0	0	1
		0	1	0
		1	0	0
		1	1	0

위에서 설명한 NAND 게이트와 NOR 게이트는 그 하나만을 가지고도 NOT, AND, OR 게이트를 구현할 수 있으므로 유니버셜 게이트(universal gate)라고도 불린다.

2 불 대 수

불대수(Boolean Algebra : 불리안 알제브라)는 스위칭 및 논리 기능을 기호로 표현한 회로망을 분석하거나 간략하게 설계하는 데 사용되는 간단한 수학적 기법으로 논리적인 판단을 하는 데 사용되며 논리대수라고도 한다. 1854년 조지 불(George Boole)이 논리를 적절히 다루기 위하여 "논리와 확률의 수학적 이론의 기초가 되는 사상 법칙의 연구"라는 책에서 불대수를 처음 소개하였고 1938년 미국의 벨(Bell)연구소의 클로드 섀넌(Claude Shannon)이 전기회로에 도입을 하였다. 또한 점차 전자계산기의 연구가 시작되면서, 전자공학 분야에 쓰이게 되었고 오늘날 디지털 시스템 설계까지 적용되어 사용하게 되었다.

(1) 불대수의 기본법칙

1) 기본정리

〈표 4-7〉 불대수의 기본정리

$A + 0 = A$	$A \cdot 1 = A$
$A + 1 = 1$	$A \cdot 0 = 0$
$A + A = A$	$A \cdot A = A$
$A + \overline{A} = 1$	$A \cdot \overline{A} = 0$

2) 교환법칙(commutative law : 커뮤터티브 로)

불대수식에서 연산 순서를 바꾸어도 결과가 동일하게 되는 것을 말하며, 논리곱이나 논리합이 연속될 때에는 연산 순서에 관계없이 동일한 결과를 얻는 법칙이다.

$$A+B=B+A,\ AB=BA$$

3) 결합법칙(associative law : 어소시에이티브 로)

괄호 내에서 먼저 결합된 것을 순서를 바꾸어 괄호 바깥의 것과 먼저 결합하여도 결과가 같게 되는 법칙이다.

$$(A+B)+C=A+(B+C),\ (A \cdot B) \cdot C=A \cdot (B \cdot C)$$

4) 분배법칙(distribute law : 디스트리뷰트 로)

괄호로 동일한 연산을 묶은 것은 바깥의 요소가 내부의 요소에 공통적으로 할당되므로, 개별적으로 할당한 것을 괄호 내부의 연산으로 수행하여도 결과가 같게 되는 법칙이다.

$$A \cdot (B+C)=A \cdot B+A \cdot C,\ A+(B \cdot C)=(A+B) \cdot (A+C)$$

5) 부정법칙(negation law : 니게이션 로)

현재의 명제를 부정하는 법칙이다.

$(\overline{A}) = \overline{A}$

6) 이중부정

현재의 명제를 부정한 후 부정을 다시 부정하면 긍정이 되는 법칙이다.

$(\overline{\overline{A}}) = A$

7) 동일법칙(identity law : 아이덴티티 로)

$A + A = A, \ A \cdot A = A$

8) 흡수법칙(absortion law : 어브솔션 로)

$A + A \cdot B = A$

$A \cdot (A + B) = A$

9) 상보법칙

$\overline{A} + A = 1, \overline{A} \cdot A = 0$

10) 드모르간의 정리(De Morgan's theorem : 드 모르간즈 시어럼)

두 개 이상의 변수가 함께 부정으로 묶여 있을 때 이들을 개별적으로 분리하는 경우와 이것과 반대되는 경우에 대한 정리가 있다.

드모르간의 제 1정리(논리화→논리적으로 변환) : $\overline{A + B} = \overline{A} \cdot \overline{B}$

드모르간의 제 2정리(논리적→논리화로 변환) : $\overline{A \cdot B} = \overline{A} + \overline{B}$

(2) 불대수식의 카르노도 변형의 간소화 순서

① 표준 SOP 형식(최소항의 합으로 나타낸 형태)으로 나타낸다.

② 카르노도 상의 한 블록에 1이라고 기입한다.

③ 인접한 1의 항을 2의 승수개로 최대한 크게 묶어 준다.
④ 항의 1은 반복해서 사용해도 되지만 반드시 1번은 사용하여 최소화 식으로 나타내어야 한다.
⑤ 각각의 묶음으로부터 SOP 형식의 논리식을 구한다.
⑥ 블록의 값에서 0이 적을 경우 POS 형식(최대항의 곱으로 나타낸 형태)을 사용하여 간단히 해준다.

(3) 논리회로의 간략화

불대수의 각 변수(문자)는 논리회로를 구성하는 게이트의 입력이 되며, 각각의 항은 하나의 게이트로 표시할 수 있다. 즉, 불대수란 논리회로를 구성하는 게이트의 수와 게이트의 입력을 나타내는 변수의 수를 줄이는 것으로 논리회로를 직접 간소화하는 것은 매우 어렵기 때문에, 논리회로를 논리식으로 표현한 뒤에 불대수의 기본규칙을 이용하여 간소화하는 것이 효과적이다.

논리회로는 논리소자의 수를 적게 하는 편이 경제적이고 신뢰성이 높다. 따라서 복잡한 논리회로를 간략화하는 경우에, 불대수의 법칙을 이용하여 논리식을 간단하게 하는 방법과 카르노도(Karnaugh map : 카르노 맵)를 이용해서 간단하게 하는 방법이 있다.

불대수의 법칙을 이용하여 논리식을 간단하게 하는 방법은 일정한 규칙이 있는 것이 아니므로 최소화하는 절차가 비교적 어렵다. 하지만 카르노도를 만드는 방법은 변수를 가로축과 세로축으로 할당하여 참은 '1', 거짓은 '0'을 대응시켜서 변수값의 조합 수만큼 나란히 쓰면 된다.

1) 2변수 카르노도

카르노도의 진리표는 〈표 4-8〉의 (a)처럼 입력변수에 대한 모든 상태를 표시하여 알아보기 쉽게 나타낼 수 있다. 〈표 4-8 (b)〉의 2변수 카르노도를 표시하는 방법은 가로와 세로축에 각 한 개의 변수를 할당하여 0인 경우와 1인 경우를 표시하고, 가로와 세로의 각 변수의 상태가 만나는 곳을 체크하여 하나의 블록을 형성시킨 후, 이 블록을 2변수의 최소항(min- term : 민텀)으로 나타내는 방법이 있다. 그리고 진리표의 출력이 0인 부분은 0으로, 1인 부분은 1로 표시한다.

또한 2변수 카르노도를 표시한 후, 인접한 블록이 1로 표시된 경우에는 두 개의 블록을 묶어서 표시할 수 있으며, 이때는 하나의 변수를 생략하여 단지 한 개의 변수로만 나타내어 간략화할 수 있다.

〈표 4-8〉 2변수의 진리표와 카르노도

A	B	최소항
0	0	$\overline{A}\overline{B}$
0	1	$\overline{A}B$
1	0	$A\overline{B}$
1	1	AB

(a) 진리표

A \ B	0	1
0	$\overline{A}\overline{B}$	$\overline{A}B$
1	$A\overline{B}$	AB

(b) 카르노도

두 변수 A, B가 0, 1을 취할 수 있는 **조합의 수는 2^2개**로 0에서 3까지 4가지의 조합을 나타낼 수 있으므로 4개의 블록으로 카르노도 맵을 만들 수 있고, 〈표 4-9〉와 같이 묶은 상태에 따라 식을 나타낼 수 있다.

〈표 4-9〉 2변수의 카르노도 싱글값

A \ B	0	1
0	1	1
1	0	0

$= \overline{A}$

(a)

A \ B	0	1
0	0	0
1	1	1

$= A$

(b)

A \ B	0	1
0	1	0
1	1	0

$= \overline{B}$

(c)

A \ B	0	1
0	0	1
1	0	1

$= B$

(d)

이들 짝 묶음은 그중 어느 항이 중복되어 다른 짝 묶음에 사용하여도 무방하다. 즉 2개 또는 4개의 블록을 묶었을 때 겹치는 부분이 있어도 상관없다는 말이 된다. 이는 불대수의 법칙 중 동일법칙을 의미하며 짝 묶음이 하나의 변수가 생략되어 하나의 변수로만 표시됨을 불대수의 정리를 이용하여 증명하였을 때 식 (4-1), (4-2), (4-3), (4-4)와 같이 나타난다.

$$(a) \Rightarrow \mathbf{X} = \overline{\mathbf{A}}\,\overline{\mathbf{B}} + \overline{\mathbf{A}}\,\mathbf{B} = \overline{\mathbf{A}}\,(\overline{\mathbf{B}} + \mathbf{B}) = \overline{\mathbf{A}} \qquad (4\text{-}1)$$

$$(b) \Rightarrow X = A\overline{B} + AB = A(\overline{B} + B) = A \quad (4\text{-}2)$$

$$(c) \Rightarrow X = \overline{A}\,\overline{B} + A\overline{B} = \overline{B}(\overline{A} + A) = \overline{B} \quad (4\text{-}3)$$

$$(d) \Rightarrow X = \overline{A}B + AB = B(\overline{A} + A) = B \quad (4\text{-}4)$$

〈표 4-9〉에서 만들어낸 카르노도에서 볼 수 있듯이 2변수 카르노도에서 공통된 블록이나 더 이상의 짝이 존재하지 않을 경우 이를 **싱글**이라 하는데, 이러한 싱글값들은 생략되는 변수 없이 최소항으로 표현되는 것을 알 수 있다. 또한 모든 출력이 0이라면 함수는 상수 0, 모든 출력이 1이라면 함수는 상수 1을 갖게 된다.

2) 3변수 카르노도

3변수 진리표는 **2진수로 표현되는 2^3개** 즉, 0에서 7까지 총 8개의 상태를 나타내므로 8개의 블록이 만들어지게 된다. 3변수 카르노도에서는 2개의 조합, 4개의 조합, 8개의 조합이 나올 수 있다. 카르노도를 만들 때 가로로 혹은 세로로 어느 축이든 2개의 변수를 나타내어야 하며, 이때 2개의 변수도 인접한 블록은 반드시 한 개의 변수값만이 변화되도록 배치하여야 한다. 즉, BC항의 0과 1의 배열순서에서 00으로 시작을 할 경우 마지막 0을 기준으로 다음 변수가 나와야 하므로 01이 나와야 하고 다음으로 11이 나와야 하며 마지막으로 10이 나와야 함을 명심하자.

아래의 〈표 4-10〉은 3변수 진리표와 카르노도를 보여준다. 각 박스는 3변수의 최소항을 의미하며 여기에서 짝 또는 그 이상의 묶음이 없이 각 박스가 독자적으로 존재한다면 이는 싱글로 3변수의 표준항은 최소항을 그대로 쓰면 된다.

〈표 4-10〉 3변수의 진리표와 카르노도

A	B	C	최소항
0	0	0	$\overline{A}\,\overline{B}\,\overline{C}$
0	0	1	$\overline{A}\,\overline{B}C$
0	1	0	$\overline{A}B\overline{C}$
0	1	1	$\overline{A}BC$
1	0	0	$A\overline{B}\,\overline{C}$
1	0	1	$A\overline{B}C$
1	1	0	$AB\overline{C}$
1	1	1	ABC

(a) 진리표

A \ BC	00	01	11	10
0	$\overline{A}\,\overline{B}\,\overline{C}$	$\overline{A}\,\overline{B}C$	$\overline{A}BC$	$\overline{A}B\overline{C}$
1	$A\overline{B}\,\overline{C}$	$A\overline{B}C$	ABC	$AB\overline{C}$

(b) 카르노도

다음의 〈표 4-11〉과 같이 3변수 카르노도에서 인접한 두 개의 박스가 1의 출력을 가지면 짝으로 묶을 수 있으며, 이들의 묶음에 대응하는 간략화된 항들의 여러 가지 표현을 카르노도로 나타낼 수 있다.

〈표 4-11〉 여러 가지 3변수 카르노도의 간략화

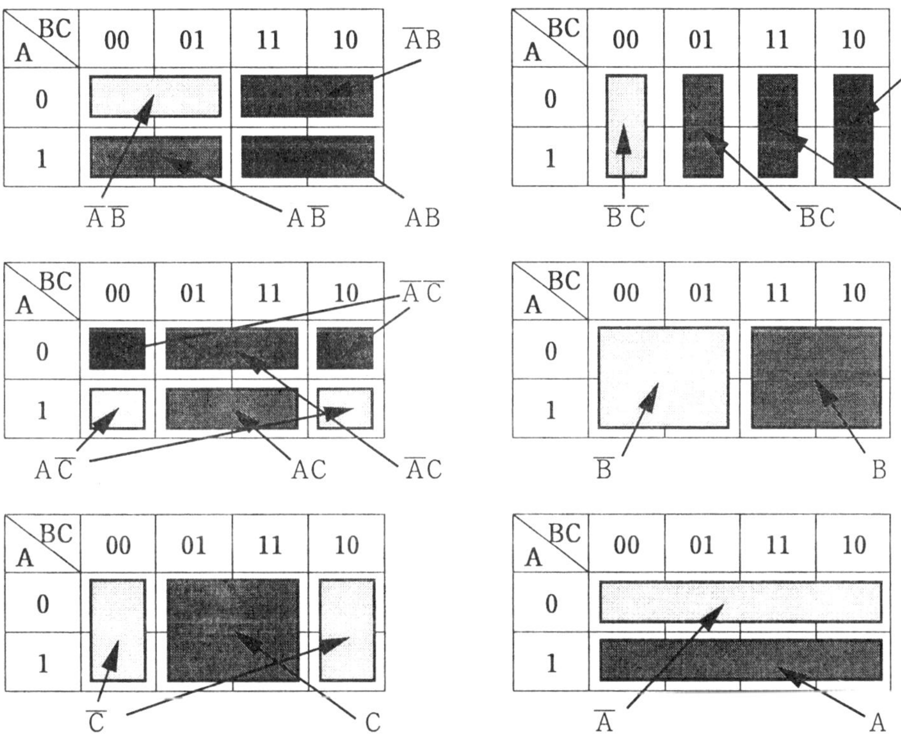

3) 4변수 카르노도

4변수 진리표는 〈표 4-12〉에서 볼 수 있듯이 조합 수는 **2진수로 표현되는 2^4개** 즉, 0에서 15까지 총 16개의 상태를 나타내므로 16개의 블록을 만들어야 한다. 4변수 카르노도에서는 2개의 조합, 4개의 조합, 8개의 조합, 16개의 조합이 나올 수 있다. 또한 2변수나 3변수 카르노도와 마찬가지로 싱글의 경우에는 최소항을 그대로 사용하면 된다.

〈표 4-12〉 4변수의 진리표와 카르노도

A	B	C	D	최소항
0	0	0	0	$\overline{A}\,\overline{B}\,\overline{C}\,\overline{D}$
0	0	0	1	$\overline{A}\,\overline{B}\,\overline{C}D$
0	0	1	0	$\overline{A}\,\overline{B}C\overline{D}$
0	0	1	1	$\overline{A}\,\overline{B}CD$
0	1	0	0	$\overline{A}B\overline{C}\,\overline{D}$
0	1	0	1	$\overline{A}B\overline{C}D$
0	1	1	0	$\overline{A}BC\overline{D}$
0	1	1	1	$\overline{A}BCD$
1	0	0	0	$A\overline{B}\,\overline{C}\,\overline{D}$
1	0	0	1	$A\overline{B}\,\overline{C}D$
1	0	1	0	$A\overline{B}C\overline{D}$
1	0	1	1	$A\overline{B}CD$
1	1	0	0	$AB\overline{C}\,\overline{D}$
1	1	0	1	$AB\overline{C}D$
1	1	1	0	$ABC\overline{D}$
1	1	1	1	$ABCD$

(a) 진리표

A \ B	00	01	11	10
00	$\overline{A}\,\overline{B}\,\overline{C}\,\overline{D}$	$\overline{A}\,\overline{B}\,\overline{C}D$	$\overline{A}\,\overline{B}CD$	$\overline{A}\,\overline{B}C\overline{D}$
01	$\overline{A}B\overline{C}\,\overline{D}$	$\overline{A}B\overline{C}D$	$\overline{A}BCD$	$\overline{A}BC\overline{D}$
11	$AB\overline{C}\,\overline{D}$	$AB\overline{C}D$	$ABCD$	$ABC\overline{D}$
10	$A\overline{B}\,\overline{C}\,\overline{D}$	$A\overline{B}\,\overline{C}D$	$A\overline{B}CD$	$A\overline{B}C\overline{D}$

(b) 카르노도

4변수 카르노도의 경우 많은 경우의 수가 있기 때문에 모두 표현하기는 힘들다. 하지만 기본적으로 간략화하는 방법은 2변수 카르노도나 3변수 카르노도에서 사용하는 간략화 방법을 생각해 보면 그리 어렵지 않게 구할 수 있으므로 2변수 카르노도나 3변수 카르노도의 경우를 참조하면 되고, 블록을 묶을 때 자주 쓰이는 방법으로 〈표 4-13〉에 나오는 카르노맵의 묶는 방법이 있다.

〈표 4-13〉 4변수 카르노도에서 묶음이 가능한 표현

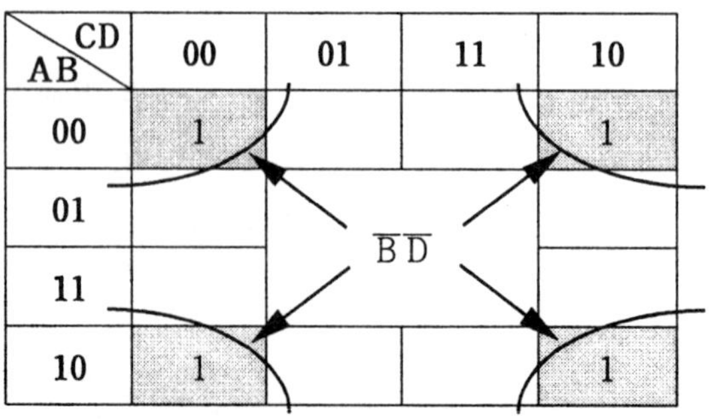

3 조 합 회 로

디지털 논리회로에는 **조합회로**(combinational circuit : 콤비네이셔널 서킷)와 **순차회로**(sequential circuit : 시퀀셜 서킷)가 있다.

조합회로는 (AND, OR, NOT 등) 게이트들을 조합하여 만든 논리회로로서 현재의 입력에 따라 출력이 결정되며, 이때 그 출력은 그 전 입력의 영향을 받지 않는다. 즉, 과거의 입력은 출력에 영향을 주지 못한다는 것이다.

순차회로는 조합회로와 플립플롭 회로(기억소자)로 구성된 논리회로로서 그 출력이 현재의 입력과 그 전 과거의 출력값에 따라 결정되는 회로이다. 즉, 순차회로의 현재 입력에는 메모리의 과거 출력이 포함되어 현재의 출력값을 결정한다고 보면 된다. 또한 회로의 동작은 내부의 상태와 입력들의 시간순서(time sequence : 타임 시퀀스)에 따라 결정됨을 알아두자.

조합회로는 입력과 출력 간의 관계를 0과 1의 조합으로 나타낸 진리표를 만든 후 진리표로부터 논리식을 정의하고 가능한 한 최소화하여 이 식을 통해 논리회로로 나타낸다.

(1) 반가산기

2개의 한 자리 2진수, 즉 A와 B를 더할 때 출력변수에 **합**(sum : 섬)과 **자리올림**(carry : 캐리)으로 나타낸다. 이렇게 2개의 출력이 나타나는 회로를 반가산기라고 하며 논리회로와 블록도는 [그림 4-8]과 같이 나타낼 수 있다.

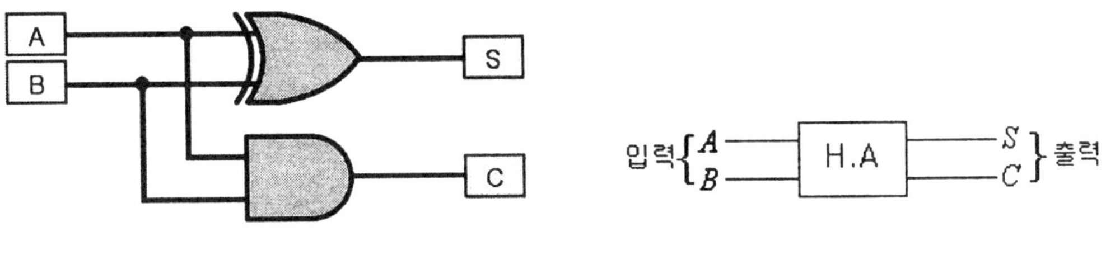

(a) 논리회로 (b) 블록도

[그림 4-8] 반가산기 논리회로도 및 블록도

그림에서 A, B는 입력이고 S, C는 출력이다. 또한 반가산기의 진리표는 〈표 4-14〉와 같이 나타낼 수 있으며 합 S와 자리올림 C는 식 (4-5), (4-6)과 같다.

$$S = \overline{A}B + A\overline{B} = A \oplus B \qquad (4\text{-}5)$$

$$C = A \cdot B \qquad (4\text{-}6)$$

〈표 4-14〉 반가산기의 진리표

수 식	입 력		출 력	
	A	B	S	C
S = A⊕B C = AB	0	0	0	0
	0	1	1	0
	1	0	1	0
	1	1	0	1

(2) 전가산기

전가산기는 2개의 입력 A와 B 외에 한 개의 캐리(carry)를 입력하는데 결국 3개의 입력으로 가산을 수행한다고 볼 수 있다.

[그림 4-9]에서 볼 수 있듯이 2개의 반가산기 회로와 한 개의 OR 게이트를 합친 논리회로도로 나타낼 수 있으며 이 전가산기를 통해 새로운 조합회로를 만들어 낼 수 있다.

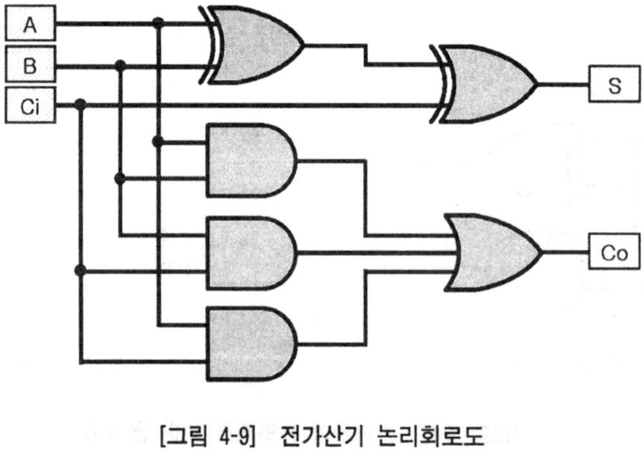

[그림 4-9] 전가산기 논리회로도

〈표 4-15〉 전가산기의 진리표

수　식	입　력			출　력	
	A	B	C	S	C
	0	0	0	0	0
	0	0	1	1	0
	0	1	0	1	0
$S=A\oplus B\oplus C$	0	1	1	0	1
$C=AB+AC+BC$	1	0	0	1	0
	1	0	1	0	1
	1	1	0	0	1
	1	1	1	1	1

〈표 4-15〉는 전가산기의 진리표로서 합과 캐리의 값을 나타낸 것으로 진리표를 수식으로 나타내기 위해서는 다음과 같은 방법을 사용한다.

① 합(S)의 값으로 1이 출력되는 부분을 식으로 표현하면 식 (4-7)과 같다.

$S=\overline{A}\,\overline{B}C+\overline{A}B\overline{C}+A\overline{B}\,\overline{C}+ABC$의 값이 나오며 이 식을 간략화하면

$S=\overline{A}(B\oplus C)+A(\overline{B\oplus C})$, 여기서 $B\oplus C$를 Y로 치환할 경우

$S=\overline{A}Y+A\overline{Y}$가 되므로 드모르간 법칙을 통해

$S=A\oplus Y$가 나오게 되는데 치환을 풀어주면

$S=A\oplus B\oplus C$의 값이 나온다. (4-7)

② 캐리(C)의 값으로 1이 출력되는 부분을 식으로 표현하면 식 (4-8)과 같다.

$C=\overline{A}BC+A\overline{B}C+AB\overline{C}+ABC$의 값이 나온다. 이 식을 간략화하면

$C=AB+AC+BC$의 값을 갖는다. (4-8)

또한, 전가산기는 카르노도로도 나타낼 수 있는데 이것은 〈표 4-16〉과 같다.

〈표 4-16〉 전가산기의 S(합)와 C(캐리)의 카르노도

A \ BC	00	01	11	10
0	0	1	0	1
1	1	0	1	0

(a) S(합)의 카르노도

A \ BC	00	01	11	10
0	0	0	1	0
1	0	1	1	1

(b) C(캐리)의 카르노도

(3) 인 코 더

인코더(encoder)는 디코더의 기능과 반대되는 동작을 만들어 내는 디지털 회로로서 M개의 문자 또는 숫자(10진수, 8진수) 등을 입력하였을 때 2진 코드 또는 BCD 코드와 같은 N개의 2진 코드로 변환시켜 주는 소자를 말하며 부호기라고도 불린다.

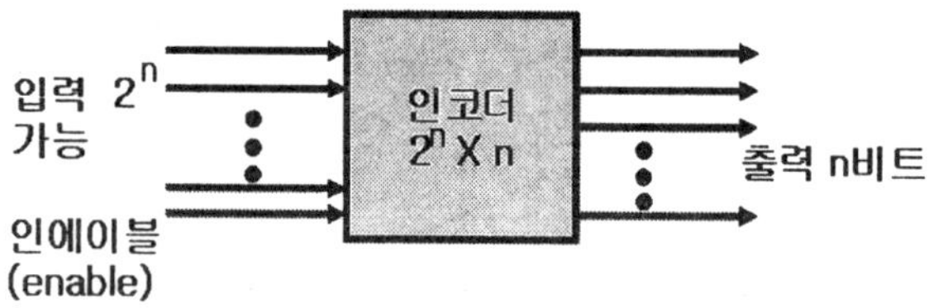

[그림 4-10] 전형적인 인코더 회로도

2^n개의 입력선과 n개의 출력선을 가지고 있으며 [그림 4-10]에서 볼 수 있듯이 출력에서 입력값을 2진 코드로 바꿔 주는 역할을 해주는 것으로, 예를 들면 〈표 4-17〉에서 볼 수 있듯이 8개(2^3)의 입력이 있을 경우 3(2의 승수)개의 출력이 나온다.

〈표 4-17〉 2진(입력), 3비트(출력)의 인코더 진리표

입 력								출 력		
I_0	I_1	I_2	I_3	I_4	I_5	I_6	I_7	A	B	C
1	0	0	0	0	0	0	0	0	0	0
0	1	0	0	0	0	0	0	0	0	1
0	0	1	0	0	0	0	0	0	1	0
0	0	0	1	0	0	0	0	0	1	1
0	0	0	0	1	0	0	0	1	0	0
0	0	0	0	0	1	0	0	1	0	1
0	0	0	0	0	0	1	0	1	1	0
0	0	0	0	0	0	0	1	1	1	1

〈표 4-17〉에서의 출력 부분에서 A, B, C가 1인 경우 입력과의 관계를 찾아 불대수로 바꿔 주면 다음과 같은 식 (4-9)로 나타낼 수 있다.

$$A = I_4 + I_5 + I_6 + I_7,\ B = I_2 + I_3 + I_6 + I_7,\ C = I_1 + I_3 + I_5 + I_7 \quad (4\text{-}9)$$

여기서는 단 하나의 입력만 1의 값을 갖는다고 가정을 함으로써 이것을 OR 게이트를 사용하여 [그림 4-11]의 논리회로도를 만들 수 있게 된다(입력 $I_0 \sim I_7$의 값이 0일 경우 회로의 OR 게이트의 연산에 영향을 미치지 않으므로 I_0는 연결할 필요가 없다).

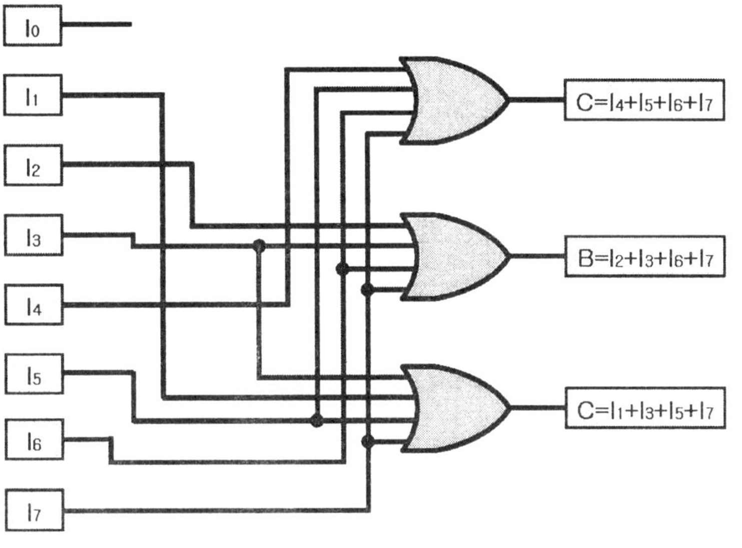

[그림 4-11] 2진 3비트의 인코더 논리회로도

(4) 디 코 더

디코더(decoder)는 인코더의 반대 작용을 하는 회로이다. N개의 2진 코드 또는 BCD 코드 등으로 입력이 들어오면 2^n개의 독자적인 출력을 내보내는 조합회로를 말한다.

다음 〈표 4-18〉에서는 3비트 2진 디코더의 진리표를 나타내었다.

〈표 4-18〉의 진리표의 값으로부터 출력 O_0부터 O_7까지의 불 함수식을 사용하여 나타내면 아래와 같이 출력 3변수의 최소항으로 나타낼 수 있다.

$$O_0 = \overline{A}\,\overline{B}\,\overline{C},\ O_1 = \overline{A}\,\overline{B}C,\ O_2 = \overline{A}B\overline{C},\ O_3 = \overline{A}BC$$

$$O_4 = A\overline{B}\,\overline{C},\ O_5 = A\overline{B}C,\ O_6 = AB\overline{C},\ O_7 = ABC$$

위의 최소항으로부터 [그림 4-12]에서는 디코더 논리회로로 N개의 입력에 대하여 M개의 출력이 나오는 회로 $N \times M$ 디코더를 나타내었다.

〈표 4-18〉 3비트(입력), 2진(출력) 디코더 진리표

입 력			출 력							
A	B	C	O_0	O_1	O_2	O_3	O_4	O_5	O_6	O_7
0	0	0	1	0	0	0	0	0	0	0
0	0	1	0	1	0	0	0	0	0	0
0	1	0	0	0	1	0	0	0	0	0
0	1	1	0	0	0	1	0	0	0	0
1	0	0	0	0	0	0	1	0	0	0
1	0	1	0	0	0	0	0	1	0	0
1	1	0	0	0	0	0	0	0	1	0
1	1	1	0	0	0	0	0	0	0	1

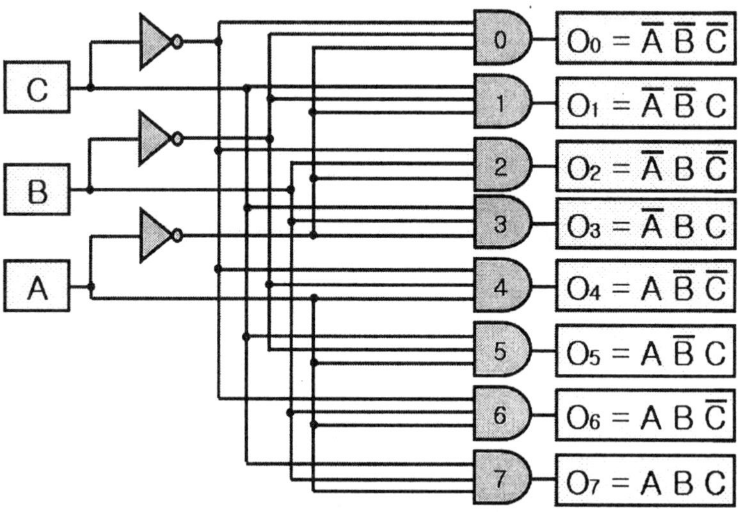

[그림 4-12] 3비트 2진 디코더 논리회로도

디코더의 목적은 N개의 입력변수의 2^n개의 최소항을 발생시키는 것에 있다고 본다. 3개의 입력 A, B, C가 출력 O_0에서 O_7까지 나오게 되는데 각각의 출력은 3개의 입력변수의 최소항 중에서 하나를 나타낸다. 그리고 입력 뒤에 위치한 인버터는 입력들을 보수화시키고 AND 게이트는 각각의 최소항을 만들어 내는 역할을 해주는 것으로 사용된다.

(5) 멀티플렉서

멀티플렉서(Multiplexer, MUX : 먹스)는 **데이터 선택 회**로라고도 부르며, 여러 개의 입력 신호선(채널) 중 하나로부터 2진 정보를 선택하여 단일 출력선(1개)과 연결해 주는 조합회로이다.

일반적으로 [그림 4-13]의 멀티플렉서 블록선도에서 보는 바와 같이 2^n개의 입력과 n개의 선택변수로 나누어지면 선택변수의 비트 조합을 통해서 입력을 결정하게 되며, 선택변수들의 집합을 통해 특정 입력선을 제어한다.

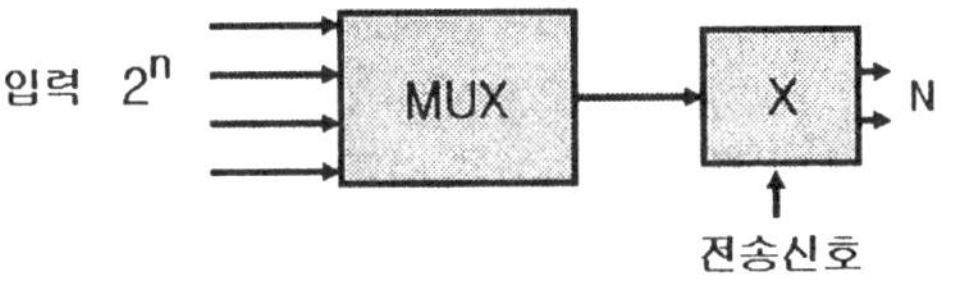

[그림 4-13] MUX 블록선도

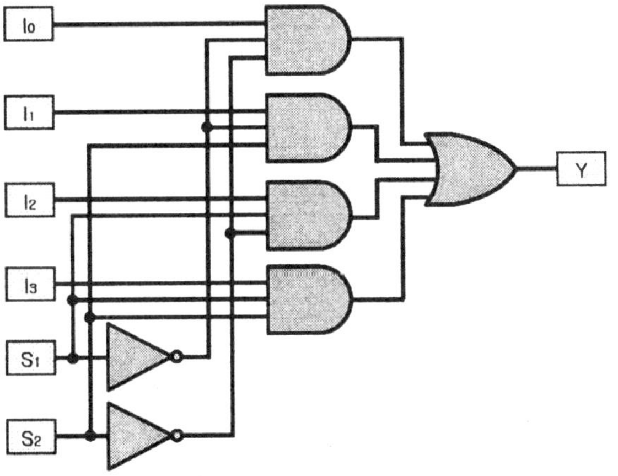

(a) 논리회로도

S_1	S_2	선택 입력
0	0	I_0
0	1	I_1
1	0	I_2
1	1	I_3

(b) 진리표

[그림 4-14] 멀티플렉서

[그림 4-14]의 멀티플렉서의 회로도는 4개의 입력이 선택변수 S_1, S_2에 의하여 AND 게이트를 이용하여 해독하는 멀티플렉서를 통하여 출력(Y)이 나오는 것을 보여주는 것이다.

멀티플렉서는 디코더처럼 회로 동작제어에서 이네이블(enable) 입력 사용이 가능하며 많은 확장에도 유용하게 쓰일 수 있어, 컴퓨터에서 시스템 내의 2개 이상의 출발지를 거쳐 한곳의 목적지까지 연결시키는 역할로써 많이 사용되는데 불 함수 실현, 논리회로 결합, 공통버스 시스템 구성 등에 많이 활용되고 있다.

(6) 디멀티플렉서

디멀티플렉서(Demultiplexer, DEMUX : 디먹스)는 멀티플렉서(MUX)와 반대의 개념으로 **한 개의 입력을 받아 2^n개의 출력선**을 만들어내며 그중 하나를 선택하여 다음 도착지까지 연결해 주는 **전송회로 또는 데이터 분배기**라고 한다. 즉, 1개의 이네이블(enable) 입력을 가지고 있는 디코더의 기능을 가지고 있다.

이때 특정 출력선을 위한 n 비트의 선택변수가 있으면 2^n개의 출력선 중 1개를 고를 수 있다. 이것을 1×2^n 디멀티플렉서라고 한다.

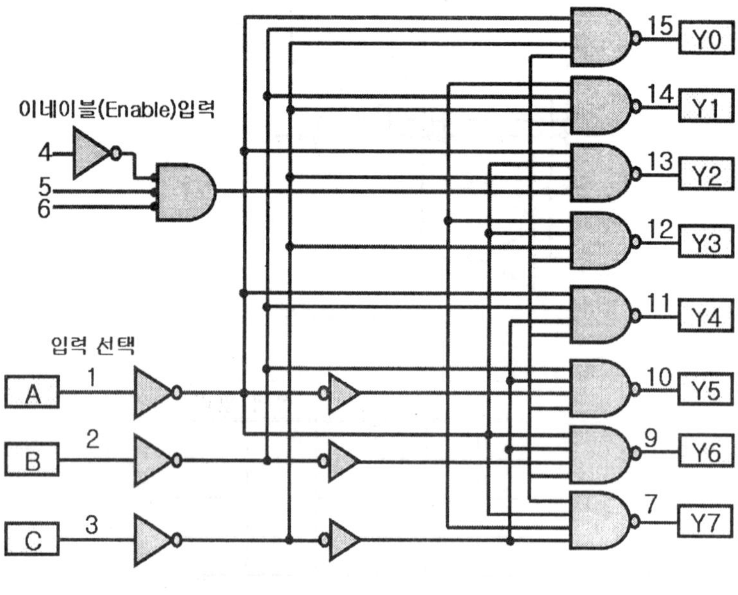

[그림 4-15] 디멀티플렉서의 회로도

[그림 4-15]에서 나타내는 것은 이네이블(enable) 입력이 있으며 출력신호 선 중 하나를 선택하여 출력값을 구할 수 있다. 즉, 회로 동작을 제어하기 위해 하나 이상의 이네이블(enable)을 사용하고 있으며 이네이블(enable) 입력이 1일 경우 출력값은 항상 1이 된다는 것을 알 수 있다.

4 래치와 플립플롭

디지털 회로는 조합회로와 순차회로로 구분되는데 조합회로는 단순히 현재의 입력에 의해서 출력이 결정되는 회로로서 기억능력이 없지만 순차회로는 현재의 입력뿐만 아니라 회로 내부에 기억된 상태값(과거의 입력에 의해 결정됨)에 따라 출력값이 결정되는 회로를 말한다. 따라서 순차회로는 회로 내부에 값들을 기억하기 위한 메모리 소자들을 가지게 되며, 일반적으로 많이 사용되는 **메모리 소자**로는 플립플롭(flip-flop)이라고 하는 소자가 있다.

플립플롭은 쌍안정 멀티 바이브레이터(bis table multivibartor : 바이스 테이블 멀티바이브레이터)라 하고 디지털 정보(0 또는 1)를 저장할 수 있는 **기억소자**이며, 입력신호에 의해서 상태를 바꾸라는 명령이 있을 때까지 현재의 상태를 그대로 유지하는 회로로 논리회로의 가장 기본적인 회로라 할 수 있다. 플립플롭은 각각의 논리 게이트들을 연결하는 방법에 따라 다음에 설명하는 바와 같이 다양한 종류의 플립플롭을 구성할 수 있다.

(1) 래치와 플립플롭 차이

이네이블(enable) 제어신호를 갖는 SR 래치와 SR 플립플롭의 동작을 비교해 보면 알 수 있듯이 래치는 이네이블(enable) 제어신호가 1인 동안에 SR 입력이 변화하면 이에 따라 출력값이 변한다. 반면에 플립플롭은 클록 신호가 0에서 1로 변화되는 시점에만 출력값이 변하게 되며, 클록 신호가 1인 동안에 SR 입력이 변해도 출력은 변하지 않는다(물론 정확히 말하면 클록 신호가 0에서 1로 변화되는 시점 직후의 매우 짧은 시간인 ΔT 동안에만 출력값이 변할 수 있는데, 이 ΔT 시간은 클록이 1인 구간의 길이에 비해 무시할 수 있다). 참고로 **플립플롭은 모서리 트리거**(edge-triggered : 에지 트리거) 방식으로 동작하는 반면, **래치는 레벨 트리거**(level-triggered) 방식으로 동작한다.

(2) 래 치

래치(latch)는 기본적인 플립플롭(basic flip-flop : 베이직 플립플롭)을 말하며, 외부의 신호가 없으면 한쪽의 트랜지스터가 안정상태를 유지하게 된다. 즉, 외부의 신호가 들어오기까지의 안정상태를 유지하는 일종의 기억회로를 래치라고 부른다. 다시 말해 입력값이 바뀔 때까지 처음 들어온 값만 내보내는 회로라 할 수 있다. [그림 4-16]의 (a)와 같이 NOR 게이트를 사용하여 구성하거나 또는 NAND 게이트를 사용하여 구성할 수 있다. 그리고 각 게이트의 출력이 다른 게이트의 입력 쪽으로 되돌아가 연결되는 일종의 **피드백**(feedback) 경로가 있다.

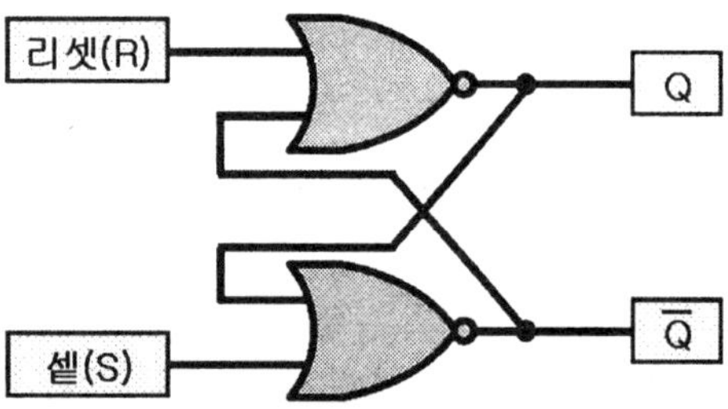

(a) 논리회로도

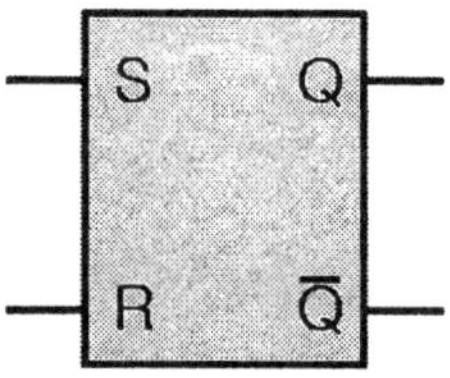

(b) 기 호

입 력		출 력	
S	R	Q	$\overline{Q}$
0	0	Q(변화 없음)	사용 금지
0	1	0	1
1	0	1	0
1	1	사용 금지	$\overline{Q}$(변화 없음)

(c) 진리표

[그림 4-16] NOR 게이트로 구성된 래치 회로

[그림 4-16]에 나타낸 래치 회로의 구동을 분석해 보면 [그림 4-16(a)]에서는 NOR 게이트 2개를 사용해 구성된 래치 회로로서, 입력 S, R과 출력 Q, $\overline{Q}$를 가지고 있다. [그림 4-16(b)]에서는 NOR 래치 회로에 대한 블록 형태의 기호를 나타내었고, [그림 4-16(c)]에서는 NOR 래치 회로의 동작에 대한 진리표를 나타내었다.

진리표를 간단히 표현하기 위해 진리표에 나타내진 않았지만, 출력 $\overline{Q}$는 항상 Q의 반대값(Q=0일 경우 $\overline{Q}$=1, Q=1일 경우 $\overline{Q}$=0)을 가진다. 또한 일반적으로 2개의 출력 Q와 $\overline{Q}$값 중 Q의 값을 래치 회로의 상태값이라고 말할 수 있으며 SR의 입력에 의한 출력 Q, $\overline{Q}$의 값은 〈표 4-19〉와 같다.

〈표 4-19〉 NOR 게이트로 구성된 RS래치의 입-출력 귀환 관계

입력 : S=0, R=1일 때	출력 : $\overline{Q}$=1, Q=0	안정상태 S=1일 때	출력 : $\overline{Q}$=0, Q=1
입력 : S=0, R=0일 때	출력 : $\overline{Q}$=1, Q=0	안정상태 R=1일 때	출력 : 변하지 않음
입력 : S=1, R=0일 때	출력 : $\overline{Q}$=0, Q=1	안정상태 R=1, S=0	출력 : $\overline{Q}$=1, Q=0
입력 : S=1, R=1일 때	출력 : $\overline{Q}$=1, Q=0	안정상태 S=0일 때	출력 : $\overline{Q}$=1, Q=0

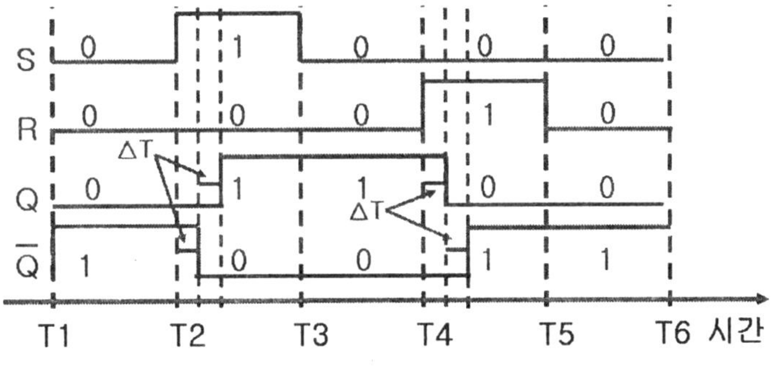

[그림 4-17] 래치 회로(NOR 게이트)의 타이밍도

1) 래치 타이밍도

입력 S와 R의 변화에 따른 출력 Q와 $\overline{Q}$값의 변화 관계를 시간축 상에 나타낸 타이밍도(timing diagram : 타이밍 다이어그램)를 그려 놓은 것이 [그림 4-17]이다.

① 회로의 동작을 분석하기 위해 먼저 래치 회로는 초기(시간 T1)에 입력 SR=00, 출력 $Q\overline{Q}$=01 값을 가지고 있으며, NOR 게이트의 전달지연시간은 ΔT라고 가정한다.

② T2지점에서 S를 0에서 1로 변화시키면 ΔT 시간 후에 $\overline{Q}$는 1에서 0으로 변하게 되고 이렇게 변한 값은 위쪽 NOR 게이트에 영향을 미치게 되면서 다시 ΔT 시간 후에 Q가 1로 변하게 된다. 이때 1로 변한 Q값은 아래쪽 NOR 게이트의 입력으로 다시 인가되긴 하지만 이미 아래쪽 NOR 게이트의 한쪽 입력 S에 1이 인가

되고 있기 때문에 아래쪽 NOR 게이트의 출력 $\overline{Q}$의 값은 더 이상 바뀌지 않고 0으로 남아 있게 되어 이 상태로 회로가 안정(SR=10, $Q\overline{Q}$=10)된다.

③ 상황에서 다시 T3 지점에서 S를 1에서 0으로 바꾸어도 아래쪽 NOR 게이트의 출력 $\overline{Q}$는 Q=1 값에 의해 0이 되므로 출력 $\overline{Q}$는 변하지 않으며, 따라서 SR=00, $Q\overline{Q}$=10인 상태가 된다.

④ T4 지점에서 입력 R의 값을 0에서 1로 변화시켜 보면 R=1이 되면 ΔT 시간 후에 Q는 1에서 0으로 되고, 다시 ΔT 시간 후에 $\overline{Q}$가 0에서 1로 바뀌게 된다. 1로 바뀐 $\overline{Q}$값은 위쪽 NOR 게이트의 입력으로 전달되긴 하지만 이미 R=1이 입력되고 있기 때문에 Q값은 1로 바뀐 $\overline{Q}$값에 의한 영향을 받지 않게 되고, 따라서 전체적으로 SR=01, $Q\overline{Q}$=01 상태로 안정상태가 된다.

⑤ T5 지점에서 다시 R을 0으로 바꾸어도 $\overline{Q}$=1이므로 위쪽 NOR 게이트의 출력 Q의 값은 바뀌지 않게 되어 SR=00, $Q\overline{Q}$=01이 된다.

결국 래치 회로의 입력 SR에 00, 01, 10을 각각 인가하면 출력 $Q\overline{Q}$값은 앞에서 배웠던 조합회로들과는 달리 SR에 00이 인가되면 출력 $Q\overline{Q}$의 값은 입력 SR=00이 인가되기 전에 가지고 있던 값을 그대로 유지한다([그림 4-17]의 타이밍도에서 T1 지점과 T3 지점에서 입력 SR=00이 인가되었을 때 출력 Q, $\overline{Q}$의 값을 확인해 보면 된다). 이것은 래치 회로가 일종의 기억소자로서의 기능을 수행한다고 볼 수 있다. 또한 SR=01 즉 R(Reset : 리셋)에 1을 입력하면 출력 Q=0이 되고, SR=10 즉 S(Set : 세트)에 1을 입력하면 출력 Q=1이 됨을 알 수 있으므로 $\overline{Q}$의 값은 항상 Q의 반대값을 나타냄을 알 수 있다.

⑥ T6 지점에 래치 회로의 입력으로 SR=11을 인가하면 출력 Q와 $\overline{Q}$는 Q=$\overline{Q}$=0이 되어 버린다. 또한 SR=11, $Q\overline{Q}$=00인 상태에서 SR=00으로 변화시키면 출력 Q와 $\overline{Q}$는 11과 00 상태를 무한히 반복하는 불안정한 상태가 되어 버린다. 따라서 AND 게이트로 구성된 래치 회로는 입력 SR=11을 인가하지 않는다는 조건하에서 사용해야 한다.

2) NAND로 구성된 래치회로

[그림 4-18]의 NAND 게이트로 구성된 래치 회로에 대한 동작을 분석하는 것은 [그림 4-16]의 NOR 게이트로 구성된 래치 회로의 동작 분석 과정과 유사하다.

① SR=11, $Q\overline{Q}$=01 상태를 가정할 경우 [그림 4-19]의 타이밍도에서와 같이 T2 지점에서 S를 0으로 변화시키면 출력 $Q\overline{Q}$=10이 되며 T3 지점에서 다시 S를 1로 되돌려도 출력 $Q\overline{Q}$=10으로 변함이 없게 된다.

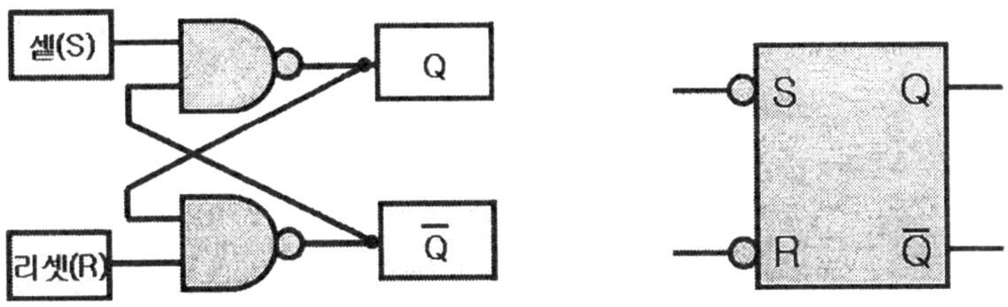

(a) 논리회로도 (b) 기 호

입 력		출 력	출 력
S	R	Q	$\overline{Q}$
0	0	Q(변화 없음)	사용 금지
0	1	0	1
1	0	1	0
1	1	사용 금지	$\overline{Q}$(변화 없음)

(c) 진리표

[그림 4-18] NAND 게이트로 구성된 래치 회로

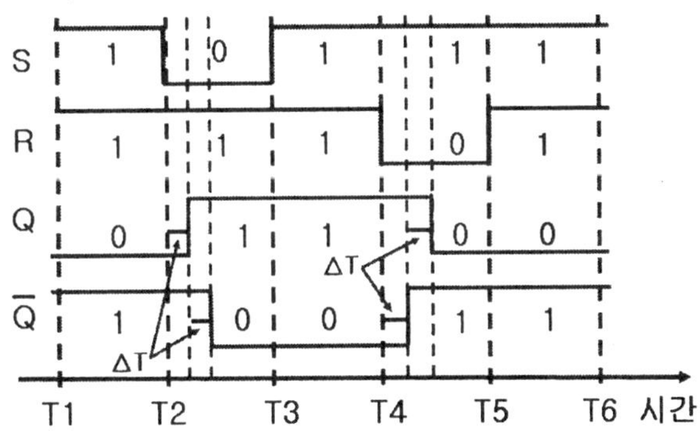

[그림 4-19] 래치 회로(NAND 게이트)의 타이밍도

② T4 지점에서 R을 0으로 변화시키면 10 상태였던 $Q\overline{Q}$값이 01로 바뀌게 되며, T5 지점에서 다시 R을 1로 되돌려도 출력 $Q\overline{Q}$=01로 변하지 않게 된다. 결론적으로 [그림 4-18]의 NAND 게이트로 구성된 **래치 회로**에서는 입력 S와 R이 Active-Low(액티브-로) 신호로 동작하기 때문에 SR=11일 때는 회로의 출력 Q가 변하지 않으며(물론 $\overline{Q}$도 변하지 않음), S를 0으로 하면 세트(Set) 기능이 수

행되어 출력 Q=1($\overline{Q}$=0)이 되고, R을 0으로 할 경우에는 리셋(Reset) 기능이 수행되어 출력 Q=0($\overline{Q}$=1)이 된다.

③ NAND 게이트로 구성된 래치 회로에서는 입력 S와 R을 동시에 0으로 인가해서는 안 된다. 참고로 [그림 4-18(b)]의 회로 기호에서 입력단자 S와 R에 그려져 있는 작은 원은 S와 R이 부신호이다.

3) 이네이블 제어신호를 갖는 SR 래치회로

지금까지 살펴본 래치 회로는 단순히 S와 R의 입력값을 조절함으로써 출력 Q, $\overline{Q}$ 값을 유지시키거나 변화시켰지만 이제 [그림 4-20]과 같이 S와 R 입력 외에 별도의 이네이블(enable) 제어신호를 갖는 SR 래치 회로를 생각해 보자.

① 회로는 [그림 4-16(a)]에 나타내었던 NOR 래치 회로의 입력단자에 AND 게이트를 추가하여 연결하거나, [그림 4-18(a)]에 나타내었던 NAND 래치 회로의 입력단자에 NAND 게이트를 추가 연결하여 만들 수 있다. 이들 회로에 대한 상세한 해석은 [그림 4-16]과 [그림 4-18]에 나타내었던 래치 회로의 동작을 이해하고 있어야 한다.

② NOR 래치를 이용한 [그림 4-20(a)]의 위쪽 회로를 분석해 보면 입력 E=0일 경우에는 S와 R 입력값에 상관없이 NOR 래치의 입력 S_iR_i=00이 되고 따라서 출력 Q는 변하지 않게 된다. 만약 E=1일 경우에는 R_i=R, S_i=S가 되기 때문에 NOR 래치 회로와 동일하게 동작된다.

③ NAND 래치를 이용한 [그림 4-20(a)]의 아래쪽 회로를 분석해 보면 입력 E=0일 경우에는 S와 R 입력값에 상관없이 NAND 래치의 입력 S_iR_i=11이 되고 따라서 출력 Q는 변하지 않게 된다. 만일 E=1일 경우에는 S_i=S', R_i=R'가 되므로 입력 SR=00, 01, 10 각각에 대해 SR=00→S_iR_i=11→출력 Q는 불변, SR=01→S_iR_i=10→Q=0, SR=10→S_iR_i=01→Q=1과 같이 동작하고, 입력 SR=11에 대해서는 SR=11→S_iR_i=00이 되므로 S와 R을 동시에 1로 하는 입력을 인가하면 안 된다.

④ [그림 4-20]에 나타낸 이네이블(enable) 제어신호를 갖는 래치 회로는 E=0일 경우 SR 입력값에 상관없이 출력 Q는 이전 상태를 그대로 유지하며 E=1일 경우에는 SR=00일 때 출력 불변, SR=01일 때 리셋 기능(Q=0), SR=10일 때 세트 기능(Q=1)을 수행하며, SR=11 입력은 허용되지 않는다.

이네이블(enable) 제어신호를 갖는 SR 래치 회로를 'Gated SR Latch'(게이티드 SR 래치)라고도 부르며, 이 경우 [그림 4-20] 회로도에서 입력신호 E(Enable : 이네이블)를 G로 표기하기도 한다.

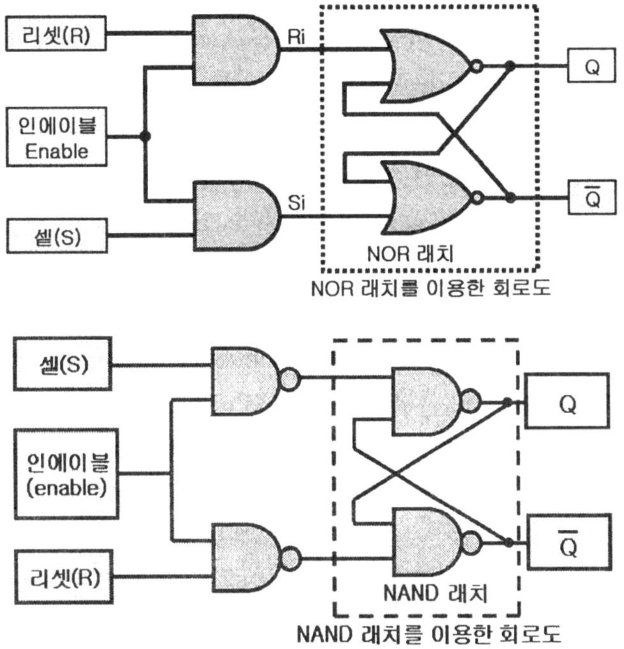

(a) 논리회로도

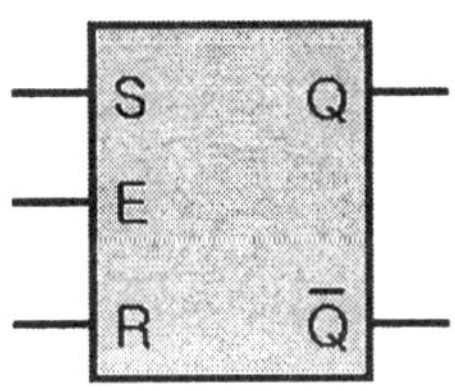

입 력			출 력
E	S	R	Q
0	x	x	Q_0(변화 없음)
1	0	0	Q_0(변화 없음)
1	0	1	0
1	1	0	1
1	1	1	사용 금지

(b) 기호 및 진리표

[그림 4-20] 이네이블(enable) 제어신호를 갖는 SR 래치 회로

⑤ SR 래치 회로([그림 4-20])는 출력 Q를 1로 세트시키거나 0으로 리셋시키기 위해 S(Set : 세트)와 R(Reset : 리셋)이라고 하는 입력단자를 가지고 있었다. 이제 이 회로를 이용하여 [그림 4-21]의 (a) 회로도에 나타낸 것과 같이 회로를 구성하면, 소위 말하는 D(Delay/Data : 딜레이/데이터) 래치 회로가 된다. 이와 같은 이네이블(enable) 제어신호를 갖는 D 래치 회로는 E=0일 때에는 출력 Q값이 변하지 않으며, E=1일 때에는 입력 D값이 출력 Q값으로 그대로 전달된다. 다시 말하면, E=1일 때 D=0이면 Q=0이 되고, D=1이면 Q=1이 된다.

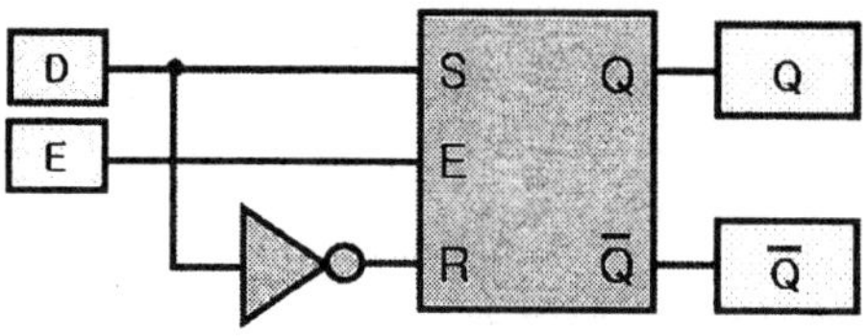

(a) 논리회로도

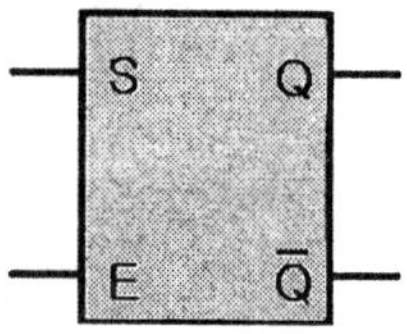

(b) 기호

입 력		출 력
E	D	Q
0	x	Q_0(변화 없음)
1	0	0
1	1	1

(c) 진리표

[그림 4-21] 이네이블(enable) 제어신호를 갖는 D 래치 회로 및 기호

(3) 플립플롭 개요

플립플롭을 설명하기 전에 먼저 순차회로에서 많이 사용되는 클록(clock)이라고 하는 신호와 몇 가지 용어들에 대해 알아보자. **클록 신호**는 일반적으로 [그림 4-22]에 나타낸 것과 같이 시간에 따라 0과 1 값을 주기적으로 반복하여 갖는 신호를 말한다(참고로 클록의 한 주기 내에서 1이 되는 구간과 0이 되는 구간의 길이가 반드시 같을 필요는 없다). 또한 그림에서 **클록 신호**[1] 값이 0에서 1로 변하는 부분을 **상승 모서리**[2](positive-going edge : 포지티브-고잉 에지 또는 rising edge : 라이징 에지)라고 말하고, 1에서 0으로 변하는 부분을 **하강 모서리**[3](negative-going edge : 네거티브-고잉 에지 또는 falling edge : 폴링 에지)라고 한다. 일반적으로 클록 신호는 회로도에서 영어 약자로 CLK 또는 Ck라고 표기한다.

---

1) 클록 신호(CLK, Ck) : 시간에 따라 0과 1의 값을 주기적으로 반복함으로써 나타나는 신호를 말한다(클록 중 한 주기 내의 0과 1의 구간의 길이는 다를 수 있다).
2) 상승 모서리(positive-going edge : 포지티브-고잉 에지) : 클록 신호 값이 0에서 1로 변하는 부분을 말한다.
3) 하강 모서리(negative-going edge : 네거티브-고잉 에지) : 상승 모서리와는 반대로 클록 신호 값이 1에서 0으로 변하는 부분을 말한다.

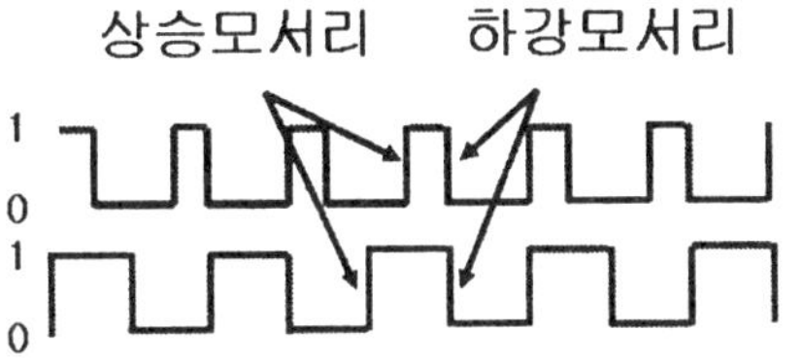

[그림 4-22] 클록 신호

플립플롭의 클록 입력단자는 [그림 4-23]에서와 같이 일반적으로 작은 삼각형을 그려서 나타낸다. 또한 상승 모서리 트리거 방식과 하강 모서리 트리거 방식을 구분하기 위해 삼각형 앞에 작은 원을 사용하며, 작은 원이 있으면 하강 모서리 트리거 방식의 플립플롭이라 보면 된다. 이밖에 상승 모서리 트리거 방식 플립플롭의 진리표에서 클록 값을 표현하기 위해 '↑' 또는 '⌠' **표시**를 사용하고, 하강 모서리 트리거 방식 플립플롭의 진리표에서는 '↓' 또는 '⌡' **표시**를 사용한다.

플립플롭은 [그림 4-23]의 그림에서 볼 수 있듯이 제어신호와 클록 신호를 입력으로 갖는 기억소자라 할 수 있다. 다양한 종류(SR, JK, D, T 플립플롭 등)가 있으며 모두가 각각의 고유 특성들을 가지고 있다.

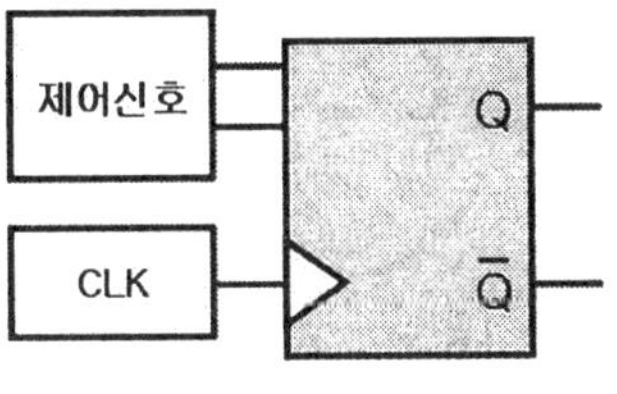

(a) 상승 모서리

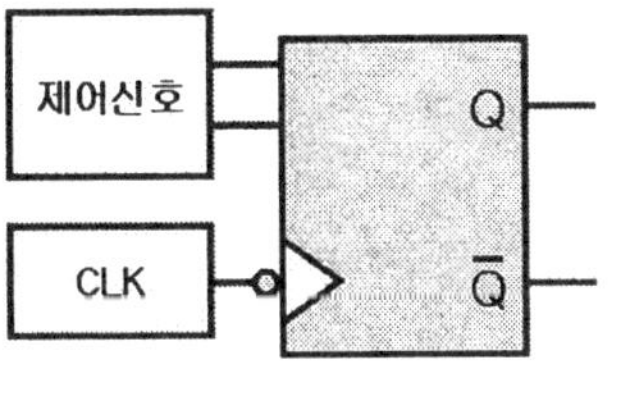

(b) 하강 모서리

[그림 4-23] 일반적인 플립플롭 기호

플립플롭이란 래치와는 달리 클록의 상승 또는 하강 모서리에 나타나는 출력 Q와 $\overline{Q}$값이 변하여 출력되는 것이다. 즉, 플립플롭에 입력되는 제어신호가 변하더라도 클록이 변하기(0에서 1로 변하거나 : 상승 모서리, 또는 1에서 0으로 변하는 : 하강 모서리) 전에는 출력 Q, $\overline{Q}$의 값이 변하지 않는다. 다시 말해 플립플롭은 클록이 0에서 1로 변하거나 또는 1에서 0으로 변하는 부분에서 출력값이 변하게 되며, 이때 출력값은 클록이 변하는 시점에 입력되고 있던 제어신호의 값에 따라 결정된다. 결국 클록 신호는 **플립플롭의 출력이 변화되는 시점을 결정하는 역할**을 하며, **제어신호는 플립플롭의 출력값을 결정하는 역할**을 수행한다고도 볼 수 있는 것이다.

만일 플립플롭이 클록의 상승 모서리(0에서 1로 변하는 시점)에 맞추어 출력값이 변하도록 만들어졌다면 이 플립플롭은 상승 모서리 트리거 방식 플립플롭(positive-edge triggered flip-flop : 포지티브 에지 트리거 플립플롭)이라고 말하며, 반대로 클록이 하강 모서리(1에서 0으로 변하는 시점)에 맞추어 출력값이 변하도록 만들어졌다면 이 플립플롭은 하강 모서리 트리거 방식 플립플롭(negative-edge triggered flip-flop : 네거티브 에지 트리거 플립플롭)이라고 말한다.

상승 모서리 트리거 방식 플립플롭과 하강 모서리 트리거 방식 플립플롭은 출력값이 변하는 시점만 다를 뿐 출력의 논리값을 결정하는 방법은 동일하기 때문에 이제부터 플립플롭을 설명할 때는 편의상 주로 상승 모서리 트리거 방식 플립플롭을 기준으로 설명할 것이다. 그리고 플립플롭은 래치에서와 마찬가지로 출력 Q의 값을 플립플롭의 상태값으로 보는데 예를 들면 [그림 4-21]의 플립플롭이 1인 상태에 있다고 말하면 이는 Q=1인 경우를 말하며, 플립플롭의 현재 상태가 0인데 다음 상태를 1로 만든다고 말하면 이는 현재 Q값이 0인데 클록이 인가되고 나면 Q의 값이 1로 된다는 것이다.

(4) SR 플립플롭

상승 모서리 트리거 방식 SR 플립플롭(Set-Reset Flip-Flop : 세트-리셋 플립플롭)에 대한 회로도 및 진리표를 [그림 4-24]에 나타내었다.

회로도([그림 4-24(a)])를 살펴보면 일반적인 방식은 [그림 4-20]에 나타내었던 이네이블(enable) 제어신호를 갖는 SR 래치 회로나 NAND 래치를 이용한 회로와 동일하며, 이네이블(enable) 제어신호 입력단자에 모서리 검출기 회로가 붙어 있음을 알 수 있다.

모서리 검출기 회로는 개념적으로 볼 때 [그림 4-23]에 나타낸 회로와 같이 구성되며, 정상적인 클록 'CLK'를 입력받을 경우 폭이 매우 좁은 일종의 스파이크(spike) 신호 CLK^를 만들어 낸다. 물론 스파이크 신호는 회로 구성에 따라 달라지는데 [그림 4-25(a)]에서와 같이 정상적인 클록의 상승 모서리에 동기되어 만들어지기도 하고, [그림 4-25(b)]에서와 같이 클록의 하강 모서리에 동기되어 만들어질 수도 있다. [그림 4-25(a)]의 상승 모서리 검출 회로에서 CLK' 신호는 NOT 게이트의 전달지연시간 ΔT 시간 후에 만들어지며, CLK^ 신호는 CLK' 신호와 CLK 신호가 모두 1일 때에만 1이 되는데(AND 연산) 이 값 역시 AND 게이트의 전달지연시간 ΔT 후에 출력된다. 반면 [그림 4-25(b)]의 하강 모서리 검출 회로에서 CLK^는 CLK'와 CLK값이 모두 0일 때에만 1이 된다(NOR 연산).

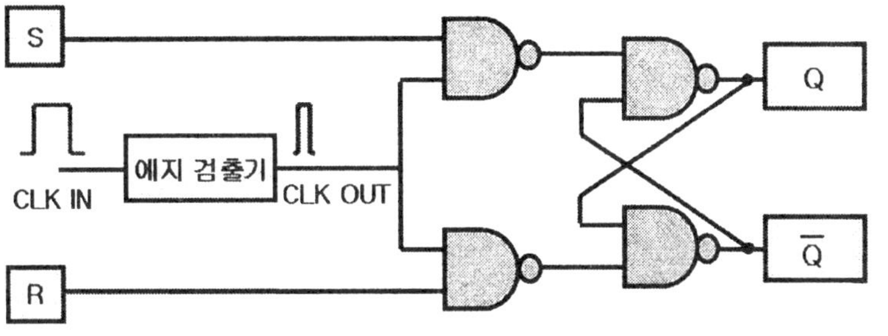

(a) 논리회로도

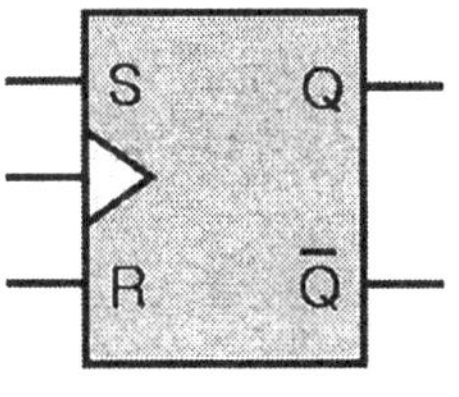

(b) 기 호

입	력		출 력
CLK	S	R	Q
1	0	0	Q_0(변화 없음)
1	0	1	0
1	1	0	1
1	1	1	사용 금지

(c) 진리표

[그림 4-24] Enable 상승 모서리 트리거 방식 SR 플립플롭

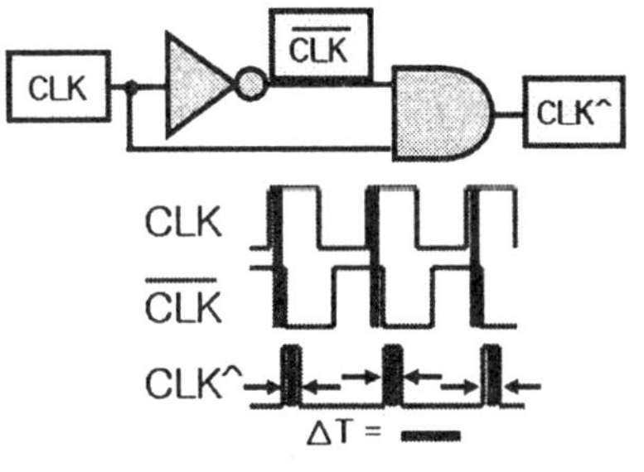

(a) 상승 모서리 검출기 회로 및 타이밍도

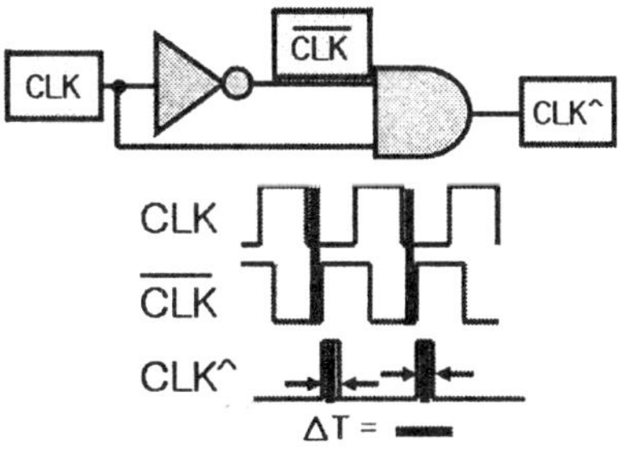

(b) 하강 모서리 검출기 회로 및 타이밍도

[그림 4-25] 모서리 검출기 회로 및 타이밍도

■ 스파이크 신호

[그림 4-25]에서 게이트의 전달지연시간 ΔT는 보통 수[ns]에 불과하다. 따라서 스파이크 신호(spike signal : 스파이크 시그널) 값이 1인 구간의 길이는 0인 구간의 길이에 비해 상대적으로 매우 짧다. 이와 같은 모양의 신호를 스파이크(spike) 신호 또

는 글리치(glitch) 신호라 한다.

이제 다시 [그림 4-24(a)]에 나타낸 상승 모서리 트리거 방식 SR 플립플롭 회로도를 분석해 보자. 그림에서 모서리 검출기 회로는 [그림 4-25(a)]와 같이 상승 모서리 검출기 회로로 나타나고 나머지 회로 부분은 [그림 4-20]에 나타내었던 이네이블(enable) 신호를 갖는 SR 래치 회로를 참고하면 된다.

모서리 검출기 회로의 출력인 스파이크 신호 CLK^는 이네이블(enable) 신호를 갖는 SR 래치 회로의 이네이블(enable) 단자로 입력되기 때문에 결국 입력 클록 CLK의 상승 모서리 직후의 매우 짧은 시간(ΔT) 동안만 래치 회로가 동작하게 된다. 따라서 [그림 4-24(a)]의 회로는 입력되는 클록 CLK가 0에서 1로 변하는 시점에 출력 Q와 $\overline{Q}$값이 변하는 것으로 볼 수 있으며, 이 때문에 상승 모서리 트리거 방식의 SR 플립플롭이라는 이름이 붙여졌다.

플립플롭의 출력값은 [그림 4-24(c)]의 진리표에 나타내었듯이 S와 R 제어신호의 값에 따라 결정되는데 만일 SR=00이 입력될 경우에는 출력 Q의 값이 변하지 않으며, SR=01일 경우에는 리셋 기능이 수행되어 출력 Q=0이 되고, SR=10일 경우에는 세트 기능이 수행되어 출력 Q=1이 된다. SR 플립플롭에서는 S와 R이 동시에 1이 되도록 입력을 주어서는 안 되는 점은 진리표 내의 사용금지 부분을 통하여 확인해 볼 수 있다.

(5) D 플립플롭

D 플립플롭(Delay Flip-Flop : 딜레이 플립플롭 또는 Data Flip-Flop : 데이터 플립플롭)은 하나의 클록 입력과 하나의 데이터 입력을 갖는 플립플롭을 말하는 것으로 CLK가 인가되어 입력 D의 신호상태가 출력에 나타나는 것이다.

SR 플립플롭과 NOT 게이트 한 개를 사용하여 만들 수 있다([그림 4-26]).

㉠ D 입력에 0이 들어오면 출력 또한 0의 상태가 되고, 반대로 1입력이 들어오면 1의 상태가 출력되는 것으로 이것은 클록펄스가 인가될 때만 출력으로 나타난다.

결국 CLK가 없으면 출력은 현 상태로 계속 유지되는데 다시 말해 D 플립플롭에서는 클록의 상승 모서리가 발생하는 시점에 입력 D값이 그대로 출력 Q로 전달되는 것이다.

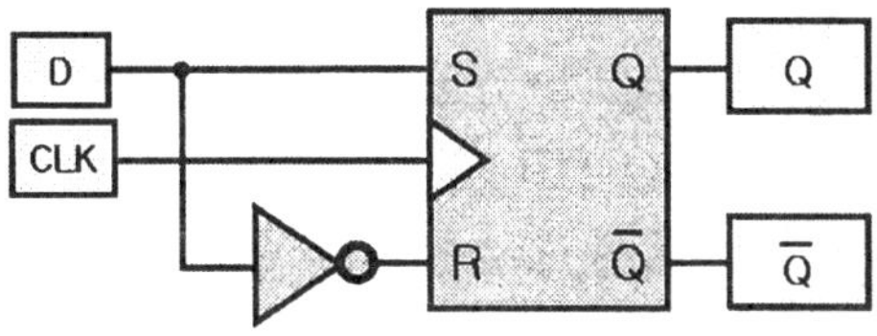

(a) 회로도

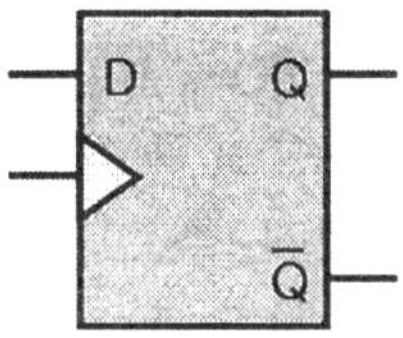

(b) 기호

입 력		출 력
CLK	D	Q
1	0	0
1	1	1

(c) 진리표

[그림 4-26] 상승 모서리 트리거 방식 D 플립플롭

(6) JK 플립플롭

JK 플립플롭은 집적 기술의 발달로 인해 제작비용이 저렴하여 많이 사용되며, JK 플립플롭 동작은 각 입력이 1일 때를 제외한다면 RS 플립플롭과 같다고 볼 수 있다. JK 플립플롭은 이와 같이 SR 플립플롭의 단점을 보완한 플립플롭으로, J와 K 입력단자에 동시에 1이 인가될 때 출력값으로 클록이 가해지기 전의 상태와 반대로 출력되는 것으로 즉 JK 플립플롭의 J와 K 입력을 각각 SR 플립플롭의 S와 R 입력으로 생각할 경우 JK=00, 01, 10일 경우에는 SR 플립플롭과 동일한 기능(JK=SR=00일 경우 출력 변화 없음, JK=SR=01일 경우 리셋 기능을 수행하여 출력 Q=0이 됨, JK=SR=10일 경우 세트 기능이 수행되어 출력 Q=1이 됨)을 보여준다.

JK 플립플롭은 RS 플립플롭에 피드백 회로가 부가됨으로써 RS 플립플롭에서 사용하지 못하는 모든 입력이 1인 경우에도 사용이 가능하며 조금 더 넓은 사용 범위를 갖는다. 즉, JK=11일 경우에는 클록의 상승 모서리가 발생하기 이전에 가지고 있던 출력값이 클록의 상승 모서리를 발생시켜 반대의 값으로 바뀐다. [그림 4-27]에 상승 모서리 트리거 방식 JK 플립플롭을 나타내고 있다.

JK 플립플롭은 가장 널리 쓰이는 플립플롭이며 RS 플립플롭 및 T 플립플롭을 합쳐 놓은 기능을 수행할 수 있으며 JK 플립플롭을 사용하여 여러 가지 다른 플립플롭을 생성할 수 있다.

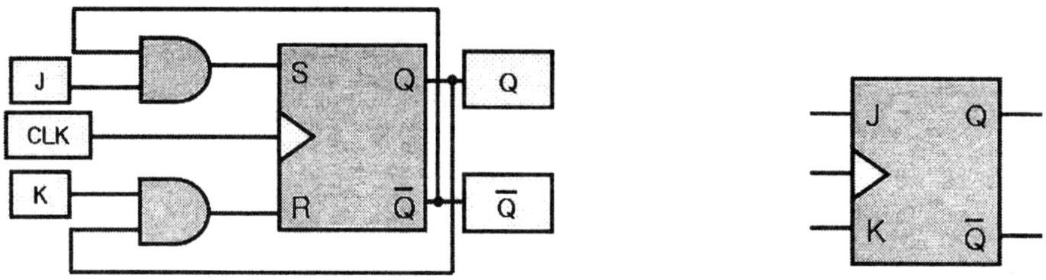

(a) 회로도 (b) 기호

입력			출력
CLK	J	K	Q
1	0	0	Q_0(변화 없음)
1	0	1	0
1	1	0	1
1	1	1	Q_0'(반대 값)

(c) 진리표

[그림 4-27] 상승 모서리 트리거 방식 JK 플립플롭

(7) T 플립플롭

T 플립플롭(Toggle Flip-Flop : 토글 플립플롭)은 다른 종류의 플립플롭으로서 카운터 회로에 쓰이는 특별한 플립플롭이라 정의할 수 있다. JK 플립플롭을 이용하여 만들 수 있으며([그림 4-28]), 입력이 T=0일 경우 JK=00이 되어 출력 Q의 상태는 변하지 않으며 입력이 T=1일 경우 JK=11이 되어 출력 Q의 상태는 발생하는 클록 펄스마다 반대로 바뀌게 된다. 참고로 출력 Q값이 반대로 바뀌는 것을 토글(toggle) 기능이라고 한다.

(8) 비동기식 PR, CLR 단자를 갖는 플립플롭

지금까지 설명한 동기식 플립플롭의 고유 논리 동작을 위하여 요구되었던 기본적인 입력만으로는 실제로 사용하는 데 불편한 점이 많다. 즉, SR, JK, D, T 플립플롭들은 항상 클록의 상승 모서리가 발생하는 시점에 맞추어(동기되어) 출력값이 변화한다. 그러나 경우에 따라서는 플립플롭들이 클록에 상관없이 출력을 1로 만들거나, 0으로 만들 수 있는 별도의 비동기식 제어신호가 필요하다. 즉 PR(Preset : 프리셋)과 CLR(Clear : 클리어) 단자를 가지고 있는 경우도 있는데 그 예로써, [그림 4-29]에 나타나 있는 비동기식 PR과 CLR 단자를 갖는 JK 플립플롭이 있다.

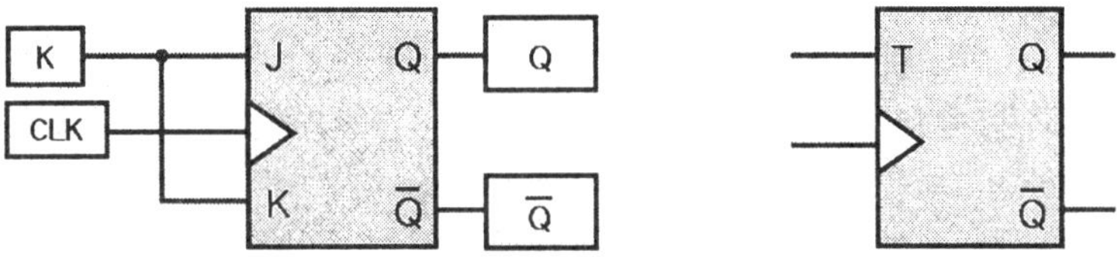

(a) 회로도 (b) 기호

입 력		출 력
CLK	T	Q
1	0	Q_0(변화 없음)
1	1	Q_0'(반대값)

(c) 진리표

[그림 4-28] 상승 모서리 트리거 방식 T 플립플롭

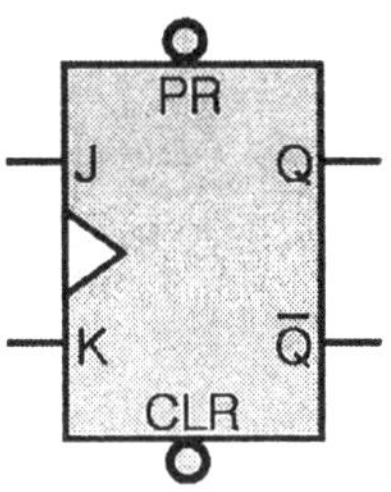

(a) 기호

입 력					출 력
PR	CLR	CLK	J	K	Q
0	x	x	x	x	1
x	0	x	x	x	0
1	1	↑	0	0	Q_0(변화 없음)
1	1	↑	0	1	0
1	1	↑	1	0	1
1	1	↑	1	1	Q_0'(반대값)

(b) 진리표

[그림 4-29] 비동기식 PR, CLR 단자를 갖는 JK 플립플롭

그림에서 PR과 CLR 입력단자에 있는 작은 원은 이 신호들이 Active-Low(액티브-로) 신호임을 나타내는 것으로 만일 **PR에 0이 입력**되면 진리표에 나타나 있듯이 클록을 포함한 모든 다른 입력값에 상관없이 무조건 **플립플롭의 출력값은 1**이 되며, 반대로 **CLR에 0이 입력되면 출력값은 무조건 0**이 된다. 여기서 PR과 CLR 입력을 비동기식이라고 하는 것은 클록에 상관없이 출력에만 영향을 미치기 때문에 비동기식이라 불리는 것이다. 이와는 반대로 J와 K 입력은 클록에 맞추어 출력에 영향을 미치기 때문에 동기식 입력이라고 불리는 것이다. 그리고 플립플롭이 동기식 입력 J, K의 값에 따라 기능을 수행하도록 하기 위해서는 **PR과 CLR 단자에 반드시 1**이 입력되어야 함을 알아두어야 한다.

(9) 플립플롭의 비동기식 입력 PR, CLR의 사용

원래 플립플롭들은 전원을 처음 인가할 경우 처음의 상태값(출력값)이 0이 될지 1이 될지 알 수 없다. 그러므로 플립플롭의 비동기식 입력은 플립플롭을 원하는 상태값으로 초기화하고자 할 때 주로 사용한다.

㉵ JK 플립플롭([그림 4-29])의 상태를 초기에 Q=0으로 만든 다음, 동기식 입력 J와 K의 값에 따른 기능을 수행하도록 회로를 만들려면, CLR 단자에 잠시 동안 0을 인가하여 플립플롭의 상태를 Q=0으로 만든 후에 CLR 단자에 1을 인가해 주면 된다.

문제 및 해설

1. 오른쪽과 같은 진리표를 나타내는 게이트는 무엇인가?

① OR ② AND
③ NOR ❹ NOT

입 력	출 력
A	Y
1	0
0	1

해설 NOT 게이트는 인버터(inverter)라고도 하며, 한 개의 입력과 한 개의 출력을 갖는데 출력값은 입력값의 반대를 나타낸다.

2. 아래와 같은 진리표를 나타내는 게이트는 무엇인가?

❶ AND
② NOT
③ OR
④ NOR

입 력		출 력
A	B	Y
0	0	0
0	1	0
1	0	0
1	1	1

해설 AND 게이트는 2개 이상의 입력과 한 개의 출력을 갖는데, 모든 입력이 1일 때, 출력이 1이 된다.

3. 두 입력이 다를 때만 출력이 1이 되는 게이트는 무엇인가?

① NOT ② AND
③ OR ❹ XOR

해설 XOR 게이트는 두 입력이 다를 때만 1이 되고, 두 입력이 같을 때는 0이 된다.

4. 다음 중 이 게이트만 가지고 AND, OR, NOT 게이트를 구성할 수 있어 유니버설 게이트라고 하는 것은 무엇인가?

① NOT ② AND
③ OR ❹ NOR

해설 NAND 게이트와 NOR 게이트는 그 하나만을 가지고도 NOT, AND, OR 게이트를 구현할 수 있기 때문에 유니버설 게이트(universal gate)라고 한다.

정답 1. ④ 2. ① 3. ④ 4. ④

5. Y=A+B의 식을 나타내는 게이트는 무엇인가?

① NOT ❷ OR
③ AND ④ XOR

해설 OR 게이트는 2개 이상의 입력과 한 개의 출력을 갖는데, 하나의 입력만 1이면 출력이 1이 된다. 이 OR 게이트를 수식으로 표현할 때 +를 사용하여 Y=A+B라고 나타낼 수 있다.

6. 두 입력이 1과 0일 때 1의 출력이 나오지 않는 게이트는 무엇인가?

① OR ② Exclusive OR
❸ AND ④ NAND

해설 AND 게이트는 입력 1과 0과 같이 입력신호 중 하나라도 0이 나올 경우 0이 출력된다.

7. 다음의 논리회로 중 NAND 게이트는 어느 것인가?

①
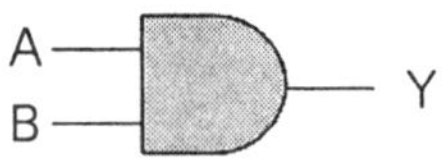

②
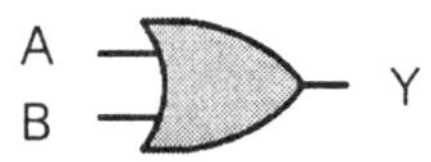

③
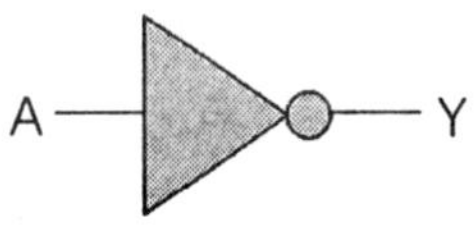

❹
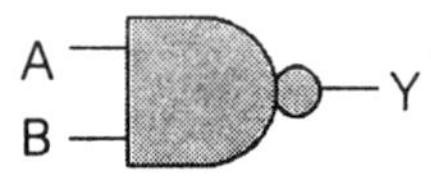

해설 ① AND 게이트 회로
② OR 게이트 회로
③ NOT 게이트 회로

8. 다음 중 게이트 회로의 설명 중 옳지 않은 것은 무엇인가?

❶ OR 게이트 : 두 개의 모든 입력이 0일 때 출력은 1이다.
② NOT 게이트 : 입력이 0이면 출력은 1이다.
③ AND 게이트 : 두 개의 모든 입력이 0일 때 출력은 0이다.
④ NAND 게이트 : 두 개의 모든 입력이 0일 때 출력은 1이다.

해설 OR 게이트는 두 개의 입력이 모두 0일 때 출력은 0이 나온다.

정답 5. ② 6. ③ 7. ④ 8. ①

9. 다음 그림의 게이트 출력값은 어떻게 되는가?

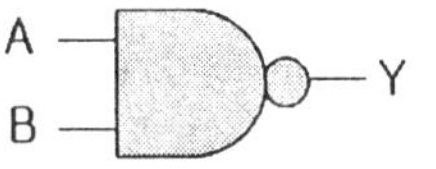

① $A \cdot B = Y$
② $A + B = Y$
❸ $\overline{A \cdot B} = Y$
④ $\overline{A + B} = Y$

해설 문제의 그림은 NAND 게이트 회로도로서 AND 게이트의 출력값에 인버터를 씌운 값이 나온다.

10. Exclusive OR 게이트에 대한 설명으로 옳은 것은 어느 것인가?

❶ 두 개의 입력이 모두 0일 경우 출력은 0이 나온다.
② 두 개의 입력이 모두 1일 경우 출력은 1이 나온다.
③ 두 개의 입력이 1과 0일 경우 출력은 0이 나온다.
④ 두 개의 입력이 0과 1일 경우 출력은 0이 나온다.

해설 XOR 게이트는 두 개의 입력 중에 서로 다른 값이 입력으로 들어올 경우 1의 값이 출력되고 같은 값이 들어올 경우 0의 값이 출력된다.

11. 논리합 및 논리곱의 연산 중에서 옳지 않는 것은 어느 것인가?

① $1 + 0 = 1$　　② $1 + 1 = 1$
③ $1 \cdot 1 = 1$　　❹ $1 \cdot 0 = 1$

해설 ④번 보기는 AND 게이트의 논리식으로, 2개의 입력 중 하나만이라도 0이 나올 경우 출력은 0이 된다.

12. 다음 불대수를 간단히 하였을 때의 결과는 어느 것인가?

$$A(\overline{A} + B)$$

① $A + B$　　② $A + \overline{B}$
❸ $A \cdot B$　　④ $A + \overline{A}B$

해설 $A(\overline{A}+B)$는 분배법칙에 의해 $A\overline{A} + AB$가 된다. $A\overline{A} = 0$이므로, 결과는 AB가 된다.

정답 9. ③ 10. ① 11. ④ 12. ③

13. 다음 불대수를 간단히 하였을 때의 결과는 어느 것인가?

$$\overline{A}B + \overline{B}\overline{C} + AB + \overline{B}C$$

① A ② B

③ C ❹ 1

해설 먼저 결합법칙에 의해 B와 $\overline{B}$에 대해 정리하면

$$B(\overline{A} + A) + \overline{B}(\overline{C} + C)$$

가 된다. $A + \overline{B} = 1$이므로, $B + \overline{B}$가 되므로 결국 1이 된다.

14. 불 함수식 $AB+\overline{A}C+BC$를 간략화한 식으로 맞는 것은?

① $AB+AC$ ❷ $AB+\overline{A}C$

③ $\overline{A}B+AC$ ④ $\overline{A}C+A\overline{C}$

해설 $AB+\overline{A}C+BC$에서 모든 항에 1인 $A+\overline{A}$, $B+\overline{B}$, $C+\overline{C}$를 대입하여 정리하면,

$$\begin{aligned} AB+\overline{A}C+BC &= AB(C+\overline{C})+\overline{A}C(B+\overline{B})+BC(A+\overline{A}) \\ &= ABC+AB\overline{C}+\overline{A}BC+\overline{A}\overline{B}C+ABC+\overline{A}BC \\ &= AB(C+\overline{C}+C)+\overline{A}C(B+\overline{B}+B) \\ &= AB \cdot 1+\overline{A}C \cdot 1 = AB+\overline{A}C \end{aligned}$$

가 된다.

15. 다음 카르노도를 불대수식으로 표현하면 어떻게 되는가?

A \ B	0	1
0	1	1
1	1	0

❶ $\overline{A}+\overline{B}$

② $A+B$

③ $A+\overline{B}$

④ $\overline{A}+B$

해설 아래의 카르노도에서 최소항을 뽑으면, $\overline{A}$와 $\overline{B}$이다. 따라서 두 최소항을 더한 $\overline{A}+\overline{B}$가 된다.

A \ B	0	1
0	[1]	1
1	[1]	0

$= \overline{B}$

A \ B	0	1
0	[1]	[1]
1	1	0

$= \overline{A}$

정답 13. ④ 14. ② 15. ①

16. 아래의 카르노도를 불대수식으로 표현할 때 결과는?

A \ BC	00	01	11	10
0	1	1	1	1
1	0	0	1	1

① $\overline{A}+\overline{B}$　② $A+B$　❸ $\overline{A}+B$　④ $A+\overline{B}$

해설 위의 카르노도에서 최소항을 뽑으면, 아래와 같이 두 가지가 된다.

A \ BC	00	01	11	10	
0	1	1	1	1	
1	0	0	1	1	$=\overline{A}$

A \ BC	00	01	11	10	
0	1	1	1	1	
1	0	0	1	1	$=B$

첫 번째는 $\overline{A}$이고, 두 번째는 B이므로, 결과는 $\overline{A}+B$가 된다.

17. 다음의 논리식 중 성립되지 않는 것은?

❶ $A+\overline{A}=A$　② $A \cdot A=A$

③ $A \cdot \overline{A}=0$　④ $0 \cdot \overline{A}=0$

해설 $A+\overline{A}$의 경우 출력값은 1이 된다.

18. 다음의 논리식 중 성립되지 않는 것은 어느 것인가?

① $A(B+C)=AB+AC$

② $\overline{A+B}=\overline{A}\cdot\overline{B}$

③ $\overline{A \cdot B}=\overline{A}+\overline{B}$

❹ $A+BC=(A+B)(B+C)$

해설 $A+BC=(A+B)(B+C)$에서

$$(A+B)(B+C)=AB+AC+B+BC$$

이므로 식 $A+BC$가 나올 수가 없다.

정답 16. ③ 17. ① 18. ④

19. 2개의 변수 A, B로 표시된 것 중 옳지 않은 것은?

① 논리곱 $A \cdot B$ ② 논리합 $A+B$

❸ 배타적 논리합 $\overline{A} \cdot B+A \cdot B$ ④ 논리합 부정 $\overline{A+B}$

해설 배타적 논리합은 $\overline{A} \cdot B+A \cdot \overline{B}$의 값이 나와야 한다.

20. 논리식 $\overline{A}\,\overline{B}C=1$일 때 A, B, C의 값으로 옳은 것은?

❶ A=0, B=0, C=1 ② A=1, B=0, C=1

③ A=0, B=1, C=0 ④ A=1, B=1, C=1

해설 A, B, C가 AND 게이트로 붙어 있기 때문에 하나라도 0의 값이 입력으로 들어갈 경우 출력은 무조건 0으로 된다. 그렇기 때문에 A · B는 b접점이고 C는 a접점이므로 c 접점을 누르면 모두 b접점이 되므로 A=0, B=0, C=1의 값을 가질 때만 출력으로 1의 값을 얻을 수가 있다.

21. 디지털 회로 중 게이트를 조합하여 만든 회로로서 출력이 입력에 대해서만 영향을 받지 않는 것은 무엇인가?

❶ 조합회로 ② AND 게이트 회로

③ OR 게이트 회로 ④ NAND 게이트 회로

해설 디지털 논리회로에는 조합회로(combinational circuit : 콤비네이셔널 서킷)와 순차회로(sequential circuit : 시퀀셜 서킷)가 있다. 조합회로는 게이트들을 조합하여 만든 논리회로로서 입력에 따라 출력이 결정되며, 이때 그 출력은 그 전 입력의 영향을 받지 않는다.

22. 디코더는 어떤 게이트로 구성되어 있는가?

❶ AND 게이트 ② NAND 게이트

③ OR 게이트 ④ NOT 게이트

해설 디코더는 n개의 2진 코드로 최대 2^n개의 출력을 갖는 조합논리회로로 AND 게이트로 구성된다.

23. 다음 중 여러 개의 입력 선 중에서 하나를 선택해서 출력으로 내보내는 회로는?

① 가산기 ② 디코더

③ 디멀티플렉서 ❹ 멀티플렉서

해설 여러 개의 입력 중 하나를 선택해서 출력으로 내보내는 회로는 멀티플렉서이다.

정답 19. ③ 20. ① 21. ① 22. ① 23. ④

24. *M*개의 문자나 숫자를 입력하였을 때, *N*개의 2진 코드로 변환시켜 주는 회로는 무엇인가?

① 가산기 ❷ 인코더
③ 디멀티플렉서 ④ 디코더

해설 인코더는 *M*개의 문자, 숫자(10진수, 8 진수) 등을 입력하여 2진 코드 또는 BCD 코드와 같은 *N*개의 2진 코드로 변환시켜 주는 소자를 말하며 부호기라고도 한다.

25. 하나의 입력을 가지고 여러 개의 출력선을 만들어 그중에서 하나를 선택해서 연결해 주는 회로는 무엇인가?

① 가산기 ② 멀티플렉서
❸ 디멀티플렉서 ④ 디코더

해설 디멀티플렉서(DEMUX)는 멀티플렉서(MUX)와 반대의 개념으로 하나의 입력을 가지고 여러 개의 출력선을 만들어 그중 하나를 선택하여 연결해 주는 데이터 분배기이다. 이때 선택을 위한 n비트의 선택변수가 있으면 2^n개의 출력선 중 1개를 고를 수 있다.

26. 입력이 n개일 때, 출력이 2^n개가 되며, 인코더의 반대 동작을 하는 회로는 무엇인가?

① 가산기 ② 멀티플렉서
③ 디멀티플렉서 ❹ 디코더

해설 디코더는 인코더의 반대 작용을 하는 회로이다. n개의 2진 코드 또는 BCD 코드 등을 입력하면 2^n개의 출력을 내보내는 회로이다.

27. 디코더는 입력 코드와 출력 코드로 바르게 짝지어진 것은 무엇인가?

① BCD 코드–3중 코드 ② 10진수–2진 코드
❸ 2진 코드–10진수 ④ 2진 코드–그레이 코드

해설 디코더는 2진 코드나 BCD 코드를 입력받아 우리가 일반적으로 사용하기 쉬운 10진수로 변환시키는 장치로 일종의 해독기라 한다.

28. 여러 회선이 하나의 회선을 공유하려면 어떤 회로를 사용하면 좋은가?

① 디멀티플렉서 ❷ 멀티플렉서
③ 인터페이스 ④ 버스 회로

해설 멀티플렉서는 많은 수의 정보를 적은 수의 채널이나 출력선을 통하여 전송하는 장치로서 일반적으로 2^n개의 데이터를 입력받아 n개의 출력을 나타낸다. 즉, 데이터가 여러 개의 입력 선으로부터 선택신호에 따라 출력 단에 보내지는 장치이다.

정답 24. ② 25. ③ 26. ④ 27. ③ 28. ②

29. 여러 개의 어드레스 선을 입력받아 하나의 출력만을 동작시킴으로써 여러 개의 메모리 또는 주변기기 중 하나만을 선택하는 데 사용되는 소자는?

① 인코더 ❷ 디코더
③ 멀티플렉서 ④ 디멀티플렉서

해설 디코더는 여러 개의 2진 코드로 받아 최대 2^n개의 출력을 갖는 조합논리회로이다. 만약 n비트의 정보 중에서 사용되지 않는 정보가 있거나 돈 케어(don't care) 입력이 있을 경우 출력이 2^n개보다 적게 나타나는 회로이다.

30. 다음의 논리회로를 식으로 올바르게 나타낸 것은 어느 것인가?

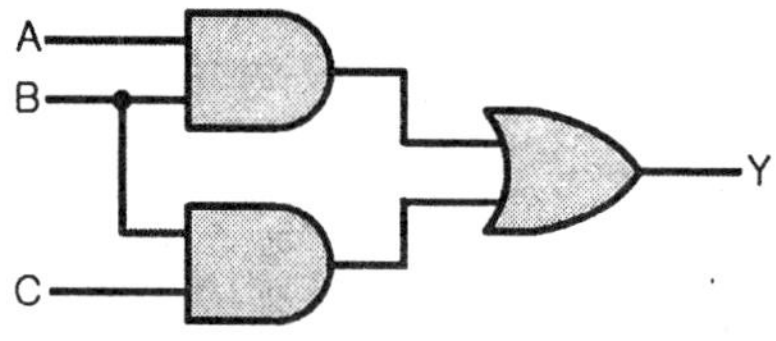

① $A\overline{B}\,\overline{C}+AB\overline{C}+\overline{A}BC$ ② $\overline{A}\,\overline{B}\,\overline{C}+A\overline{B}\,\overline{C}+AB\overline{C}$
❸ $ABC+AB\overline{C}+\overline{A}BC$ ④ $A\overline{B}C+A\overline{B}\,\overline{C}+ABC$

해설 위 논리회로에서 우선 A·B가 나오고 두 번째로 B·C가 나온 2개의 식을 OR 게이트를 통과시키면 A·B + B·C 가 된다.

A·B , B·C

A \ BC	00	01	11	10
0	0	0	1	0
1	0	0	1	1

31. 회로의 출력이 현재의 입력뿐만 아니라 과거의 입력에도 영향을 받는 회로를 무엇이라고 하는가?

❶ 순차회로 ② 조합회로
③ AND 게이트 회로 ④ OR 게이트 회로

해설 순차회로는 현재의 입력뿐만 아니라 회로 내부에 기억된 과거의 입력에 의해 결정된 상태값에 따라 출력값이 결정되는 회로를 말한다. 따라서 순차회로는 회로 내부에 값들을 기억하기 위한 메모리 소자들을 가지고 있다.

정답 29. ② 30. ③ 31. ①

32. 1비트의 정보를 저장할 수 있고, 메모리 소자로 사용되는 소자를 무엇이라고 하는가?

① NOR ② NAND

❸ 플립플롭 ④ 순차회로

해설 일반적으로 많이 사용되는 메모리 소자로서 플립플롭(flip-flop)이라고 하는 소자가 있는데 플립플롭은 1비트의 정보(0 또는 1)를 저장할 수 있는 소자로 사용된다.

33. SR 플립플롭의 현재 상태가 Q=1, $\overline{Q}$=0이다. 이 상태에서 S=0, R=1의 값을 입력하면, 출력은 어떻게 되는가?

① Q=1, $\overline{Q}$=0 ② Q=1, $\overline{Q}$=1

③ Q=0, $\overline{Q}$=0 ❹ Q=0, $\overline{Q}$=1

해설 SR 플립플롭의 진리표는 아래와 같다.

S	R	Q	$\overline{Q}$
0	0	변화 없음	
0	1	0	1
1	0	1	0
1	1	사용 금지	

34. D 플립플롭의 입력에 1을 넣으면, 어떠한 출력값이 나오는가?

① 0 ② 금지

❸ 1 ④ 사용

해설 D 플립플롭의 진리표는 오른쪽과 같다. 즉, D 플립플롭은 입력의 값이 그대로 출력에 나오게 되는 것으로 이것을 delay(딜레이) 플립플롭 또는 data(데이터) 플립플롭이라고 한다.

입 력	출 력
0	0
1	1

35. SR 플립플롭은 두 입력에 동시에 1이 들어오면, 알 수 없는 상태가 된다. 이를 보완한 것으로 두 입력에 동시에 1이 들어올 경우 출력이 반대가 되는 플립플롭을 무엇이라 하는가?

① T 플립플롭 ❷ JK 플립플롭

③ SR 플립플롭 ④ D 플립플롭

해설 SR 플립플롭에서는 입력단자 S와 R에 1을 동시에 인가해서는 안 된다. JK 플립플롭은 이와 같은 SR 플립플롭의 단점을 보완한 플립플롭으로, J와 K 입력단자에 동시에 1이 인가될 때 출력값이 반대로 바뀌는 기능을 수행한다. JK 플립플롭의 진리표는 다음과 같다.

정답 32. ③ 33. ④ 34. ③ 35. ②

J	K	Q	$\overline{Q}$
0	0	Q	$\overline{Q}$
0	1	0	1
1	0	1	0
1	1	$\overline{Q}$	Q

36. JK 플립플롭을 사용하여 D 플립플롭을 구성할 때의 방법은 어떻게 되는가?

① $\overline{Q}$의 출력을 J의 입력과 인버터를 통하여 K에 연결한다.
❷ J의 입력을 받아 인버터를 통해 K에 연결한다.
③ J와 K를 동일 입력으로 한다.
④ Q의 입력을 J에 피드백 시킨다.

해설 D 플립플롭은 JK 플립플롭을 변형시켜 만든 것으로서 하나의 클록 입력과 하나의 데이터 입력을 갖는 플립플롭이다. 즉, J입력을 인버터를 통해 K에 연결하면 D 플립플롭을 만들어 낼 수 있다.

37. JK 플립플롭을 사용하여 T 플립플롭을 구성할 때의 방법은 무엇인가?

① $\overline{Q}$의 출력을 J의 입력으로 궤환한다.
② $\overline{Q}$의 출력은 J의 입력 쪽으로, Q의 출력은 K의 입력 쪽으로 궤환한다.
③ J와 K를 common(코먼)시켜 K의 입력에 인버터를 연결한다.
❹ J와 K에 동일 입력을 넣어준다.

해설 J와 K의 입력을 묶어서 +Vcc에 연결하고, 즉 J와 K를 1인 상태로 만든 후 클록펄스 입력을 가하면 토글 작용만 생성되기 때문에 T 플립플롭의 작동과 같아지게 된다. 풀어서 얘기하면 J와 K에 동일 입력으로 넣으면 된다.

38. 에지 트리거(edge triggered) 플립플롭을 사용하는 이유는 무엇인가?

❶ race(레이스) 현상을 방지하기 위해 사용한다.
② 클록펄스를 사용할 수 없을 경우 사용한다.
③ TTL에서만 사용되기 때문이다.
④ delay 시간을 길게 할 경우에 사용한다.

해설 에지 트리거 방식은 클록펄스의 에지(상승 에지, 하강 에지) 동안에만 입력이 출력에 영향을 미친다. 결국 클록펄스가 1일 때 출력상태가 변화되면 입력 측에 변화를 주어 잘못된 동작이 발생하는데 이를 race(레이스) 현상이라고 하는데, 이것을 방지하기 위해 클록펄스의 지속시간 t를 짧게 하거나 에지 트리거 방식을 사용하는 것이다.

정답 36. ② 37. ④ 38. ①

39. 다음 그림은 어떤 플립플롭을 나타낸 것인가?

① RS 플립플롭
② T형 플립플롭
❸ RST 플립플롭
④ D형 플립플롭

해설 RST 플립플롭은 세 개의 입력 S, T, R을 받아 출력값 Q, Q'를 출력한다.

40. JK 플립플롭에서 J와 K가 1일 때 CLK가 인가되면 Q의 출력은 어떻게 되는가?

① $\overline{Q_t}$ ② 1
❸ 토글(toggle) ④ Q_t

해설 JK 플립플롭은 RS 플립플롭에서 정의되지 않는 R=S=1인 경우까지 이용할 수 있다. 즉, J=K=1이면 플립플롭의 상태가 보수로 되어 0의 상태에서 1의 상태로 바뀌게 되는데 이것을 토글(toggle)이라고 한다.

정답 39. ③ 40. ③

chapter

5 전기계측

1 전기계측의 기초

(1) 측정의 종류

측정이란 어떠한 물리량(길이, 질량, 압력, 속도, 온도 등)을 장치를 통해 수치로 나타내는 것으로 측정에 사용되는 장치를 측정기, 계측기 또는 계기라고 한다. 측정을 크게 나누면 계측기로부터 직접 측정하는 **직접측정**과 계측기를 통해 측정한 값으로부터 계산에 의하여 간접적으로 측정하는 **간접측정**이 있으며, 정해 놓은 단위 및 원리를 기준으로 하여 측정하는 **절대측정**이 있고 이러한 절대측정을 통해 구해진 절대측정값(표준값)에 비교하여 측정하는 **상대측정**이 있다. 표준값만 있으면 상대측정은 간단하고 편리하므로 공업상의 많은 측정은 대개 상대측정을 사용한다.

전기 기계·기구 등을 바르게 취급하기 위해서는 전압, 저항, 전류 등의 각종 전기량을 측정하여야 한다. 측정해야 할 전기량의 종류에는 직류와 교류가 있고, 각각의 크기도 미소전류에서부터 대전류 및 저전압에서 특별한 고전압까지 범위가 매우 넓기 때문에 각각의 특성에 적절한 계측기를 선정하여 사용해야 한다.

1) 직접측정(비교측정)

측정하고자 하는 양을 같은 종류의 기준 양과 직접 비교하여 그 양의 크기를 결정하는 방법

㉕ 자로 길이 재기, 전압계로 전압 측정하기, 전류계로 전류 측정하기

2) 간접측정(절대측정)

측정하고자 하는 양과 일정한 관계가 있는 다른 종류의 양을 각각 직접측정으로 구하여, 그 결과로부터 계산에 의해 측정량의 값을 결정하는 방법.

㉕ 부하전력 측정하는 경우, 부하에 흐르는 전류 I와 부하의 양단전압 V를 측정하여 부하전력 $P=VI$[W]의 식으로부터 계산하여 전력을 구한다.

3) 편위법과 영위법

비교측정의 방법으로는 영위법과 편위법으로 구분된다.

- **영위법**은 표준기의 표준값과 계측기로 계측한 측정값을 상호 비교하여 그 차가 0이 되도록 하여 측정하는 방법이다.
- **편위법**은 전기량을 기계적으로 변환시켜서 이것을 이용하여 눈금면 위에 지침이 움직이도록 하여 측정하는 방법이다.

〈표 5-1〉에서 비교된 것과 같이 전위차나 브리지 등을 측정하는 경우에는 주로 영위법을 사용하며, 전압계나 전류계 등의 경우에는 대부분 편위법을 사용한다.

〈표 5-1〉 편위법과 영위법의 비교

	편 위 법	영 위 법
정 의	측정량의 크기에 따라 지침 등을 편위시켜 측정량을 구하는 방법	어느 측정량을 그것과 같은 종류의 기준양과 비교하여 측정량과 똑같이 되도록 기준량을 조정한 후 기준량의 크기로부터 측정량을 구하는 방법
기 기	전압계 및 전류계	휘트스톤 브리지 및 전위차계
특 징	감도는 떨어지지만 취급이 쉬우며, 신속하게 측정할 수 있으므로 공업용으로 많이 사용	감도가 높고, 정밀한 측정에 적합

(2) 측정의 오차

일반적으로 계기가 지시하는 양 M은 측정하고자 하는 양의 참값 T와는 정확하게 일치하지 않는 경우가 많다. 여기서 $M-T$를 오차라 한다. 오차가 발생하는 원인은 측정에 사용한 계기에 의한 것과 측정법의 원리나 측정기술에 의한 것 등이 있다.

그러므로 전기량의 측정에는 오차를 가능하면 작아지게 하기 위하여 측정기를 잘 선정하여야 할 뿐만 아니라 측정기를 잘 조정하거나 또는 수차례 측정을 반복하여 그것의 평균값을 사용함으로써 오차를 줄이도록 하는 것이 바람직하다.

〈표 5-2〉에 표현된 것과 같이 오차를 없애기 위해 조정해야 할 값을 보정값이라고 하며, 이것은 오차와 크기는 같으나 부호는 반대이다. 오차 백분율 또는 보정 백분율이란 오차값 또는 보정값을 백분율로 나타낸 것이며, 식 (5-2)로 나타낼 수 있다.

$$오차\ 백분율 = \frac{M-T}{T} \times 100[\%] \quad (5\text{-}1)$$

$$보정\ 백분율 = \frac{T-M}{M} \times 100[\%](M : 측시값,\ T : 참값) \quad (5\text{-}2)$$

〈표 5-2〉 오차와 보정의 비교

	오 차	보 정
정 의	지시값(M)과 참값(T)이 어느 정도의 차이가 있는가를 나타낸 것	지시값(M)을 참값(T)과 같게 하려면 얼마나 보정해야 하는가를 나타낸 것
오차 및 보정	지시값 M, 참값 T라 하면 오차 : $\epsilon = M - T$	지시값 M, 참값 T라 하면 보정 : $\alpha = T - M$
오차율 및 보정율	오차율$= \epsilon / T$	보정율$= \alpha / M$
백분율 오차 및 보정	오차 백분율$= \frac{\lvert 지시값 - 참값 \rvert}{참값} \times 100(\%)$	보정 백분율$= \frac{\lvert 참값 - 지시값 \rvert}{지시값} \times 100(\%)$
특 징	• 측정에는 오차가 따르기 마련이다. • 보정값 α와 오차 ϵ는 크기는 같고 부호는 반대가 된다.	

(3) 오차의 종류

1) 측정법이나 측정하는 방법으로 인한 오차

① **개인오차** : 측정의 부주의에 의하여 발생하는 것으로서 측정기의 눈금을 잘못 읽거나, 부정확한 조정, 부적당한 적용 및 계산의 실수 등에 의하여 발생하는 오차

② **계통오차** : 측정기 자체가 결함인 눈금의 부정확, 부품의 마멸 등으로 인한 것과 측정장치나 사용자에 대한 환경의 영향, 즉 온도, 외부 자기장, 진동 등에 의한 오차

③ **우연오차** : 개인오차나 계통오차를 제거하여도 오차는 발생하는데 이러한 원인으로서는 미세한 측정조건의 변동, 측정자의 주의력 동요 등에 의한 오차

2) 계기로 인한 오차

① 눈금의 부정확에 의한 오차

② 베어링에 의한 오차
③ 스프링의 탄성 복원력의 저하에 의한 오차
④ 자기 가열에 따른 온도변화에 의한 오차
⑤ 외부 자기장에 의한 오차
⑥ 정전계에 의한 오차

(4) 확도와 정도 및 감도

① **확도** : 지시값이 참값과 어느 정도 일치하는가 하는 정도를 나타내는 값
② **정도** : 측정기로 미세한 양을 측정하는 경우에 어느 정도 정밀하게 측정할 수 있는가를 나타내는 것
③ **감도** : 측정기의 지시로 나타낼 수 있는 최소의 측정량

2 전기계기의 분류

(1) 계기의 동작상 분류

전기를 나타내는 계기에는 많은 종류가 있는데 종류를 구분하는 방법에도 여러 가지가 있다. 우선 동작의 형태에 따라 〈표 5-3〉과 같이 분류할 수 있다.

〈표 5-3〉 계시상의 동작분류

종 류	계기의 동작성 분류
지시계기	지시계기는 측정하려는 전기량, 즉 전류, 전압, 전력, 주파수 등을 지침이나 광점으로 직접 눈금판에 지시하는 계기이다.
숫자식 계기	숫자식 계기는 측정하려는 전압, 전류 등을 숫자로 직접 지시하는 계기이다.
적산계기	적산계기는 임의의 시간 내에 소비되는 전류 및 전력을 적산하는 계기이다.
기록계기	기록계기는 시시각각으로 변화하는 전압, 전류 및 전력을 기록하는 계기이다.

종　류	계기의 동작성 분류
오실로스코프	오실로스코프(oscilloscope)는 시간에 대하여 급격히 변화하는 전압, 전류, 전력 및 파형 등을 관측하는 장치이다.
브리지, 전위차계	브리지(bridge), 전위차계(potentiometer : 포텐셔미터)는 평형을 취하여 전기적인 양을 비교하는 계기이다.
검 류 계	검류계(galvanometer : 갈바노미터)는 미소한 전기량을 측정하는 데 사용되고 있으나 전압, 전류의 크기를 측정하는 것이 아니고 다만 전압, 전류의 유무를 검출하는 데 주로 사용된다.

이러한 많은 계기 중에서 우리가 가장 많이 사용하고 있는 지시(아날로그)계기와 숫자식(디지털) 계기는 [그림 5-1]과 같다.

[그림 5-1] 각종계기의 종류 (좌 : 아날로그 계기, 우 : 디지털 계기)

(2) 계기의 원리상 분류

1) 가동 코일형 직류전용 계기

① 구조 및 원리와 특징

가동 코일형 계기는 영구자석이 만드는 자기장 내에 가동 코일을 놓고, 코일에 측정하고자 하는 전류를 흘리면 이 전류와 자기장 사이에 전자력이 발생한다. 이 전자력을 구동 토크를 이용한 계기로 영구자석 가동 코일형 계기라 하며 장·단점은 〈표 5-4〉와 같다.

〈표 5-4〉 가동 코일형 계기의 장 · 단점

장 점	단 점
감도와 정확도가 높다.	직류전용이므로 교류를 측정하려면 정류기를 삽입해야 한다.
구동 토크가 크고 정확한 측정이 된다.	
소비전력이 대단히 적다.	측정 범위가 낮으므로 측정 범위를 확대하기 위해서는 분류기나 배율기를 연결해야 한다.
균등눈금을 사용함으로써 측정 범위를 간단히 변경시킬 수 있다.	

② 온도오차와 보상

㉮ **오차의 원인** : 온도변화로 가동 코일의 저항(+0.4[%/°C])의 변화, 스프링의 제어 토크(−0.04[%/°C])의 변화, 공극의 자속밀도([−0.02[%/°C])의 변화

㉯ **보상 방법** : 실용상 온도계수가 0에 가까운 망가닌 권선 저항기를 가동 코일과 직렬로 접속하여 종합 온도계수를 낮추어 온도의 영향이 없도록 한다.

㉠ 스왐핑 저항을 이용한 보상 : 스왐핑 저항(계측기에서의 가동 코일과 직렬 및 병렬로 접속한 망가닌 저항으로, 측정 회로의 온도에 의한 영향을 흡수하기 위한 것)

㉡ 서미스터를 이용한 보상

㉢ 전자강편을 이용한 보상

③ 계기의 감도 표시

㉮ **계기의 감도** : 주어진 전기량에 대한 가동 부분의 변위 또는 회전각과의 비를 말하며, 일반적으로 사용되는 가동 코일형 전류계의 감도는 편의상 그 계기가 지시하는 최대 지시 전류값인 정격전류로 나타낸다. 따라서 작은 전류를 측정하는 계기일수록 감도는 높다.

㉯ 전압계의 경우에는 전류계에 배율기를 달아 만든 것으로 볼 수 있기 때문에, 전류계 자체의 감도를 간접적으로 나타낼 수 있는 표시법을 사용하며, [kΩ/V]로 나타낸다.

2) 가동 철편형 계기

① 구조 및 원리와 특징

㉮ 가동 철편형 계기는 고정 코일에 흐르는 전류에 의해서 자기장이 생기고, 이

자기장 속에서 연철편을 흡인, 반발 또는 반발, 흡인하는 힘을 구동 토크로 사용한 것이다.

㈏ 구동 토크의 발생 방법에 따라 흡인식, 반발식 또는 반발 흡인식이 있다. 이러한 가동 철판형 계기의 장·단점은 〈표 5-5〉와 같다.

〈표 5-5〉 가동 철편형 계기의 장·단점

장 점	단 점
구조가 간단하고 견고하며, 가격이 싸다.	히스테리시스 오차 때문에 직류 측정은 곤란하고, 교류전용 계기로 사용된다.
분류기 없이 비교적 큰 전류까지 측정할 수 있다.	오차가 많은 결점이 있고, 감도가 높은 것은 제작이 곤란하다.
눈금은 0부근을 제외하고는 균등눈금에 가깝게 할 수 있다.	고정 코일의 자기장이 적으므로 외부 자기장의 영향을 받기 쉽다.

② 가동 철편형 전류계 및 전압계

㈎ **전류계** : 정격전류가 작은 계기는 제작되지 않으며, 보통 수십[mA]~100[A] 정도의 것들이 있다.

㈏ **전압계** : 보통 정격전압이 15[V] 이상의 것이 있으며, 정격전압이 높은 것에는 고정 코일에 망간 또는 콘스탄탄 저항을 직렬로 접속하여 600[V] 정도까지도 제작된다.

3) 전류력계형 계기

① 구조 및 원리와 특징

전류력계형 계기는 [그림 5-2]와 같이 고정 코일에 피측정 전류를 흘려 자기장을 만들고, 그 자기장 중에 가동 코일을 설치하여 피측정 전류를 흘려, 이 전류와 자기장 사이에 작용하는 전자력을 구동 토크로 이용하는 계기이다. 이러한 계기의 장·단점은 〈표 5-6〉과 같다.

② 전류력계형 전류계 및 전압계

이 형태의 계기는 구조가 복잡하고 가격이 비싸기 때문에 전류계나 전압계로는 별로 사용되지 않는다.

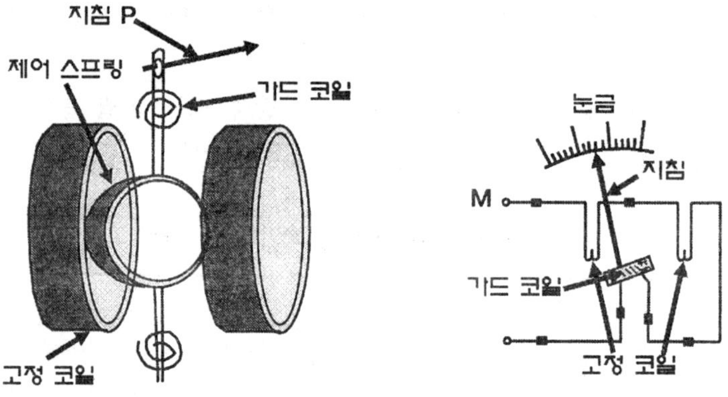

(a) (b)

[그림 5-2] 전류력계형 계기의 원리 및 구성

〈표 5-6〉 전류력계형 계기의 장 · 단점

장 점	단 점
실효값을 지시하며, 직류로 눈금 교정을 할 수 있으므로 사용 주파수 교류의 표준용으로 사용할 수 있다.	고정 코일에 흐르는 전류로 자기장을 만들므로 가동 코일형에 비하여 자기장이 약하다.
코일의 인덕턴스에 의한 주파수의 영향이 크다.	외부 자기장의 영향을 받기 쉬우므로 계기에 자기 차폐를 하여야 한다.
	계기의 소비전력이 크고, 구조가 다소 복잡하므로 전류전력계로서 사용된다.
직류와 교류를 같은 눈금으로 측정할 수 있는 정밀급 계기이다.	1[A] 이상의 전류에서는 온도 보상 및 주파수 보상을 하여야 한다.
	자기 가열의 영향이 비교적 크므로 주의가 필요하다.

③ 전류력계형 전력계

㉮ 고정 코일(전류 코일)은 부하와 직렬로, 가동 코일(전압 코일)은 부하와 병렬로 접속시킨다.

㉯ 전력계의 눈금은 균등눈금으로 되어 있으며 이러한 눈금 형태의 단상 전력계는 주로 상용 주파수에 사용되며, 단상용과 3상용이 있다.

4) 유도형 계기

① 구조 및 원리와 특징

㉮ 유도형 계기는 [그림 5-3]과 같이, 피측정 전류 또는 전압을 여자 코일에 공급해서 자기장을 만들고, 이 자기장과 가동부의 전자유도 작용에 의해서 생기는 맴돌이 전류 사이의 전자력에 의한 구동 토크를 이용한 계기이다. 이러한 계기의 특징은 〈표 5-7〉과 같다.

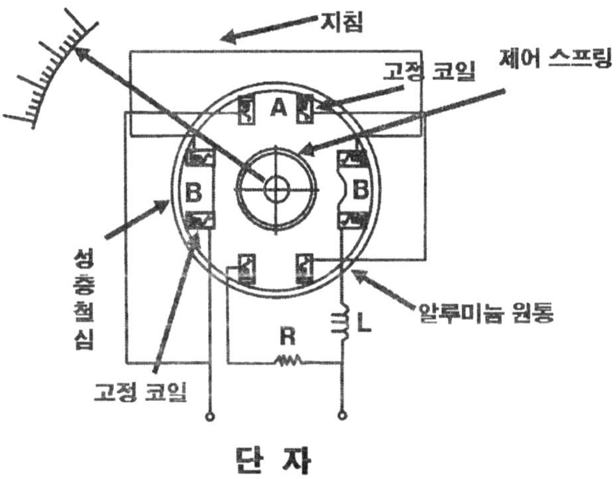

[그림 5-3] 유도형 계기의 원리 및 구성

〈표 5-7〉 유도형 계기의 장 · 단점

<table>
<tr><th>장 점</th><th>단 점</th></tr>
<tr><td>가동부에 전류를 흘릴 필요가 없으므로 구조가 간단하고 견고하다.</td><td rowspan="2">주파수의 영향이 다른 계기에 비하여 크므로 정밀급 계기에는 사용이 곤란하다.</td></tr>
<tr><td>구동 토크가 다른 계기에 비하여 크고, 조정이 쉽다.</td></tr>
<tr><td>공극 내의 자기장이 강하므로 외부 자기장의 영향이 작다.</td><td rowspan="3">교류용이며, 직류에는 사용할 수 없다.</td></tr>
<tr><td>회전력은 가동부의 위치에 관계없으므로 극히 넓은 범위의 눈금으로 쓸 수 있다.</td></tr>
<tr><td>교류 배전반용 기록장치와 전력계 및 이동 자기장식은 적산 전력계로 이용된다.</td></tr>
</table>

㉯ 종류

㉠ **회전 자기장형** : 회전 자기장에 의해서 원통에 맴돌이 전류가 발생하고, 이 맴돌이 전류와 자기장 사이의 전자력에 의한 구동 토크를 이용하는 것

㉡ **이동 자기장형** : 측정하려는 전류 또는 전압에 의해서 만들어진 이동 자기장 속에 알루미늄 원판을 놓고, 여기에 생기는 맴돌이 전류와 코일에 생기는 자속 사이의 전자력에 의해서 구동 토크를 만드는 것

② 유도형 적산 전력계

단상 유도형 적산 전력계와 3상 유도형 적산 전력계가 있으나 우리생활에 3상을 주로 사용하기 때문에 단상 유도형 적산 전력계는 많이 사용하지 않는다.

③ 3상 적산 전력계

㉮ 3상 3선식 부하의 전력량을 측정하는 유도형 계기로서 2전력계법의 원리를 이용한 것이다.

㉯ 2개의 단상용 적산 전력계 소자를 각각 상하에 배치하고, 두 원판을 한 축에 붙여서 각 원판에 작용하는 구동 토크의 대수합으로 계량장치를 움직이도록 한 것이다.

5) 정전형 계기

① 구조 및 원리와 특징

㉮ 정전형 계기는 [그림 5-4]와 같이 2장의 고정 전극과 그 사이에 알루미늄 가동 전극을 장치한 것으로, 구동력은 양 전극에 걸어 준 전압에 의하여 축적된 정전 에너지로서, 양 극판에 대전된 전하 사이에 작용하는 힘을 이용한 것이다.

㉯ 정전 전압계 또는 전위계는 전압을 직접 측정하는 유일한 계기이다. 이 계기는 대전된 도체 사이에 작용하는 정전 흡인력 또는 반발력을 이용한 것으로, 주로 고압 측정용 전압계로 쓰인다.

㉰ 정전 전압계를 동작 원리로 크게 나누면 양 전극 중의 한쪽 전극을 평행 이동시키는 것과 회전시키는 것의 두 종류가 있다.

　㉄ 에이브러햄 빌라드 형과 켈빈 형의 정전 전압계가 있다.

㉱ 정전 전압계의 제동은 공기제동이나 액체제동 또는 전자제동을 사용한다.

이러한 원리를 이용한 정전형 전압계는 〈표 5-8〉과 같은 장·단점이 있다.

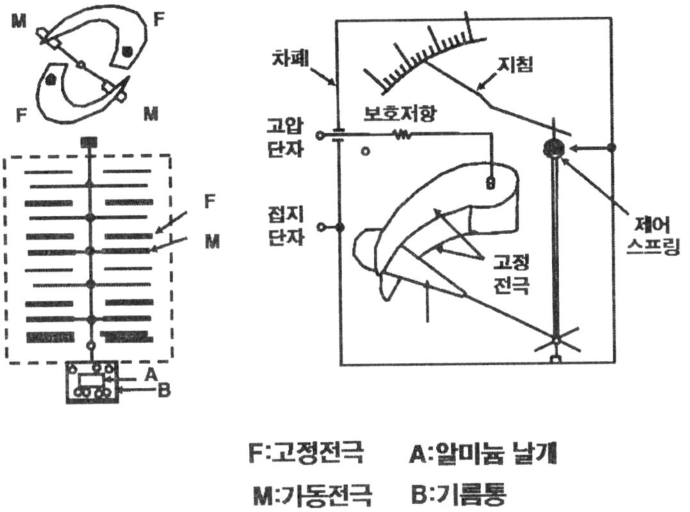

[그림 5-4] 정전형 계기의 원리 및 구성

〈표 5-8〉 정전형 계기의 장 · 단점

장 점	단 점
주로 고압 측정용으로 사용된다.	외부 자기장의 영향은 받지 않으나, 정전기장에 의한 오차를 발생한다.
눈금은 제곱눈금으로 되어 있다.	
입력 임피던스가 높고, 소비전력이 극히 적다.	
주파수와 파형의 영향이 없으므로 직 · 교류 겸용 및 직 · 교류 비교기로도 이용된다.	

6) 열전형 계기

① 열전형 계기는 [그림 5-5]와 같이 전류의 열작용에 의한 금속선의 팽창, 또는 종류가 다른 금속의 접합점의 온도 차에 의한 열기전력으로 가동 코일형 계기를 동작하게 한 계기이다.

② 금속선의 팽창을 이용한 열선형은 현재 사용되지 않으며, 열전쌍형이 고주파 전류계로 널리 사용되고 있다.

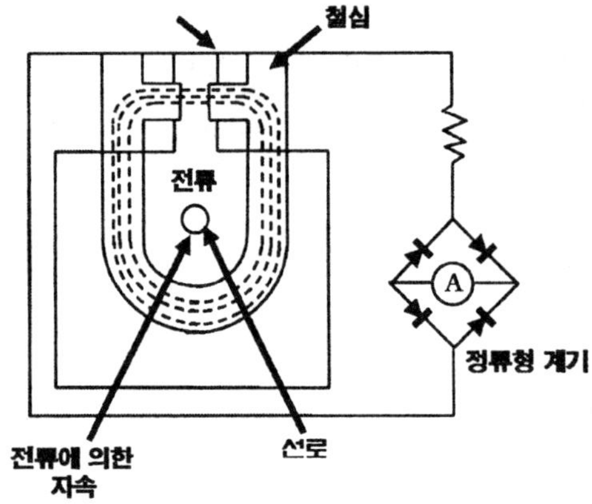

[그림 5-5] 열전형 계기의 원리 및 구성

7) 열전쌍형 계기

열전쌍형 계기는 종류가 다른 금속의 접합점의 온도차에 의한 열기전력으로 가동 코일형 계기를 동작시키는 계기이다.

㉮ **열전쌍의 재료** : 구리-콘스탄탄, 철-콘스탄탄, 망가닌-콘스탄탄, 크로멜-알루멜 등의 합금을 사용한다.

㉯ **열선의 재료** : 백금, 콘스탄탄, 망간, 나트륨 등을 사용한다.

㉰ **열전쌍 전류계** : 측정전류 I를 저항 R의 열선에 흘려 발생하는 열 RI^2[W]에 의하여 열전쌍에 발생하는 열기전력을 가동 코일형 직류 계기로 지시하는 것. 열기전력은 전류의 제곱에 비례하므로 눈금은 제곱눈금이고, 그 지시는 직류·교류의 실효값을 표시하며, 오차가 없고, 주파수 특성이 우수하므로 주로 고주파용 전류계로 사용된다.

㉠ **진공 열전쌍** : 공기의 대류 작용에 의한 열손실을 방지하고, 감도를 높이기 위하여 진공 유리구 안에 봉입한 열전쌍을 사용한다.

㉡ **노출형 열전쌍** : 1[A] 이상의 전류 측정에는 공기 중에 노출한 노출식 열전쌍을 사용한다.

㉢ **고주파 변류기** : 대전류 측정에 사용한다.

㉱ **열전쌍 전압계** : 열전쌍 전압계는 10~20[mA] 정도의 열전쌍 전류계에 고주파 직렬저항을 접속하여 사용. 측정전압은 0.5~150[V] 정도이며, 사용 한계 주파수는 100[kHz] 정도. 소비전류가 크고, 입력 임피던스가 작으므로 별로 사용되지 않는다.

㈒ **열전쌍 전력계** : 열전쌍의 제곱 특성을 이용한 것이다.

① 열전쌍형 계기의 오차와 방지책

㈎ **공진오차** : 도입선의 인덕턴스와 포유 용량의 직렬공진에 의한 오차이다.
- **방지책** : 열전쌍의 바로 뒤에 초크 코일을 삽입한다.

㈏ **전위오차** : 계기의 정전 용량을 통하여 고주파 전류가 흘러 열전쌍을 가열함으로써 열선을 손상시켜 발생하는 오차이다.
- **방지책** : 자석 또는 내부 금속부를 가동 코일로부터 절연하여, 이것을 일괄적으로 음(−)의 단자에 접속한다.

㈐ **분배오차** : 피측정 전류가 크면 열선이 굵어야 하는데, 열선이 굵으면 피복 저항이 커지므로 복선을 사용할 때 복선 중 하나만을 이용하므로 굵기나 저항값이 다르면 오차가 발생한다.
- **방지책** : 전기적 규격이 일정한 것을 사용

㈑ **표피오차** : 주파수가 높아지면(50[MHz] 이상) 열저항선이 표피 효과로 인하여 전류가 도체의 표면에만 흐르게 되므로 열선의 저항값이 증가되어 발생되는 오차
- **방지책** : 가는 열선을 사용

② 열전쌍형 계기의 특징

접합점의 온도차에 의한 열기전력을 이용한 열전쌍형 계기의 장·단점은 〈표 5-9〉와 같다.

〈표 5-9〉 열전쌍형 계기의 장·단점

장　　점	단　　점
열기전력은 전류의 제곱에 비례하므로 눈금은 제곱눈금이다.	과전류에 약하고, 대전류용의 값을 지시 시간이 지연된다.
지시는 직류, 교류의 실효값을 표시하며, 파형오차가 없다.	
열선이 짧으므로 인덕턴스가 매우 작아 교류와 직류가 같은 저항값으로 된다.	
직류에서 무선 주파수(약 300[MHz])까지 동일눈금으로 측정할 수 있다.	

8) 정류형 계기

㉮ **정류형 계기** : [그림 5-6]과 같이 측정하고자 하는 교류를 반도체 정류기에 의해 직류로 변환한 후 가동 코일형 계기로 지시시키는 계기이다.

㉯ 일반적으로 전류력계형이나 가동 철편형과 같은 교류용 계기는 직류형 계기에 비하여 감도가 낮기 때문에, 정류형 계기는 가동 코일형 계기가 가지는 정도의 감도를 교류 측정에 이용하는 것으로서 교류 계기 중 가장 감도가 좋다.

㉰ 이 계기는 배전반용 등의 교류전류계 및 교류전압계로 널리 이용된다.

㉱ 일반적으로 정류회로는 반파 정류보다 계기의 지시를 2배로 할 수 있는 전파 정류를 사용한다.

㉲ 정류형 계기로 제작되는 전류계의 정격전류는 500[μA]~100[mA] 정도이고, 전압계의 경우에는 정격전압이 1~1000[V] 정도이다.

㉳ 측정 범위를 확대하려면 전류계는 계기용 변류기를, 전압계는 배율기 저항을 접속하여 사용한다.

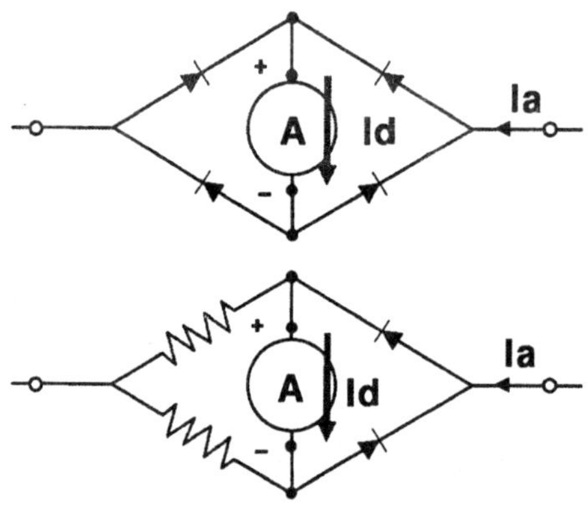

[그림 5-6] 정류형 계기의 원리 및 구성

9) 검류계

검류계는 미소전류나 전압의 유무를 검출하는 데 사용하는 고감도의 계기로서 검류계의 원리는 [그림 5-7(a)]와 같이 영구자석의 자극 사이에 가동 코일을 달아 놓으면, 코일에 미소전류가 흐를 때 코일 자체에 힘이 생겨서 코일이 한쪽으로 이동하게 되는데(편위), 이 편위로 전류의 유무를 측정하는 것으로 진동 특성은 [그림 5-7(b)]와 같다.

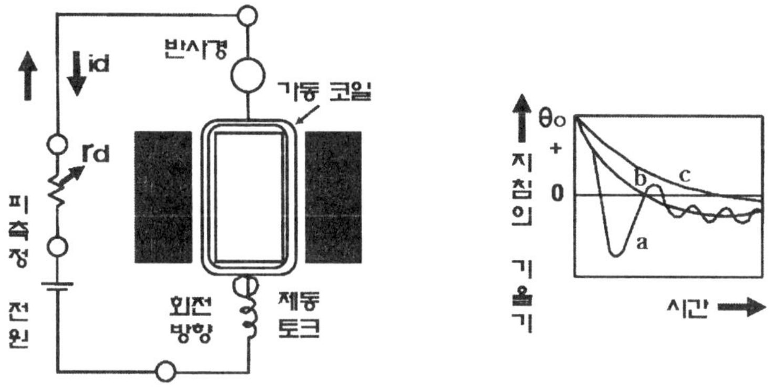

(a) 원리도 (b) 진동 특성

[그림 5-7] 검류계의 원리 및 구성

① 직류용 검류계

㉮ **가동 코일형 검류계** : 가동 코일형 검류계는 가동 코일형 지시기와 구조가 거의 같으나, 감도를 높이기 위하여 제어 스프링을 쓰지 않고, 영구자석의 자기장 속에 가동부의 관성을 작게 하기 위하여 세로의 폭을 길게 한 장방형의 가동 코일을 인청동의 가는 선으로 매달아, 이것을 제어 토크로 이용하므로 가동부가 가볍게 되어 있다. 일반적으로 검류계의 눈금은 눈금판 중앙을 0 위치로 정해 놓고, 좌우로 균등한 눈금선이 매겨져 있다. 눈금선에 표기된 숫자는 어떤 전류값이 아니고, 광섬의 이동량을 나타낼 뿐이다. 그리고 검류계는 감도가 매우 높기 때문에 적절한 제동을 걸어주기 위하여 가동 코일에 제동용 직렬저항을 외부와 접속하여 사용할 때도 있다.

㉯ **충격 검류계** : 보통 검류계는 미소한 전류, 전압 등을 검출 또는 측정하는 것으로서, 축전기와 케이블 등의 정전용량을 구하는 경우, 또는 자성 재료의 자기 특성을 구하는 경우와 같이 축전기가 충전할 때, 또는 코일과 쇄교하는 자속이 급변할 때와 같은 과도전류는 충격적인 토크를 발생할 뿐 가동부는 그 값을 지시하지 못한다. 이를 위하여 만든 것이 충격 검류계 또는 진동 검류계이다. 이 검류계의 구조는 가동 코일형 검류계와 거의 같으나, 가동 부분에 적당한 추를 달든지, 또는 코일의 나비를 넓게 만들어 제어 토크에 비하여 관성을 크게 한 것이다. 충격전류가 클 때에는 분류기를 사용하고, 분류기의 배율 계산은 일반 지시기에서와 같다. 가동부의 관성을 크게 하여 주기를 길게 한 것은 충격 감도는 감소하나 동작의 안정을 위한 목적이다. 가동 코일형 충격 검류계는 외부 자기

장의 영향도 받지 않고, 보통 검류계로는 측정할 수 없는 축전기와 케이블 등의 정전 용량의 측정, 자성 재료의 자속 측정 등에 적합하다.

② 교류용 검류계

교류용 검류계로 가장 많이 사용되는 것은 **진동 검류계**이다. 가동 코일형 진동 검류계는 영구자석의 자기장 내에 가동 코일을 인청동 또는 은, 청동의 단선으로 매단 것이다. 반조 검류계에 낮은 주파수의 교류를 걸어 주면 그의 반주기마다 가동 부분에 걸리는 토크의 방향이 좌우로 변화하는 구동 토크가 생긴다. 따라서 가동 부분의 고유 진동수를 적당한 바업(bar-up)으로 조절하여 피 측정 교류의 주파수에 일치시키면 가동 부분에 공진이 일어나고, 이에 따라 진동하는 진폭이 증대되기 때문에 거울에 반사되어 나오는 광점이 좌우로 크게 이동하고, 눈금판 위에는 한 줄의 긴 가로선을 그린다. 이와 같은 원리를 이용한 진동 검류계는 미소한 교류를 검출해 내거나 교류 전원을 사용하는 교류용 브리지의 검류계로 쓰인다.

③ 직·교류용 검류계

- **전류력계형 검류계** : 가동 코일형 검류계의 영구자석을 전자석으로 대치한 것으로서, 감도는 가동 코일형 검류계와 거의 같다. 또한, 이 계기는 직류·교류 겸용으로 할 수 있으며, 거의 상용 주파수에서만 사용되고 있다.

10) 기록계기

① 기록계기

어떤 종류의 전기량이나 공업량 등을 측정할 때에는 측정량의 시간적 변화상태를 관측, 기록해야 하는 경우가 많은데 이러한 목적을 위해 만들어진 계기가 기록계기이다.

- 기록계기에는 측정량의 시간에 대한 변화를 기록하는 형식에는 직동형 기록계, 펜 오실로그래프 및 자동 평형형 기록계 등이 있으며, 두 측정량 사이의 관계를 나타내는 형식에는 X-Y기록계가 있다.

② 기록계기의 구성

기록계기는 피측정량을 지시하는 구동장치와 그 지시를 하기 위한 기록기구로 구성되며 구동부의 지시용 지침 끝에는 기록용 펜이 달려 있어, 이 펜이 일정한 속도로 이동하는 기록용지 위에 접촉되어 지시값을 기록한다.

㉮ **직동식 기록계기** : 편위법 지시계기의 동작 원리로서, 지침이 달린 기록용 펜을 직접 움직여 측정량을 기록하는 계기로서 실선식과 타점식이 있다.

㉯ **자동 평형 기록계기**

㉠ 펜과 기록계기는 펜과 기록용지에서 생기는 마찰오차를 피하기 위하여 고안된 것으로, 영위법에 의한 측정 원리를 이용한 것이다.

㉡ 펜의 구동력을 직접 피측정 에너지에서 받는 것이 아니라, 별개의 구동 에너지로 움직이게 하는 자동 평형 서보 기구를 사용한다.

㉢ 직동식 계기에 비하여 고정밀도의 측정이 가능하다.

11) 회로 시험기

회로 시험기는 의사의 청진기와 같은 시험기로서 전기·전자 및 통신 기기의 회로를 점검하는 데 필수적인 기본 측정기이며, 구성요소는 [그림 5-8]과 같다.

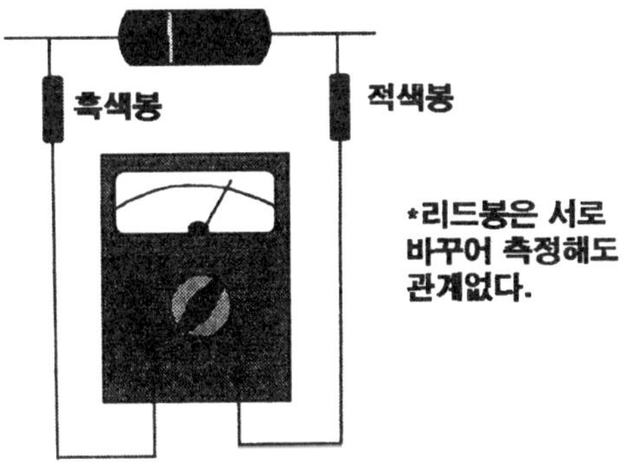

[그림 5-8] 회로 시험기 구성

① 측정 범위

㉮ 일반용 회로 시험기로 측정할 수 있는 내용은 주로 직류전류, 직류전압, 교류전압 및 저항이다.

㉯ 회로 시험기에 따라서는 콘덴서의 용량(μF) 측정 및 인덕터의 인덕턴스(H) 측정이 가능한 직동식 눈금이 있다. 그리고 통신기기의 레벨 측정에 편리하도록 dB[dBm] 눈금이 매겨져 있다.

㉰ 대부분의 회로 시험기의 범위 전환은 로터리 스위치식이나, 디지털형의 회로 시험기에서는 누름 스위치가 쓰인다.

이러한 회로 시험기의 측정 범위를 요약하면 〈표 5-10〉과 같다.

〈표 5-10〉 회로 시험기의 측정 범위

종 류	측정 범위
DC V	1, 2.5, 10, 50, 250, 500, 1000[V] (내부저항 : 2.5[V] 이하 10[kΩ/V], 10[V]이상 4[kΩ/V])
AC V	10, 50, 250, 1000[V](내부저항 : 4[kΩ/V])
DC A	0.1, 2.5, 25, 250[mA]
OHMS	R, R-100, R-1000, R-10000[Ω]
μF 또는 H	0.001~0.3[μF], 20~1000[H](AC V 10[V] 범위)
dB	−10 ~ +22[dBm]

② **저항 측정의 원리**(식 5-3)

$$I_0 = \frac{V}{R_{in}}\ ;\ I_X = \frac{V}{R_{in}+R_X}\ ;\ \frac{I_X}{I_0} = \frac{R_{in}}{R_{in}+R_X} \tag{5-3}$$

여기서 $R_x = R_{in}$라면 $I_X = \frac{1}{2}I_0$로, 지시계의 지침은 최대 눈금, 즉 정격전류의 1/2되는 곳을 지시한다. 그러므로 그 점에 저항값의 눈금을 표시해 둔다. 이와 같은 방법으로 여러 저항값을 계기눈금에 표시해 둔 것이 저항계이다(단, R_M=계기의 내부저항, R_V=0점 조정용 가변 저항기, R_R=직렬저항, R_{IN}=본 계기의 내부저항으로 설정한다).

③ **인덕턴스 및 커패시턴스 측정의 원리**

콘덴서의 용량 C 또는 인덕턴스 L의 리액턴스($X_C = 1/2\pi fC$, $X_L = 2\pi fL$)에 의한 전압강하를 이용한 것으로, 지정된(AC V) 범위(보통 10[V] 범위)에 변압기의 2차 전압(60[Hz], 10[V])과 직렬로 피측정물을 접속하여, 지침이 지시하는 [μF] 또는 [H] 눈금을 읽어낸다.

④ **dB 측정의 원리**

㉮ dB(데시벨)의 측정 : 기준 전압을 정하고, 그 값과의 비를 대수를 취하여 20배 한 값(식 5-4)

$$dB = 20\log\frac{V(\text{지시 전압})}{V_s(\text{기준 전압})} \quad (5\text{-}4)$$

그러므로 기준 전압이 1[V]일 때 지시 전압이 1[V], 5[V], 10[V]이면 dB은 각각 0[dB], 14[dB], 20[dB]이 된다.

㈏ 회로 시험기에서는 흔히 dBm 눈금으로 표시되며, 이것은 기준 전압을 0.77[V](660[Ω] 부하에 1[mW]가 공급될 때의 부하에 걸리는 전압강하이다)로 하고, 그 대수비에 20배한 값이다(식 5-5).

$$dBm = 20\log\frac{V(\text{지시 전압})}{\text{기준 전압 }0.77[V]} \quad (5\text{-}5)$$

따라서, dBm을 측정할 때에는 반드시 600[Ω] 부하의 단자전압을 측정한다.

㈐ 일반용의 회로 시험기에는 dBm 눈금을 AC 10[V]범위에 맞춰 놓았기 때문에 측정 범위는 −10 ~ +22[dB]이다.

[그림 5-9]는 가동 코일형 계기와 가동 철편형 계기의 구조를 나타낸 것이고, 〈표 5-11〉은 측정기의 동작원리에 따른 분류를 나타낸 것이다.

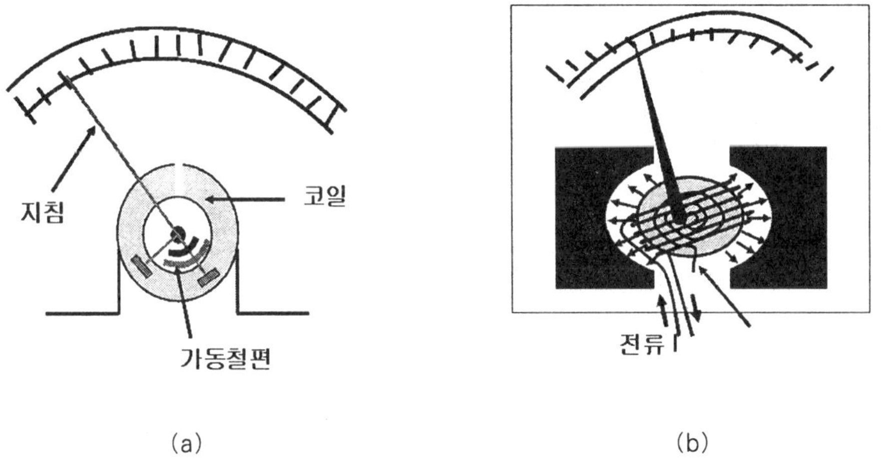

(a) (b)

[그림 5-9] 가동 코일형 계기의 구조 및 가동 철편형 계기의 구조

〈표 5-11〉 동작원리에 의한 분류

동작원리에 의한 종류	기 호	적용기기	특 징
가동 코일형		직류전압계 직류전류계	고감도 고감도
가동 철편형		교류전압계 교류전류계	구조가 견고함
전류력계형	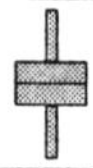	직류 및 교류의 전압계, 전류계, 전력계	오차가 작다, 실효값 지시, 주파수 교류의 표준용
정류기형		교류전압계 교류전류계	교류에서 고감도, 평균치에서 동작 파형오차 큼
열전형		고주파 전류계	열작용에 의한 금속선의 팽창을 이용한 측정기구
열선형	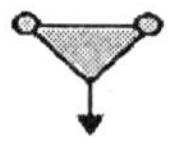	열선 전력계 고주파 변류기	주파수 특성이 우수하고, 실효값을 표시
정전형		직 · 교류 비교기	입력 임피던스가 높고, 고압측정용 사용
유도형	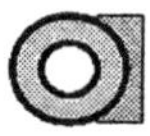	교류 배전반용 기록장치, 적산전력계	구조가 간단하고 견고함

(3) 계기의 정확도에 의한 분류

한국 산업규격에 의하면 지시계기는 그 정확도에 따라 〈표 5-12〉와 같이 5계급이 있으며, 각각 허용오차가 정해지고 있다.

〈표 5-12〉 전기계기의 계급

계 급	허용오차	용 도
0.2급	±0.2%	대형 부표준형 계기 / 고도의 정밀 측정, 계기의 시험용의 표준계기로 사용함
0.5급	±0.5%	휴대용 계기 / 정밀 측정용으로 사용함
1.0급	±1.0%	소형 휴대용 계기 / 준정밀 측정용으로 사용함
1.5급	±1.5%	배전반용 계기 / 공업 측정용으로 사용함
2.5급	±2.5%	정확도를 중요시하지 않는 배전반용 계기 / 소형 계기로 사용함

3 전기계기의 구성요소

(1) 구동장치

구동장치는 측정하려는 전기적인 양에 비례하는 구동력 또는 구동 토크를 발생시키는 것인데 가동부에는 지침이 붙어 있으며, 가동 부분의 회전 또는 변위에 따라서 지침이 이동하여 측정하려는 전기의 양을 지시하게 된다.

구동 토크를 발생시키는 방법에는 다음과 같은 것이 있다.

① **구동 토크** : 측정량에 따라 계기의 지침과 같은 가동 부분을 움직이게 하는 힘
② **구동장치** : 구동 토크를 발생하는 장치
③ **구성요소** : 고정부와 가동부
④ **구동 토크를 발생시키는 방법과 분류** : 〈표 5-13〉과 같이 발생의 원리에 따라 유형을 나눌 수 있다.

이것은 어느 것이나 계기에 흐르는 전류, 전압 및 전력에 비례하여 토크를 발생시킨다.

〈표 5-13〉 구동 토크 발생 방법의 분류

	유 형	발 생 의 원 리
구 동 토 오 크 발생방법	전자형	자장과 전류와의 사이에 작용하는 힘
	가동 철편형	자장 내에 있는 철편에 작용하는 힘
	전류력계형	두 전류 사이에 작용하는 힘
	정전형	충전된 두 물체 사이에 작용하는 힘
	유도형	회전자장 또는 이동자장 내에 있는 금속도체에 사용하는 힘
	열전형	열기전력에 의한 전자력을 이용
	전해형	전류에 의한 전기분해작용을 이용

(2) 제어장치

구동장치에 전기를 가하여 구동력 또는 구동 토크가 작용할 때, 그 운동을 방해하는 것이 없으면 가동부는 무한히 이동 또는 회전하게 된다. 따라서 구동력 또는 구동 토크와 평형시켜 가동부를 일정한 위치에 정지시키는 제어력 또는 제어 토크를 발생시키는 제어장치가 필요하다.

1) 스프링 제어

스프링 제어(spring control : 스프링 컨트롤)는 스프링을 가동 부분의 축에 고정시키는 방법으로 대부분의 계기는 이 방법을 사용한다.

스프링 제어는 [그림 5-10]에 표현된 것과 같이 가느다란 나선식 스프링의 한쪽 끝을 고정시키고, 중심부의 끝을 가동 부분의 회전축에 붙여 설치하고 이것에 구동 토크 T_D를 가하면, 스프링이 퍼지거나 줄어들어 스프링의 탄성에 의해 T_D에 반항하여 회전각 θ에 비례하는 제어 토크 T_C가 발생하는데 제어 토크는 식 (5-6)과 같이 나타낼 수 있다.

$$T_C = k\theta \tag{5-6}$$

여기서 k는 스프링의 재질, 형태, 온도 등에 의하여 결정되는 상수이다.

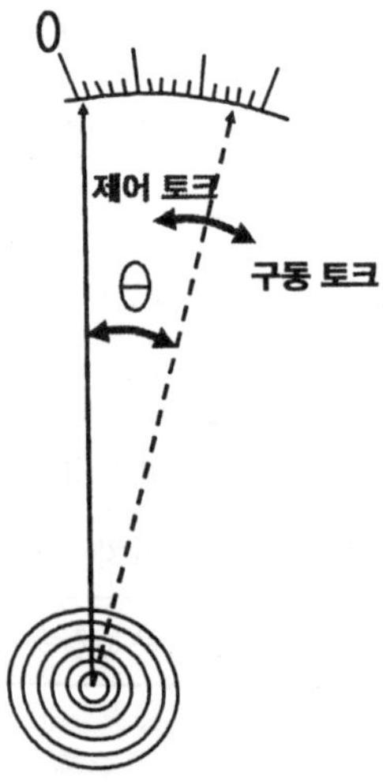

[그림 5-10] 스프링 제어

구동 토크가 적은 검류계와 같은 계기에서는 인으로 만든 동선으로 제어할 때도 있다.

스프링에는 **와상 스프링**(spiral spring : 스파이어럴 스프링), **나상 스프링**(helical spring : 헬리컬 스프링), **판상 스프링**(plate spring : 플레이트 스프링), **대상 스프링**(band spring : 밴드 스프링) 등이 있다.

2) 중력제어

중력제어(gravity control : 그래버티 컨트롤)는 지구의 중력을 이용한 것인데 주로 수직 배전반용의 계기에 사용한다.

[그림 5-11]과 같이 지침의 회전축에 두 개의 추를 양 끝에 연결하여 지침이 회전을 하면 추가 원위치로 되돌아오려고 하는 토크인 제어 토크가 발생하는 원리를 이용한 것이다.

이 제어 토크는 길이를 변화시켜 조정할 수 있다.

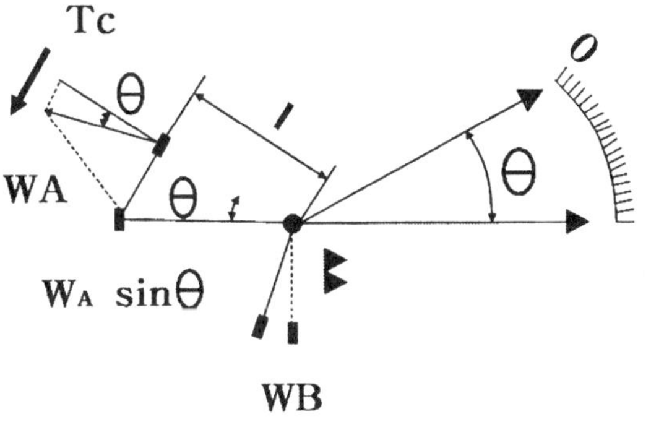

[그림 5-11] 중력제어

3) 전자제어

전자제어(electro magnetic control : 일렉트로 마그네틱 컨트롤)에는 **와류제어**(eddy current control : 에디 커런트 컨트롤)와 **교차 코일 제어**(cross coil control : 크로스 코일 컨트롤)가 있다.

① 와류제어

와류제어는 [그림 5-12]와 같이 영구자석 안에 금속원판(알루미늄 원판)을 삽입하여 원판이 구동 토크에 의하여 회전하면, 금속원판은 영구자석의 자력선을 끊게 되어 와전류를 발생하게 된다. 이 와전류와 자속과의 사이에 발생하는 토크는 원판의 회전에 반항하여, 원판에 항상 일정한 제어 토크 T_C를 발생시킨다.

T_C와 자속 Φ, 원판의 회전수 n의 사이에는 식 (5-7)과 같은 관계가 성립한다.

$$T_C = k\Phi^2 n \tag{5-7}$$

여기서 k는 상수이다.

자속 Φ는 일정하므로 T_C는 회전수 n에 비례하게 된다. 그러므로 원판은 구동 토크와 제어 토크가 평형하는 일정한 회전수로 회전을 계속하게 된다.

[그림 5-13]에 나와 있는 맴돌이 전류 제어장치는 자기장의 세기에 따라 구동 토크와 제어 토크가 맞물리는 것을 이용한 제어 방식으로 교류용 적산 전력계에 대표적으로 사용된다.

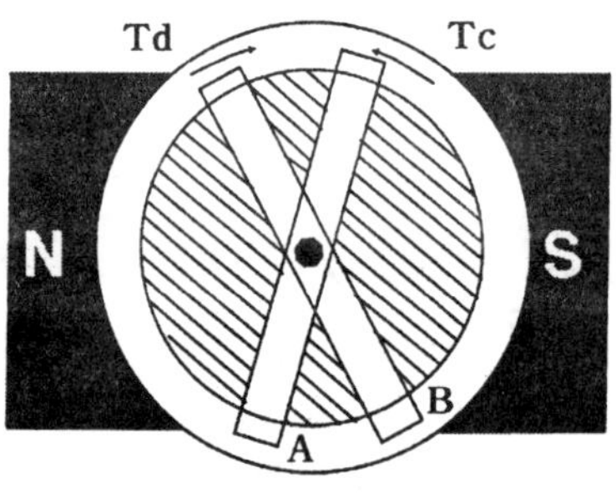

[그림 5-12] 와류제어

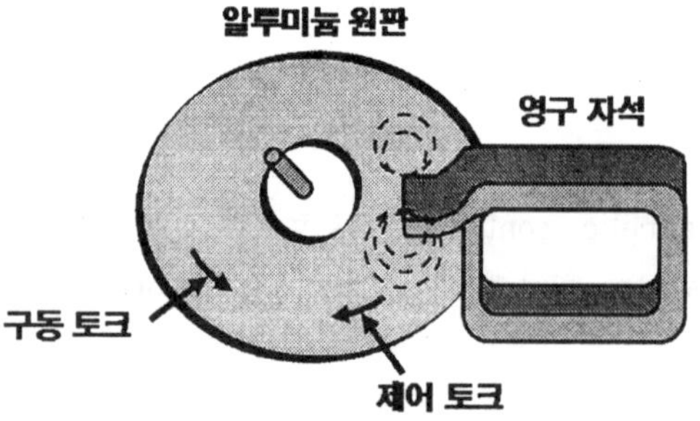

[그림 5-13] 맴돌이 전류 제어장치

② 교차 코일 제어

교차 코일 제어장치는 한 회전축에 두 가동 코일을 교차로 장치하여 측정량에 비례하는 구동 토크가 생기는 가동 코일과 제어 토크가 생기는 가동 토크를 교차로 장치하여 구동 토크와 제어 토크가 상반되도록 하면, 교차 코일은 항상 구동 토크와 제어 토크가 평형위치에서 정지한다. 이러한 교차 코일에 의한 제어는 절연 저항체, 역률계, 지시형 주파수계 등에 사용된다.

4) 자기적 제어

가동 자침형 검류계에 쓰이며, 작은 자침이 지구자기나 영구자석의 자기장에서 방위(각)를 가지는 성질을 이용한 제어이다.

(3) 제동장치

계기의 가동 부분에 구동 토크가 작용하여 그 변화에 따라서 제어 토크가 생길 때, 가동부는 가동 부분의 운동 에너지 때문에 구동 토크와 제어 토크가 평형을 이루어 정지하려는 위치, 전후에서 작은 진동을 하다가 마찰로 인하여 진폭이 점차로 작아져서 정지한다. 이와 같이 가동부가 정지하는 데 시간이 걸릴 뿐 아니라 베어링의 마모도 커지므로 적당한 제동 토크를 주어서 이 운동 에너지를 흡수하여 관측을 빠르게 하고, 불필요한 마찰을 방지할 수 있다.

제동장치에는 공기제동, 맴돌이 전류 제동, 와류제동, 액체제동, 전자제동 등이 있다.

1) 공기제동

공기제동(air damping : 에어 댐핑)은 물체가 공기 중을 운동할 때 받는 공기의 저항을 이용한 것이며, 구조에는 **피스톤형**과 **날개형**이 있다.

- **피스톤형** : 한쪽 끝을 막은 원통 속에서 얇은 금속제의 날개가 운동하는 것이다.
- **날개형**([그림 5-14]) : 밀폐된 부채형 상자 속에서 얇은 금속제의 제동날개가 제동력을 일으키므로 피스톤형과 달리 어느 방향으로 움직일 때나 제동작용이 대칭이다. 이들은 다른 제동장치에 비해서 구조가 간단하므로 널리 사용된다.

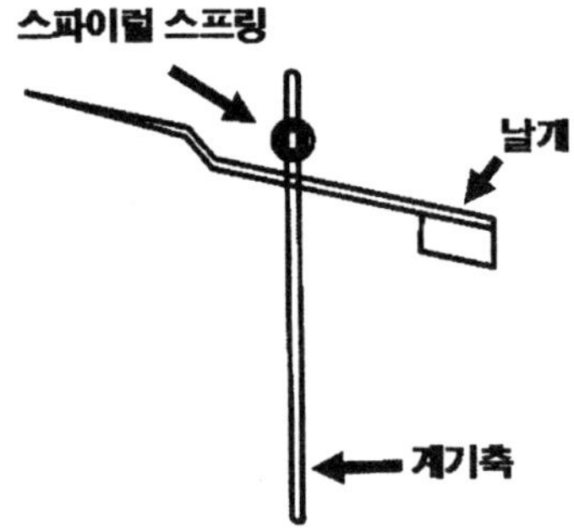

[그림 5-14] 공기제동장치(날개형)

2) 맴돌이 전류 제동

계기의 회전축에 [그림 5-15]와 같이 장치한 알루미늄 원판을 영구자석의 강한 자기장 내에 회전시키면 원판에 맴돌이 전류가 흐르게 되어, 이 맴돌이 전류와 자기장이 상호 작용을 하여 원판의 운동을 방해 하는 방향으로 전자력을 발생시켜 제동하는 방식으로 가동 코일형 계기와 적산 전력계에 주로 사용된다.

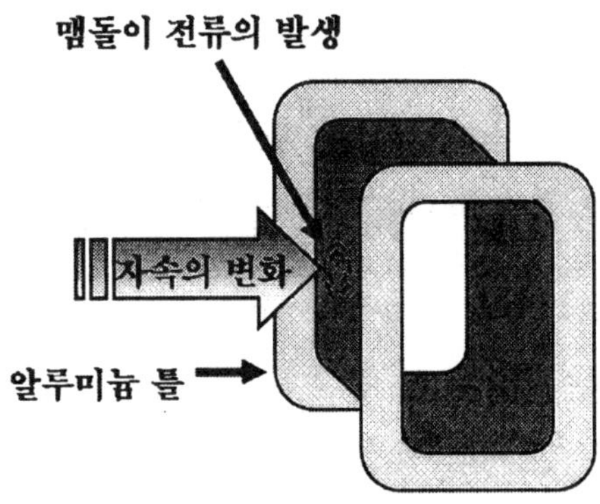

[그림 5-15] 맴돌이 전류 제동

3) 와류제동

와류제동은 회전축에 알루미늄 판을 붙이고 영구자석의 자극 사이에서 움직일 때 알루미늄 판에는 와전류가 생기고, 이 와전류와 영구자석에서 나오는 자력선과의 작용으로 알루미늄 판의 운동방향과 반대 방향으로 제동 토크를 얻게 된다.

제동 토크의 크기는 알루미늄 판의 움직이는 속도에 비례한다. 가동 코일형 계기에서는 코일에 감은 틀에 알루미늄을 사용하여 틀에 흐르는 와전류와 영구자석의 자력선에 의하여 제동을 한다.

4) 액체제동

액체제동은 공기제동의 공기 대신 기름이나 글리세린 등을 사용하는 방법이며, 제동 효과는 크지만 온도에 의한 액체의 점도가 변화하는 결점이 있다.

〈표 5-14〉 눈금의 종류와 특징

종 류	눈 금	특 징
균등눈금	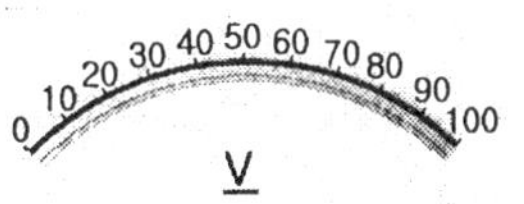	전체 눈금에 걸쳐 눈금 읽기가 동일하다. 일반적으로 사용하는 계기
불균등눈금	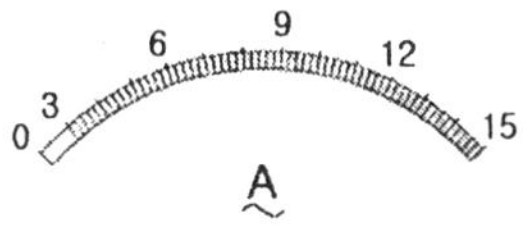	0부근의 눈금선이 좁아 정격 25% 이하의 눈금에서 오차가 많다.
대수눈금		측정 범위가 넓고, 절연 저항계, 통신계기 등에 쓰인다.
사선눈금	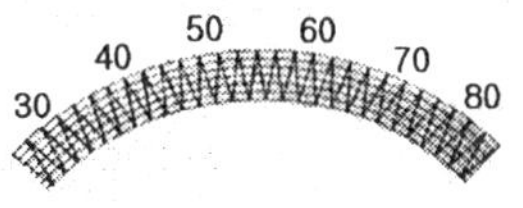	여섯 줄의 눈금과 사선으로 인하여 한 눈금의 1/5까지 읽을 수 있고, 0.2급 계기용으로 쓰인다.
광각눈금	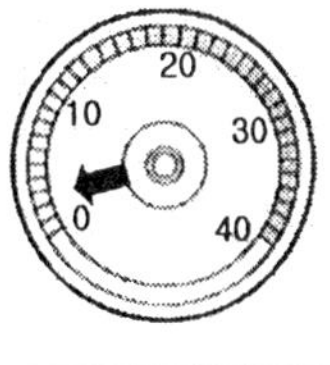	270° 정도 넓은 각도의 눈금으로 배전반용 계기에 쓰인다.
연형눈금	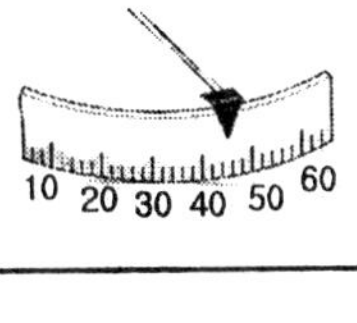	연형계기의 눈금으로 공업계기에 쓰인다.

(4) 눈금과 지침

지시계기에서는 지침과 눈금 등의 지시장치가 필요하고, 기록계기에서는 타점식, 회선식 등의 기록장치가 필요하다. 또한, 적산계기에서는 계량장치가 필요하다.

1) 눈 금

계기의 동작 원리에 따라 눈금은 〈표 5-14〉와 같이 구분할 수 있지만 눈금은 정확하고 읽기 쉬워야 하므로, 균등눈금이 일반적으로 가장 폭 넓게 사용된다.

2) 지 침

계기의 정도나 사용 목적에 따라 가볍고 튼튼하며, 관성이 작도록 알루미늄이나 우랄루민과 같은 얇은 판 또는 가는 판으로 만든다, 지침의 끝 부분은 〈표 5-15〉와 같이 여러 가지 모양의 것들이 있어 목적에 따라 구분하여 사용할 수 있다.

〈표 5-15〉 지침의 종류

지침			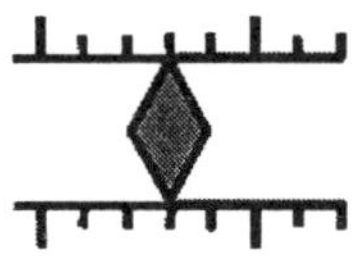				
명칭	창형		연형	칼날형		활형	트러스형

4 직류용 지시계기

직류의 측정에는 가동 코일형, 전류력계형, 가동 철편형, 열전형 및 정전형 계기가 쓰인다. 이들 중에서 가동 코일형 이외의 것은 교류의 측정에도 쓸 수가 있으므로, 여기서는 직류 전용이라고 할 수 있는 가동 코일형의 원리에 대하여 알아보기로 한다.

(1) 가동 코일형 계기

① 가동 코일형 계기는 [그림 5-16]과 같이 영구자석의 자장 안에 가동 코일이 감겨진 원통형 고정철심을 설치하고, 이 코일에 측정하려는 전류를 흘려 그 전류에 의한 자장과 영구자석의 자장과의 사이의 전자력을 이용한 것이다. 영구자석의 안쪽에 원통형의 자극편을 붙이고, 원통 모양의 알루미늄 철심에 장방형 가동 코일을 설치하고, 자성이 없는 금속으로 고정시킨 것이다. 스프링은 상하 서로 반대로 감아 온도의 변화에 의한 신축의 영향을 제거하며, 전류를 도입하는 역할도 겸하고 있다. 가동 코일에 전류가 흐르면 코일에는 플레밍의 왼손 법칙에 의한 방향으로 전류에 비례하는 구동 토크가 발생하여 회전한다.

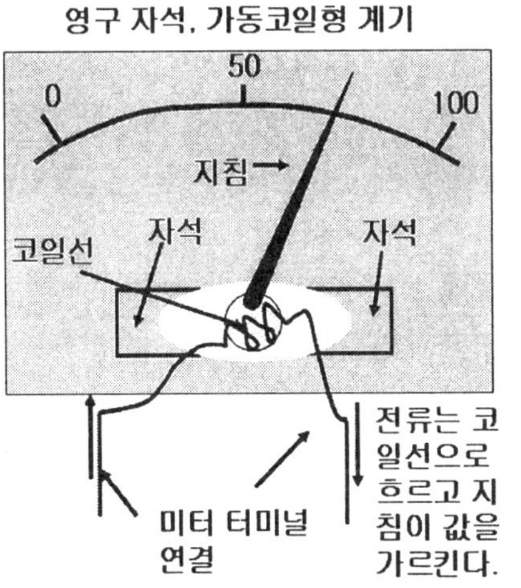

[그림 5-16] 가동 코일형 계기의 구조

② 코일이 회전하면 스프링에는 제어 토크가 가동 코일의 회전각에 비례하여 발생한다. 따라서 구동 토크와 제어 토크가 평형이 되는 위치에서 코일은 정지하게 된다. 전류와 회전각은 비례하므로 **눈금은 균등눈금**이 된다. 이 계기의 제동은 가동 코일을 감은 알루미늄 원통에 유도되는 와전류에 의한 역기전력을 이용하여 행한다. 가동 코일형 계기는 영구자석을 사용하고 있기 때문에 전류의 방향을 반대로 하면 지침은 반대로 회전하게 된다. 따라서 가동 코일형 계기는 직류에서만 사용할 수 있는 것이므로 사용에 있어서 극성에 주의하여야 한다.

③ 가동 코일형 계기의 가동 코일은 가는 동선으로 하여 극히 작은 전류로 동작한다. 이와 같이 동작전류를 작게 하는 이유는 코일 및 스프링의 온도상승을 작게 하고, 전력손실 및 전압강하를 적게 하기 위한 것이다. 따라서 이 가동 코일형 계기를 **전압계로 사용하기 위해서는 적당한 저항(배율기)을 직렬로 접속하여 내부저항을 크게 하고, 전류계로 사용하기 위해서는 적당한 저항(분류기)을 병렬로 접속하여 내부저항을 적게** 하고 있다.

5 교류용 지시계기

(1) 가동 철편형 계기

가동 철편형 계기는 [그림 5-17]과 같이 고정 코일에 흐르는 전류에 의하여 생기는 자장 안에 놓여진 가동 철편에 작용하는 전자력을 이용한 것이다. 이 가동 철편형 계기는 원리적으로는 직류에서도 동작하나 철편의 자기이력 현상에 의한 오차 때문에, 가동 코일형에 비하여 소비전력이 높아 교류전용 계기로 사용되고 있다.

가동 철편형 계기의 종류에는 흡인형, 반발형 및 반발 흡인형 등이 있으며, 현재 사용되고 있는 것은 반발형과 반발 흡인형이다.

1) 흡인형

흡인형은 가동 철편과 고정 코일로 되어 있으며, 고정 코일에 전류가 흐르면 고정 코일이 자화되어서 가동 철편이 코일에 흡인되는 흡인력에 의하여 구동 토크를 발생하는 것이다.

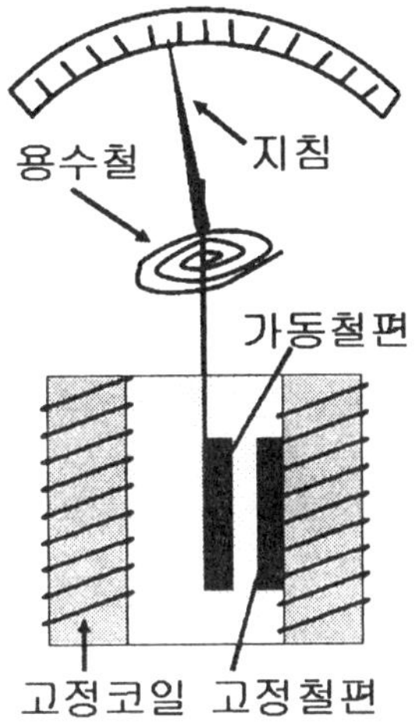

[그림 5-17] 가동 철편형 계기의 구조

2) 반발형

반발형은 고정 코일 안에 장치한 고정 철편과 회전축에 장치한 가동철편을 서로 마주보게 배치하여, 고정 코일에 전류를 흘리면 양 철편이 동일한 극성으로 자화되어서, 그 반발력으로 구동 토크를 발생하는 것이다.

3) 반발 흡인형

반발 흡인형은 가동 철편과 고정 철편을 회전축에 상하로 2개씩 배치한 것이다. 고정 코일의 전류가 작을 경우에는 가동 철편은 각각 마주보는 고정 철편으로부터 반발력을 받아 동작하지만, 전류가 증가하여 회전각이 커지면 가동 철편은 각각 마주보는 고정 철편으로부터 흡인력을 받게 된다.

- **특징** : 구동 토크가 크고, 눈금도 0부근을 제외하고는 균등눈금으로 할 수 있는 것이다.

(2) 유도형 계기

이동자장 또는 회전자장 안에 금속의 원판 또는 원통을 놓으면 금속에는 와전류가 흘러서 전자력에 의해 자장의 이동 방향과 같은 방향으로 구동 토크가 발생한다. 이 원리를 이용한 것이 유도형 계기이며, 회전자장형과 이동자장형이 있다. 이동자장과 회전자장은 교류전류에 의하여 얻어지므로 유도형 계기는 교류전용 계기이다.

- **이동자장형** : 성층 철심에 코일을 감고, 극 부분의 한쪽을 양쪽으로 나누어서 한쪽에 단락 코일인 셰이딩 코일을 감는다. 이 셰이딩 코일에 의하여 이동자장을 만들고 알루미늄 원판을 회전시킨다. 즉, 코일에 측정할 전류를 흘리면 셰이딩 코일에는 역기전력이 발생하게 되는데 그 역기전력 때문에 생기는 전류의 반작용에 의해서 그 극을 통과하는 자속은 셰이딩 코일이 없는 극의 자속과는 위상이 역상이 된다.

(3) 정류형 계기

일반적으로 교류용 계기는 직류용 계기에 비하여 감도가 낮으므로, 정류기를 통해 교류를 직류로 정류하여 감도가 높은 직류계기로 측정하도록 하고 있다.

정류기로서는 다이오드 또는 트랜지스터 등을 사용하고 있다. 정류회로에는 반파 정류와 전파 정류가 있으나, 반파 정류는 반대방향의 반파에서는 정류기의 저항이 대단히 높고, 전압강하의 대부분이 일어나기 때문에 실제로는 이용되지 않는다.

6 직류·교류 양용 계기

(1) 전류력계형 계기

전류력계형 계기는 직류로부터 상당히 높은 주파수까지의 전류, 전압 및 전력의 정밀 측정에 사용할 수 있는 직류·교류 양용 계기이다. 이 계기는 **실효값을 지시**하며, 직류로 눈금을 작성할 수 있으므로 현재 **상용주파수 교류의 표준용 계기**로 사용되고 있다.

전류력계형 계기는 [그림 5-18]에 표현된 것과 같이 직렬로 접속한 고정 코일에 흐르는 전류가 만드는 자장과 이 자장 중에 가동 코일에 흐르는 전류와의 상호작용을 이용한 것이다.

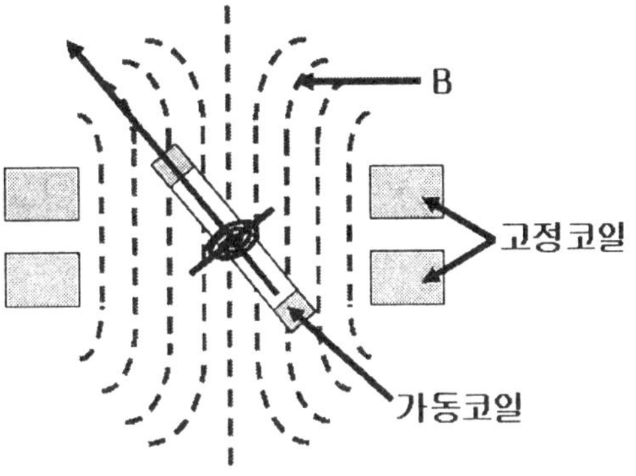

[그림 5-18] 전류력계형 계기의 원리

휴대용, 배전반용으로서는 계기의 소비전력이 크고, 구조가 다소 복잡하므로 [그림 5-19]와 같이 주로 전력계로서 널리 사용되고 있다.

이 계기는 구조상으로 분류하면 전류저울형, 지시 전류력계형, 반조 전류력계형이 있다. 이 중에서 전류저울형은 전류의 절대측정에 그 원리가 응용되고, 또 기록계기, 제어용계기에 부분적으로 사용되고 있다. 현재 지시 전류력계형이 전류계, 전압계뿐만 아니라 전력계로도 가장 많이 사용되고 있다.

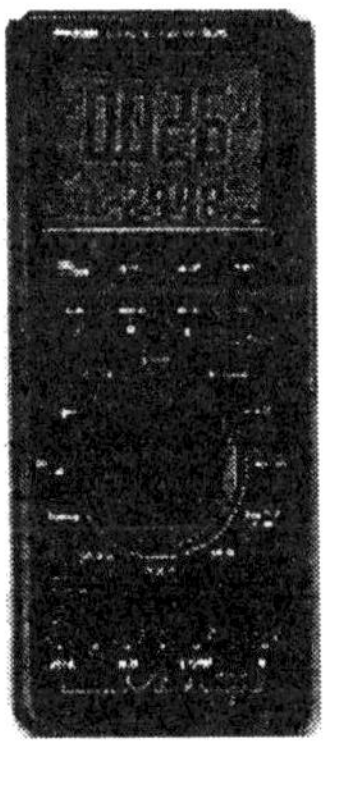

[그림 5-19] 전류력계형 디지털 멀티미터

(2) 열전형 계기

열전형 계기는 측정하려는 전류, 전압, 혹은 전력을 저항선에 공급하여, 그로부터 발생하는 열량을 이용하는 계기이다. 구조상으로 분류하면 열선형, 바이메탈형, 열전형이 있다.

1) 열선형

열선형은 측정전류를 저항에 흘려서 그 온도상승에 의한 저항선 자신의 늘어남을 이용한 것인데 결점이 많아서 현재는 거의 사용되지 않고 있다.

2) 바이메탈형

바이메탈형은 저항선을 바이메탈의 소용돌이 모양의 스프링으로 만들어 그 발열에 의한 스프링의 변형을 이용한 것이다.

3) 열전형

열전형은 전류를 열선에 흘려 발생하는 열에 의하여 열전대(thermocouple : 서모커플)에서 발생하는 열기전력을 가동 코일형 계기로 측정하는 것으로서 직류, 교류, 고주파수까지 측정할 수 있으며 특히 고주파용 계기로 많이 사용되고 있다.

열선으로는 백금, 콘스탄탄, 니크롬 등이 쓰이며, 열전대의 조합에는 망간-콘스탄탄 또는 콘스탄탄-니크롬이 쓰이고 있다.

(3) 정전형 계기

전하를 띤 도체 상호 간에는 정전력이 작용한다. 이러한 정전력을 이용한 계기가 정전형 계기로서 주로 전압계로서 사용되며 직류 및 교류에 모두 사용할 수 있는 계기이다.

동작 원리상으로 보면 전극의 한쪽을 평행 이동시키는 것과 전극의 한쪽을 회전시키는 것이 있다.

정전 전압계는 두 개의 고정전극과 알루미늄 가동판으로 서로 절연된 전극 사이에 측정하고자 하는 전압을 가하면, 전극에는 가한 전압에 비례하여 전하가 생기고, 이 전하 사이에 작용하는 정전력을 구동 토크로 이용하는 것이다. 이 계기는 공기제동을 하며, 과전류가 흐르는 것을 방지하기 위하여 안전저항을 넣어 주어야 한다.

7 오실로스코프

(1) 개 요

오실로스코프(oscilloscope)는 매우 빠른 진행현상이나 과도현상의 관측 및 파형의 분석 등을 할 수 있는 장치로 전자 계측 분야에 매우 많이 사용되고 있다.

오실로스코프는 브라운관 또는 음극선관(Cathode Ray Tude : 캐소드 레이 튜브, CRT)이라고 하는 전자관을 갖고 있다. 음극선은 전자빔을 의미하고, 음극선관 내에는 전자빔이라고 하는 가느다란 전자의 흐름이 발생한다. 전자는 음전하를 갖고 있으며 질량이 매우 작으므로 전장에 의해 그 운동을 자유롭게 제어할 수 있어 수 [MHz] 또는 수백 [MHz]의 고주파에도 사용 가능하다.

오실로스코프는 직류전압, 교류전압 및 주파수를 쉽게 측정할 수 있고, 시간에 따라서 변화하는 파형을 관찰할 수 있다.

기본적인 동작은 수평(X)축을 시간(T)축으로 하여 스코프 내부의 발진기로 톱니파를 발생시켜 공급하며, 수직(Y)축은 피 측정 파형을 공급받아서 정전 편향의 방법을 통해 화면에 휘점은 나타낸다. 필요에 따라서는 수평, 수직축에 각각 다른 파형을 공급하여 그때 발생된 화면의 화상을 관찰하여 주파수의 비교위상의 측정, 변조 특성의 측정 등에 효과적으로 이용되고 있다. 또한 오실로스코프는 입력 임피던스가 매우 높기 때문에 고감도 진공관 전압계로도 사용할 수 있다.

(2) 구 조

오실로스코프의 구조는 [그림 5-20]과 같이 브라운관을 주체로 하며 관측전압을 수직 증폭기에 증폭하여 브라운관의 수직 편향에 가해 수직방향으로 휘점을 움직이게 하고, 동시에 톱니파(시간축) 전압을 수평 증폭기에 증폭하여 수평 편향판에 가해 수평방향으로 휘점을 움직인다.

이것은 오실로스코프의 내부에서 발생하는 시간축 발생회로다. 따라서 수평 증폭기는 외부에서 전압을 가하여 증폭할 수 있다. 전원은 고압과 저압이 있고, 고압은 브라운관의 애노드에 가하고 저압은 증폭기에 가한다.

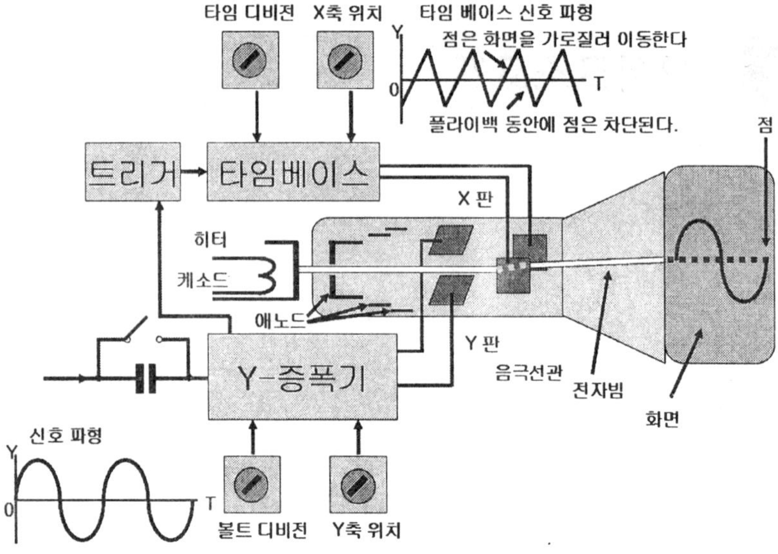

[그림 5-20] 오실로스코프의 구조

(3) 각 조절기의 명칭과 기능

[그림 5-21]은 오실로스코프의 실제 모습을 보여주는 것이다.

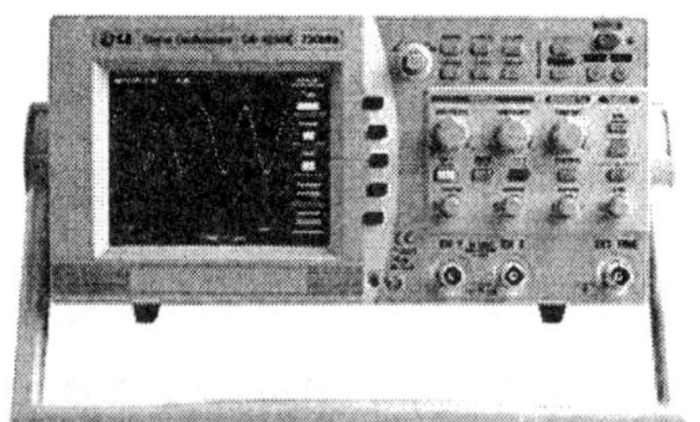

[그림 5-21] 오실로스코프의 전면 조작부

오실로스코프의 프로브를 교정단자에 연결하면 [그림 5-22]에 표현된 것과 같이 교정신호가 화면에 표시된다. 교정신호는 1[kHz] 0.1V_{p-p}의 구형파이므로 TIME/DIV와 VOLT/DIV 스위치를 조절하여 정확하게 교정한다.

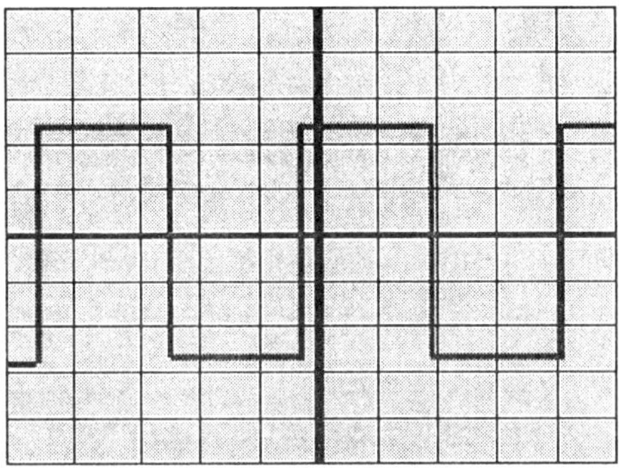

[그림 5-22] 교정신호

오실로스코프를 세분화하면 다음과 같이 나타낼 수 있다.

① **전원스위치** : 전원을 켜고 끄는 스위치이다.

② **전원표시전구** : 전원이 켜진 상태일 때 전구가 켜져서 동작상태를 알려 준다.

③ **휘도**(intensity : 인텐서티) : 휘도는 브라운관의 그리드와 캐소드 사이의 바이어스를 조정하여 캐소드에서 나온 전자 광선량을 조정하는 것으로 광선량을 많게 하면 브라운관 화면상이 밝아지고 광선량이 적으면 어두워진다.

④ **초점**(focus : 포커스) : 브라운관의 캐소드에서 나온 전자 광선은 도중의 전자총에 의해 좁은 광선으로 되어 브라운관 화면상에 점을 그려낸다. 이 전자총에 가해진 전압을 조정해서 점을 둥글고 작게 한다. 이때 둥글게 하는 것이 파형이며 작게 하는 것이 초점이다.

⑤ **교정**(Cal : Calibration : 캘리브레이션) : 오실로스코프의 자체 교정용 단자로 측정기 내부에서 1[kHz], 0.1V_{p-p}의 구형파를 발진하여 이 단자로 출력하게 되며, 프로브를 이 단자에 연결하고 화면에 나타나는 구형파의 수평·수직 진폭을 계산하여 고정하기 위한 단자이다.

⑥ **수평위치**(HORIZ. Position : 호라이젠털 포지션) : 화면상의 파형을 왼쪽과 오른쪽으로 옮기기 위한 조절기로 시계방향으로 돌리면 왼쪽으로 간다.

⑦ **수직위치**(VERT. Position : 버티컬 포지션) : 화면상의 파형을 상하로 이동시키는 조절기로 시계방향으로 돌리면 파형은 위로 이동하고 반대방향으로 돌리면 파형은 아래로 이동한다.

⑧ **입력**(INPUT : 인풋) : 측정하고자 하는 신호를 받아들이는 입력단자로 채널 1, 채널 2가 표시되어 있고, 4채널이나 그 이상의 입력을 가진 오실로스코프도 있다.

⑨ **전압 구분**(VOLTS/DIV 볼트/디비전) : 작은 신호에서 큰 신호까지 관측 가능하도록 감쇠기가 있고 또 입력전압을 정확하게 측정할 수 있도록 화면에 눈금이 그려져 있다. 화면의 모눈 한 칸이 수직방향으로 몇 볼트인가를 나타내 주는 조절기로 5[mV]/DIV에서 10[V]/DIV까지 배열되어 있다.

⑩ **전압 구분 가변**(VOLTS/DIV variable : 볼트/디비전 밸리어블) : 전압·구분 조절기 안쪽에 위치하는 가변소자로 전압 구분의 하나의 범위에서 다음 범위로 연속해서 파형의 진폭을 변화할 수 있도록 수직 증폭기의 이득을 조정하고 있는데, 시계방향으로 돌릴 때에는 2.5배 이상의 변화량이 있다.

⑪ **입력 선택기** : 입력신호를 관측하는 데 있어서 교류성분만 관측하는 경우(AC : Alternate Coupling : 얼터네이트 커플링)와 직류와 교류를 모두 나타내는 경우(DC : Direct Coupling : 다이렉트 커플링) 및 증폭회로의 입력단자를 접지하는 경우(GND)에 따라 회로 연결을 바꾸어 주는 것이다.

⑫ **모드**(MODE) : 2현상 스코프에서 사용되는 모드 선택기로 다음과 같은 기능들이 있다.

㉮ CH1, CH2 : 채널 1 또는 채널 2만 화면에 나타내는 기능

㉯ ALT(알트) : 2현상 동작의 하나로 첫 번째 소인 주기에서는 채널 1의 입력신호를 나타내고 두 번째 소인 주기에서는 채널 2의 입력신호를 나타내는 방법으로 교대로 채널 1과 채널 2의 입력신호를 화면에 나타내 주는 기능이다.

㉰ CHOP(촙) : 파형을 표시할 때 100[kHz]에서 1[MHz] 정도의 구분된 신호에 따라 각 신호의 주증폭기를 구분함으로써 동시에 2현상 또는 4현상이 표시되는 방식이다. 각 채널의 파형은 점의 연속으로 보는 것이다. 이와 같이 단시간마다 각 채널의 신호를 전달하여 화면에 나타나는 것을 CHOP이라 한다.

㉱ ADD(애드) : 채널 1과 채널 2의 증폭기를 동시에 동작시킴과 동시에 채널 1과 채널 2의 신호를 더하여 화면에 표시하거나, 채널 2를 역전시키면 채널 1에서 채널 2를 뺀 신호가 표시된다.

㉲ TRIG VIEW(트리거 뷰) : 트리거 수준(trigger level : 트리거 레벨)에 따라 파형의 트리거 점의 변화를 볼 때 사용한다.

㉳ **소인시간 구분**(sweep time/Div 스윕 타임/디비전) : 수평 축의 소인 선택기다. 밀러 소인 회로의 저항과 콘덴서를 구분하여 톱니파의 경사를 바꿈으로써 전자광선이 브라운관 면을 수평으로 이동하는 시간을 변화시킨다. 조절되는 시간은 화면의 수평축 한 칸당 0.5[μs]에서 0.5[s]까지며, 오실로스코프를 X-Y 선택 스위치도 함께 조정되어 있다.

㉴ **외부동기**(EXT. TRIGGER : 익스터널 트리거) : 동기 신호원(trigger Source : 트

리거 소스)의 선택 위치 등 EXT를 선택할 때에는 이것을 조정하여 보기 쉬운 상태로 한다.

㉮ **동기수준**(triggering level : 트리거링 레벨) : 오실로스코프는 입력에 파형이 가해져서 비로소 소인을 시작하고 브라운관에 파형을 나타낸다. 이것은 동기를 위한 동기 위치 선정용 조절기로 조절기가 (+)에 있으면 동기신호의 (+) 위치를 동기점으로 선정하고 조절기가 (−)에 있으면 그 반대이다. 즉 입력이 가해지는 파형의 어느 부분에서 소인을 시작하게 되는가를 조절하는 조절기이다.

㉶ **동시화**(sync : 싱크) : 4개의 위치를 선택할 수 있는 스위치이며 각 위치에서의 기능은 텔레비전의 복합 영상 신호용의 두 개와 그 외의 파형에 이용되는 두 개로 되어 있다. 정상에서는 (+) 쪽에 놓으면 파형의 (+)기울기에서 동기되고, (−) 쪽에 놓으면 (−)기울기에서 동기된다. 영상에서는 (+)와 (−)가 정상과 같지만 다만 영상의 수직동기신호가 되면 자동적으로 0.5[s]에서 0.1[ms] 사이의 소인시간에 선택되는 기능을 더 갖고 있다.

㉷ **접지** : 오실로스코프의 접지단자이다.

㉸ **기준점 조정** : 화면의 기준선이 수평이 되지 않고 틀어져 있을 경우 드라이버로 돌려 기준선이 수평이 되도록 하는 조절기다.

(4) 측 정

1) 직류전압의 측정

① 직류를 측정할 때는 입력 선택기를 DC에 놓는다. 입력 선택기의 DC는 Direct Coupling으로 직류의 DC와는 개념이 다르다. 오실로스코프의 DC에서는 직류에 실려 있는 교류를 측정하는 데도 사용한다.

② 수직위치 조절기로 기준선이 화면의 가운데에 오도록 한다.

③ 프로브를 측정하고자 하는 회로단자에 연결하면 기준선이 위쪽 또는 아래쪽으로 이동한다. 기준선이 보이지 않게 되면 VOLTS/DIV(전압 구분)을 조절하여 기준선이 나타나게 한다.

④ 기준선이 중앙선보다 위에 있을 때에는 입력 선택기를 접지(GND)에 맞추고 수직 위치 조절 스위치를 조절하여 기준선을 화면의 가장 아래의 눈금에 맞추고 입력 선택기를 DC로 하면 더욱 정확한 측정이 가능하다.

⑤ VOLTS/DIV(전압 구분)를 조절하여 가장 큰 폭이 되도록 하고 기준선부터 이

동한 칸수와 VOLTS/DIV(전압 구분)의 눈금을 곱하면 DC 전압이 측정된다.

2) 교류전압 및 주파수 측정

① 입력 선택기를 AC에 맞춘다. AC일 때는 교류의 교류성분만 측정이 가능하다. 만일 오프셋 전압을 가지고 있는 교류의 경우에는 입력 선택을 DC로 설정한다.
② 측정하고자 하는 교류전압을 연결한다.
③ VOLTS/DIV(전압 구분) 조절기를 조절하여 화면에 파형이 잘 나타나도록 한다.
④ 파형의 위쪽과 아래쪽 사이의 진폭을 칸수로 계산하여 VOLTS/DIV(전압 구분)의 값을 곱하면 교류전압의 첨두값(Peak-to-Peak value : 피크-투-피크 밸류)이 된다.
⑤ 주파수는 한 주기의 칸수와 TIME/DIV(시간 구분)의 값을 곱하면 한 주기의 시간이 되므로 그 역수를 취하면 계산할 수 있다.
⑥ 2채널 스코프를 이용하면 어떠한 회로의 입력과 출력을 동시에 화면에 나타낼 수 있고, 두 파형을 비교하여 위상차를 구할 수 있다. 만일 한 주기가 20[ms]이고 위상 차이가 2.5[ms]라면 두 파형의 위상차는 $360 \times (2.5/20) = 45°$가 된다.

문제 및 해설

1. 측정의 방법 중 표준값을 이용하므로 간단하고 편리한 측정 방식은 무엇인가?

① 직접측정 ② 간접측정
❸ 비교측정(상대측정) ④ 절대측정

해설 측정하려는 양을 같은 종류의 표준량과 비교하여 그 양이 어느 정도인지를 결정하는 비교측정과 어떤 양이 이것을 지배하고 있는 원리에 의하거나 표준기에 의하지 않고 측정하는 절대측정이 있다. 표준값만 있으면 비교측정(상대측정)은 간단하고 편리하므로 공업상의 많은 측정은 대개 이 비교측정을 사용한다.

2. 전기량을 기계적으로 변환시켜서 이것을 이용하여 눈금면 위에 지침이 움직이도록 하여 측정하는 방법으로 전압계나 전류계에 사용하는 측정 방식은 무엇인가?

① 영위법 ❷ 편위법
③ 직편법 ④ 반정법

해설 비교측정은 영위법과 편위법으로 구별된다.

- **편위법** : 전기량을 기계적으로 변환시켜서 이것을 이용하여 눈금면 위에 지침이 움직이도록 하여 측정하는 방법이다. 전압계나 전류계 등의 경우에는 대부분 편위법을 사용한다.

3. 계기의 동작상 분류 중 측정하고자 하는 값을 지침으로 직접 지시하는 계기는 무엇인가?

❶ 지시계기 ② 숫자식 계기
③ 적산계기 ④ 기록계기

해설 지시계기는 특정하고자 하는 전압, 전류 및 전력을 지침으로 직접 지시하는 계기이다.

4. 영구자석의 자장과 코일에 흐르는 전류 사이의 전자력을 이용하는 것으로 직류에서만 사용되고, 주로 전압계, 전류계, 저항계 등에 이용되는 방식을 무엇이라고 하는가?

① 가동 철편형 ② 유도형
❸ 가동 코일형 ④ 가동 자침형

해설 가동 코일형(moving coil type : 무빙 코일 타입)은 직류전용 계기로서, 영구자석의 자장과 코일에 흐르는 전류는 전류 사이의 전자력을 이용한 것으로 주로 전압계, 전류계, 저항계, 온도계, 자속계, 조도계 등으로 사용된다.

정답 1. ③ 2. ② 3. ① 4. ③

5. 다음 중 교류전류를 측정할 수 없는 계기는 무엇인가?

① 가동 철편형 ② 유도형
③ 진동형 ❹ 가동 자침형

해설 • **교류전용 계기**로는 가동 철편형, 유도형, 진동형 계기가 있다.
• **직 · 교류 겸용**으로는 전류력계형, 정전형, 열전형이 있다.
• **직류전용 계기**로는 가동 코일형과 가동 자침형이 있다.

6. 빠른 진행현상이나 과도현상의 관측 및 파형의 분석 등을 할 수 있는 장치로 전자계측 분야에 많이 사용되고 있는 장비는 무엇인가?

① 가동 철편형 계기 ② 유도형 계기
③ 진동형 계기 ❹ 오실로스코프

해설 오실로스코프(oscilloscope)는 매우 빠른 진행현상이나 과도현상의 관측 및 파형의 분석 등을 할 수 있는 장치로 전자계측 분야에 매우 많이 사용되고 있다. 오실로스코프는 브라운관 또는 음극선관이라고 하는 전자관을 갖고 있다. 음극선은 전자빔을 의미하고, 음극선관 내에는 전자빔, 즉 가느다란 전자의 흐름이 발생한다. 전자는 음전하를 갖고 있으며 질량이 매우 작으므로 전장에 의해 그 운동을 자유롭게 제어할 수 있어 수 [MHz] 또는 수백 [MHz]까지의 고주파에도 사용 가능하다.

7. 오실로스코프의 Volts/Div 스위치가 0.5[V]이었다. 이 구형파의 전압은 몇 V_{p-p}인가?

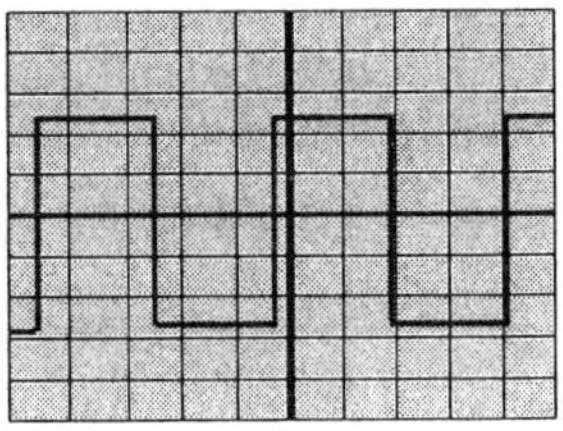

① $1V_{p-p}$ ❷ $2V_{p-p}$
③ $3V_{p-p}$ ④ $4V_{p-p}$

해설 오실로스코프의 VOLTS/DIV 스위치가 가리키고 있는 전압의 크기는 오실로스코프 화면의 한 칸의 크기가 된다. 이 파형의 첨두-첨두 값의 크기는 4칸이므로, $0.5V \times 4 = 2V_{p-p}$가 된다.

8. 오실로스코프의 Time/Div 스위치가 1[ms]였다. 이 구형파의 주파수는 얼마인가?

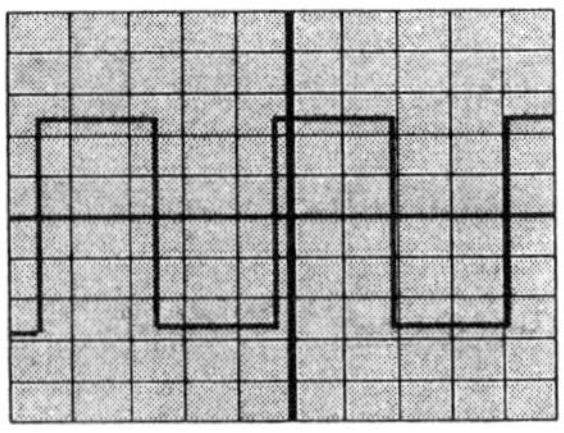

① 450[Hz] ❷ 500[Hz]
③ 550[Hz] ④ 600[Hz]

해설 오실로스코프의 Time/Div 스위치가 가리키는 값은 오실로스코프 한 칸의 시간이다. 따라서 이 구형파의 주기는 2[ms]이므로, 주파수는 그 역수이므로, $1/2 \times 10^{-3} = 500[Hz]$가 된다.

정답 5. ④ 6. ④ 7. ② 8. ②

9. 오실로스코프에서 주파수가 동일한 두 파형을 관찰하였다. 파형의 주파수는 50[Hz]이었고, 위상차가 2.5[ms]였다. 두 파형의 위상각을 구하여라.

① 25° ② 35°
❸ 45° ④ 55°

해설 주파수가 50[Hz]라면 주기는 20[ms]가 된다. 두 파형의 위상차가 2.5[ms]이므로, 이를 각도로 환산하면, 360×(2.5/20) = 45°가 된다.

10. 직류에서 높은 주파수의 전류, 전압 및 전력을 측정할 수 있는 계기로, 실효값을 지시하여, 교류의 표준 계기로 사용되고 있는 것은 무엇인가?

① 가동 철편형 계기 ② 유도형 계기
③ 진동형 계기 ❹ 전류력계형 계기

해설 전류력계형 계기는 직류로부터 상당히 높은 주파수까지의 전류, 전압 및 전력의 정밀 측정에 사용할 수 있는 교류·직류 양용 계기이다. 이 계기는 실효값을 지시하며, 직류로 눈금을 작성할 수 있으므로 현재 상용주파수 교류의 표준용 계기로 채용되고 있다.

11. 피측정량과는 별도로 크기를 조정할 수 있는 표준량을 준비하고 이것을 피측정량과 평형시켜 표준량의 크기로부터 피측정량을 알아내는 측정 방법은?

❶ 영위법 ② 편위법
③ 직편법 ④ 반정법

해설 피측정량을 지침의 경사각 등으로 바꿔 읽는 방법을 **편위법**, 피측정량과는 별도로 크기를 조정할 수 있는 표준량을 준비하고 이것을 피측정량과 평형시켜 표준량의 크기로부터 피측정량을 알아내는 방법을 **영위법**이라 한다.

12. 최대 눈금 350[V]인 0.5급 전압계로 전압을 측정하였더니 지시가 125[V]이었다. 상대오차는?

① 1[%] ② 1.2[%]
❸ 1.4[%] ④ 1.8[%]

해설 상대오차 $= \frac{350}{125} \times 0.5 = 1.4[\%]$

정답 9. ③ 10. ④ 11. ① 12. ③

13. 표준 전지를 사용하는 주된 목적은?

① 일정한 전류를 얻기 위해서
② 온도변화를 알기 위해서
❸ 전압을 비교하기 위해서
④ 교류와 직류를 비교하기 위해서

해설 표준 전지는 전압의 표준으로 쓰인다.

14. 가동 코일형 계기의 설명 중 잘못된 것은?

① 강력한 영구자석이므로 외부자계의 영향이 적다.
② 직류전용의 용도로 쓰인다.
❸ 평등눈금이지만 만능계기로는 적용하지 못한다.
④ 고감도 정밀급에 적당하다.

해설 가동 코일형 계기의 눈금은 균등하며 만능계기로 적용된다.

15. 원리상 직류·교류 양용이나 철의 잔류 자기 현상 때문에 교류로 많이 사용하는 계기는?

❶ 가동 철편형
② 정전형
③ 열선형
④ 유도형

해설 가동 철편형 계기는 원리상 교류와 직류 양용이지만 철편의 자기 이력현상이 있어 감도가 나쁘기 때문에 주로 배전반용이 교류전류계, 전압계로 사용된다.

16. 기록계기의 기록 방식 중 정밀급 1.0급에 속하는 방식은?

① 펜식
② 불평형식
❸ 타점식
④ 자동평형식

해설 펜식은 지시계기의 1.5급에, 타점식은 1.0급에, 자동평형식은 0.5급에 해당한다.

17. 고저항이나 절연저항 측정에 많이 사용되는 계기는?

❶ 메거
② 맥스웰 브리지
③ 빈브리지
④ 캠벨 브리지

해설 일반적인 전기, 전자 및 통신기기나 선로의 절연저항 등은 전자저항계 또는 메거로 측정한다.

정답 13. ③ 14. ③ 15. ① 16. ③ 17. ①

18. Q-미터에 주로 사용하는 전류계는?

❶ 열전대형　　② 가동 철편형
③ 전류력계형　　④ 유도형

해설 Q-미터는 고주파 계기이므로 열전대형 전류계를 주로 사용한다.

19. 전압 측정 시 오실로스코프의 수평편향판에 가해지는 전압의 파형은?

❶ 톱니파　　② 정현파
③ 구현파　　④ 직류

해설 편향주사용 톱니파 전압이 가해진다.

20. 비전기적 양을 전기적 양으로 바꾸는 기능을 가지는 장치를 무엇이라 하는가?

① 임피던스 변환기　　② 주파수 변환기
❸ 전기 변환기　　④ 출력 변환기

해설 **전기 변환기**는 힘, 속도, 온도, 유량 등 측정하고자 하는 비전기적 양을 전압, 전류, 저항, 용량, 인덕턴스, 주파수 등과 같은 전기적 양으로 변환하는 기능을 가진다. 전기적 양을 비전기적 양으로 바꾸는 장치를 **출력 변환기**라 한다.

21. 표준 저항기의 재료로서의 구비 조건이 아닌 것은?

① 저항의 온도계수가 작을 것
❷ 열팽창 계수가 작을 것
③ 저항값이 안정할 것
④ 구리에 대한 열기전력이 작을 것

해설 표준 저항기로서는 실용상으로 금속 저항선을 쓰는데, 온도계수가 작고, 고유저항이 커야 하며, 구리에 대한 열기전력이 작을 뿐만 아니라, 저항값이 안정한 것이 필요하다.

22. 1.0급의 전압계의 허용오차를 [%]로 나타내면?

① ±1.2　　② ±0.5
❸ ±1.0　　④ ±1.5

해설 1.0급 전압계의 허용오차는 ±1[%]이다.

정답 18. ① 19. ① 20. ③ 21. ② 22. ③

23. 가동 코일형 계기의 눈금은?

① 대수눈금 ② 지수눈금
③ 제곱눈금 ❹ 평등눈금

해설 가동 코일형 계기의 지침의 회전각이 전류와 비례하므로 균등눈금으로 표시된다.

24. 300[mA] 가동 철편형 계기의 유효 측정 범위는 어느 것인가?

❶ 75~300[mA] ② 0~300[mA]
③ 30~300[mA] ④ 30~200[mA]

해설 가동 철편형의 유효 측정 범위는 정격의 25[%] 이상의 범위이므로 75~300[mA]가 된다.

25. 백금이나 콘스탄탄을 사용한 열전형 전류계로서 측정할 수 있는 최고 주파수는 다음 중 어느 것인가?

① 5[MHz] ② 10[MHz]
③ 50[MHz] ❹ 100[MHz]

해설 사용 한계 주파수는 보통의 것은 3~30[MHz] 정도이며, 초단파용으로 제작된 것은 100[MHz] 정도까지 사용할 수 있다. 열전형 전압계의 사용 한계 주파수는 100[KHz] 정도이다.

26. 직류 소전력 측정에 가장 적당한 방법은?

① 전위차계법
② 직류 전력계법
❸ 전류계와 전압계법
④ 전류력계형 전력계법

해설 간단한 직류 소전력의 측정은 전압계 및 전류계로 전압 및 전류를 측정하고 이들의 곱으로 부하의 전력을 간접으로 측정하는 것이 오차가 적고 간단하다.

27. 오실로스코프로 측정 불가능한 것은?

❶ 코일의 온도 측정 ② 위상 측정
③ 주파수 측정 ④ 전압 측정

해설 오실로스코프로는 전압, 전류, 파형, 위상 및 주파수, 변조도, 시간간격, 펄스의 상승시간 등의 현상을 측정할 수 있다.

정답 23. ④ 24. ① 25. ④ 26. ③ 27. ①

28. 100[GHz]인 초고주파 신호전압 파형을 관측할 수 있는 장치는?

① 전자 오실로그래프　　❷ 샘플링스코프
③ X-Y 기록계　　④ 오실로스코프

해설 높은 주파수까지 파형을 관측하는 경우는 광대역의 수직 증폭기가 필요하다. 현재, 300[MHz] 정도는 직접 증폭하며 **파형** 관측이 가능하지만, 그 이상은 **샘플링**에 의하여 입력신호의 주파수를 떨어뜨려 입력파형과 근사한 파형을 만들어 파형을 관측한다.

29. 보통 측정에서 표준기로 사용되는 콘덴서는 다음 중 어느 것인가?

❶ 운모 콘덴서　　② 전해 콘덴서
③ 오일 콘덴서　　④ 종이 콘덴서

해설 실제로 사용되는 측정용 콘덴서 중에는 **고정용으로 운모 콘덴서**가 있으며, **가변용으로는 공기 콘덴서**가 있다.

30. 정류형 계기는 다음 중 어느 값을 지시하는가?

① 평균값　　❷ 실효값
③ 파고값　　④ 파형률

해설 정류형 계기는 가동 코일형 계기와 정류기를 접속한 것으로 상용 주파수에서 수백 [Hz]까지 그대로 오차 없이 측정할 수 있으며 눈금은 **사인파 교류의 실효값**으로 매겨져 있다.

정답 28. ② 29. ① 30. ②

chapter

6 정 보 통 신

1 정보통신의 개요

(1) 정보화 사회

지금의 인류는 그동안 수많은 발전과 진화를 거듭해왔다. 그 발전과정을 단계별로 구분하면 다음과 같다. 가장 처음에 나타난 사회 형태는 바로 원시시대이며 '제1의 물결'인 농업혁명을 통해 원시사회는 농경사회로 변화되었으며, '제2의 물결'인 산업혁명을 통해 산업사회로 들어서게 되었다.

그 후, 그동안의 경우와는 차원을 달리한 접근 방식이 나타나기 시작했는데 새로운 사회에서는 많은 컴퓨터의 보급과, 통신기술의 발달로 시간을 좀 더 효율적으로 사용하게 되었으며 작업능률 또한 높여주는 효과를 보여주고 있는데, 이것을 우리는 원시사회 이후에 일어난 세 번째 혁명인 '제3의 물결'인 정보혁명이라 부른다.

- **정보혁명** : 공업을 주체로 발전해 온 공업사회에서 벗어나 정보산업을 주체로 하며 다양한 정보의 생산과 전달을 중심으로 전개되는 사회를 말하는 것이다.

컴퓨터와 통신이 결합하여 정보의 처리, 전달 및 보관능력 등을 통해 정보의 가치가 물질이나 에너지 못지않게 증대되는 사회를 정보화 사회라 한다.

정보화 사회의 발전에 의한 정보가치와의 관계를 [그림 6-1]에 나타내었다.

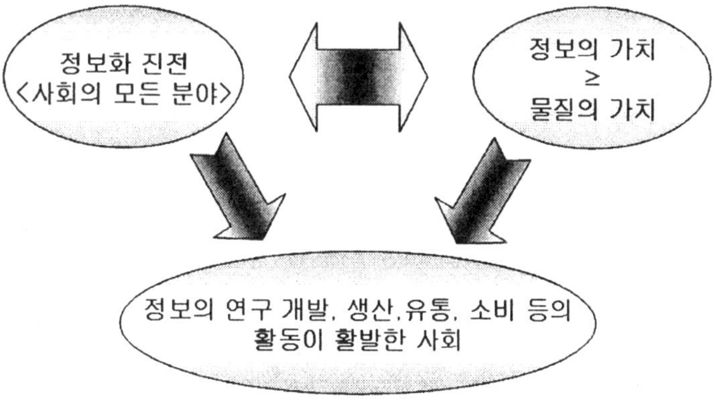

[그림 6-1] 정보화 사회의 특징

(2) 정보통신의 정의

1) 자료와 정보

① **자료**(data : 데이터) : 있는 그대로의 사실, 즉 가공되지 않은 사실 및 수치를 말하며, 어떤 현상을 나타내고 있지만 그것을 필요로 하는 사람에게 별다른 의미가 없는 상태로 되어 있는 것을 의미한다.
② **정보**(information : 인포메이션) : [그림 6-2]와 같은 흐름으로 자료를 처리(data processing : 데이터 프로세싱)하여 의미를 부여할 수 있도록 재가공하는 것을 의미한다. 즉, 가공되지 않은 상태의 원유가 자료(data : 데이터)라면 이 원유에서 연료나 화학섬유를 추출해낸 것을 정보(information : 인포메이션)라고 할 수 있다.

[그림 6-2] 자료와 정보

2) 통 신

통신이란 송신자와 수신자 사이에서 음성이나 문자, 영상과 같은 정보들을 주고받는 행위라고 할 수 있다.

[그림 6-3]은 통신의 종류 중 하나인 전화통신의 개념도를 나타낸 것이다.

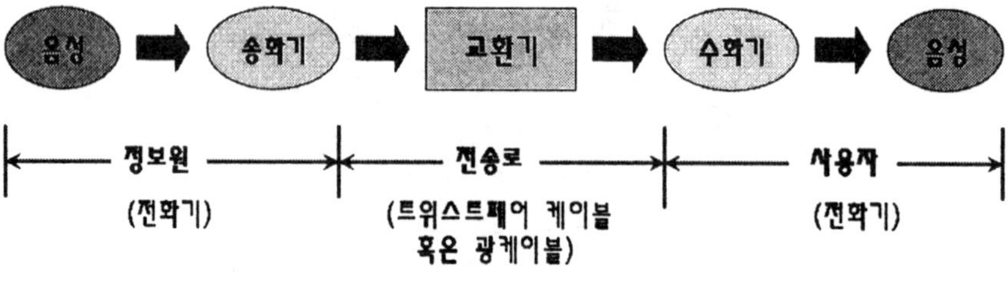

[그림 6-3] 전화를 이용한 통신의 모식도

3) 통신의 3가지 구성요소

통신의 구성은 [그림 6-4]와 같이 3가지 요소로 이루어지며 다음과 같다.

① **정보원**(source : 소스)

전달하고자 하는 정보의 생성 및 송신을 담당한다.
전송신호를 전송매체에 적합한 형태로 변환하는 과정(변조)이 필요하다.

② **전달매체**(channel : 채널, media : 미디어)

전달매체에 알맞도록 변형된 정보신호를 전파하는 수단, 즉 정보전달의 통로이다.

③ **사용자**(user : 유저)

정보가 전달되어 가라앉는 장소(sink : 싱크), 즉 정보의 수신자이다.
전송된 신호를 수신자가 이해할 수 있는 형태로 변환하는 과정(복조)이 필요하다.

[그림 6-4] 통신의 3가지 구성요소

(3) 정보통신의 구성

1) 정보통신이란?

① **좁은 의미** : 송신자와 수신자가 서로 연결되어 필요한 정보를 교환하는 것을 말한다(전기통신).
② **넓은 의미**(최근) : 정보의 생산, 저장이나 가공처리, 상용통신, 방송통신, 탐지통신, 사람과 사람의 통신, 사람과 기계의 통신, 기계와 기계의 통신 등의 '의미가 담겨 있는 신호' 즉 정보를 상대방에게 전달하는 것을 의미한다.

2) 정보통신의 기본구성

컴퓨터와 원격지에 있는 단말장치 또는 컴퓨터와의 사이를 통신회선으로 상호 접속하여 정보처리를 하는 시스템으로 구성요소로는 크게 데이터 전송계와, 데이터 처리계로 나누어진다. 데이터 전송계는 단말장치와 데이터 전송회선(신호변환장치, 통신회선), 통신제어장치로 이루어지며, 데이터 처리계는 컴퓨터(중앙처리장치, 주변장치)로 이루어져 있으며 [그림 6-5]와 같이 구분할 수 있다.

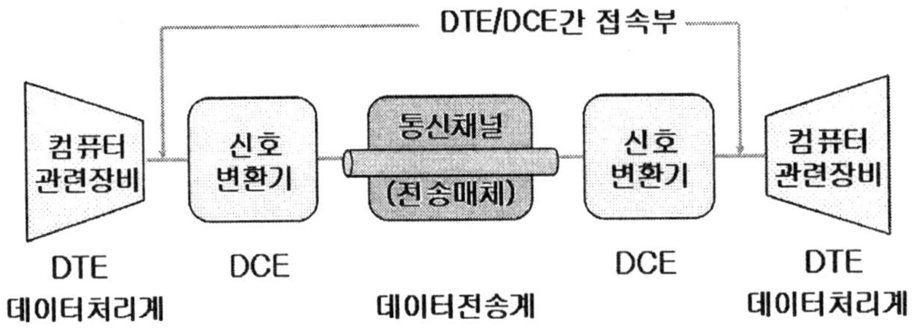

[그림 6-5] DTE/DCE의 모식도

① DTE

DTE(Data Terminal Equipment : 데이터 터미널 이퀄먼트 ; 데이터 단말장치)는 통신제어 기능을 위해 마련된 자료의 공급 또는 회수 기능, 또는 앞의 두 가지 기능을 모두 포함하는 장비로서 통신로의 시작과 끝 부분에 위치한다.

㉮ 컴퓨터가 모뎀을 통해 전화선에 연결되어 있을 경우 모뎀은 데이터 통신장치(DCE)에 해당하고, 컴퓨터는 데이터 단말장치(DTE)에 해당한다고 볼 수 있다.

② DTE/DCE 접속부

DTE/DCE Interface[1](접속규격)는 DTE(Date Terminal Equipment)와 DCE(Data Circuit Terminating Equipment) 사이의 물리적 접속규격을 정의하고 조금 더 나가면 단말장치와 호스트 컴퓨터 사이에서 데이터를 원활히 교환할 수 있게 해주는 프로토콜(protocol)까지 정의를 한다.

1) 단말장치(DTE)의 접속규격(interface : 인터페이스) : 통신망을 구성함에 있어서 매우 중요하다. 이것은 물리적 장치의 규격을 정의하기도 하지만 논리적으로 보면 통신을 원활하게 통신규약(protocol : 프로토콜) 등의 까지도 정의한다. 특히 DTE/DCE 사이의 인터페이스에 대한 기준이 없었다면 세계 각국의 통신장비 생산업자들은 각자 독자적인 방식으로 DTE/DCE를 생산하게 될 것이다. 그렇다면 세계 각국의 생산업체들이 서로 다른 회사에서 생산된 장비들을 연결할 때 매우 혼란스럽게 될 것이다.

③ DCE

DCE(Data Circuit-termination Equipment : 데이터 서킷-터미네이션 이컴먼트 : 회선종단장치)는 데이터 단말장치(DTE)가 데이터 회선을 통해 통신할 수 있도록 회선을 연결하여 주고 유지하는 작업 등을 실시하는 장치이다.

④ CCU

CCU(Communication Control Unit : 커뮤니케이션 컨트롤 유닛 : 통신제어장치)는 데이터 전송회선과 컴퓨터 사이를 결합하고, 다수의 이용자에게 온라인 실시간 능력을 부여하며 통신회선과 중앙처리장치를 결합하여 데이터의 교통을 제어하는 역할을 한다.

(4) 정보통신 시스템의 특징

특 징	해 설
공간과 시간의 극복	온라인 컴퓨터 서버-단말장치(server-client : 서버-클라이언트)를 이용한다.
대형 컴퓨터의 공동 이용	복수개의 단말장치에서 대형 컴퓨터를 사용할 수 있다.
대용량 파일의 공동 이용	파일 자원의 유효 이용, 보수 및 개발비용 절감 효과를 가질 수 있다.
분산처리 방법 활용	네트워크로 연결하여 서로 통신을 수행하면서 각각 맡은 일들을 처리하는 방법으로 폭넓은 자료의 이용이 가능하며, 높은 처리능력을 가진다.

2 정 보 신 호

(1) 정보의 표현

신호별 정보와 서비스의 형태는 [그림 6-6]과 같이 크게 아날로그와 디지털의 신호로 구분하여 나타낼 수 있다.

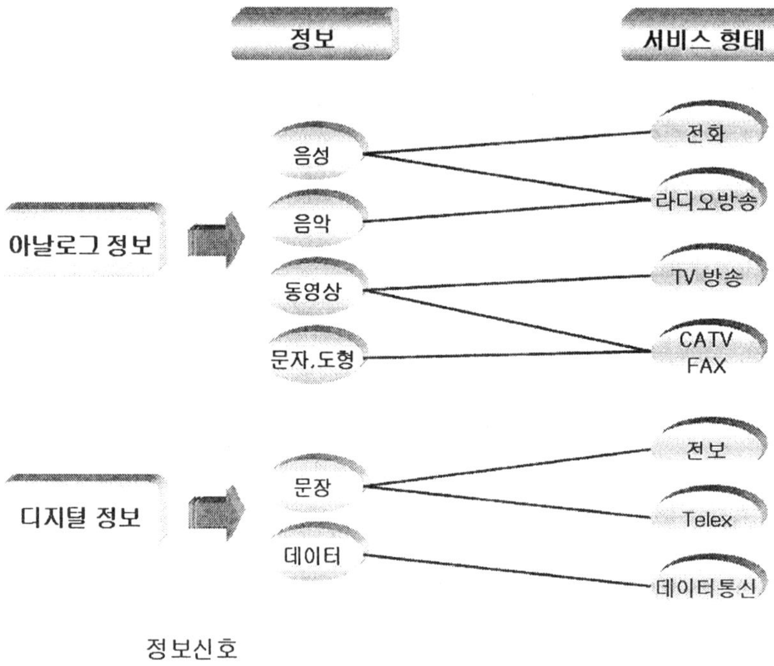

[그림 6-6] 아날로그 신호와 디지털 신호

1) 기본적인 정보표현의 형태

음성, 자료, 정지화상, 동영상 서비스 등으로 표현된다.

2) 멀티미디어 서비스

음성, 영상, 문자 등의 서비스들이 통합적인 환경에서 동시에 제공될 수 있다.

(2) 정보신호의 종류

정보신호의 종류로는 아날로그 신호(analog signal : 아날로그 시그널)와 디지털 신호(digital signal : 디지털 시그널)가 있으며 이 두 개의 파형은 [그림 6-7]과 같다.

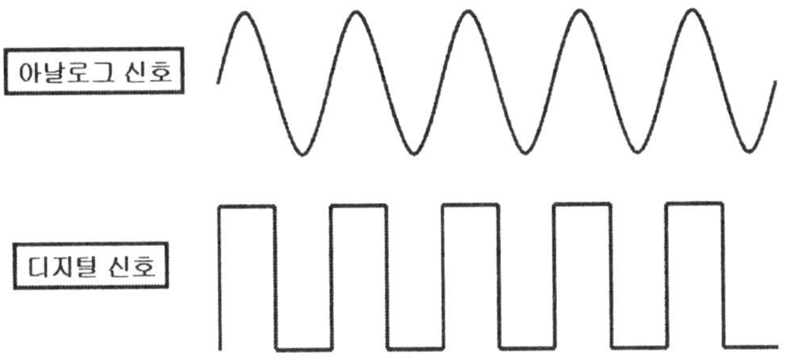

[그림 6-7] 디지털 신호와 아날로그 신호의 비교

1) 아날로그 정보

연속적(continuous : 컨티뉴어스)인 값을 가지는 정보를 의미하며, 시시각각으로 그 값이 연속적으로 변하는 정보이다.

2) 디지털 정보

시간에 따라 이산적[문자에 의한 데이터의 표현으로, 각각의 문자 또는 문자의 집합이 다수의 선택 가능한 것 중의 하나를 지정하는 것(discrete : 디스크리트)]으로 변화하는 정보이며, 아날로그 정보를 부호화(coding : 코딩) 및 압축 처리를 통해 디지털 신호로 변환하여 한 지점에서 다른 지점으로 전송할 수 있다.

(3) 신호의 물리적 의미

1) 정보전달의 시간과 거리의 제한을 극복

정보의 전달에 있어 시간과 거리의 제한에서 벗어날 수 있도록 가장 빠른 전자기파를 사용하여 실어 나른다.

2) 전자기파의 전파 원리

① 전기장과 자기장이 서로 수직방향으로 상호작용으로 전파되는 원리이다.

전자기파의 원리와 진행방향을 [그림 6-8]에 나타내었다.

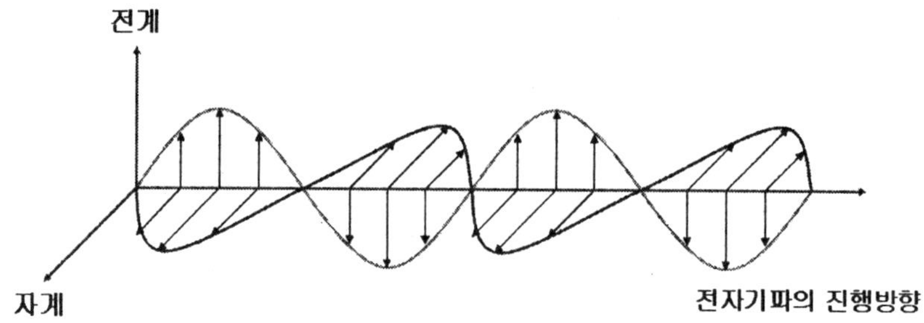

[그림 6-8] 전자기파의 전파 원리

② 패러데이의 법칙

자기장이 변화하는 공간에서 전기장이 유도된다. 이때 발생하는 유도 기전력(EMP : Electro Motive Force ; 일렉트릭 모티브 포스)의 크기는 자기장의 변화율에 비례하고 유도된 전기장의 방향은 변화하는 자기장의 방향에 수직이다.

③ 맥스웰(Maxwell) **방정식**

전자기 현상의 대칭성을 생각하고, 전계가 시간적으로 변하여도 자계가 발생한다는 전자기 현상을 이론적으로 유도하였다.

(4) 신호의 분석

1) 전자기파를 사용하는 이유

① 전파 가능/메시지를 실어 나를 수 있는 에너지(광자)를 가진다.
② 물질(매질)이 없더라도 파동을 전파시킬 수 있다.
③ 소리 에너지는 공기 중에서 열로 소멸된다.

2) 사인(sine)파의 특징

① 파형을 수학적으로 표현할 경우 많이 사용한다.

모든 주기신호는 사인(sine)파의 합으로 나타낼 수 있으며 일정한 파동의 형태이다. 또한 왜곡에 의한 파형의 변화가 없으며, **삼각함수 및 지수함수로 표현**이 가능하다.

② **사인파를 합성하여 여러 가지 복잡한 파형이 표현 가능하다.**

- **푸리에**(Fourier) **정리** : 모든 주기신호는 그 파형의 기본 주파수(fundamental frequency : 펀더멘틀 프리퀀시)를 갖는 파형과 기본 주파수의 정수배 주파수를 갖는 파형들의 합으로 표현될 수 있다.

③ **사인파는 [그림 6-9]와 같이 파형과 벡터값으로 나타낼 수 있으며 수학적 표현은 다음과 같다**(식 6-1, 6-2).

㉠ **수학적 표현** : $a = A\sin\theta$
㉡ **주기**(T : Period : 피리어드) : 원주를 한 바퀴 도는 데 걸리는 시간 [sec]
㉢ **주파수**(F : Frequency : 프리퀀시) : 주기의 역수, 1초에 이루어진 회전수
㉣ **진폭**(A : Amplitude : 앰플리튜드) : 신호의 강도, 사인파의 최대값
㉤ **위상**(θ : Phase : 펄스) : 신호주기상의 시간 경과에 따르는 위치
㉥ **라디안**(rad : radian : 라디안) : 주상에서 회전의 정도를 표현 : $\omega = 2\pi f$

$$a(t) = A\sin(\omega t) = A\sin(2\pi ft) \qquad (6\text{-}1)$$

㉦ 위상을 포함한 사인파의 일반적인 형태

$$a(t) = A\sin(\omega t + \theta) = A\sin(2\pi ft + \theta) \qquad (6\text{-}2)$$

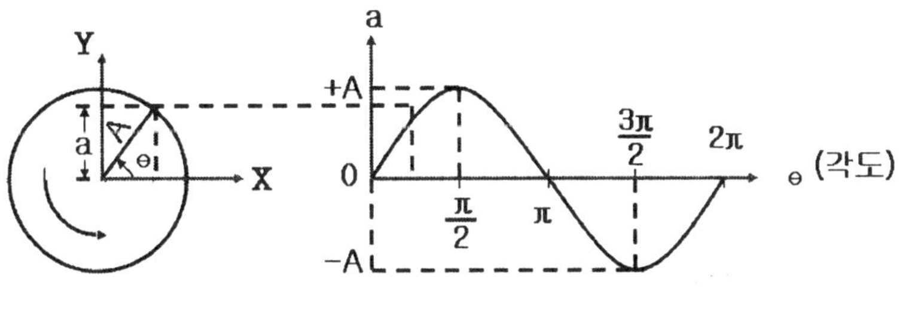

[그림 6-9] 사인파

3) 신호를 보는 관점

① **시간적 관점** : 시간에 따른 신호(시간에 따라 변하는 에너지의 변동)의 변화를 파악하는 것이다.
② **주파수 영역 관점** : 그 신호에 존재하는 주파수 요소를 기준으로 신호를 표현하는 것이다.

Sine(사인)파의 시간 영역과 주파수 영역을 [그림 6-10]에 나타내었다.

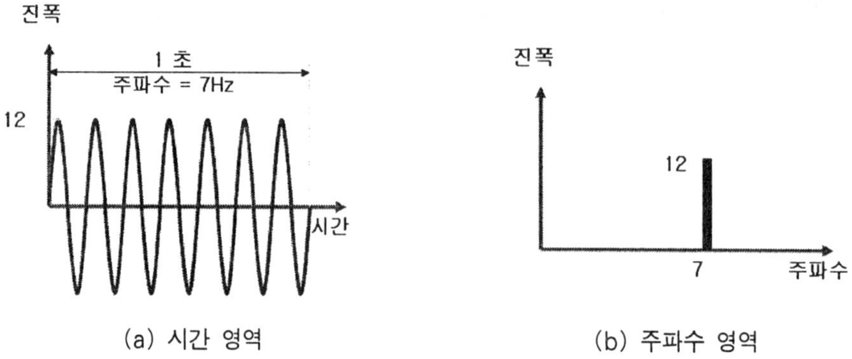

[그림 6-10] Sine(사인)파의 시간 영역과 주파수 영역에서의 표현

3 정보신호의 처리 기술

(1) PCM

1) 펄스부호 변조(PCM)란?

PCM(Pulse Code Modulation : 펄스 코드 모듈레이션)은 신호를 표본화한 뒤 얻어진 PAM(Pulse Amplitude Modulation : 펄스 앰플리튜드 모듈레이션) 신호를 양자화하여 양자화된 값을 기저대역신호(baseband signal : 베이스밴드 시그널)로 변조하는 방식이다. 즉, 원래의 정보는 표본화된 후 양자화가 되고, 다시 몇 비트의 코드워드(code word)로 부호화(encoding : 인코딩)되며, 기저대역에서의 전송을 위하여 코드워드는 다시 펄스 파형으로 변환되는 것이다.

[그림 6-11]은 표본화의 단계이다.

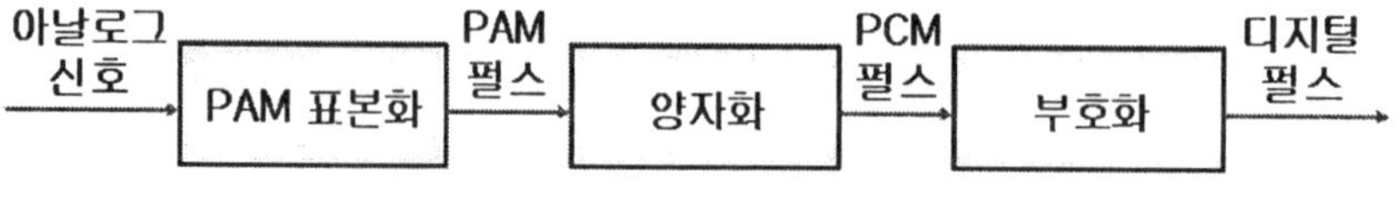

[그림 6-11] 표본화 과정

2) PCM의 특징

① 전송로에 존재하는 잡음, 누화 등의 각종 방해 잡음에 강하므로 저질의 전송로에도 사용할 수 있다. 즉 신호대잡음비(S/N : Signal to Noise Ration)가 양호하며 디지털 전송에 가장 적합하다.
② 전송로에 의한 레벨 변동이 적으며, 점유주파수 대역폭이 넓다.
③ PCM 특유의 잡음이 있다.

(2) PCM과정

1) 표본화

① 섀넌(Shannon)의 표본화 정리

전송하려는 연속신호 $x(t)$의 최고 주파수가 f_{max}일 때 표본화(sampling : 샘플링) 주파수 f_s를 f_{max}의 2배 이상으로 설정하여 샘플링하면 본래의 연속신호 $x(t)$를 복원할 수 있는 것을 표본화 정리라 한다.

㉠ $f_s \geq 2f_{max}$[Hz] : Nyquist 주파수(표본화 주파수)

㉡ $T_s \leq \dfrac{1}{2f_{max}}$[sec] : Nyquist 주기(표본화 주기)

㉢ $f_s = \dfrac{1}{T_s}$ (T_s : 샘플링 주기, f_s : 샘플링 주파수)

② 표본화 주파수

표본화 주파수의 물리적 의미는 초당 샘플(sample)수, 즉 $\dfrac{\text{샘플수}}{\text{sec}}$ 또는 초당 프레임(frame)수, 즉 $\dfrac{\text{프레임수}}{\text{sec}}$이며 표본화 주파수가 높다는 것은 초당 샘플수가 많다는 것을 나타내는 것이다. 이는 전송하려는 정보의 양이 많아져 채널 용량이 커지게 됨을 의미한다.

이러한 특성을 통해 음성신호를 표본화하면 [그림 6-12]와 같다.

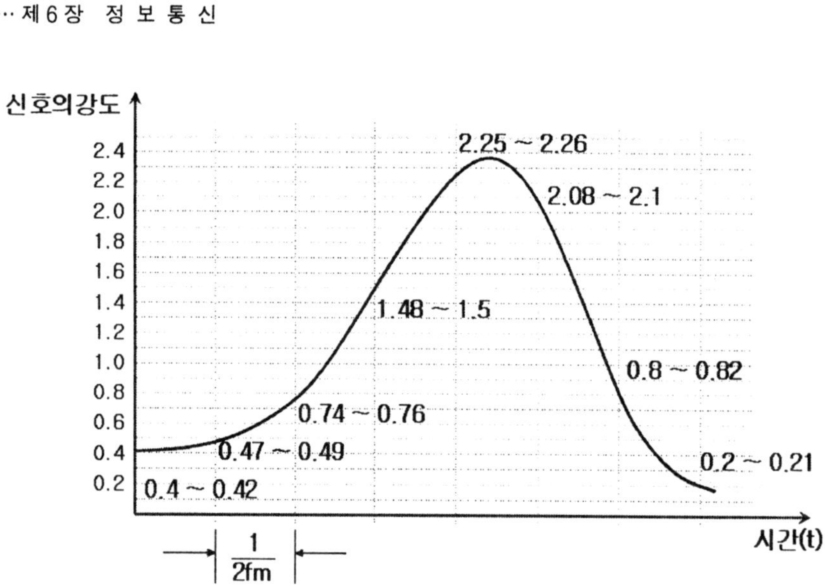

[그림 6-12] 음성신호의 표본화

③ 에일리어싱(aliasing) 오차

스펙트럼이 겹쳐지므로 발생되는 오차로 표본화율(f_s)이 Nyquist 주파수보다 작은 경우에 일어난다. 즉, 표본화율 이상으로 표본화되지 않을 때 주기는 $2f_{max}$보다 작아지므로 스펙트럼이 중첩하여 원래의 스펙트럼에 왜곡을 유발시키는 현상을 말한다.

2) 양자화

아날로그 신호(이산신호)를 PAM으로 변환하는 과정, 즉, 표본화 단계를 통한 PAM의 진폭을 디지털 양으로 변환하기 위하여 계단 모양의 근사파형으로 만드는 것을 양자화(quantization : 퀀타이제이션 : 이산신호의 디지털화)라 한다.

① 양자화 폭

신호를 몇 비트의 2진수로 표현하는가에 따라 결정된다.

$M=2^n$에서 n은 사용 비트(bit)수이고 3개의 비트를 사용하면 8개의 양자화 스텝(step)을, 8개의 비트를 사용하면 256개의 양자화 스텝을 만들 수 있다. 즉 3개의 비트를 사용하면 8개의 양자화 스텝을 얻을 수 있고 순시 진폭값을 이 8가지 양자화 스텝 중 어느 하나에 대응시키게 된다.

② 양자화의 방법

라운딩(rounding : 사사오입)과 트렁케이션(truncation : 잘라버림)의 방법이 있으며, [그림 6-13]은 라운딩 기법의 양자화를 나타낸 것으로, 표본화된 신호의 진폭값을 반올림하여 양자화 값으로 표현하게 되는 방법이다.

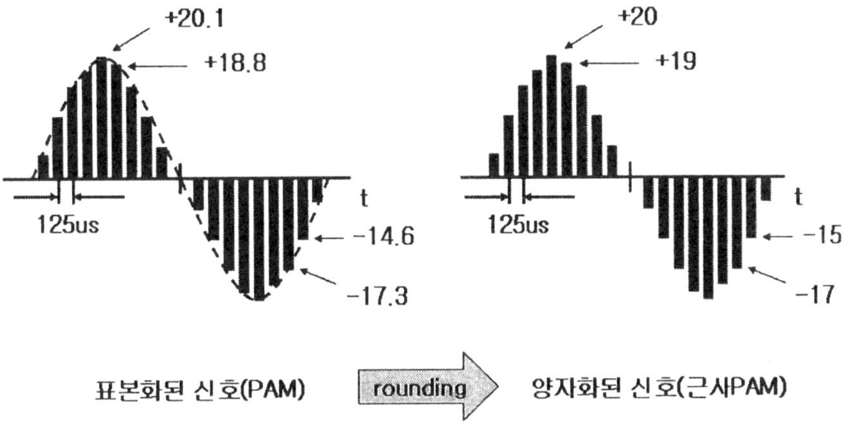

[그림 6-13] 신호의 양자화 방법 중 라운딩 기법

③ 양자화 잡음

양자화 잡음(quantization noise : 퀀타이제이션 노이즈)이란 신호를 양자화하는 과정에서 필연적으로 발생하는 오차(잡음)를 말한다. 양자화 폭의 크기에 따라 오차의 크기가 변화하게 되는데, 잡음을 줄이기 위해 양자화 폭을 줄이면 양자화 스텝수(계단)가 많아지므로 양자화 오차는 줄어들지만 데이터가 많아지기 때문에 하드웨어 규모가 커지게 되는 단점이 있다. [그림 6-14]는 아날로그 신호가 표본화 양자화 과정을 거친 파형의 오차를 나타낸 것이다.

3) 부호화

부호화(digital : 디지털화)란 공기 중에 전파되는 음성정보나 컴퓨터에 저장된 디지털 정보 등 여러 형태의 정보를 전자적인 신호인 1과 0의 조합으로 변환하는 과정(A/D변환)을 말하며 오차가 적은 그레이 부호를 사용한다.

[그림 6-15]에서 부호화를 나타내고 있다.

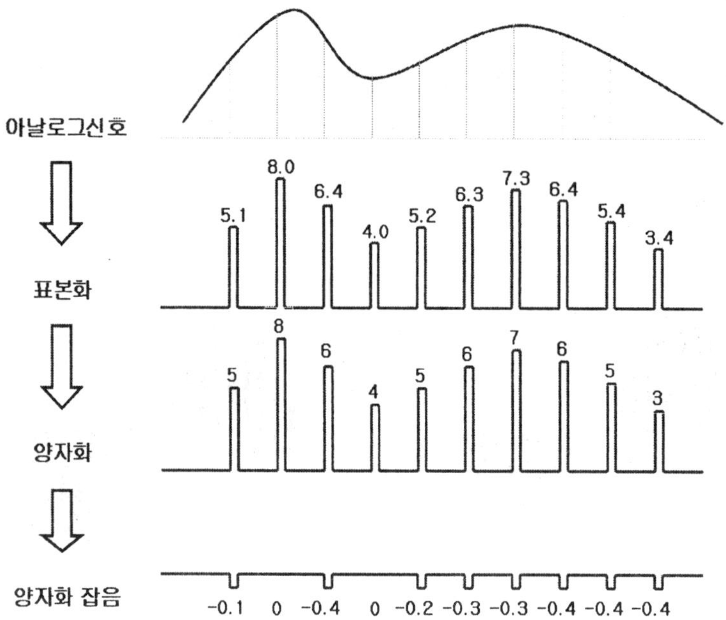

[그림 6-14] 양자화 잡음

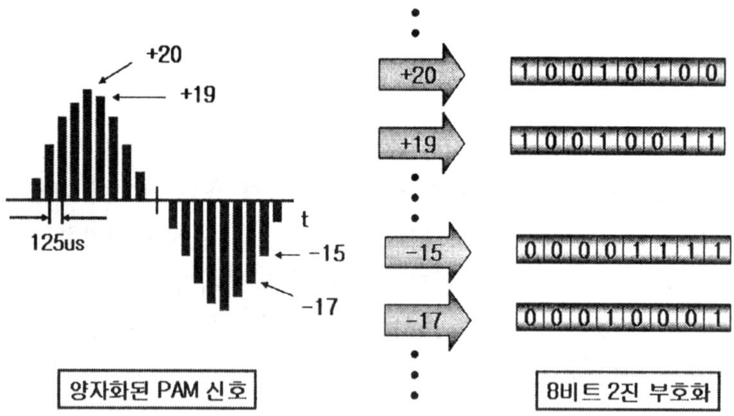

[그림 6-15] 신호의 부호화

4) 복호화

전송로에서 전송되어 온 PCM word(PCM language : PCM 랭귀지)를 PAM(순시 진폭값의 신호, 즉 표본화된 상태) 신호로 복원시키는 것이다.

(3) 변 조

1) 변 조

변조(modulation : 모듈레이션)의 정의란 데이터 신호를 캐리어 신호를 이용하여 다른 형태로 바꾸는 과정을 말한다. 전달하고자 하는 신호(정보)를 목적지까지 효율적으로 보내기 위해 신호를 적합한 형태로 바꾸는 조작으로, 음성신호나 전파는 흡수 또는 반사되므로 원격과의 통신이 불가능해지지만, 주파수가 높아지면 전파는 장거리 전송이 가능해진다.

2) 변조를 하는 이유

① **장거리 전송을 할 수 있다** : 정보신호를 **반송파**[2)]에 실어 보냄으로써 장거리 전송이 가능하게 된다.
② **안테나의 제작문제를 해결할 수 있다** : 음성신호를 그대로 전송하려면 파장이 너무 길어 송수신 안테나 제작이 곤란하기 때문에 변조를 한다(주파수가 높아질수록 안테나는 짧아진다).
③ **FDM**(Frequency Division Multiplexing : **프리퀀시 디비전 멀티플렉싱-주파수 분할 다중화**)**을 할 수 있다** : 주파수가 높아지면 대역폭이 넓어지게 되는데 이 넓어진 대역폭을 분할 사용하는 것이 유리하기 때문에 변조 후 다중화가 필요하다.
④ **부수적인 장점을 얻을 수 있다** : 잡음과 간섭이 제거되어 S/N비가 향상되며, 회로소자가 단순화되고 시스템이 소형화된다.

3) 기저대역 전송

기저대역 전송(baseline transmission : 베이스라인 트랜스미션)이란 디지털화된 신호를 주파수 대역의 이동 없이 그대로 전송하거나 또는 전송로의 특성에 알맞은 부호(전송부호)로 변환시켜 전송하는 방식을 말한다([그림 6-16] 참조).

---

2) 반송파(carrier wave : 캐리어 웨이브) : 변조에 이용되는 고주파를 말한다.

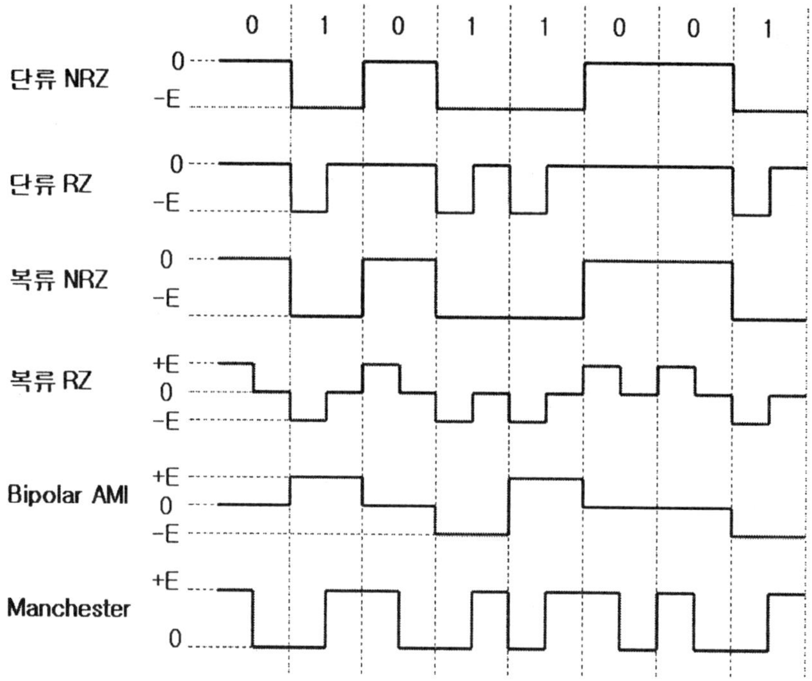

[그림 6-16] 전송부호

① 단류 방식

단류(single current : 싱글 커런트) 방식은 가장 단순한 전송 방식으로서 잡음에 약하기 때문에 근거리 데이터 전송에 주로 이용되는 전송 방식으로 0을 전압 0[V]에, 1을 (+)전압이나 (−)전압에 대응시키는데 수신 측에서 '0' 또는 '1'을 판단하기 위한 기준은 '1'에 대응하는 전압의 1/2이 최적이지만 전송로의 상태에 따라서 수신 전위가 변하므로 최적치를 유지하기가 쉽지만은 않다. 종류에는 단류 RZ(Retrun to Zero : 리턴 투 제로) 방식과 단류 NRZ(Non-Return to Zero : 논 리턴 투 제로) 방식으로 구분된다.

② 복류 방식

복류(double current : 더블 커런트) 방식은 '0'을 (+)전압, '1'을 (−)전압에 대응시킨 신호로 전송하는 방식으로서 수신 측에서 '0' 또는 '1'의 판단을 하기 위한 기준은 전위 0[V]에 고정 가능하므로 안정된 전송을 할 수 있다. 단류와 마찬가지로 복류 RZ(Retrun to Zero) 방식과 복류 NRZ(Non-Return to Zero) 방식으로 구분된다.

③ RZ 방식

RZ(Return to Zero : 리턴 투 제로) 방식이란 부호의 비트 시간 길이보다 짧은 펄스를 보내고 비트 시간 길이의 나머지 시간은 펄스를 보내지 않는 것으로서 전압 0[V]의 상태로 돌아오는 신호 방식을 말하고, 시작과 끝을 구분하기가 좋다.

④ NRZ 방식

NRZ(Non-Return to Zero : 논 리턴 투 제로) 방식은 비트 펄스 사이에 전위 0[V]로 유지하지 않고 계속해서 펄스를 전송하는 방식이며, 시작과 끝을 구분하기 어렵다는 단점이 있다(비트 동기화를 포함할 수 없다).

⑤ 바이폴러 방식

바이폴러(bipolar) 방식은 2원 입력신호의 0은 0레벨의 펄스로 1은 (+), (−) 2개의 레벨의 펄스로 서로 교대로 변환시키는 방식으로 AMI라고도 하며, 부호 에러의 검출이 가능하고 직류성분이 포함되지 않는다.

⑥ 맨체스터(Manchester) 펄스

1은 한 펄스폭을 2개로 나누어 반 구간은 (+)펄스 나머지 반구간은 (−)펄스로 구성하며 0은 1과 반대로 구성한다.

4) 모뎀(MODEM) = (변조 : MOdulation) + (복조 : DEModulation)

디지털 정보(data)를 [그림 6-17]과 같이 전화망의 음성 주파수 대역의 아날로그 신호로 변환하고 수신 측은 변조된 신호를 복조하여 원래의 디지털 데이터로 변환하는 장치로 아날로그 전송매체를 통해 데이터를 전송하는 반드시 필요한 변복조기로서 일종의 신호변환기라하며, 송신부와 수신부로 나눌 수 있다.

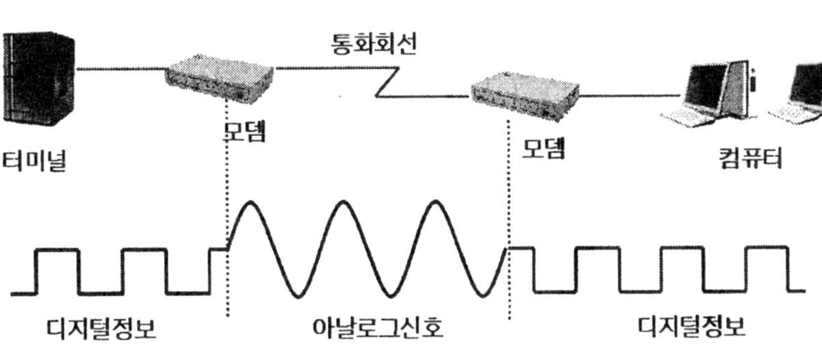

[그림 6-17] 모뎀의 기본기능

① **송신부** : 디지털 신호가 인코더에 입력되어 변조기로 변조하고 아날로그 형태로 변형된 다음 송신선로로 나가게 된다.

② **수신부** : 통신선로로부터 들어오는 아날로그 신호를 복조기를 통해 복조한 후 디지털 신호로 변환하고 다시 데이터 복호화기를 거쳐 본래의 데이터로 환원된다.

5) 음성의 디지털화 장치(코덱, CODEC)

COder(부호화기)와 DECoder(복호화기)의 합쳐진 것이다. [그림 6-18]은 코덱과 모뎀의 신호변환을 잘 보여주고 있다.

① **부호기**(COder) : 아날로그 신호(PAM 신호)를 입력받아 이를 디지털 신호(PCM word, 8bit)로 부호화하는 장치이다.

② **복호기**(DECoder) : 전송받은 디지털 신호(PCM word, 8bit)를 아날로그 정보(PAM 신호)로 복원하는 장치이다.

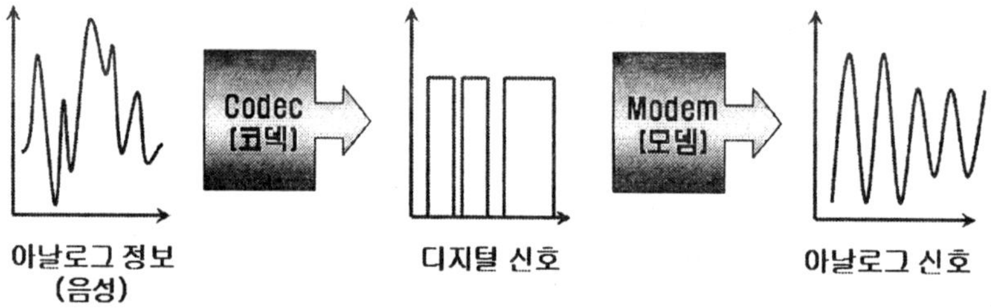

[그림 6-18] 코덱과 모뎀의 비교

(4) 디지털 변복조

1) 아날로그 변조 방식(아날로그 데이터 → 아날로그 신호)

아날로그(analog) 변조 기술은 전송하고자 하는 정보신호가 아날로그 신호이고 반송파로 cos, sin 함수와 같은 연속함수 형태의 반송파를 사용하는 변조 방식이다. 아날로그 신호의 3가지 요소에는 진폭, 주파수, 위상이 있다.

아날로그 변조 방식의 종류와 모양을 [그림 6-19]에 나타내었다.

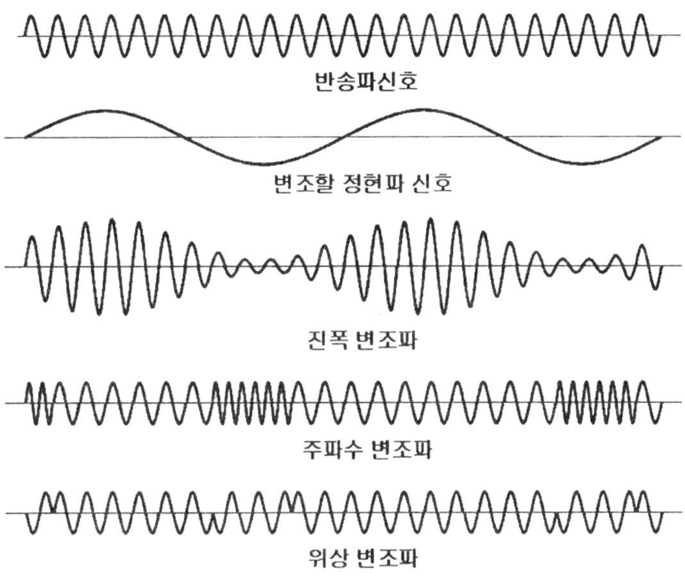

[그림 6-19] 정현 반송파의 변조

① 폭 변조

폭 변조(AM : Amplitude modulation ; 앰플리튜드 모듈레이션)는 전송하고자 하는 신호에 따라 반송신호의 진폭을 변화하는 방식이다. 〈표 6-1〉은 AM 변조의 종류와 장점을 나타낸 것이다.

〈표 6-1〉 진폭 변조의 종류 및 장점

종 류	장 점
DSB(Double Side Band : 더블 사이드 밴드)	원신호 복원이 가능하다
SSB(Single Side Band : 싱글 사이드 밴드)	전송하기 쉽다. 수신기가 복잡하다.
VSB(Vestigial Side Band : 베스티지얼 사이드 밴드)	원신호 복원이 가장 쉽다.

② 주파수 변조

주파수 변조(FM : Frequency modulation ; 프리퀀시 모듈레이션)는 전송하고자 하는 신호에 따라 반송신호의 주파수를 변화시키는 방식이다.

㉮ **특징** : 잡음 및 혼성에 강하다
㉯ **단점** : 넓은 대역폭이 필요하므로 속도가 느리다.

③ 위상 변조

위상 변조(PM : Phase modulation ; 페이즈 모듈레이션)는 전송하고자 하는 신호에 따라 반송신호의 위상을 변조시키는 방식을 말한다.

- **특징** : 아날로그 변조 방식 중 가장 고속도 전송을 할 수 있다([그림 6-19] 참조).

2) 펄스 변조

펄스(pulse) 변조는 아날로그(analog) 신호를 고주파 펄스의 반송파를 이용하여 이산적으로 전송하는 방식을 말한다.

① PAM

PAM(Pulse Amplitude Modulation : 펄스 앰플리튜드 모듈레이션) 변조는 아날로그(analog) 신호의 크기에 따라 펄스(pulse)의 크기를 변화시키는 방법으로 [그림 6-20]에 나타내었다.

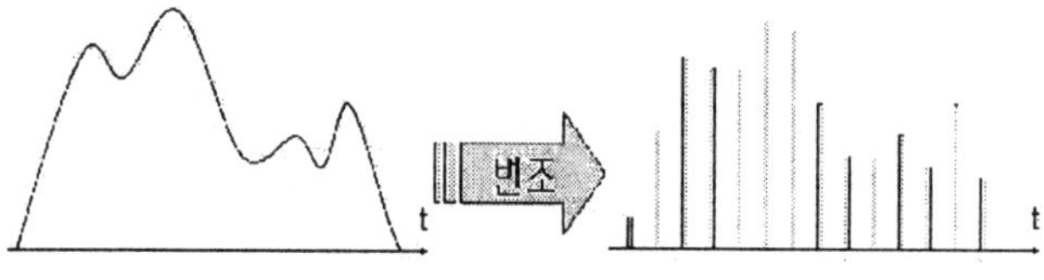

[그림 6-20] PAM 변조

② PPM

PPM(Pulse Position Modulation : 펄스 포지션 모듈레이션)은 아날로그 신호의 크기에 따라 펄스의 위치를 변화시키는 방식이다([그림 6-21] 참조).

[그림 6-21]은 PWM 신호가 미분회로를 거쳐 PPM 신호로 변조되는 과정을 나타낸 것이다.

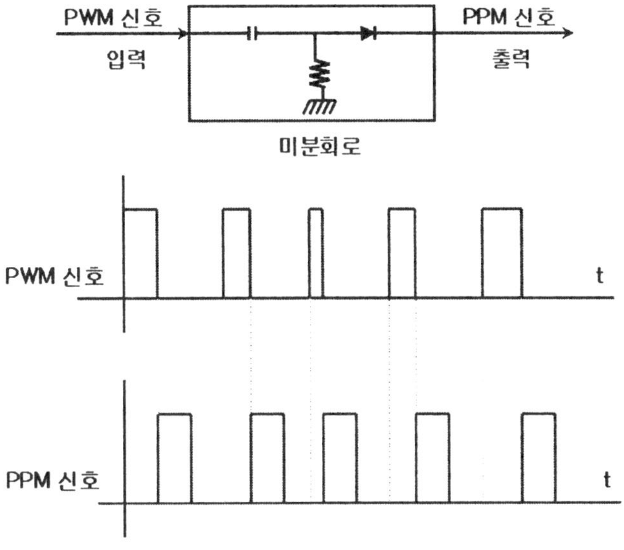

[그림 6-21] PPM 변조

③ PCM

PCM(Pulse Code Modulation : 펄스 코드 모듈레이션)은 아날로그(analog) 신호의 크기에 따라 펄스(pulse)의 크기를 변화시키는 PAM(Pulse Amplitude Modulation)을 만든 다음 양자화, 부호화의 과정을 거쳐 디지털(digital) 신호로 만들어 전송하는 변조 방식이다.

PCM 변조를 [그림 6-22]에서 잘 나타내고 있다.

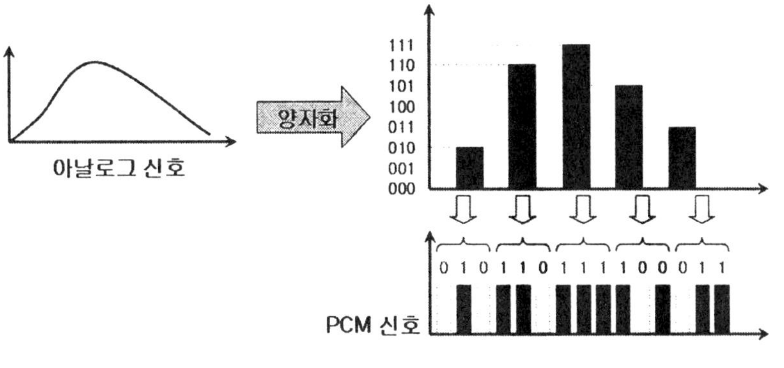

[그림 6-22] PCM 변조

④ 델타 변조

델타 변조(DM : Delta Modulation ; 델타 모듈레이션)는 아날로그 입력을 신호의 마지막 추정값과 비교, 비교기 출력을 통해 추정값이 큰지 작은지 알려준다. 정보량이 적고 회로구성이 간단하며, 신뢰성이 높다([그림 6-23 참조]).

㉮ **경사 과부하 잡음**(slope overload noise : 슬롭 오버로드 노이즈) : 아날로그 파형이 급격하게 변화하는 경우 그 변화를 추적할 수 없을 때 나타나는 잡음이다.

㉯ **그래뉼러**(granular) **잡음** : 아날로그 파형이 완만하게 변화할 경우 발생하는 잡음이다.

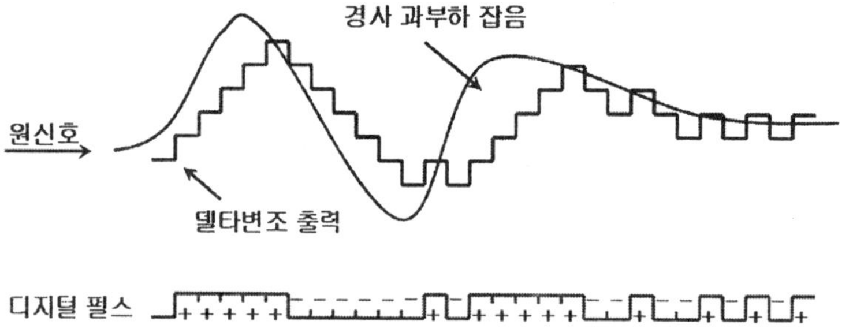

[그림 6-23] 델타 변조

⑤ 차동펄스부호 변조

차동펄스부호 변조(DPCM : Differential PCM ; 디퍼런셜 PCM)는 가장 우수한 S/N비를 가지며, PCM에 비해 과잉의 양자화를 생성하므로 비효율적이다.

3) 디지털 변조 방식

디지털 변조 방식(디지털 데이터→아날로그 신호)은 반송파의 진폭과 주파수, 위상을 데이터 비트(1, 0)에 따라 변화시키는 것을 말한다. 펄스 변조된 신호를 이용하여 2진 부호화된 신호들을 디지털 변조시켜 전송하면 잡음의 영향을 적게 받고 다중화가 가능하게 된다. [그림 6-24]는 디지털 변조 방식을 나타낸다.

① 진폭 편이 변조

진폭 편이 변조(ASK : Amplitude Shift Keying ; 앰플리튜드 시프트 키잉)는 디지털 신호 0과, 1의 2진수값을 각각 다른 진폭을 갖는 반송주파수로 표현하는 방식으로 단극 NRZ 형태의 2진 데이터에 대응하여 반송파를 on시켰다가 off시키는 방식이라 해서 OOK(On-Off-keyin)이라고도 한다. 비교적 저속 데이터 전송에 이용되며, 매우 간단히 구성할 수 있으나 에러 성능이 다소 떨어지는 단점이 있다. Baseband 방식에 비해 2배의 전송대역폭을 필요로 하며 비동기 검파를 이용한다.

② 주파수 편이 변조

주파수 편이 변조(FSK : Frequency Shift Keying ; 프리퀀시 시프트 키잉)는 디지털 신호 0과, 1의 값이 서로 다른 주파수로 표현되는 방식(전이중 : full duplex ; 풀 듀플렉스)으로 전송속도가 비교적 저속에 이용되며, 협대역이면서 잡음에 강한 모뎀의 전송 방식에 이용되는 변조 방식이다.

③ 위상 편이 변조

위상 편이 변조(PSK : Phase Shift Keying ; 페이즈 시프트 키잉)은 디지털 신호를 반송신호의 위상을 다르게 할당하는 방식으로 PRK(phase reverse king : 페이즈 리버스 킹)라고도 한다.

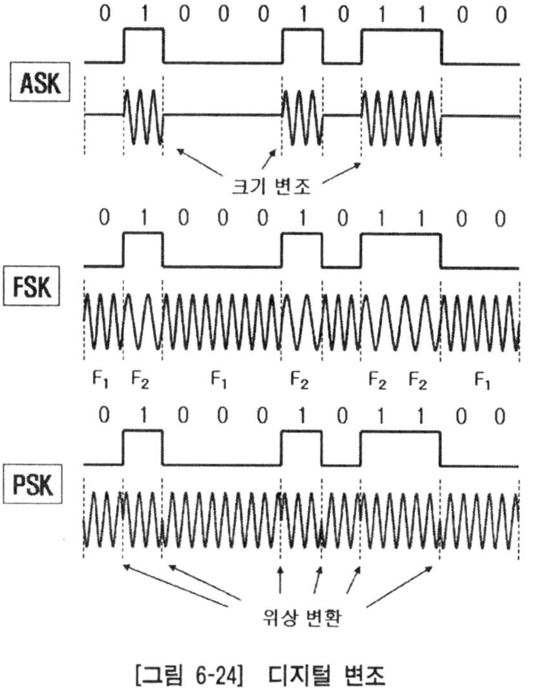

[그림 6-24] 디지털 변조

(5) 다중화 방식

다중화(MUltipleXing : 멀티플렉싱, MUX)란 제한된 용량을 갖는 통신자원에 대하여 다수의 독립적인 사용자들이 서로 공동의 자원으로 채널을 공유하기 위하여 다중화(multiplexing)가 필요하다. 즉, 다중화란 몇 개의 DTE(Data Transmission Equipment : 데이터 트랜스미션 이큐프먼트)가 하나의 통신회선을 통하여 결합된 형태로 신호를 전송하고 이를 수신 측에서 원래의 형태로 나누어주는 방식으로, 두 개 혹은 그 이상의 신호를 결합하여 물리적 회선이나 라디오 링크를 통하여 전송해 주는 방식이다. 다시 말해서 다중화란 1개의 전송로로 복수의 데이터 신호를 중복시켜서 전송하는 것을 말한다([그림 6-25] 참조).

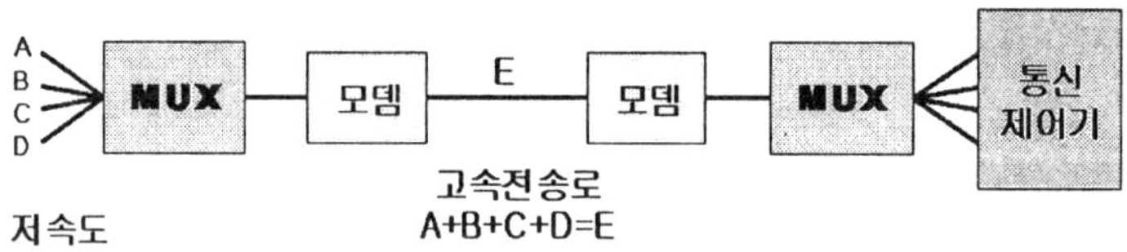

[그림 6-25] 다중화장치의 구성형태

1) 주파수 분할 다중화 방식

주파수 분할 다중화 방식(FDM : Frequency Division Multiflexing ; 프리퀀시 디비전 멀티플렉싱)은 일정한 폭을 가진 통신선로의 주파수 대역폭을 몇 개의 작은 대역폭으로 나누어 여러 대의 저속도 장치를 동시에 이용하는 것이다. 전송하려는 신호의 대역폭보다 전송매체의 유효대역이 클 경우에 사용되며, 간섭파의 영향에 강하고, 누화가 많이 발생하며, 광대역 전송이 가능하다([그림 6-26] 참조).

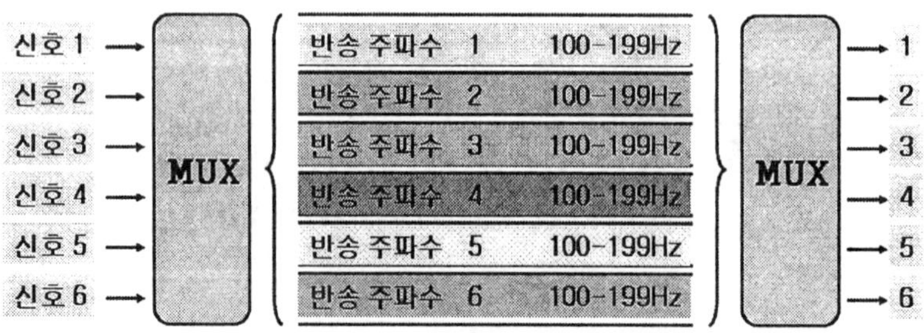

[그림 6-26] 주파수 분할 다중화 방식

2) 시간 분할 다중화 방식

시간 분할 다중화 방식(TDM : Time Division Multiplexing ; 타임 디비전 멀티플렉싱)은 한 전송로의 대역폭을 일정한 시간간격(time slot : 타임슬롯)으로 나누어 각 채널에 할당함으로써 몇 개의 채널들이 한 전송로를 나누어 사용하는 방식이며 아날로그 방식에 비해 약 2~3배 정도의 수용용량을 갖고 있다. 통신속도가 높고, 통화회선이 적을 때 경제적이며, 지연 왜곡 및 누화가 적다. 또한 통화로의 구성단가가 싸다. 하지만 통화로망 점유 주파수 대역폭이 넓으며, 기존 유선망과 간단히 전송할 수 없는 단점이 있다([그림 6-27] 참조).

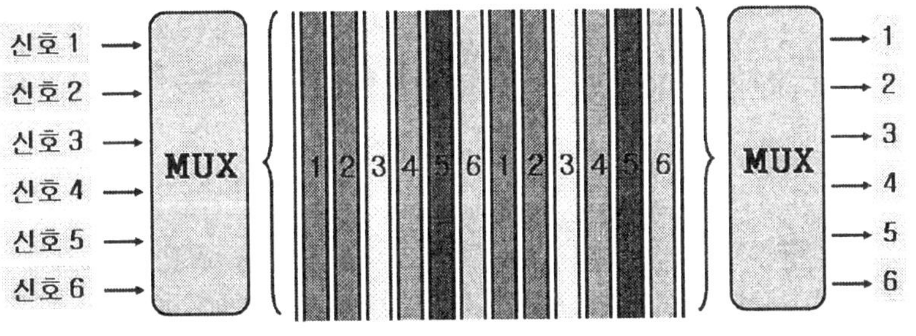

[그림 6-27] 시간 분할 다중화 방식

3) 코드 분할 다중화 방식

코드 분할 다중화 방식(CDMA : Code Division Multiplexing ; 코드 디비전 멀티플렉싱)은 할당된 주파수 대역을 채널로 분할하지 않고 통째로 채널 하나로 활용하는 코드 분할 다중접속 방식으로 통화자 각각의 음성신호를 디지털 신호로 변환하고, 변환된 신호에 통화자의 신분을 알 수 있는 암호(코드)를 사용하여 통화비밀을 유지할 수도 있다. 아날로그 방식(FDMA)과 비교하여 약 10배 이상의 수용용량을 가지며, 이동통신과 위성통신에 사용된다.

4) 파장 분할 다중화 방식

파장 분할 다중화 방식(WDM : Wavelength Division Multiplexing ; 웨이브렝스 디비전 멀티플렉싱)은 광신호를 전송할 때 사용되는 방식으로 전송하고자 하는 여러 신호를 서로 다른 파장을 할당하여 다중화하는 동시에 데이터를 전송하는 방식이다. 합파기,

분파기를 사용하며, 다른 파장들을 묶어 하나의 광섬유를 통해 전송하는 방식이다. 수신 측에서는 각 채널을 파장별로 분해하여 각 채널을 활용하며, 광전송에 이용된다.

5) IMT-2000

IMT-2000(International Mobile Telecommunication 2000 : 인터내셔널 모바일 텔레커뮤니케이션)은 새로운 무선접속기술인 W-CDMA를 이용, 하나의 단말기를 통해 여러 가지 서비스와 접속 가능하고 인터넷의 그래픽 접속, 멀티미디어 메일 교환, 대량의 데이터 파일 전송 등을 동시에 하면서 비디오 화상회의도 진행할 수 있다. 또한 국제적인 로밍 서비스와 무선 비디오 서비스 등의 안정된 부가 서비스도 가능하여 음성 위주의 서비스를 탈피하여 고속 데이터와 영상 서비스까지도 전송할 수 있는 무선 멀티미디어 통신기술이다.

4 정보통신망

(1) 정보통신 네트워크의 개요

1) 통신망의 구성요소

① 가입자(station)

공중통신망의 이용자이다.

② 노드(node)

네트워크 내의 교환 센터로서 가입자에게 접속 경로를 제공하는 장치이다.

③ 링크(link)

공중통신망을 구성하는 요소 중 노드 간을 연결하는 전송로를 의미한다.

④ **인터페이스**(interface)

네트워크와 가입자 간의 상호접속을 말한다.

2) 통신망의 특징

① 정보전달이 신속 정확하다.
② 대량정보를 전달한다.
③ 정보의 장거리 전송이 가능하다.
④ 신뢰성이 높다.
⑤ 통신접속 품질, 전송품질의 동일성이 있다.

3) 통신망의 기본조건

명료성, 신속성, 안정성, 경제성이 갖추어져야 한다.

4) 통신망의 종류

통신망의 종류로는 전화망, 컴퓨터망, 데이터 통신망, 데이터 교환망, 근거리 통신망 등이 있다.

(2) 교환 방식

1) 회선교환 방식

통신 전에 발신 측과 착신 측 간에 데이터를 전송할 때마다 회선을 미리 연결하여 회선의 접속 경로를 설정한 다음 통신이 종료될 때까지 회선을 독점하게 되므로 한 번 설정된 회선은 통신이 완료되기 전에는 다른 이용자가 사용할 수 없게 된다. 실시간 대화용에 적합하며, 대표적인 예로 [그림 6-28]과 같은 전화망을 들 수 있다.

① 회선교환 방식의 장점

전송 데이터가 길고 연속적인 정보교환에 적합하며, 데이터 전송과정에서 중간에 교환기를 필요로 하지 않는다. 전송지연은 거의 없으며, 고정된 대역폭을 이용해서 데이터를 전송하는 **동기전송**이다.

② 회선교환 방식의 단점

전송 중 데이터가 전달되지 않는 낭비시간이 있고, 동일한 속도나 코드를 가진 단말기기끼리만 통신할 수 있기 때문에 데이터의 전송속도나 코드 변환이 불가능하다. 또한 수신 측이 통신을 위한 준비상태에 있지 않으면 데이터 전송이 불가능하다.

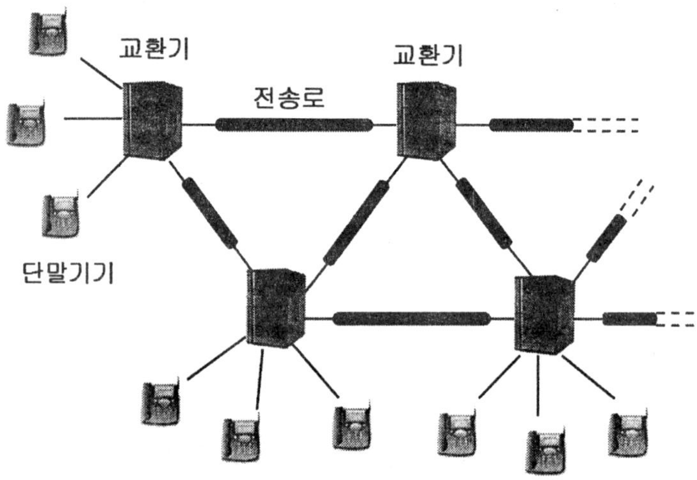

[그림 6-28] 전화망의 구성

2) 메시지 교환 방식

전송하고자 하는 메시지의 헤더(header) 부분에 목적지의 주소를 부착하여 전송하면 교환기에서는 교환기 내의 입력되는 메시지들을 차례대로 교환기 내의 버퍼(buffer)에 저장한 후 메시지의 헤더 정보에 따라 다른 교환기로 전송하는 방식이다. 전송속도나 코드 변환이 가능하며, 응답시간이 느려 실시간 대용으로는 부적합하다. 또한 회선교환 방식에서는 전송하는 메시지 량이 많은 경우에는 단절된 현상이 일어날 수 있지만 메시지 교환 방식에서는 전달이 지연될 뿐 단절되는 현상은 일어나지 않는다. [그림 6-29]는 메시지 교환 방식을 그림으로 표현한 것이다.

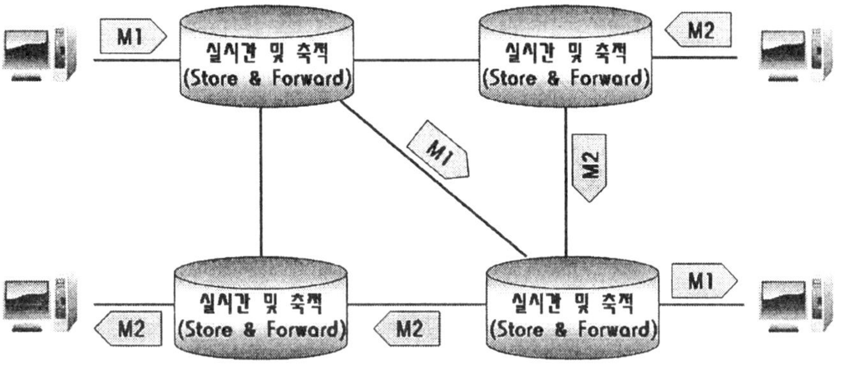

[그림 6-29] 메시지 교환 방식

① 메시지 교환 방식의 장점

회선교환 방식에 비해 적은 비용으로 네트워크 구성이 가능하고, 축적교환을 기본으로 정보전송이 이루어지므로 송신자와 수신자가 동시에 운용상태가 아니어도 교환이 이루어진다. 또한 하나의 통신회선이 여러 메시지를 공유할 수 있으므로 선로의 이용 효율을 증가시킬 수 있다.

② 메시지 교환 방식의 단점

축적교환 방식이기 때문에 송신정보가 교환기 내의 버퍼에 축적되는 동안 전송지연이 발생하게 되므로 실시간통신에는 적합지 않다. 또한 진송 메시지마다 순서번호와 목적지 주소 등의 추가 데이터를 항상 필요로 하기 때문에 오버헤드(overhead)가 존재한다.

3) 패킷 교환 방식

패킷 교환 방식이란 [그림 6-30]과 같이 메시지 교환과 회선교환의 장점을 이용하고, 단점을 최소화한 교환 방식으로 발신 측 회선에서 발생한 정보를 일단 교환기의 버퍼에 저장하여 일정한 크기의 패킷으로 만든 다음 패킷 헤더에 들어 있는 주소를 보고 착신 측 단말에 전송하는 방식을 말한다. 송수신 측 간에 직접적인 전기적 접속이 존재하지 않으며, 종류에는 가상회선(virtual circuit)과 데이터그램(datagram) 패킷 교환 방식이 있다.

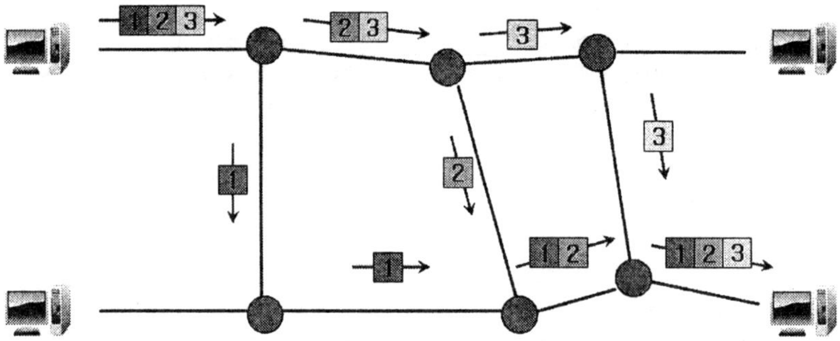

[그림 6-30] 패킷 교환 방식

① 패킷 교환 방식의 장점

패킷 단위로 축적 전송되므로 메시지 교환 방식보다 빠른 응답시간이 요구되는 통신에 주로 이용되며, 전송품질과 신뢰도가 우수하다. 또한 이용자가 지정된 시간에 정보를 전송하거나 동시에 여러 곳의 단말에 정보의 전송이 가능하고, 전송과정에서 전송 에러 검사를 하여 에러가 발생되면 재전송을 하여 고신뢰성이며, 경제적인 망 구축이 가능하다.

② 패킷 교환 방식의 단점

메시지 교환 방식과 같이 전송 데이터의 패킷에는 목적지의 주소, 순서번호 등의 추가 데이터로 인한 오버헤드가 존재하게 된다.

문제 및 해설

1. 정보통신의 기본요소 중 데이터 전송회선과 컴퓨터 사이를 결합하고, 다수의 이용자에게 온라인 실시간 능력을 부여, 통신회선과 중앙처리장치를 결합하여 데이터의 교통을 제어하는 역할을 하는 것은 다음 중 무엇인가?

① DTE　　② DCE

❸ CCU　　④ Interface

해설 위 문제는 통신제어장치이므로 정답은 CCU가 된다.

- DTE(Data Terminal Equipment : 데이터 단말장치)
- DCE(Data Circuit-termination Equipment : 회선종단장치)
- CCU(Communication Control Unit : 통신제어장치)
- Interface는 접속규격을 말한다.

2. 아날로그를 디지털로 바꾸고 디지털을 아날로그로 바꾸는 데 가장 자주 이용되는 기술이 PCM이다. 다음 중 PCM의 기본적인 기능이라고 볼 수 없는 것은?

① 아날로그 신호의 샘플링

❷ 아날로그 신호의 증폭

③ 샘플링된 진폭의 양자화

④ 양자화된 아날로그 샘플을 디지털 신호로 나타내기 위한 부호화

해설 PCM의 기본기능은 표본화, 양자화, 부호화이다.

3. 방송 프로그램을 전송하기 위해서는 보다 넓은 대역폭이 필요하다. 10[kHz]까지 전송할 수 있는 PCM 시스템에서 요구되는 표본화 주파수는 얼마인가?

❶ 20[kHz]　　② 45[kHz]

③ 60[kHz]　　④ 75[kHz]

해설 $2f_{max}$ = 표본화 주파수, f_{max} = 최고 주파수이며, 표본화 주파수의 공식은 다음과 같다.
$f_s \geq 2f_{max}$이므로 대입하면 10[kHz]×2=20[kHz]

정답 1. ③　2. ②　3. ①

4. 음성을 7[bit]에서 8[bit]로 양자화했을 때 맞지 않는 것은 어느 것인가?

① 압축 특성이 개선된다.
② 신장 특성이 개선된다.
③ 양자화 잡음이 반으로 감소된다.
❹ 표본화 잡음이 반으로 감소된다.

해설 표본화 잡음은 에일리어싱이나 음성신호에 섞여 들어오는 고조파에 의해 결정된다. 양자화 잡음이 반으로 줄어드는 이유는 7[bit] 사용시 126스텝, 8[bit] 사용시 256스텝의 양자화 계단이 생기기 때문이다.

5. 시간 영역에서의 sampling은 주파수 영역에서 어떻게 나타나는가?

① 이산적인 함수로 나타난다.
② 불규칙한 함수로 나타난다.
③ 비주기 함수로 나타난다.
❹ 주기 함수로 나타난다.

해설 Sampling이란 전송하려는 연속신호 $x(t)$의 최고 주파수가 $f_{\max}$일 때 표본화 주파수 f_s를 $f_{\max}$의 2배 이상으로 설정하여 샘플링하면 본래의 연속신호 $x(t)$를 복원할 수 있으며, 주파수 영역에서 주기함수로 나타낸다.

6. PCM 전송 방식에서 4[kHz]까지의 음성신호를 재생시키기 위한 표본화 주기는?

① 100[μs]
❷ 125[μs]
③ 200[μs]
④ 225[μs]

해설 $\mathrm{Ts} = \dfrac{1}{2fm} = \dfrac{1}{2 \times 4000} = \dfrac{1}{8000} = 125[\mu \mathrm{s}]$

7. 양자화 잡음의 비율은 입력 진폭에 어떠한가?

❶ 작을 때가 커진다.
② 클 때가 커진다.
③ 관계없이 일정하다.
④ 관계없이 커진다.

해설 양자화 잡음은 신호 레벨이 낮을수록 커지고, 신호 레벨이 높을수록 작아진다.

정답 4. ④ 5. ④ 6. ② 7. ①

8. 전화의 음성 주파수 대역(300~3,400[kHz])을 완전히 전송하기 위해서는 최소한 몇 초 간격의 표본이 되어야 하는가?

① 125[μs] ❷ 147[μs]
③ 300[μs] ④ 340[μs]

해설 $Ts = \frac{1}{2fm} = \frac{1}{2 \times 3,400} = \frac{1}{6,800} = 147[\mu s]$

9. 표본화 정리의 전제조건은 표본값이 무한한 시간에 걸쳐 발생한다는 것이나 실제 시스템에서 취급하는 신호는 유한한 것이기 때문에 오차가 발생한다. 이러한 오차를 무슨 오차라 하는가?

① 반올림 오차 ② round-off 오차
❸ 절단 오차 ④ 에일리어싱

해설 잘라버림(truncation)이라고도 한다.

10. 다음 중에서 디지털 전송 방식은?

① PAM ❷ PCM
③ PPM ④ PWM

해설 PCM은 양자화, 부호화 과정을 거쳐 디지털 신호를 전송하므로 디지털 전송 방식이다.

11. 다음 펄스 변조 방식 중 양자화를 하지 않는 방식은 어느 것인가?

❶ PPM ② DPCM
③ PCM ④ ΔM

해설 PPM은 아날로그(analog) 신호의 크기에 따라 펄스(pulse)의 위치를 변화시키는 방식이다.

12. 아날로그 신호를 디지털 신호로 전송하기 위한 필수적인 신호처리 과정이 아닌 것은?

① 표본화 ② 양자화
③ 부호화 ❹ 정보화

해설 PCM 과정을 거쳐야 하는데 표본화, 양자화, 부호화는 이에 속한다.

정답 8. ② 9. ③ 10. ② 11. ① 12. ④

13. 6[bit]를 사용하여 양자화하는 경우 양자화 스텝의 수는?

① 8 ② 16
③ 32 ❹ 64

해설 양자화 스텝수(*M*)는 $M = 2^n = 2^6 = 64$

14. 순시 진폭값이 설정된 양자화 레벨을 넘게 되면 순시 진폭값에 peak clipping이 생겨 포화 왜곡이 발생하게 되는데 이러한 잡음을 무엇이라 하는가?

① 양자화 잡음 ② 순시 잡음
❸ 과부하 잡음 ④ 표본화 잡음

해설 과부하 잡음이란, 입력신호가 범위를 넘게 되면 양자화 단계가 포화되어 잘리고 클리핑되어 큰 오차가 발생되는 것을 말한다.

15. PCM 방식에서 표본화 주파수가 6[kHz]라 하면 이때 표본화 주기는?

❶ 165[μs] ② 165[ns]
③ 125[μs] ④ 125[ns]

해설 $T = \frac{1}{f_s} = \frac{1}{6000} = 165[\mu s]$

16. 양자화 스텝의 수를 신호의 강약에 관계없이 균등히 하면?

❶ 신호 레벨이 낮을수록 신호 대 양자화 잡음비는 적다.
② 신호 레벨이 높을수록 신호 대 양자화 잡음비는 적다.
③ 신호 레벨이 낮을수록 신호 대 양자화 잡음비는 크다.
④ 신호 레벨의 강약에는 무관하다.

해설 신호 레벨이 낮을수록 양자화 잡음은 커지며 신호 레벨이 클수록 양자화 잡음은 작아진다. 따라서 신호 레벨이 낮을수록 S/N는 적어진다.

17. 다음 중 정보통신의 기본요소에 해당하지 않는 것은 무엇인가?

❶ 통신단말장치 ② 통신제어장치
③ 회선종단장치 ④ 데이터 단말장치

해설 정보통신의 기본요소에 해당되는 것은 DTE(데이터 단말장치), DCE(회선종단장치), CCU(통신제어장치), Interface(접속규격) 등이 있다.

정답 13. ④ 14. ③ 15. ① 16. ① 17. ①

18. 양자화 잡음은 다음 중 어느 과정에서 생기는가?

① PSK ② PAM
❸ PCM ④ PWM

해설 PCM의 과정은 표본화, 양자화, 부호화이다.

19. 양자화 스텝의 수가 32일 때 몇 개의 비트를 사용하여야 하는가?

① 1 ② 3
❸ 5 ④ 6

해설 양자화 스텝수(M)는 $M=2^n=32$이므로 $n=5$(bit)이다.

20. 펄스 부호 변조(PCM) 방식의 특징에 대한 설명 중 틀린 것은?

① 전송로에 의한 레벨 변동이 없다.
② 저질의 전송로에서도 사용이 가능하다.
③ 단국장치에 고급 여파기를 사용할 필요가 없다.
❹ 점유 주파수 대역이 좁다.

해설 점유 주파수 대역이 넓은 단점이 있다.

21. 누화, 잡음, 왜곡 등의 발생률이 낮고 전송 특성의 질이 저하된 선로에서도 다중화를 할 수 있는 가장 이상적인 전송 방식은?

① AM 주파수 분할 다중전송 방식
② FM 주파수 분할 다중전송 방식
❸ PCM 시간 분할 다중전송 방식
④ PM 주파수 분할 다중전송 방식

해설 PCM 시간 분할 다중전송 방식이 가장 이상적인 전송 방식이다.

22. 다음 그림은 어떤 다중화(multiplexing) 방식을 보인 것인가?

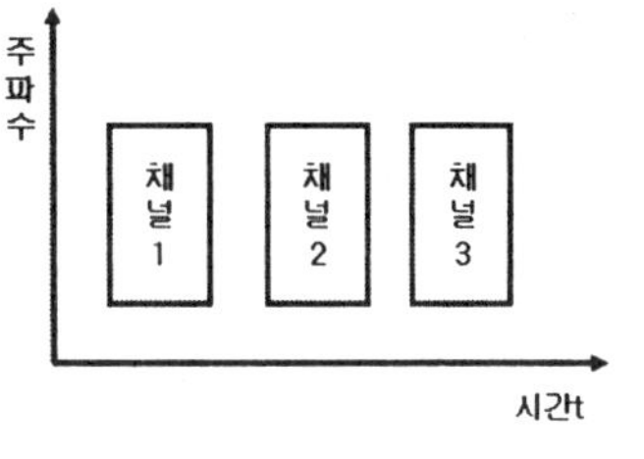

① 위상 분할 다중화
② 주파수 분할 다중화
③ 진폭 분할 다중화
❹ 시간 분할 다중화

해설 위 그림은 일정한 시간폭으로 주파수를 나눈 시간 분할 다중화 방식의 그림이다.

정답 18. ③ 19. ③ 20. ④ 21. ③ 22. ④

23. 시간 분할 다중화(time division multiplexing)에 대하여 잘못된 설명은?

① 한 전송로를 일정한 시간폭으로 나누어 사용한다.
② 비트 삽입식과 문자 삽입식이 있다.
③ Point-To- Point 시스템에서 널리 사용된다.
❹ 폴(poll)과 셀렉션(selection)을 이용하여 송수신한다.

해설 Poll과 Selection은 Multipoint 시스템에서 사용된다.

24. 주파수 분할 다중화(FDM)와 비교했을 때 시간 분할 다중화(TDM)의 특징으로서 맞지 않는 것은?

① 단국장치가 간단하다.
② 통화로당 점유 주파수 대역폭이 넓다.
③ 통화회선을 많게 할 수 없다.
❹ 불완전한 대역 통과 필터링과 비선형 왜곡에 의해 영향을 심하게 받는다.

해설 FDM 방식을 사용하는 단국장치는 필터가 많이 들어가므로 단국장치가 복잡하다. TDM 방식은 고속 전자 스위치가 필요하며 FDM보다 통화회선을 많게 할 수 없다.

25. 주파수 범위가 0.3~3.4[kHz]인 음성신호로 8[kHz] 표본화해 7비트로서 부호화할 경우의 정보속도를 구하면?

① 28[kb/s] ❷ 56[kb/s]
③ 62[kb/s] ④ 89[kb/s]

해설 정보 전송량 = (3.4×2)×8[kHz] = 56[kb/s]

26. 다음 중 아날로그(analog) 전송 방법이 아닌 것은?

❶ PCM ② PTM
③ PAM ④ PWM

해설 PCM은 디지털 전송 방식이다.

27. 시간폭과 진폭이 일정한 펄스의 위치를 입력신호에 따라 변화시키는 변조 방식은?

① PCM ② PDM
③ PWM ❹ PPM

해설 PPM이란 아날로그(analog) 신호의 크기에 따라 펄스(pulse)의 위치를 변화시키는 방식이다.

정답 23. ④ 24. ④ 25. ② 26. ① 27. ④

28. 다음 그림의 전송 부호 형식은?

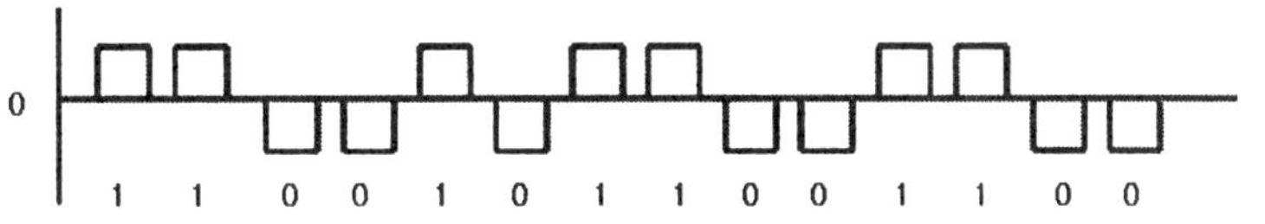

① 단극 방식　　② 복극 방식
❸ 복극 RZ 방식　　④ 바이폴러 방식

해설 음전위와 양전위를 사용하며 0으로 복귀하므로 복극 RZ 방식이다.

29. 변조의 개념을 옳게 설명한 것은?
① 전송신호를 고주파 신호 성분과 저주파 신호 성분으로 분리하는 것이다.
② 수신신호로부터 반송파를 제거하는 것이다.
③ 아날로그 신호를 디지털 신호로 변환하는 것이다.
❹ 채널을 통해 효율적으로 전송되도록 송신신호를 변환하는 것이다.

해설 **변조** : 전달하고자 하는 신호를 목적지까지 효율적으로 보내기 위해 신호를 적합한 형태로 바꾸는 조작이다.

30. 아날로그 신호로 반송파를 on-off하는 방식으로 전송대역을 유용하게 사용할 수 있으며 비동기 검파가 가능한 이점을 가진 변조 방식은?
① 주파수 변조 방식(FM)　　❷ 진폭 변조 방식(AM)
③ 위상 변조 빙식(PM)　　④ 진폭 위상 변소 방식(AM-PM)

해설 **진폭 변조** : 전송하고자 하는 신호에 따라 반송신호의 진폭을 변화시키는 변조 방식을 말하며 비동기 검파가 가능하다.

31. 시간 분할 다중 방식에서 신호파의 최고 주파수를 8[kHz]라 하면 표본화 주파수는 얼마인가?
① 3[kHz] 이상　　② 6[kHz] 이상
③ 9[kHz] 이상　　❹ 16[kHz] 이상

해설 $f_s \geq 2f_m = 2 \times 8[kHz] = 16[kHz]$

정답 28. ③ 29. ④ 30. ② 31. ④

32. 베이스밴드 전송에서 '1'이 상반적인 정부 펄스로 바뀌는 신호 방식은?

❶ bipolar ② differential
③ CMI ④ 단극 펄스

해설 단극성 부호의 '1', '0' 펄스 중 '1' 펄스의 극성을 교대로 반전시켜 복극성으로 만드는 부호 형식으로 ISDNS 인터페이스에 많이 사용된다.

33. PCM 전송 방식에서 6[kHz]가량의 대역폭을 갖는 음성정보를 7[bit] coding으로 부호화 한다면 음성을 전송하기 위한 데이터 전송률은?

① 30[kbps] ② 42[kbps]
③ 58[kbps] ❹ 84[kbps]

해설 (6×2)[kHz]×7[bit]=84[kbps]

34. 변조를 하는 이유에 해당되지 않는 것은?

① 송수신 안테나의 제작 문제 해결
❷ 시간 분할 다중통신 수행
③ 잡음과 간섭의 제거
④ 회로소자의 단순화 및 시스템의 소형화

해설 주파수 분할 다중통신(FDM)을 행하기 위해 변조를 수행한다.

35. 다음 그림의 전송부호 형식은?

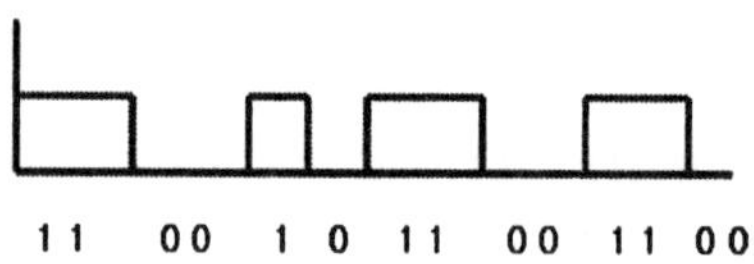

❶ 단극 방식 ② 복극 방식
③ 복극 RZ 방식 ④ 바이폴러 방식

해설 입력신호가 1이면 양(+)전위를, 0이면 펄스를 전송하지 않는 방식이므로 단극 방식이다.

정답 32. ① 33. ④ 34. ② 35. ①

36. 회선교환 방식의 설명이다. 틀린 것은?

❶ 접속된 통신경로는 통신이 종료될 때까지 독점은 할 수 없다.
② 공간분할 방식과 시간분할 방식으로 나눈다.
③ 대표적인 예로 전화망을 들 수 있다.
④ 데이터를 전송할 때마다 회선을 미리 연결한다.

해설 접속된 통신경로는 통신이 종료될 때까지 독점한다.

37. 다음 중 직류억압 부호에 해당되지 않는 것은?

❶ 양극 펄스 ② bipolar
③ manchester ④ CMI

해설 **직류 억압부호** : 직류성분을 포함하지 않는 신호로 bipolar manchester CMI 등이 이에 해당한다.

38. 다음의 그림은 어떤 변조 파형인가?

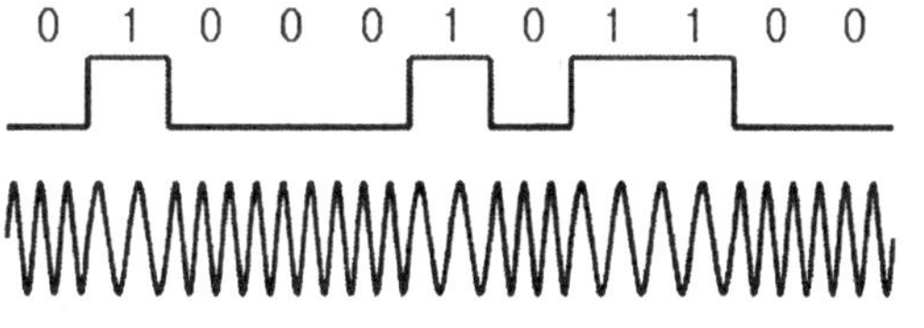

① 폭 편이 변조 ② 진폭 편이 변조
❸ 주파수 편이 변조 ④ 위상 편이 변조

해설 위 그림은 0과 1의 표현을 주파수의 크기를 달리하여 변조하는 방식으로 주파수 편이 변조를 나타내는 그림이다.

39. 디지털 전송신호 중 '1'을 나타내는 펄스가 '+', '−'로 극성이 교대로 변화되는 복극성 펄스에 대한 설명 중 틀린 것은?

① 직류성분이 제거되고 저주파 성분이 적어 저주파 차단 영향이 적다.
② 에러 검출이 쉬우나 타이밍 회복이 어렵다.
③ 단극성 펄스에 비해 전송 시 누화 방해가 적다.
❹ 전송로상의 주파수가 1/2로 감소한다.

해설 복극성 펄스는 단극성 펄스에 비해 전송로상의 주파수가 2배로 증가한다.

정답 36. ① 37. ① 38. ③ 39. ④

40. 그림의 전송부호에 쓰이는 형식은 어느 것인가?

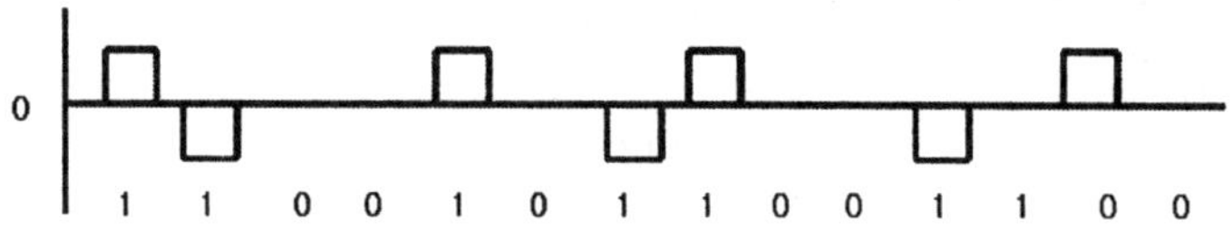

① 단극 방식　　② 복극 방식
❸ 바이폴러 방식　　④ 복극 RZ 방식

해설 '1'이 상반적인 정부 펄스로 바뀌는 신호 방식

41. 아날로그 신호의 크기에 따라 펄스의 폭을 변화시키는 펄스 변조 방식은?

① PAM　　❷ PWM
③ PPM　　④ PCM

해설 PWM은 아날로그 신호의 크기에 따라 펄스의 폭을 변화시키는 변조 방식으로 PDM (Pulse Duration Modulation)이라고도 한다.

42. 다음 중 메시지 교환 방식을 설명한 것은?

① 대표적인 예로 전화망을 들 수 있다.
② 설정된 통신경로는 통신이 종료될 때까지 독점된다.
❸ 데이터에 목적지의 주소를 부착하여 전송한다.
④ 가상회선과 데이터그램 교환 방식이 있다.

해설 ①과 ②는 전화(PSTN) 교환 방식, ④는 패킷 교환 방식

43. 전송부호 형식 중 단극성 부호의 '1', '0' 펄스 중 '1' 펄스의 극성을 교대로 반전시켜 복극성으로 만드는 부호 형식으로 ISDNS 인터페이스에 많이 사용되는 것은?

① RZ　　② NRZ
❸ AMI　　④ Manchester

해설 AMI는 bipolar 부호이다.

정답 40. ③ 41. ② 42. ③ 43. ③

44. 다음 그림은 정보기입 방식별 파형이다. 이의 명칭은 무엇인가 ?

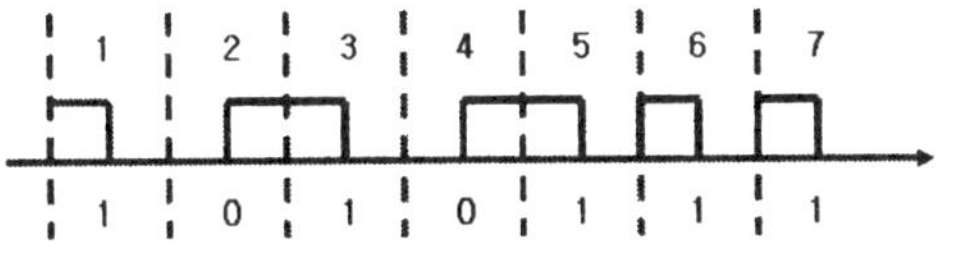

① RZ 파형
② NRZ 파형
③ NRZI 파형
❹ Biphase 파형

해설 일반적인 Biphase 파형이며 아래 부분이 생략된 그림이며, Manchester라고도 한다.

45. 디지털 데이터를 전송하는 방법 중 아날로그 전송 방식이 아닌 것은 어느 것인가?

❶ NRZ(Non Return to Zero)
② FSK(Frequency Shift Keying)
③ PSK(Phase Shift Keying)
④ QAM(Quadrature Amplitude Modulation)

해설 ②, ③, ④는 디지털 데이터 전송에 아날로그 반송파를 사용하는 것이다.

46. 다음의 그림은 어떤 변조 파형인가?

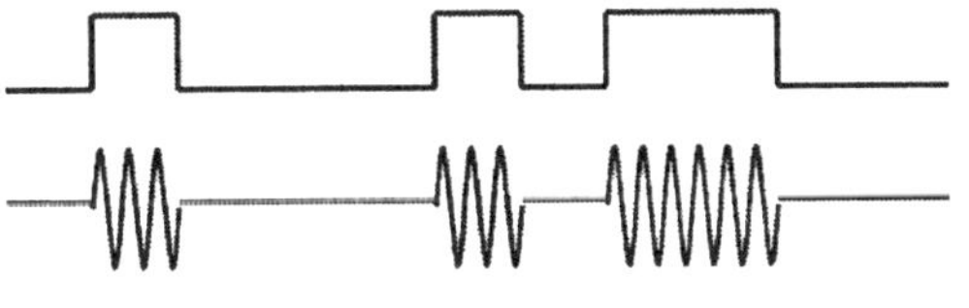

① 각 편이 변조
❷ 진폭 편이 변조
③ 주파수 편이 변조
④ 위상 편이 변조

해설 ASK(진폭 편이 변조)를 나타낸 그림이다.

47. 비트의 전송속도가 느리며, 시스템의 효율이 낮으나 잡음에 강한 모뎀의 전송 방식은?

① ASK(진폭 편이 변조)
❷ FSK(주파수 편이 변조)
③ APK(진폭 위상 변조)
④ PSK(위상 편이 변조)

해설 주파수 편이 변조는 데이터양이 많기 때문에 느리며 효율이 낮다. 그러나 잡음에 강한 특성을 가지고 있다.

정답 44. ④ 45. ① 46. ② 47. ②

48. 다음 중 상호 혼신과 외래 잡음을 적게 하는 데 가장 적당한 변조 방법은?

① 위상 변조 ❷ 주파수 변조
③ 펄스 변조 ④ 진폭 변조

해설 혼신과 잡음에 강한 변조 방식으로는 아날로그 변조에서는 FM, 디지털 변조에서는 FSK가 있다.

49. 다음 그림은 어떤 변조 파형인가?

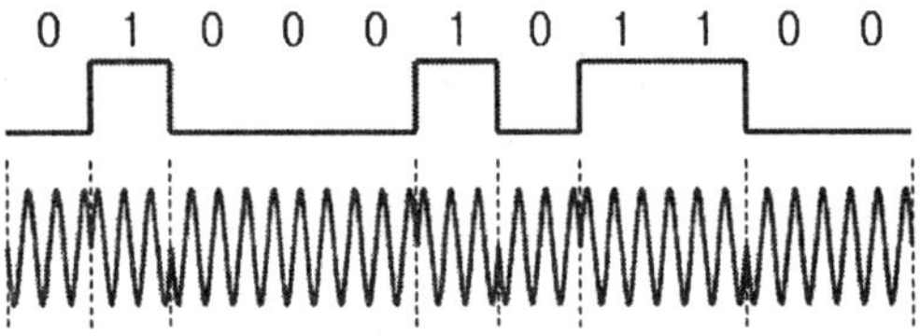

① 진폭 편이 변조 ② 위치 편이 변조
③ 주파수 편이 변조 ❹ 위상 편이 변조

해설 위 그림은 0과 1의 표현을 위상을 변화시키는 방식으로 위상 편이 변조를 나타내는 그림이다.

50. AMI 부호로도 불리는 전송부호는?

① 복극 펄스 ❷ bipolar
③ Manchester ④ 차동 펄스

해설 bipolar 방식은 AMI라고도 불린다.

51. 다음 그림의 전송부호 방식은?

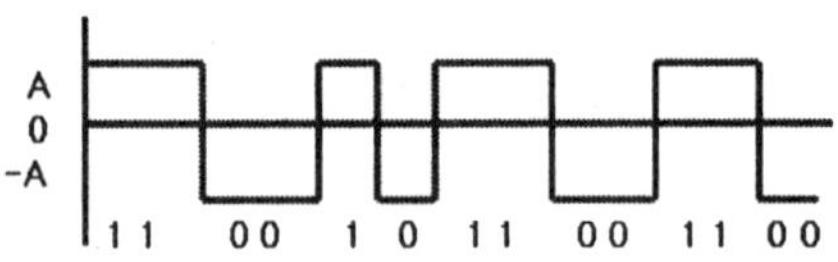

① 단극 방식 ❷ 복극 방식
③ 복극 RZ 방식 ④ 바이폴러 방식

해설 복극 방식이란 일반적으로 NRZ를 의미한다.

정답 48. ② 49. ④ 50. ② 51. ②

52. 다음 중 패킷 교환 방식을 설명한 것은?

① 송수신 측 간에 전용회선이 제공된다.
② 전송하고자 하는 데이터에 목적지의 주소를 부착하여 전송하는 방식이다.
❸ 가상회선과 데이터그램 방식이 있다.
④ 설정된 통신경로는 통신이 종료될 때까지 독점된다.

해설 ②, ④는 회선교환 방식의 설명이다.

53. 다음은 WDM 방식을 설명한 것이다 틀린 것은?

① 합파기, 분파기를 사용한다.
② 광신호를 전송할 때 사용되는 방식이다.
❸ 다른 파장들을 묶어 하나의 동축 케이블을 통해 전송하는 방식이다.
④ 파장 분할 다중화 방식의 약자이다.

해설 다른 파장들을 묶어 하나의 광섬유를 통해 전송한다.

정답 52. ③ 53. ③

chapter

7 의용전자공학정리

1 단 위 계

(1) 기본단위

양	명 칭	기 호	비 고
길 이	미 터	m	인쇄체 소문자
질 량	킬로그램	kg	"
시 간	초	s	"
전 류	암 페 어	A	인쇄체 대문자
열역학적 온도	켈 빈	K	"
물 질 량	몰	mol	인쇄체 소문자
광 도	칸 델 라	cd	"

(2) 기본단위로 표시되는 유도단위

유 도 량	SI 유 도 단 위	
	명 칭	기 호
넓이	세곱미터	m^2
부피	세제곱미터	m^3
속력, 속도	미터 매(퍼) 초	m/s
가속도	미터 매(퍼) 초 제곱	m/s^2
유량	세제곱미터 매(퍼) 초	m^3/s
동점도	제곱미터 매(퍼) 초	m^2/s
파동수	역 미터	m^{-1}
밀도, 질량밀도	킬로그램 매(퍼) 세제곱미터	kg/m^3
비(比) 부피	세제곱미터 매(퍼) 킬로그램	m^3/kg
전류밀도	암페어 매(퍼) 제곱미터	A/m^2
자기장의 세기	암페어 매(퍼) 미터	A/m
(물질량의) 농도	몰 매(퍼) 세제곱미터	mol/m^3
휘도	칸델라 매(퍼) 제곱미터	cd/m^2
굴절률	하나(숫자)	1

(3) 특별한 명칭과 기호를 갖는 국제단위계(SI) 유도단위

유 도 량	SI 유 도 단 위			
	명 칭	기호	SI 단위로 표 시	SI 기본단위로 표시
평면각	라디안	rad		$m \cdot m^{-1} = 1$
입체각	스테라디안	sr		m2 · m^{-2} = 1
진동수, 주파수	헤르츠	Hz		s^{-1}
힘	뉴턴	N		$m \cdot kg \cdot s^{-2}$
압력, 응력	파스칼	Pa	N/m^2	$m^{-1} \cdot kg \cdot s^{-2}$
에너지, 일, 열량	줄	J	N · m	m2 · kg · s^{-2}
일률, 전력, 복사선속	와트	W	J/s	m2 · kg · s^{-3}
전하량, 전기량	쿨롱	C		s · A
전위차, 기전력	볼트	V	W/A	$m^2 \cdot kg \cdot s^{-3} \cdot A^{-1}$
전기용량	패럿	F	C/V	$m^{-2} \cdot kg^{-1}$ · s4 · A2
전기저항	옴	Ω	V/A	$m^2 \cdot kg \cdot s^{-3} \cdot A^{-2}$
전기전도도	지멘스	S	A/V	m-2 · $kg^{-1} \cdot s^3$ · A2
자기선속	웨버	Wb	V · s	$m^2 \cdot kg \cdot s^{-2} \cdot A^{-1}$
자기선속밀도	테슬라	T	Wb/m^2	$kg \cdot s^{-2} \cdot A^{-1}$
인덕턴스	헨리	H	Wb/A	$m^2 \cdot kg \cdot s^{-2} \cdot A^{-2}$
섭씨온도	섭씨도	°C		K
광선속	루멘	lm	cd · sr	$m^2 \cdot m^{-2} \cdot cd = cd$
조명도	럭스	lx	lm/m^2	$m^2 \cdot m^{-4} \cdot cd = m^{-2} \cdot cd$
(방사성 핵종의)방사능	베크렐	Bq		s^{-1}
흡수선량, 비(부여) 에너지, 커마	그레이	Gy	J/kg	$m^2 \cdot s^{-2}$
선량당량, 주변선량당량, 방향선량당량, 개인선량당량, 장기등가선량	시버트	Sv	J/kg	$m^2 \cdot s^{-2}$

(4) 특별한 명칭과 기호가 포함된 유도단위의 예

유 도 량	SI 유 도 단 위		
	명 칭	기 호	SI 기본단위로 표시
점성도	파스칼 초	Pa · s	$m^{-1} \cdot kg \cdot s^{-1}$
힘의 모멘트	뉴턴 미터	N · m	$m^{2} \cdot kg \cdot s^{-2}$
표면장력	뉴턴 매(퍼) 미터	N/m	$kg \cdot s^{-2}$
각속도	라디안 매(퍼) 초	rad/s	$m \cdot m^{-1} \cdot s^{-1} = s^{-1}$
각가속도	라디안 매(퍼) 초 제곱	rad/s^2	$m \cdot m^{-1} \cdot s^{-2} = s^{-2}$
열속밀도, 복사조도	와트 매(퍼) 제곱미터	W/m^2	$kg \cdot s^{-3}$
열용량, 엔트로피	줄 매(퍼) 켈빈	J/K	$m^{2} \cdot kg \cdot s^{-2} \cdot K^{-1}$
비열용량, 비엔트로피	줄 매(퍼) 킬로그램 켈빈	J/(kg · K)	$m^{2} \cdot s^{-2} \cdot K^{-1}$
비에너지	줄 매(퍼) 킬로그램	J/kg	$m^{2} \cdot s^{-2}$
열전도도	와트 매(퍼) 미터 켈빈	W/(m · K)	$m \cdot kg \cdot s^{-3} \cdot K^{-1}$
에너지 밀도	줄 매(퍼) 세제곱미터	J/m^3	$m^{-1} \cdot kg \cdot s^{-2}$
전기장의 세기	볼트 매(퍼) 미터	V/m	$m \cdot kg \cdot s^{-3} \cdot A^{-1}$
전하밀도	쿨롱 매(퍼) 세제곱미터	C/m^3	$m^{-3} \cdot s \cdot A$
전기선속밀도	쿨롱 매(퍼) 제곱미터	C/m^2	$m^{-2} \cdot s \cdot A$
유전율	패럿 매(퍼) 미터	F/m	$m^{-3} \cdot kg^{-1} \cdot s^{4} \cdot A^{2}$
투자율	헨리 매(퍼) 미터	H/m	$m \cdot kg \cdot s^{-2} \cdot A^{-2}$
몰에너지	줄 매(퍼) 몰	J/mol	$m^{2} \cdot kg \cdot s^{-2} \cdot mol^{-1}$
몰엔트로피, 몰열용량	줄 매(퍼) 몰 켈빈	J/(mol · K)	$m^{2} \cdot kg \cdot s^{-2} \cdot K^{-1} \cdot mol^{-1}$
(X선 및 γ선의) 조사선량	쿨롱 매(퍼) 킬로그램	C/kg	$kg^{-1} \cdot s \cdot A$
흡수선량률	그레이 매(퍼) 초	Gy/s	$m^{2} \cdot s^{-3}$
복사도	와트 매(퍼) 스테라디안	W/sr	$m^{4} \cdot m^{-2} \cdot kg \cdot s^{-3} = m^{2} \cdot kg \cdot s^{-3}$
복사휘도	와트 매(퍼) 제곱미터 스테라디안	$W/(m^2 \cdot sr)$	$m^{2} \cdot m^{-2} \cdot kg \cdot s^{-3} = kg \cdot s^{-3}$

(5) 국제단위계(SI)와 함께 사용이 허용된 단위

명 칭	기 호	SI 단위로 나타낸 값
분	min	1 min = 60 s
시간	h	1 h = 60 min = 3600 s
일	d	1 d = 24 h = 86400 s
도	°	1° = (π/180) rad
분	'	1' = (1/60)° = (π/10800) rad
초	"	1" = (1/60)' = (π/648000) rad
리터	l, L	1 L = 1 dm^3 = $10^{-3}m^3$
그램	g	1 g = $10^{-3}kg$
톤	t	1 t = 10^3kg
네퍼	Np	1 (Np) = 1
벨	B	1 B = (1/2) ln 10 (Np)

(6) 보조잠정단위

명 칭	기 호	SI 단위 값
역량(힘)	kgf	9.80665 N
압력	kgf/m^2 mHg mH_2O	9.80665 Pa 133322 Pa 9806.38 Pa
일	kgf · m	9.80665 J
공률	kgf · m/s	9.80665 W
열량	kgf · m	9.80665 J
농도	Nor	$1kg/m^3$
충격치	kgf · m	9.80665 J
인장강도 압축강도	kgf/m^2	9.80665 Pa
에너지프로언스	erg/m^2	1/10000000 J/m^2
에너지선속밀도	$erg/(m^2 \cdot s)$	1/10000000 $J/(m^2 \cdot s)$

※ 보조잠정단위는 2001년 6월 30일까지 제작 · 수입하는 계량기에 한하여 사용한다.

(7) 특수단위

1) 국제단위계(SI)와 함께 사용이 허용된 단위

명　　칭	기 호	SI 단위로 나타낸 값
전자볼트	eV	1 eV = 1.60217733 (49) × 10^{-19} J
통일 원자질량 단위	u	1 u = 1.6605402 (10) × 10^{-27} kg
천문단위	ua	1 ua = 1.49597870691 (30) × 10^{11} m

2) 국제단위계(SI)와 함께 사용이 허용된 기타의 단위

명　칭	기 호	SI 단위로 나타낸 값
해리	n mile	1 해리 = 1852m
노트	Kt, Kn	1 해리 매(퍼) 시간 = (1852/3600) m/s
아르	a	1 a = 1 dam^2 = $10^2 m^2$
헥타르	ha	1 ha = 1 hm^2 = $10^4 m^2$
바	bar	1 bar = 0.1 MPa = 100 kPa = 1000hPa = 105 Pa
옹스트롬	Å	1 Å = 0.1nm = 10^{-10}m
바안	b	1 b = 100 fm^2 = $10^{-28} m^2$

3) 특별한 명칭을 가진 센티미터·그램·초(CGS) 단위

명　칭	기 호	SI 단위로 나타낸 값
에르그	erg	1 erg = 10^{-7}J
다인	dyn	1 dyn = 10^{-5}N
포아즈	P	1 P = 1 dyn·s/cm^2 = 0.1Pa·s
스토크스	St	1 St = 1 cm^2/s = $10^{-4} m^2$/s
가우스	G	1 G = 10^{-4} T
에르스텟	Oe	1 Oe = (1 000/4 π) A/m
맥스웰	Mx	1 Mx = 10^{-8} Wb
스틸브	sb	1 sb = 1 cd/cm^2 = 10^4 cd/m^2
포트	ph	1 ph = 10^4lx
갈	Gal	1 Gal = 1cm/s^2 = 10^{-2}m/s^2

4) 국제단위계(SI) 외의 기타 허용단위

명 칭	기 호	SI 단위로 나타낸 값
퀴리	Ci	1 Ci = 3.7 × 10^{10}Bq
뢴트겐	R	1 R = 2.58 ×10^{-4}C/kg
라드	rad	1 rad = 1 cGy = 10^{-2}Gy
렘	rem	1 rem = 1 cSv = 10^{-2}Sv
X 단위	XU, XE	1 X단위 ≈ 1.002 x 10^{-4}nm
감마	γ	1 γ = 1 nT = 10^{-9}T
잰스키	Jy	1 Jy = 10^{-26} W · m^{-2} · Hz^{-1}
페르미	f	1 페르미 = 1 fm = 10^{-15}m
메트릭 카라트		1 메트릭 카라트 = 200mg = 2×10^{-4}kg
토르	Torr	1 Torr = (101 325/760)Pa
표준기압	atm	1 atm = 101 325Pa
칼로리	cal	1 cal = 4.186J
마이크론	μ	1 μ = 1μm = 10^{-6}m

※ 참고 1 : 국제단위계(SI)의 접두어

인 자	접 두 어	기 호	인 자	접 두 어	기 호
10^{24}	요 타	Y	10^{-1}	데 시	d
10^{21}	제 타	Z	10^{-2}	센 티	c
10^{18}	엑 사	E	10^{-3}	밀 리	m
10^{15}	페 타	P	10^{-6}	마이크로	μ
10^{12}	테 라	T	10^{-9}	나 노	n
10^{9}	기 가	G	10^{-12}	피 코	p
10^{6}	메 가	M	10^{-15}	펨 토	f
10^{3}	킬 로	K	10^{-18}	아 토	a
10^{2}	헥 토	h	10^{-21}	젭 토	z
10^{1}	데 카	da	10^{-24}	욕 토	y

※ 참고 2 : 로마자 표기 및 읽기

그리스 문자		호 칭		그리스 문자		호 칭	
대문자	소문자			대문자	소문자		
Α	α	alpha	알파	Ν	ν	nu	뉴
Β	β	beta	베타	Ξ	ξ	xi	크시
Γ	γ	gamma	감마	Ο	ο	omicron	오미크론
Δ	δ	delta	델타	Π	π	Pi	파이
Ε	ε	epsilon	입실론	Ρ	ρ	rho	로
Ζ	ζ	zeta	제타	Σ	σ	sigma	시그마
Η	η	eta	에타	Τ	τ	tau	타우
Θ	θ	theta	세타	Υ	υ	upsilon	입실론
Ι	ι	iota	요타	Φ	φ	phi	파이
Κ	κ	kappa	카파	Χ	χ	chi	카이
Λ	λ	lambda	람다	Ψ	ψ	psi	프사이
Μ	μ	mu	뮤	Ω	ω	omega	오메가

※ 참고 3 : 법정단위와 비법정단위 대비표

분 야	법 정 단 위	비법정 단위	비 고
길 이, 거 리 치 수	mm, cm, m, km 해리, 노트	리, 마, 자, 치 인치, 피트, 마일, 야드	단위표기는 인쇄체 소문자로 표기하여야 하며 숫자와 단위 사이는 한 칸 띄움 해리 : 1 852 m 노트 : 1 852 m/h
넓 이, 면 적	mm^2, cm^2, m^2 km^2 a, ha	평, 마지기, 에이커, 정보 작	제곱밀리미터, 제곱센티미터, 제곱미터, 제곱킬로미터 아르 : 100 m^2 헥타르 : 10000 m^2
무 게	mg, g, kg, t	돈, 근, 관, 톤 파운드, 온스,	밀리그램, 그램, 킬로그램, 톤
부 피	l 또는 L, m^3	홉, 되, 말, 섬 석, CC, 가마니, 자루, 배럴	배럴은 비법정단위이나 국제관례로 사용하고 있음.
압 력	Pa, atm(표준기압) kgf/m^2, mmHg, mH_2O	PSI	kgf/m^2, mmHg, mH_2O 단위는 2001년 6월 30일까지 허용
일 (에너지)	Nm/s(뉴턴미터 매 초) 또는 J/s(줄 매 초) kgf	영국마력(HP) (745W) 프랑스마력(PS) (735.5W)	kgf 단위는 2001년 6월 30일까지 허용
조명(광도)	Lux	촉	럭스
전 기	A, W, V, Ω	촉	암페어, 와트, 볼트, 옴

※ 참고 4 : 전기, 전자, 통신 관련 약어

약 호	원 어		명 칭
ABC	Automatic Brightness Control	오토매틱 브라이트니스 컨트롤	자동 휘도 조절
ABCC	Automatic Brightness and Contrast Control	오토매틱 브라이트니스 앤드 콘트라스트 컨트롤	자동 휘도 대비 조절
AC	Alternating Current	올터네이팅 커런트	**교류**
ACAS	Airborne Collision Avoidance System	에어본 컬리전 어보이던스 시스템	기상 충돌 방지 장치
ABB	Air Blast Circuit Breaker	에어 블래스트 서킷 브레이커	공기 차단기
ACB	Air Circuit Breaker	에어 서킷 브레이커	기중 차단기
ACSR	Aluminum Cable Steel Reinforced	알루미늄 케이블 스틸 리인포스드	강심 알루미늄 연선
ADC	Analog Digital Converter	아날로그 디지털 컨버터	**아날로그 디지털 변환기**
ADF	Automatic Direction Finder	오토매틱 디렉션 파인더	자동 방위 측정기
ADM	Adaptive Delta Modulation	어댑티브 델타 모듈레이션	적응 델타 변조
ADPCM	Adaptive Differential Pulse Code Modulation	어댑티브 디퍼렌셜 펄스 코드 모듈레이션	적응 차등펄스 부호 변조 방식
ADS	Automation Distribution System	오토메이션 디스트리뷰션 시스템	배전 자동화 시스템
AF	Audio Frequency	오디오 프리퀀시	**가청 주파수**
AFC	Automation Frequency Control	오토메이션 프리퀀시 컨트롤	자동 주파수 제어
AFT	Automation Fine Tuning	오토메이션 파인 튜닝	자동 세밀 조정
AGC	Automation Gain Control	오토메이션 게인 컨트롤	자동 이득 제어
AI	Artificial Intelligence	아터피셜 인텔리전스	**인공 지능**
AM	Amplitude Modulation	앰플리튜드 모듈레이션	진폭 변조
AMP	Ampere	암페어	**암페어**
ANSI	American National Standard Institute	아메리칸 내셔널 스탠다드 인스티튜트	미국 규격 협회
AP	Apparent Power	어패런트 파워	피상 전력
APF	Active Pass Filter	액티브 패스 필터	능동 필터
ARQ	Automatic Request Question	오토매틱 리퀘스트 퀘스천	자동 오자 정정 장치
ARS	Automatic Route Selection	오토매틱 루트 실렉션	자동 경로 선택
ARU	Audio Response Unit	오디오 리스폰스 유닛	음성 응답 장치

약 호	원 어		명 칭
ASIC	Application Specific IC	애플리케이션 스피시픽 아이시	응용 주문형 집적회로
ASK	Amplitude Shift Keying	앰플리튜드 시프트 키잉	**진폭 위상 변조**
ASR	Automatic Send/Receive set	오토매틱 센드/리시브 셋	자동 송수신 장치
ATC	Automatic Train Control, Automatic Traffic Control	오토매틱 트레인 컨트롤 오토매틱 트래픽 컨트롤	자동 열차제어, 자동 교통제어
AVM	Automatic Vehicle Monitoring system	오토매틱 비이클 모니터링 시스템	차량 위치 모니터링 시스템
AVR	Automatic Voltage Regulator	오토매틱 볼티지 레귤레이터	**자동 전압 조정기**
BA	Bridging Amplifier	브리징 앰플리파이어	분기 증폭기
BAS	Building Automation System	빌딩 오토메이션 시스템	빌딩 자동화 시스템
BC	Battery Charger	배터리 차저	축전지용 충전기
BSO	Bismuth Silicon Oxide	비스무트 실리콘 옥시드	비스무트 규소 산화물
BTL	Balanced Transformerless	밸런스트 트랜스포머리스	비티엘
BWO	Backward Wave Oscillator	백워드 웨이브 오실레이터	후진파 발진관
CAD	Computer Aided Design	컴퓨터 에이디드 디자인	**컴퓨터를 이용한 설계**
CAE	Computer Aided Engineering	컴퓨터 에이디드 엔지니어링	컴퓨터를 이용한 엔지니어링
CAI	Computer Aided Instruction	컴퓨터 에이디드 인스트럭션	컴퓨터를 이용한 교육
CAL	Computer Aided Learning	컴퓨터 에이디드 러닝	컴퓨터를 이용한 학습
CAM	Computer Aided Manufacturing	컴퓨터 에이디드 매뉴팩처링	**컴퓨터를 이용한 제조**
CAT	Computer Aided Testing, Computerized Axial Tomography	컴퓨터 에이디드 테스팅 컴퓨터라이즈드 액시얼 토모그래피	컴퓨터를 이용한 검사 및 진단
CAV	Constant Angular Velocity	콘스턴트 앵귤러 벨로시티	정각속도
CB	Citizen Band transceiver	시티즌 밴드 트랜스시버	생활무선
CCD	Charge Coupled Device	차지 커플드 디바이스	전하 결합소자
CCIR	International Radio Consultative Committee	인터내셔널 라디오 컨설터티브 커미티	국제 무선통신 자문위원회
CCITT	International Telegraph and Telephone Consultative Committee	인터내셔널 텔레그래프 앤드 텔레폰 컨설터티브 커미티	국제 전신전화 자문위원회
CCNR	Current Controlled Negative Resistance	커런트 컨트롤드 네거티브 리지스턴스	전류 제한 부(負)저항
CCTV	Closed Circuit TV	클로즈드 서킷 티브이	**폐쇄회로 TV**

약 호	원	어	명 칭
CD-ROM	Compact Disk Read Only Memory	콤팩트디스크 리드 온리 메모리	**콤팩트디스크**
CDK	Communication Deck	커뮤니케이션 덱	회선 감시 장치
CDMA	Code Division Multiple Access	코드 디비전 멀티플 액세스	**부호 분할 다중접속**
CDRX	Critical Damping Resistance External	크리티컬 댐핑 리지스턴스 익스터널	임계 제동 외부저항
CDT	Cyclic Digital Transmission	사이클릭 디지털 트랜스미션	디지털 정보의 주기적 전송
CEP	Circular Error Probable	서큘러 에러 프로버블	확률 오차 원
CFF	Critical Fusion Frequency	크리티컬 퓨전 프리퀀시	임계융합주파수
CFRP	Carbonfiber Reinforced Plastics	카본파이버 리인포스드 플라스틱스	탄소섬유강화플라스틱
CIE	Commission International de l'Eclairage	커미션 인터내셔널 디 아이 이클레어에이지	국제 조명 위원회
CIM	Computer Integrated Manufacturing	컴퓨터 인터그레이티드 매뉴팩처링	컴퓨터에 의한 통합 생산
CLV	Constant Linear Velocity	콘스턴트 리니어 벨로시티	정선속도방식
CML	Current Mode Logic	커런트 모드 로직	전류논리모드
CMRR	Common Mode Rejection Ratio	커먼 모드 리젝션 레이쇼	**동상전압제거비**
CNC	Computer Numerical Control	컴퓨터 뉴메리컬 컨트롤	컴퓨터 수치제어
COAX	Coaxial Cable	코액시얼 케이블	동축 케이블
CODEC	COder-DECoder	코더-디코더	**부호기와 복호기**
COHO	Coherent Oscillator	코히런트 오실레이터	코히런트 발진기
CRT	Cathode Ray Tube	캐소드 레이 튜브	음극선관
CSD	Constant Speed Drive unit	콘스턴트 스피드 드라이브 유닛	정속 구동장치
CSWR	Current Standing Wave Ratio	커런트 스탠딩 웨이브 레이쇼	전류 정재파 비
CT	Current Transformer	커런트 트랜스포머	**계기용 변류기**
CTD	Charge Transfer Logic	차지 트랜스퍼 로직	전하 전송소자
CTL	Complementary Transistor Logic	콤플러멘터리 트랜지스터 로직	상보 트랜지스터 논리
CVCF	Constant Voltage Constant Frequency	콘스턴트 볼티지 콘스턴트 프리퀀시	정전압 정주파 전원
CVD	Chemical Vapor Deposition method	케미컬 베이퍼 데퍼지션 메소드	화학기상 성장법
DAC	Digital Analog Converter	디지털 아날로그 컨버터	**디지털 아날로그 변환기**
DAS	Distribution Automation System	디스트리뷰션 오토메이션 시스템	배전자동화 시스템

약 호	원	어	명 칭
Db	Decibel	데시벨	데시벨, 소음크기 단위
DC	Direct Current	디렉트 커런트	직류
DCS	Distributed Control System	디스트리뷰티드 컨트롤 시스템	분산 제어 시스템
DDC	Direct Digital Control	디렉트 디지털 컨트롤	직접 디지털 제어
DDC	DC-DC Converter	DC-DC 컨버터	직류변환장치
DF	Dumping Factor	덤핑 팩터	제동계수
DG	Differential Gain	디퍼렌셜 게인	미분이득
DG/DF	Differential Gain/Differential Phase	디퍼렌셜 게인/디퍼렌셜 페이스	미분이득/미분위상
DG/DR	DC Ground Detection Relays	DC 그라운드 디텍션 릴레이스	직류 접지 검출계전기
DH	Double Heterostructure	더블 헤터러스트럭처	더블 헤테로 접합
DIN	Deutsches Institut fur Normung	도이치스 인스티튜트 퍼 놀뭉	독일 국가 규격
DNC	Direct Numerical Control	디렉트 뉴메리컬 컨트롤	직접 수치제어
DP	Differential Phase	디퍼렌셜 페이스	미분위상
DPCM	Differential Pulse Code Modulation	디퍼렌셜 펄스 코드 모듈레이션	차분(差分) 펄스 부호 변조 방식
DPSK	Differential Phase Shift Keying	디퍼렌셜 페이스 시프트 키잉	차분 위상 시프트 키잉
DSM	Demand Side Management+B60	디맨드 사이드 매니지먼트 +B60	수요 관리
DSP	Digital Signal Processor	디지털 시그널 프로세서	디지털 신호처리 장치
DVM	Digital Voltmeter	디지털 볼트미터	디지털 전압계
DYNA MO	Dynamic Model	다이내믹 모델	다이나모, 연속 시스템 시뮬레이터의 하나
EBM	Electron Beam Machining	일렉트론 빔 머시닝	전자 빔 가공
EC	Electronic Commerce	일렉트로닉 코머스	전자 상거래
ECCS	Electronic Concentrated Engine Control System	일렉트로닉 컨센트레이티드 엔진 컨트롤 시스템	전자집중 엔진 제어 시스템
ECG	Electrocardiogram	일렉트로카디오그램	심전도
ECTL	Emitter Coupled Transistor Logic	이미터 커플드 트랜지스터 로직	이미터 트랜지스터 논리 회로
EDM	Electrical Discharging Machining	일렉트리컬 디스차징 머시닝	방전가공
EDR	Equivalent Direct Radiation	이퀴벌런트 디렉트 라디에이션	상당(相當) 방열면적
EGE system	Engine(1, 2대를 구동하여 교류 출력발생)	EGE 시스템	무정전 전원장치에 의한 방식

약 호	원 어		명 칭
EG-MG system	Engine-Magnet system	엔진-마그넷 시스템	**무정전 전원장치에 의한 방식**
EIA	Electronic Industrial Association	일렉트로닉 인더스트리얼 어소시에이션	미국 전자 공업회
EIRP	Effective Isotropically Radiated Power	이펙티브 아이소트로픽컬리 레디에이티드 파워	실효 등방 방사전력
EL	Electroluminescence	일렉트롤루머네슨스	전자 발광
EMC	Electromagnetic Compatibility	일렉트로마그네틱 컴패터빌러티	전자적 접합성
EMF	Electromotive Force	일렉트로모티브 포스	**기전력**
EMI	Electromagnetic Interference	일렉트로마그네틱 인터피어런스	전자기 방해
EMS	Energy Management System	에너지 매니지먼트 시스템	중앙 급전시스템
EPIRB	Emergency Position Indicating Radio Beacon	이머전시 포지션 인디케이팅 라디오 비컨	비상용 위치표시 무선장치
ERP	Effective Radiation Power	이펙티브 라디에이션 파워	실효방사전력
ESP	Electron Spin Resonance	일렉트론 스핀 리즈난스	전자스핀공명
EWS	Engineering Workstation	엔지니어링 워크스테이션	기술자용으로 고성능 그래픽 디스플레이 장치와 컴퓨터, 외부기억장치 등을 조합한 시스템
FA	Factory Automation	팩터리 오토메이션	**공장 자동화**
FCI	Flux Changes per Inch	플럭스 체인지스 퍼 인치	매인치당자속반전수
FD	Floppy Disk	플로피 디스크	플로피 디스크
FDM	Frequency Division Multiplex communication	프리퀀시 디비전 멀티플렉스 커뮤니케이션	**주파수 분할 다중통신**
FDMA	Frequency Division Multiplex Access	프리퀀시 디비전 멀티플렉스 액세스	주파수 분할 다원접속
FEC	Forward Error Correction	포워드 에러 커렉션	순방향 오류 정정법
FCC	Federal Communication Commission	페더럴 커뮤니케이션 커미션	미국연방 통신 위원회
FET	Field Effect Transistor	필드 이펙트 트랜지스터	**전계효과트랜지스터**
FG	Frame Ground	프레임 그라운드	프레임 접지
FGA	Floating Gate Amplifier	플로팅 게이트 앰플리파이어	부동 게이트증폭기
FM	Frequency Modulation	프리퀀시 모듈레이션	**주파수 변조**
FMEA	Failure Mode Effect Analysis	페일리어 모드 이펙트 어낼러시스	고장 모드 효과해석

약 호	원	어	명 칭
FMS	Flexible Manufacturing System	플렉시블 매뉴팩처링 시스템	**다품종 소량 생산시스템**
FOT	Frequency of Optimum Traffic	프리퀀시 오브 옵티멈 트래픽	최적 사용 주파수
FRP	Fiber Glass Reinforced Plastics	파이버 글라스 리인포스드 플라스틱스	유리섬유 강화 플라스틱
FSK	Frequency Shift Keying	프리퀀시 시프트 키잉	**주파수 편이방식**
FSS	Flying Spot Scanner	플라잉 스폿 스캐너	비점(批點) 주사장치
FTC	Fast Time-constant Circuit	패스트 타임-콘스턴트 서킷	소 시상수회로
FTTH	Fiber to the Home	파이버 투 더 홈	가정 내 광가입자망
Ga-As	Gallium Arsenide	갈륨 아서나이드	갈륨비소
IF	Intermediate Frequency	인터미디에이트 프리퀀시	중간 주파수
IFRB	International Frequency Registration Board	인터내셔널 프리퀀시 레지스트레이션 보드	국제주파수등록위원회
IFT	Intermediate Frequency Transformer	인터미디에이트 프리퀀시 트랜스포머	중간주파트랜스
IGBT	Insulated Gate Bipolar Transistor	인슐레이티드 게이트 바이폴라 트랜지스터	**고전력스위칭용반도체**
IGFET	Insulated Gate FET	인슐레이티드 게이트 FET	절연게이트 FET
ILD	Injection laser Diode	인젝션 레이저 다이오드	주입형 레이저다이오드
IM	Induction Motor Integration Motor	인덕션 모터 인터그레이션 모터	**유도전동기, 적분모터**
INMARSAT	International Marine Satellite Consortium	인디네셔널 마린 세틀레이트 콘솔티엄	국제 해사(海事)위성기구
INS	Inertial Navigation System	이너셜 내비게이션 시스템	관성 항법장치
IOCS	Input Output Control System	인풋 아웃풋 컨트롤 시스템	입출력 제어시스템
IP	Integer Programming, Information Provider	인티저 프로그래밍 인포메이션 프로바이더	정수 계획법, 정보 제공자
IPL	Initial Program Loader	이니셜 프로그램 로더	초기프로그램적재기
IR	Infrared	인프러레드	**적외선**
IRS	Inertial Reference System	이너셜 레퍼런스 시스템	관성 기준장치
ISDN	Integrated Services Digital Broadcasting	인터그레이티드 서비스 디지털 브로드캐스팅	종합 정보통신망
ISO	International Organization for Standardization	인터내셔널 오거나이제이션 포 스탠다디제이션	국제 표준화기구
ISU	International System of Units	인터내셔널 시스템 오브 유닛	국제단위계

약 호	원	어	명 칭
ITCG	International Telecommunication Convention Geneva	인터내셔널 텔레커뮤니케이션 컨벤션 제네바	국제 전기통신조약
ITDM	Intelligent Time Division Multiplexing	인텔리전트 타임 디비전 멀티플렉싱	**지능 시분할 다중화**
ITU	International Telecommunication Union	인터내셔널 텔레커뮤니케이션 유니언	국제 전기 통신연합
I^2L	Integrated Injection Logic	인터그레이티드 인젝션 로직	직접 주입 논리회로
JFET	Junction FET	정션 FET	접합형 FET
JIS	Japanese Industrial Standards	재퍼니즈 인더스트리얼 스탠다드	일본 공업규격
KDP	Kalium Dihydrogen Phosphate	칼륨 디하이드로젠 포스페이트	인산 2수소칼륨
KODAS	Korea Distribution Automation System	코리아 디스트리뷰션 오토메이션 시스템	한국형 배전 자동화 시스템
KS	Korean Standards	코리언 스탠다드	**한국 공업 규격**
KSR	Keyboard Send/Receive set	키보드 센드/리시브 셋	건반 송수신장치
KTN	Kalium Tantalum Niobate	칼륨 탄탈룸 니오베이트	칼륨 탄탈룸니오브
kVA	Kilovolt Ampere	킬로볼트 암페어	**피상 전력량**
kW	Kilowatt	킬로와트	유효 전력
kWh	Kilowatt Hour	킬로와트 아워	**유효 전력량**
LA	Laboratory Automation	래버러토리 오토메이션	실험실 자동화
LAN	Local Area Network	로컬 에어리어 네트워크	**근거리 통신망**
LANER	Light Activated Negative Emitter Resistance	라이트 액티베이티드 네거티브 이미터 리지스턴스	래너, GND의 일종, 가시 광선을 발광하는 것
LAS	Light Activated Switch	라이트 액티베이티드 스위치	**광 스위치**
LASCR	Light Activated Silicon Controlled Rectifier	라이트 액티베이티드 실리콘 컨트롤드 렉터파이어	**광 SCR**
LCD	Liquid Crystal Display	리퀴드 크리스털 디스플레이	액정 표시 장치
LCU	Line Control Unit	라인 컨트롤 유닛	회선 제어 유닛
LD	Laser Diode, Laser Disk	레이저 다이오드, 레이저 디스크	레이저 다이오드 레이저 디스크
LDV	Laser Doppler Velocimeter	레이저 도플러 벨로시미터	레이저 도플러 속도계
LED	Light Emitting Diode	라이트 이미팅 다이오드	**발광 다이오드**
LF	Low Frequency	로 프리퀀시	저주파
LID	Leadless Inverted Device	레드리스 인버티드 디바이스	직결 반전 디바이스

약 호	원	어	명 칭
LNA	Low Noise Amplifier	로 노이즈 앰플리파이어	저 잡음 증폭기
LSI	Large Scale Integration	라지 스케일 인터그레이션	**대규모 집적회로**
LSTTL	Low power Shottky Transistor Transistor Logic	로 파워 쇼트키 트랜지스터 트랜지스터 로직	금속과 반도체의 집합으로 만들어진 소자
LUF	Lowest Usable Frequency	로이스트 유저블 프리퀀시	최저 사용 주파수
MADT	Micro Alloy Diffused Transistor	마이크로 얼로이 디퓨즈드 트랜지스터	마이크로 얼로이 확산형 트랜지스터
MADT	Mean Actual Down Town	민 액추얼 다운타운	평균 정지시간
MAN	Medium Area Network	미디엄 에어리어 네트워크	중규모 지역 통신망
MAP	Manufacturing Automation Protocol	매뉴팩처링 오토메이션 프로토콜	제조 자동화 프로토콜
MBB	Contact: Make Before Break Contact	콘택트 : 메이크 비포 브레이크 콘택트	MBB 접점
MBE	Molecular Beam Epitaxy	몰레큘러 빔 에피택시	분자선 에피택시
MCCB	Metal Clad Circuit Breaker	메탈 클래드 서킷 브레이커	**배선용 차단장치**
MCSG	Metal Clad Switch-Gear	메탈 클래드 스위치-기어	고압 패쇠 배전판
MBM	Magnetic Bubble Memory	마그네틱 버블 메모리	자기버블 기억장치
MDF	Main Distribution Frame	메인 디스트리뷰션 프레임	주배선반
MDI	Magnetic Direction Indicator	**마그네틱 디렉션 인디케이터**	**자기 방향 지시기**
MDS	Microcomputer Development System	마이크로컴퓨터 디벨러프먼트 시스뎀	마이크로컴퓨터 개발 시스템
ME	Micro Electronics, Molecular Electronics	마이크로 일렉트로닉스 몰레큘러 일렉트로닉스	전자, 분자 공학
MES-FET	Metal Semiconductor Field-Effect Transistor	메탈 세미컨덕터 필드-이펙트 트랜지스터	**금속 반도체 효과 트랜지스터**
MF	Medium Frequency wave	미디엄 프리퀀시 웨이브	중파
MHD	Generation Magneto Hydrodynamics Generation	제너레이션 마그네토 하이드로다이내믹스 제너레이션	전자 유체역학 발전
MICR	Magnetic Ink Character Reader	마그네틱 잉크 캐릭터 리더	자기 잉크 문자판독장치
MIS	Management Information System	매니지먼트 인포메이션 시스템	경영 정보 시스템
MISIC	Metal Insulated Semiconductor IC	메탈 인슐레이티드 세미컨덕터 IC	미스 IC, 금속절연 반도체 집적회로
MKSunits	Meter Kilogram Second	미터 킬로그램 세컨드	MKS 단위계

약 호	원 어		명 칭
MKSA	Meter Kilometer Second Ampere	미터 킬로미터 세컨드 암페어	MKS 단위계에 전류의 단위 암페어를 더한 전자기 단위
MMIC	Monolithic Microwave IC	모놀리식 마이크로웨이브 IC	모놀리식 마이크로파 집적회로
MNOS	Metal Nitride Oxide Semiconductor	메탈 나이트라이드 옥시드 세미컨덕터	금속 질화산화막반도체
MOCVD	Organometallic Compound CVD	오거노메탈릭 컴파운드 CVD	유기금속 CVD법
MOS	Metal Oxide Semiconductor	메탈 옥시드 세미컨덕터	금속 산화막 반도체
MPU	Microprocessor Unit	마이크로프로세서 유닛	프로세서, 컴퓨터의 CPU를 LS1화한 것
MTBF	Mean Time Between Failure	민 타임 비트윈 페일리어	평균 고장 간격시간
MTE	Mean Time Between Error	민 타임 비트윈 에러	평균 오류 간격시간
MTTF	Mean Time To Failure	민 타임 투 페일리어	평균 고장 시간
MTTR	Mean Time To Repair	민 타임 투 리페어	평균 수리 시간
MUF	Maximum Usable Frequency	맥시멈 유저블 프리퀀시	최고 사용 주파수
MUT	Mean Up Time	민 업 타임	평균 동작 시간
MUX	Multiplex	멀티플렉스	**다중화**
n	Nano	나노	**SI 단위 10^{-9}(10억분의 1)**
NTSC System	National Television System Committee System	내셔널 텔레비전 시스템 커미티 시스템	NTSC TV 방송방식
NC	Numerical Control	뉴메리컬 컨트롤	수치제어
NCU	Network Control Unit	네트워크 컨트롤 유닛	망 제어장치
NdPP	Neodymium Pentaphosphate	네오디뮴 펜타포스페이트	5인화네오디뮴, 고능률 고체 레이저에 사용
NFB	No Fuse Breaker	노 퓨즈 브레이커	**배선용 차단기**
NIS	National Information System	내셔널 인포메이션 시스템	국가 정보 시스템
NMR	Nuclear Magnetic Resonance	뉴클리어 마그네틱 리즈난스	**핵자기 공명**
NRZ	Non Return to Zero	논 리턴 투 제로	비 복귀 기록
NRZI	Non Return to Zero Inverted	논 리턴 투 제로 인버티드	비 제로 복귀반전
OA	Office Automation	오피스 오토메이션	사무 자동화
OBD	Optical Bistable Device	옵티컬 바이스테이블 디바이스	광안정 소자
OCB	Oil Circuit Breaker	오일 서킷 브레이커	유입 차단기

약 호	원 어		명 칭
OCR	Optical Character Recognition	옵티컬 캐릭터 레커그니션	광학식 문자인식
OCS	Operation Control System	오퍼레이션 컨트롤 시스템	처방 진단 시스템
OEIC	Optoelectronics Integrated Circuit	옵토일렉트로닉스 인터그레이티드 서킷	광전자 집적회로
OEM	Original Equipment Manufacturing	오리지널 이퀴프먼트 매뉴팩처링	주문자 상표부착생산자
OF	Oil Filled Cable	오일 필드 케이블	유입 케이블
OFT	Optical Fiber Tube	옵티컬 파이버 튜브	광섬유 관
OLTC	On Load Tap Changer	온 로드 탭 체인저	부하 시 탭 전환 장치, 변압기에 사용
OLTS	On Line Test System	온 라인 테스트 시스템	온라인 트랜잭션 처리
OLVR	On Load Voltage Regulator	온 로드 볼티지 레귤레이터	**부하 시 전압조정기**
OMR	Optical Mark Reader	옵티컬 마크 리더	광학식 마크판독장치
OMS	Ovonic Memory Switch	오보닉 메모리 스위치	오보신스키 기억 스위치
OPC	Organic Photoconductive Cell	오르가닉 포토컨덕티브 셀	유기광도전체
OPT	Out Put Transformer	아웃 풋 트랜스포머	출력 변성기
OR	Operating Register	오퍼레이팅 레지스터	발진 레지스터
OT	Output Trunk	아웃풋 트렁크	출력 트렁크
OTF	Optical Transfer Function	옵티컬 트랜스퍼 펑션	광학적 전달함수
OTL	Output Transformerless	아웃풋 트랜스포머리스	무 변성 출력
OCGR	Over Current Ground Relay	오버 커런트 그라운드 릴레이	과전류 접지 계전기
OCR	Over Current Relay	오버 커런트 릴레이	과전류 계전기
OL	Over Load	오버 로드	과부하
OLR	Over Load Relay	오버 로드 릴레이	과부하 계전기
OVR	Over Voltage Relay	오버 볼티지 릴레이	과전압 계전기
OWF	Optimum Working Frequency	옵티멈 워킹 프리퀀시	**최적 주파수 사용**
PABX	Private Automatic Exchanger	프라이베이트 오토매틱 익스체인저	구내 자동 교환기
PALsystem	Phase Alternating by Line system	페이즈 얼터네이팅 바이 라인 시스템	PAL TV 방송방식
PAM	Pulse Amplitude Modulation	펄스 앰플리튜드 모듈레이션	**진폭 변조**
PCB	Printed Circuit Board	프린티드 서킷 보드	**프린트 배선 회로용 기판**
PCM	Pulse Code Modulation	펄스 코드 모듈레이션	**펄스 부호 변조**

약 호	원	어	명 칭
PCS	Punch Card System	펀치 카드 시스템	천공 카드 시스템
PCT	Pulse Current Transformer	펄스 커런트 트랜스포머	펄스 전류 변압기
PDM	Pulse Duration Modulation	펄스 듀레이션 모듈레이션	펄스 지속 변조
PDP	Plasma Display Panel	플라스마 디스플레이 패널	플라즈마 표시 평판장치
PE	Power Electronics	파워 일렉트로닉스	고전압, 대전류를 다루는 전자공학의 한 분야 또는 전력전자
PF	Power Factor	파워 팩터	**역률**
PG	Pulse Generator	펄스 제너레이터	펄스 발생기
pF	Pico Farad	피코 패럿	용량 단위
PFM	Pulse Frequency Modulation	펄스 프리퀀시 모듈레이션	**펄스 주파수 변조**
PHS	Personal Handyphone System	퍼스널 핸디폰 시스템	무선 전화기
PIV	Peak Inverse Voltage	피크 인버스 볼티지	피크 역전압
PLC	Programmable Logic Controller	프로그래머블 로직 컨트롤러	디지털 동작의 전자장치
PM	Phase Modulation	페이즈 모듈레이션	**위상 변조**
PNM	Pulse Number Modulation	펄스 넘버 모듈레이션	펄스수 변조
PT	Potential Transformer	포텐셜 트랜스포머	계기용 변압기
PPM	Pulse Phase Modulation	펄스 페이즈 모듈레이션	**펄스 위상 변조**
PR	Protective Ratio	프로텍티브 레이쇼	보호비
PSK	Phase Shift Keying	페이즈 시프트 키잉	**위상 편이 방식**
PTM	Pulse Time Modulation	펄스 타임 모듈레이션	펄스 시간 변조
PWM	Pulse Width Modulation	펄스 위드 모듈레이션	펄스 폭 변조
QAM	Quadrature Amplitude Modulation	쿼드러처 앰플리튜드 모듈레이션	직교 진폭변조
QED	Quantum Electro Dynamics	퀀텀 일렉트로 다이내믹스	양자 전자기학
RAM	Read Access Memory	리드 액세스 메모리	**휘발성 메모리**
RCTL	Resistor Condenser Transistor Logic	레지스터 콘덴서 트랜지스터 로직	저항 콘덴서 트랜지스터 논리회로
RDF	Radio Direction Finder	라디오 디렉션 파인더	무선 방위 측정기
RF	Radio Frequency	라디오 프리퀀시	무선 주파수
REC	Rectifiers	렉터파이어스	**정류기**
RIF	Radio Influence Field	라디오 인플루언스 필드	무선 유도계

약 호	원	어	명 칭
RMI	Radio Magnetic Indicator	라디오 마그네틱	무선 자기 방위 지시장치
RMS value	Root Mean Square value	루트 민 스퀘어 밸루	**실효값**
ROM	Read Only Memory	리드 온리 메모리	**비 휘발성 메모리**
RTCF	Real Time Control Facility	리얼 타임 컨트롤 퍼실러티	실시간 처리기능
RTL	Resistor Transistor Logic	레지스터 트랜지스터 로직	**저항 트랜지스터 논리회로**
RTS	Request To Send	리퀘스트 투 센드	송신 요구
SAW	Surface Acoustic Wave	서피스 어쿠스틱 웨이브	찬성 표면파
SCADA	Supervisory Control & Data Acquisition	슈퍼바이저리 컨트롤 앤드 데이터 애퀴지션	감시제어 및 자료취득 시스템
SCL transistor	Space Charge Limited transistor	스페이스 차지 리미티드 트랜지스터	지역급전시스템
SCR	Silicon Controlled Rectifier	실리콘 컨트롤드 렉터파이어	**실리콘 제어 정류기**
SCS	Silicon Controlled Switch	실리콘 컨트롤드 스위치	실리콘 제어 스위치
SEC	Secondary Electron Conduction	세컨더리 일렉트론 컨덕션	2차전자 도전작용
SI	System Integration	시스템 인터그레이션	시스템 통합
SiC	Silicon Carbide	실리콘 카바이드	탄화규소
SIP	Single In-line Package	싱글 인-라인 패키지	일중 직렬 패키지
SIT	Static Induction Transistor	스태틱 인덕션 트랜지스터	정전유도형 트랜지스터
SOI	Semiconductor On Insulator	세미컨덕터 온 인슐레이터	절연기판상의 반도체
SPST	Single Pole Single Throw	싱글 폴 싱글 스로우	단극 단투 개폐기
SQUID	Super Conducting Quantum Interference Device	슈퍼 컨덕팅 퀀텀 인터피어런스 디바이스	초전도 양자 간섭소자
S/S	Substation	서브스테이션	변전소
SS cable	Self Supporting cable	셀프 서포팅 케이블	자기지지형 가공 케이블
SSG	Standard Signal Generator	스탠더드 시그널 제너레이터	표준신호발생기
SSPG	Spread Solar Power Generator	스프레드 솔라 파워 제너레이터	위성태양발전
STC	Sensitivity Time Control	센시티비티 타임 컨트롤	감도의 시간조정
TBC	Time Base Correction	타임 베이스 커렉션	시간축교정장치
TC	Transmission Control	트랜스미션 컨트롤	전송제어
TCM	Time Compression Multiplexing	타임 컴프레션 멀티플렉싱	**시분할 방향제어 전송방식**

약 호	원 어		명 칭
TCU	Transmission Control Unit	트랜스미션 컨트롤 유닛	전송제어장치
TD	Transmitter Distributor	트랜스미터 디스트리뷰터	자동송신기
TDM	Time Division Multiplex	타임 디비전 멀티플렉스	**시분할 다중 방식**
TDMA	Time Division Multiple Access	타임 디비전 멀티플 액세스	**시분할 다원 접속**
TED	Transfer Electron Device	트랜스퍼 일렉트론 디바이스	트랜스퍼 일렉트론 디바이스
TFT	Thin Film Transistor	틴 필름 트랜지스터	박막 트랜지스터
TG	Turbine Generator	터빈 제너레이터	터빈 발전기
TGS	Triglysine Sulphate	트리글리신 서페이트	황산트리 글리신
TSC	Thermally Stimulated Current	서말리 스티뮬레이티드 커런트	열자극 전류
TL	Transmission Line	트랜스미션 라인	송전선로
TSI	Threshold Signal to Interface ratio	스레시홀드 시그널 투 인터페이스 레이쇼	**임계신호 대 방해신호비**
TSL	Three State Logic	스리 스테이트 로직	3상 논리회로
TSS	Time Sharing System	타임 셰어링 시스템	**시분할 방식**
TTL	Transistor Transistor Logic	트랜지스터 트랜지스터 로직	양극성 소자를 기초로 한 논리회로
TWT	Travelling Wave Tube	트래블링 웨이브 튜브	진행파 관
UHF	Ultra High Frequency	울트라 하이 프리퀀시	**극초단파**
UJT	Uni-Junction Transistor	유니정션 트랜지스터	단접합 트랜지스터
UPS	Uninterruptible Power Supply	언인터럽티블 파워 서플라이	**무정전 전원장치**
VAC	Volts Alternating Current	볼츠 얼터네이팅 커런트	교류전압
VCB	Vacuum Circuit Breaker	배큐엄 서킷 브레이커	진공 차단기
VEF	Vacuum Electric Furnace	배큐엄 일렉트릭 퍼니스	진공 전기로
VI	Vacuum Interrupter	배큐엄 인터럽터	진공 인터럽터
VPI	Vacuum Pressure Impregnation	배큐엄 프레셔 임프리그네이션	진공함침
VAN	Value Added Network	밸류 에이디드 네트워크	**부가가치 통신망**
VVVF	Variable Voltage Variable Frequency	베리어블 볼티지 베리어블 프리퀀시	가변전압가변주파수
VCM	Voice Coil Motor	보이스 코일 모터	음성 코일 모터
VCO	Voltage Controlled Oscillator	볼티지 컨트롤드 오실레이터	전압제어 발진기

약 호	원	어	명 칭
VCO	Voltage Controlled Oscillator	볼티지 컨트롤드 오실레이터	전압제어 발진기
VDT	Visual Display Terminal	비주얼 디스플레이 터미널	영상 표시 단말장치
VF	Converter Voltage Frequency Converter	컨버터 볼티지 프리퀀시 컨버터	**전압 주파수 변환기**
VFD	Visual Fluorescent Display	비주얼 플루오레센트 디스플레이	가시 형광 표시장치
VFO	Variable Frequency Oscillator	베리어블 프리퀀시 오실레이터	가변 주파수 발진기
VHF	Very High Frequency	베리 하이 프리퀀시	**초단파**
VRS	Video Response System	비디오 리스폰스 시스템	화상 응답 시스템
VSB	Vestigial Side Band	베스티지얼 사이드 벤드	잔류 측파대
VSWR	Voltage Standing Wave Ratio	볼티지 스탠딩 웨이브 레이쇼	전압 정재파비
VTVM	Vacuum Tube Volt Meter	배큐엄 튜브 볼트 미터	진공관 전압계
VU	Volume Unit	볼륨 유닛	**음량단위**
WAN	Wide Added Network	와이드 에이디드 네트워크	광역 통신망
WDM	Wavelength Division Multiplexing	웨이브렝스 디비전 멀티플렉싱	파장 다중분할
XMT	Transmit	트랜스미트	**송신**
XUV	Extreme Ultraviolet radiation	익스트림 울트라바이올렛 라디에이션	극 자외선
YAG	Yttrium Aluminum Garnet	이트륨 알루미늄 가닛	이트륨 알루미늄 가닛
YIG	Yttrium Iron Garnet	이트륨 아이론 가닛	이트륨 철 가닛

※ 참고 5 : 전자회로에 쓰이는 약호

약 호	원어 및 기능
IC	Integrated Circuit(인터그레이티드 서킷) 집적회로 : 트랜지스터나 저항을 실리콘 위에 고집적화하여 복잡한 회로를 실현했다.
FET	Field Effect Transistor(필드 이펙트 트랜지스터) : 접합형 전계 효과 트랜지스터, 전압을 증폭시킨다.
MOS-FET	Metal Oxide Semiconductor FET(메탈 옥시드 세미컨덕터) 금속 산화 피막 전계 효과 트랜지스터 : 상당히 높은 입력 임피던스를 갖고 있으며 on 저항도 낮기 때문에 대전력용으로 취급할 수 있다.
Tr	Transistor(트랜지스터) : 반도체 증폭 소자의 기본
OP-AMP	Operational Amplifier(오퍼레이셔널 앰플리파이어) 연산 증폭기 : 아날로그 증폭 회로를 IC화한 것
D	Diode(다이오드) : 정류소자로서 고주파용에서 전원용까지 다양한 종류 있다.
LED	Light Emitting Diode(라이트 이미팅 다이오드) 발광 다이오드 전압을 가하면 접합면에서 발광하는 소자
SCR	Silicon Controld Rectifier(실리콘 컨트롤드 렉터파이어) 실리콘 제어 정류 소자 : on/off 게이트 기능을 갖는 다이오드
R	Registor, Resistance(레지스터, 리지스턴스) : 저항 또는 저항기
C	Capacitor, Capacitance(커패시터, 커패시턴스) : 콘덴서 또는 정전용량
L	Indector, Inductance(인덕터, 인덕턴스) 코일, 인덕턴스 : 고주파 회로의 동조용이나 필터로 많이 사용한다.
T	Transformer(트랜스포머) 트랜스 : 교류전압을 변화시키는 것으로 전원이나 고주파 회로 등에 사용한다.
PT	Power Transformer(파워 트랜스포머) 전원 트랜스 : 전원용이나 전압 측정용 변압기
X-TAL	Crystal(크리스털) 수정 진동자, 크리스털 발진자 : 안정된 발진 주파수를 얻는데도 사용한다.
IFT	Internediate Frequency Transformer(인터네디에이트 프리퀀시 트랜스포머) 중간주파 트랜스 : 고주파 회로의 단간 동조에 사용하는 트랜스
RFC	Radio Frequency Choke(라디오 프리퀀시 초크) 고주파 초크 코일 : 고주파의 필터용 코일
S/W	Switch(스위치)

2 수동소자(R, L, C)

(1) 저 항

물질은 자유전자의 이동에 따라 전기적인 성질을 가지게 된다. 자유전자가 그 물질을 통과할 때 물질을 구성하고 있는 원자는 전자의 흐름을 방해하려는 성질을 갖고 있는데, 이를 저항(resistor : 레지스터)이라고 할 수 있다. 다시 말해서 전자의 이동이 전류라고 할 때 전류의 흐름을 억제하는 기능을 가지고 있는 것이 저항이라고 한다.

1) 고정저항 : 기호 : R, 단위 : [Ω], 극성 : 무극성

① 고정저항의 종류 및 실물

〈표 7-1〉 고정저항의 종류 및 실물과 기능

명 칭	실 물	기 호	기 능
카본 (탄소피막)			일반용으로 가격이 싸며 가장 많이 사용되며 칩형 또는 포밍형은 프린트 배선으로 실장밀도를 높이는 경우에 사용 저항 범위 : 1.0[Ω]~100[MΩ] 전력 범위 : 1/8[W], 1/4[W], 1/2[W] 오차 범위 : ±5[%] 온도 계수 : +350~-1500[ppm/°C]
솔리드 (몰드)			저가형이며 열에 강한 대 전력용으로서 잡음이 크므로, 증폭기의 전단부분에 사용하는 것은 적당하지 않다. 저항 범위 : 2.2[Ω]~2.2[MΩ] 전력 범위 : 0.5[W], 1[W], 2[W], 3[W] 오차 범위 : ±2[%], ±5[%] 온도 계수 : ±200~±350[ppm/°C]

명 칭	실 물	기 호	기 능
권 선			온도에 의한 영향이 적고, 잡음도 비교적 작지만, 주파수 특성이 나쁘고, 고주파회로에는 적당하지 않다. 저저항이며 전력용으로 사용한다. 저항 범위 : 0.1[Ω]~400[kΩ] 전력 범위 : 1/2~10[W] 공칭 오차 : ±0, 1[%], 1[%] 온도 계수 : ±30~±[100]
금속피막	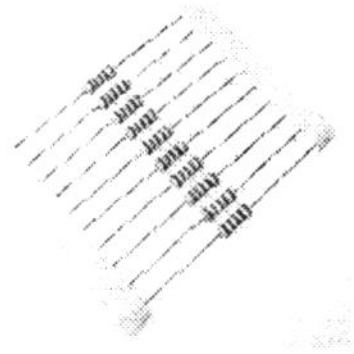		저잡음, 주파수 특성 양호, 온도에 의한 저항값의 변화도 적지만, 고가이다. 측정 및 통신기 등에 사용한다. 고정밀도 0.1~0.5[%] 저항 범위 : 1[Ω]~3[MΩ] 전력 범위 : 1/8[W], 1/4[W], 1/2[W] 오차 범위 : ±0.5[%], ±1[%], ±2[%] 온도 계수 : ±25~±250[ppm/°C]
시멘트 (세라믹)	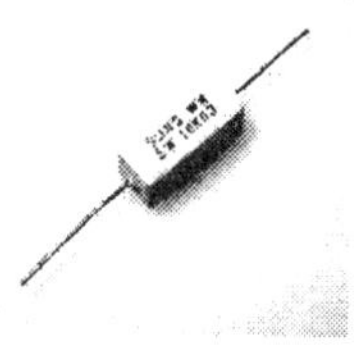		내열성이 우수하며, 전원회로, 제어기기 등에 사용. 대 전력용으로 전력과 저항치가 숫자로 인쇄되어 있다. 저항 범위 : 0.1[Ω]~400[kΩ] 공칭 오차 : ±5[%] 전력 범위 : 1~10[W]
어레이 (네트워크)	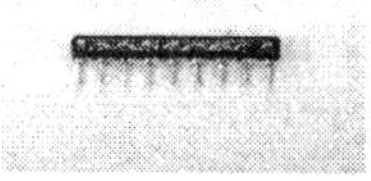		여러 개(4~10개 정도)의 저항을 하나의 패키지 형태로 한 것
칩	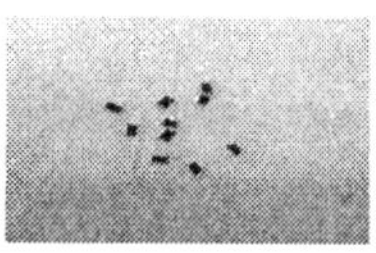		칩 저항기는 길이 1~6.3[mm], 폭이 0.5~3.15[mm], 두께 0.35~0.55[mm]인 박막으로 된 저항기로 주로 표면실장기법의 회로에 사용된다.

2) 반고정저항과 가변저항

가변 저항기는 저항에 의한 전압강하나 전류 등을 분배할 때 사용하는 것으로 저항의 윗부분을 회전시킴으로써 저항값이 변하게 된다. 주로 3개의 단자가 있는 구조로 되어 있으며, 최대의 저항값이 숫자로 표시되어 있다. 가변저항은 볼륨이라고 하는 가변저항과 조정은 할 수 있으나, 그 값을 유지하려는 반고정저항으로 나눌 수 있다.

〈표 7-2〉 반고정저항 및 가변저항 실물과 기능

명 칭	실 물	기 호	기 능
반고정저항	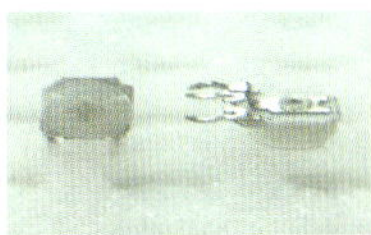 	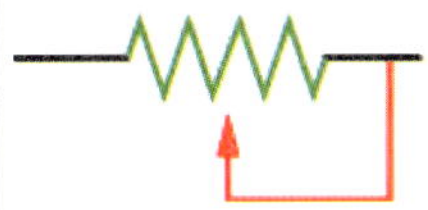	한 번만 조정하면 거의 변화가 필요 없는 곳에 사용하며 기기의 특성이 변동하거나 시간에 따른 변화 시 다시 조정할 수 있도록 한 저항기로 조정을 드라이버나 조정 봉을 이용해서 조정할 수 있도록 되어 있다. 서미트는 고가이지만 안정성이 양호하며 카본 타입은 가격이 싸지만 안전성이 좋지 않다.
가변저항		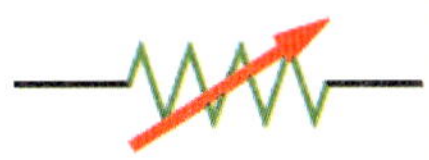	일반적으로 널리 사용되며 가격이 싸고, 안정성이 양호하며, 항상 조정을 필요로 하는 곳에 사용하는 저항기로 회전축에 손잡이를 달아 저항값을 가변할 수 있도록 되어 있으며 주로 음량조절 등에 사용된다. 2연 타입형과 스위치 부착 등의 종류가 있다.

3) 가변저항의 특성곡선과 용도

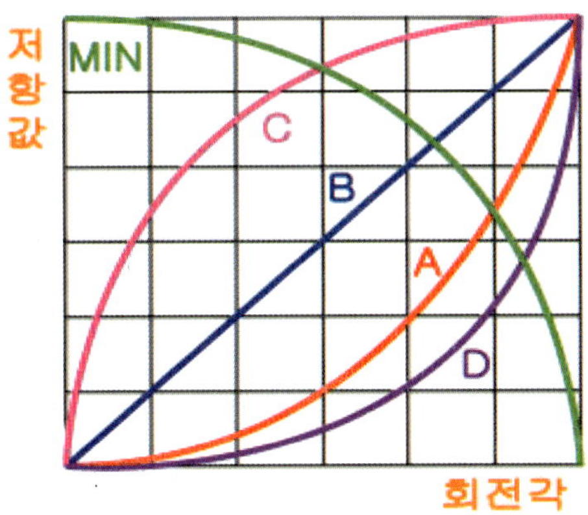

형태	용 도
A	음량 조정용
B	음질 조정, 감도 조정
C	진공관의 스크린 그리드 전압에 의한 이득조정
D	고 이득 앰프나 이어폰을 사용하는 라디오 이득 조절
MIN	밸런스

[그림 7-1] 가변저항의 특성곡선 및 용도

4) 저항값 읽기

① 저항의 색깔 판별법

색 상	제1 색띠	제2 색띠	제3 색띠	제4 색띠	제5 색띠	승수	오차
	첫째자리	둘째자리	승수자리	오차자리			
	첫째자리	둘째자리	세째자리	승수자리	오차자리		
흑 색(검정)	0					10^0	
갈 색	1					10^1	±1%
적 색(빨강)	2					10^2	±2%
등 색(주황)	3					10^3	
노 색	4					10^4	
녹 색	5					10^5	±0.5%
청 색	6					10^6	±0.25%
자 색(보라)	7					10^7	±0.1%
회 색	8					10^8	
백 색	9					10^9	
금 색						10^{-1}	5%
은 색						10^{-2}	10%
무 색	아무런 표시가 없음						20%

[그림 7-2] 저항의 4색 · 5색띠 저항 판별법

② 저항의 색깔 판별법 예제

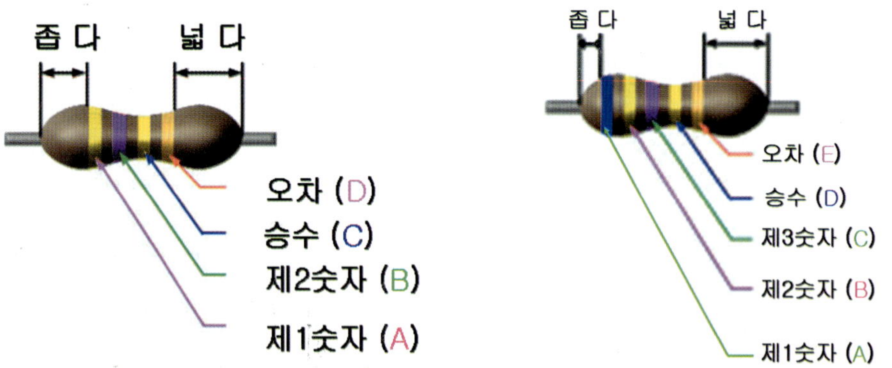

4색띠인 경우

R(Ω)=AB x 10^c (Ω) ± D(%)

5색띠인 경우

R(Ω)=ABC x 10^D (Ω) ± E(%)

[그림 7-3] 저항의 색깔 판별법 및 저항값

(2) 인 덕 터

1) 특성에 따른 인덕터 : 기호 : L, 단위 : [mH], 극성 : 무극성, 유극성

인덕터(inductor, 리액터 : reactor)는 인덕턴스(도선이나 코일의 전기전자적 성질)를 가지는 코일을 말하며 교류에 대해 방해하려는 성질을 유도 리액턴스라고 한다. 코일간의 유도작용을 원리로 하며, 권심에 의해서 공심 코일, 자심 코일, 성층철심, 페라이트 등의 종류가 있으며, 용도에 따라서 동조 코일, 초크 코일, 발진 코일, 트랜스포머 등으로 분류된다.

〈표 7-3〉 인덕터의 종류와 실물 및 기능

분류	명 칭	실물	기호	기 능 및 용 도
코 일 인덕터	초크 코일			고주파에 대하여 저항작용을 하고, 고주파를 감쇠시키는 데 사용한다. 용도 : 고주파 필터
	고주파 동조 코일 (FCZ)		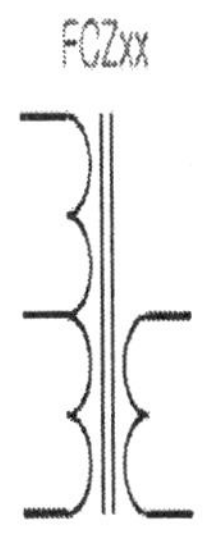	코일과 콘덴서를 병렬접속하고 어느 특정 주파수에 동조하여 신호를 추출하기 위해 사용한다. 용도 : TV나 라디오의 동조회로 등
	중간주파 동조 코일 (IFT)			중간주파 트랜스는 슈퍼헤테로다인 수신기에서 수신 주파수를 낮추어 수신기의 감도, 안정성을 좋게 할 수 있게 중간 주파수 증폭기를 사용하며, 이 증폭회로에 사용되는 트랜스를 말한다. AM용은 455[kHz]의 중간 주파수가 사용되며 3개(황, 백, 흑색)가 1조로 되어 있고, FM용은 10.7[MHz] 중간 주파수가 사용되며 4개(황, 녹, 등, 청색)가 1조로 되어 있다.
	바 안테나	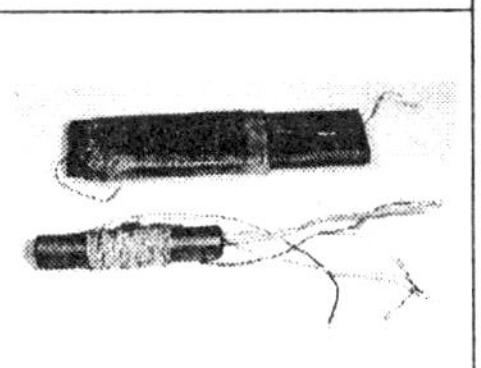		동조용이지만 내부에 페라이트 코어를 삽입하고 특히 길게 하여 안테나와 동등의 특성을 갖게 한 것으로 휴대용 라디오의 안테나로 사용되고 있다.

분류	명 칭	실물	기호	기 능 및 용 도
코 일 인덕터	전원용 초 크	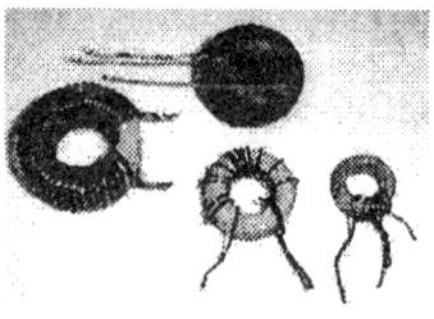		저주파에 특히 큰 저항을 나타내도록 하여 전원 노이즈 방지용의 필터나 평활회로의 필터에 사용한다.
트랜스	전 원 트랜스		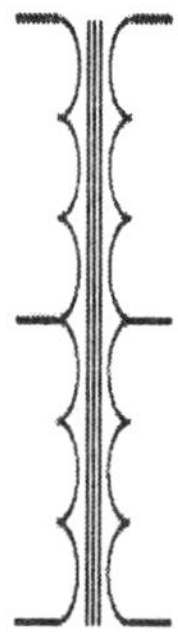	여러 가지 코일을 동일한 철심에 감은 것으로 전압의 변환 기능을 갖는다. 이것을 이용하여 전압을 높이거나 낮추는 데 사용한다.
	스위칭 전원용 트랜스	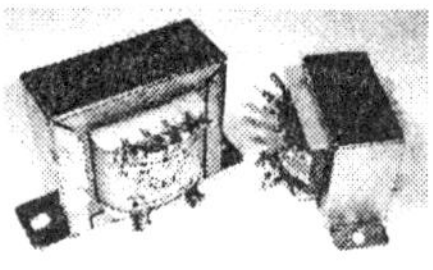		전원용 트랜스와 동일하지만 주파수가 높기 때문에 소형으로 효율이 좋은 코어를 사용하고 있다.
	오디오용 트랜스	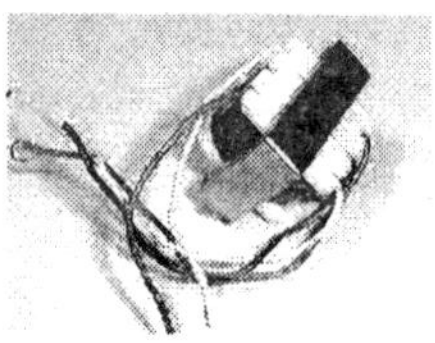		트랜지스터 회로 등으로 임피던스가 크게 다른 경우 전달 로스를 적게 하기 위해 임피던스 변환용으로 쓰이는 트랜스로 최근에는 회로의 발전으로 많이 쓰이지 않게 되었다.

(3) 콘 덴 서

콘덴서(condenser : 콘덴서, 커패시터 : capacitor)는 전하를 축적하는 장치로 2장의 금속판을 마주 대고 사이에 유전체에 절연물질을 끼워 넣은 형태로 되어 있으며 전극판으로는 알루미늄이나 주석이 사용되고 유전체로는 절연지, 공기, 기름, 운모 등을 사용하는 구조로 되어 있다. **콘덴서는 직류를 저지하고 교류전류만을 흐르게** 하거나 **공진회로를 구성하여 특정 주파수만을 취급**하는 곳 등에 쓰이며 종류는 고정형과 가변형이 있다.

1) 고정 콘덴서 : 기호 : C, 단위: [μF], 극성: 무극성, 유극성

〈표 7-4〉 고정 콘덴서의 실물 및 기능

명 칭	극성 유무	실 물	기 호	기 능
세라믹 콘덴서		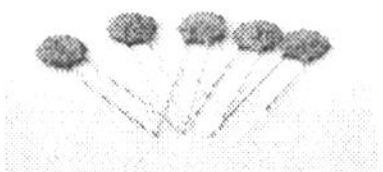		티탄산바륨 등의 원판을 전극 사이에 넣은 것을 도료로 피복한 것으로서 유전체로 세라믹을 사용하는데 양면에 전극을 붙여 리드선을 납땜하여 방습도장을 한 것. 온도에 대해 안전성이 좋으므로 온도 보상회로에 쓰인다. 온도보상용과 고유전율의 2종류가 있으며 고주파회로에 사용되며, 저가이다. 용량 : 0.5~500[pF](온도보상용), 내압 : 2[V]~5[kV] 100[pF]~0.47[μF](고유전율로서 바이패스용)
마일러 콘덴서	무			마일러 플라스틱 필름을 전극 사이에 넣어 롤감이로 한 마일러 콘덴서와 폴리에틸렌을 유전체로 한 금속화 플라스틱 적층 필름 콘덴서가 있다. 고주파특성이 나쁘므로 저주파 회로에 사용하며 자기회복력이 있다. 용량 : 1000[pF]~1[μF], 내압 : 50~500[V]
필 름 콘덴서				폴리스티롤이나 폴리에틸렌 등의 플라스틱 필름을 유전체로 하고 전극 사이에 끼워 감은 형태로 되어 있으며 절연저항이 높고 손실이 적으며 용량 오차가 적고 고주파 특성이 좋으나, 사용온도 범위가 60° 정도이다.
마이카 콘덴서				알루미늄박 사이에 유전체로 마이카(운모)판을 번갈아 겹쳐 만들고 마이카에 금속막을 형성한 형태로 되어 있으며 전기적인 특성이 좋고 내압이 높으며, 정전용량의 온도계수와 손실이 작아 고주파회로에 사용한다. 내압, 내열에 우수하며 용량변화가 없고 안정적이다. 고주파회로에 사용하며 고가이다. 용량 : 1[pF]~0.1[μF], 내압 : 50~1000[V]
종 이 콘덴서				주석 박 또는 알루미늄 박 전극 사이에 종이를 끼워 감은 것이다.

명 칭	극성 유무	실 물	기 호	기 능
전 해 콘덴서	유			알루미늄박의 전극표면을 전해 처리하여 표면적을 크게 한 (+)전극과 (−)전극으로 되는 알루미늄박 사이에 전해액을 먹인 가제나 종이를 끼워 넣고 알루미늄 케이스에 넣은 구조, 주로 용량이 크며 전원에 사용한다. 용량 : 0.47~1백만μF, 내압 : 3~500V
탄 탈 콘덴서				전해 콘덴서의 일종으로 탄탈 산화물을 유전체로 하여 탄탈 금속 위에 산화피막을 형성하여 (+)전극으로 하고 그 위에 산화망간, 카본 층을 형성하여 (−)전극을 붙인 구조, 전해보다 주파수 특성, 온도 특성, 누설전류 특성이 좋고 소형이므로 커플링 회로, 필터 회로 등에 사용한다.

2) 콘덴서의 규격 판별법

〈표 7-5〉 콘덴서의 규격 판별법

종 류	용량계산법	예
세 라 믹	1자릿수 : 유효숫자 2자릿수 : 유효숫자 3자릿수 : 승수 4자리알파벳 : 오차	223K 풀이) 22×103[pF]±10%
마 일 러	1자릿수 : 내압 2자리알파벳 : 내압 3자리숫자 : 유효숫자 4자리숫자 : 유효숫자 5자리숫자 : 승수 6자리알파벳 : 오차	1H224J 풀이) 내압 50[V] 22×104[pF]±5%
전 해	용량 : 숫자로 표기 내압 : 숫자로 표기	47[μF]/16[V] 용량: 47[μF] 내압: 16[V]
탄 탈	용량 : 숫자로 표기 내압 : 숫자로 표기	47[μF]/16[V] 용량: 47[μF] 내압: 16[V]

3) 콘덴서의 허용오차

〈표 7-6〉 콘덴서의 허용오차

문자	B	C	D	F	G	J	K	M	N	V	X	Z	P
허용오차(%)	±0.1	±0.25	±0.5	±1	±2	±5	±10	±20	±30	+20 -10	+40 -10	+80 -20	+100 -0
허용오차(pF)	±0.1	±0.25	±0.5	±1	±2								

4) 콘덴서의 내압

〈표 7-7〉 콘덴서의 내압

	A	B	C	D	E	F	G	H	J	K
0	1	1.25	1.6	2.0	2.5	3.15	4.0	5.0	6.3	8.0
1	10	12.5	16	20	25	31.5	40	50	63	80
2	100	125	160	200	250	315	400	500	630	800
3	1000	1250	1600	2000	2500	3150	4000	5000	6300	8000

3 반도체(D, TR, FET)

(1) 반도체 이론

1) 대표적 반도체의 원자구조

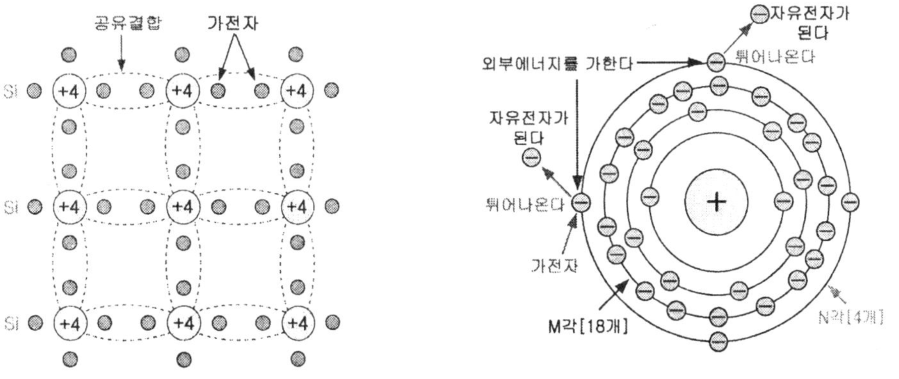

(a) 규소(실리콘, Si)의 원자 구조 (b) 게르마늄(Ge)의 원자구조

[그림 7-4] 반도체의 원자구조

2) 반도체의 성질

① 부(−)의 온도계수를 갖는다.

반도체는 어떤 온도 범위 내에서 온도가 상승하면 저항률이 감소하고 도전율이 증가한다.

② 정류작용을 갖는다.

금속과의 접촉 및 다른 종류의 반도체와의 접합에서 정류작용이 나타난다.

③ 광도전성 및 광기전력 효과를 나타낸다.

반도체에 빛을 투광하면 저항치가 감소하여 도전성이 증가하거나 기전력이 생긴다.

④ 불순물 첨가에 의한 저항률이 변한다.

반도체 결정 속에 포함된 불순물이 증가되면 저항률이 감소되고 도전성은 증가한다.

(2) 다이오드

1) 기호 : D, 극성 : 유극성, 명칭 : 애노드(A), 캐소드(K)

반도체 내에서 전기를 운반하는 역할을 하는 것을 캐리어(carrier : 캐리어 : 반송자)라고 하며, 정공(hole)이 전기전도의 역할을 하는 것을 P형 반도체라 하며, 전자(electron : 일렉트론)가 전기전도 역할을 하는 것을 N형 반도체라 한다. 이러한 두 반도체를 접합한 것을 PN 접합 다이오드라고 한다.

다이오드 소자는 PN 접합으로 불리는 구조를 가지고 있으며 반도체의 P측 단자를 양극(anode : 애노드), N측 단자를 음극(cathode : 캐소드)이라 한다. 다이오드의 이러한 구조는 양극에서 음극으로 즉 순방향으로만 전류가 흐르며, 그 역방향은 거의 전류가 흐르지 않는 성질을 이용한 것이다. 이러한 효과를 정류작용이라 하며 교류를 직류로 변환하기 위해서 사용되고 있다.

2) 구조 및 기호

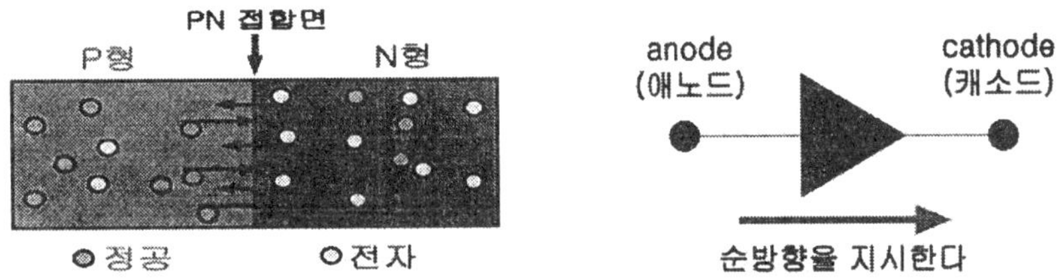

[그림 7-5] 다이오드의 구조 및 기호

다이오드의 기능은 쉽게 생각하면 **전류 스위치**라고 할 수 있다. 물의 흐름에 비유해 보면 양극은 물의상류 음극은 하류에 해당하며 상류에서 하류로 물이 흐르는 것처럼 양극(애노드)에서 음극(캐소드)으로 전류가 흐르며 하류에서 상류로 물이 흐르지 않는 것처럼 음극(캐소드)에서 양극(애노드)으로는 전류가 흐르지 않는다. 이것이 다이오드의 정류 원리이다.

3) 다이오드의 종류 및 기능

〈표 7-8〉 다이오드의 주파수 대역 및 명칭

<table>
<tr><th>주파수 대역</th><th colspan="2">다이오드 명칭</th></tr>
<tr><td rowspan="5">high frequency band
(하이 프리퀀시 밴드)
(TV/radio frequency band :
TV/라디오 프리퀀시 밴드)</td><td colspan="2">Band switching diode(밴드스위칭 다이오드)</td></tr>
<tr><td colspan="2">Pin diode(핀 다이오드)</td></tr>
<tr><td colspan="2">Varactor diode(버랙터 다이오드)</td></tr>
<tr><td colspan="2">High speed switching diode(하이 스피드 스위칭 다이오드)</td></tr>
<tr><td colspan="2">High frequency schottky diode(하이 프리퀀시 쇼트키 다이오드)</td></tr>
<tr><td rowspan="7">general purpose frequency band
(제너럴 퍼퍼스 프리퀀시 밴드)
(general rectification :
제너럴 렉티피케이션)</td><td colspan="2">Schottky barrier diode(쇼트키 배리어 다이오드)</td></tr>
<tr><td colspan="2">Zener(constant voltage : 콘스턴트 볼티지) diode(제너 다이오드)</td></tr>
<tr><td rowspan="3">Rectifier diode
(렉티파이어 다이오드)</td><td>Fast recovery diode
(패스트 리커버리 다이오드)</td></tr>
<tr><td>High speed rectifier diode
(하이 스피드 렉티파이어 다이오드)</td></tr>
<tr><td>general purpose rectifier diode
(제너럴 퍼퍼스 렉티파이어 다이오드)</td></tr>
<tr><td rowspan="2">Switching diode
(스위칭 다이오드)</td><td>High speed switching diode
(하이 스피드 스위칭 다이오드)</td></tr>
<tr><td>Switching diode(스위칭 다이오드)</td></tr>
</table>

〈표 7-9〉 다이오드 종류 및 실물 기능

명 칭	실 물	기호	약호	기 능
범용 다이오드	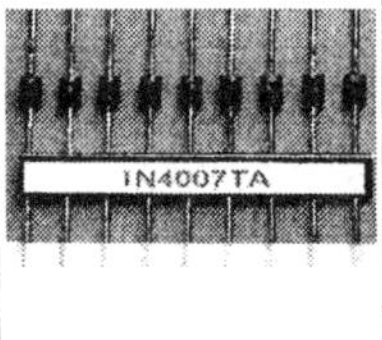	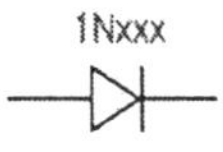	D	**정류** : 교류전원의 3배 이상의 내압을 사용 **스위칭** : 1S1588과 같이 회로의 스위칭에 사용 **검파용** : 소신호의 검파 등에 사용하며, 게르마늄(GE)을 이용한 것을 주로 사용하고 1N60 등이 있다.
제너 다이오드	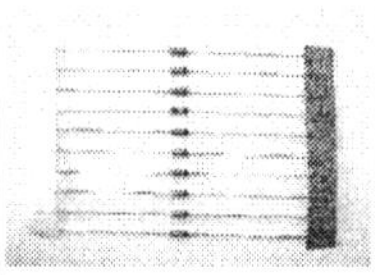		ZD	**정전압용 다이오드** 역방향 포화전류가 흐르는데 이 상태에서 역방향 전압을 더 증가시키면 어느 일정한 전압에서 역방향에 큰 전류가 흐르는 현상
쇼트키 다이오드	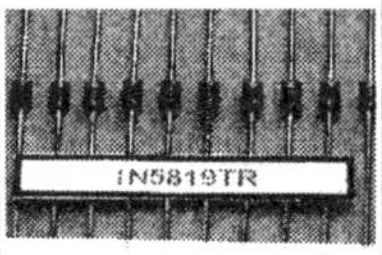	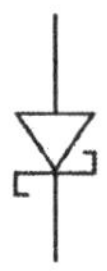	SD	**고주파 스위칭용** 고속스위칭이나 마이크로파대의 믹서 등에 사용되고 있으며 통상 순방향 전압강하는 0.2[V] 정도로 매우 낮은 것이 특징이다.
터널 다이오드 (에사끼)			TD	1957년 일본의 에사끼가 개발한 다이오드로 도너 밀도를 매우 높게 하여 공핍층을 좁게 하고 전계의 세기를 증가하게 한 것으로 응답속도가 매우 빠르다. 발진작용, 스위칭작용, 증폭작용 소비전력, 잡음이 적다 온도특성이 안정되어 있다. ▪ **터널효과 = 부성저항(역방향으로 우수한 도전성 : 다이녀트론 = 제너현상) 현상**
바리캡		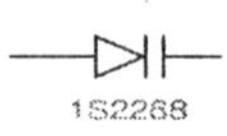	VD	**가변 용량 다이오드(고주파 동조용)** PN 접합 다이오드에 역방향 전압을 인가하면 공가 전하 영역이 콘덴서 역할을 하는 것으로 직류전압에 비례하여 용량이 변하는 다이오드
브리지 다이오드		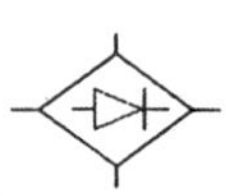	BD	**전원 정류용** 정류용 다이오드의 조합으로 구성
발광 다이오드		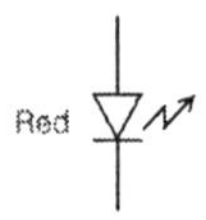	LED	**표시용 다이오드** GaP, GaAsP 등의 화합물 반도체로 PN 접합을 만들고 여기에 순방향 전압을 가하면 접합면에서 발광하는 소자

4) 다이오드 바이어스 형태

〈표 7-10〉 다이오드의 바이어스 형태

<table>
<tr><th>① 순 바이어스</th><th>② 역 바이어스</th></tr>
<tr><td>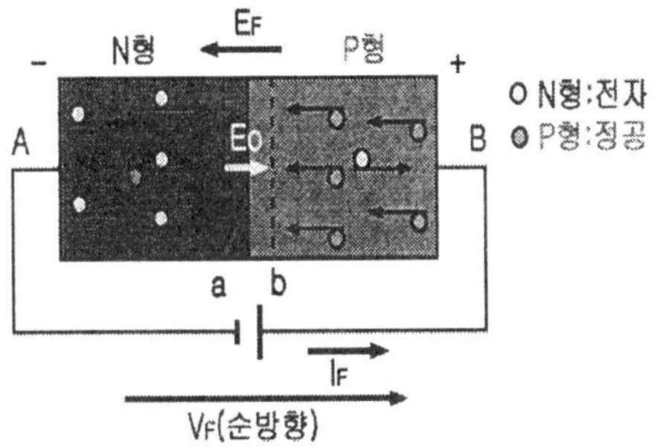
</td><td>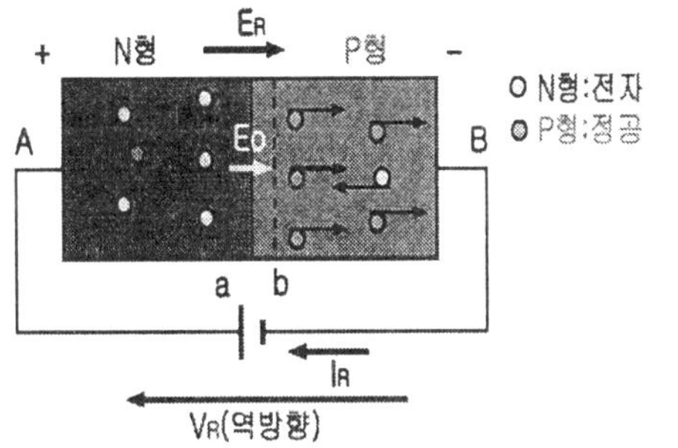
</td></tr>
<tr><td>P형 반도체 속에는 정공(hole : 홀), N형 반도체 속에는 전자(electron : 일렉트론)가 존재하므로 그림과 같이 P형에 전지의 (+)극을 연결하고 N형에 전지의 (−)극을 연결하여 전압을 걸면 전자는 정공에 이끌려 P형 영역으로 이동하게 된다. 이렇게 하여 P형 영역에서 N형 영역으로 순방향 전류가 흐르게 되는 것을 순방향 바이어스라 한다.</td><td>그림과 같이 전지의 (−)극을 P형 반도체에 연결하고 전지의 (+)극을 N형 반도체에 연결하여 전압을 인가하는 것을 말하며 이때 역방향 전류는 흐르지 않는다. 이것을 역방향 바이어스라 한다.</td></tr>
</table>

5) 다이오드의 특성(I-V) 곡선

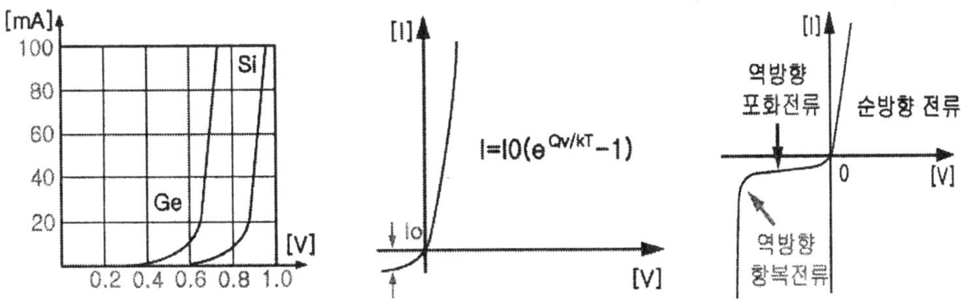

(a) 순방향 특성곡선 (b) (c) 역방향 특성곡선

[그림 7-6] 다이오드 특성곡선

6) 종류별 특성곡선

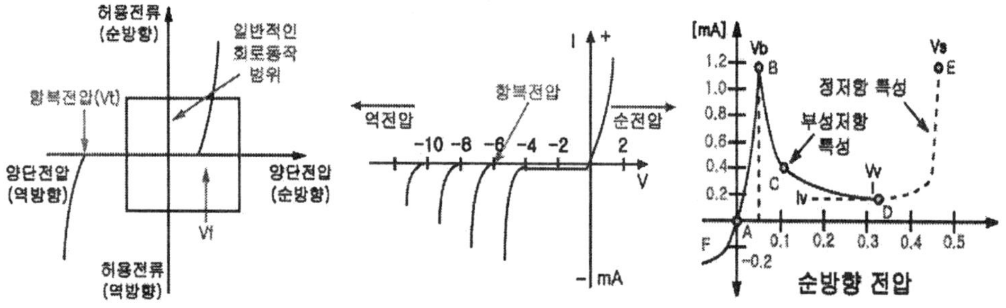

(a) 범용 다이오드　　(b) 제너 다이오드　　(c) 터널 다이오드

[그림 7-7] 다이오드의 종류별 특성곡선

7) 다이오드 명명법

다이오드의 명칭에 관하여는 EIAJ 등록에 의하여 부여하는 EIAJ형 명칭이 있고, JEDEC에서 사용하는 명칭, 유럽에서 사용하는 명칭이 많이 사용되고 있으며, 또한 메이커에 따라 독특한 명칭을 사용하기도 한다.

〈표 7-11〉 다이오드 명명법

명 칭	기 호	다이오드 종류
JEDEC	1N xxxx	미국의 JEDEC에서 부여한 명칭이다.
유럽형	0Axx, BOXxxx	0Axx, BOXxxx 등으로 사용되면
메이커별 명칭	독작적인 명칭	
EIAJ(1S로 시작한다. 처음에는 1S 다음에 등록 번호만 사용하였으나, 등록부품의 수가 너무 많아짐에 따라, 다음과 같이 분류하여 품명을 할당하고 있다.)	1SE xxx	터널다이오드
	1SG xxx	건 다이오드
	1SS xxx	일반다이오드, 검파용, 스위칭, 펄스발생용, 스냅오프다이오드, 마이크로파 다이오드
	1ST xxx	임펙트 다이오드
	1SV xxx	가변용량다이오드, PIN 다이오드, 스냅오프다이오드, 배럭터
	1SR xxx	정류용 다이오드
	1SZ xxx	정전압 다이오드
	ISQ	발광 다이오드

(3) 트랜지스터

1) 기호 : TR, 단자 명칭 : 에미터(E), 컬렉터(C), 베이스(B)

트랜지스터(TR : Transister ; 트랜지스터)는 반도체 가운데에서도 가장 많이 쓰여 왔던 기본적인 반도체 부품으로 증폭작용을 발견하여 사용되기 시작하였다. 트랜지스터에는 용도나 특성에 따라 아주 많은 종류가 만들어지고 있으며, 실생활에도 여러 분야에서 보편적으로 사용되고 있다.

〈표 7-12〉 트랜지스터 실물 및 기능

명칭	실 물	기호 및 구조	약호	기 능
PNP형		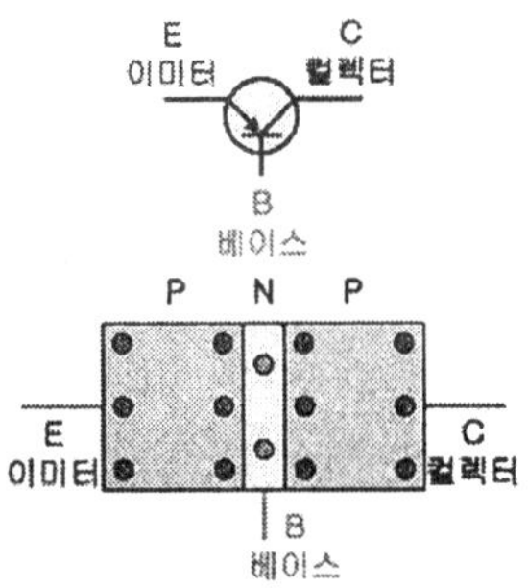	TR	트랜지스터의 기능을 수도에 비유해 보면 이해가 쉽다. 트랜지스터에는 3개의 핀이 있다. 각각 이미터와 베이스 그리고 컬렉터라고 하며 베이스는 수도의 밸브 컬렉터는 수도꼭지 그리고 이미터는 수도배관에 비유할 수 있다. 수도 밸브를 작은 힘(베이스의 입력신호)으로 조정하면, 수도꼭지에서 많은 물이 나오며 물의 양(컬렉터 흐르는 전류)을 조절할 수 있다. 용도 : 전류증폭용 및 스위칭용
NPN형	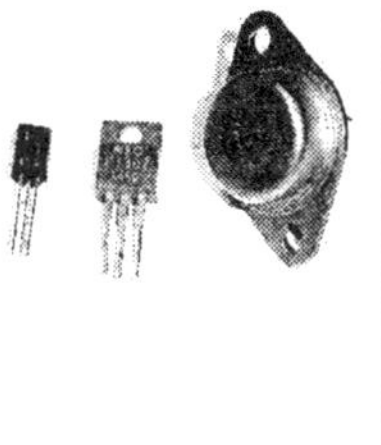	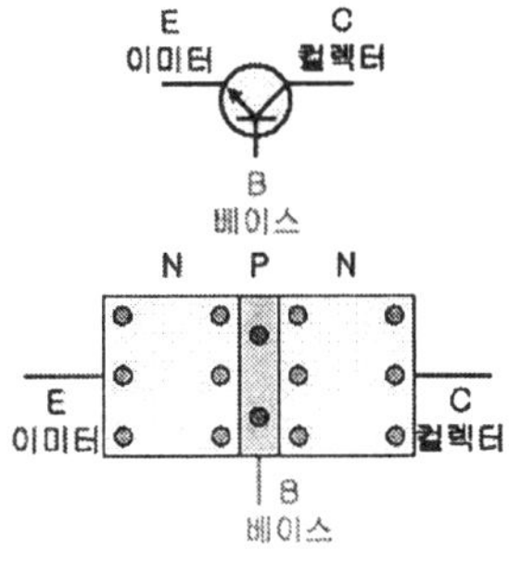		

2) 트랜지스터의 리드선 배치

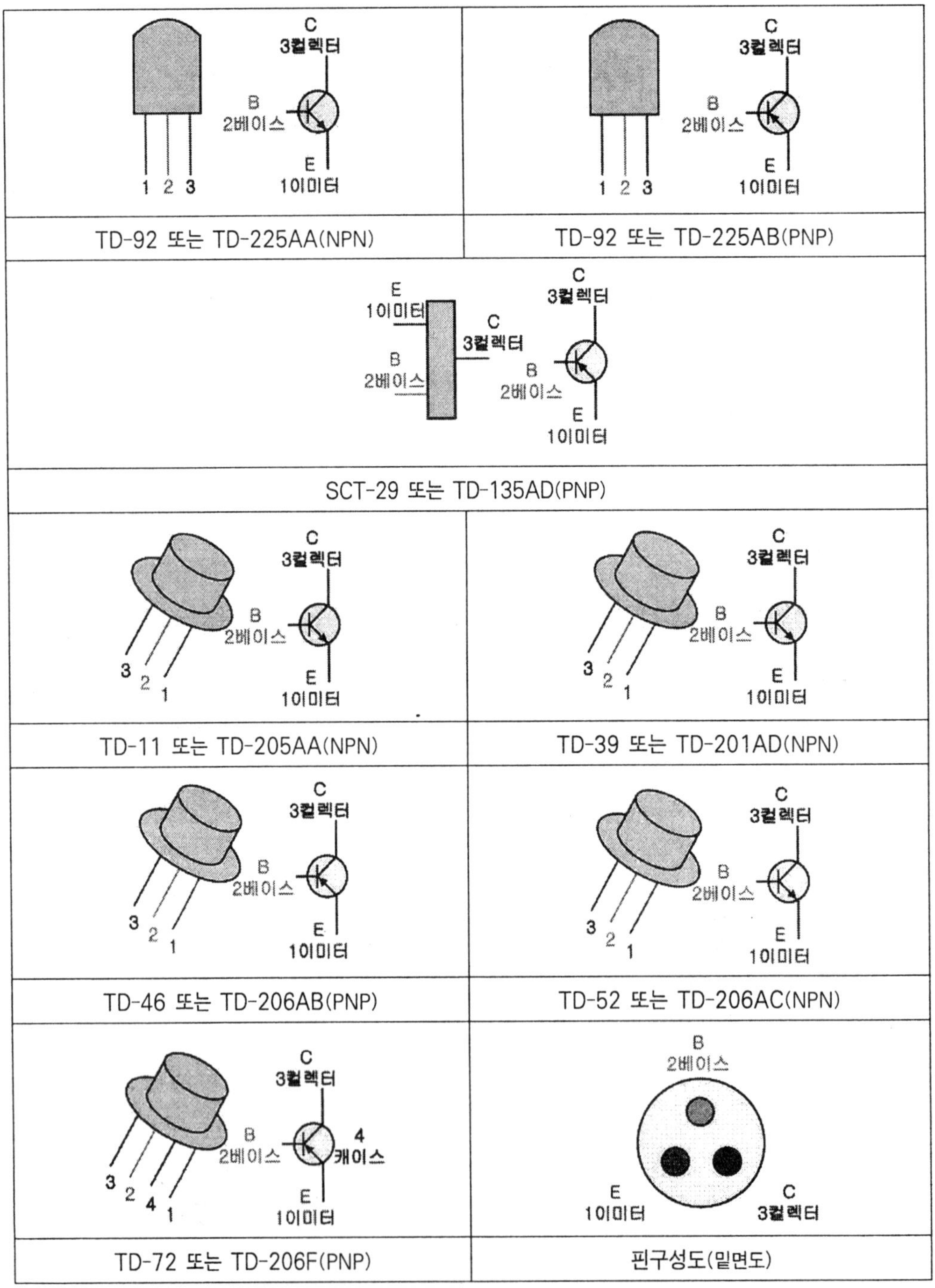

[그림 7-8] 트랜지스터의 핀번호와 배치도

3) 트랜지스터 동작구분

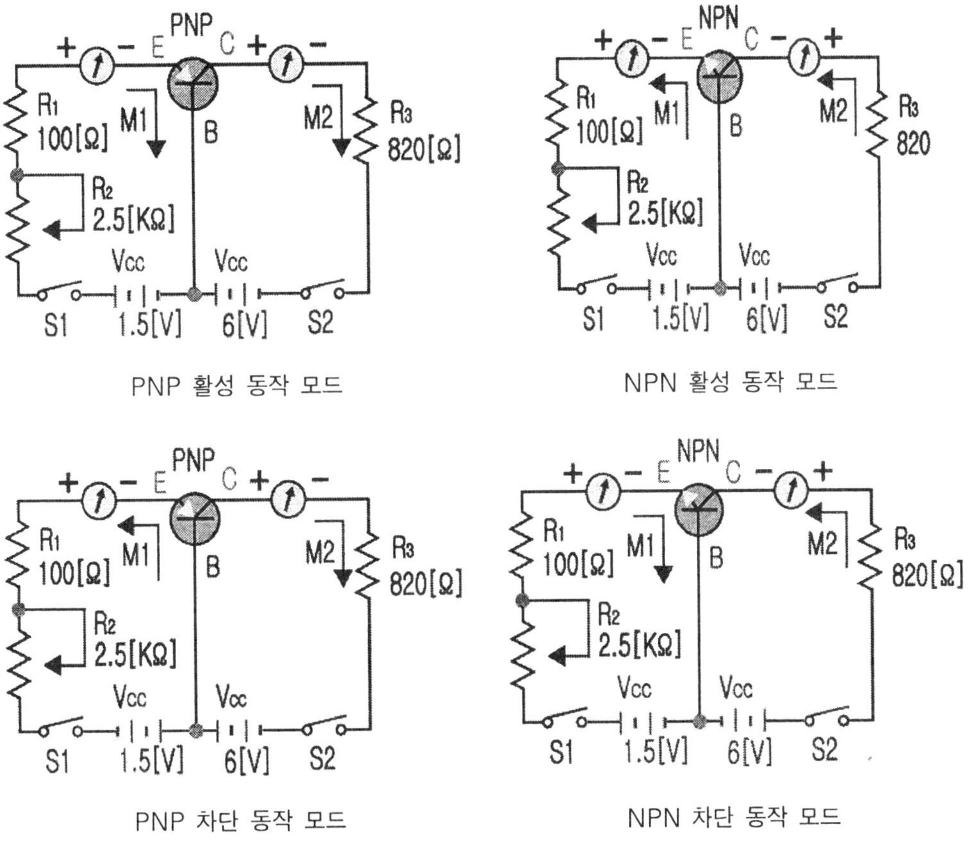

[그림 7-9] 트랜지스터의 동작모드

4) 트랜지스터의 종류

〈표 7-13〉 트랜지스터의 종류 및 분류법

PNP 트랜지스터	NPN 트랜지스터
접합의 구성에 의한 종류로 (−) 전원으로 동작	접합의 구성에 의한 종류로 (+) 전원으로 동작
2SA××× : 고주파용(저주파용에도 사용할 수 있다)	2SC××× : 고주파용(저주파용에도 사용할 수 있다)
2SB××× : 저주파용	2SD××× : 저주파용

5) 트랜지스터의 동작 구분

〈표 7-14〉 트랜지스터의 동작 구분

영역 접합	E - B	C - E	비 고	* E:이미터 C:컬렉터 B:베이스
활성 영역	순바이어스	역바이어스	증폭회로	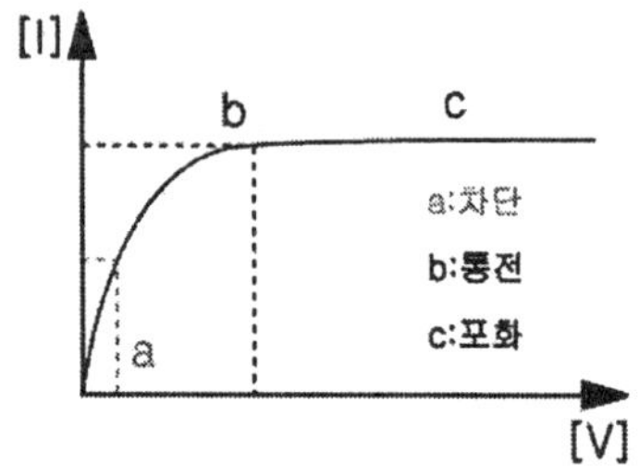
포화 영역	순바이어스	역바이어스	펄스회로	
차단 영역	역바이어스	역바이어스	펄스회로	
역활성 영역	역바이어스	순바이어스		

6) 각종 공통접지 회로 및 특징

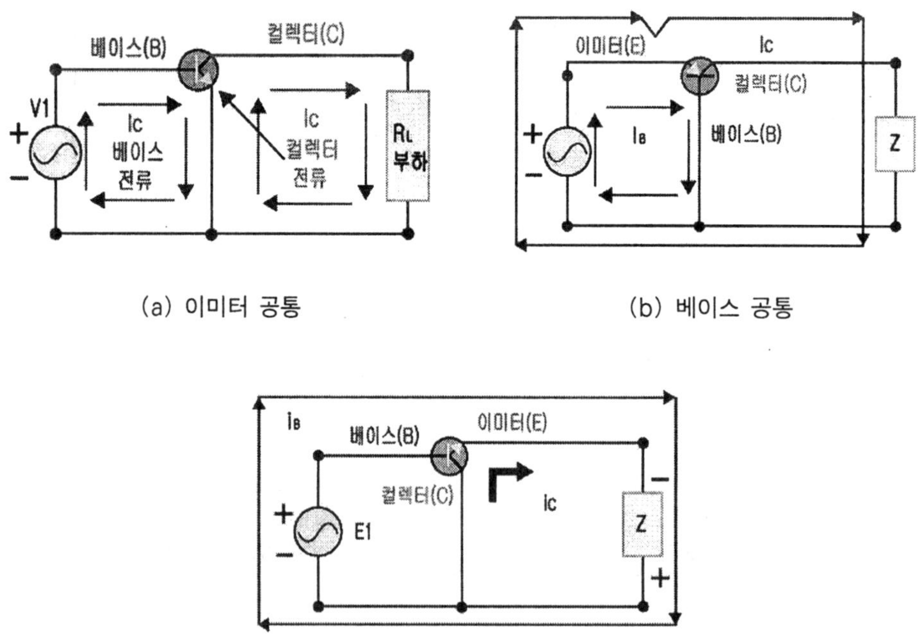

(a) 이미터 공통

(b) 베이스 공통

(c) 컬렉터 공통

[그림 7-10] 트랜지스터의 공통접지회로 및 특징

〈표 7-15〉 트랜지스터 접지에 의한 적용 구분표

적용/구분	베이스 접지	이미터 접지	컬렉터 접지
입력 임피던스	낮음, 수 10[Ω]	중간, 수 100[Ω]~수[kΩ]	높음, 수 100[kΩ]
출력 임피던스	높음, 수 100[kΩ]	중간, 수 10[kΩ]	낮음, 수 10[Ω]
전압이득	높음, 수 100배	높음, 수 10~수100배	낮음, 1보다 적음
전류이득	낮음, 1보다 적음	높음, 수 100배	높음, 수 10배
전력이득	중간, 수 100배	높음, 수 1000배	낮음, 수 10배
입출력 전압의 위상	동 위상	역 위상	동 위상
주파수 특성	양호	약간 불량	양호
찌그러짐률	양호	약간 불량	양호
특성의 불균일	적음	큼	적음

(4) 전계효과 트랜지스터

1) 기호 : FET, 명칭 : 드레인(D), 소스(S), 게이트(G)

전계효과 트랜지스터(Filde Effect Transistor : 필드 이펙트 트랜지스터)는 진공관과 비슷한 원리로 입력전압으로 출력전류를 제어하는 특성을 갖고 있다. 바이폴라 트랜지스터와는 다르게 다수 캐리어 하나에 의해서만 전류가 만들어지므로 유니폴러(unipolar) 트랜지스터라고 할 수 있다.

N채널과 P채널의 두 종류가 있으며 소스(source), 드레인(drain), 게이트(gate)로 구성되어 있다.

역방향 바이어스 상태에서 사용되어야 하므로 입력저항이 높고 오프셋(offset) 전압이 없는 것이 특징이다. 출력전류는 소스(source)와 게이트(gate)의 입력전압에 의해 컨트롤(control)되며 큰 전류에서 사용된다. 구조가 단순하며 크기도 작으므로 IC에서 많이 사용되며, 노이즈(noise)가 작고 증폭도가 크고 열에 안전한 장점이 있어 널리 사용되고 있다.

〈표 7-16〉 전계효과 트랜지스터의 실물 기능

명 칭	실 물	기 호	기 능
JFET	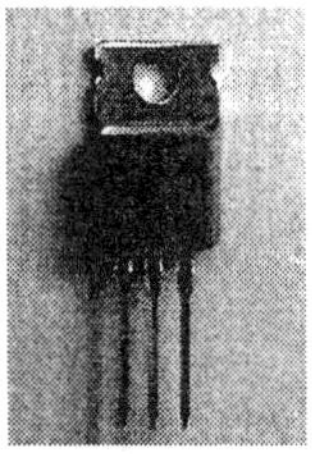	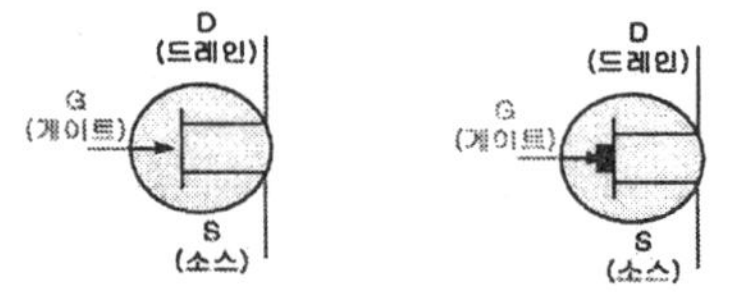 a) N채널 J FET b) P채널 J FET	입력 게이트가 반도체의 접합으로 구성되고 있는 FET로 트랜지스터와 비교하여 훨씬 적은 입력전류로 동작한다.
공핍형 MOS-FET		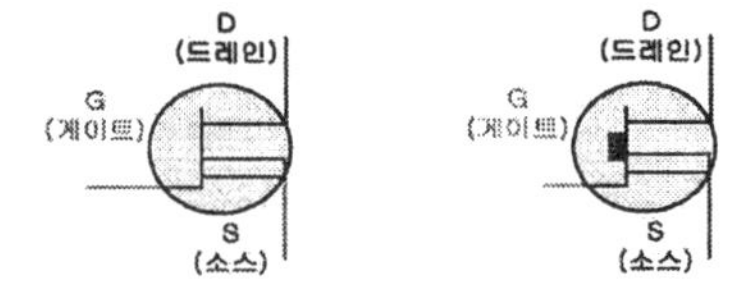 a) N채널 Enhancement MOSFET b) P채널 Enhancement MOSFET	게이트에 전압을 가하지 않아도 드레인과 소스 사이에 전류가 흐른다.
증가형 MOS-FET	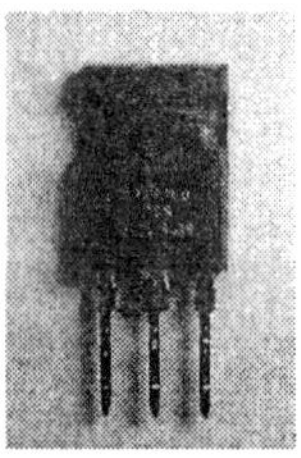	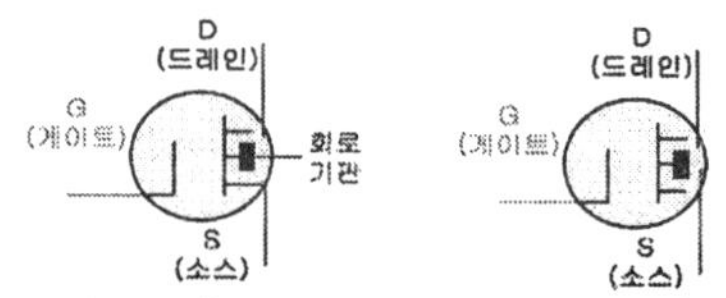 a) b)	게이트에 전압을 가하지 않으면 드레인과 소스 사이에 전류가 흐르지 않는다.

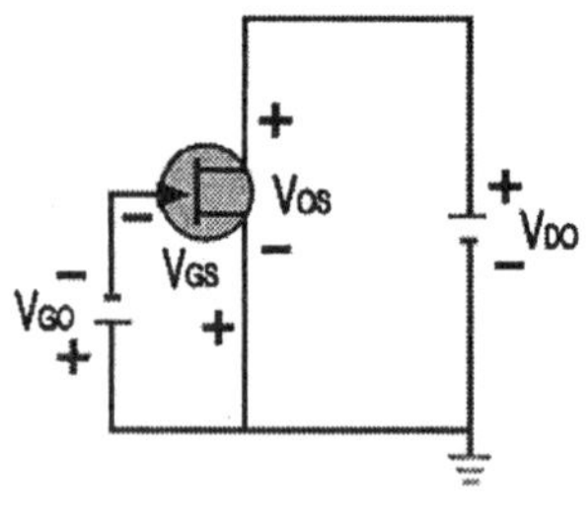

Drain Curve(드레인커브)를 얻기 위한 n-channel(엔-채널) JFET 회로

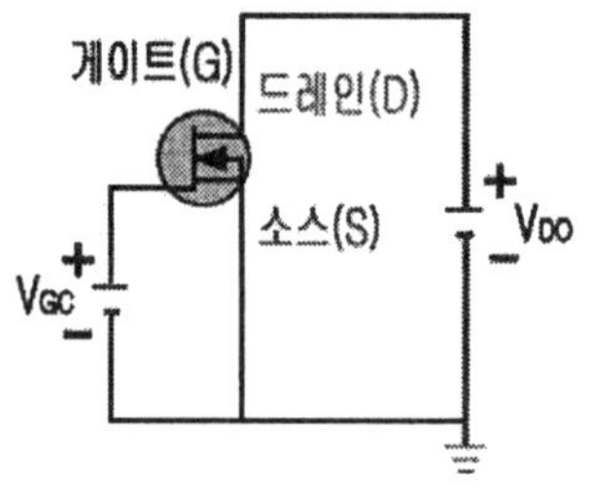

n-channel Depletion(엔-채널 디플리션) MOS FET의 특성곡선을 얻기 위한 회로

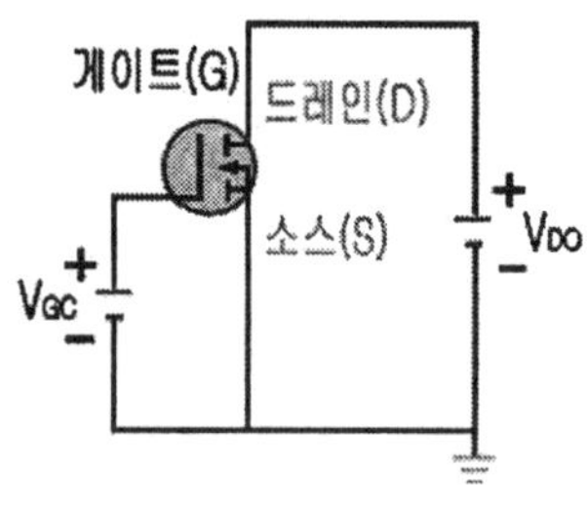

n-channel Enhancement (앤-채널 엔한스먼트) MOS FET의 특성곡선을 얻기 위한 회로

[그림 7-11] 전계효과 트랜지스터의 회로 동작표

2) TR과 FET 비교

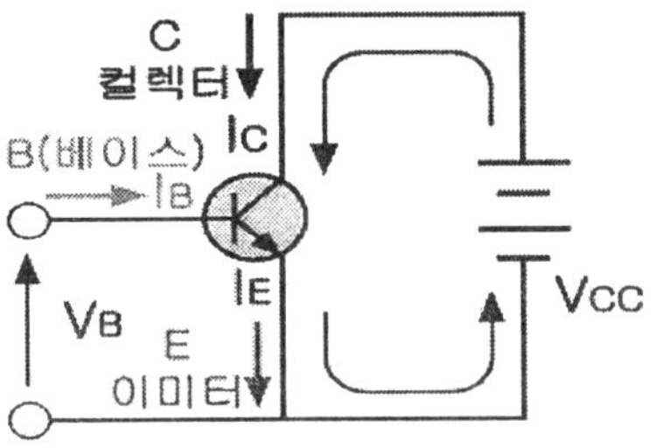

(a) NPN TR

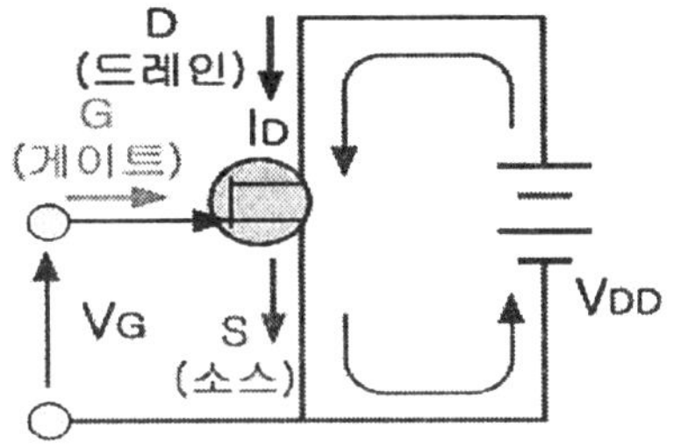

(b) N채널 FET

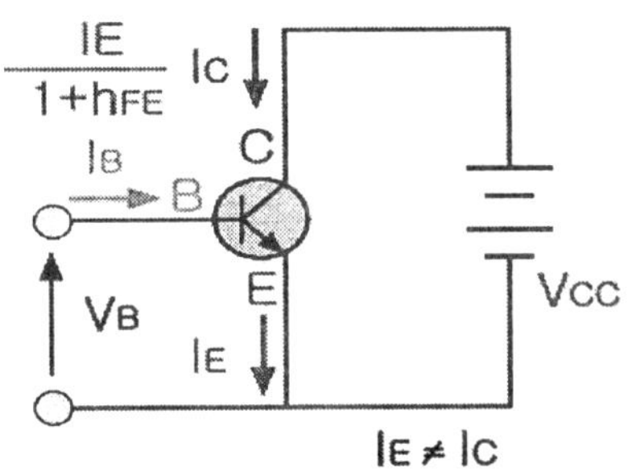

(c) NPN TR

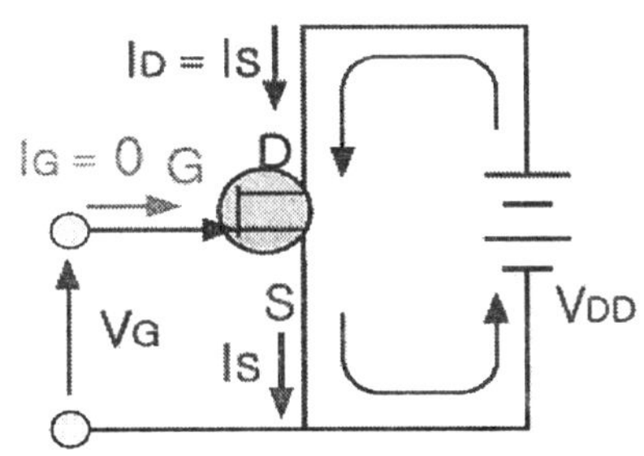

(d) N채널 FET

2개의 p-n 접합으로 이루어져 있으며, 전자와 정공이 전도과정에 관여한다는 점에서 쌍극성이라 하며, 입력전류에 따라서 출력전압이 쉽게 변화된다.

FET는 단 극성소자이라 하며, 전도과정이 주로 1가지의 전하 운반자에 의해서 이루어진다.

[그림 7-12] 트랜지스터와 전계효과 트랜지스터의 회로비교

4 특수 반도체(SCR, PUT, GTO)

(1) 실리콘 제어 정류기

1) 기호 : SCR, 명칭 : 애노드(A), 캐소드(K), 게이트(G)

실리콘 제어 정류기(Silicon Control Rectifier : 실리콘 컨트롤 렉터파이어)는 전류를 제어하는 기능을 가진 반도체소자이다. 실리콘 반도체로 만들어진 전력용 3단자 스위칭 소자로 제어전극에 의해 오프(off) 상태에서 온(on) 상태로 바꾸는 것이 가능하다. 실리콘 제어정류기 또는 SCR(Silicon Controlled Rectifier : 실리콘 컨트롤 렉터파이어)라고도 한다. 사이리스터라는 말은 처음에 미국의 제너럴 일렉트릭사의 상품명이었는데 후에 국제전기표준회의(IEC)에서 그 사용이 인정되었다.

〈표 7-17〉 실리콘 제어 정류기 실물 기능

명칭	실 물	기 호	기 능
SCR	  		① SCR에서 게이트를 통하여 트리거 펄스를 입력시키면 순간적으로 역방향 항복전압이 무너지면서 평범한 순방향 다이오드처럼 도통한다. 그러므로 SCR 게이트의 역할은 NP 역방향 항복전압을 제어하기 위한 것이다. ② SCR의 전류전압 특성은 순방향 바이어스에서 내부의 NP 역방향 항복전압을 일단 넘게 되면, 사이리스터는 단순한 PN 접합 다이오드와 같은 특성을 따르게 된다. 일반적으로 사이리스터는 무접점 on/off(온/오프)스위치로 동작하는 반도체 소자이다.

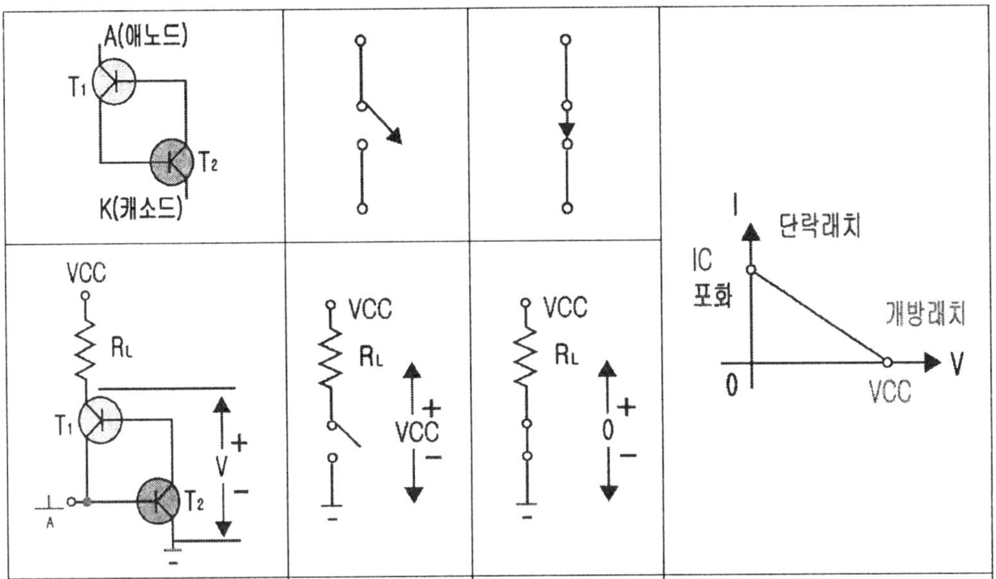

(a) 트랜지스터 래치 (b) 개방래치 (c) 단락래치 (d) 특성곡선

[그림 7-23] 실리콘 제어 정류기 각 래치 및 특성곡선

(2) 역극성 사이리스터(PUT : Programable Unijunction Transistor : 프로그래머블 유니정션 트랜지스터)

1) 기호 : PUT, 명칭 : 애노드(A), 캐소드(K), 게이트(G)

1967년에 미국의 GE사가 개발하여 발표한 PUT(Programable Unijunction Transistor : 프로그래머블 유니정션 트랜지스터) 소자로 조절하는 전압에 의해 전류 특성을 가지는데, 그 특성 중 외부 붙임 저항의 선정 방법에 따라 자유롭게 프로그램으로 나타낼 수 있는 장점 때문에 이름이 붙여졌다.

〈표 7-18〉 역극성 사이리스터 실물 및 기능

명칭	실 물	기호	기 능
PUT	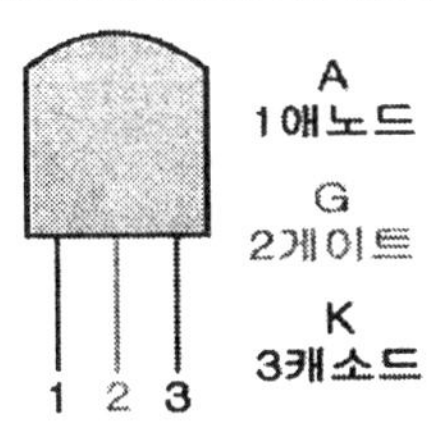	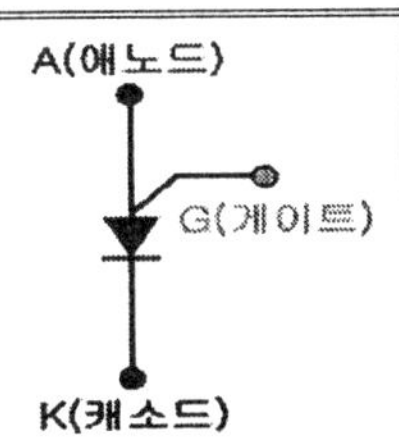	PUT(Programable Unijunction Transistor : 프로그래머블 유니정션 트랜지스터) 게이트 전압이 어떤 값으로 계속 유지되어 있는 경우 애노드 전압이 게이트 전압보다 높을 경우에만 턴 온 한다.

2) 기본회로와 출력파형

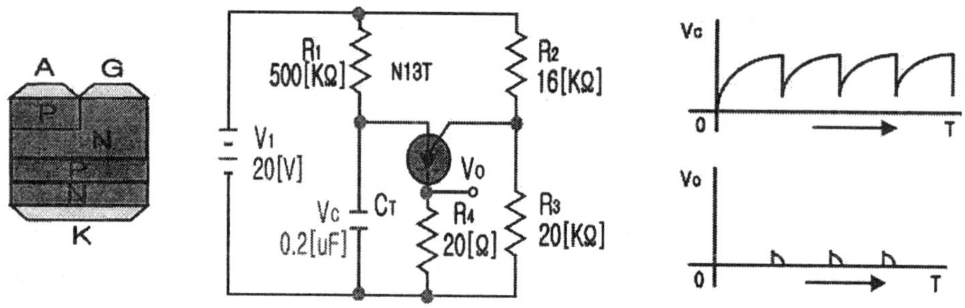

(a) 구조 (b) 기본회로 (c) 발진파형

[그림 7-14] 역극성 사이리스터의 기본회로 및 출력파형

3) 출력파형의 비교

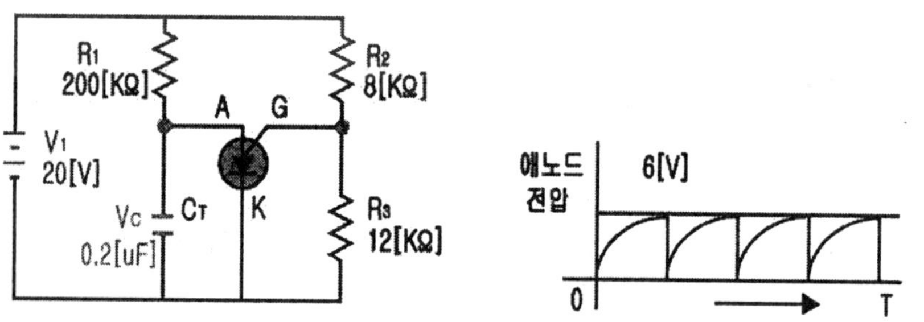

(a) PUT를 사용한 톱니파 발진기

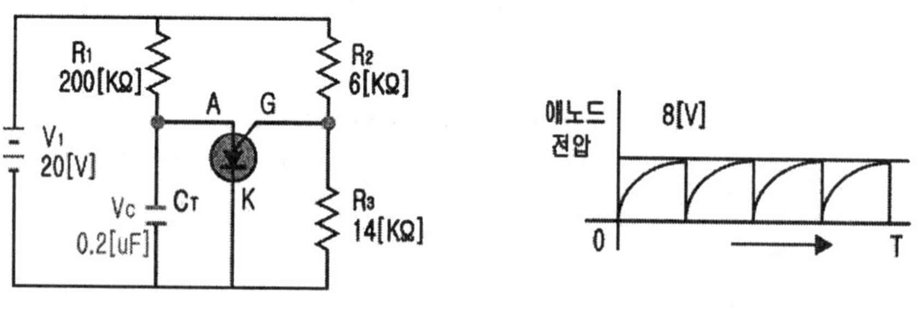

(b) PUT의 스탠드 오프비 변경

[그림 7-15] 역극성 사이리스터의 출력파형의 비교

(3) GTO 사이리스터

GTO(GTO : Gate Turn Off ; 게이트 턴 오프) 사이리스터는 사이리스터와 마찬가지로 pnpn접합이 4층이지만 역방향의 게이트 신호에 의해 on 상태로부터 off 상태로의 스위칭이 가능해 전류차단기능을 갖는 사이리스터이다.

〈표 7-19〉 GTO 사이리스터의 실물 기능

명칭	실 물	기 호	기 능
GTO	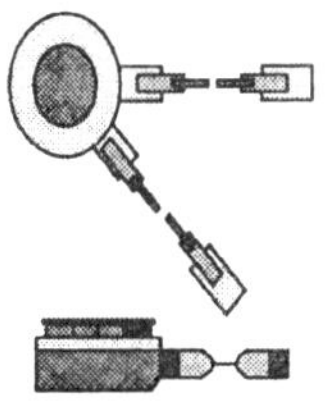	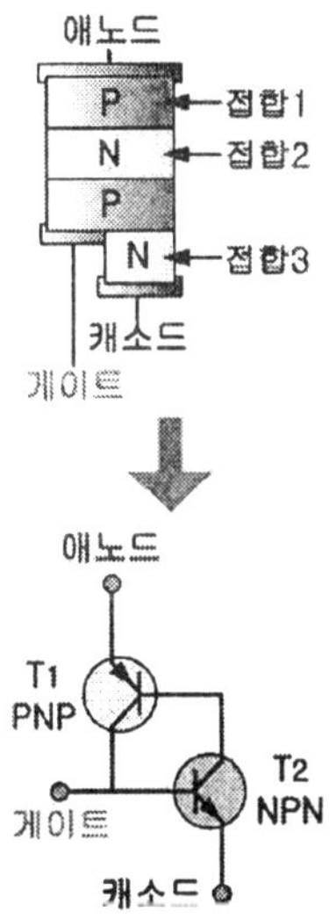	**GTO 사이리스터**(Gate-Turn-Off Thyristor; 게이트 턴 오프 사이리스터)(3단자 턴 오프 사이리스터) GTO 사이리스터의 각 단자의 명칭은 SCR 사이리스터와 같고, 전류는 항상 애노드에서 캐소드로 흐른다. 게이트에 양(+)전류를 흘리면 on되고, 음(-)전류를 흘리면 off되는 SCR이며, SCR 사이리스터와 달리 음의 게이트 전류 펄스에 의하여 턴 오프가 가능하며, 일단 off되면 게이트 전류 없이도 off 상태를 유지하는 트리거 오프(trigger off) 기능을 갖는다. GTO는 양(+)의 펄스에서 턴 온 되고 음(-)의 펄스에서는 턴 오프 된다.

(4) 그 외 반도체

1) IGBT

IGBT(Insulated Gate Bipolar Transistor : 인슐레이티드 게이트 바이폴라 트랜지스터)는 MOSFET, BJT, GTO 사이리스터의 장점을 결합한 일종의 하이브리드 소자로서 바이폴라 트랜지스터와 MOSFET를 복합한 형태이다.

〈표 7-20〉 IGBT의 실물 및 기능

명 칭	실 물	기 호	기 능
IGBT		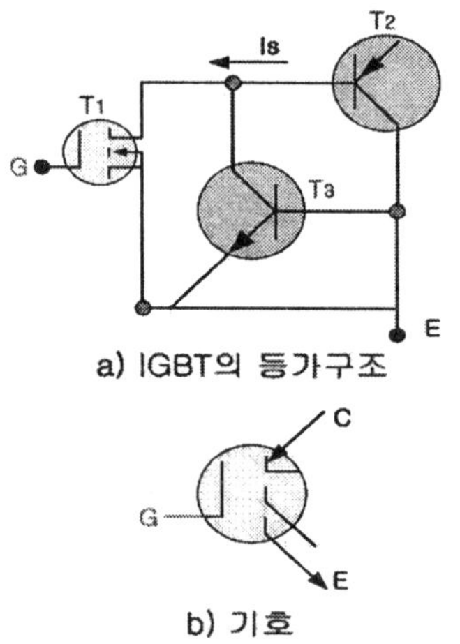 a) IGBT의 등가구조 b) 기호	MOS FET와 마찬가지로 입력부(gate)의 임피던스가 무한대에 가까우나 바이폴라 트랜지스터와 같이 도통 손실이 낮고, 출력 C-E 간은 트랜지스터의 특성을 갖는 전력용 반도체 소자

2) UJT

UJT(Uni-Junction Transistor ; 유니정션 트랜지스터)는 접합부가 하나인 트랜지스터를 말하며 일종의 브레이크 오버 소자이다.

- **용도** : 타이머, 발진기, 파형 발생기, 사이리스터의 게이트 제어회로 등에 널리 사용된다.

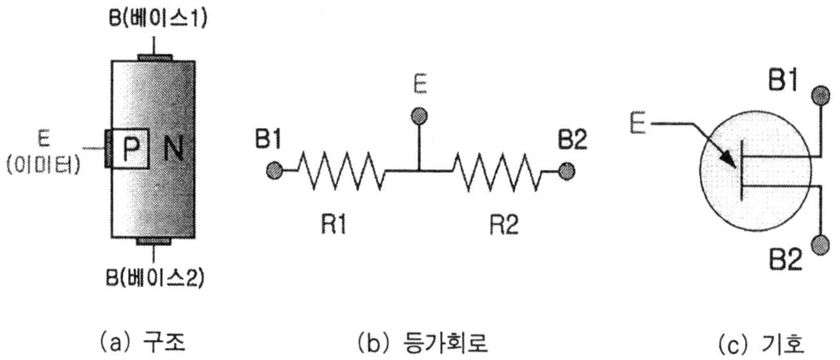

(a) 구조 (b) 등가회로 (c) 기호

[그림 7-16] 유니 정션 트랜지스터의 구조 및 기호

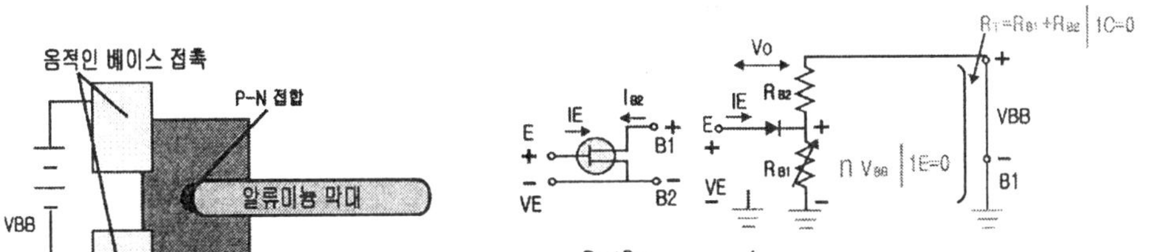

$$V_{RT} = \frac{R_{B1}+R_{B2}}{R_{B1}+R_{B2}} = \eta V_{BB} \Big|_{IE=0}$$

$$\eta = \frac{R_{BT}}{R_{B1}+R_{B2}}\Big|_{1E=0} = \frac{R_{B1}}{R}$$ (Intrinsic stand-off ratio)

$$V_P = \eta V_{BB} + V_D$$

[그림 7-17] 유니 정션 트랜지스터의 회로도

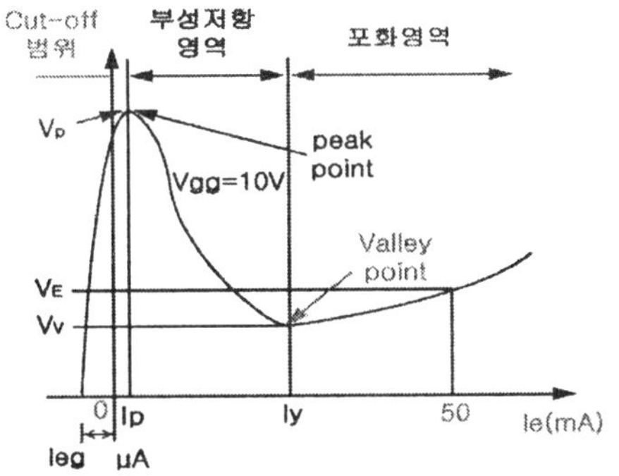

V_P(peak point : 픽 포인트) : E-B_1 다이오드를 on시킬 수 있는 전압 V_E가 V_P에 도달하게 되면 부성저항 범위로 들어가 도전율을 좋게 한다.

V_V(valley point : 밸리 포인트) : I_E전류를 포화(saturation : 세츄레이션)시킬 수 있는 전압 V_E가 부성저항 범위 안에서 V_V점에 도달하면 I_E가 포화(saturation)된다.

V_V 이하에서는 cut off 범위로 들어가지만 V_V보다 높은 전압에 대해서는 포화된다.

[그림 7-18] 유니 정션 트랜지스터의 곡선

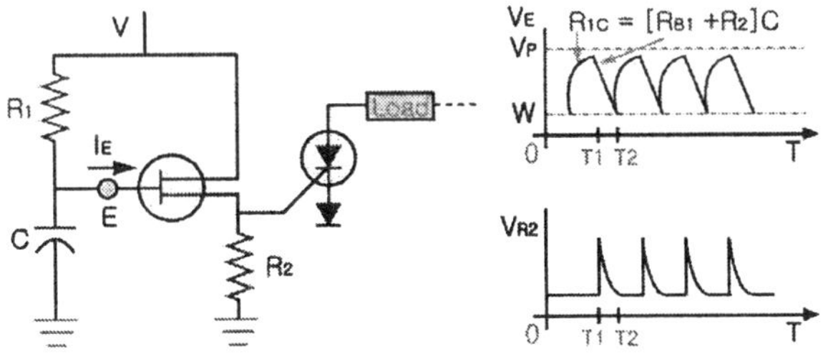

톱날파 발생기

톱날파 발생기 파형

E-B_2 간 다이오드가 차단되었을 때 콘덴서 C는 V에 의해 V_P까지 충전된다.

$V_C = V_P$가 되면 다이오드는 통전되고 R_1과 R_2를 통해 방전된다. $\{T = (R_1+R_2)C\}$

$V_C = V_V$에 이르면 다이오드는 다시 차단되어 충전된다. → 톱니파 발생

이때, R_2에서 출력을 측정하면 다이오드가 차단되었을 때 V에 의해 일정한 직류전류가 흐르지만 다이오드가 통전되었을 때는 방전주기 길이만큼의 펄스파가 생기게 된다. → SCR의 게이트에 인가하는 펄스 제어회로에 이용될 수 있다.

[그림 7-19] 유니 정션 트랜지스터의 파형

3) 다이액 – 극성 : 없음

Diode AC는 2방향으로 래치(latch) 전류를 갖는 소자로서, 병렬연결의 4층 다이오드 쌍으로 구성되어 있다.

이 다이액(diac) 소자는 2방향에서 항복전압 이상으로 소자 양단의 전압이 상승될 때까지 도통되지 않으며, 일단 다이액이 도통되면 저전류 중단으로서 이를 개방하는 것인데, 이는 소자의 유지전류(holding current ; 홀딩 커런트) 이하로 전류를 감소해야 함을 의미한다.

4) 트라이액 – 명칭 : T1, T2, 게이트(G)

트라이액(Triac)은 3단자 교류 스위치의 약어로 이를 개발한 GE사의 상품명에서 기인하여 지금까지 사용되고 있지만 쌍방향 3단자 제어 정류소자라고도 불린다.

〈표 7-21〉 트라이액실물 및 기능

명 칭	실 물	기 호	기 능
트라이액		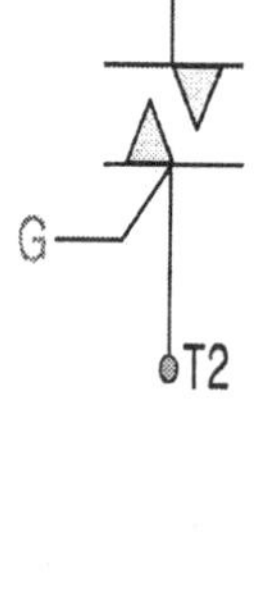	스위치용 반도체의 일종이며, 미국 제너럴 일렉트릭(GE)회사의 상품명이다. p-n-p-n-p의 5층의 반도체를 포개서 만든다. 양단(兩端)의 전극 외에 제3의 제어전극(게이트)을 가지고 있으며, 마치 3극관(트라이오드)처럼 전류를 제어할 수 있다. 단, 사인파 모양인 교류전류의 통과개시를 제어하는 것으로 평균전류를 제어할 수 있을 뿐이며, 순간적인 진폭(振幅)의 제어나 전류의 차단은 할 수 없다. 또 p-n-p-n 4층 사이리스터는 1방향 전류의 평균제어를 할 수 있었으나, 트라이액은 2방향 제어가 가능하다. 따라서 교류로 사용하는 가정용 기구, 선풍기 · 세탁기 · 조리용 믹서 등의 전동기의 회전수 제어, 냉장고 · 전기담요의 온도제어 등에 널리 쓰인다. 또, 사용하는 데 있어서는 특수한 2방향성 다이오드, 다이액(diac)과 함께 사용되는 수가 많다.

5) 포토트랜지스터

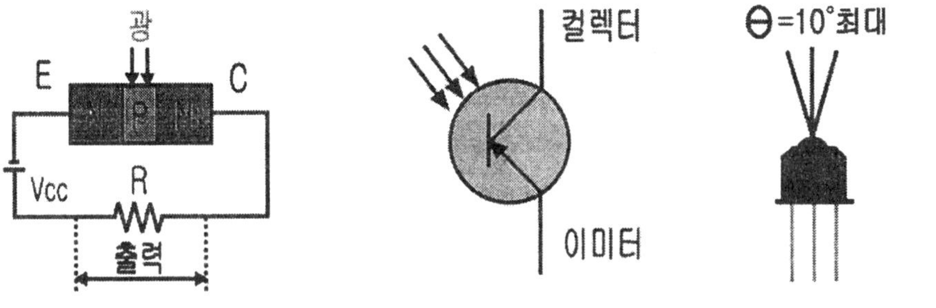

(a) 포토트랜지스터 원리　　(b) 기호　　(c) 포토트랜지스터 입사광의 각도

[그림 7-20] 포토 트랜지스터의 실물 및 원리

〈표 7-22〉 반도체 소자 사용시 주의사항

정전기	IC는 정전기에 매우 약하기 때문에, IC를 취급하기 전에는 인체의 정전기를 완전히 방전해야 한다. 특히 건조한 겨울철이나 정전기 발생이 많은 나일론 옷을 입은 경우에는 정전기가 발생하기 쉽기 때문에 주의가 필요하다.
납 땜	납땜 시 가장 주의해야 할 점은 온도와 누전이다. 디핑할 때는 매우 높은 온도이기 때문에 주의가 필요하다. 또한 땜납 할 때에는 AC전원이 누전되어 IC를 파괴할 수도 있기 때문에 누전에 주의하여야 한다.
방열판	반도체 소자와 방열판의 열전도를 좋게 하기 위해 실리콘 수지를 사용하는데 실리콘 수지는 전도율을 높이기 위해 가능한 한 얇게 바르기 때문에 방열기를 나사로 고정할 때 무리한 힘을 가하면 칩이 깨져버릴 수도 있으므로 주의해야 하며, 소자와 방열기 사이에 이물질이 들어가지 않도록 해야 한다.
온 도 환 경	일반적인 IC는 주위온도를 섭씨 85[°]까지 보증하고 있다. 대기의 기온이 85[°]까지 오르는 일은 없으나 IC가 밀폐한 케이스에 들어 있을 경우에는 방열에 의하여 주위온도가 85[°]를 넘을 수 있기 때문에 주의해야 한다. 특히 소비전력이 큰 소자인 경우에는 특별한 주의가 필요하다.
강전계 · 강자계	IC가 강한 자계에 노출될 경우 몰드 수지와 IC 칩 내부의 분극현상으로 누설전류의 증가현상이 발생하여, 텔레비전의 편향 코일 근방에 LSI를 설치한 경우 오동작을 일으키는 사례가 있다. 이러한 경우에는 설치장소의 변경이나 전계 및 자계의 실드가 필요하다.
외란 광	몰드 수지에 따라 적외선을 통과시키는 것이 있는데 이러한 경우 반도체 소자에 빛이 닿게 되면 광전효과에 의해 전압이 발생하여 오동작을 일으키는 경우가 있다.

최대정격 설계상의 주의사항	최대정격이란 한순간이라도 초과할 경우 소자가 열화하거나 파괴될 수 있으므로 한계 규격을 정해 놓은 것이다. 최대정격의 항목에는 단자전압, 전류, 허용 손실, 온도 등이 있으며, 특히 외부에서 서지 전압의 유입이 우려될 경우, 최대정격을 넘지 않도록 보호회로를 넣어 주어야 한다.
래치 업	CMOS 구조의 디바이스에는 래치 업이라고 하는 특유의 상태가 있으며, 이것은 CMOS IC 자신이 내장하는 기생의 PNPN 접합(사이리스터 구조)부가 도통하여 IC에 수백 mA 이상의 많은 전류가 흐르고 파괴에 도달하는 현상이다. 래치 업은 입력 및 출력 전압이 정격을 초과하여 내부소자에 큰 전류가 흐른 경우, 혹은 전원단자의 전압이 정격을 넘어가 내부소자가 항복상태가 되었을 때에 일어나며 이러한 상태는 순간적일지라도 한번 IC가 래치 업 상태가 되면 사이리스터 구조에 의하여 전원을 끌 때까지 계속 유지된다. 래치 업을 방지하기 위해서는 다음 사항을 고려해야 한다. 입출력 단자의 전압레벨을 Vcc보다 높게 하거나 Vss보다 낮게 하지 말며, 노이즈나 서지의 유입이 없도록 해야 하고, 미사용 입력단자의 전위를 Vcc 또는 Vss에 고정해야 하며, 출력에 과전류가 흐르지 않도록 고려해야 한다.
열설계	반도체 소자의 고장률은 사용온도에 많은 영향을 받으며 내부의 온도는 주위온도와 소자 자신의 전력소비에 의해 온도가 올라간다. 신뢰성 확보를 위해서는 다음 사항을 고려해야 하는데 소자의 주위온도(Ta)는 발열의 영향을 피하고 가능한 한 낮게 유지할 것. 소자의 소비전력이 큰 경우는 방열기나 강제 공냉을 사용할 것. 소비전력을 가급적 억제하여 사용할 것 등이다.
반도체 소자의 수 명	온도는 수명을 짧게 하는 최대의 요인이다. 가급적 소비전력을 낮게 사용하는 것이 신뢰성을 올리는 방법이며 on/off의 반복 등에 의한 반복적인 온도변화는 열팽창 계수의 차이에 의하여 접합 부분이 파손될 수 있다. 알루미늄 부식 몰드 수지는 수분을 어느 정도 통과시킨다. 또한 수지와 리드의 경계는 벗겨져 떨어지기 쉬워서 그 사이로 수분이 침입할 수 있다. 수분과 함께 염소 이온(ion) 등이 유입되면 알루미늄 배선을 부식시켜서 단선에 이르게 한다. 땜납의 플럭스에는 염소 이온이 들어 있기 때문에 납땜 후 세정을 잘하지 않으면 알루미늄 부식을 일으킬 수 있다.
표 면 오 염	수분과 함께 나트륨 이온(ion) 등이 칩에 유입되면 오염에 의한 고장이 발생한다. 나트륨 이온은 실리콘 산화막 중에서 자유롭게 이동하여 전위가 낮은 곳에 모이게 되며 이러한 이온은 칩 표면에 리크 전류를 발생시켜서 고장에 이르게 한다.
리드 핀의 이상	전원의 on/off 등에 의한 온도 사이클이 있을 경우 열팽창 계수의 차이에 의한 응력이 발생하게 되는데, 기판과 소자의 팽창 계수의 차에 의한 응력은 리드와 땜납에 의해 대부분 흡수되나 응력이 반복되면 리드 핀이나 납땜 부분에 이상이 발생할 수 있다.

5 논 리 회 로

(1) 집적회로의 정의와 그 분류

1957년 미국의 RCA사에서 마이크로모듈이 개발되어 발표됨으로써 전자부품의 소형화가 시작되었다.

집적회로는 인터그레이션 서킷(intergration circuit)의 약자를 사용하여 IC라고 하는데, 한 개의 실리콘 칩 내부에 여러 개의 트랜지스터, 다이오드 등의 능동소자와 저항, 인덕터, 콘덴서와 같은 수동소자를 만들어서 동시에 상호 접속하여 일정한 기능을 갖는 회로로 구성된 것을 말한다.

1) 집적회로의 분류

〈표 7-23〉 집적회로의 분류

분류	IC의 종류	특 징
규모면	SSI (Small Scale Intergration : 스몰 스케일 인터그레이션)	하나의 칩에 100 미만의 소자로 구성한다.
	MSI (Midium Scale Intergration : 미디엄 스케일 인터그레이션)	하나의 칩에 100~1000 정도의 소자로 구성한다.
	LSI (Large Scale Intergration : 라지 스케일 인터그레이션)	하나의 칩에 1000~수 1000 정도의 소자로 구성한다.
	VLSI (Very Large Scale Intergration : 베리 라지 스케일 인터그레이션)	칩의 내부에 10000~수 10000 정도의 소자로 구성한다.
	SVLSI (Super Very Large Scale Intergration : 슈퍼 베리 라지 스케일 인터그레이션)	칩 내부에 수십 만 개의 소자로 구성한다.
기능면	디지털 IC	논리회로(Logic Circuit : 로직 서킷)를 집적한 것이다.
	아날로그 IC	증폭회로 등을 집적한 것이다.

분류	IC의 종류	특 징
구성면	바이폴러(bipolar) IC	일반 실리콘 트랜지스터의 구조를 이용하여 실리콘 기판에 회로를 구성(DTL, TTL, CTL)한다.
	MOS (Metal Oxide Semiconductor : 메탈 옥시드 세미컨덕터) IC	MOS-FET를 이용한 것으로 유니폴러(unipolar) IC라고도 한다.
제조법	반도체 IC	실리콘 칩으로 된 기판에 회로소자를 상호 접속시킨 것이다.
	막(膜) IC	기판에 구성된 회로소자의 상호 접속이 막으로 구성된다.

2) 집적회로의 장·단점

〈표 7-24〉 집적회로의 장·단점

장 점	단 점
경제성이 우수하다.	전압이나 전류에 약하다.
시스템의 소형화 및 경량화가 가능하다.	마찰에 의한 정전기의 영향을 고려해야 하는 등 취급에 주의해야 한다.
신뢰성이 우수하다.	발진이나 잡음이 나기 쉽다.
	열에 약하다(납땜할 때 주의).

(2) 논리회로

1) 불대수와 불함수

① **불대수**(boolean algebra : 불린 앨저브러)

㉮ 1848년 영국 수학자 불(Bool)에 의해 제안되었다.

㉯ 어떤 명제가 참(true : 트루)인지, 거짓(false : 폴스)인지를 논하는 것이다.

(예) 인간의 지식이나 사고과정을 수학적으로 해석한 것이다.

㉰ 논리값이 참일 때는 '1', 거짓일 때는 '0'으로 표현한다.

(예) 수치값이 아니라 논리의 참(1), 거짓(0), 스위치의 on(1), off(0), 신호의 유(1), 무(0) 상태를 의미한다.

㉵ 스위칭 대수 또는 논리대수라고 한다.

㉣ 불대수 기본원리는 논리회로 또는 2진 디지털 회로의 설계에 이용된다.

㉤ **기본연산** : 논리곱(AND : 앤드), 논리합(OR : 오어), 논리부정(NOT : 낫), 배타적 논리합(EX-OR : 익스클루시브 오어)

〈표 7-25〉 ON과 OFF의 정리

구 분	의 미		구분	의 미	
	1	0		1	0
스위치			전기 램프		
	닫힘	열림		켜짐	꺼짐
펄스 신호	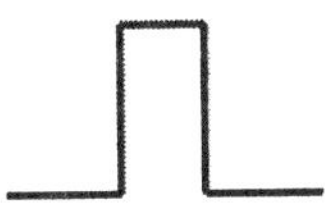		천공 카드	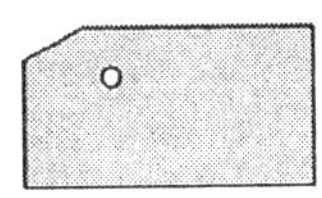	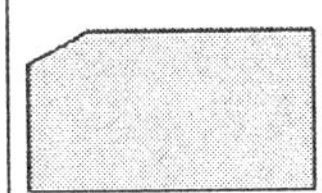
	펄스 있음	펄스 없음		구멍 있음	구멍 없음

2) 불함수(boolean function : 불런 펑션)

① 뜻 : 불대수에 의하여 표현된 식이다.

㉵ 논리함수 또는 논리식이라 한다.

② 불변수와 기본연산인 논리곱, 논리합, 논리부정으로 표현한 식이다.

③ 컴퓨터 회로 설계 및 회로의 해석을 쉽게 하기 위하여 사용된다.

3) 논리 게이트(logic gate : 로직 게이트)

① 논리 게이트란 0 또는 1로 구성된 2진 정보를 취급하는 논리회로이다.

② **구성** : 2개 이상의 입력단자와 하나의 출력단자이다.

③ **종류** : AND(앤드), OR(오어), NOT(낫), EX-OR(익스클루시브 오어)

(3) AND 게이트

두 개 이상 조건이 모두 참인 경우에만 참이고, 그 밖에는 모두 거짓인 경우이다.

1) 기호 및 파형 신호

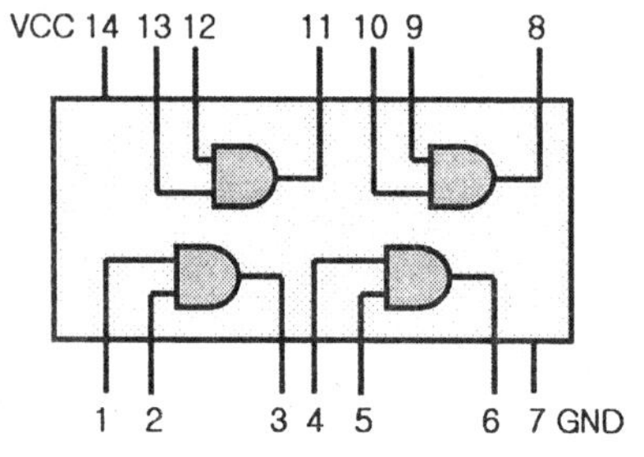

① 2-input(인풋) : 74LS08, 74LS09
② 3-input(인풋) : 74LS11, 74LS15
③ 4-input(인풋) : 74LS21

(a) 74LS08 (b) TTL IC 번호

[그림 7-21] AND 회로의 IC 핀 구조

(4) OR 게이트

어느 하나만 1이면 결과가 1이고, 모두 0이면 결과가 0이 되는 것이다.

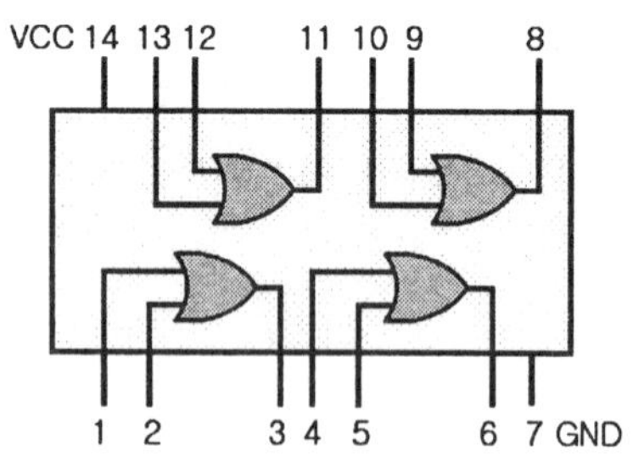

① 2-input(인풋) : 74LS32

(a) 74LS32 (b) TTL IC 번호

[그림 7-22] OR 회로의 IC 핀 구조

(5) NOT 게이트

단자에 0이 입력되면 결과는 1이 출력되고 1이 입력되면 0이 출력이다.

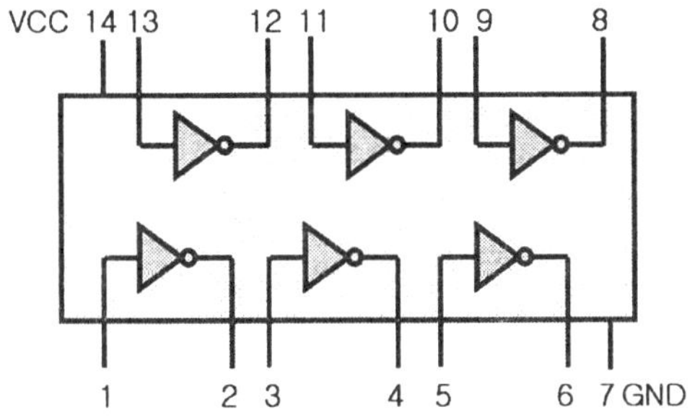

(a) 74LS04

① 2-input(인풋) :
74LS04, 74LS05, 74LS06

(b) TTL IC 번호

[그림 7-23] NOT 회로의 IC 핀 구조

(6) EX-OR 게이트

입력단자에서 같은 입력이 주어지면 0이 출력되고, 서로 다른 내용이 입력되면 1이 출력된다.

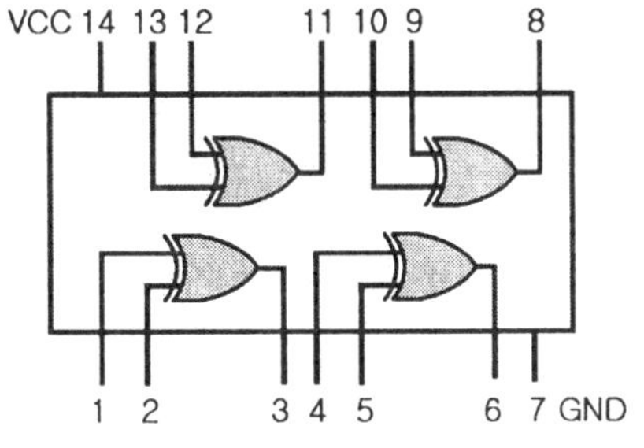

(a) 74LS86

① 2-input(인풋) : 74LS86

(b) TTL IC 번호

[그림 7-24] EX-OR 회로의 IC 핀 구조

(7) NAND 게이트

AND(앤드)+NOT(낫) 게이트로 나타내며, AND 회로의 출력을 NOT 게이트를 통하여 반전시키는 게이트이다.

1) 등가회로 및 진리표

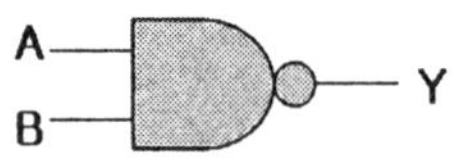

(a) 기호

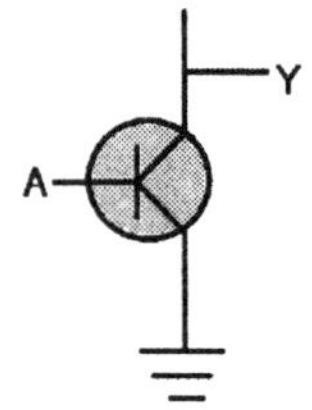

(b) TR로 표현

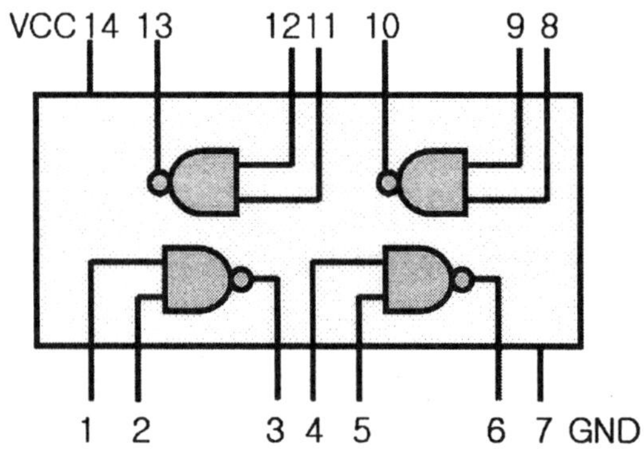

(c) 74LS00

입력		출력
A	B	Y
0	0	1
0	1	1
1	0	1
1	1	0

(d) 진리표

[그림 7-25] NAND 회로의 기호 및 진리표

2) TTL IC 번호

74LS00, 74LS01, 74LS03, 74LS10, 74LS12, 74LS20, 74LS22, 74LS30, 74LS40

(8) NOR 게이트

OR(오어)+NOT(낫) 게이트로 나타내며, OR(오어) 회로의 출력을 NOT(낫) 게이트를 통하여 반전시키는 게이트이다.

1) 기호 및 진리표

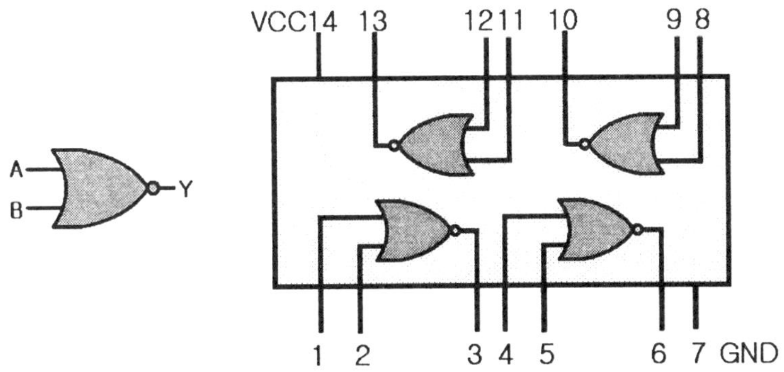

입력		출력
A	B	Y
0	0	1
0	1	0
1	0	0
1	1	0

(a) 기호　　(b) 74LS02　　(c) 진리표

[그림 7-26] NOR 회로의 기호 및 진리표

2) TTL IC 번호

74LS02, 74LS25, 74LS27, 74LS28, 74LS33

(9) 버퍼(buffer) 게이트

NOT(낫)+NOT(낫) 게이트로 나타내며, NOT 회로의 출력을 NOT 게이트를 통하여 반전시키는 게이트이다.

1) 기호 및 진리표

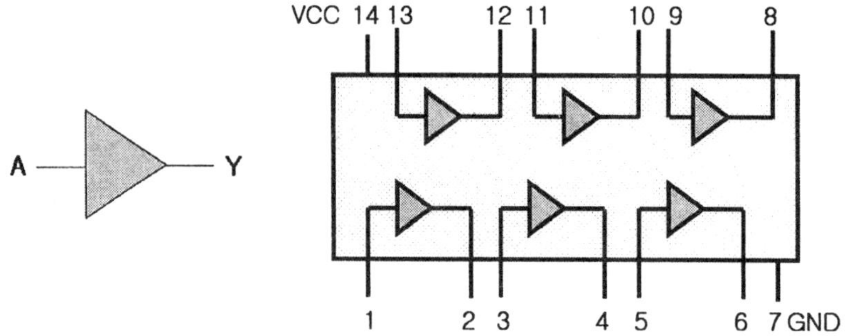

(a) 기호 (b) 74LS07 (c) 진리표

입력	출력
A	Y
0	0
1	1

[그림 7-27] 버퍼 게이트의 기호 및 진리표

2) TTL IC 번호

74LS07, 74LS34, 74LS35, 74LS175

(10) EX-NOR(익스클루시브-노어) 게이트

EX-OR(익스클루시브-오어)+NOT(낫) 게이트로 나타내며, EX-OR 회로의 출력을 NOT 게이트를 통하여 반전시키는 게이트이다.

1) 기호 및 진리표

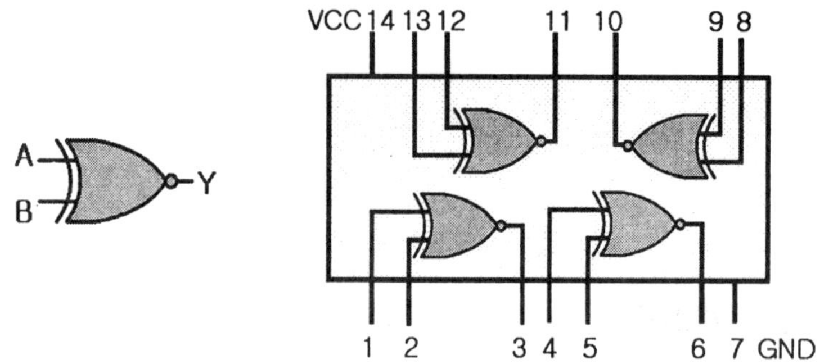

(a) 기호 (b) 74LS266 (c) 진리표

입력		출력
A	B	Y
0	0	1
0	1	0
1	0	0
1	1	1

[그림 7-28] EX-NOR 회로의 기호 및 진리표

2) TTL IC 번호

74LS266, 74LS7266

6 각종 법칙, 정리 효과

전기전자에 쓰이는 기본적인 법칙을 정리해 봄으로써 회로해석에 도움을 줄 수 있다.

(1) 옴의 법칙

도체는 전기가 잘 통하는 물질이기는 하나, 그 종류에 따라 또는 굵기나 길이에 따라 전류를 통하는 정도가 다르다. 수돗물의 경우를 생각해 보면 수압이 같은 경우, 물의 양은 파이프가 굵을수록 많아지고 가늘수록 적어진다. 파이프의 굵기가 같더라도 그 내면의 거칠기에 따라 흐르는 물의 양은 달라진다. 이와 같이 도체에 전류가 흐를 경우에도 전류의 흐름을 방해하는 작용이 존재하며 도체의 종류나 굵기, 길이 등에 따라 달라지는데 대체로 **길이에 비례하고 단면적에는 반비례**한다. 이러한 전류의 흐름을 방해하는 작용을 전기저항 또는 단순히 저항(resistance : 리지스턴스)이라 하고 단위로는 옴(ohm:[Ω])을 사용한다. 또한 전류가 잘 흐르는 정도를 나타내는 상수로는 컨덕턴스(conductance, G)를 사용하며, 단위로는 지멘스(S), 또는 [℧](mho : 모)를 사용한다(식 7-1).

$$R=\rho\frac{l}{S}[\Omega] \qquad G\frac{1}{R}[℧] \qquad \sigma=\frac{1}{\rho}[℧] \qquad (7\text{-}1)$$

저항　　　컨덕턴스　　　도전율

전기회로에는 옴의 법칙이 적용될 수 있다. 즉, 회로에 흐르는 전류는 가해준 전압에 비례하고 회로의 저항에 반비례함을 말하는 것으로, 같은 전압을 가해준 상태에서도 부하의 저항값에 의해 회로에 흐르는 전류가 다르게 나타난다. 식 (7-2)로 표현하면 다음과 같다.

$$I=\frac{V}{R}[\mathrm{A}] \qquad R=\frac{V}{I}[\Omega] \qquad E=IR[\mathrm{V}] \qquad (7\text{-}2)$$

전류 I[A]　　　저항 R[Ω]　　　전압 V[V]

① 옴의 법칙을 외우는 방법

다음 [그림 7-29]에서 원하는 부분을 가리면 식이 나온다.

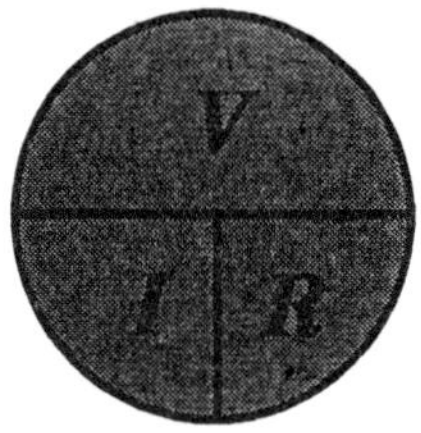

[그림 7-30] 옴의 법칙 표현방법

② 단위 : 옴[Ω]

MKS 단위계의 전기저항의 단위로 국제단위계(SI)의 유도단위 기호 1[A]의 전류가 흐르는 도체 2점 사이의 전압이 1[V]일 때 그 2점 사이의 전기저항을 1[Ω]으로 정의한다.

즉, 1[Ω]=1[V/A]=1[$m^2Kgs^{-3}A^{-2}$]이다. 단위의 명칭은 독일의 물리학자 G.S. 옴의 이름에서 유래하였다. 지름 1[mm]의 구리선은 온도가 20[°C]일 때 약 46[m]의 길이에서 1[Ω]의 전기저항을 가진다.

(2) 키르히호프의 법칙

키르히호프의 법칙은 전류에 관한 제1법칙과 전압에 관한 제2법칙이 있다.

1) 제1법칙(전류법칙 : KCL)

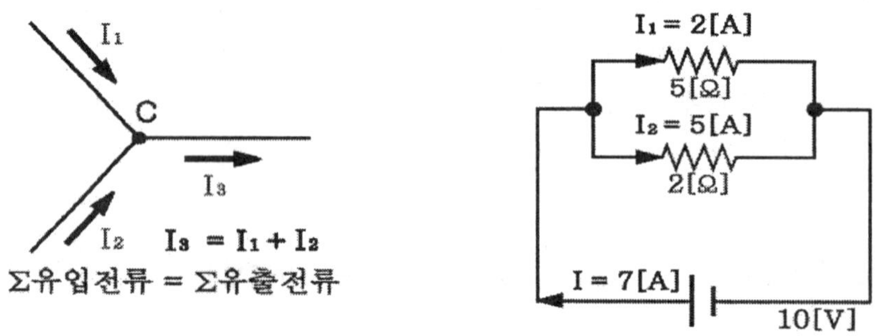

[그림 7-31] 키르히호프의 제1법칙

회로에 가해진 전원전압으로 인해 각 저항에는 전류가 흐르게 되는데 전류는 각 저항에 반비례하여 흐를 것이다. 이와 같이 전원전압이 가해져 전체 회로에 흐르는 전류는 각 저항에 흐르는 전류를 합한 것과 같게 된다. 7[A]가 회로에 흘러들어가 2[Ω]의 저항에 5[A]가 흐르고, 5[Ω]의 저항에 2[A]가 흐르게 되어 전류의 합은 7[A]가 되는 것이다.

2) **제2법칙**(전압법칙 : KVL)

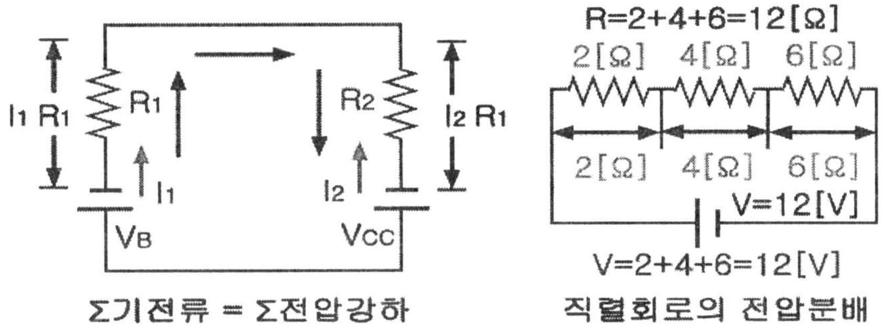

[그림 7-32] 키르히호프의 제2법칙

회로에서 가해진 전원전압은 저항 3개로 나누어져 소비되게 된다. 즉, 부하는 3개의 저항이 되고 각 저항마다 전압강하가 생기게 되는데, 각 저항의 전압강하를 모두 합하게 되면 가해진 전원전압(12[V]=2+4+6)과 같게 된다.

(3) 테브낭의 정리

1) 정 의

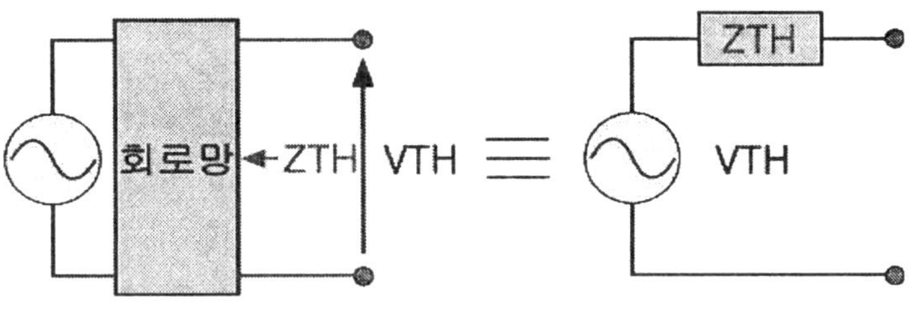

[그림 7-33] 테브낭 정리의 등가회로

임의의 회로에서 부하저항을 제외한 나머지 회로부분을 부하저항에 대한 등가회로로 바꿀 수 있으며, 이 등가회로는 등가 전압원(Vth)과 등가 임피던스(Zth)를 직렬로 연결시킨 형태와 같다.

2) 테브낭 등가회로의 소자값을 구하는 방법

등가 전압원 (Vth)	부하저항을 개방(open : 오픈)시켰을 때, 개방단자에 나타난 전압의 크기
등가 임피던스 (Zth)	부하저항을 개방(open)시키고, 회로의 모든 전원을 무시[전압원은 단락(short : 쇼트), 전류원은 개방(open)]하였을 때, 개방단자에 나타난 합성 임피던스의 크기

(4) 노튼의 정리

1) 정 의

임의의 회로에서 부하저항을 제외한 나머지 회로부분을 부하저항에 대한 등가회로로 바꿀 수 있으며, 이 등가회로는 등가 전류원(Is)과 개방단 컨덕턴스(Go)를 병렬로 연결시킨 형태와 같다.

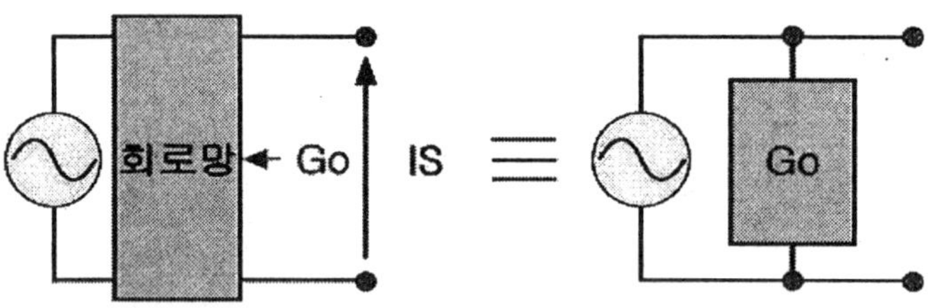

[그림 7-34] 노튼 정리의 등가회로

2) 노튼 등가회로의 소자값을 구하는 방법

등가 전류원 (Is)	부하저항을 단락(short : 쇼트)시켰을 때, 단락 도선에 흐르는 전류의 크기이다.
개방단 컨덕턴스 (Go)	부하저항을 개방(open : 오픈)시키고, 회로의 모든 전원을 무시[전압원은 단락(short), 전류원은 개방(open)]하였을 때, 개방단자에 나타난 합성 컨덕턴스의 크기(테브낭 개방단 저항 Ro의 역수: Go=1/Ro)

(5) 줄의 법칙

저항이 큰 도선에 전류가 흐르게 되면 열이 발생한다. 이러한 열의 발생은 도선 내의 자유전자가 활발하게 운동하여 원자와 많은 충돌을 일으키게 되고 충돌에 의해 원자가 가지고 있던 운동 에너지가 열에너지로 전환이 되기 때문이다. 이때 저항에 의해 발생한 열량을 줄열이라고 한다.

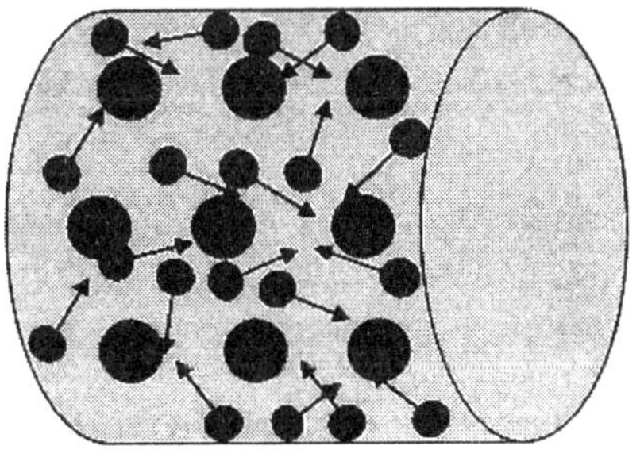

[그림 7-35] 줄의 법칙 그림 설명

전압 V인 전지에 저항 R인 도선을 연결하여 전류 I를 흐르게 하면, 저항 양끝의 전위차는 $V=IR$이다. 또, 시간 t 동안에 이동한 전하량 q는 $q=It$ 이다(식 7-3).

$$Q=\frac{1}{J}VIt=\frac{1}{J}I^2Rt=\frac{1}{J}\frac{V^2}{R} \tag{7-3}$$

전위차 V인 두 점 사이에 전하 q가 이동할 때 한 일 W은 $W=qV$이므로, 저항에 흐르는 전류가 하는 일 W는 $W=VIt$이다.

이 전기 에너지가 모두 열에너지로 바뀌었다면, 물이 얻은 열량 Q는 다음과 같다. 여기서 J는 열의 일당량이며 이것을 전류의 열에 관한 줄의 법칙이라고 한다.

(6) 펠티에 효과와 제에벡 효과

양끝이 접합되어 있는 두 개의 서로 다른 종류의 금속선이 있다([그림 7-36]). 처음에는 아무런 일도 일어나지 않는다. 그러나 한쪽 접점에 열을 가하면 신기하게도 닫힌 회로 내에서 소량의 전류가 흐르게 된다. 이 현상을 제에벡 효과(Seebeck effect : 제에벡 이펙트)라 한다.

제에벡 효과란 서로 다른 종류의 금속으로 이루어진 폐회로에서 양 접점의 온도가 다르면 전류가 흐르는 현상이다. 반대의 현상도 일어날 수 있다. 즉 두 개의 서로 다른 금속으로 이루어진 폐회로에 전류를 흘리면 양 접점의 온도가 달라지는 현상을 말하며 이것을 펠티에 효과(Peltier effect : 펠티에 이펙트)라 한다. 제에벡 효과와 펠티에 효과를 통칭하여 열전 효과(thermoelectric effect : 서모일레트릭 이펙트)라 한다.

제에벡 효과는 온도를 측정하는 열전대(thermocouple : 서모커플)에 응용된다. 만일 오른쪽 그림처럼 온도차가 있을 때 회로를 단절시키면 전류는 흐르지 않게 되지만 전위차가 생기게 된다. 전위차, 즉 전압은 볼트미터(voltmeter)로 측정할 수 있으며, 이렇게 생성된 전압은 온도차에 비례하므로 한 접점의 온도를 알고 있다면 다른 쪽 접점의 온도는 전압을 측정함으로써 알 수 있다. 이와 같은 방식으로 온도를 측정할 수 있게 만든 전선을 열전대라고 한다.

제에벡 효과	펠티에 효과
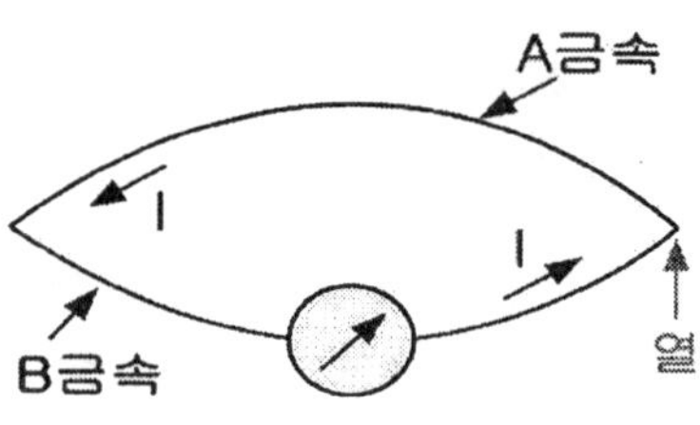	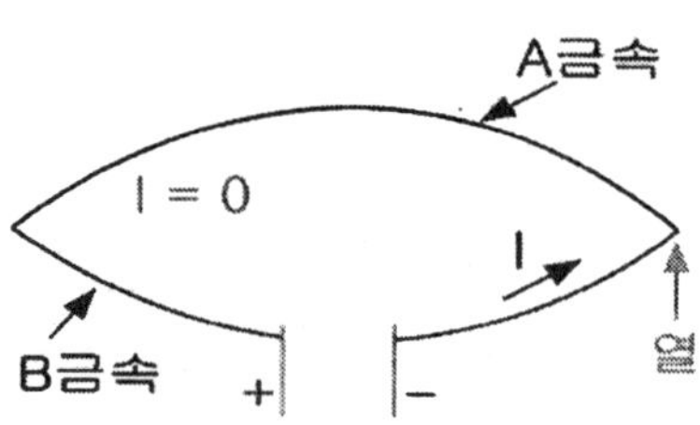
두 개의 서로 다른 금속선에 한쪽에 열을 가하면 닫힌 회로 내에서 소량의 전류가 흐르게 된다.	두 개의 서로 다른 금속으로 이루어진 폐회로에 전류를 흘리면 양 접점의 온도가 달라진다.

[그림 7-36] 제에벡 효과와 펠티에 효과의 비교

제에벡 효과

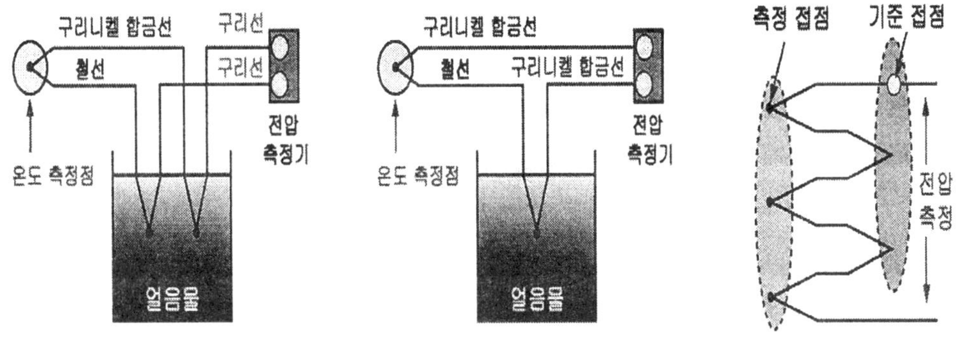

(a) 구리선을 사용한 연결 (b) 구리니켈 합금선을 사용한 연결 (c) 열전기선을 사용한 연결

[그림 7-37] 제에벡 효과와 금속재료

열전대를 사용하여 온도를 측정할 때 일반적인 연결회로를 [그림 7-37]에 나타내었다. 그림 (a)는 보조전선인 구리선을 사용하여 연결한 경우를 보여주고 있는데 열전대의 값은 일반 전선에 비해 매우 비싸므로 온도 측정 점과 전압측정기 사이가 멀리 떨어진 경우 사용하면 좋다. 그러나 멀지 않다면 (b)와 같은 연결회로를 사용해도 좋다. (c)는 보다 정확하게 온도를 측정하기 위한 것으로서 측정 접점과 기준 접점이 3개씩 있으므로 볼트미터에는 3개 쌍의 평균 전압이 나타나게 되며, 기준 접점의 온도로는 0[°C]를 대체적으로 사용한다. 얼음에 물을 부어놓으면 얼음이 녹게 되며 얼음이 다 녹을 때까지는 0[°C]로 일정하므로 손쉽게 일정 온도를 만들고 유지시킬 수 있다.

열전대로는 **구리-구리니켈합금**(copper-constantan) : 코퍼-콘스탄탄(Ttype), **철-구리니켈합금**(iron-constantan) : **아이론-콘스탄탄**(Jtype) 및 **크롬-산화알루미늄**(chromel-alumel) : 크로멜-알루멜(K type) 등이 있다.

제에벡 효과는 전류를 만드는, 즉 전력을 생산하는 장치로 이용할 수도 있는데, 이것을 열전발전(thermoelectricgenerator : 서모일렉트릭 제너레이터)이라 한다.

펠티에 효과는 전류를 일부러 흘려주어 온도차를 만들게 되므로 상대적으로 찬 부분을 이용한다면 냉동기로 사용될 수 있는데 이것을 열전냉동기(thermoelectric refrigerator : 서모일렉트릭 리프리저레이터)라 한다.

(7) 플레밍의 법칙

(a) 플레밍의 왼손의 법칙 (전동기의 원리)	(b) 플레밍의 오른손의 법칙 (발전기의 원리)
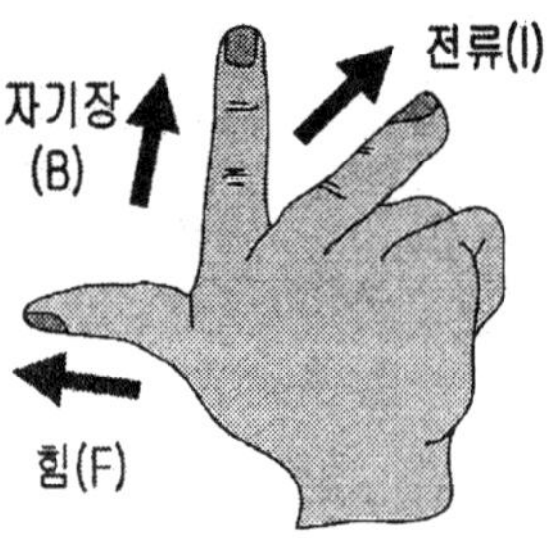	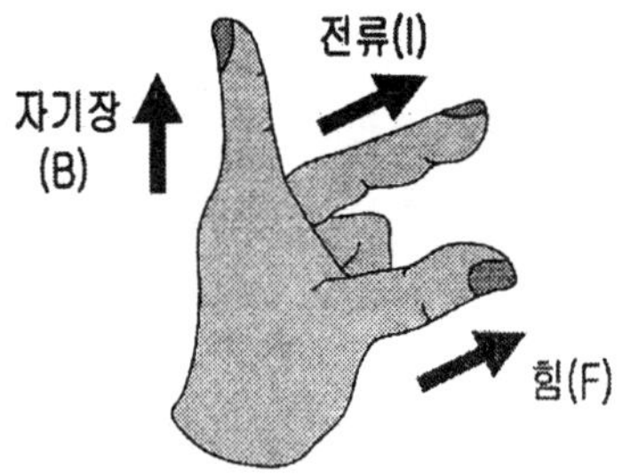
자기장 내에 있는 도체에 전류를 흘리면 도체에 전자력(electromagnetic force : 일렉트로마그네틱 포스)이 작용한다. 이때 전자력(힘) F, 자속(자기장) B, 전류I의 방향은 그림과 같이 각각 왼손의 엄지, 검지, 중지 방향을 따르게 된다.	자기장 내에서 도체를 이동시키면 도체에 기전력(electromotive force : 일렉트로모티브 포스 : emf)이 발생하여 외부에 전류를 공급한다. 이때 도체의 방향(힘) F, 자속(자기장) B, 전류 I의 방향은 그림과 같이 각각 오른손의 엄지, 검지, 중지 방향을 따른다.

[그림 7-38] 플레밍의 왼손법칙과 플레밍의 오른손법칙 비교

(8) 패러데이 법칙과 렌츠 법칙

〈표 7-26〉 전자법칙 비교표

코일을 관통하는 자속을 변화시킬 때 기전력이 발생하는 현상	전자유도
이때 발생된 기전력	유도 기전력
유도 기전력 크기 V = 총 쇄교 자속의 시간변화량 = 코일의 권수 × 매초 변화하는 자속 $= \frac{N\Delta\Phi}{\Delta t}[V]$	패러데이 법칙
유도 기전력 방향은 원인이 되는 자속의 변화를 방해하려는 방향으로 발생. 즉, 코일을 지나는 자속이 증가될 때는 자속을 감소시키는 방향으로, 또 감소될 때는 자속을 증가시키는 방향으로 유도 기전력이 발생.	렌츠의 법칙

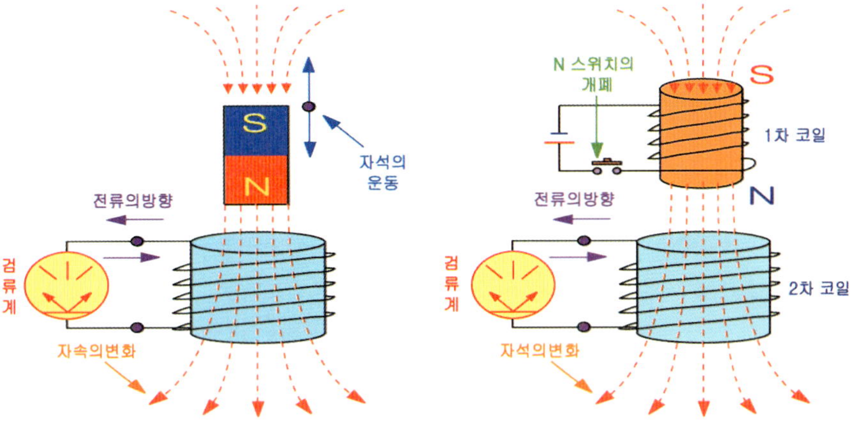

(a) 자석과 코일　　(b) 2개의 코일

[그림 7-39] 전자기 유도 실험

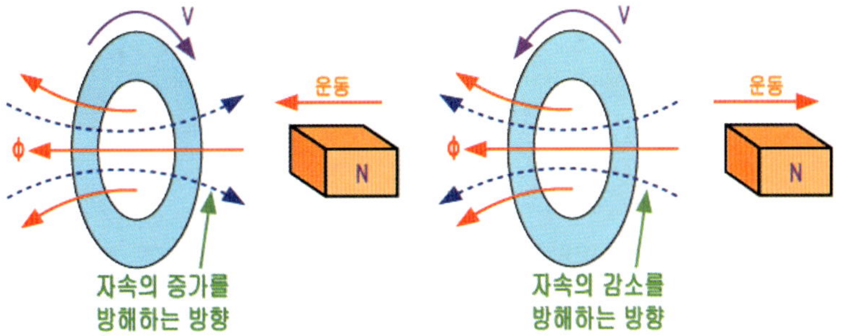

(a) 자속을 증가시킬 때　　(b) 자속을 감소시킬 때

[그림 7-40] 유도 전기력의 방향

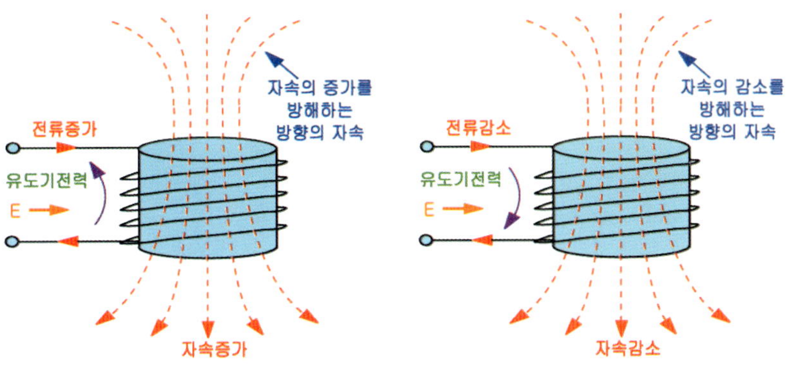

유도 기전력 E는 전류의 변화를 방해하는 방향으로 발생한다.

[그림 7-41] 자체 유도와 유도 기전력의 방향

7 계측기 사용법

멀티테스터를 VOM(Volt-Ohm-Meter) 또는 회로 시험기라 부르기도 하는데 전자회로의 점검, 전압 측정, 저항 측정, LC값 측정, 반도체 극성구분, 이득 측정, 고장수리 등에 사용된다.

〈표 7-27〉 아날로그와 디지털 계측기 비교

1. 아날로그 멀티 테스터기	2. 디지털 멀티 테스터기
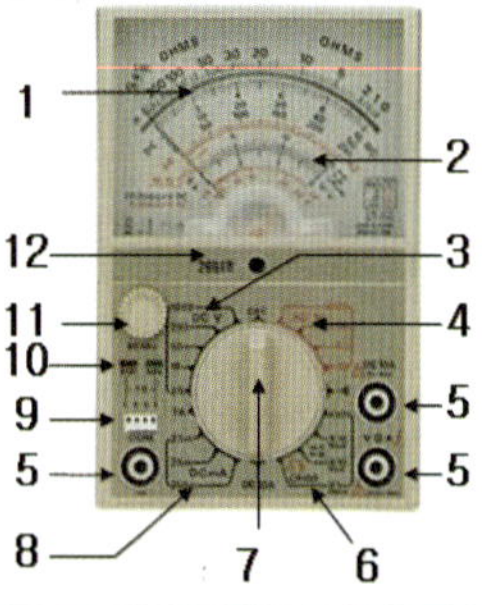	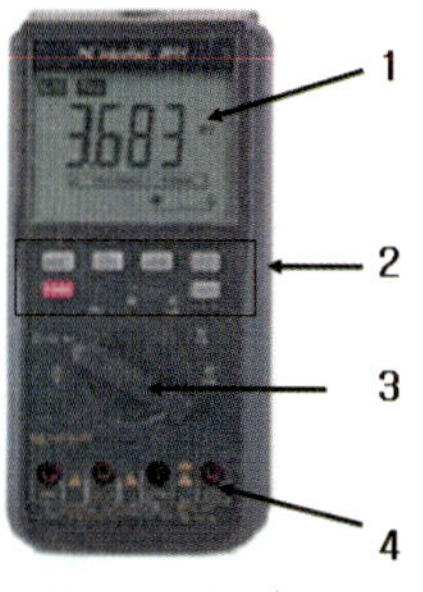
1. 저항값을 읽는 눈금 2. 전압 및 전류 값을 읽는 눈금 3. DC V : 직류전압을 측정하는 곳, 측정범위는(2.5, 10, 50, 250, 1000[V])이다. 4. AC V : 교류전압을 측정하는 곳, 측정범위는(10, 50, 250, 1000[V])이다. 5. 입력 소켓 : 플러스가 적색, 마이너스가 흑색 6. Ω : 저항을 측정하는 곳 7. 레인지 선택 스위치 : 스위치 방식으로 측정할 값을 돌려서 결정할 수 있다. 8. DC mA : 직류전류를 측정하는 곳, 측정범위는(2.5, 25, 250[10mA], 10[A])이다. 9. 트랜지스터 검사 소켓 : PNP형과 NPN형을 검사할 수 있다. 10. 트랜지스터 판정 장치 : 적색 및 녹색 LED로 되어 있으며 적색이 켜지면 PNP, 녹색이 켜지면 NPN형 트랜지스터이며, 2개의 LED에 빛이 들어오면 측정 트랜지스터의 극간의 단선고장이며, 2개의 LED에 빛이 들어오지 않으면 컬렉터-이미터 간의 단락고장이다. 11. 0옴 조정기 : 지침이 정확하게 0점에 정확히 오도록 조정한다. 전압이나 전류 측정과는 무관하다. 12. 지침 영점 조정기 : 측정 전에 지침이 왼쪽 0점에 있는지 확인하고 필요시엔 조정한다.	1. LCD 디스플레이 : 각종 측정값을 표시한다. 2. 버튼 키 - on/off 스위치 : 전원 스위치 - MENU : 메뉴모드로 들어간다. - FUNCTION : 선택된 측정값의 단위를 바꿀 때 사용한다. - DATA HOLD : 측정한 데이터 값을 고정시킬 때 사용한다. - RANGE : 측정한 값의 범위를 바꿔 준다. 3. 측정값 선택 스위치 : 스위치 방식으로 측정소자(저항, 전압, 전류, 다이오드, 커패시터 등)에 따라 돌려서 선택한다. 4. 입력 소켓 : 플러스가 적색, 마이너스가 흑색이다. 측정할 값의 범위에 따라 적색 봉을 넣는 위치가 다르다.

8 각종 수학공식

(1) 항 등 식

$(a\pm b)^2=a^2\pm 2ab+b^2$	$a^2-b^2=(a+b)(a-b)$
$(x+a)(x+b)=x^2+(a+b)x+ab$	$a^3\pm b^3=(a\pm b)(a^2\pm ab+b^2)$
$(ax+b)(cx+d)=acx^2+(ab+bc)x+bd$	$(a\pm b)^3=a^3\pm 3a^2b+3ab^2\pm b^3$

(2) 지수법칙

a, b가 양의 실수이고 m, n이 양의 정수일 때	a>0, b>0이고 m, n이 실수일 때
$n\sqrt{a}\times n\sqrt{b}=n\sqrt{ab}=(ab)^{\frac{1}{n}}$	$a^m\times a^n=a^{m+n}$
$(n\sqrt{a})^m=n\sqrt{a^m}=a^{\frac{m}{n}}$	$(a^m)^n=a^{mn}$, $a^0=1(a\neq 0)$
$m\sqrt{n\sqrt{a}}=mn\sqrt{a}=a^{\frac{1}{mn}}$	$a^{-m}=\frac{1}{a^m}$, $(ab)^m=a^mb^m$
$\frac{n\sqrt{a}}{n\sqrt{b}}=n\sqrt{ab}=(ab)^{\frac{1}{n}}$	$a^m\div a^n=a^{m-n}$

(3) 로 그

$y=\log_a x\longleftrightarrow x=a^y$	$\log_a a=1$
$\log_a 1=0\ (a>0,\ a\neq 1)$	$\log_a(xy)=\log_a x+\log_a y$
$\log_a\left(\frac{y}{x}\right)=\log_a y-\log_a x$	$\log_a x^n=n\log_a x$
$\log_c a=\log_c b\times\log_b a$	$\log_b a\times\log_a b=1$

(4) 삼각함수 공식

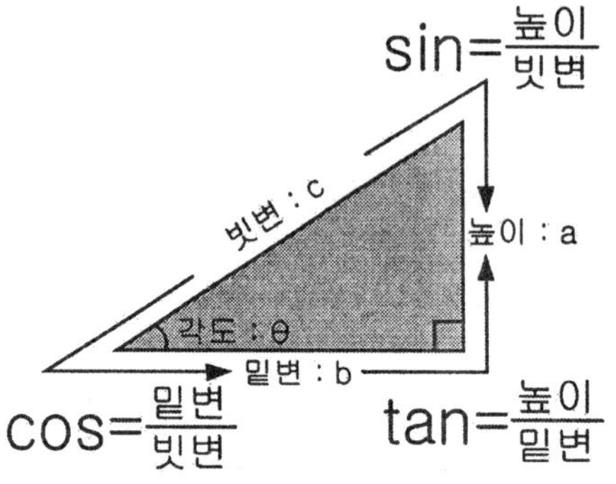

1) 삼각함수의 기본

사인(sine) : $\sin\theta = \frac{a}{c}$	코시컨트(cosec) : $\mathrm{cosec}\,\theta = \frac{c}{a}$
코사인(cosine) : $\cos\theta = \frac{b}{c}$	시컨트(sec) : $\sec\theta = \frac{c}{b}$
탄젠트(tangent) : $\tan\theta = \frac{a}{b}$	코탄젠트(cot) : $\cot\theta = \frac{b}{a}$

2) 삼각함수의 기본공식

역수관계	상제관계	제곱관계
$\csc\theta = \frac{1}{\sin\theta}$	$\tan\theta = \frac{\sin\theta}{\cos\theta}$	$\sin^2\theta + \cos^2\theta = 1$
$\sec\theta = \frac{1}{\cos\theta}$	$\cot\theta = \frac{\cos\theta}{\sin\theta}$	$\tan^2\theta + 1 = \sec^2\theta$
$\cot\theta = \frac{1}{\tan\theta}$		$1 + \cot^2\theta = \csc^2\theta$

3) 삼각함수의 변환(θ가 임의의 실수이고, $n = 0, \pm 1, \pm 2, \cdots$일 때)

주기공식	음각공식	보각공식	여각공식
$\sin(360^\circ n + \theta) = \sin\theta$	$\sin(-\theta) = -\sin\theta$	$\sin(180^\circ - \theta) = \sin\theta$	$\sin(90^\circ - \theta) = \cos\theta$
$\cos(360^\circ n + \theta) = \cos\theta$	$\cos(-\theta) = \cos\theta$	$\cos(180^\circ - \theta) = -\cos\theta$	$\cos(90^\circ - \theta) = \sin\theta$
$\tan(180^\circ n + \theta) = \tan\theta$	$\tan(-\theta) = -\tan\theta$	$\tan(180^\circ - \theta) = -\tan\theta$	$\tan(90^\circ - \theta) = -\cot\theta$

4) 특별한 각의 삼각함수

θ	라디안	0	$\frac{\pi}{6}$	$\frac{\pi}{4}$	$\frac{2\pi}{6}$	$\frac{2\pi}{4}$	$\frac{4\pi}{6}$	$\frac{3\pi}{4}$	$\frac{5\pi}{6}$	π
	각도	0	30	45	60	90	120	135	150	180
$\sin\theta$		0	$\frac{1}{2}$ (0.5)	$\frac{1}{\sqrt{2}}$ (0.707)	$\frac{\sqrt{3}}{2}$ (0.866)	1	$\frac{\sqrt{3}}{2}$	$\frac{1}{\sqrt{2}}$	$\frac{1}{2}$	0
$\cos\theta$		1	$\frac{\sqrt{3}}{2}$ (0.866)	$\frac{1}{\sqrt{2}}$ (0.707)	$\frac{1}{2}$ (0.5)	0	$-\frac{1}{2}$	$-\frac{1}{\sqrt{2}}$	$-\frac{\sqrt{3}}{2}$	-1
$\tan\theta$		0	$\frac{1}{\sqrt{3}}$ (0.577)	1	$\sqrt{3}$ (1.732)	무한대	$-\sqrt{3}$	-1	$-\frac{1}{\sqrt{3}}$	0

5) 삼각함수 공식

① 덧셈정리

$\sin(A\pm B)=\sin A\cos B\pm\cos A\sin B$	$\cos(A\pm B)=\cos A\cos B\pm\sin A\sin B$

② 배각공식

$\sin 2A=2\sin A\cos A$, $\tan 2A=\dfrac{2\tan A}{1-\tan^2 A}$
$\cos 2A=2\cos^2 A-1=1-2\sin^2 A=\cos^2 A-\sin^2 A$

③ 반각공식

$\sin\frac{A}{2}=\pm\sqrt{\frac{1-\cos A}{2}}$	$\cos\frac{A}{2}=\pm\sqrt{\frac{1+\cos A}{2}}$	$\tan\frac{A}{2}=\pm\sqrt{\frac{1-\cos A}{1+\cos A}}$

④ 합을 곱으로 고치는 공식

$\sin A+\sin B=2\sin\frac{1}{2}(A+B)\cos\frac{1}{2}(A-B)$	$\sin A-\sin B=2\cos\frac{1}{2}(A+B)\sin\frac{1}{2}(A-B)$
$\cos A+\cos B=2\cos\frac{1}{2}(A+B)\cos\frac{1}{2}(A-B)$	$\cos A-\cos B=-2\sin\frac{1}{2}(A+B)\sin\frac{1}{2}(A-B)$

⑤ 곱을 합으로 고치는 공식

$\sin A\cos B=\frac{1}{2}(\sin(A+B)+\sin(A-B))$	$\cos A\sin B=\frac{1}{2}(\sin(A+B)-\sin(A-B))$
$\sin A\sin B=\frac{1}{2}(\cos(A-B)-\cos(A+B))$	$\cos A\cos B=\frac{1}{2}(\cos(A-B)+\cos(A+B))$

⑥ $$\begin{cases}\sin\left(\theta+\frac{\pi}{2}\right)=\cos\theta \\ \cos\left(\theta+\frac{\pi}{2}\right)=-\sin\theta\end{cases}$$

⑦ $$\begin{cases}\sin(\theta+\pi)=-\sin\theta \\ \cos(\theta+\pi)=-\cos\theta\end{cases}$$

⑧ $$\begin{cases}\sin(\alpha\pm\beta)=\sin\alpha\cos\beta\pm\cos\alpha\sin\beta \\ \cos(\alpha\pm\beta)=\cos\alpha\cos\beta\mp\sin\alpha\sin\beta\end{cases}$$ (복호 동순)

⑨ $$\begin{cases}\sin2\alpha=2\sin\alpha\cos\alpha \\ \cos2\alpha=\cos^2\alpha-\sin^2\alpha=1-2\sin^2\alpha=2\cos^2\alpha-1\end{cases}$$

⑩ $$\begin{cases}2\sin\alpha\cos\beta=\sin(\alpha+\beta)+\sin(\alpha-\beta) \\ 2\cos\alpha\sin\beta=\sin(\alpha+\beta)-\sin(\alpha-\beta)\end{cases}$$

$$\begin{cases}2\cos\alpha\cos\beta=\cos(\alpha+\beta)+\cos(\alpha-\beta) \\ -2\sin\alpha\sin\beta=\cos(\alpha+\beta)-\cos(\alpha-\beta)\end{cases}$$

참고문헌

1. 기초전기전자공학(Electronics Fundamentals), Floyd 원저, 김종수 외 공역, 청문각
2. 디지털 논리회로 설계와 실험, 이기학 · 백주기 공저, 성안당
3. 디지털 논리회로(고등학교) 김은태 외 3인 공저, 교육인적자원부
4. 디지털 의료영상학 정환 · 이완 · 기문찬 공저, 정문각
5. 동력배선실기, 박원규 저, 한국 산업 인력공단
6. 무선설비 산업기사실기, 손원경 · 이태현 공저, 세화
7. 보장구 의지학, 권혜정 외 11인 공역, 고문사, 1993
8. 보조기 및 의수족, 이재학 · 황현교 편저, 고문사, 1986
9. 보조기 및 의수족, 박윤기 외 2인 편저, 고문사
10. 사람해부학, 정인혁, 아카데미서적
11. 심전도의 단기완성, 전종영, 고려의학
12. 심전도 해설, 김형묵, 고려의학
13. 생리학, 김종규, 정문각
14. 생리학, 이병희, 신광출판사
15. 쉽게 배우는 의학용어, 차봉석 · 김춘배 공저, 정문각
16. 쉽게 풀이한 의학용어, 이성란 외 공저, 현문사
17. 센서기초기술, 박기엽, 김은원 공저, 광문각
18. 센서공학(Sensor&Transducer), 이덕출 · 공용혁 · 김성남 · 나승권 · 장창현 공저, 엔트미디어
19. 의공기사 자격시험 학습서, 김인영 외 8인 공저, 대한의용생체공학회
20. 의공학(Medical Engineering), 이경성 · 최민주 공저, 청구문화사
21. 의공학개론, 김남균 외 12인 공저, 여문각
22. 의공학의 이해, 김태전 외 4인 편저, 고려의학
23. 임상 생리학, 김대식 외 15인, 고려의학
24. 임상 생리학 실습, 권경남 외 19인, 고려의학
25. 임상생리학, 대구보건대학 해부생리학 문제집, "대구보건대학"
26. 의지, 보조기학(개정판), 김장란 외 4인, 탑메디오피아

27. 의학용어, 김은자 외 10인, 정문각
28. 인터넷사이트(의학용어 백과사전 참조), 의지학, 보조학 참조
29. 의용공학입문, 김남현 외 11인 공저, 신광출판사
30. 의용계측공학, 의공학 교육연구회 역편, 여문각
31. 의료정보학, 김선일 외 6인 공저, 여문각
32. 인체생리학, 이강이 외 편저, 현문사
33. 인체 해부학, 김창국 외 2인, 대경북스
34. 알기 쉬운 자동제어, 김원배 · 나승권 · 문명룡 · 이재규 · 조명현 · 차익수 공저, 동일출판사
35. 진단용 방사선 안전관리(II) 성능관리편, 대한방사선사협회, 대학서림
36. 진단용 방사선 안전관리(II) 행정관리편, 대한방사선사협회, 대학서림
37. 전자의용공학 김익수 편역, 도서산업사
38. 자동화를 위한 센서공학, 김원회 · 김준식 공저, 성안당
39. 자동화를 위한 센서의 기초와 활용, 김상진 · 왕종배 공저, 연학사
40. 전기이론, 김용하 · 김수욱 공저, 한국산업인력관리공단
41. 전기전자의 기초, 강찬회 외 공저, 북스힐
42. 전기 · 전자의 기초, 이다까 시게오 저, 전자회로 연구회 역, 대광서림
43. 전기 · 전자 측정, 김선태 외 5인 공저, 한국직업능력 개발원
44. 전자회로(Electronic Devices and Circuit Theory), 김수원 · 박재홍 공역, 사이텍미디어
45. 전자회로의 이해, 김평호 · 나승권 · 이동원 · 최성재 공저, 남두도서
46. 전자공학ⓐ정보사회, 바이오전자 윤영로 외 6인, 대한전자공학회 교양도서
47. 정보전송 공학/개론, 양윤석, 세화
48. 정보통신 산업기사 실기, 김병철 · 정현기 공저, 태영
49. 초음파 영상학, 강선일 외 16인 공저, 정문각
50. 초급자를 위한 PSPICE 활용, 황락훈 · 조문택 · 이충식 · 나승권 공저, 동일출판사
51. 최신전자기초실습, 임승하 · 황호웅 · 나승권 · 이종성 공저, 남두도서
52. 회로이론, 박송배, 문원당
53. 기타추가내용은 인터넷에서 발췌
54. DK 인체생리 · 해부도, 민유정, 대경북스
55. PSPICE와 PSIM 시뮬레이션중심의 전력전자공학, 서영수 · 황락훈 · 조문택 · 심광영 · 곽동걸 · 채수형 · 나승권 공저, 동일출판사
56. Analog Integrated Circuit Application, Michael Jacob, Prentice hall

57. Basic Engineering Circuit Analysis, David Irwin, Wiley
58. Design of Pulse Oxieter, Webster, Institute of Physics publishing
59. Fundamentals of Analog Circuit, Floyd, Prentice Hall
60. Fundamentals of biomechanics, Nihat Ozkaya, Springer
61. Logic and Computer Design Fundamentals, Morris Mano, Prentice Hall
62. Lower-limb prosthesis : including prosthetist's supplement, New York University Medical Center
63. HTTP : Poc.e-bohun.or.kr/서울 보훈병원 보장구 센터
64. HTTP : myhome.nate.com/cpojis/순천제일대학 의료보장구과

찾아보기

[ㅎ]

[숫자, 영문]

▥ 저자약력 ▥

■ 나 승 권

- 서울 청량초등, 경희중, 한양공업고등학교 전기과 졸업
- 한독부산직업전문학교 전기, 전자과 2년 수료
- 인천기능대학 전기과 기능장 과정 졸업
- 강원 상지영서대학 전자과 졸업(전문학사)
- 충북 세명대학교 전기전자학과 졸업(공학사)
- 충북 세명대학교 일반대학원 전기전자학과 졸업(전력전자 및 자동제어 전공, 공학석사)
- 충북 세명대학교 대학원 전기전자학과(의공학 및 전력전자 전공) 박사과정 수료
- 부산위생(한방)병원 전기 및 의용기사 7년
- 한국수자원공사 전기기사 7년
- 원주·강원직업전문학교 전기전자 교사 12년
- 원주직업전문학교 의료전자공과 공과장
- 한국폴리텍Ⅲ대학 원주캠퍼스 의료전자학과 학과장(현)
- 강원 상지영서대학 전자과, 디지털정보과, 인터넷정보과, 의료시스템 정보과 강의(현) 의료정보관리사, 병원코디네이터(Hospital Coordinator)사
- 전기기기기능장, 전기공사기능장, 산업안전기사, 전자산업기사
- 전기공사특급기술자, 한국전력기술인특급기술자, 한국전력기술인특급감리사
- 한국전력기술인설계사 면허, 전기·전자 기술지도사 이외 10개의 자격증과 면허취득
- (재)원주의료기기테크노밸리 의료기기자문위원(현)
- 원주단지 혁신 클러스터 추진단 기술과제 평가위원(현)
- 의료기기산업전문가포럼 메데프 의료기기분과 운영위원(현)
- 메디칼 디바이스 저널, 의료기기 타임즈 기술편집 자문위원(현)
- (주)ED, (주)메디아나, (주)씨유메디칼 시스템, (주)메디즌 의료기술 자문위원(현)
- TUV Korea Ltd. TUV Suddeutschland Group(Medical-Health-Sports 부서) 의료기기자문 및 외래교수(현)
- MEDICA2005 : 독일국제의료기기박람회 참석(독일 뒤셀도르프 메세랜드 국제박람회장)

의용전자공학

2009년 2월 20일 1판 2쇄 발행

저 자 나 승 권
발행인 남 승 우

발행처 도서출판 상尙 학學 당堂

서울특별시 동작구 사당3동 220-43
TEL : 02) 595-1692～4
FAX : 02) 595-1394
E-mail : namdoo6@unitel.co.kr
신고 : 2-155호 (1968. 11. 29)

정가 27,000원

ISBN 978-89-85437-58-5 93560